DER STÄDTISCHE TIEFBAU

IN 3 TEILEN

HILFS- UND NACHSCHLAGEBUCH
FÜR DAS ENTWERFEN UND DEN BAU STÄDTISCHER STRASSEN-,
WASSERVERSORGUNGS- UND ENTWÄSSERUNGSANLAGEN

VON

PROF. GÜRSCHNER UND PROF. BENZEL

GEH. REGIERUNGSRAT, MINDEN i. W.   MÜNSTER i. W.

ZWEITE, VERMEHRTE UND VERBESSERTE AUFLAGE

MIT 437 ABBILDUNGEN, 53 BERECHNUNGSBEISPIELEN,
6 MEHRFARBIGEN PLÄNEN, 6 GRAPHISCHEN UND
5 ZAHLENTABELLEN

Springer Fachmedien Wiesbaden GmbH 1921

Additional material to this book can be downloaded from http://extras.springer.com.

ISBN 978-3-663-15579-9   ISBN 978-3-663-16151-6 (eBook)
DOI 10.1007/978-3-663-16151-6

Softcover reprint of the hardcover 1st edition 1921

Vorwort.

Das vorliegende Werk soll einen Überblick über das gesamte Gebiet des städtischen Straßen-, Wasserversorgungs- und Entwässerungswesens in kurzgefaßter, leichtverständlicher Darstellung geben, so daß es sowohl von dem Techniker als auch von dem Verwaltungsbeamten bei Einführung in die allgemeinen Fragen des städtischen Tiefbaues mit Erfolg benutzt werden kann. Sodann soll es aber auch das Wesentliche aus diesem Gebiete in gedrängter Weise, und zwar so gründlich und sachlich behandeln, daß es sowohl dem jungen Ingenieur als Hilfsbuch bei seinen Entwurfsarbeiten als auch dem älteren Fachmann als Nachschlagebuch zur schnellen Auskunftserteilung dienen kann. Daher ist besonders Wert auf bestimmte Zahlenangaben, auf übersichtliche, klare rechnerische Durchführung zahlreicher Beispiele und auf Beschränkung in der Auswahl und Anzahl der technischen Einzelkonstruktionen gelegt und von der Wiedergabe ausnahmsweise und seltener vorkommender Anordnungen abgesehen worden.

Die auf diesem Gebiete vorhandenen durchweg ausgezeichneten größeren Werke sind für den angedeuteten Zweck zu umfangreich. In ihnen nehmen in der Regel die geschichtlichen Entwickelungen, die allgemein wissenschaftlichen und technischen Erörterungen und die begründenden Ableitungen einen sehr breiten Raum ein, und unter der großen Zahl von Konstruktionen werden alle irgendwie und irgendwo ausgeführten oder geplanten Anordnungen mitgeteilt, die wohl für ein eingehendes Spezialstudium notwendig sind, aber der zusammenfassenden leichten Orientierungsmöglichkeit über das ganze Gebiet, die mit diesem Buch gegeben werden soll, im Wege stehen.

Teil I „Bebauungspläne und Stadtstraßenbau" gibt nach einem knappen Überblick über das Siedlungswesen und den Städtebau eine eingehende Anleitung zur Aufstellung von Bebauungs- und Fluchtlinienplänen nach neuzeitlichen Gesichtspunkten, in der die wirtschaftliche, ästhetische und straßenbautechnische Seite des Städtebaues gleiche Beachtung gefunden haben.

Die weiteren Abschnitte umfassen die Konstruktion und den Bau städtischer Straßen einschließlich der Straßenbahnanlagen und die Straßenreinigung nach dem neuesten Standpunkt der technischen Wissenschaft.

In Teil II „Wasserversorgung von Ortschaften" sind lediglich die üblichen einfachen Konstruktionen und Berechnungen berücksichtigt, von der Beschreibung und Berechnung seltener und umfangreicher Anlagen ist abgesehen worden. In den mitgeteilten, übersichtlich durchgerechneten Beispielen sind alle auf diesem Gebiete vorkommenden Berechnungen in ausführlicher, leichtfaßlicher Weise durchgeführt, so daß jeder imstande ist, danach ähnliche Arbeiten auszuführen.

Jedes Berechnungsbeispiel besteht aus einer Reihe von Einzelaufgaben, wie sie bei Bearbeitung einer Gesamtanlage vorkommen, um die Reihenfolge und Übersichtlichkeit der Berechnungen und den Zusammenhang zwischen den einzelnen Teilen einer Wasserversorgungsberechnung zu zeigen.

Teil III „Stadtentwässerung" enthält neben einem allgemeinen Überblick über die Art der Entwässerung eine ausführliche Anweisung zur Aufstellung des Entwurfs einer Stadtentwässerung nebst allen konstruktiven Einzelheiten, auch der Hausentwässerung. Den neuesten Forschungen auf dem Gebiete der Abflußverzögerung wurde durch Erläuterung des zurzeit vollkommensten Verzögerungsverfahrens von Hauff, sowie der Auswertung von Regenbeobachtungen Rechnung getragen.

In dem Abschnitt über Abwasserreinigung ist ein allgemeiner Überblick über den derzeitigen Stand der verschiedenen Klär- und Reinigungsverfahren gegeben. Die vielfach gesetzlich geschützten oder in Händen von allein zur Ausführung berechtigten Spezialfirmen befindlichen Anordnungen der mechanischen, biologischen und chemischen Reinigungsverfahren sind in gedrängter Kürze beschrieben, da von einem selbständigen Entwerfen auf diesem Gebiete, welches langjährige, umfassende Erfahrungen erfordert, abgeraten wird. Die einfachste und beste Abwasserreinigung, nämlich die auf Rieselfeldern, ist eingehender behandelt, weil die Entwurfsarbeit für die Zurichtung eines Rieselfeldes, die im wesentlichen die (von der Geländegestaltung abhängige) Einteilung der Felder und die Anordnung der Gräben, Dämme und Wege umfaßt, eine einfachere tiefbautechnische Arbeit darstellt, die auch von jüngeren Fachleuten bald erlernt werden kann, und weil die zum Entwerfen von Rieselfeldern erforderlichen Angaben sich in der technischen Literatur sehr zerstreut und selten lückenlos vorfinden.

Die Vorkriegspreise für Bauarbeiten und -materialien, die heute um das 10—12fache, bei Eisenteilen sogar um das 15—20fache überschritten werden, sind aus der früheren Auflage in die neue übernommen worden, weil sie wenigstens noch einen Vergleichswert besitzen, während dies von den heutigen Preisen, die nach Zeit und Ort noch zu sehr schwanken, noch nicht gilt.

Teil I und Teil III, Abschnitt A—J, ist von Prof. Benzel, Teil II und Teil III, Abschnitt K—L, von Prof. Gürschner bearbeitet.

Die Verfasser, die auf langjährige Erfahrungen in städtischen Diensten und bei Bearbeitung zahlreicher Entwürfe für Groß- und Kleinstädte zurückblicken können, hoffen, daß die Neuauflage die gleiche, günstige Aufnahme wie die erste findet, und sind für alle im Interesse einer weiteren Vervollkommnung gemachten Vorschläge nur dankbar.

Die Verfasser.

Quellenverzeichnis der Abbildungen des Teiles I.

Abb. 2—6, 8, 10, 11, 18—21, 27, 29, 30, 33, 34, 38, 40—43, 45, 48—50, 52—56, 60, 73, 92, 156—163, 164—166, 208 aus J. Stübben „Der Städtebau".

Abb. 1, 22—24 nach der Zeitschrift „Der Städtebau".

Abb. 7, 15 nach der „Zeitschrift des Verbandes Deutscher Architekten- und Ingenieur-Vereine".

Abb. 13, 17 aus F. Schumacher „Die Kleinwohnung".

Abb. 35, 46, 85, 131, 145—147, 192, 199—203 nach der Zeitschrift „Technisches Gemeindeblatt".

Abb. 59 nach H. Chr. Nußbaum „Die Hygiene des Städtebaus".

Abb. 95, 97, 108, 111, 112, 117—119, 122, 126—128, 135—139, 141, 148—150, 198 nach E. Genzmer „Die städtischen Straßen".

Abb. 173—176, 211 nach R. Baumeister „Städtisches Straßenwesen und Städtereinigung".

Abb. 193 nach „Der Eisenbahnbau der Gegenwart".

Teil I

Bebauungspläne und Stadtstraßenbau

Inhaltsverzeichnis.

Teil III

Stadtentwässerung

Inhaltsverzeichnis.

Benutzte und empfehlenswerte Werke:

Frühling, die Entwässerung der Städte. Verlag von Engelmann, Leipzig.

Metzger, Städteentwässerung und Abwasserreinigung. Verlag von Heymann, Berlin.

Büsing, die Städtereinigung. Verlag von Bergsträßer, Stuttgart.

Baumeister, Städtisches Straßenwesen und Städtereinigung. Verlag von Toeche, Berlin.

Heyd, Die Wirtschaftlichkeit bei den Städteentwässerungsverfahren. Verlag der Dr. H. Haas'schen Buchdruckerei, Mannheim.

Imhoff, Taschenbuch für Kanalisations-Ingenieure. Verlag von R. Oldenbourg, München und Berlin.

Breitung, Auswertung von Regenbeobachtungen. Verlag von F. Leineweber, Leipzig.

Hütte des Bauingenieurs. Verlag von Ernst & Sohn, Berlin.

Mitteilungen aus der Landesanstalt für Wasserhygiene zu Berlin-Dahlem. Verlag von Hirschwald, Berlin.

Zeitschrift des Vereins deutscher Ingenieure.

Technisches Gemeindeblatt. Verlag von Heymann, Berlin.

Gesundheits-Ingenieur. Verlag von R. Oldenbourg, München und Berlin.

Quellenverzeichnis der Abbildungen:

Abb. 4 nach Th. Weyl, die Assanierung von Düsseldorf.

Abb. 129 u. 132 nach der Zeitschrift des Vereins deutscher Ingenieure.

Abb. 130, 133–136 nach dem Technischen Gemeindeblatt.

Abb. 143 nach Frühling, die Entwässerung der Städte.

A. Siedlungswesen.

I. Der Zusammenschluß zu gemeinsamer und dadurch Erfolg versprechender Abwehr äußerer Feinde,

die Neigung zur Geselligkeit, zu gegenseitigem Austausch der Gedanken und Erfahrungen, zu zeitvertreibender Unterhaltung,

die im Wettbewerb aller zunehmende Arbeitsteilung nach Fähigkeit und Geschicklichkeit des einzelnen zwecks Steigerung der Leistungen und Erfolge

und damit das Bedürfnis nach bequemem Austausch der Leistungen und Waren,

nicht zuletzt auch der Wunsch vieler, an den Vorteilen einer durch Verkehrswege, Mineralvorkommen oder sonstige Erwerbsmöglichkeiten bevorzugten Lage teilzunehmen,

sind die **Hauptgründe zur Vereinigung der** menschlichen **Wohn- und Arbeitsstätten** in dörflichen oder städtischen Siedlungen.

II. Eine scharfe **Grenze zwischen dörflicher und städtischer Siedlung** läßt sich nicht ziehen, denn manche größere Siedlung, die verwaltungsrechtlich zu den Dörfern zählt, zeigt Anfänge, in Industriegegenden nicht selten fast ganz das Gepräge städtischer Siedlung.

1. Im allgemeinen ist die **dörfliche Siedlung** in Anpassung an die Acker- und Viehwirtschaft ihrer Bewohner, an die erwünschte Zusammenlegung von Wohnhaus, Wirtschaftsgebäuden, Hof und Garten die weiträumigere. Gewöhnlich von mäßiger Ausdehnung, pflegt sie sich auf die vorhandenen Landstraßen und Feldwege zu beschränken und verhältnißmäßig zwanglos zu entwickeln.

Das Dorf Neu-Berich bei Arolsen, 1911/12 von Regierungsbaumeister Dr.-Ing. Meyer erbaut und von Bauern zweier durch die Edertalsperre verdrängten Dörfer besiedelt, zeigt die wirtschaftlich und künstlerisch geglückte Anlage eines Dorfes mit Anger und Kirche als Mittelpunkt (Abb. 1).

2. Die **städtische Siedlung** dagegen, zugeschnitten auf die Bedürfnisse von Handel und Gewerbe, auf die Bequemlichkeit und Sicherheit des Verkehrs, ist geschlossener und bedarf deshalb und in Anbetracht ihres größeren Umfanges einer strengeren Regelung. Die Siedlungsfläche wird daher durch die vorhandenen und neue, eigens zu dem Zwecke angelegte Straßen in Baublöcke, die Gelegenheit und auch Anreiz zur Ansiedlung geben, aufgeteilt.

Ein weiterer Unterschied zwischen Dorf und Stadt bestand in früheren Zeiten noch darin, daß die städtische Siedlung meistens von einer festen **Umwallung** zum Schutze gegen feindliche Überfälle umschlossen war.

Doch nicht alle städtischen Siedlungen sind von vornherein als solche angelegt, sehr viele sogar sind erst allmählich aus dörflichen

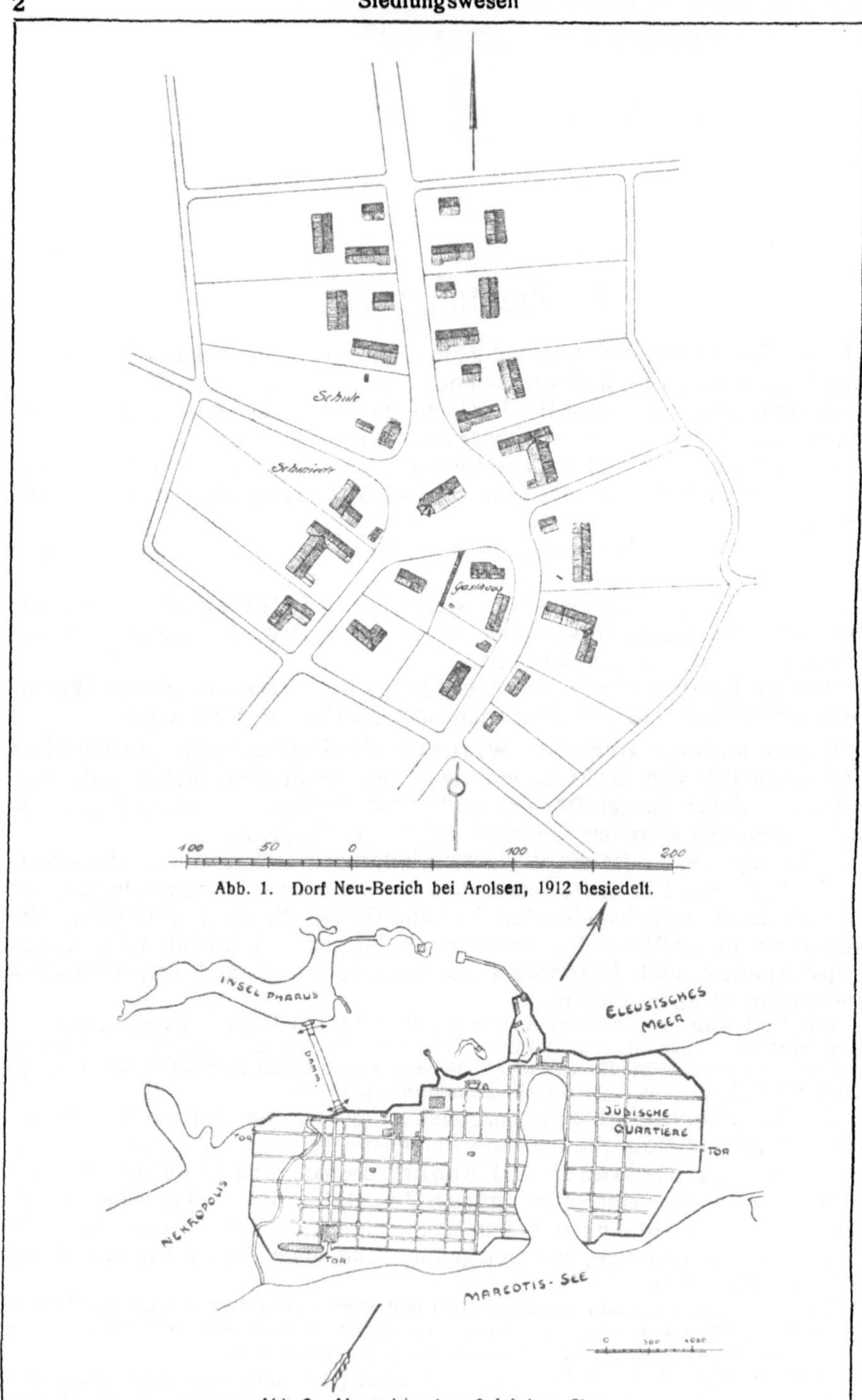

Abb. 1. Dorf Neu-Berich bei Arolsen, 1912 besiedelt.

Abb. 2. Alexandria, 1. u. 2. Jahrh. v. Chr.

Anfängen zur Stadt herangewachsen. Die bewußte Erschließung von Gelände durch neue Straßen, die Abgrenzung von Baublöcken zum Zwecke der Ansiedlung zeigt den Beginn dieser Wandlung an, wenn es auch vielfach noch lange dauert, bis die Siedlung ganz städtische Eigenart annimmt.

I. Abriß des Städtebaues.

I. Die für den Anbau erwünschteste Form des Baublocks ist im Hinblick auf den in rechten Winkeln gebrochenen, aus dem Baumaterial sich ergebenden Umriß unserer Häuser das Rechteck, und so ist die von Anfang an **als Stadt gegründete Siedlung** seit den frühesten Zeiten **gekennzeichnet durch** rechteckige Baublöcke und ein diesen sich anpassendes **rechtwinkliges Straßennetz**, das Klarheit, Ordnung, Einheitlichkeit und stolze Wirkung in das Stadtbild bringt.

1. Die deutlichsten Beispiele bieten die zu den verschiedensten Zeiten in neuerschlossenen **Kolonialländern** vorgenommenen **Stadtgründungen:**

Die von den **Griechen** an den Gestaden des Mittelmeeres angelegten Kolonialstädte, wie Selinunt, 628—250 v. Chr., in Sizilien, Priene, im 4. Jahrh. v. Chr. gegründet, in Kleinasien, Alexandria (Abb. 2), 332 v. Chr., in Ägypten, auch die Hafenstadt Athens, der Piräus, 5. Jahrh. v. Chr.,

die über dem rechteckigen Grundriß des römischen Lagers entstandenen Kolonialstädte der **Römer**, wie Florenz, Verona, Turin, Aosta in den grajischen Alpen, Chester in England, Regensburg, Straßburg, Köln (Abb. 10) noch in ihrem Kern mehr oder minder klar erkennen lassen,

die von den **Deutschen** im slawischen Osten vom 12. bis 13. Jahrhundert gegründeten Kolonialstädte, wie Rostock, Neubrandenburg, Demmin, Köslin (Abb. 3), Frankfurt a. O., Breslau, Reichenbach i. Schles., Brieg, Königsberg, Posen, Krakau und andere, deren Stadtkern noch heute die im wesentlichen winkelrechte Aufteilung der Erstanlage aufweist,

und ganz besonders die rasch emporgewachsenen Kolonialstädte der **neuen Welt**, Nord- und Südamerikas und Australiens, die das Rechteckschema bis zum Überdruß zeigen (Abb. 4).

2. Aber auch **auf altem Kulturboden** wurde bei Gründung oder bei zielbewußter Erweiterung von Städten das Rechteckmuster, zum Teil noch bis in die neueste Zeit, bevorzugt.

Beispiele dieser Art sind:

Ragusa in Dalmatien, Aiguesmortes (Abb. 5) in Südfrankreich, Winchelsea in England aus dem 13. **Jahrhundert,**

die kurkölnischen Städtchen Hülchrath und Zons aus dem 14. **Jahrhundert,** namentlich aber die Stadtgründungen und -erweiterungen der **Renaissance-** und **Barockzeit,** wie

die großzügigen Erweiterungen der Residenzstädte Nancy, Darmstadt, Erlangen, Düsseldorf, Kassel, Berlin, Kopenhagen im 17. und 18. Jahrhundert,

das 1606 gegründete, zweimal (1644 und 1688) zerstörte und wiederaufgebaute Mannheim (Abb. 6),

die unter Ludwig XIV. durch Vauban in den Rheinlanden erbauten Festungsstädte (1680—85) Saarlouis und (1703) Neubreisach (Abb. 7),

der nach dem Erdbeben vom 1. Nov. 1755 wiederhergestellte mittlere Stadtteil Lissabons,

die nach einer Feuersbrunst neuerbauten Städtchen Templin (1735) und Neuruppin (1787) in der Mark.

II. Im Gegensatz zu der winkelrechten Regelmäßigkeit der die Stadt im ganzen als Kunstwerk betonenden Gründungen und Erweiterungen, die im wesentlichen einem einheitlichen Willen der Staatsgewalt ihre Durchführung

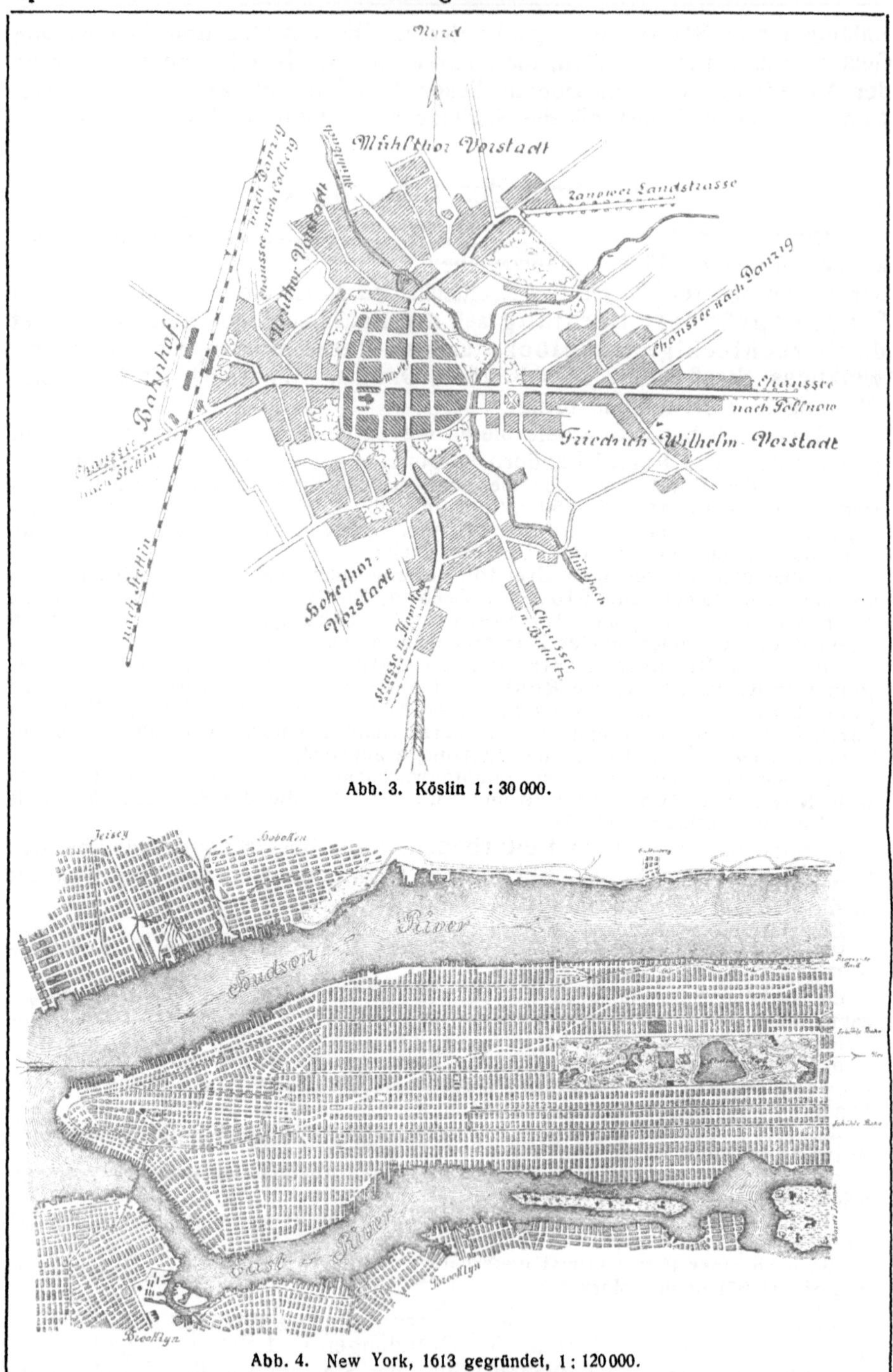

Abb. 3. Köslin 1 : 30 000.

Abb. 4. New York, 1613 gegründet, 1 : 120 000.

verdankt und daher besonders auf Neuland und zu Zeiten absoluten Regiments hervortritt, steht die verhältnismäßig **ungebundene, allmähliche Entwickelung** ursprünglich dörflicher Siedlungen **zur Stadt** auf mehr individualistischer Grundlage.

1. Die durch Erbteilung, Kauf und Verkauf während langer Zeit entstehenden zersplitterten Grundbesitzverhältnisse erschweren in solchen Siedlungen eine auf das Wohl aller zielende, klar und folgerichtig durchgeführte Stadterweiterung außerordentlich, besonders dann, wenn sich die öffentliche Gewalt in Händen einer Vielheit von Personen, die in Erwartung von Gegendiensten übergroße Rücksicht aufeinander nehmen, befindet und dazu noch häufig ihre Inhaber wechselt. Es weisen daher gerade die freien, unabhängigen Städte mit Selbstverwaltung in früheren Zeiten eine ziemlich **regellose Entwickelung** auf, selbst wenn sie als ursprüngliche Kolonialstädte im Kern ein regelmäßiges Straßennetz besaßen, wie einerseits die Stadtgrundrisse der alten, freien Reichsstädte im Süden und Westen (Abb. 8), andererseits die Außenbezirke vieler erst im späteren Mittelalter gegründeten Städte im deutschen Norden und Osten (Abb. 3) zeigen.

Aber auch in anderen Ländern, in Italien, Frankreich, England, dehnten sich die meisten alten Städte, wie schon im Altertume Athen und Rom, in gleich ungebundener Weise aus.

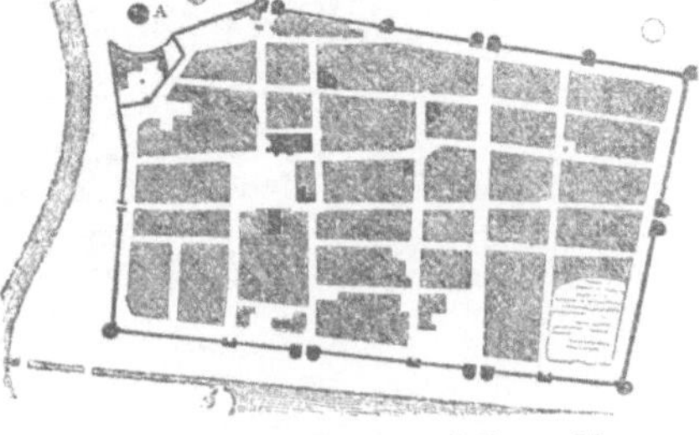

Abb. 5.   Aiguesmortes am Golf von Lion, 13. Jahrh., 1 : 12500.

Selbstverständlich war die Erweiterung der mittelalterlichen Städte nicht vollständig der Willkür der Baulustigen preisgegeben. Wer bauen wollte, mußte sich „die Schnur ziehen lassen, daß räumlich Spatium vor die Farth allda verbleib", durfte nur „überbauen, daß man untendurch mit einem gewehrten Pferd reiten kann", und war auch sonst noch allen möglichen Beschränkungen, namentlich bezüglich des „Traufrechts" und „Fensterrechts", unterworfen. Dies geschah aber immer nur von Fall zu Fall, und wenn sich auch mit der Zeit ein bestimmter Brauch in der Handhabung des Baurechts herausgebildet hatte, so waren doch die Baubeschränkungen im einzelnen zu sehr dem Wandel der Zeiten und dem Wechsel der entscheidenden Personen unterworfen, als daß ein bestimmter Rhythmus in der ganzen Stadtanlage, wie ihn namentlich die Barockzeit mit ihren Stadtgründungen und -erweiterungen erstrebte, entstehen konnte.

Die Vorzüge des Rechteckblocks waren auch in der „ohne Plan" sich ausdehnenden Stadt bekannt — Straßennamen, wie Vorder-, Mittel-, Hintergasse, Ober-, Untergasse, 1., 2., 3. Kamp- oder sonstwie genannte Gasse, deuten an sich schon eine gewisse Parallelität benachbarter Straßen an —, so daß auch in der mittelalterlichen Stadt nicht wenige Baublöcke eine mehr oder weniger winkelrechte Grundform aufweisen (Abb. 8, 10). Andererseits trug man, um die Streitfälle zwischen Rat und Bürgerschaft nicht noch zu vermehren, Scheu, in die wohlerworbenen Grundrechte der einzelnen Bürger mit harter Hand einzugreifen, und so entwickelten sich in engem Anschmiegen an die historisch gewordenen Grundbesitzverhältnisse die **mannigfaltigsten Blockformen.**

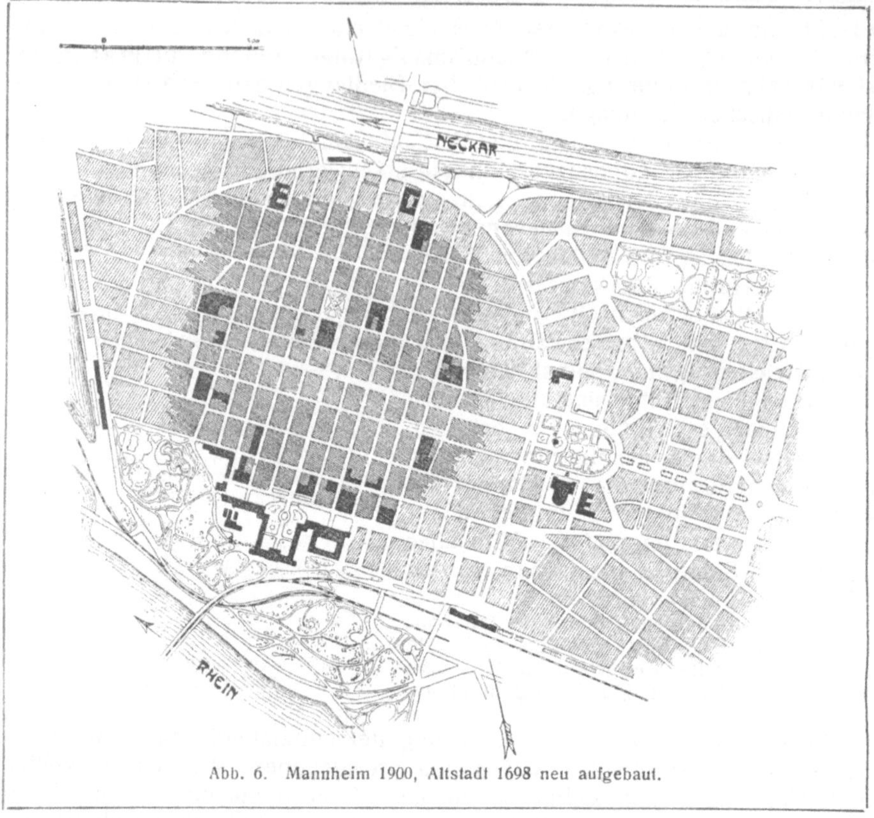

Abb. 6.   Mannheim 1900, Altstadt 1698 neu aufgebaut.

Natürlich wurden diese auch durch die Geländegestaltung, Flüsse (Abb. 8, 10), Bäche (Abb. 3), Täler, Seen, Mulden, Bodenerhebungen, sowie durch den Wehrbau, die Umwallung nebst Burg, (Abb. 8, 10) beeinflußt; denn sicherlich nicht ganz zufällig zeigen die Städte im hügeligen Süden und Westen Deutschlands gegenüber denen im Flachland des Nordens und Ostens den regelloseren Grundriß.

Jedenfalls verdanken wir gerade der Unregelmäßigkeit der mittelalterlichen Stadt außerordentlich viele reizvolle Städtebilder, wie namentlich in Soest, Hildesheim, Nürnberg, Rothenburg o. d. T., die sich durch künstlerische Überwindung der gegebenen städtebaulichen Widersprüche, überraschende Blicke, reiche Abwechselung auszeichnen und durch ihre warme, gemütvolle Art ansprechen.

Die mittelalterliche Stadt ist mit ihren vielen, durch Vorsprünge, Rücksprünge, Brechungen, Krümmungen, Versetzungen der Baufluchten hervortretenden Vertikalen so recht, wenn auch nicht immer in den Einzelheiten, der städtebauliche Ausdruck der in die Höhe strebenden Gotik.

2. Doch trotz aller Unregelmäßigkeit im einzelnen bricht sich in den nach und nach zur Stadt anwachsenden Siedlungen eine bestimmte **strahlenartig gerichtete Ausdehnung** Bahn (Abb. 8). Sie zeitigt im Gegensatz zu der künstlich winkelrechten Aufteilung der planmäßig angelegten Stadtsiedlungen den natürlichen, das historisch Gewordene berücksichtigenden Stadtgrundriß, denn ihr Gerippe ist **vorgezeichnet durch die vorhandenen**, nach

allen Seiten, wenn
auch oft in gewun-
denen Linien, in das
Land ausstrahlenden
Landwege. Ja so-
gar die im Kern nach
dem Rechteck gebau-
ten deutschen Kolo-
nialstädte im Osten
entwickeln sich viel-
fach in den Außen-
bezirken strahlenför-
mig (Abb. 3), was sich
daraus erklärt, daß
sich mit Zunahme der
Bevölkerung vor den
Toren der Stadtum-
wallung Vorstädte bil-
deten, die nicht so
scharfen Baube-
schränkungen wie die
Innenstadt unterwor-
fen, doch an die vor-
handenen, aus dem
natürlichen Bedürfnis
entstandenen Ver-
kehrsstrahlen gebunden waren.

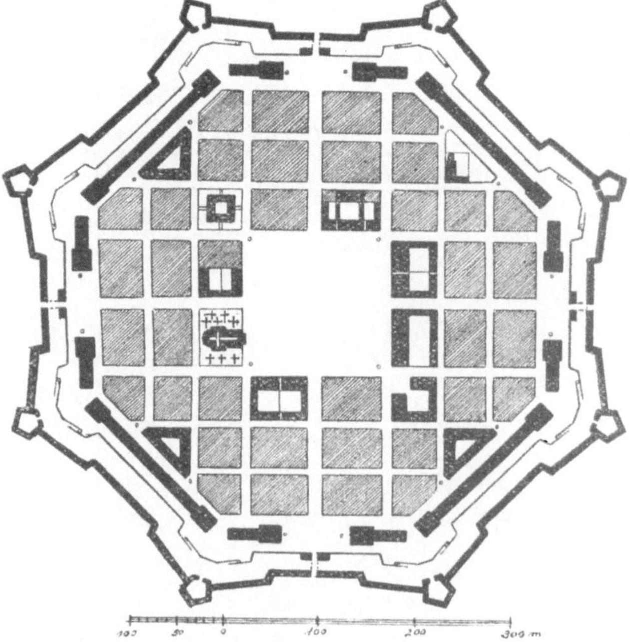

Kasernen, Magazine, öffentliche und Wohngebäude der Offiziere und Beamten. o Brunnen.

Abb. 7.   Neubreisach mit innerer Umwallung, 1703 erbaut.

Nicht selten werden die Vorstädte, die sich natürlich ebenso den erst allmählich gewordenen Städten angliederten, im Laufe der Zeiten durch eine
neue, weiter gezogene Umwallung mit der Altstadt vereinigt und
die inneren Wehrbauten abgetragen (Abb. 8, 10), so daß später höchstens
noch die Bezeichnung „Vorstadt" an den ursprünglichen Zustand erinnert.
Nach Ausbau der anfänglich etwa noch zwischen den Vorstädten verbliebe-
nen Zwickel hat die Stadt einen Ring angesetzt, über den jedoch die
Bebauung bald in neuen Strahlen längs der Landstraßen hinausschießt und
dem Anwuchs eines weiteren Stadtringes Raum gibt, wie sich noch heute bei
freier Entwickelung fast um jede Stadt das zeitlich Fließende und räumlich
Verfließende der Bebauungsgrenze darstellt (Abb. 3, 10).

III. Die Umwallung selbst gab gar häufig Veranlassung zum Entstehen
besonderer Straßen- und Baulinien, die namentlich nach Niederlegung der
Festungswerke hervortraten, der Ringlinien (Abb. 3, 8, 10). In der Ebene
hatte die Umwehrung gewöhnlich mit Rücksicht auf die Kürze der Verteidi-
gungslinie einen kreisförmigen oder elliptischen Umriß (Abb. 3, 6, 7, 10),
während sie sich bewegtem Gelände in mehr oder weniger wechselnder Linie
anschmiegen mußte (Abb. 8).

Eine etwa vorhandene Burg oder später erbaute Zitadelle pflegte nicht die Mitte
der Siedlung einzunehmen, sondern als festester Punkt ein Glied des Wehr-
ringes zu bilden (Abb. 8).

Der Krümmung der Wallinie paßte sich im allgemeinen besser die strah-

Abb. 8. Altstadt von Nürnberg, Burg (Nordwestecke) 11. Jahrh., äußere Umwallung 13. Jahrh.

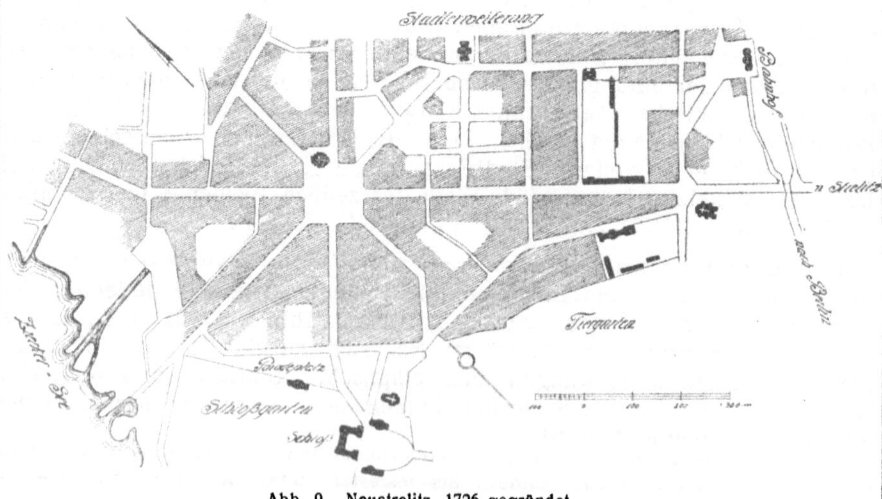

Abb. 9. Neustrelitz, 1726 gegründet.

lenartige Aufteilung des Stadtgrundrisses an (Abb. 8, 10) als die winkelrechte, deren Baublöcke durch sie zu trapezförmigen oder gar dreieckigen abgebrochen wurden (Abb. 3, 6).

1. Die Baublöcke liefen mitunter bis zum Wall durch, öfter jedoch entstanden, ihm entlang, wenn auch nicht immer in ununterbrochener Linie, **Wallgassen**, von denen aus er überall schnell zu ersteigen war (Abb. 8). Die Wallgassen, die entweder nur stadtseitig oder auch beiderseits — außen in Anlehnung und im Schutze der Wehrmauer — bebaut waren, boten unter Umgehung der durch stärkeren Verkehr belasteten Stadtmitte die bequemste und kürzeste Verbindung benachbarter Tore.

2. Dieser Vorteil hat nach Aufgabe der Ringwehr oft dazu bewogen, in ihrem Zuge oder an ihrer Außenseite eine breitere **Ringstraße** anzulegen (Abb. 6, 8, 10), die bestimmt war, an Stelle der schmalen Wallgassen den Verkehr zwischen den Torstraßen zu vermitteln.

Mehrere Ringe dieser Art zeigen Paris, Köln (Abb. 10), Moskau, Szegedin.

IV. Den **Vorzügen der natürlichen Entwickelung** der städtischen Siedlungen, welche die Strahl- und Ringstraßen für den Verkehr zum Stadtmittelpunkt, wo sich gewöhnlich der Markt und die öffentlichen Gebäude befanden, und von Tor zu Tor aufweisen, stehen als **Nachteile** Unübersichtlichkeit des Straßennetzes, für stärkeren Verkehr zu schmale und winklige Gassen, unwirtschaftliche, meist zu enge und ungesunde Bebauung der Blöcke gegenüber. Es ist daher zu verstehen, daß nach dem Dreißigjährigen Kriege, als neues Leben in dem verwüsteten Deutschland und seinen zerstörten Städten aufblühte, der Drang nach Ordnung und Klarheit im Städtebau, die strenge Regelung des Anbaues bei Stadtgründungen und -erweiterungen wieder mehr Platz griff.

Den eigentlichen Anstoß dazu hatte jedoch die herrschende Kunstrichtung, die **Renaissance**, gegeben, die in Wiedergeburt der Antike ihr Städteideal in regelmäßig geradliniger und rechtwinkliger Blockteilung, dieser angepaßten, monumentalen Platzanlagen, breiten, lang durchlaufenden Straßen unter Betonung der Horizontalen sah. Sie begann seit dem 16. Jahrhundert in Italien sich in der Begradigung und dem Durchbruch von Straßen, der künstlerischen Ausgestaltung von Plätzen zu äußern und führte im **Zeitalter des Barock** in fast allen Kulturländern zu streng regelmäßigen Neuschöpfungen im Städtebau, namentlich in Verbindung mit großartigen Schloß- und Parkanlagen (Abb. 6).

1. Doch hatte sich unterdes mit wachsender Größe der Städte die Erkenntnis der Nachteile des Rechteckmusters und der Vorzüge der strahlenartigen Aufteilung für den Verkehr so weit durchgerungen, daß einige Stadtneugründungen sogar in regelrechter **Sternform** erfolgten.

Es sind dies

die Festung Palmanova, in Gestalt eines regelmäßigen Neunecks mit 18 Strahlstraßen und 4 Ringstraßen um einen neunseitigen Mittelplatz mit Turm, 1593—95 von der Republik Venedig zwischen Udine und dem Adriatischen Meer erbaut,

die Residenz Neustrelitz in Mecklenburg (Abb. 9), 1726, und Carlsruhe in Schlesien, 1743 mit 8 Strahlen angelegt,

Karlsruhe i. B. mit 14 vom Schloß ausgehenden Straßen, die mit den 18 Alleen des anschließenden Parks ein volles Strahlenbündel bilden, 1750 gegründet.

2. Zumeist wird jedoch bei den damaligen Stadtgründungen und -erweiterungen das **rechtwinklige Straßennetz** bevorzugt (Abb. 6, 7), und nur

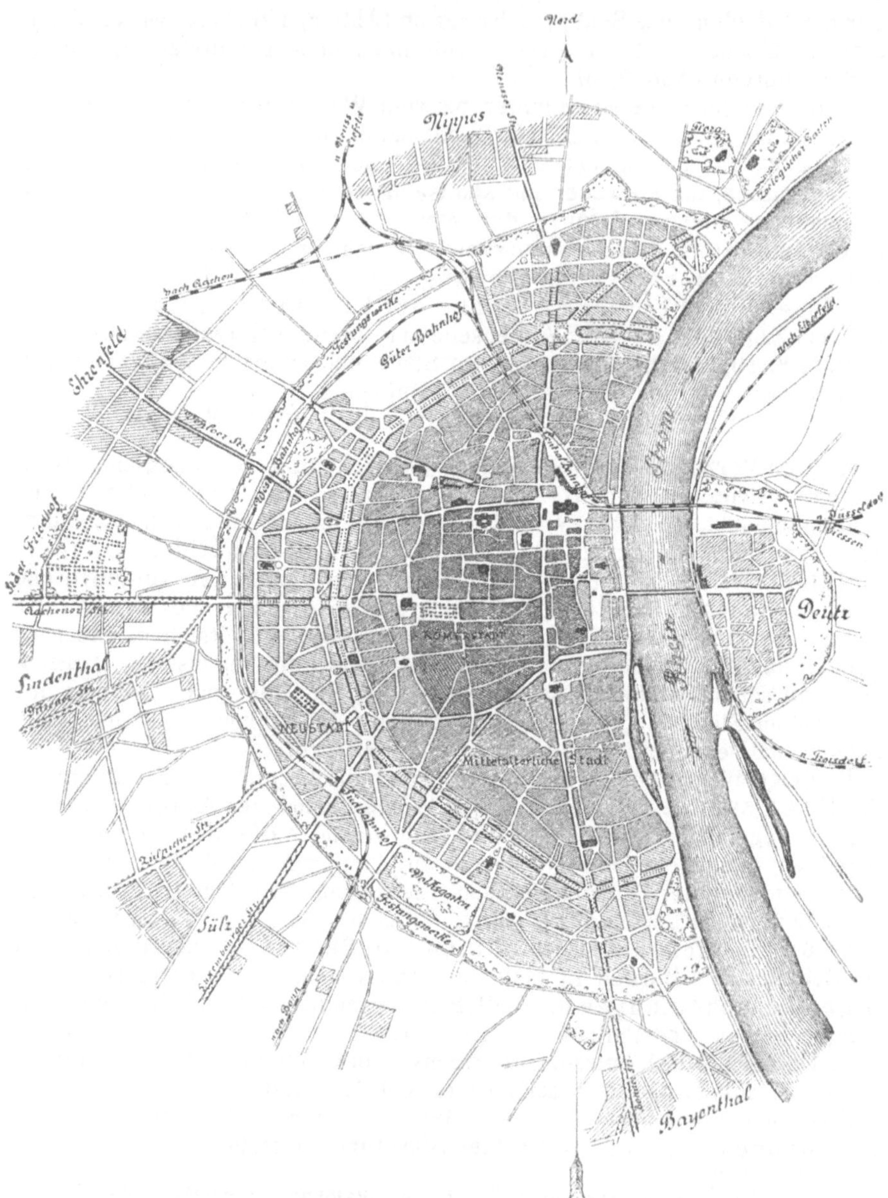

Abb. 10. Köln mit Römer-, mittelalterlicher und Neustadt (1880—90), 1 : 45 000.

in einigen Städten durch wenige Straßen, die von einem hervorragenden Punkte (Platz, Tor, Schloß) unter spitzem Winkel ausstrahlen, ergänzt.

Beispiele dafür bieten Rom [Porta del Popolo], Versailles [Place d'Armes vor
dem Schloß], Berlin [Hallesches Tor].

3. Häufiger gab damals und besonders in der nächsten Folgezeit die Niederlegung des alten, durch die fortgeschrittene Geschütztechnik wertlos gewordenen Befestigungsringes oder wenigstens die Freigabe des Vorgeländes (Glacis) für die Bebauung die Veranlassung, den von den alten Wallgassen her bekannten Vorteil für den Verkehr durch Verbreiterung dieser oder durch neue **Ringstraßen** wahrzunehmen, die oft von gärtnerischen Schmuckanlagen begleitet wurden (Abb. 3, 6, 8, vgl. Abb. 10).

V. Die **Einführung der Eisenbahnen** im vorigen Jahrhundert steigert infolge der gewaltigen Förderung von Handel und Gewerbe durch das neue Verkehrsmittel den Zuzug zu den Städten und damit den Verkehr in ihnen immer mehr. Das Bedürfnis nach Straßenzügen, welche die einzelnen Stadtviertel der mächtig wachsenden Städte miteinander und mit den wichtigen Verkehrsknotenpunkten der Personen- und Güterbahnhöfe unmittelbar — unter Vermeidung des Umweges über Ring- und Strahlstraßen — in Sehnenlinien des Stadtkreises verbinden, nach **Schrägstraßen**, tritt hervor. Ihm wird nicht selten auch in alten Stadtteilen mit kostspieligen Straßendurchbrüchen Rechnung getragen.

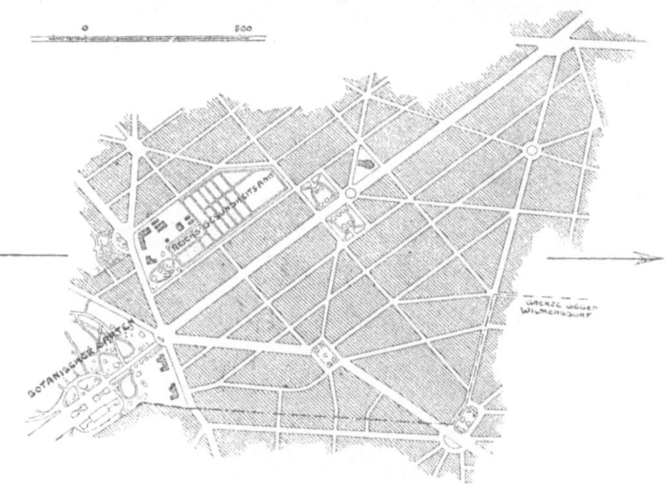

Abb. 11. Dahlem bei Berlin.

1. Als **Vorbild** hierin wirkte mehrere Jahrzehnte die Umgestaltung von **Paris** in den Jahren 1852—70, die durch klar herausgearbeitete gerade Verkehrslinien in der Strahlen- und Sehnenrichtung, verbunden durch Ringlinien, durch Zusammenfassung der Hauptstraßenzüge in Knotenpunkten, von denen jene mit Fernsichten auf hervorragende Bauten ausstrahlen, und durch reichen gärtnerischen Schmuck der breit angelegten Straßen gekennzeichnet ist (vgl. Abb. 50). Auch die neue Ringanlage **Wiens** in Gestalt eines unregelmäßigen Sechsecks aus den sechziger Jahren war von erheblichem Einfluß auf den Städtebau der Folgezeit.

Beispiele dieser Art in der Nachzeit bieten Brüssel, Antwerpen, Lüttich, Straßburg, Mainz, Köln (Abb. 10), Berlin nebst Vororten und viele andere deutsche Städte, die nach 1870 eine starke Bevölkerungszunahme erfuhren.

2. Doch verflachte sich mit der Zeit die bis zum äußersten getriebene Anwendung des „Systems" der Strahl-, Ring-, Schrägstraßen zu einer städtebaulich höchst unbefriedigenden „**Plangeometrie**" (Abb. 11), die in neuen Stadtteilen mit ihren nur auf die Mietskaserne der Großstadt berechneten, breiten, schnurgeraden, überlangen und darum eintö-

Abb. 12.　Bebauungsplan der äußeren Südostvorstadt von Leipzig aus dem Jahre 1905.

nigen Straßenzügen um so abstoßender hervortrat, als diese im Gegensatz zu ihren Vorbildern des Pariser Stadtinnern des Gegengewichts der eingeschlossenen, unberührt gebliebenen alten Stadtteile, meistens auch des die Öde mildernden, lebhaften Verkehrs der Weltstadt ermangelten, namentlich aber jegliche künstlerische Wirkung, Monumentalbauten, Straßenabschlüsse, Fernsichten, vermissen ließen.

VI. 1. Die **Gegenströmung**, die sich seit den **neunzigerJahren** stärker bemerkbar machte, berief sich auf die Schönheiten der mittelalterlichen Stadt, betonte die **Raumwirkung** im **Stadtbild**, trat für **Geschlossenheit** der Plätze, für **Verspringen**, **Krümmen der Straßenachsen** ein und verlangt klare **Unterscheidung der Straßen** in **Linienzug** und **Querschnitt** je

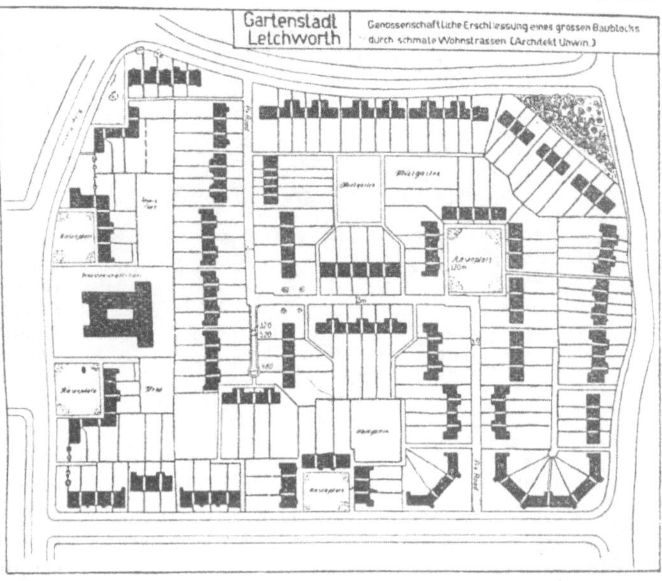

Abb. 13. Ausschnitt aus der Gartenstadt Letchworth bei London. 1 : 3750.

nach ihrer Bedeutung für **Verkehr** und **Anbau** (Abb. 12).

2. Etwa zu gleicher Zeit machten sich hygienisch-soziale Bestrebungen geltend, welche die Mietskaserne, insbesondere die Verbauung des Blockinnern mit Seitenflügeln und Hinterhäusern bekämpften und diese ausschließende **hintere Baufluchtlinien**, Abstufung der Baudichte — **Staffelbauordnungen** — mit dem Endziel des Kleinhauses, Eigen-

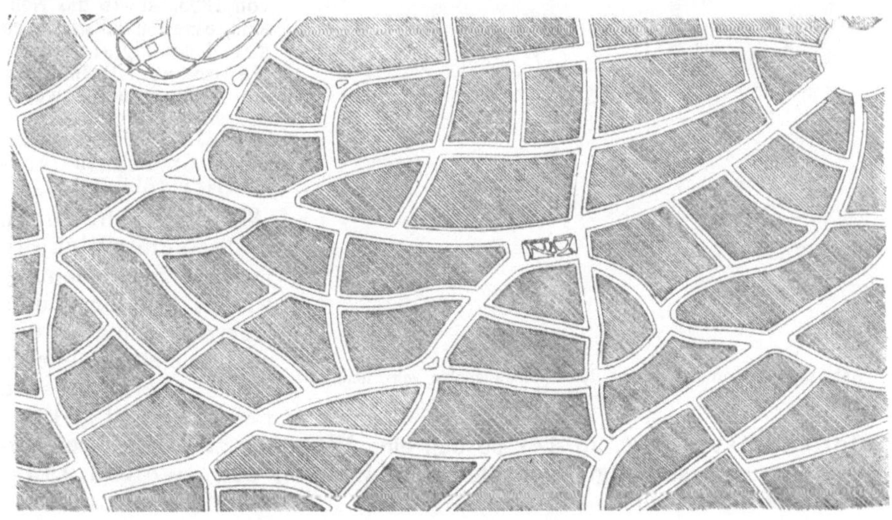

Abb. 14. Ausschnitt aus dem Bebauungsplan einer deutschen Gartenstadt.

hauses — des **Flachbaues** — forderten. Die **Kleinhaussiedlung** mit Nutzgärten und Gelegenheit zum Halten von Kleinvieh (Abb. 17) fand wachsende Beachtung.

Erhöhte Anregung dazu gab die Anfang dieses Jahrhunderts von England ausgehende „**Gartenstadt**"bewegung, die auch die alte Siedlungsform der Sackgasse und des Wohnhofes wieder belebte (Abb. 13).

3. Hand in Hand mit dem Verlangen nach größerer Weiträumigkeit in der Bebauung ging der Wunsch nach größeren, der Allgemeinheit zugänglichen Freiflächen, **Spiel-** und **Planschwiesen**, **Sportplätzen**, **Grünstreifen** und -**flächen**.

Hierin wirkten der **Wiener Wald- und Wiesengürtel**, ein Vorschlag von Stübben im Wettbewerb von 1893, sowie die Neuanlage meilenweit zwischen der Bebauung sich hinziehender **Grünbänder** mit parkartigen Erweiterungen für Spiel und Sport in einigen nordamerikanischen Großstädten vorbildlich (Abb. 15).

VII. Das Streben nach malerischer Wirkung in der Städteplanung, wie es sich besonders im ersten Jahrzehnt diesesJahrhundertsäußerte, führte öfters zu allzu gesuchten und gekün-

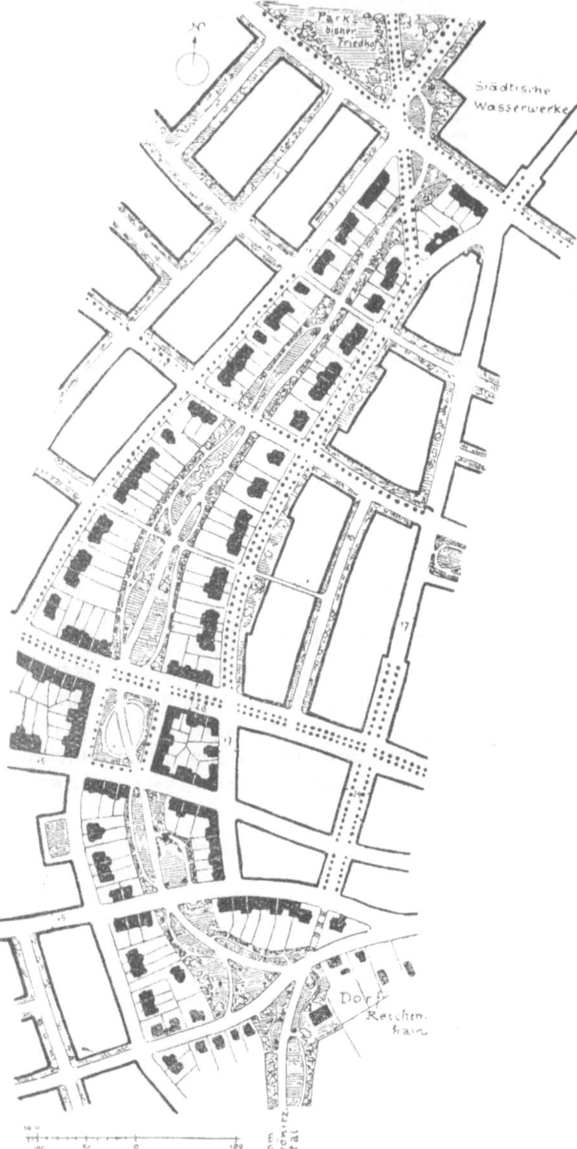

Abb. 15.   Innenpromenade aus dem Bebauungsplan von Chemnitz (Geh. Oberbaurat Dr.-Jng. Stübben).

stelten Lösungen (Abb. 14), so daß eine **Wendung zu einfacherer, gemessenerer Gestaltung** im Städtebau zu **Beginn des zweiten Jahrzehntes** nicht ausblieb (Abb. 16).

Die **neue Bewegung** stützt sich unter Beachtung der seitherigen Errungenschaften auf die großzügigen Stadtanlagen der Barockzeit und

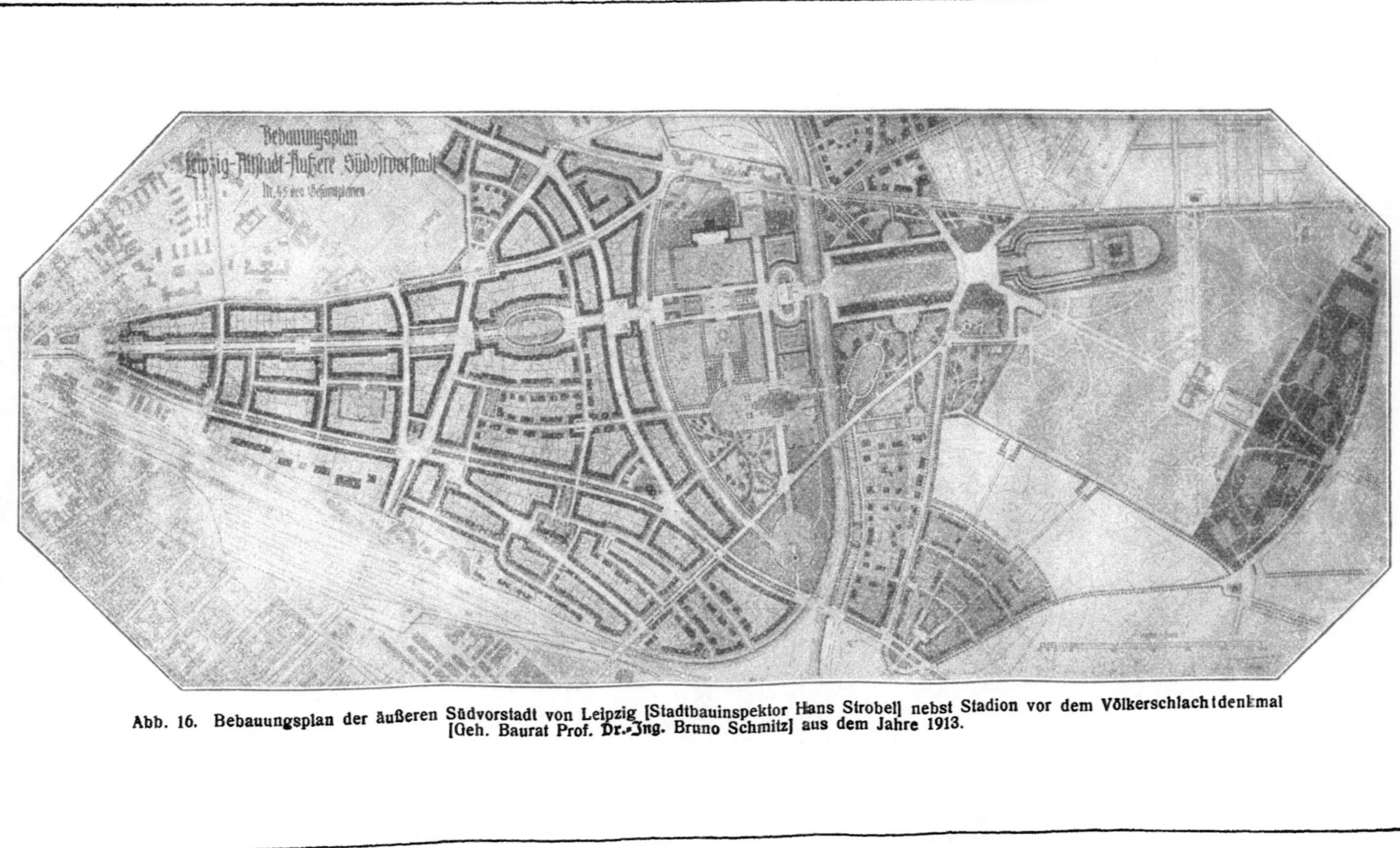

Abb. 16. Bebauungsplan der äußeren Südvorstadt von Leipzig [Stadtbauinspektor Hans Strobel] nebst Stadion vor dem Völkerschlachtdenkmal [Geh. Baurat Prof. Dr.-Ing. Bruno Schmitz] aus dem Jahre 1913.

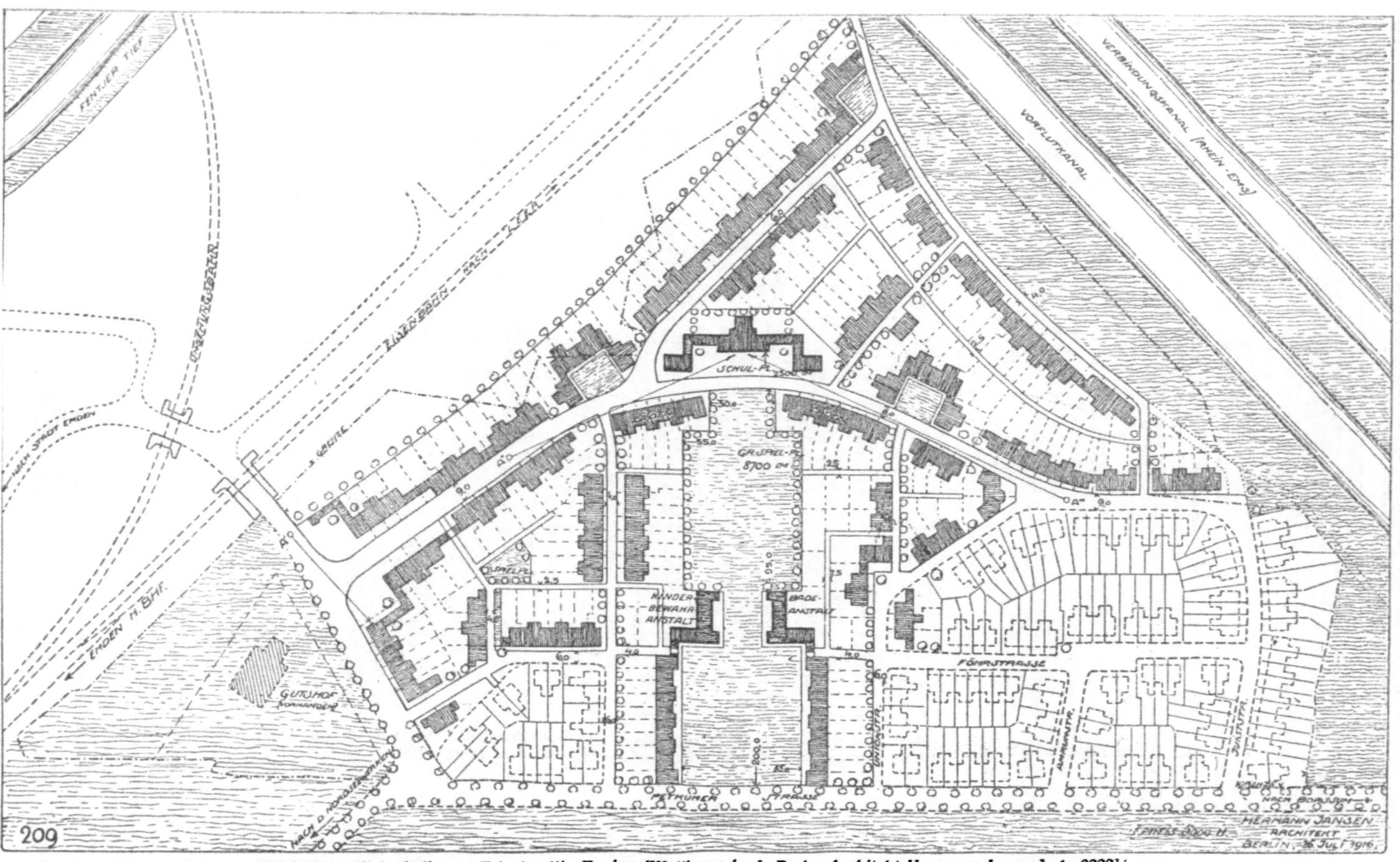

Abb. 17. Kleinsiedlung „Friesland"—Emden [Wettbewerb: I. Preis, Architekt Hermann Jansen], 1 : 3333¹/₂.

hat aus dieser Zeit auch die Forderung **einheitlich durchgeführter Straßen- und Platzwandungen** aufgenommen, der das preußische „Wohnungsgesetz" vom 28. März 1918 unter den baupolizeilichen Vorschriften bereits Rechnung trägt.

VIII. Im Vordergrunde stehen jedoch **zur Zeit Kleinhaussiedlungen** (Abb. 17), da infolge der etwa zehnfachen Erhöhung der Baukosten und der behördlichen Begrenzung der Mietzinssteigerung der freie Wettbewerb in der Herstellung von Wohngebäuden ruht und fast nur noch Kleinhäuser, begünstigt durch gesetzgeberische Maßnahmen der letzten Jahre und besonders gefördert durch Baukostenzuschüsse, seit den Bestimmungen des Reichsrates vom 10./21. Januar 1920 durch Beihilfedarlehen des Reichs und der Gemeinden, die für Wohnungen bis 70 (ausnahmsweise 80) m² Grundfläche in 1—2 geschossigen Flachbauten mit hinreichendem Gartenlande (in dreigeschossigen Mehrfamilienhäusern nur in gewissen Fällen und in geringerer Höhe) gewährt werden, zur Ausführung kommen.

II. Gliederung der Siedlungstätigkeit.

Gestalt und Art der Siedlungen bestimmen Gemeinde und Polizeibehörde.

I. 1. Die **Gemeinde** stellt nach der Fassung des preuß. „Fluchtliniengesetzes" vom 2. Juli 1875/28. März 1918 die **Bebauungspläne** auf (§ 2) und setzt die **Fluchtlinien** unter Zustimmung der Ortspolizeibehörde — die ja bis auf die wenigen Ausnahmefälle in den ganz großen Städten mit staatlicher Polizei der Gemeindevorstand vertritt — fest (§ 1).

Die Ortspolizeibehörde bedarf bei abweichender Ansicht der Gemeindevertretung, soweit es sich um ein hervorgetretenes Bedürfnis nach Klein- oder Mittelwohnungen handelt, des Einverständnisses der Kommunalaufsichtsbehörde (§ 1, 5).

In Streitfällen entscheidet

für Landgemeinden der Kreisausschuß (§ 5, 8), auf Beschwerde hiergegen der Bezirksausschuß (§ 16), endgültig der Minister für Handel (§ 18),

für Städte im Kreisverband mit über 10000 Einwohnern der Bezirksausschuß, der Provinzialrat und der Minister für Handel (§ 17, 18),

für Stadtkreise der Provinzialrat und der Minister für Handel (§ 17).

2. Der Gemeinde steht ferner zu, die zur Durchführung des Fluchtliniengesetzes erforderlichen **Ortsstatute** zu erlassen, so unter anderem besonders seit dem 28. März 1918

zur Einführung der „lex Adickes" vom 28. Juli 1902/8. Juli 1907, wonach zwecks besserer Gestaltung der Bebauungspläne Grundstücke außerhalb der öffentlichen Straßen- und Platzflächen enteignet und Grundstücke verschiedener Eigentümer zusammengelegt werden können (§ 14a).

Die Ortsstatute bedürfen der Genehmigung des Bezirksausschusses; auf Beschwerde gegen dessen Beschluß entscheidet der Provinzialrat, endgültig der Oberpräsident (§ 12, 14a, 15, 18).

Außerdem kann noch die Gemeinde auf Grund des „Verunstaltungsgesetzes" vom 15. Juli 1907 ein Ortsstatut erlassen, nach dem in der Nähe von Bauwerken von geschichtlicher oder künstlerischer Bedeutung Bauten verboten werden können, sofern durch sie die Eigenart des Orts- und Straßenbildes beeinträchtigt würde, und das der Bestätigung des Bezirksausschusses bedarf.

3. Schließlich liegt der Gemeinde die **Ausführung der Straßen**, Plätze, Spiel- und Erholungsplätze, öffentlichen Gartenanlagen, die Sorge für die Entwässerung und, falls sie ein Wasser-, Gas-, Elektrizitätswerk besitzt, die Verlegung der entsprechenden Versorgungsleitungen ob.
Die Versorgung mit Schwachstrom ist Sache der **Reichspost**.

II. 1. Die **Polizeibehörde** erläßt die **Bauordnung**, und zwar in Preußen
der Oberpräsident unter Zustimmung des Provinzialrates für die Provinz — in Ausnahmefällen —,
der Regierungspräsident unter Zustimmung des Bezirksausschusses für den Regierungsbezirk — für das platte Land und die Kleinstädte —,
der Landrat unter Zustimmung des Kreisausschusses für stark entwickelte — Industrie — Kreise,
die Ortspolizeibehörde unter Zustimmung des Magistrats für die — größeren — Städte.
Durch die **Bauordnungen** kann nach Artikel 4, § 1 des Wohnungsgesetzes vom 28. März 1918 unter anderem insbesondere geregelt werden:
1. Die Abstufung der baulichen Ausnutzbarkeit der Grundstücke.
2. Der Ausschluß von Dunst oder Geräusch erzeugenden Anlagen in besonderen Ortsteilen.
3. Die Abgrenzung reiner Wohngebiete und reiner Fabrikgebiete.
4. Verputz und Anstrich oder Verfugung der Ansichtsflächen von Wohngebäuden, sowie die einheitliche Gestaltung des Straßenbildes unter Berücksichtigung des Denkmal- und Heimatschutzes.
Ferner haben die Bauordnungen
nach § 2 die Anforderungen an Standfestigkeit, Tragfähigkeit, Feuersicherheit, Verkehrssicherheit, Raumhöhen je nach Größe der Gebäude abzustufen,
nach § 3 durch Bestimmungen die Errichtung freistehender Brandgiebel in Gebieten mit offener Bauweise zu verhindern.
Schließlich sollen nach § 4 erforderlichenfalls durch Polizeiverordnungen für die Herstellung und Unterhaltung der Ortsstraßen abgestufte Vorschriften je nach Hauptverkehrsstraßen, Nebenverkehrsstraßen, Wohnstraßen, Wohnwegen gegeben werden.

2. Die **Genehmigung der Baugesuche** auf Grund der Bauordnung und die **Überwachung** der Ausführung **der Neubauten** ist Aufgabe der Ortspolizeibehörde.
Über **Dispense** von der Bauordnung entscheidet der Kreisausschuß, in Städten von mehr als 10000 Einwohnern der Bezirksausschuß, im Beschwerdeverfahren der Bezirksausschuß bzw. der Oberpräsident (§ 5).

III. 1. Als **Siedlungsunternehmer**, die sich mit der Herstellung und Verwertung der Siedlungsbauten befassen, betätigen sich
neben **Einzelpersonen**, Bauunternehmern, Terrain-**Gesellschaften**, industriellen **Werken**
mehr und mehr im Kleinwohnungsbau
gemeinnützige Baugesellschaften mit beschränkter Haftung,
namentlich aber Siedler-**Baugenossenschaften** mit beschränkter Haftpflicht, und in neuester Zeit angesichts des Wohnungsmangels und der drohenden Arbeitslosigkeit auch die **Gemeinden** selbst.
Während die **gemeinnützigen Baugesellschaften** m. b. H. als gemischt-wirtschaftliche Unternehmungen von Staat, Gemeinden, wirtschaftlichen Verbänden, Arbeitgebern, kapitalkräftige Wohlfahrtsvereinigungen darstellen,
bedürfen die auf der Selbsthilfe und eigenen Verantwortlichkeit der kapitalschwachen Siedler aufgebauten **Baugenossenschaften m. b. H.** der Unterstützung von Reich, Staat, Gemeinden, Versicherungsanstalten, die in Gestalt von Tilgungs-

hypotheken bis 90 % des Boden- und Hauswertes zu einem Zinsfuße, der einschl. Tilgung noch unter dem sonst üblichen Hypothekenzinsfuß bleibt, und in Form von Bürgschaften für von anderer Seite ausgegebene Tilgungshypotheken bis zu gleicher Höhe gewährt wird.

2. Zur Zusammenfassung und Förderung der Bestrebungen für das Kleinwohnungswesen bestehen in größeren Bezirken (Provinzen) **Wohnungsfürsorge-Gesellschaften,**

deren **Aufgaben**
die Bearbeitung von Bau- und Siedlungsplänen,
die Ausarbeitung zweckmäßiger Haustypen,
die Beschaffung und Erschließung von Baugelände,
der Bezug von Baumaterial im großen,
die Vermittelung von Hypotheken und Zwischenkrediten,
die Beteiligung an örtlichen gemeinnützigen Bauvereinigungen sind, und
zu deren Geschäftskapital Staat, Provinz, Kreise, Städte, Versicherungsanstalten, Handelskammern, Berufsgenossenschaften, Syndikate, Bauvereinigungen, Industrie- und Handelsfirmen Beiträge leisten.

3. Zwecks Verbilligung des Wohnungsbaues ist man allenthalben an der Arbeit, **Haustypen** für die verschiedenen Bedürfnisse und Einkommen aufzustellen und so auszubilden, daß die auf dem Baumarkt käufliche Handelsware restlos, ohne Verschnitt und ohne Überaufwand an Holz- und Eisenquerschnitten, in ihnen aufgeht, sowie Normalien für Türen, Fenster, Treppen, Beschläge usw. zu schaffen. Zusammengefaßt sind die hierauf zielenden Bestrebungen in der „Reichshochbaunormung" mit Geschäftsstelle in Berlin.

IV. 1. **Unterstellt** ist das gesamte **Wohnungs-** und **Siedlungswesen** in Preußen einer Abteilung des **Ministeriums für Volkswohlfahrt,** der ein Sachverständigen-Ausschuß zur Seite steht.

2. Zur Wahrnehmung seiner **Förderung in den Einzelbezirken** sind in den Provinzen Regierungs- und Bauräte zu Bezirkswohnungskommissaren bestellt, die befugt sind,
Grundstücke für Klein- und Mittelwohnungen zu enteignen,
Befreiung von landesgesetzlichen Vorschriften, Verordnungen, Ortsstatuten und Bauordnungen zugunsten des Kleinhausbaues eintreten zu lassen,
Werke zur Herstellung von Baumaterial, die der Aufforderung zur Aufnahme des Betriebes nicht nachkommen, zu beschlagnahmen,
Holzbestände und sonstige Baumaterialien zu enteignen,
Baugrundstücke bei schuldhafter oder durch Leistungsunfähigkeit des Bauherrn hervorgerufener Unterbrechung des Neubaues von über sechs Monaten zu enteignen.
[Reichs-Verordnung zur **Behebung** der dringendsten **Wohnungsnot** vom 9. Dezember 1919 nebst den preußischen Ausführungsbestimmungen vom 9. Dezember 1919.]

Über die **Höhe der Entschädigung** bei Enteignungen entscheidet auf Anruf des Eigentümers nach § 4 vorstehender Verordnung eine von der Landeszentralbehörde (Bezirksausschuß und Landrat oder Bürgermeister) bestimmte Berufungsbehörde endgültig, welche Bestimmung auch in das „Reichsheimstättengesetz" vom 10. Mai 1920, das sich auf die Rechtsform der Heimstätten beschränkt, aufgenommen und damit bleibende Rechtseinrichtung geworden ist.

III. Die rechtlichen Grundlagen des Siedlungswesens

bilden in **Preußen**
das „Gesetz, betreffend die Anlegung und Veränderung von Straßen und Plätzen in Städten und ländlichen Ortschaften" vom 2. Juli 1875, kurz „Fluchtliniengesetz" genannt,

das „Wohnungsgesetz" vom 28. März 1918, das wichtige Ergänzungen zu erstgenanntem Gesetz bringt, von denen

die Möglichkeit der Enteignung von Restgrundstücken [Baumasken] (§ 13a),

die Ausdehnung des „Gesetzes, betreffend Umlegung von Grundstücken in Frankfurt a. M." vom 28. Juli 1902, nach dem Antragsteller gewöhnlich „lex Adickes" genannt, nebst Abänderung des § 13 vorbenannten Gesetzes vom 8. Juli 1907 auf alle Gemeinden (§ 14a) und

die Zulässigkeit der Enteignung von Grund und Boden zur Befriedigung des Bedürfnisses nach Mittel- und Kleinwohnungen gemäß dem vereinfachten Verfahren der Verordnungen vom 11. September 1914 und vom 27. März 1915 (Art. 2) hervorzuheben sind,

und die auf Grund dieser Gesetze erlassenen „Ortsstatute" der einzelnen Gemeinden.

Außerdem kommt noch in Frage

das „Gesetz gegen die Verunstaltung von Ortschaften und landschaftlich hervorragenden Gegenden" vom 15. Juli 1907, gewöhnlich kurz „Verunstaltungsgesetz" genannt.

Zur Ergänzung vorstehender Gesetze dienen
die Ausführungsvorschriften vom 28. Mai 1876 zum Fluchtliniengesetz,
die Erlasse des **Ministers der öffentlichen Arbeiten**

vom 3. April 1904, betr. Prüfung der Entwürfe von Bebauungsplänen und Änderungen bestehender Fluchtlinien nach den Grundsätzen der Wissenschaft des Städtebaues,

vom 24. April 1906, betr. Handhabung der Baupolizei,

vom 20. Dezember 1906, betr. Grundsätze für die Aufstellung von Bebauungsplänen und die Ausarbeitung neuer Bauordnungen,

vom 11. Oktober 1909, betr. neue Leitsätze und Hinweise zu den Baupolizeiordnungen für das platte Land,

vom 6. Februar 1911, betr. Forderungen der Baupolizei bei Ansiedlung gewerblicher Arbeiter in ländlichen Ortschaften,

vom 26. März 1917, betr. Leitsätze zur Förderung von Kleinhaussiedlungen und Kleinhausbauten [A. Begriffsbestimmung. B. Geländeerschließung für den Kleinhausbau. C. Erleichterung baupolizeilicher Forderungen] nebst
Entwurf zu einer Sonderpolizeiverordnung für Kleinhäuser [1]),

die Ausführungsanweisung vom 17. Mai 1918 zum Wohnungsgesetz,
    die Erlasse des **Staatskommissars für das Wohnungswesen**

vom 11. November 1918, betr. die bei der baupolizeilichen Genehmigung von Leichtbauten während der Zeit der Übergangswirtschaft in Orten, in denen Wohnungsbedarf besteht, zu stellenden Anforderungen nebst Leitsätzen [Wohnbaracken und Barackenlager],

vom 18. November 1918, betr. Wohnlauben,

vom 10. Februar 1919, betr. baupolizeiliche Erleichterungen für Mittelhäuser (dreigeschossige Wohnhäuser) [1]),

vom 2. April/3. Juli 1919, betr. Lehmbauten,

vom 25. April 1919, betr. Bauordnung nebst
Entwurf zu einer Bauordnung [1]) [Verlag Wilh. Ernst & Sohn, Berlin],
    der Erlaß des **Ministers für Volkswohlfahrt**

vom 11. September 1919, betr. Einschränkung des städt. Hochbaugebiets für Wohnzwecke.

Für **Bayern** kommen in Betracht
die „Bauordnung" vom 17. Februar 1901 und
die Ministerialerlasse vom 18. Juli 1905 und vom September 1916,

---

1) Zusammengefaßt in der „Druckschrift Nr. 3" des Staatskommissars für das Wohnungswesen vom 12. Mai 1919 [Carl Heymanns Verlag, Berlin].

        für **Sachsen**
das „Allgemeine Baugesetz" vom 1. Juni 1900 mit dem Abänderungs-
    gesetz vom 20. Mai 1914 und
der Ministerialerlaß vom 10. November 1913,
        für **Württemberg**
die „Landesbauordnung" von 1872 und
der Ministerialerlaß vom 19. Januar 1918,
        für **Baden**
das „Ortsstraßengesetz" vom 15. Oktober 1908 und
der Ministerialerlaß vom 11. September 1916,
        für **Hessen**
das „Gesetz, die allgemeine Bauordnung betreffend" vom 30. April
    1881 und
der Ministerialerlaß vom 28. Dezember 1898.

B. Bebauungspläne.

Bebauungspläne dienen der Regelung von Stadterweiterungen und der Verbesserung bestehender Stadtanlagen. In ihnen werden die **Baufluchtlinien** zur Abgrenzung der bebaubaren Flächen gegen die öffentlichen Straßen, Plätze, Gartenanlagen und damit Größe und Form der Baublöcke, Richtung und Abmessungen der Straßen, sowie gleichzeitig Höhe und Neigung letzterer festgelegt.

Die Baufluchtlinien bilden zugleich die Straßenfluchtlinien, wenn keine Vorgärten vorgesehen sind; andernfalls geben besondere **Straßenfluchtlinien** die Grenze zwischen Vorgarten und öffentlicher Straße an.

Es sind Bebauungspläne und Fluchtlinienpläne zu unterscheiden.

1. **Bebauungspläne** (Taf. I u. II) haben die Aufgabe, unter Beachtung wirtschaftlicher, gesundheitlicher und schönheitlicher Gesichtspunkte die Entwickelung eines Ortes planmäßig in geregelte Bahnen zu lenken. Dies ist aber nur möglich auf Grund eines zusammenhängenden Planes kleineren Maßstabes, der den ganzen Ort oder wenigstens größere Ortsteile umfaßt. Der Entwurf eines allgemeinen Bebauungsplanes muß daher der Aufstellung der besonderen Pläne, der Fluchtlinienpläne, immer vorausgehen, wenn nicht Stückwerk, das für eine planvolle Entwickelung unzureichend ist, geschaffen werden soll.

Aus dem gleichen Grunde haben sich auch Nachbargemeinden, die ein einheitliches Wirtschaftsgebiet bilden, also besonders Städte und ihre Vororte, in starker Entwickelung begriffene Nachbarorte in Industriegegenden, bezüglich des Bebauungsplanes und der Bauordnung ins Einvernehmen zu setzen, damit nicht etwa durch die Maßnahmen der einen Gemeinde die der anderen gestört werden.[1]

Der Gemeindevertretung bzw. dem Gemeindevorstande, der ja in kleineren Orten fast immer auch die Ortspolizeibehörde vertritt, ist durch den Beschluß, den Bebauungsplan festzusetzen, ein Mittel an die Hand gegeben, die Genehmigung von Bauten, die dem allgemeinen Entwurf widersprechen, zu versagen.

---

1) Dies bezweckt unter anderem die vor kurzem erfolgte bedeutsame Gründung des Siedlungsverbandes Ruhrkohlenbezirk, der den ganzen rheinisch-westfälischen Industriebezirk vom linksrhein. Mörs bis Hamm umfaßt.

2. Zur endgültigen Festsetzung der Fluchtlinien mit allen ihren rechtlichen Folgen sind jedoch noch **Fluchtlinienpläne** (Taf. III) größeren Maßstabes erforderlich.

Es ist aber nicht nötig und auch gar nicht erwünscht, daß Fluchtlinienpläne sofort von allen Straßen, die der allgemeine Plan enthält, aufgestellt werden, weil wirtschaftliche Verschiebungen, ein Wandel in den Ansichten über zweckdienliche Straßenführung, Baublocktiefen, Art der Bebauung usw. im Laufe der Zeit sicherlich mancherlei Abänderungen der ursprünglichen Fluchtlinien, soweit sie noch nicht durch den Anbau festgelegt sind, veranlassen werden, was zur Folge hätte, daß die Kosten für zwecklos frühzeitig aufgestellte Fluchtlinienpläne vergeblich aufgewendet worden wären.

Man wird daher zweckmäßig zunächst nur von den bereits bebauten Straßen, soweit die Abänderung ihrer Fluchtlinien für nötig erachtet wird, von den wichtigsten Verkehrsstraßen und von den Wohnstraßen, deren Bebauung in Bälde zu erwarten steht, die Fluchtlinienpläne aufstellen und endgültig festsetzen, die Ausarbeitung der übrigen Straßenpläne aber erst nach und nach, dem Anwachsen des Ortes und dem Bedarf an bebauungsfähigen Grundstücken der nächsten Zukunft entsprechend, vornehmen.

I. Umfang des Entwurfs.

1. Die **Größe des** allgemeinen **Bebauungsplanes** ist, um der Entwickelung des Ortes in umfassender Weise Rechnung tragen zu können, so zu bemessen, daß die in den Plan einbezogene Fläche für den voraussichtlichen Bevölkerungszuwachs der nächsten 30—40 Jahre ausreicht.

Um diese Gebietsgröße festzustellen, muß zunächst die bisherige jährliche Bevölkerungszunahme, die i. M. 2 % der Einwohnerzahl beträgt, in Industrieorten aber bis 10 % und mehr steigen kann, aus zwei, durch einen nicht zu kleinen Zeitraum getrennten Bevölkerungsaufnahmen berechnet werden. Es geschieht dies nach

$$E_n = E \left(1 + \frac{p}{100}\right)^n,$$

worin p der Vomhundertsatz der jährlichen Zunahme,
     n die Anzahl der Jahre zwischen beiden Zählungen,
     E die frühere Einwohnerzahl,
     E_n die Einwohnerzahl nach n Jahren.

Sodann wird nach derselben Formel die künftige Einwohnerzahl (E_n) nach n (30—40) Jahren aus der jetzigen Einwohnerzahl (E) und dem festgestellten bisherigen Vomhundertsatz der jährlichen Bevölkerungszunahme (p) berechnet.

In Anbetracht der heutigen, auf weiträumigeres Wohnen gerichteten Bestrebungen kann unter Einrechnung einer Freifläche von 6,5 m²/Kopf für Schul-, Spiel-, Sportplätze, Promenaden und Parkanlagen

für Orte über 20 000 Einw. die Besiedlungsdichte i. M. zu 200 Einw./ha,
„   „   unter 20 000 „   „   „   „   „ 150   „   ,
„ Kleinhaussiedlungen   „   „   „   „ 120   „   ,
„ Landhausgebiete   „   „   „   „ 80   „

in den noch zu erschließenden Gebieten angesetzt und hiernach die Größe des in den Bebauungsplan aufzunehmenden Gebietes ermittelt werden.

Da bei Aufstellung eines allgemeinen Bebauungsplanes gewöhnlich auch die städtebaulichen Verhältnisse der bereits bebauten Ortsteile nachzuprüfen und zu verbessern sind, so müssen meistens auch noch diese in den Bebauungsplan einbezogen werden.

Beispiel: Einwohnerzahl im Jahre 1900: 4148, im Jahre 1914: 6030; bewohnte Fläche: 35 ha.

Bisherige jährliche Bevölkerungszunahme:

$$6030 = 4148 \left(1 + \frac{p}{100}\right)^{14}$$

$$\sqrt[14]{1{,}45} = 1 + \frac{p}{100}$$

$$\log\left(1 + \frac{p}{100}\right) = \frac{\log 1{,}45}{14}$$

$$= \frac{0{,}1614}{14}$$

$$= 0{,}0115$$

$$1 + \frac{p}{100} = 1{,}0268$$

$$\frac{p}{100} = 0{,}0268$$

$$p \sim 2{,}7\,\%.$$

Einwohnerzahl nach 35 Jahren:

$$E_{35} = 6030 \left(1 + \frac{2{,}7}{100}\right)^{35}$$

$$\log E_{35} = \log 6030 + 35\,.\,\log 1{,}027$$

$$= 3{,}7803 + 35\,.\,0{,}0115$$

$$= 4{,}1828$$

$$E_{35} = 15\,233 \text{ Einwohner}$$

Von dem Bevölkerungszuwachs der nächsten 35 Jahre in Anspruch genommene Fläche:

$$\frac{15\,233 - 6030}{150} = 61 \text{ ha}$$

Bedarf der vorhandenen Bevölkerung an Freifläche:

$$6030\,.\,6{,}5 \sim 4\,\text{ha}$$

Davon ist nur 1 ha durch Schul- und Spielplätze gedeckt. Demnach Erweiterungsgebiet:

$$61 + 4 - 1 = 64 \text{ ha}$$

Gesamtumfang des Bebauungsplanes:

$$64 + 35 = 99 \sim 100\,\text{ha}$$

Der wie vor ermittelten Fläche ist jedoch das etwa erforderliche Fabrikgelände, sowie das Gelände der Eisenbahn noch hinzuzurechnen, während in kleineren Orten und bei kurzen Entfernungen, falls es die Örtlichkeit verlangt, die Sportplätze (1,6) und die Parkanlagen (2 m²/Kopf) zum Teil auch außerhalb der Ortserweiterungsgrenze vorgesehen werden können.

2. Wesentlich schwieriger als die Flächengröße ist die zweckmäßigste **Umgrenzung des Bebauungsplanes** zu bestimmen, wozu vorteilhaft das betr. Meßtischblatt, das den besten Überblick über den Ort und seine Umgebung bietet, benutzt wird.

Die Umrißlinie des Bebauungsplanes wird jedenfalls den am weitesten vorgeschobenen Anbau, so besonders an den vom Ort ausstrahlenden Landstraßen, zu umschließen haben. Andererseits wird man nicht gern die vorhandenen natürlichen Wasserscheiden überschreiten, um Schwierigkeiten der Entwässerung jenseits liegender Ortsteile zu entgehen. In bergiger Gegend wird der Bebauungsplan mehr oder weniger auf die Talsohlen und die sanfteren Hänge zu beschränken sein, weil die Erschließung steilerer Hänge im allgemeinen unverhältnismäßig hohe Kosten erfordert.

Die Größe der Fläche, welche die in das Meßtischblatt eingetragene Umrißlinie des Bebauungsplanes umgrenzt, läßt sich mit dem Planimeter schnell feststellen. Ist die Fläche kleiner als die für den Bevölkerungszuwachs der nächsten 30—40 Jahre erforderliche, so ist die Umgrenzung entsprechend hinauszuschieben, ist sie dagegen größer, so wird man nur bei bedeutendem Unterschied die Grenzlinie des Bebauungsplanes soweit wie tunlich einzuziehen versuchen.

Umfaßt nämlich der allgemeine Bebauungsplan eine Fläche, die über den Bedarf an Baugelände der nächsten 40 Jahre hinausgeht, so ist dies nie ein Fehler; es erhöhen sich nur die Kosten des Entwurfs um einen verhältnismäßig wenig ins Gewicht fallenden Betrag.

II. Unterlagen des Entwurfs.

I. Zur Aufstellung eines allgemeinen Bebauungsplanes ist ein **Lageplan** im Maße 1 : 2000 oder **1 : 2500** erforderlich.

Ein größerer Maßstab ist nur empfehlenswert, solange der Umfang des Planes das Blatt nicht zu unübersichtlicher Größe ($>$ 1,5—2 m²) anwachsen läßt. Aus dem gleichen Grunde ist für Pläne über 1000 ha ein kleinerer Maßstab, wie 1 : 4000, 1 : 5000, erwünscht.

1. Der Lageplan wird aus den **Katastergemarkungskarten** zusammengesetzt. Da jedoch die Katasterkarten der bebauten Ortslage gewöhnlich in einem größeren Maßstabe (1 : 500, 1 : 1000, 1 : 1250), die der offenen Feldlage in halb so großem Maßstabe gezeichnet sind, muß ihre Zusammensetzung zu einem Plane einheitlich, und zwar des kleinsten vorkommenden Maßstabes mit Hilfe eines Präzisions-Pantographen erfolgen.

Für die Fluchtlinienpläne größeren Maßstabes ist die Genauigkeit der häufig recht alten Katasterkarten vielfach unzureichend.

In den Plan sind die Grundbuchnummern der einzelnen Grundstücke und bei größerem Maßstabe (1 : 1000, 1 : 1250) auch die Namen ihrer Eigentümer einzuschreiben. Auch das Eintragen der Hausnummern ist erwünscht.

Der solchergestalt erhaltene Lageplan muß aber noch in vieler Hinsicht ergänzt werden, um als vollständige und brauchbare Unterlage für einen Bebauungsplan gelten zu können.

2. So sind noch die **neueren Gebäude**, die von den Katasterämtern nur bei Teilungsmessungen auf den betreffenden Grundstücken aufgenommen und in die Katasterkarten eingezeichnet werden, einzumessen und in den Lageplan einzutragen, ferner die in den Katasterkarten ebenfalls fehlenden **Privatwege**, die ja oft genug einen Fingerzeig für die Linienführung des Straßennetzes geben, und die **nichtöffentlichen Gewässer** und Gräben.

Außerdem wird noch empfohlen, etwa vorhandene **Böschungen**, tiefliegende **Wiesen** und geschlossene **Baumbestände** kleineren und größeren

Umfangs aufzumessen und durch entsprechende Signaturen im Lageplan darzustellen, um solche für die Gesundheit der Bevölkerung und für die Belebung des Stadtbildes so wertvollen Flächen bei Bearbeitung des Bebauungsplanes berücksichtigen zu können und wenn irgend möglich als öffentliche Grünflächen zu erhalten.

Der auf diese Weise ergänzte, schwarz ausgezogene und mit Nordpfeil und Transversalmaßstab versehene Lageplan wird zweckmäßig in nicht zu geringer Stückzahl umgedruckt, die teils verkauft, teils als Unterlage für Entwürfe aller Art, wie Bebauungsplan, Entwässerung, Wasser-, Gas- und Elektrizitätsversorgung, benutzt werden können.

Es empfiehlt sich, der besseren Übersichtlichkeit wegen die Umdrucke in Mehrfarbendruck — Straßen und Wege: wegebraun, Wasser: preußischblau, Gebäude: grau, Eisenbahn: violett — herstellen zu lassen.

3. Sodann werden die **Geländehöhen** aufgenommen, welcher Arbeit aber vorteilhaft das Nivellement eines Festpunktnetzes vorausgeht, falls ein solches noch nicht vorhanden ist.

Die Höhen der schon vorhandenen Straßen und Wege werden an allen Kreuzungs- und Gefällbrechpunkten genommen. Von den noch unerschlossenen Geländeflächen ist ein Flächennivellement zu machen, woraus die Höhenlinien ermittelt werden. Es genügen im allgemeinen für eine

Geländeneigung unter 2 % Höhenlinien in 0,25 m Höhenabstand,
„ von 2—4 % „ „ 0,50 „ „
„ über 4 % „ „ 1,00 „ „

Gerade bei flachem und mäßig bewegtem Gelände ist die Aufnahme der Höhen und die Eintragung der **Höhenlinien** in den Lageplan von großer Wichtigkeit, weil nur dann eine sichere und einwandfreie Lösung der oberirdischen Entwässerung möglich ist. Dies ist aber namentlich für kleinere Gemeinden von großer wirtschaftlicher Tragweite, da bei ungenügendem Straßengefälle und bei dem Vorhandensein von Mulden im Straßennetz das Regenwasser in teueren unterirdischen Leitungen abgeführt werden muß, worauf in kleineren Orten bei ausreichender oberirdischer Vorflut im allgemeinen verzichtet werden kann.

Aber auch um die Längenprofile gefällig gestalten, den Bebauungsplan der Örtlichkeit möglichst anpassen zu können, müssen die Geländehöhen bekannt sein.

4. Außer den Geländehöhen sind noch die **Wasserstände** der vorhandenen Gewässer, namentlich die Hochwasserstände an mehreren Stellen einzunivellieren und danach Hochwasserlinien einzuzeichnen, um einen Überblick über die der Überschwemmung ausgesetzten Gebiete und über die Durchführungsmöglichkeit der oberirdischen wie unterirdischen Entwässerung zu gewinnen.

In einen der Umdruckpläne, der auf gutes, radierfestes Zeichenpapier gedruckt sein muß, werden die Höhenlinien des Geländes in dünnen Sepia-Linien, die Hochwasserlinien in kräftigem blauem Strich mit leichter Schraffur an der Wasserseite eingetragen und die Höhenzahlen in gleicher Farbe, ——— 47,50 ———, eingesetzt.

Sollen von den einzelnen Straßen auch die Höhenpläne angefertigt werden, wie es die Forderung einer sicheren und einwandfreien Lösung der Entwässerungsfrage immer bedingt, so empfiehlt es sich, um nicht die Übersichtlichkeit des Bebauungsplanes durch zu viele Zahlen zu stören, die festgestellten Straßenordinaten nicht in den zum Entwurf bestimmten Lageplan, sondern in einen besonderen Plan einzuschreiben.

5. Ferner sind etwa vorhandene unterirdische **Entwässerungsleitungen** nach Lage und Gefällrichtung aufzunehmen und blau punktiert in den Lageplan einzutragen, um sie bei dem Entwurf erforderlichenfalls als Vor-

flut für die oberirdische Entwässerung der anstoßenden Straßen in Rechnung stellen zu können.

6. Sehr wichtig ist auch die **Unterscheidung der Eigentums- und Parzellengrenzen** im Lageplan, da erstere bei der Aufschließung einer Geländefläche durch Straßen aufs sorgfältigste berücksichtigt werden müssen, wenn allenthalben gut geschnittene und bebauungsfähige Baustellen erzielt werden sollen, während die Grenzen zwischen Parzellen desselben Eigentümers eine gleiche Beachtung nicht verlangen. Es sind deshalb die Eigentumsgrenzen an Hand der Grundsteuer-Mutterrolle festzustellen und im Lageplan durch einen schmalen gelben Farbstreifen gegenüber den Parzellengrenzen hervorzuheben.

Zur Darstellung der Lage des Ortes zu seiner weiteren Umgebung, der Gliederung des Anbaues nach Wohn-, Fabrik- und Grünflächen, der Eisenbahnlinien, Wasserwege und Verkehrsstraßen eignet sich am besten das betr. **Meßtischblatt.**

II. Die Aufstellung eines Bebauungsplanes verlangt selbstverständlich noch eingehende Rücksichtnahme auf die **Bauordnung,** die übliche **Bauweise,** die Haushaltsdichte, d. i. die Zahl der Wohnungen in einem Hause, und die Zusammensetzung der Bevölkerung, womöglich auch auf die Bodenpreise in den einzelnen Ortslagen, sowie auf alle seitens öffentlicher Körperschaften, insbesondere der Gemeinde, geplanten, wenn auch erst in fernerer Zukunft ausführbaren Neubauten und sonstigen Änderungen.

III. Gliederung und Art des Anbaues.

Sowohl das preuß. „Wohnungsgesetz" vom 28. März 1918 wie auch die neueren unter A. III. angeführten Erlasse betonen die Anlage von Grünflächen, Erholungs- und Spielplätzen, die Ausscheidung besonderer Ortsteile, in denen allein Großgewerbebetriebe zulässig sind, und eine größere Weiträumigkeit der Bebauung gegen früher zugunsten der körperlichen und seelischen Volksgesundheit ganz besonders.

Diesen Forderungen kann nur dann sachgemäß entsprochen werden, wenn der Bebauungsplan sich nicht nur auf die Straßenführung und die Baublockteilung, sondern auch auf die Umgrenzung und Ausgestaltung der Freiflächen, der Industriegebiete und auf die Art der Bebauung der einzelnen Straßen und Blöcke im Einklang mit der Bauordnung erstreckt [Erlaß vom 26. März 1917].

1. Zweckmäßig werden zunächst die Flächen, die als **Grünflächen** erhalten und mit der Zeit zu Parkanlagen umgewandelt werden sollen, in ihren Umrissen festgelegt.

Die Ausschließung einzelner Teile des Weichbildes von der Bebauung kann nicht früh genug vorgenommen werden, was auch für kleinere Orte gilt, in denen das Bedürfnis nach öffentlichen Anlagen geringer ist, weil man schnell und leicht ins Freie gelangen kann. Denn denkt man erst an die Schaffung von Grünanlagen, wenn die Bebauung weiter vorgeschritten ist und ein Bedürfnis danach eintritt, so stellen sich dem Wunsche, größere Flächen in leicht erreichbarer Nähe der Bebauung zu entziehen, meistens große Schwierigkeiten entgegen, die im wesentlichen durch die inzwischen gestiegenen Bodenpreise bedingt sind.

Zu Grünanlagen eignen sich vor allem Geländeflächen, die wegen Überschwemmungsgefahr nicht oder wegen starker Neigung nur mit Schwierigkeiten und unter Aufwendung hoher Kosten für die Erschließung bebaut werden können, ferner landschaftlich reizvolle Punkte, wie Täler mit Wasserläufen, Mulden, die Umgebung von Teichen, Hügelkuppen, vorhandene Baumbestände größeren und kleineren Umfanges.

Soweit es die Örtlichkeit zuläßt, ordnet man die Grünflächen am besten in einem Kreise um den Ort herum an, schließt sie durch Grünbänder ringförmig aneinander und verbindet sie durch strahlenartig verlaufende Grünstreifen oder Promenadenwege so weit wie möglich mit dem Ortsinnern.

Durch diese Anordnung wird es den Bewohnern aller Ortsteile ermöglicht, auf schönem Wege die Anlagen leicht zu erreichen und je nach Belieben kürzere oder längere Spaziergänge in frischer Luft zu machen.

Auch die Auswahl der für Sport- und Spielplätze, Schmuckplätze geeignetsten Flächen wird vorteilhaft schon vor dem Entwurf des Straßennetzes getroffen, um dieses den an Lage und Gestaltung der Plätze zu stellenden Anforderungen sicherer anpassen zu können, wenn auch die spätere Flächenaufteilung in Baublöcke oft noch mancherlei Abänderungen der Platzformen bedingen wird.

Sportplätze werden am schönsten den größeren Grünflächen an- oder eingegliedert, Spielplätze für die schulpflichtige Jugend gleichmäßig über alle Wohngebiete verteilt, Schmuckplätze da vorgesehen, wo vorhandene kleinere Naturreize, wie Mulden, Tümpel, Büsche, Baumgruppen, einzelne Bäume, dazu verlocken.

Für sehr große Städte und Gegenden mit starker industrieller Entwickelung kommt noch die Erhaltung und Pflege vorhandener Wälder, selbst die Aufforstung großer Flächen, wo die Bevölkerung Feiertags Erholung finden kann, in Betracht.

Die Größe der erforderlichen Flächen berechnet Martin Wagner
für Spielplätze (ausschl. der Schulspielplätze) zu 1,2 m²

„	Sportplätze	„ 1,6 „	auf den Kopf der
„	Promenaden	„ 0,5 „	Bevölkerung
„	Parkanlagen	„ 2,0 „	
„	Wälder	„ 13 „	

Hiernach muß das Ausmaß an Freiflächen mit größerer Besiedlungsdichte, wie selbstverständlich, zunehmen. Bei Planung von Stadterweiterungen ist außerdem noch die Einwohnerzahl des alten, mit Freiflächen meist nur kärglich bedachten Stadtgebietes in Rechnung zu stellen. Doch dürfte es sich in kleineren Städten häufig erübrigen, die ganzen Grünflächen in das Erweiterungsgebiet einzubeziehen, wenn nur die Verbindung der Stadt mit ihnen durch Grünstreifen gewahrt ist.

Die Verteilung der Freiflächen ist so vorzunehmen, daß in neuen Stadtteilen

Spielplätze	höchstens	250 m	von den äußersten Punkten der
Sportplätze	„	1000 „	anteiligen Gebiete
Grünstreifen	„	500 „	

entfernt sind, welche Maße für bereits ausgebaute Stadtteile allerdings oft erheblich überschritten werden müssen.

Mitunter muß noch der Platz für einen Friedhof bestimmt werden. Für ihn eignen sich besonders schwach geneigte Hangflächen ohne Lehmuntergrund und mit tiefem, nicht stark wechselndem Grundwasserstand, womöglich im Anschluß an Grünflächen, doch von allen Seiten leicht erreichbar und nicht allzuweit von der Ortsmitte.

Die Sterblichkeit beträgt im Jahre rund 2 % der Einwohnerzahl, der Bedarf an Fläche für ein Grab im Mittel von Erwachsenen und Kindern einschl. der Wege und gärtnerischen Anlagen 5—6 m².

Beispiel: Bei 5000 Einwohnern ergibt sich für das Jahr ein Flächenbedarf von 550 m², für 30 Jahre unter Berücksichtigung der Bevölkerungszunahme (2 %) von 1,7 — 2 ha.

2. Dem **Großgewerbe** und **Großhandel** werden bestimmte Gebiete zugewiesen, um einerseits den Großbetrieben, deren Umschlag sich nicht auf den Ort zu beschränken pflegt, Geländeflächen mit bequemer Verbindung nach außen zu sichern und andererseits die übrigen Ortsteile von dem durch sie erzeugten Dunst und Geräusch freizuhalten. Für sie eignet sich daher vor allem das Gelände an Eisenbahnen und Wasserstraßen, in der Nähe von Güterbahnhöfen und Häfen, und in zweiter Linie ebenes, reizloses Gelände mit bequemen Zufahrtsstraßen, womöglich in der dem meist herrschenden (West-)Winde abgekehrten Richtung (im Osten).

Auch in Orten, die noch keine Industrie haben, empfiehlt es sich, für diese geeignete Flächen vorzusehen, einmal um Großbetriebe anzuziehen und damit das wirtschaftliche Leben des Ortes zu heben, sodann aber auch um die Niederlassung einer plötzlich auftauchenden Industrie in Wohngebieten zu verhüten.

Nur in Bade-, Kur- und Pensionsorten sind Dunst und Geräusch erzeugende Betriebe nach Möglichkeit ganz auszuschließen.

3. Von öffentlichen Gebäuden wird man vor allem Kirchen und Schulen auf das Erweiterungsgebiet verteilen, um ihnen als architektonischen Mittelpunkten der einzelnen Viertel das Straßennetz bei dem Entwurf harmonisch angliedern zu können. Für sie kommen namentlich Grundstücke, die sich im Besitze der politischen oder Kirchengemeinde, auch von Stiftungen, befinden, in Frage, um übertriebenen Forderungen privater Eigentümer aus dem Wege zu gehen.

Kirchen werden mit Vorliebe auf Hochpunkte des Geländes gesetzt, damit sie sich um so machtvoller von den niedrigeren Häusermassen schon aus der Ferne abheben.

Auf eine Kirche sind 8—10 000 Seelen zu rechnen.

Schulen werden zweckmäßig an öffentlichen (Spiel-)Plätzen erbaut, einerseits um dem Platz mit dem wuchtigen Gebäude, in kleineren Orten oft dem einzigen größeren Bau, eine kräftige Note zu verleihen und die architektonische Wirkung des Gebäudes selbst durch den vorliegenden Platz noch zu steigern, andererseits um die Möglichkeit zu geben, während der Unterrichtspausen einen Teil der Kinder auf dem Außenplatz spielen zu lassen und allen dadurch möglichst große Bewegungsfreiheit zu gewähren.

Katholische Schulen sind in der Nähe einer Kirche vorzusehen, damit der Weg aus der den Unterrichtsbeginn einleitenden Messe zur Schule, der dem Zuge der Kinder im Straßengetriebe leicht Gefahr bringt, möglichst kurz ausfällt.

Da der Anteil der Schulpflichtigen 16% der Bevölkerung beträgt und mit einer Besetzung der Volksschulklassen von 50—60 Schülern gerechnet werden kann, entspricht 1 Klasse rund **350 Einwohnern**.

Beispiel: 4 aufsteigende Doppelklassen (für Knaben und Mädchen) reichen für 2800 Einwohner und bei einer Besiedlungsdichte von 150 Einwohnern/ha für 19 ha aus.

Den Abstand des Schulhauses vom entferntesten Punkte des Einschulungsbezirkes wird man nicht ohne Not über 500 m wählen.

Die Größe der Schulgrundstücke ist mit 4 m² auf einen Schüler reichlich bemessen.

Sonstige öffentliche Gebäude, wie **Post, Rathaus, Amtshaus, Sparkasse, Amtsgericht, höhere Schule**, kommen für Erweiterungsgebiete seltener in Frage. Für die fünf erstgenannten sind leicht erreichbare Grundstücke nahe dem Verkehr geeignet, während für Schulen nur eine ruhige Lage paßt.

4. Bei dem Entwurf des Straßennetzes wird scharf zwischen Verkehrsstraßen für den Durchgangsverkehr und Wohnstraßen, die im wesentlichen

nur zur Aufschließung des Geländes zwischen den Verkehrsstraßen dienen, unterschieden.

Die **Geschäftshäuser** des Kleinhandels und -gewerbes kommen an die breiteren Verkehrsstraßen zu stehen, wo sie einerseits einer größeren Zahl von Vorübergehenden in die Augen fallen, andererseits aber auch den Verkehr anziehen und dadurch dazu beitragen, daß den Wohnstraßen größerer Verkehr fernbleibt.

Nur in Weltstädten pflegt sich außer den Verkehrs- und Geschäftsstraßen mit der Zeit noch ein geschlossenes Geschäftsviertel (City) herauszubilden.

Für Geschäfts- und Miethäuser an Verkehrsstraßen ist die geschlossene Bauweise (Reihenbau) die geeignetste (Abb. 36).

5. Die eigentlichen **Wohngebiete** entstehen infolge der Beschränkung der Geschäftshäuser auf die Verkehrsstraßen ganz von selbst auf den Flächen zwischen und neben den Verkehrsstraßen.

Die Wohnbedürfnisse der einzelnen Volksschichten sind sehr verschieden. Letztere deshalb nach Vierteln vollständig voneinander zu tren-

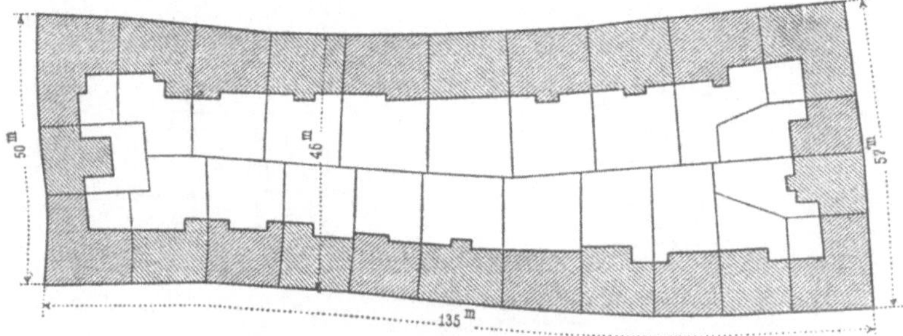

Abb. 18. Geschlossene Bauweise mit freiem Blockinnern.

nen, empfiehlt sich jedoch aus sozialen Gründen im allgemeinen nicht. Man wird vielmehr bestrebt sein, in den einzelnen Wohnvierteln die Straßenbreiten und Grundstückstiefen straßenweise verschieden zu bemessen, um den verschiedenen Ansprüchen und den für die Wohnung zur Verfügung stehenden Mitteln sowohl der Wohlhabenden als auch des Mittelstandes und der Arbeiterbevölkerung womöglich in jedem Viertel Rechnung zu tragen.

Trotzdem wird es sich nie ganz vermeiden lassen, daß das eine Viertel mehr die Eigenart eines Kleinwohnungsgebietes, das andere mehr die eines teureren Wohnviertels erhält, weil die den Bodenpreis beeinflussende mehr oder weniger günstige uud schöne Lage im Ortsplan nicht unberücksichtigt bleiben darf. Denn selbstverständlich werden die billigsten Lagen den Minderbemittelten, die teuersten den Wohlhabenden vorbehalten.

Für Miethäuser (8 und mehr Wohnungen), namentlich aber für 3—2 geschossige Mittelhäuser (6—2 Wohnungen) an Wohnstraßen kommt die geschlossene Bauweise, der Reihenbau mit freiem Blockinnern (Abb. 18), für letztere in billigeren Lagen vornehmlich die halboffene Bauweise (Schmalseiten des Blocks nicht bebaut: Abb. 19) in Betracht, ausnahmsweise für Drel- und Zweifamilienhäuser der Wohlhabenderen auch der Gruppenbau von 2—5 Häusern (Abb. 20) und für letztere sogar der Landhausbau, die offene Bauweise (Abb. 21).

6. Der Bau von **Einfamilienhäusern** sollte im Sinne einer größeren Bodenständigkeit der Bevölkerung mehr als bisher dadurch gefördert werden, daß schon bei Aufstellung des Bebauungsplanes nicht zu wenige Straßen und Baublöcke für den Anbau von Einfamilienhäusern vorgesehen werden, und durch die Bauordnung der Bau von Miethäusern an und auf diesen untersagt wird.

Abb. 19. Halboffene Bauweise.   Abb. 20. Gruppenbauweise.

In welchem Umfange dem Bau von Einfamilienhäusern Rechnung zu tragen ist, hängt von der größeren oder geringeren Vorliebe der Bevölkerung für das Einfamilienhaus und von den geltenden Bodenpreisen ab.

Für Einfamilienhäuser eignet sich im großen und ganzen nur **billigeres Gelände abseits der Verkehrsstraßen**. Im allgemeinen werden um so größere Flächen dem Miethausbau zu entziehen und dem Bau von Einfamilienhäusern vorzubehalten sein, je kleiner der Ort und je größer die Entfernung von dem Verkehrsschwerpunkt des Ortes ist.

Für Einfamilienhäuser des Mittelstandes kommen die **geschlossene** (Abb. 18) und besonders die **halboffene Bauweise** (Abb. 19), in billigeren Lagen auch der **Gruppenbau** (Abb. 20) und der **Landhausbau** (Abb. 21) in Frage, während die Wohlhabenderen fast ausschließlich die offene Bauweise bevorzugen dürften.

7. Dem **Landhausbau** (Abb. 21) sind deshalb Teile des Weichbildes, die infolge ihrer landschaftlichen Reize besonders zum Anbau verlocken, vorzubehalten, um den Fortzug der Wohlhabenderen zu verhüten und womöglich noch Rentner und Pensionäre von auswärts zur Ansiedlung zu

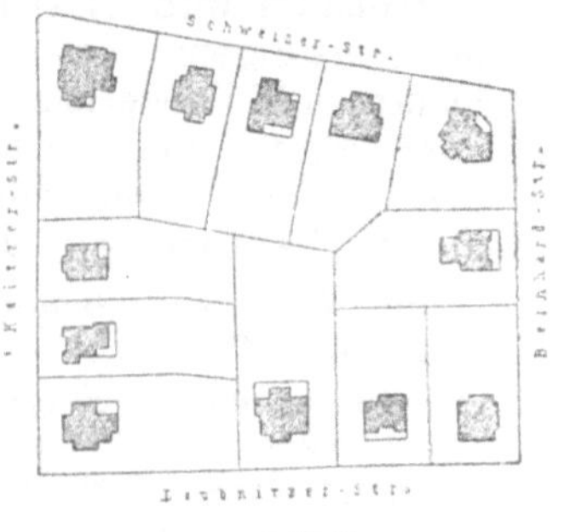

Abb. 21. Offene Bauweise (Dresden).

bewegen. Zur Bebauung mit Landhäusern wird man an erster Stelle die Umgebung der Grünflächen (Taf. I) ausersehen, ferner steilere Hänge (Abb. 35), die eine schöne Aussicht gewähren, ihrer unbequemen Zugänglichkeit wegen aber für größeren Verkehr, also auch für dichtere Bebauung wenig geeignet sind. Soweit es sich mit der Forderung einer schönen Lage vereinigen läßt, wird man noch den Landhäusern den Westen anweisen, damit sie bei dem in Deutschland meist herrschenden Westwind nicht unter dem Dunst und Rauch des übrigen Ortes, namentlich etwaiger Fabriken zu leiden haben.

8. Für Zwei- und Einfamilienhäuser der Arbeiterbevölkerung, sog. **Kleinhäuser**, kommt nur sehr billiges Gelände in Betracht, zumal die einzelnen Grundstücke nicht zu klein ($>$ 250 m² für eine, 500 m² für zwei Familien) bemessen werden dürfen, damit die Familien für ihren eigenen Bedarf Gemüse und Kartoffeln bauen und ein oder mehrere Stück Kleinvieh (Schwein, Ziege, Kaninchen) halten können.

Für derartige Kleinhausgebiete eignet sich daher vornehmlich die Umgebung des Industrieviertels, weil in der Nähe der Großbetriebe die Nachfrage nach größeren und besser ausgestatteten Wohnungen auszubleiben pflegt und infolgedessen der Bodenpreis sich niedriger hält als in bevorzugteren Lagen, sodann aber auch um den Arbeitern weite Wege zur Arbeitsstätte zu ersparen. Im übrigen läßt sich die Anlage von Kleinhausgebieten, namentlich in größeren Städten, meistens nur weit draußen in ländlicher Umgebung, wo der Bodenpreis noch niedrig ist, ermöglichen.

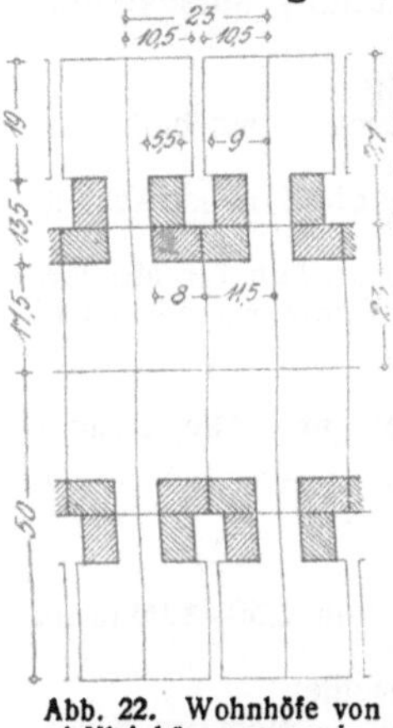

Abb. 22. Wohnhöfe von 4 Kleinhäusern von je 200 m² Nutzgarten.

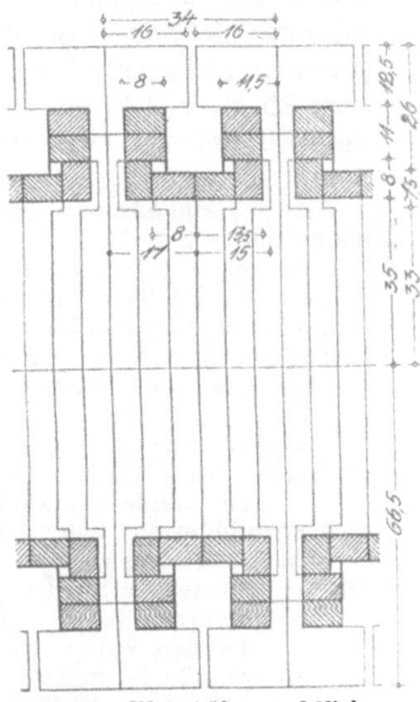

Abb. 23. Wohnhöfe von 8 Kleinhäusern mit je 200 m² Nutzgarten.

Für Kleinhäuser empfiehlt sich, um die Kosten für den Hausbau und den Straßenbau, aber auch für die Heizung im Winter möglichst niedrig zu halten, mehr eine gedrängtere Bauweise, also der **halboffene Reihenbau** (Abb. 17, vgl. Abb. 19) und in billigeren Lagen der mehr Gestaltungsmöglichkeiten bietende **Gruppenbau** (Abb. 13, 17).

In Ost-Weststraßen, deren Reihenhäuser im wesentlichen nur von einer, der Südseite, besonnt werden, ist zur Behebung dieses Nachteiles bei der Mehrzahl der Wohnräume der Zusammenschluß von 4—8 Kleinhäusern zu Wohnhöfen (Abb. 22—23) angebracht.

Die offene Bauweise kommt im großen und ganzen nur für größere Siedlungsparzellen [z. B. Zwergrentengüter $\leqq$ 1277 m² = ½ Morgen], bei denen der Reihenbau eine allzu lange und schmale, unwirtschaftliche Form der Gartenfläche bedingen würde, also für mehr ländliche Kleinhaussiedlungen in Frage.

9. **Gutshöfe,** die sich ja in Landorten, Kleinstädten und in deren näherer Umgebung häufiger finden, sind bei der Flächenaufteilung tunlichst zu schonen, um die traulichen Bilder, die sie bieten, auch inmitten der späteren, mehr städtischen Bebauung so lange wie möglich zu erhalten.

IV. Baublöcke.

Die Abmessungen der Baublöcke, insbesondere ihre Tiefen, sind abhängig von der Art der in Aussicht genommenen Bebauung und von der für diese maßgebenden Bauordnung.

I. Die **Bauordnung** entspricht in den meisten Gemeinden noch nicht den Anforderungen des Artikels 4 des „Wohnungsgesetzes" vom 28. März 1918. Es ist deshalb nach dem Erlaß vom 25. April 1919 des Staatskommissars für das Wohnungswesen auf der Grundlage des beigegebenen „Musterentwurfs", der auch die „Sonderpolizeiverordnung für Kleinhäuser" vom 26. März 1917 und die „baupolizeilichen Erleichterungen für Mittelhäuser" vom 10. Februar 1919 umfaßt, alsbald eine neue Bauordnung aufzustellen, womit die Bezirksregierungen beschäftigt sind.

Als — Kleinhäuser — [Mittelhäuser] gelten Wohngebäude, die

höchstens — 2 — [3] Vollgeschosse und als Zubehör zu diesen — ein halb ausgebautes — [Einzelwohnräume im] Dachgeschoß

oder — 1 — [2] Voll- und ein ganz ausgebautes Dachgeschoß nebst Abstellkammern und Trockenboden über dem Kehlgebälk,

in jedem Geschoß — nur eine geringe Zahl Kleinwohnungen für Minderbemittelte — [höchstens 8 Räume für dauernden Aufenthalt, Zimmer und Küchen] haben.

Kleinhäuser

dürfen keine Flügel- und Hinterwohngebäude, nebenbei nur Ställe, Schuppen, kleine Werkstätten, und

müssen mindestens 200 m² Garten haben.

Mittelhäuser

dürfen höchstens 6 Klein- oder Mittelwohnungen und

nur Geschoßhöhen von 2,75—3,30 m in den unteren, von 2,50—3,00 m im obersten Vollgeschoß haben.

Allgemein ist betreffs der Lage von Wohnräumen zu beachten:

Das Kellergeschoß darf nur im größeren Einfamilienhaus — nicht im Kleinhaus — Küchen und auf der Sonnenseite Räume für Bedienstete enthalten. Am Berghang rechnen nur Räume zum Kellergeschoß, deren Fußboden über die Hälfte (Mittelhäuser) oder ganz (Kleinhäuser) unter Gelände liegt.

[§ 28 des Musterentwurfs]

Die einer Treppe zugewiesene Zahl von Wohnungen in einem Geschoß darf im allgemeinen nur 2, bei ausreichend gewahrter Querlüftung aller Wohnräume auch 3 betragen [§ 26].

1. Um die spekulative Steigerung der Grundstückspreise hintanzuhalten und so mehr und mehr die Ausbreitung des Flachbaues zu ermöglichen, sind vor allem in der Bauordnung grundsätzlich Abstufungen in der baulichen Ausnutzbarkeit der Grundstücke — **Staffelbauordnung** —, und zwar einmal nach der Geschoßzahl und sodann nach der Bebaubarkeit der Grundstücksfläche vorzusehen.

In erster Linie ist das auf die voraussichtliche Erweiterung der Gemeinde in der nächsten Zeit beschränkte „Baugebiet" von dem übrigen, dem „Außengebiet", in dem nach Artikel 4, § 1 des Wohnungsgesetzes nur Gebäude mit höchstens 2 Geschossen in offener Bauweise zulässig sind, abzugrenzen.

Die Staffelung des Baugebietes ist
nach Industrievierteln, nach 4- (ausnahmsweise) oder 3-geschossigen Geschäftshäusern, 3-, 2-geschossigen Mittelhäusern, nach Einfamilienhäusern,
   Kleinhäusern,
nach geschlossener, halboffener, Gruppen-, offener Bauweise,
nach Bebaubarkeit der Grundstücksflächen, nach Zulassung oder Verbot von
   Flügel-, Hintergebäuden, nach Bautiefen (hintere Baulinien)
straßen- oder blockweise,
und zwar endgültig frühstens bei der förmlichen Festsetzung der Fluchtlinienpläne, am besten erst mit Beginn des Straßenausbaues
vorzunehmen [Anlage zu § 7, 8 des Musterentwurfs].

2. Die **Geschoßzahl** soll
für Verwaltungs-, Geschäfts-, Fabrikgebäude: 2, 3, ausnahmsweise 4,
für Mittelwohnhäuser: 2, höchstens 3,
für Einfamilienhäuser und Kleinhäuser: 1—2 betragen [Anlage zu § 7].

Die bisher vielfach übliche Vorschrift, daß die Gebäudehöhe den Abstand der
Baufluchtlinien nicht überschreiten darf, ist im Hinblick auf die ästhetische Erscheinung der Straßen fallen gelassen worden, weil gerade der quadratische Straßenquerschnitt flau wirkt, während die engere Straße an die heimeligen Reize der
mittelalterlich-gotischen, die breitere an die ruhevolle Schönheit der jüngeren Ba-
rockstadt anklingt.

3. Die **Bebaubarkeit** der Grundstücke soll grundsätzlich um so geringer
bemessen werden, je mehr Geschosse zugelassen sind; für die einheitliche
Bebauung eines Blocks soll aber auch entsprechend freigestellt sein, entweder eine höhere Bauweise und eine größere Freifläche oder eine kleinere
Freifläche und eine geringere Geschoßzahl zu wählen.

Die bebaubare Fläche ist vorgesehen
für 3-geschossige Häuser im Reihenbau zu   50 % der Grundstücksfläche,
  „ 2-   „   „   „   „   „   60 %   „   „
  „ 2-   „   „   in kleineren Städten zu 40—50 %   „   „
  „ Wohnhäuser in der Außenstadt u. in Vororten zu 30 %   „   „

Doch sollen Vorgärten bis zu einer Tiefe von mindestens 3 m nicht zur
Anrechnung auf die Grundstücksfläche kommen und Nebenhöfe, Lichthöfe
der bebaubaren Fläche zugerechnet werden [Anlage zu § 7].

Bei einheitlicher Bebauung eines Blocks kann von dem Regierungspräsi-
denten zugelassen werden [Anlage zu § 7]:

Eine Bebauung einzelner Grundstücke von über 30 %, wenn die ganze bebaute
Fläche des Blocks 30 % nicht überschreitet.

Die 3-geschossige Bauweise, wenn die überbaute Fläche unter 20 % bleibt.

Für Fabrikgebiete ist die kubische Regel: 9 m³ Baumasse auf 1 m²
Grundstücksfläche vorgeschlagen [Anlage zu § 8].

Wenn der vollständige Ausschluß von Wohnhäusern in Fabrikgebieten zu hart
erscheint, sollen diese, um wenigstens ihren Bau zu erschweren, auf 2 Geschosse
und 30 % der Grundstücksfläche beschränkt werden [Anlage zu § 8].

4. **Flügel- und Hintergebäude**, namentlich mit selbständigen Wohnungen,
sind tunlichst, in neu zu erschließenden Gebieten immer, zu verbieten, um
die für die Erneuerung der Zimmerluft so wichtige „Querlüftung" aller Wohnräume zu wahren und namentlich, um eine in sich geschlossene Freifläche
im Blockinnern, die den Zutritt von Licht und Luft zu den Hinterräumen gewährleistet, zu gewinnen. Zur Durchführung solcher Verbote wird die Beschränkung der Bautiefe — Verfasser: auf 11 m für kleine (2—3), 13 m

für mittlere (4—6), 15 m für größere (7—8), 16 m für sehr große Wohnungen (über 8 Räume) — durch Festsetzung hinterer „Baulinien" (Randbebauung) empfohlen.

Sind in älteren Stadtteilen Seitenflügel zugelassen, so sollen sich die zweier Nachbargrundstücke decken.

Abstand mehr als 2-geschossiger Wohngebäude von der hinteren Grundstücksgrenze mindestens 5 m, von Fensterwänden desselben Grundstücks 5 m, von Wänden ohne Fenster 2,5—2 m [Anlage zu § 8].

5. Der **Bauwich**, d. i. der Abstand der Gebäude von der Nachbargrenze, ist bei offener Bauweise nach den örtlichen Verhältnissen — Verfasser: im Mittel 2,5 m für 1-geschossige, 4,5 m für 2-geschossige Häuser —, im Reihenbau auf mindestens 5 m festzusetzen, um das Zerreißen der sonst geschlossenen Straßenwände durch häßliche Lücken so weit wie möglich zu verhindern [Anlage zu § 8].

Freistehende Brandgiebel sind in Außengebieten und innerhalb der offenen Bauweise zu verbieten, innerhalb der geschlossenen dadurch zu verhüten, daß ein Haus angebaut werden muß, wenn das Nachbarhaus bereits an der Grenze steht, jedoch den Bauwich einhalten muß, wenn dieses freisteht [Anlage zu § 8].

6. Es ist selbstverständlich, daß sich die aufgezählten Anforderungen nicht ohne weiteres an den Ausbau schon teilweise bebauter Blöcke stellen lassen; vorhandene **Baulücken** müssen durch Bauten gleicher Art wie die Nachbarhäuser geschlossen werden, wenn nicht unbefriedigende Straßenbilder entstehen sollen [Erlaß vom 11. September 1919].

7. Doch besteht sehr wohl die Möglichkeit, am Ende einer Häuserreihe ohne ästhetische Bedenken einen **Wechsel der Bauart**, auch in der Geschoßzahl, eintreten zu lassen, wenn nur dafür Sorge getragen wird, daß der Wechsel durch die Bebauung ein und desselben Grundstücks befriedigend vermittelt wird [Anlage zu § 9].

8. Für öffentliche Bauten und private Monumentalgebäude (Theater, Banken, Gasthöfe) sind natürlich zugunsten der architektonischen Belebung des Stadtbildes **Ausnahmen** von den vorerwähnten Bestimmungen zu gestatten [Anlage zu § 9].

9. Für die Art der **Einfriedigung** von Vorgärten ist mehr Spielraum, als bisher üblich, zu lassen; der Verwendung lebender Hecken (Abb. 63, 65) und der Anlage von Rasenstreifen ohne Gitter- oder Zaunumfriedung (Abb. 58, 85) steht in Kleinhaus- und Mittelhausstraßen nichts im Wege [Anlage zu § 25].

10. Zur Förderung des Baues von Klein- und Mittelhäusern sind weitgehende **bauliche Erleichterungen** vorgesehen, von denen
die Verringerung der Mauerstärken, die Zulassung von Fachwerkswänden [§ 13 nebst Anlage],
die Einschränkung der Brandmauern [§ 14], der Treppen [§ 17], der Geschoßhöhen [§ 28]
hervorzuheben sind.

II. Die Grenz- und Mittelwerte für die **Baustellentiefen** der einzelnen Gebäudearten sind in Anpassung an die Forderungen der „Musterbauordnung" in den nachfolgenden Tafeln zusammengestellt.

1. Der Berechnung der Grundstückstiefen ist eine

Haustiefe für sehr große Wohnungen (über 8 Räume einschl. Küche) von 15—16 m,
„ größere   „   (7—8 „   „   „) „ 13—15 m,
„ Mittel-   „   (4—6 „   „   „) „ 11—13 m,
„ Klein-   „   (2—3 „   „   „) „   9—11 m

zugrunde gelegt.

Der Anteil der **Hintergebäude** (Lager für Kleinhandel, Werkstätten für Handwerker) von Geschäftshäusern an der bebaubaren Fläche ist zu $\frac{1}{3}$ bis $\frac{1}{5}$ angenommen. Der **Vorgarten** ist auf die Grundstücksfläche nicht in Anrechnung gebracht.

Die Berechnung erfolgte
für **Geschäfts-**, Miet-, **Mittel-**, **Einfamilien-** und **Landhäuser**

$$\text{nach } t = \frac{100}{p - p \cdot \frac{1}{n}} \cdot h + v,$$

worin t die Baustellentiefe in m,
h „ Haustiefe   „ „
v „ Vorgartentiefe „ „
p der Vomhundertsatz der bebaubaren von der ganzen Fläche,
$\frac{1}{n}$ „ Anteil der Hintergebäude an p,

Beispiel: 3-geschossiges Geschäftshaus in einer Mittelstadt:

$$h = 15 \text{ m}; \quad v = 0 \text{ m}; \quad p = 50\%; \quad \frac{1}{n} = \frac{1}{3}.$$

$$t = \frac{100}{50 - 50 \cdot \frac{1}{3}} \cdot 15 + 0 \sim 46 \text{ m}$$

für **Kleinhäuser**   nach $t = \frac{a \cdot z}{b} + h + v,$

worin noch a die Nutzgartenfläche (ohne Vor- und Seitengarten) für jede Familie in m², eines Kleinhauses.
z „ Zahl der Familien,
b „ Grundstücksbreite in m

Beispiel: Freistehendes 2-geschossiges Zweifamilien-Kleinhaus:

$$h = 9 \text{ m}; \quad v = 3 \text{ m}; \quad a = 200 \text{ m}^2; \quad b = 14 \text{ m}.$$

$$t = \frac{200 \cdot 2}{14} + 9 + 3 \sim 41 \text{ m}.$$

Doch ist bei freistehenden Landhäusern (auch angebauten Mittelhäusern) die gegenüber eingebauten Häusern gleichen Umfangs größere Grundstücksbreite im Sinne größerer Weiträumigkeit außer Ansatz geblieben.

Bei genauer Einhaltung des zugelassenen Verhältnisses zwischen bebaubarer und ganzer Grundstücksfläche würden nämlich durch die offene Bauweise nur flachere Grundstücke und damit eine stärkere Belastung der Flächeneinheit mit Straßenbaukosten, sowie eine unerwünschte Zerstückelung der Gartenfläche, aber keine größere Weiträumigkeit und keine geringere Besiedlungsdichte gegenüber dem Reihenbau erzielt.

Dagegen ist bei angebauten und freistehenden Kleinhäusern die gegenüber eingebauten größere Grundstücksbreite für die Mindest-Nutzgartenfläche von 200 m² in Rechnung gezogen, woraus sich die Abnahme der „kleinsten" Baustellentiefen von geschlossener zu offener Bauweise in der Tafel ergibt, die „größere" Nutzgartenfläche aber in steigendem Verhältnis zu Einbau,

Gebäudeart	Geschoßzahl	Bebaubare Fläche in % der ganzen Grundstücksfläche — im ganzen %	Davon für Vorderhaus %	Davon für Hintergebäude %	Tiefe des Vorderhauses m	Vorgartentiefe m	Baustellentiefe ohne Vorgarten — größte m	kleinste m	im Mittel m	Baustellentiefe mit Vorgarten — größte m	kleinste m	im Mittel m
In Hauptverkehrsstraßen der Großstädte (über 100000 Einwohner):												
Geschäfts- und Miethäuser	4	40	27	13	15	—	56	—	45	—	—	—
	„	„	32	8	11	—	—	34		—	—	
	„	„	40	—	16	—	40	—	35	—	—	—
	„	„	„	—	11	—	—	28		—	—	
In Verkehrsstraßen der Großstädte und Mittelstädte (5000—100000 Einwohner):												
Geschäfts- und Miethäuser	3	50	33	17	15	—	46	—	**35**	—	—	—
	„	„	40	10	10	—	—	25		—	—	
	„	„	50	—	15	—	30	—	25	—	—	—
	„	„	„	—	10	—	—	20		—	—	
In Wohnstraßen der Großstädte:												
Mittelhäuser	3	50	50	—	15	7	30	—	25*)	37	—	30
	„	„	„	—	10	3	—	20		—	23	
In Wohnstraßen der Groß- und Mittelstädte:												
Mittel- und Einfamilienhäuser	2	60	60	—	15	7	25	—	20*)	32	—	25
	„	„	„	—	9	3	—	15		—	18	
In Kleinstädten (bis 5000 Einwohner):												
Geschäfts- und Miethäuser	2	40	27	13	14	—	52	—	**40**	—	—	—
	„	„	32	8	9	—	—	28		—	—	
Mittel- und Einfamilienhäuser	„	50	50	—	16	7	32	—	25*)	39	—	30
	„	„	„	—	9	3	—	18		—	21	
In der Außenstadt und in Vororten von Groß-, Mittel- und Kleinstädten und in Landorten:												
Mittel- und Einfamilienhäuser	2	30	30	—	15	7	50	—	**40**	57	—	45
	„	„	„	—	9	3	—	30		—	33	
In Landhausgebieten:												
Landhäuser in offener und Gruppenbauweise	2	30	30	—	16	7	—	—	—	60	—	**45**
	„	40	40	—	11	3	—	—		—	30	
In Fabrikgebieten:												
Fabriken	2–4	—	—	—	—	—	100	—	75			
	„	—	—	—	—	—	—	50				

Öffentliche Gebäude:

	Baustellengröße m²
Verwaltungs-, Post-, Gerichtsgebäude	2000—4000
Schulen	2000—5000
Kirchen	1000—3000

*) Verfasser hält die Unterschreitung einer Baustellentiefe von 25 m, ja von 30 m für bedenklich; es ergibt sich nämlich unter Einrechnung der Straßenflächen und einer Freifläche von 6,5 m²/Kopf, aber ohne Vorgärten, eine Besiedlungsdichte von 360 Einw./ha für 3-geschoss. Mittelhäuser u. 25 m Baustellentiefe in Großstädten,

350 „ „ 2- „ „ „ 20 „ „ „ Groß- u. Mittelstädten,

300 „ „ 2- „ „ „ 25 „ ²„ „ Kleinstädten,

Gebäudeart	Geschoßzahl	Tiefe des Vorderhauses m	Vorgartentiefe m	Zahl der Familien	Grundstücksbreite m	Nutzgartenfläche für jede Familie kleinste m²	größere m²	im Mittel m²	Baustellentiefe ohne Vorgarten größte m	kleinste m	im Mittel m	Baustellentiefe mit Vorgarten größte m	kleinste m	im Mittel m
In Kleinhaussiedlungen:														
Kleinhäuser eingebaut	2	9	3	2	8	200	—	210	—	59	**60**	—	62	65
	„	11	7	„	9	—	225		61	—		68	—	
angebaut	„	9	3	„	11	200	—	240	—	46	50	—	49	55
	„	11	7	„	13	—	280		54	—		61	—	
freistehend	„	9	3	„	14	200	—	275	—	—	—	—	41	**50**
	„	11	7	„	17	—	350		—	—		59	—	
eingebaut	„	9	3	1	5	200	—	220	—	49	**50**	—	52	55
	„	11	7	„	6	—	240		51	—		58	—	
angebaut	„	9	3	„	8	200	—	275	—	34	40	—	37	45
	„	11	7	„	10	—	350		46	—		53	—	
eingebaut	1	9	3	„	7	200	—	240	—	38	**40**	—	41	45
	„	11	7	„	9	—	280		42	—		49	—	
angebaut	„	9	3	„	9	200	—	330	—	31	40	—	34	45
	„	11	7	„	12	—	455		49	—		56	—	
freistehend	„	9	3	„	11	200	—	415	—	—	—	—	30	**45**
	„	11	7	„	15	—	630		—	—		60	—	

Anbau, Freibau gewählt worden, so daß die Abnahme der „mittleren" Baustellentiefen zugunsten größerer Weiträumigkeit bei Gruppen- und offener Bauweise in mäßigen Grenzen bleibt, bei 1-geschossigen Einfamilien-Kleinhäusern sogar überhaupt nicht eintritt.

Bei Gruppenbau von Kleinhäusern läßt sich eine ganz gleichmäßige Verteilung der Gartenfläche auf alle, auch die angebauten Häuser am Ende der Gruppe dadurch erreichen, daß die Grenzen zwischen den Gärten zu den Hausgrenzen verschoben, also etwa 2—3 m von der hinteren Hauswand rechtwinklig gebrochen werden, oder auch zwischen den Häusern und Gärten ein durchlaufender Gang als Hof und Wirtschaftsweg eingeschaltet wird (Abb. 24).

2. Für die Baustellentiefen von **Fabriken** läßt sich

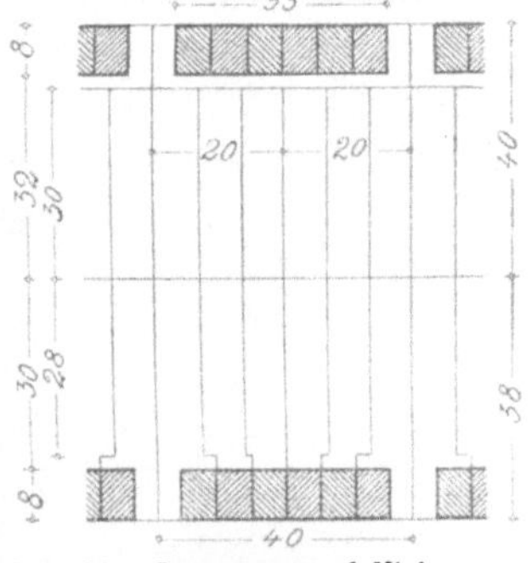

Abb. 24　Gruppen von 6 Kleinhäusern mit gleich großen (200 m²) Nutzgärten.

während sie für Geschäfts- und Miethäuser ohne Hintergebäude (mit solchen noch weniger) infolge der größeren Breite der Verkehrsstraßen
250 Einw./ha für 4-gesch. Geschäftshäuser u. 35 m Baustellentiefe in Großstädten,
300　„　„ 3- „　　　„　　„ 25 „　　„　　„ Groß- u. Mittelstädten,
200　„　„ 2- „　　　„　　„ 40 „　　„　　„ Kleinstädten
　　　　(letztere mit Hintergebäuden)
beträgt, was angesichts der geringen Zahl der Verkehrsstraßen, an denen allein Geschäftshäuser zulässig sein sollten, weniger bedenklich erscheint.

In den neueren Stadtvierteln der meisten Mittel- und Kleinstädte sind Blocktiefen unter 60 m oder gar unter 50 m bislang verhältnismäßig selten; die bebaute Fläche der Grundstücke bleibt gewöhnlich unter der nach der Bauordnung zulässigen.

Die Baustellentiefen, die für Ortserweiterungen vor allem in Betracht kommen, sind in den Tafeln durch Fettdruck hervorgehoben.

eine Berechnungsart nicht angeben, da die Anforderungen an die Größe von Fabrikgrundstücken je nach Art und Umfang des Betriebes außerordentlich verschieden sind. Es empfiehlt sich, Fabrikgelände im Bebauungsplan über-

Abb. 25. Langer Baublock, durch Querweg geteilt.

haupt nur so weit unterzuteilen, wie es die Erschließung der in verschiedenem Besitz befindlichen Parzellen und der voraussichtliche Bedarf an Fabrikbaustellen der allernächsten Zukunft nötig erscheinen lassen, und die Block-

Abb. 26. Kleinhausblock in Reihenbau mit Wirtschaftsweg.

tiefen so reichlich (bis 200 m) zu bemessen, daß die Blöcke nötigenfalls durch Zwischenstraßen unschwer weiter aufgeteilt werden können.

III. 1. Die **Tiefe der Baublöcke** ist gleich der Gesamttiefe der beiderseits erwünschten Bauplätze.

Bei der Blockteilung ist zu beachten, daß die gegenüberliegenden Blockseiten öfters eine verschiedenartige Bebauung, die ungleiche Baustellentiefen verlangt, erhalten, daß also etwa vorhandene Eigentumsgrenzen nicht immer durch die Mitte der Baublöcke laufen dürfen, sondern letztere entsprechend zu verschieben sind.

2. Die **Länge der Baublöcke** wird 2 — 4 m a l so groß gewählt wie ihre T i e f e.

Je länger ein Baublock ist, desto mehr wird an Straßenfläche und Straßenbaukosten gespart, doch andererseits den in der Mitte einer Blockseite Wohnenden ein um so größerer Umweg zugemutet. Es empfiehlt sich daher, nur Baublöcken, deren Achse in die Hauptverkehrsrichtung, die radiale, fällt, eine große Länge zu geben, die Baublöcke quer dazu aber kürzer zu halten. Doch läßt sich der Umweg um einen langen Block für die Fußgänger durch einen den Block teilenden Querweg (S t i e g e) von 2,3—4,5 m Breite (vgl. B. VI. 1. b) ohne allzu große Kosten verkürzen (Abb. 25).

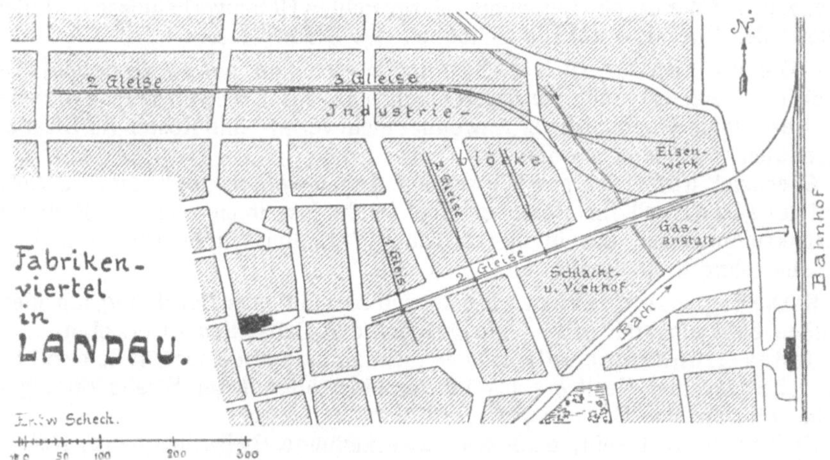

Abb. 27. Fabrikviertel mit Eisenbahnanschluß.

3. **Baublöcke mit Kleinhäusern im Reihenbau** erhalten zweckmäßig noch einen **inneren, 2,3—3 m breiten Wirtschaftsweg**, um von ihm aus ohne Berührung der Wohnungen die An- und Abfuhr von Dünger, Gartenfrüchten usw., das Ein- und Austreiben von Vieh bewerkstelligen zu können. Etwaigen Gartendiebstählen, die hierdurch erleichtert werden, wird durch Abschluß des Wirtschaftsweges an der Ausmündung in die Straße während der Nachtzeit begegnet (Abb. 17, 26).

Solche heckenbesäumte **Gartenstiegen**, im Zusammenhang durch die Baublöcke geführt, ergeben einfache, doch mit dem Blick in die Gärten angenehme und sehr billige Spazierwege für die Erholung suchende Bevölkerung.

4. Bei der **Blockteilung von Industriegelände** ist zu beachten, daß Eisenbahnanschlußgleise und Wasserstraßen mitten durch die Baublöcke geführt werden können, um das Be- und Entladen der Fahrzeuge unmittelbar von den anstoßenden Grundstücken aus und ohne Störung anderer Betriebe zu ermöglichen (Abb. 27).

V. Straßennetz.

Im Straßennetz sind vor allem **Verkehrsstraßen** und **Wohnstraßen** zu unterscheiden, erstere bestimmt, den Verkehr von und nach auswärts und den Durchgangsverkehr zwischen entfernteren Punkten des Ortes aufzunehmen, letztere im wesentlichen nur der Aufteilung des Geländes in Baustellen und als Zugang zu diesen dienend.

Durch Beachtung der verschiedenartigen Anforderungen, die an jede dieser beiden Straßengattungen zu stellen sind, wird erreicht, daß sich der durchgehende Verkehr auf verhältnismäßig wenige Straßen beschränkt, daß infolgedessen die übrigen Straßen schmäler gehalten und mit billigerer Befestigung versehen werden können, und dazu das Wohnen in ihnen angenehmer wird.

Der Entwurf des Straßennetzes unterliegt hinsichtlich beider Straßenarten der Rücksicht auf die Straßen und Wege, auch Privatwege, auf die Eigentumsgrenzen, auf die durch Höhenlinien dargestellten Höhenverhältnisse und nicht zuletzt der Rücksicht auf die Schönheit des Stadtbildes.

I. Die **vorhandenen Straßen** und **Wege** sind, soweit sie bebaut oder auch nur befestigt sind, selbstverständlich in das Straßennetz einzubeziehen, damit die Rechte der Anwohner nicht verletzt und Kosten für Straßenumbauten vermieden werden.

Aber auch unbefestigte Wege ohne Anbau werden möglichst als Straßen beibehalten, weil ihr Bestehen doch wohl fast immer auf ein Bedürfnis zurückzuführen ist, das in den örtlichen Verhältnissen begründet und den Ortsbewohnern altgewohnt ist.

II. Die **Eigentumsgrenzen** bedürfen sorgfältigster Beachtung, um allenthalben bebauungsfähige und gut geschnittene Baustellen zu erzielen.

Jedes Grundstück soll, falls es nicht an eine von einer Straße berührten Parzelle desselben Besitzers anstößt, von einer öffentlichen Straße zugänglich sein, d. h. an eine Straße grenzen.

Es soll so tief sein, daß seine zweckmäßige Bebauung möglich ist.

1. Die Straßen werden daher tunlichst so geführt, daß die mit ihnen gleichlaufenden **Eigentumsgrenzen** entweder in die **Straßenflächen** (Abb. 31, 37), wenn angängig in die Straßenachsen, oder ungefähr in die **Blockmitten** fallen.

Den Anbau erschweren besonders sog. „Baumasken" oder „Ärgerstreifen" (Abb. 28), d. s. wenig tiefe, selbst nicht bebauungsfähige Grund-

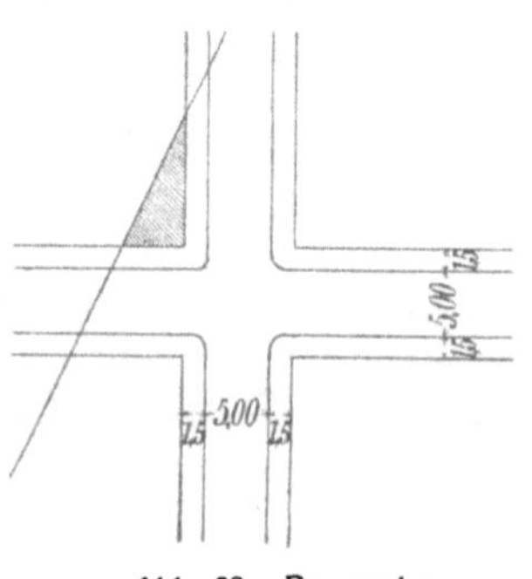

Abb. 28. Baumaske.

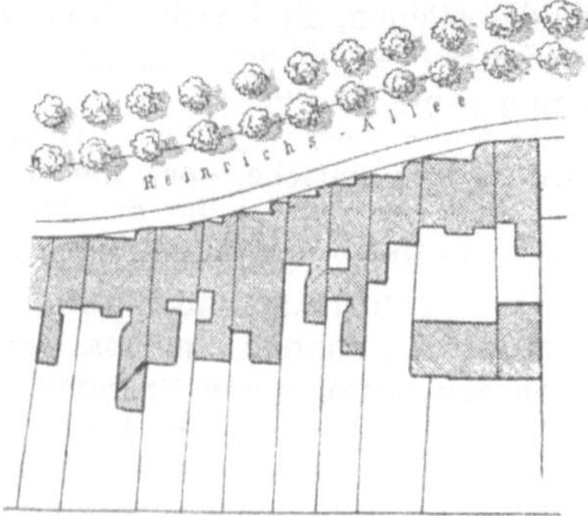

Abb. 29. Abgetreppte Bauflucht (Aachen).

stücksstreifen, die anderen Grundstücken vorgelagert sind und deren Bebauung ihrem Besitzer nur unter großen Opfern für den vorgelagerten Streifen ermöglichen.

Wenn auch das preuß. Wohnungsgesetz vom 28. März 1918 nach § 13 a die Enteignung solcher Restgrundstücke und ihre Übereignung an die Nach-

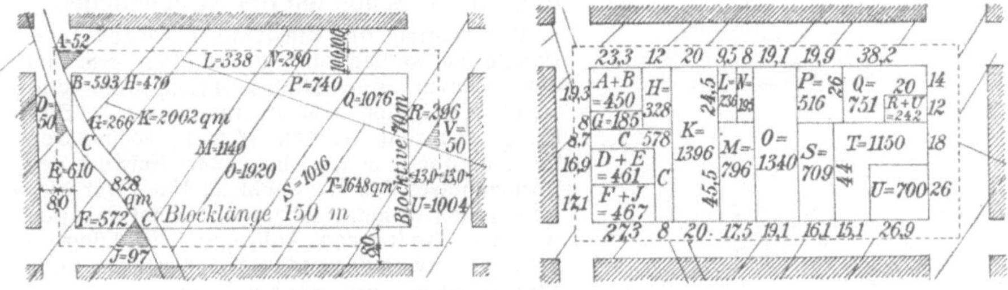

Abb. 30. Beispiel für das Umlegen von Grundstücken.

barn vorsieht, so werden sie doch besser bei Aufstellung des Bebauungsplanes soweit wie möglich vermieden, um die Kosten und Mühe der Umlegung zu ersparen, zumal das Bestreben, sie zu vermeiden, oft Veranlassung zu reizvoller Abwechselung im Straßenbild gibt.

2. Erwünscht sind möglichst **rechtwinklige Schnitte der Baufluchtlinien mit** den quer dazu laufenden **Eigentumsgrenzen,** namentlich für eingebaute Häuser zur Erzielung rechteckiger Hausgrundrisse.

Wo die Eigentumsgrenzen nicht parallel laufen, sind daher Straßenkrümmungen angebracht.

Lassen sich schräge Schnitte nicht vermeiden, wie namentlich in Verkehrsstraßen, die mit Rücksicht auf die Übersichtlichkeit im Verkehr in schlanker Linie geführt werden müssen, oder die bestehenden Richtwegen folgen, welche oft die Grundstücke schräg durchschneiden, so wird zweckmäßig die Baufluchtlinie abgetreppt (Abb. 29), wodurch sogar eine angenehme Abwechselung gegenüber den Straßen mit geraden oder gekrümmten Baufluchtlinien in das Stadtbild kommt. Die Abtreppung ist jedoch nicht in den Eigentumsgrenzen, sondern mindestens 3 m davon vorzunehmen, damit das Straßenbild nicht etwa durch kahle Giebel verunziert wird.

An allen Stellen, wo sich infolge zersplitterten Besitzes oder eigenartigen Verlaufs der Eigentumsgrenzen ein zweckmäßiger Anbau nicht ohne weiteres ergibt, muß man sich in einer Pause durch Parzellierung des Baublocks und Eintragung der Bebauung Klarheit über die beste Lösung verschaffen.

Nicht selten gibt die Anordnung von Straßenerweiterungen, kleinen Schmuckplätzen ein Mittel an die Hand, nicht oder nur schlecht bebaubare Grundstücke auszuschalten und gleichzeitig eine wohltuende Abwechselung in das Straßenbild zu bringen.

3. Bei völlig regelloser Lage der Grundstücke oder bei Streifenlage mit ganz unzureichenden Grundstücksbreiten für die Bebauung bleibt nur die **Umlegung** zu bebauungsfähigen Grundstücken mit Anpassung der Baublöcke an die günstigste Linienführung der Straßen (Abb. 30), wie sie die „lex Adickes", die durch Erlaß eines Ortsstatutes auf Grund des § 14 a des preuß. Wohnungsgesetzes vom 28. März 1918 auf jeden Ort ausgedehnt werden kann, vorsieht.

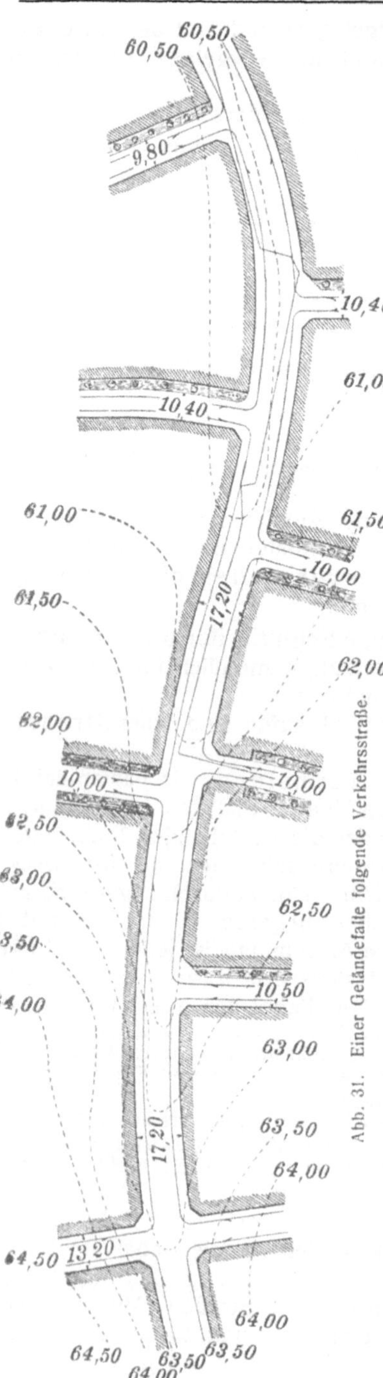

Abb. 31. Einer Geländefalle folgende Verkehrsstraße.

III. Die Höhenverhältnisse des Geländes sind von größter Bedeutung für die Straßenbaukosten, für den Wagenverkehr auf den Straßen, für die ober- wie unterirdische Entwässerung der Straßen und für die Schönheit der Straßenbilder.

Wenn auch die hinsichtlich vorgenannter Punkte zu stellenden Forderungen erst bei dem Entwurf der Straßenlängenprofile einwandfrei mit den Höhenverhältnissen in Einklang gebracht werden können, so müssen letztere doch schon bei dem Entwurf des Straßennetzes im Lageplan an Hand der eingetragenen Höhenlinien in Rücksicht gezogen werden, damit nach Auftragen der Längenprofile schwerwiegende Abänderungen des Straßennetzes vermieden werden.

1. Die **Straßenbaukosten** stellen sich am niedrigsten, wenn sich die Straßen mit geringem Auftrag möglichst dem Gelände anschmiegen.

Für die vorläufige Berechnung der Steigungen und Gefälle der Straßen ist daher im allgemeinen der Abstand der Geländehöhenlinien in der Straßenachse maßgebend, ausgenommen dort, wo die Kreuzung eines Tales wegen Überflutungsgefahr einen höheren Damm erfordert.

2. Der **Wagenverkehr** läßt Steigungen

im Flachland:
für Verkehrsstraßen nur bis 2,5%,
  „ Wohnstraßen   „ „ 5 %,
im Bergland:
für Verkehrsstraßen „ „ 5 %,
  „ Wohnstraßen   „ „ 10 % zu.

3. Die **oberirdische Entwässerung** verlangt Vorflut aller Straßen und Grundstücke zu jeder Zeit und ausreichendes Straßengefälle.

Die Straßen müssen deshalb hochwasserfrei, d. i. mindestens 0,60 m über H.W., soweit sie aber bebaut werden sollen, besser 1,50—2,50 m über H.W. liegen und von der Hochwasserlinie entsprechend abbleiben, damit die Keller vor Überflutungen durch Hoch- oder Grundwasser bewahrt bleiben.

Vorhandene Wasserläufe werden je nach den Hochwasser- und Geländeverhältnissen in größerem oder geringerem Abstand beiderseits mit einer Straße besäumt, deren Bebauung nur an der Hangseite zu gestatten ist.

Hierdurch wird zugleich die öffentliche Aufsicht über den Wasserlauf am sichersten gewährleistet und seine Verunreinigung durch die Anlieger verhütet, zudem Gelegenheit gegeben, das Stadtbild durch Wasserflächen zu beleben.

Aber auch die Sohlen aller sonstigen Geländefalten, die kein Wasser führen, sind durch Straßen zu erschließen (Abb. 31), um das von den Hängen abfließende Wasser aufzunehmen und in den Wasserlauf des Haupttales weiterzuleiten.

Es muß dies auch in wenig bewegtem Gelände beachtet werden, weil sich nur dann die ober- wie unterirdische Entwässerung mit dem geringsten Kostenaufwand ermöglichen läßt.

Den Sohlen der Täler und bedeutenderen Geländefalten folgen zweckmäßig, soweit es sich mit den erforderlichen Verkehrsverbindungen vereinigen läßt, Verkehrsstraßen (Abb. 31), weil die Talstraßen natürlich auch die Sammelkanäle der unterirdischen Entwässerung aufnehmen müssen und sich hierzu Verkehrsstraßen wegen ihrer größeren Breite besser eignen als Wohnstraßen.

Die Erschließung der Hänge und Hochflächen hat im Anschluß an die Talstraßen so zu erfolgen, daß im Straßennetz nirgends Mulden verbleiben, sondern jede Straße oberirdisch in eine andere Straße, weiter in die Talstraße und schließlich in einen offenen Wasserlauf entwässert.

Das Gefälle der Straßen muß, um sie oberirdisch entwässern zu können, wenigstens 0,4% betragen.

Dieses Mindestgefälle läßt sich jedoch häufig, namentlich bei schwacher Geländeneigung, nicht ohne etwas höhere Aufträge, mitunter auch nicht ohne kleine Abträge an einzelnen Stellen erzielen.

Die einwandfreie Gestaltung der Entwässerung ist nur an Hand der Straßenlängenprofile möglich. Sie wird jedoch dadurch sehr erleichtert, daß schon bei dem Entwurf des Straßennetzes im Lageplan, der ja infolge der eingetragenen Höhenlinien den besten Überblick über die Geländegestaltung im ganzen gibt, die Geländeneigung in Betracht gezogen und danach die Gefällrichtung der einzelnen Straßen durch Pfeile angegeben wird.

4. Die **unterirdische Entwässerung** macht erwünscht, daß sich die tiefstgelegenen Straßen noch 2,20—3,20 m über H.W. befinden, um die durch sie geführten Sammelkanäle jederzeit von dem Regenwasser nach dem Vorfluter entlasten und demnach das meistens billigere Mischverfahren anwenden zu können.

Erscheint das Trennverfahren als das wirtschaftlichere für den betreffenden Ort, so genügt zur unterirdischen Ableitung des Regenwassers schon eine Höhe der Straßenkrone von 1,75 m, im Notfalle auch schon von 0,60 m über H.W. an den tiefsten Punkten des Straßennetzes (vgl. Heft 36 dieser Sammlung: Gürschner-Benzel, Stadtentwässerung, A. II. 1. und E. V.).

Es empfiehlt sich immer, vor Aufstellung eines Bebauungsplanes die unterirdische Entwässerung des betreffenden Ortes in ihren Grundzügen festzustellen, weil deren Berücksichtigung bei dem Entwurf des Straßennetzes der Gemeinde oft hohe Summen für ihre Entwässerungsanlage ersparen kann.

So wird es sich hin und wieder als vorteilhaft erweisen, einen Straßenzug anzulegen mit dem Hauptzweck, den Abfangekanal eines bereits bebauten Gebietes aufzunehmen und dadurch die unterirdische Entwässerung der Tief-

punkte des Gebietes überhaupt erst zu ermöglichen oder wenigstens an Erdarbeiten hierfür zu sparen. Auch die Aufhöhung manches bestehenden, allerdings noch nicht bebauten Weges wird öfters von Vorteil für die Erzielung
eines nicht zu schwachen Gefälles und damit kleinerer Abmessungen der
Entwässerungsleitungen sein.

Vielfach haben schon einige der bebauten Straßen eine tiefere Lage, als
die unterirdische Abführung des Regen- und Schmutzwassers wünschenswert
erscheinen läßt, von denen demnach die Art des Entwässerungsverfahrens
und die allgemeine Anordnung der Entwässerungsanlage abhängig ist. Es
genügt dann, die neu anzulegenden Straßen so hoch zu legen, daß sie
noch ausreichendes Gefälle zu den bereits bebauten Straßen haben.

Im übrigen wird durch eine möglichst gute Lösung der oberirdischen
Entwässerung auch die billigste unterirdische Entwässerung gewährleistet, da diese ja im allgemeinen parallel dem Straßengefälle erfolgt. Dabei ist als
günstigste Lösung für die unterirdische Ableitung des Schmutzwassers, das, wenn
irgend möglich, an einem Punkte stromab vom Ort zusammengeführt wird, ein zusammenhängendes Gefälle sämtlicher Straßen nach diesem Punkte anzusehen, was
ja nicht ausschließt, daß das oberirdisch oder unterirdisch abfließende Regenwasser
schon vorher an geeigneten Stellen dem Vorfluter zugeführt wird.

5. Die **Schönheit des Straßenbildes** ist insofern von den Höhenverhältnissen abhängig, als gerade Straßengradienten von stärkerer Neigung
steif und hart, konkave (Abb. 99) dagegen infolge der allmählichen Steigerung der Neigung wohltuend, konvexe aber, hauptsächlich wegen des
fehlenden Abschlusses am Hochpunkt, sogar häßlich wirken.

Es sind daher vor allem die Straßen über Geländewellen nicht in
gerader Linie zu führen.

In den zwischen den Verkehrsstraßen liegenden Wohnvierteln lassen sich
verhältnismäßig leicht konvexe Straßengradienten vermeiden und überall geschlossene Straßenbilder dadurch erreichen, daß keine langdurchlaufenden,
sich glatt durchschneidenden Straßen angeordnet, die Straßenmündungen
vielmehr, jedenfalls immer an Hochpunkten des Geländes, gegeneinander versetzt, die Baublöcke gegeneinander verschoben werden, wodurch
gleichzeitig jeder Durchgangsverkehr dem Wohnviertel am sichersten ferngehalten wird. Ergibt sich dennoch, veranlaßt durch den Verlauf der Eigentumsgrenzen, an der einen oder anderen Stelle eine konvexe Straßengradiente,
so ist es fast immer möglich, durch Verspringen der Straßenachse und
Einfügen eines kleinen Platzes der Straße nach beiden Seiten einen gefälligen
Abschluß am Scheitelpunkt (Abb. 100) zu geben.

In Verkehrsstraßen, für die eine schlanke Linienführung in der ge-
gebenen Richtung Bedingung ist, sind bei konvexer Gradiente geschlossene
Straßenbilder schwieriger zu erzielen. Am ehesten gelingt dies noch durch
Einlegen von Krümmungen (Abb. 32a), schlanken S-Kurven, welch
letztere zu einer Straßenerweiterung, zur Anlage eines kleinen Platzes führen
(Abb. 32b). Aber auch die Verlegung einer in der Nähe vorgesehenen
Straßengabelung (Abb. 32c) oder eines Monumentalbaues (Kirche:
Abb. 32d) an den Hochpunkt ist geeignet, dem Auge einen festen Ziel-
punkt und kräftigen Straßenabschluß auf der Höhe zu bieten.

Konvexe Straßengradienten ergeben sich aber nicht allein bei Überschreitung, sondern auch bei Ersteigung von Höhenrücken mit nach
oben abnehmender Neigung (Abb. 100). Weichen in diesem Falle die Abstände

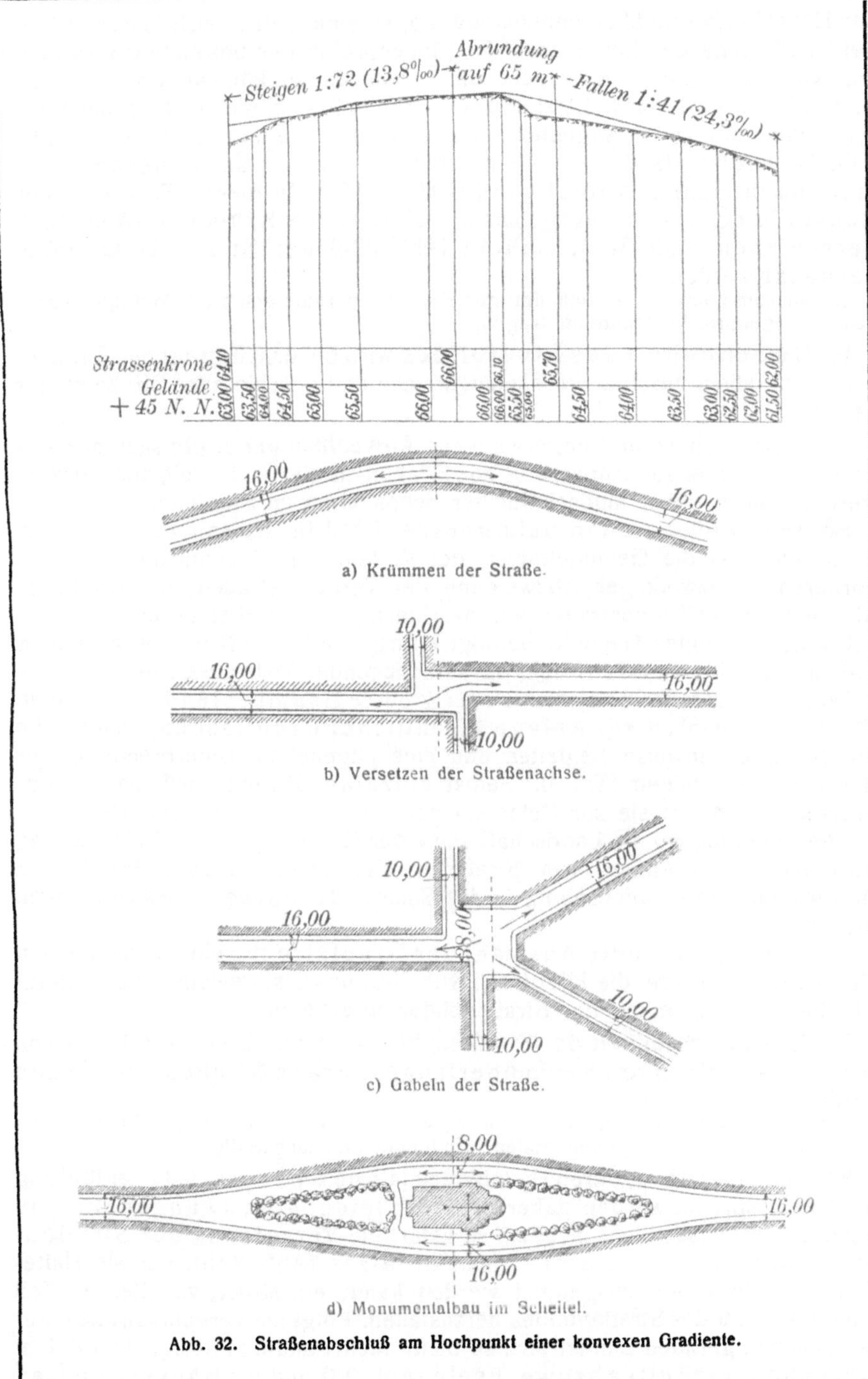

Abb. 32. Straßenabschluß am Hochpunkt einer konvexen Gradiente.

der Höhenlinien erheblich voneinander ab, so empfiehlt es sich immer, schon
bei Bearbeitung des Lageplanes die Längenprofile der betreffenden Straßen
auf Millimeterpapier aufzutragen, um feststellen zu können, ob die Konvexität störend wirkt. Letzteres wird der Fall sein, wenn für einen Menschen von etwa 1,50 m Augenhöhe, der sich an dem einen Ende der Straße
befindet, mehr als die Sockelhöhe (rd. 1 m) der am anderen Ende
stehenden Häuser verschwindet (Abb. 100). In diesem Falle muß der
Buckel in der vorher angegebenen Weise, durch Krümmen (Abb. 32a),
Verschieben (Abb. 32b), Gabeln (Abb. 32c) der Straße im Lageplan,
verdeckt werden.

Genau und überall läßt sich der gestellten Forderung erst nach Auftragen sämtlicher Längenprofile Rechnung tragen.

IV. Die **Schönheit des Stadtbildes** wird bei dem Entwurf des Straßennetzes vor allem durch abwechselungsreiche und geschlossene Straßenbilder
gewahrt.

1. Eine natürliche und ungezwungene **Abwechselung** ergibt sich meistens
schon aus der engen Anpassung der Straßen an die Örtlichkeit, aus der Verwertung vorhandener landschaftlicher Schönheiten im Stadtbild.

So werden die Straßen bald gerade, bald im Bogen zu führen sein,
je nachdem es die Geländehöhen, der Verlauf der Eigentumsgrenzen, die
Forderung spitzwinkliger Abzweigung der Verkehrsstraßen, rechtwinkliger
Abzweigung der Wohnstraßen am zweckmäßigsten erscheinen lassen.

Stärker geneigtes Gelände bedingt Hangstraßen mit nur bergseitigem
Anbau und freier Aussicht über die tiefer liegenden Teile des Ortes (Abb. 82).

Wasserläufe, Teiche, kleine oder größere Baumbestände bieten eine
günstige Gelegenheit zur Anlage öffentlicher Grünflächen, welche die
Straßen streckenweise begleiten und eine angenehme Unterbrechung der
Häuserfluchten bilden (Taf. I). Selbst einzelne Bäume wird man zu erhalten suchen, um sie zur Belebung des Straßenbildes zu verwerten.

Aber auch da, wo die Landschaft keine der Erhaltung werten Reize besitzt,
wird man durch Anlage von Straßenerweiterungen, Plätzen, Grünflächen
eine wohltuende Abwechselung in das Einerlei des Straßennetzes zu bringen
suchen.

Auch die geschickte Auswahl der Bauplätze für die vorzusehenden
öffentlichen Gebäude, die Kirchen, Schulen usw., ist geeignet, die Mannigfaltigkeit und Schönheit der Straßenbilder zu erhöhen.

2. Die **Geschlossenheit der Straßenbilder** wird am ehesten erreicht, wenn
bei dem Entwurf von vornherein überlange, gerade Straßen vermieden
werden.

Gerade Straßen über 300, 400 m Länge wirken wegen des sich gleichbleibenden
Bildes, das sie beim Begehen bieten, ermüdend und langweilig.

Verkehrsstraßen, deren Hauptzweck ja eine schnurgerade Linienführung
nicht widerspricht, werden daher besser in leicht geschwungener Linie
angelegt. Ist dieses nicht möglich, so liefert die Versetzung der Straßenachse und die Anlage eines kleinen Platzes (Abb. 32b), der als Halteplatz für Lohnwagen ausgenutzt werden kann, ein Mittel, von Zeit zu Zeit
einen Abschluß des Straßenbildes herzustellen. Folgt die Verkehrsstraße einer
vorhandenen geraden Landstraße, so bleibt nichts anderes übrig, als mit dem
Straßenquerschnitt abzuwechseln (Abb. 33) und die Häuserfluchten

hin und wieder durch Straßenerweiterungen (Abb. 34), Plätze, größere Baumgruppen, Monumentalgebäude, insbesondere Kirchen mit Türmen als Zielpunkten (vgl. Abb. 51), zu unterbrechen, um gewissermaßen durch Einschnitte die lange Straße in kurze Strecken zu zerlegen.

Im Wohnstraßennetz, das keinen Rücksichten auf den Durchgangsverkehr unterworfen ist, lassen sich geschlossene Straßenbilder durch Krümmen (Abb. 37) oder Versetzen (Abb. 100) der Straßenachse, besonders an der Einmündung in andere Straßen, fast überall ohne Schwierigkeit erzielen.

3. Ganz besonders wird das Straßenbild gehoben durch Zielpunkte der Straßenflucht in Gestalt hervorragender Bauwerke (Abb. 50—52) oder Höhen, wodurch das Zurechtfinden im Orte wesentlich unterstützt wird. Man wird daher, soweit nicht andere Anforderungen an die Linienführung der Straßen dagegen sprechen, einzelne Straßen so anlegen, daß sie Ausblicke auf die vorhandenen Monumentalbauten, Türme oder auf die Höhen der Umgebung bieten und geplante Monumentalbauten so in das Straßennetz stellen, daß sie als Zielpunkte für eine Reihe von Straßen zur Geltung kommen.

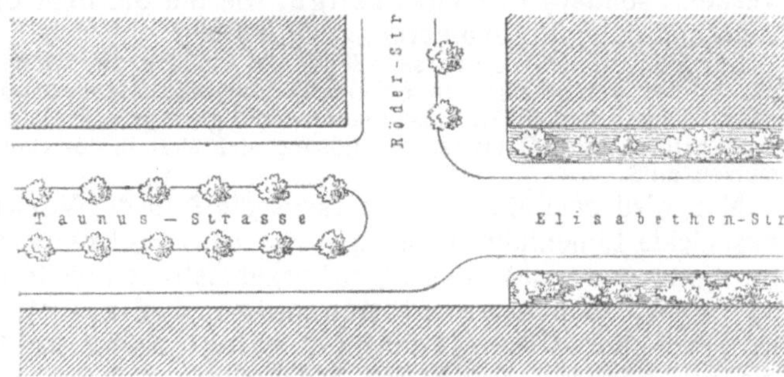

Abb. 33. Wechsel des Straßenquerschnittes (Wiesbaden).

Es empfiehlt sich, das Straßennetz zunächst freihändig auf Pauspapier über dem Lageplan zu entwerfen, wobei die Breiten der Verkehrsstraßen vorläufig mit 17 m, die der Wohnstraßen mit 10 m angenommen werden können, und natürlich die der vorgesehenen Bebauung am besten entsprechenden Abmessungen der Baublöcke eingehalten werden müssen.

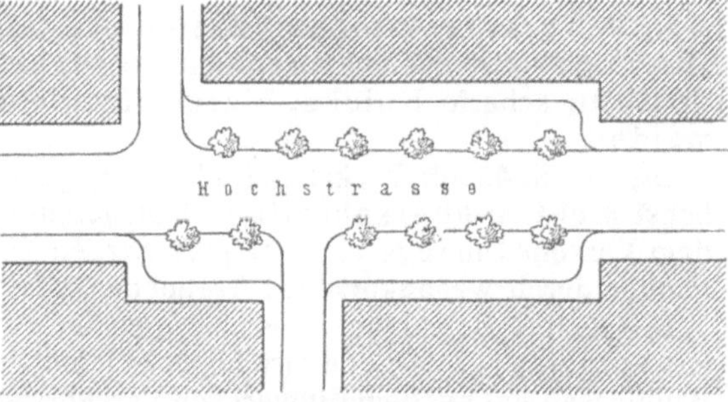

Abb. 34. Straßenerweiterung (Aachen).

Die Straßen sind, soweit sie noch keinen Namen haben, alsbald, und zwar jede durchlaufende Straße für sich, mit arabischen Zahlen zu numerieren.

Ist der Bebauungsplan sehr ausgedehnt, so wird er zweckmäßig in Gebiete, die mit römischen Zahlen zu bezeichnen sind und deren Straßen für sich numeriert werden, eingeteilt, um nicht zu hohe Straßennummern zu erhalten und schon bei Nennung einer Straße — Str. III. 26 — einen Anhalt für ihre Lage im Stadtplan zu haben. Die Unterteilung des Planes ist so vorzunehmen, daß die einzelnen Straßen nur einem Gebiet angehören, und erfolgt deshalb vorteilhaft längs der strahlenartig verlaufenden Hauptstraßen.

Wo es nach dem Verlauf der Höhenlinien nötig erscheint, wird die erforderliche Klarheit über die Straßengradienten schon während des ersten Entwurfs durch Aufzeichnen der Längenprofile (Höhen im 10fachen Maßstabe der Längen) auf Millimeterpapier gewonnen.

Der Entwurf des Straßennetzes hat mit dem Entwurf der Verkehrsstraßen zu beginnen.

1. Verkehrsstraßen.

Der Entwurf des Verkehrsstraßennetzes unterliegt in allererster Linie der Rücksicht auf den Verkehr, insbesondere auf den Wagenverkehr.

Maßgebend ist natürlich nicht der zur Zeit des Entwurfs herrschende Verkehr, sondern der zukünftige, wie ihn die dem Umfang des Entwurfs zugrunde gelegte Bevölkerungszahl bedingt.

Der Entwurf des Verkehrsstraßennetzes ist eine der wichtigsten, aber auch eine der schwierigsten Aufgaben bei Aufstellung eines Bebauungsplanes, weil ihre mehr oder weniger geschickte Lösung von nicht geringem Einfluß auf die wirtschaftliche Entwicklung eines Ortes ist, die Lösung sich aber in der Hauptsache auf Annahmen stützen muß.

Man wird bestrebt sein, einerseits die Zahl der Verkehrsstraßen durch geschickte Linienführung möglichst einzuschränken, um den Aufwand für die breiten und kostspieligen Verkehrsstraßen niedrig zu halten, andererseits aber auch zu vermeiden suchen, daß aus Mangel an Verkehrsstraßen ganze Viertel in ihrer Entwicklung zurückbleiben oder später die nachträgliche, immer mit bedeutenden Mehrkosten verknüpfte Durchlegung von Verkehrsstraßen notwendig wird.

Es empfiehlt sich, das Verkehrsstraßennetz zunächst auf dem Meßtischblatt mit Buntstift zu entwerfen, weil dieses den sichersten Überblick über die Bedeutung der einzelnen Straßen auch für die weitere Umgebung gewährt, und es erst hierauf in eine über den Lageplan gebreitete Pause zu übertragen und in seinen Einzelheiten den auf dem Plan verzeichneten Eigentumsgrenzen und Höhenlinien anzupassen.

I. Die Verkehrsstraßen haben den zwischen entfernteren Punkten des Ortes sich vollziehenden **Durchgangsverkehr** in schlanker Linie zu **vermitteln**; scharfe Knicke, starke Krümmungen sind deshalb zu vermeiden.

Die auf S. 42 für Verkehrsstraßen angegebene Höchststeigung ist tunlichst nicht zu überschreiten. In steilerem Gelände werden infolgedessen dem Verkehr Umwege nicht erspart werden können, die sich aber für Fußgänger durch wegabkürzende Treppenanlagen mildern lassen (Abb. 35).

Die für die Bebauung möglichst günstige Anpassung der Straßen an die Eigentumsgrenzen und Grundstückstiefen, der Wunsch nach rechteckigen Baublöcken hat bei dem Entwurf von Verkehrsstraßen im Zweifelsfalle hinter die vom Verkehr verlangte Linienführung zurückzutreten.

Auch die Rücksicht auf die Entwässerung und auf die Schönheit des Straßenbildes läßt sich nicht immer mit den Forderungen des Verkehrs vereinigen.

1. Den **Schwerpunkt des Verkehrs** bezeichnet meistens der Marktplatz mit dem Rathaus, der Hauptkirche und sonstigen öffentlichen Gebäuden, an dem auch fast immer ein oder mehrere Gasthöfe liegen. Der Bahnhof kommt als Verkehrspunkt gewöhnlich erst in zweiter Linie in Betracht.

2. Der Hauptverkehr findet zwischen den Außenbezirken und der Umgegend einerseits und dem Ortskern andererseits, also in Richtung der vom Verkehrsschwerpunkt ausgehenden Strahlen statt. Um ihn aufzunehmen, sind als Hauptverkehrsstraßen **Strahlstraßen** (Radialstraßen) vorzusehen. Diese sind in ihren Hauptzügen durch die nach den Nachbarorten führenden Landstraßen gegeben. Mit ihrem nach außen hin zunehmendem Abstand

(bei rd. **500 m**) werden, um dem Verkehr nicht zu große Umwege zuzumuten, noch weitere **Strahlstraßen** erforderlich, die in schräger Richtung von den vorhandenen abgehen und zwischen diesen verlaufen. Auch deren Richtung ist vielfach schon durch Feldwege, Richtwege, die ein Verkehrsbedürfnis in ihrer Richtung gewissermaßen historisch begründen, vorgezeichnet.

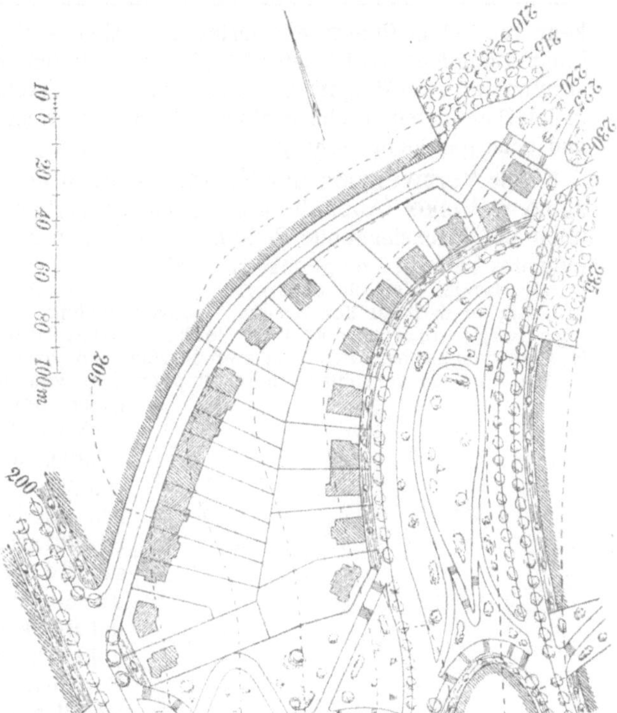

3. Zur unmittelbaren Verbindung der **Außenbezirke** miteinander und gleichzeitig zur Umgehung und Entlastung des meistenteils enggebauten Ortskernes von dem durchgehenden Verkehr sind **Ringstraßen**, welche die Strahlstraßen kreuzen, in Abständen von 500 bis 600 m anzulegen. Doch ist es nicht nötig, daß die Ringe vollständig geschlossen sind und daß sie konzentrisch und ohne Verbiegungen verlaufen, dem sich ja auch häufig Hindernisse der Geländegestaltung, Wasserläufe, Eisenbahnanlagen, schon bebaute Flächen entgegenstellen.

Erheischt die Enge des Ortsinnern die möglichst baldige Herstellung einer Umgehungsstraße für den durchgehenden, besonders den Kraftwagenverkehr, so ist diese so nahe wie möglich dem Ortskern anzuschmiegen, weil nur dann ihre Bebauung und Durchführung in Bälde zu erwarten ist.

4. Doch erst durch Verbindung sowohl der **Strahl-** als auch der **Ring-**straßen, insbesondere der Schnittpunkte dieser beiden Straßenarten in schräger Richtung mittels **Schrägstraßen** (Diagonalstraßen) wird der Ver-

Abb. 35. Wegabkürzende Treppenanlage an einem Berghang (Elberfeld).

kehr von jedem Punkte des Ortes nach allen anderen Punkten in schlanker Linie ermöglicht. Es ist natürlich nicht erforderlich, daß jede von zwei Strahlstraßen und zwei Ringstraßen eingeschlossene Fläche von zwei Schrägstraßen in den Diagonalen durchkreuzt wird; bald werden sich zwei, bald eine, manchmal auch gar keine Schrägstraße als notwendig erweisen.

5. Die **Verzweigung der Verkehrsstraßen** erfolgt im allgemeinen **unter spitzem Winkel** (Abb. 39—42, 50), um im Verkehr möglichst keinen Zweifel über die einzuschlagende Richtung aufkommen zu lassen, die glatte Abwicklung des Verkehrs möglichst zu fördern.

Der Nachteil der für den Anbau unzweckmäßigeren Form spitzwinkliger Eckgrundstücke wird für den Besitzer dadurch reichlich aufgewogen, daß spitzwinklige Eckgrundstücke an zwei Verkehrsstraßen wegen ihrer großen zu Schaufenstern ausnutzbaren Front an zwei Straßen und ihrer besonders in die Augen fallenden Front an der immer abgestumpften Ecke von der Geschäftswelt sehr begehrt werden.

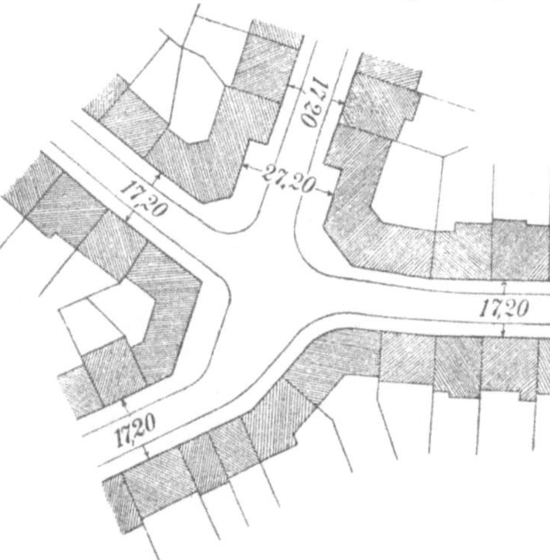

Abb. 36. Abkantung, Abrundung und Ausklinkung der Blockecken an der Kreuzung zweier Verkehrsstraßen.

Wo die Kreuzung zweier Verkehrsstraßen mehr oder weniger rechtwinklig erfolgen muß, wie namentlich an dem Schnittpunkt einer Strahlstraße und einer Ringstraße, wird man die Abzweigung durch eine stärkere Abkantung der Blockecken oder noch wirkungsvoller durch eine Erweiterung der Einfahrt, durch Ausklinkung der Blockecken betonen (Abb. 36).

Es ist jedoch zu vermeiden, daß auch die Schrägstraßen unmittelbar von einem solchen Schnittpunkt ausgehen, weil dadurch ein unübersichtlicher und zerrissener Platz entstände, der weder dem Verkehr Vorteil brächte, noch ein befriedigendes Stadtbild bieten würde. Man wird vielmehr versuchen, die erforderlichen Schrägstraßen zwar in der Nähe der Kreuzung von Strahl- und Ringstraße, aber noch in die eine oder andere dieser Straßen selbst in schräger Richtung einzuführen (Abb. 41).

II. Die gegebenen Grundzüge werden noch mancherlei Abänderungen dadurch erfahren, daß selbstverständlich auf vorhandene Verkehrspunkte und -wege, wie Bahnhöfe (Abb. 42), Häfen, Stadttore (Abb. 41, 43), Brücken, Eisenbahn-Unter- und -Überführungen, gebührende Rücksicht in dem Entwurf des Straßennetzes genommen werden muß.

Überhaupt ist **vor einer schematischen Ausbildung des Verkehrsstraßennetzes zu warnen**, weil dadurch leicht ein langweiliges und unbefriedigendes Städtebild entsteht.

Größere Höhenunterschiede des Geländes, schmale Täler, in das Haupttal einmündende Seitentäler, vielfach auch Wasserläufe und Eisenbahnanlagen verbieten das von selbst. Aber auch dort, wo nur geringe Höhenunterschiede zu überwinden und keine sonstigen Anlagen im Wege sind, sind durch ungezwungene Straßenführung, bald gerade, bald in

schlankem Bogen, in möglichster **Anpassung der Straßenzüge an das Gelände** abwechslungsreiche Straßen- und Stadtbilder zu erstreben. Auch die
Anpassung der Straßen an die Grundstücksgrenzen wird oft die Abwechselung fördern, ohne den Verkehr zu erschweren.

Andererseits dürfen aber die für die Anlage des Verkehrsstraßennetzes
geltenden allgemeinen Grundregeln nicht ohne weiteres vernachlässigt werden,
dürfen die **Verkehrsrichtungen nicht durch starke Krümmungen und
Knicke der Verkehrsstraßen verwischt** werden, damit nicht die Übersichtlichkeit der Verkehrsrichtungen verloren geht und Unsicherheit über die einzuschlagende Richtung und damit Unsicherheit des Verkehrs, besonders des
Wagenverkehrs, entsteht.

**Erst durch eine ausreichende Zahl und zweckmäßige Führung der
Verkehrsstraßen,** durch ihre Betonung in Richtung, Breite und Anbau als
solche wird es gelingen, den durchgehenden **Verkehr den Nebenstraßen
fernzuhalten und diesen die Eigenart ruhiger Wohnstraßen zu wahren.**

2. Wohnstraßen.

Die zwischen den Verkehrsstraßen verbleibenden Flächen sind, um ihre
Bebauung zu ermöglichen, durch Nebenstraßen aufzuteilen und zugänglich
zu machen. Diese Straßen sind die eigentlichen Wohnstraßen und in ihrer
Anlage hauptsächlich der Rücksicht auf eine möglichst zweckmäßige Bebauung
der einzelnen Grundstücke unterworfen.

1. Die **Linienführung** der Wohnstraßen ist daher vor allem dem Verlauf
der Eigentumsgrenzen anzupassen (Abb. 37). Auf Erschließung aller
Grundstücke und auf ausreichende Baustellentiefe ist streng zu achten; bei
Streifenlage (Abb. 26) werden die Straßen deshalb vornehmlich quer
durch die Grundstücksstreifen gelegt. Die Baufluchtlinien sollen die
Eigentumsgrenzen möglichst winkelrecht schneiden.

Am schnellsten wird eine gute Lösung des Anbaues erzielt, wenn man bei dem
Entwurf nicht von dem Straßennetz, sondern von der möglichst vorteilhaften Gestaltung der Baublöcke ausgeht.

Selbstverständlich müssen auch überstarke Straßensteigungen vermieden
werden, darf die Entwässerung der Straßen und die Schönheit des Straßenbildes nicht vernachlässigt werden. Dagegen braucht auf eine glatte Durchführung des Verkehrs nicht die geringste Rücksicht genommen zu
werden.

Man wird vielmehr die Flächen zwischen den Verkehrsstraßen nicht nach
Art eines Kuchens aufteilen, nicht die Wohnstraßen über die Querstraßen
und Verkehrsstraßen durchlaufen lassen, sondern ihre Achsen öfters, namentlich an der Einmündung in andere Straßen, gegeneinander versetzen und
sich nicht vor starken Krümmungen, scharfen Knicken scheuen, um abwechselungsreiche und schöne, geschlossene Straßenbilder zu erzielen, aber auch
um zu verhindern, daß sich vielleicht trotz aller sonstigen Maßnahmen doch
ein Durchgangsverkehr in den Wohnstraßen entwickelt.

2. Ein besonderes Gepräge kann noch **den einzelnen Vierteln** durch einen
Mittelpunkt in Gestalt eines Platzes (Schmuck- oder Spielplatz) oder
eines öffentlichen Gebäudes (Kirche, Schule), an das sich die Straßen
harmonisch anreihen, gegeben werden.

4*

3. Die **Einmündung** der Wohnstraßen in die Verkehrsstraßen und andere Wohnstraßen soll, soweit dies der Verlauf der Eigentumsgrenzen zuläßt, unter rechtem Winkel erfolgen, einerseits um für den Anbau möglichst zweckmäßige Eckgrundstücke zu erhalten, andererseits um den Durchgangsverkehr abzuhalten, in die Wohnstraßen einzubiegen.

Es empfiehlt sich deshalb, wenn eine Seitenstraße einer zur Hauptstraße schräg laufenden Eigentumsgrenze folgt, erstere in kurzer Krümmung möglichst rechtwinklig in die Hauptstraße einzuführen, wodurch gleichzeitig ein interessantes Straßenbild bei dem Betreten der Seitenstraße gewonnen wird (Abb. 37).

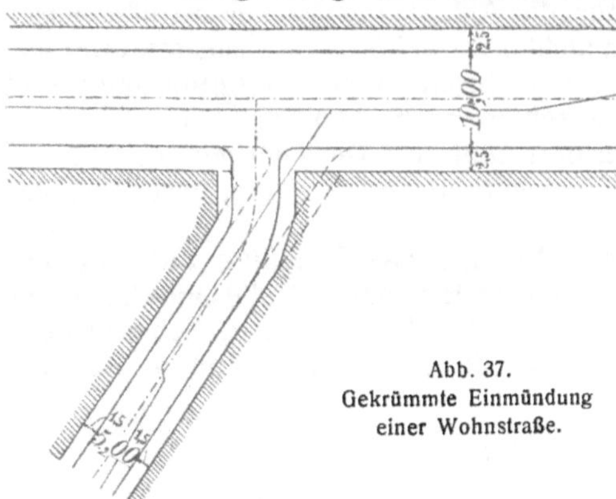

Abb. 37.
Gekrümmte Einmündung
einer Wohnstraße.

3. Straßenerweiterungen und Plätze.

Die Anlage von Straßenerweiterungen und Plätzen im Bebauungsplan ist erforderlich,

um an der Vereinigung mehrerer Verkehrsstraßen den Überblick über die verschiedenen Verkehrsrichtungen zu verbessern und dem Wagenverkehr scharfe Wendungen zu ersparen, um Platz für Bedürfnisanstalten, Verkaufsbuden usw. zu erhalten, um die Ansammlung größerer Menschenmengen und wartenden Personenfuhrwerks vor öffentlichen Gebäuden mit starkem Verkehr zu ermöglichen, um Standplätze für Lohnwagen zu gewinnen — Verkehrsplätze —,

um Märkte, Feste, Paraden abhalten zu können — Nutzplätze —,

um Gelegenheit zu Sport und Spiel zu geben — Sport- und Spielplätze —,

um Monumentalgebäude und Denkmäler zu erhöhter Wirkung zu bringen — Architekturplätze —,

um durch Anpflanzungen das Stadtbild zu beleben und den Einwohnern Erholung im Grünen zu bieten — Grünplätze —.

Die aufgezählten verschiedenen Arten von Plätzen scheiden sich nicht streng voneinander; vielfach wird ein Platz verschiedenen Bedürfnissen genügen können, bald wird der eine, bald der andere Zweck mehr hervorgehoben werden müssen, bald dieser, bald jener Nebenzweck berücksichtigt werden dürfen, ohne den Hauptzweck zu beeinträchtigen.

So soll jeder Platz eine würdige, einheitliche, der Art des Platzes entsprechende architektonische Umrahmung erhalten, auf deren Gestaltung der Gemeinde in Verbindung mit der Ortspolizeibehörde ein Einfluß auf Grund des Artikels 4, § 1. 4. des „Wohnungsgesetzes" und des § 24 der „Musterbauordnung" zusteht.

Ferner dürfte sich auf den meisten Plätzen die Anpflanzung von Bäumen und Sträuchern, die Anlage von Rasenflächen und Blumenbeeten, wenn auch manchmal nur in bescheidenem Maße, ermöglichen lassen.

Im allgemeinen ist von Plätzen zu verlangen, daß sie möglichst geschlossen in die Erscheinung treten, ihre Wandungen also nur sparsam durch einmündende Straßen unterbrochen und die Einblicke in die Straßen durch Krümmung der Straßen, durch nahe Zielpunkte in Gestalt hervorragender Bauwerke, unter Umständen auch durch Einschaltung von Torbauten eingeschränkt werden.

Ein geschlossener Eindruck wird am vollkommensten auf sog. „Turbinenplätzen" (Abb. 38) gewonnen, in welche die Straßen nur in der Flucht der Platzwandungen einmünden.

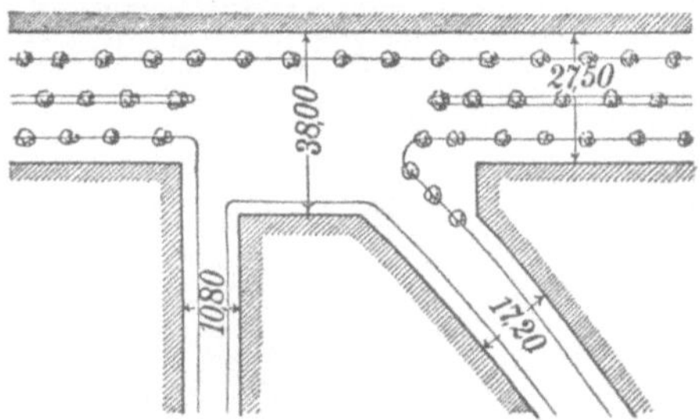

Abb. 38. Turbinenplatz aus Stübben's Stadterweiterungsplan für Brünn.

Abb. 39. Straßenerweiterung an der Abzweigung einer Verkehrsstraße.

Es ist nicht notwendig, daß die Plätze vollständig regelmäßig sind, daß Unregelmäßigkeiten, die durch die örtlichen Verhältnisse bedingt sind, unter Aufwendung von Kosten beseitigt werden. Viele Beispiele aus alter Zeit (Abb. 45, 53) zeigen uns vielmehr die besonderen Reize unregelmäßiger Plätze.

Der Mannigfaltigkeit im Stadtbild tragen im allgemeinen viele Plätze verschiedener Größe besser Rechnung als wenige große Plätze.

a) Verkehrsplätze.

1. Straßenerweiterungen ergeben sich an der Verzweigung von Verkehrsstraßen aus der Abkantung (Abb. 36, 39), Abrundung (Abb. 36) oder Ausklinkung (Abb. 34, 36) der Blockecken, die notwendig ist, damit die Fahrer schon vor dem Einbiegen in die abzweigende Straße den Verkehr in dieser übersehen, und so ein Zusammenprallen von Wagen möglichst verhütet wird.[1]

Mit der Ausklinkung von Blockecken wird übrigens, falls sie nicht zu sparsam ausfällt, am ehesten eine gewisse Geschlossenheit der Umrahmung und annehmbare Platzwirkung erzielt.

2. Mit der Zahl der an einem Punkte zusammenlaufenden Verkehrsstraßen nimmt natürlich auch die Straßenerweiterung zu und wird zum **Verkehrsplatz** (Abb. 40—42).

Größere Plätze sind jedoch der glatten Abwicklung des Verkehrs nicht förderlich. Sie geben sogar leicht Anlaß zu Verkehrsstockungen, wenn dem Fahrverkehr der verschiedenen Richtungen nicht bestimmte Linien zum Kreuzen

---

1) In Stuttgart ist das Verhältnis der Verkehrsunfälle an den Straßenkreuzungen und der auf den Zwischenstrecken mit 5 : 1 festgestellt worden.

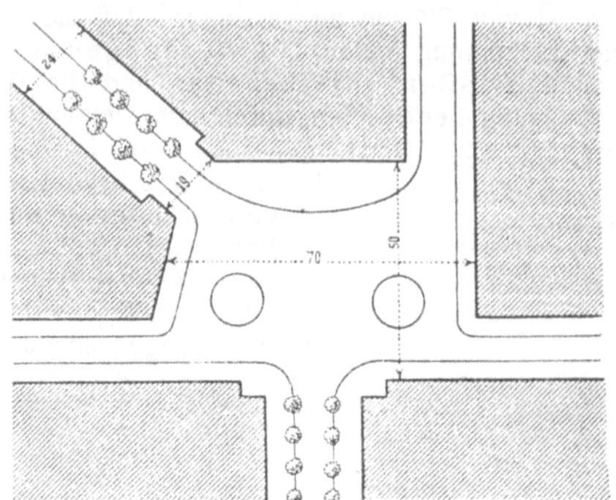

Abb. 40. Verkehrsplatz aus der Stadterweiterung von Brünn.

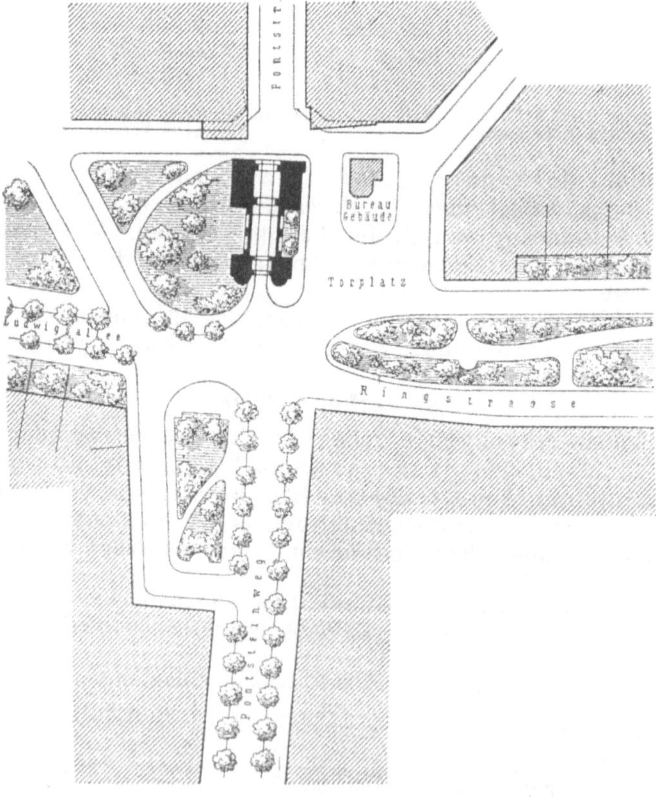

Abb. 41. Torplatz (Ponttor in Aachen).

des Platzes vorgezeichnet sind. Letzteres ist aber um so schwieriger, je mehr Verkehrsstraßen auf einen Platz münden, je größer dieser wird. Zudem bringen dem Fußgänger beim Überschreiten eines solchen Platzes die kreuz und quer fahrenden Fuhrwerke Aufenthalt und Gefahr.

Die Anlage von eigentlichen Verkehrsplätzen ist daher möglichst zu umgehen, indem schon bei dem Entwurf des Straßennetzes darauf geach-

tet wird, daß sich nicht zu viele Verkehrsstraßen in einem Punkte schneiden.

Wo es sich aber nicht vermeiden läßt, daß mehrere Verkehrsstraßen nach einem Punkte zusammenlaufen, wie vor Toren (Abb. 41), Brückenköpfen, Bahnhöfen (Abb. 42), wird man darauf sehen, daß sich ihre Achsen nicht in genau demselben Punkte treffen, und dem Fahrverkehr jeder

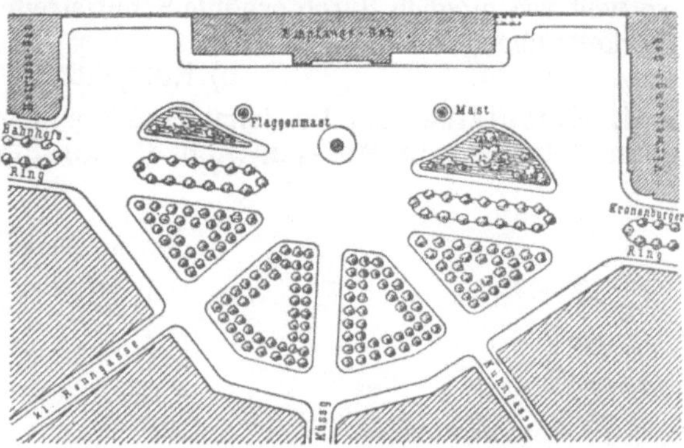

Abb. 42. Bahnhofsvorplatz (Straßburg).

Richtung einen bestimmten Weg durch Anlage erhöhter Schutzinseln, die gleichzeitig den Fußgängern das Überschreiten des Platzes erleichtern, vorschreiben.

Schutzinseln und Fußsteigzungen an abgestumpften Blockecken liefern nebenbei die geeigneten Plätze für Bedürfnisanstalten, Wartehallen und Verkaufsbuden, die zweckmäßig an hervorragenden Verkehrspunkten Aufstellung finden (Abb. 93).

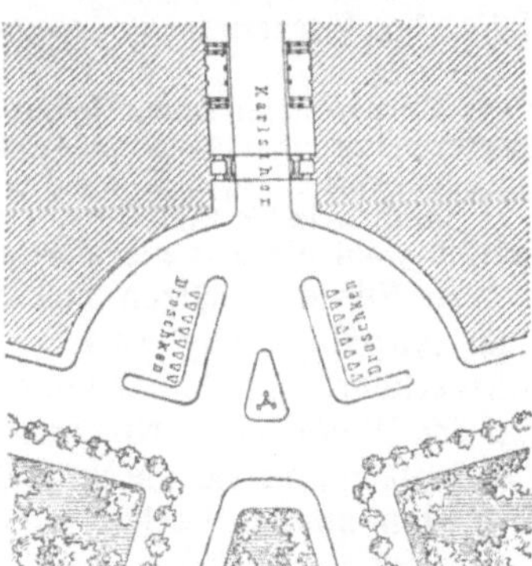

Abb. 43. Torplatz mit Halteplätzen (Karlstor in München).

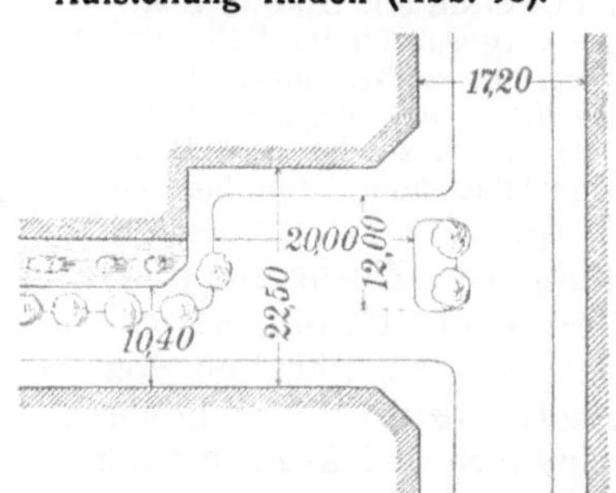

Abb. 44. Halteplatz für Lohnwagen in der Seitenstraße einer Verkehrsstraße.

3. Mehr dem örtlichen als dem durchgehenden Verkehr dienen **Vorplätze** vor öffentlichen Gebäuden, wie Bahnhöfen (Abb. 42), Kirchen (Abb. 49), Theatern usw., wo sich zeitweise größere Menschenmengen und wartende Personenfuhrwerke anzusammeln pflegen.

Die nötige Platzfläche wird durch entsprechendes Zurücksetzen solcher Gebäude gewonnen, was ja fast immer schon die Rücksicht auf eine bessere architektonische Wirkung der Gebäude verlangt. Doch werden derartige Vorplätze zweckmäßig durch Schutzinseln von dem Durchgangsverkehr abgesondert.

4. Halteplätze für **Lohnwagen**, nach denen hauptsächlich an besonderen Verkehrspunkten Bedarf herrscht, lassen sich schaffen durch stärkere Abstumpfung, Ausrundung (Abb. 43) oder Ausklinkung der Blockecken an Straßenkreuzungen oder in den Straßen selbst durch einen Rücksprung der Bauflucht (Abb. 44). Die gewonnenen Platzflächen werden so weit wie möglich durch erhöhte Schutzstreifen gegen den durchgehenden Verkehr abgegrenzt.

b) Nutzplätze.

1. Nutzplätze sind bestimmt, größere Menschenmengen aufzunehmen zum Abhalten von **Märkten** (Abb. 45, 53), **Festen** oder **Paraden**.

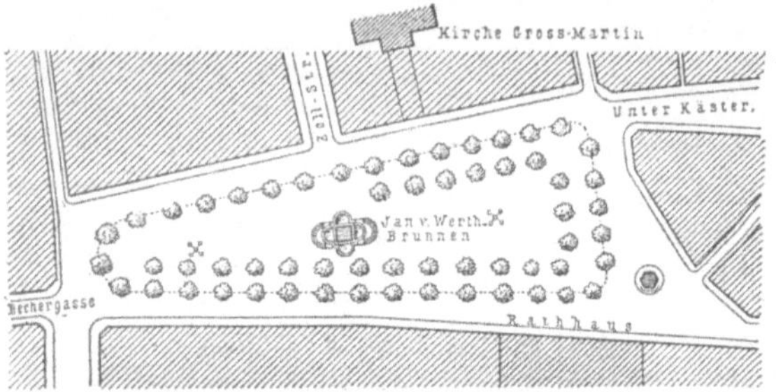

Abb. 45. Marktplatz (Alter Markt in Köln).

Von ihnen wird außer einer genügenden Größe verlangt, daß sie eine geschlossene, nicht von Straßen durchkreuzte Fläche bilden, damit nicht der Marktbetrieb usw. durch den Straßenverkehr und dieser durch jenen gestört wird.

Es empfiehlt sich deshalb auch, die Platzflächen gegen die umgebenden Straßen etwas erhöht oder zwecks Erzielung eines besseren Überblicks über etwaige festliche Veranstaltungen vertieft anzulegen.

Andererseits müssen die Nutzplätze bequem und leicht erreichbar sein; ihre geeignetste Lage ist daher die seitlich einer Hauptverkehrsader, die von Marktplätzen in größtmöglicher Nähe des Verkehrsschwerpunktes des betreffenden Stadtteiles.

Bei vorgeschrittener Bebauung lassen sich diese Forderungen selten leicht vereinigen. Es sollten daher frühzeitig in den Stadterweiterungsplänen ausreichend Plätze dieser Art vorgesehen werden, auch wenn zu erwarten ist, daß mit der Zeit der Bedarf an solchen nachläßt. Zu verwerten ist nämlich jeder Platz immer noch als Spielplatz oder Grünplatz, an denen ein Überfluß wohl nie eintreten dürfte.

2. Nutzplätze eignen sich im Gegensatz zu Verkehrsplätzen zur **Aufstellung von Zierbrunnen, Denkmälern**, zur Anpflanzung von **Baumreihen** (Abb. 45, 53), soweit sie dem Marktverkehr, der Aufstellung von Festzügen, dem Abhalten von Paraden nicht im Wege sind. Nur umfangreiche Gartenanlagen gehören nicht auf Nutzplätze, da sie die Nutzfläche beschränken und kaum die nötige Schonung in dem starken Verkehr solcher Plätze finden.

Dagegen widerspricht die Ausbildung zum Architekturplatz der Bestimmung eines Nutzplatzes nicht, wie zahlreiche Beispiele von Marktplätzen aus alten Städten beweisen (Abb. 53).

c) Sport- und Spielplätze.

I. **Sportplätze** sind zur Ausübung leichtathletischen Sports und zur Veranstaltung von Kampfspielen der erwachsenen Jugend erforderlich.

In kleineren Orten können sie auch wohl noch zum Abhalten von Volksfesten und Paraden der Krieger- und Schützenvereine benutzt werden.

Der Bedarf an Sportplätzen ist, wie schon unter B. III. erwähnt, von Martin Wagner zu 1,6 m² auf den Kopf der Bevölkerung berechnet.

1. Als **Größe** eines Sportplatzes kommen 1—2 ha, unter Umständen auch noch größere Flächen in Betracht. Doch ist die angemessene Verteilung mehrerer mittelgroßer Plätze im Ortsplan der Anlage eines übergroßen Platzes immer vorzuziehen, damit die Benutzer höchstens 1000 m bis zu den Sportplätzen zurückzulegen haben und sie nach der Tagesarbeit schnell erreichen können.

Die Größe eines Fußballplatzes beträgt 75 · 110 m = 82,5 a, eines Tennisplatzes 14 · 30 m = 4,2 a (Abb. 46).

2. Die **Lage** eines Sportplatzes wird zweckmäßig abseits des Verkehrs gewählt. Für Sportplätze dürfte angesichts der von ihnen beanspruchten großen Flächen meistens nur der Rand der Bebauung, wo der Boden noch

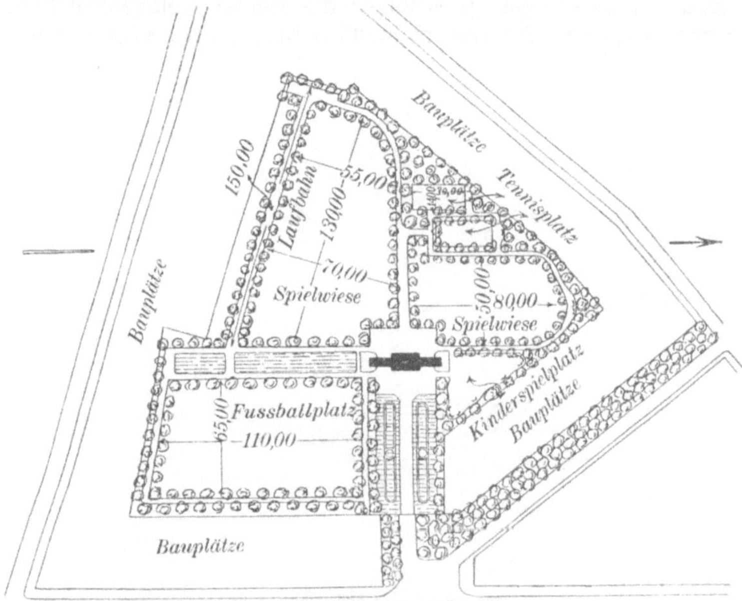

Abb. 46. Sport- und Spielplatz im Blockinnern (Uelzen).

billig ist, in Frage kommen. Sind Flächen, die sich für eine Bebauung wenig eignen, in größerer Nähe des Ortsmittelpunktes vorhanden, so sind diese natürlich vorzuziehen. Ob ein Sportplatz mit Wohnstraßen zu umschließen oder zwecks Ersparung von Straßenbaukosten besser in das Innere eines großen Baublockes oder in eine größere Grünfläche zu legen ist, hängt von der Örtlichkeit ab.

3. Das **Gelände** für einen Sportplatz muß möglichst eben sein, damit nicht umfangreiche Erdbewegungen zur Einebnung nötig sind, und durchlässigen (sandigen) Untergrund besitzen, um den Platz auch nach stärkerem Regen bald wieder benutzen zu können.

4. Die **Anordnung** eines Sportplatzes im einzelnen erfolgt derart, daß die Plätze für die verschiedenen Sportarten von schattigen und mit einigen Bänken besetzten Wegen umschlossen werden, um von diesen aus den Spielen zusehen zu können (Abb. 46). Die Wege werden des besseren Überblicks halber gern etwas über die Spielflächen erhöht.

Die einzelnen Plätze werden tunlichst so gelegt, daß beide Spielparteien gleiches Sonnenlicht haben, ihre Längsachse also in der Regel in die **Nord-Südrichtung** (Abb. 46), da die weitaus meisten Spiele am späten Nachmittag, allenfalls noch am frühen Vormittag stattfinden werden.

Ein leichter gefälliger **Schuppen** mit Räumen zum Umziehen, Waschen und zur Aufbewahrung von Geräten, der auch Platz zum Unterstellen bei plötzlichem Unwetter bietet, darf nicht fehlen.

II. **Spielplätze** für Kinder sind von wesentlich geringeren Abmessungen (3—30 a), aber in größerer Zahl so über den ganzen Ort zu verteilen, daß ihre **Abstände** voneinander **höchstens 500 m** betragen und die Kinder sich zum Spielen nicht weit von Hause zu entfernen brauchen.

Sie sind um so nötiger, je weniger die Kinder Gelegenheit haben, im Hausgarten zu spielen. Sie sind namentlich in **Arbeitervierteln** ein unbe-

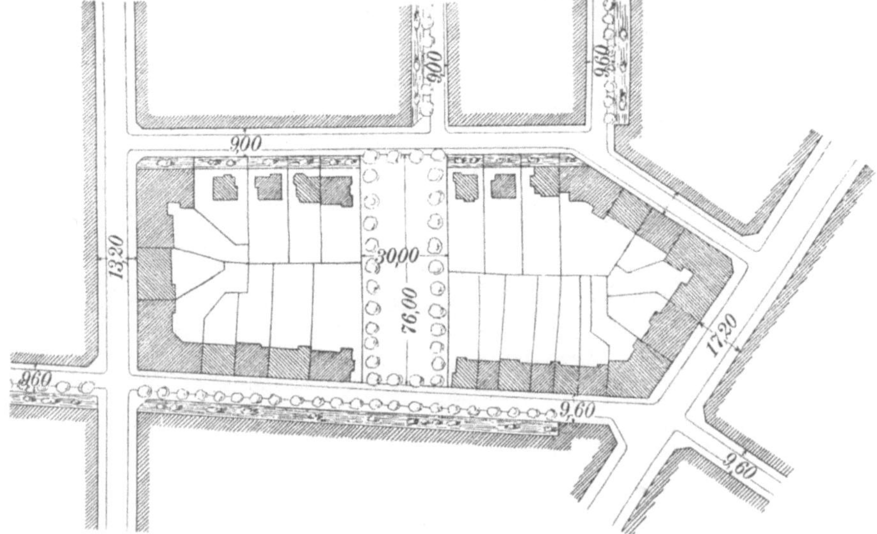

Abb. 47. Nach zwei Seiten abgeschlossener Spielplatz.

dingtes **Erfordernis**, während sie in Landhausgebieten entbehrt werden können.

Den Bedarf an Spielplätzen gibt Martin **Wagner** mit 1,2 m² auf den Kopf der Bevölkerung an.

Kinderspielplätze dürfen **nie an Verkehrsstraßen** liegen, damit die Kinder möglichst wenig der Gefahr des Überfahrenwerdens ausgesetzt sind. Die beste Lage in dieser Hinsicht ist die im Blockinnern, doch kommen hierbei die Plätze im Ortsbild nicht zur Geltung.

Hierauf sollte aber gerade in kleineren Orten einiger Wert gelegt werden, weil sich in diesen eigentliche Grünplätze mit Blumenbeeten wegen ihrer kostspieligen Pflege nur selten ermöglichen lassen und deshalb an deren Stelle die in der Unterhaltung wesentlich billigeren Spielplätze mit Baumreihen treten müssen, um das Straßenbild zu beleben.

Es bieten aber auch Plätze, die nur an zwei oder drei Seiten von der Bebauung eingeschlossen sind und so in zwei oder wenigstens einer Straße Abwechslung in das Ortsbild bringen (Abb. 47), den Kindern ausreichende Sicherheit.

Die Plätze erhalten gewöhnlich unbefestigte, aber gut entwässernde (Sand-) Flächen zum Spielen, sowie einige Bänke zum Ausruhen und für beaufsichtigende Erwachsene.

Ihre Bepflanzung mit schattenspendenden Bäumen ist in jedem Falle erwünscht. Hin und wieder wird auch ein Teil mit Rasen, Sträuchern und Beeten versehen, um als Erholungsplatz für Erwachsene zu dienen (Abb. 48).

In neuerer Zeit werden vielfach auch Rasenspielplätze empfohlen, doch sind diese nur bei trockenem, sonnigem Wetter zu benutzen und dürfen während der Spielzeit, damit der Rasen nicht verkümmert, nur einen um den anderen Tag betreten werden. Solche Spielplätze sind also gegenüber Sandspielplätzen in doppelter Zahl bereitzustellen und bedürfen außerdem einer kostspieligeren Pflege, so daß sie für kleinere Orte nur ausnahmsweise in Betracht kommen.

Abb. 48. Spiel- und Erholungsplatz.

Dasselbe gilt von einige Zentimeter überschwemmten, sogenannten Planschwiesen, zu deren Anlage übrigens die Örtlichkeit nicht häufig Gelegenheit bietet.

d) Architekturplätze und Stellung von Monumentalbauten.

I. Vor öffentlichen Monumentalgebäuden sind zum mindesten Vorplätze (Abb. 49) erwünscht, um sie aus der Flucht der Geschäfts- und Wohnhäuser herauszuheben und ihre architektonische Wirkung zu steigern.

Die Tiefe eines solchen Platzes soll einschl. der Breite der vorbeiführenden Straße wenigstens das Zweifache der Gebäudehöhe betragen, um

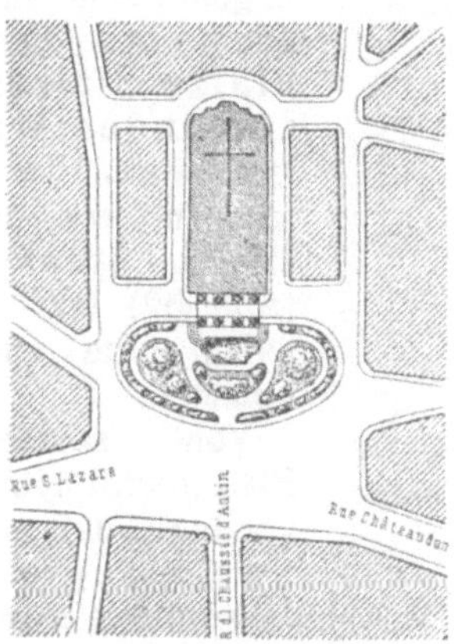

Abb. 49. Vorplatz
der Dreifaltigkeitskirche in Paris.

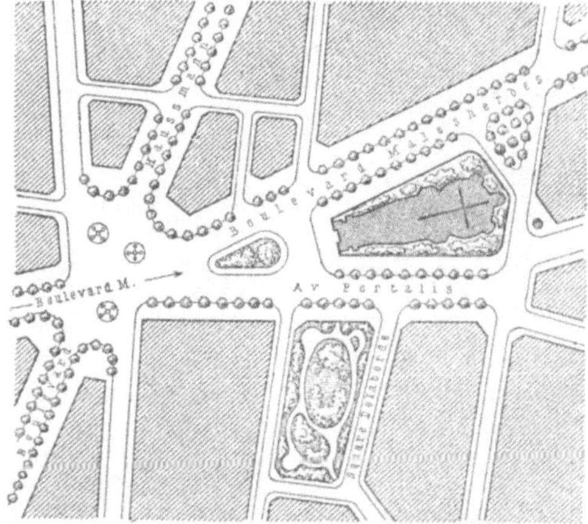

Abb. 50. Kirche an einer Straßengabelung
(St. Augustin-Kirche in Paris).

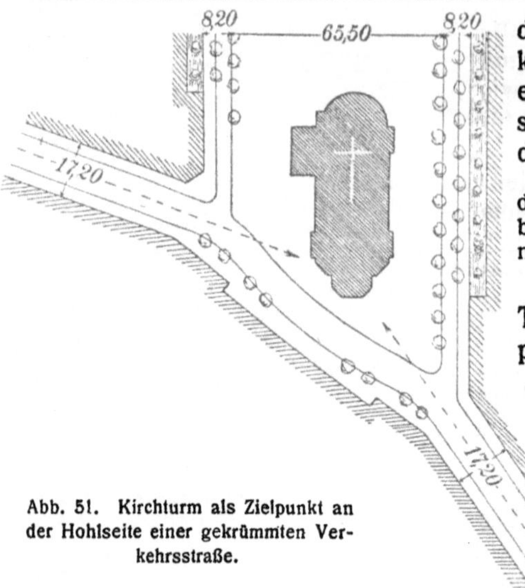

Abb. 51. Kirchturm als Zielpunkt an der Hohlseite einer gekrümmten Verkehrsstraße.

den Bau als Ganzes überschauen zu können, und das Dreifache, wenn ein Gesamtbild von dem Bau und seiner Umgebung gewonnen werden soll.

Doch verlangen schlanke Türme, deren Wirkung mehr auf die Ferne berechnet ist, eine so große Platztiefe nicht.

II. Monumentalgebäude mit Türmen erhalten deshalb im Stadtplan gern eine Lage, wo sie als **Zielpunkte** einer oder mehrerer Straßen für einen größeren Umkreis zur Geltung kommen und so zugleich dem Verkehr das Zurechtfinden erleichtern. Doch ist zu beachten, daß sie nicht die Übersicht über die Verkehrslinien stören und dem durchgehenden Verkehr auffällige Umwege zumuten. Beide Forderungen lassen sich unschwer an **Gabelungen** (Abb. 50) und **an der Hohlseite gekrümmter Verkehrsstraßen** (Abb. 51), aber auch an der Kreuzung von Wohnstraßen erfüllen, wobei das Bauwerk bald an einer, bald an zwei, drei oder allen vier Seiten freistehen kann.

III. Die Lage an und zwischen den verhältnismäßig schmalen Straßen entspricht vielfach der Bedeutung und der erwünschten architektonischen Wirkung der Gebäude nicht genügend. Man wird dann besondere **Plätze mit freistehendem Monumentalbau** anlegen, wie sie als **Kirchplätze** (Abb. 52) fast in jedem Orte vorkommen.

Von solchen Plätzen wird **nicht** verlangt, daß sie **vollständig symmetrisch** das Gebäude umschließen.

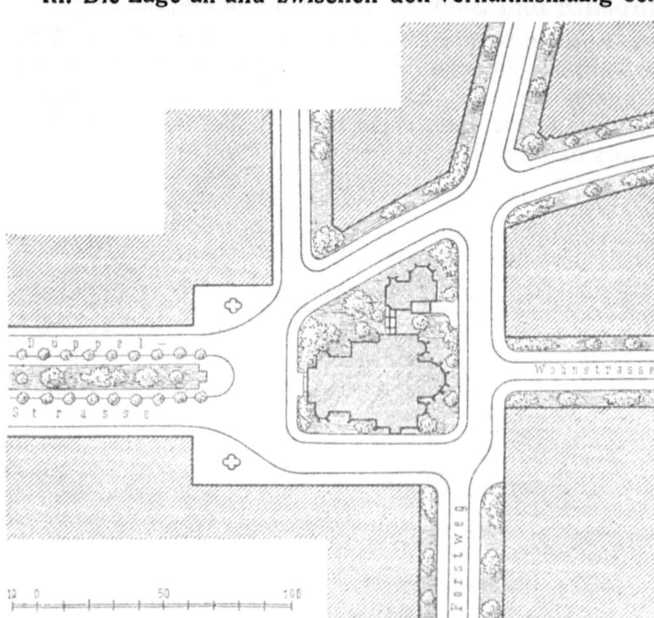

Abb. 52. Kirchplatz in Kiel.

Zahlreiche Beispiele aus alten Städten liefern vielmehr den Beweis, daß sich auch bei unregelmäßiger Gestalt des Platzes, selbst bei teilweisem Einbau des Monumentalbaues reizvolle Architekturbilder schaffen lassen.

IV. Dem Wunsche nach Vereinigung der Gebäude mit großem Verkehr, wie Rathaus, Hauptpost, Börse, Gerichtsgebäude, Bibliothek, Museum, Banken, Gasthöfe, Kaufhäuser, in der Nähe des Verkehrsschwerpunktes in Verbindung mit dem Wunsch, durch die Vereinigung hervorragender Gebäude ein eindrucksvolles Stadtbild zu bieten, entspringt die Anlage der eigentlichen **Architekturplätze.**

1. Von ihnen besonders wird eine möglichst **geschlossene Umrahmung** (Abb. 53) verlangt. Namentlich ist zu vermeiden, daß eine Hauptverkehrsstraße den Platz kreuzt.

Ihre Lage wird am zweckmäßigsten seitlich einer Hauptverkehrsader gewählt.

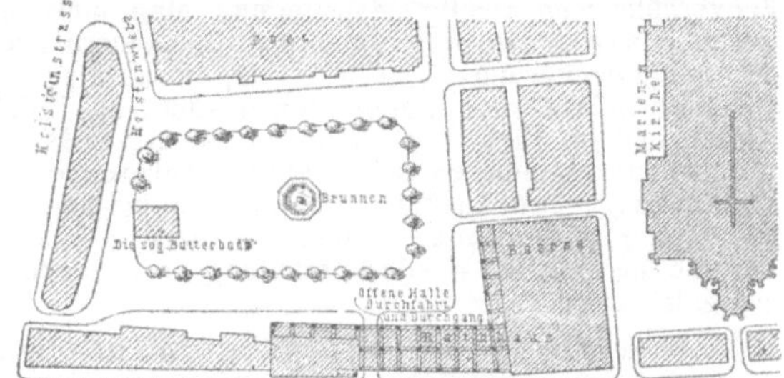

Abb. 53. Platz mit geschlossener Umrahmung
(Marktplatz in Lübeck).

2. Die **Gestalt** der Architekturplätze braucht nicht symmetrisch zu sein, doch wird man allzu stark davon abweichende und allzu unregelmäßige Formen vermeiden, weil sie sich zur Aufnahme von Gebäuden mit längerer Front wenig eignen, leicht den Eindruck der Zerrissenheit machen und die monumentale Wirkung beeinträchtigen.

Die passendste Gestalt dürfte das Rechteck sein; an die Langseiten gehören die niedrigeren Gebäude mit breiter Front, an die Schmalseiten die hohen und schmalen Bauten, insbesondere Türme.

3. Die **Größe** eines Architekturplatzes hat sich nach der Höhe der ihn umrahmenden Gebäude zu richten.

Wie schon bemerkt, gibt erst ein Abstand des Beschauers gleich der dreifachen Höhe des Gebäudes einen Überblick über dessen Gesamtwirkung zu den Nachbarbauten. Es müssen also die Abmessungen des Platzes mindestens diesem Maß entsprechen und sogar das Doppelte betragen, wenn von einem Punkte aus, von der Mitte, ein vollständiger Überblick über die ganze Platzumrahmung geboten werden soll.

4. Die Architekturplätze bilden die geeignetste Umrahmung für **Zierbrunnen** und **Denkmäler** (Abb. 53).

Deren Aufstellung muß in ihrer Beziehung zu den benachbarten Gebäuden sorgfältig abgewogen werden. Selten liefert die Platzmitte den günstigsten Standpunkt, häufig ist eine seitliche Stellung vorzuziehen, sei es um eine Unregelmäßigkeit des Platzes auszugleichen, sei es um dem Denkmal einen die Wirkung steigernden Hintergrund zu geben oder eine wenig gegliederte Fläche der Platzwandung zu beleben.

5. Auch die Anpflanzung von **Bäumen** und **Sträuchern** gibt Mittel an die Hand, Schönes zu betonen, Häßliches zu verdecken, nur muß man Maß darin halten und die Eigenart des Architekturplatzes wahren.

Ob die Platzfläche mit gärtnerischen Anlagen, Rasen, Beeten, zu versehen ist, hängt davon ab, ob sie auch als Markt- oder Festplatz dienen soll oder nicht. Im letzteren Falle empfiehlt sich eine derartige Belebung der Fläche, doch muß sie der architektonischen Umrahmung angepaßt sein, darf sich nur in strengen, regelmäßigen Linien bewegen.

In äußerst seltenen Fällen wird die Aufgabe gestellt, im unbebauten Gelände des Ortserweiterungsgebietes einen Architekturplatz zu schaffen, weil erst die Zunahme der Bevölkerung und des Anbaues das Bedürfnis nach einer Vermehrung der öffentlichen Gebäude hervorruft, die Bebauungsgrenze aber, weitab vom Hauptverkehr, keine geeignete Stelle für diese bietet. Solange aber Zahl und Art der Gebäude nicht bekannt sind, ist es unmöglich, einen Architekturplatz in seinen Größenverhältnissen richtig festzulegen. Man muß sich damit begnügen, reichlich große Plätze, die sich unschwer verkleinern lassen, an geeigneten Stellen der Stadterweiterungspläne auszusparen, sie, solange sie nicht für öffentliche Gebäude in Anspruch genommen werden, als Spielplätze oder Grünplätze zu verwerten und im Nichtbedarfsfalle es bei dieser Bestimmung zu belassen.

Meistens handelt es sich bei der Anlage von Architekturplätzen um die Ausschmückung, den Ausbau, die Erweiterung bereits vorhandener Plätze oder die Freilegung vorhandener Gebäude. Diese Aufgabe steht gewöhnlich in engster Verbindung mit der Wiederherstellung vorhandener und der Errichtung neuer Monumentalbauten.

V. In kleineren Orten bilden Kirchen und Schulen, allenfalls noch ein Amtshaus und ein Postgebäude, die einzigen **hervorragenden Gebäude.** Die Auswahl ihrer Stellung im Ortsplan bedarf nicht geringerer Sorgfalt als in größeren Städten, damit das Wenige, was an größeren Bauten geboten werden kann, um so wirkungsvollere Brennpunkte im Ortsbild darstellt.

1. Die geeignetste Stelle für **Amtshaus** und **Postgebäude** dürfte am Markt, an dem häufig schon die Hauptkirche steht, für das Postgebäude auch gegenüber dem Bahnhofe sein, wo es sofort jedem Ankommenden in die Augen fällt und gewissermaßen die Einführung in den Ort zu übernehmen hat.

2. Kirchen und Schulen werden tunlichst gleichmäßig auf das Ortsgebiet verteilt. Für sie sind, wie schon unter B. III. erwähnt, möglichst Grundstücke, die im Besitz der Kirchen- oder politischen Gemeinde sind, auszuwählen.

Kirchen werden, damit sie als die hervorragendsten und oft einzigen Monumentalbauten ja in die Augen fallen, nicht ungern an Verkehrsstraßen oder doch so gestellt, daß sie von mehreren Verkehrsstraßen aus als wirkungsvoller Abschluß der Seitenstraßen in die Erscheinung treten, außerdem, wie ebenfalls schon erwähnt, womöglich auf Hochpunkte des Geländes.

Schulen, welche Gebäudeart in kleineren Orten ja am häufigsten Gelegenheit gibt, einen, wenn auch einfachen, so doch würdigen architektonischen Mittelpunkt zu schaffen, sind dagegen abseits der Verkehrsstraßen zu stellen, damit der Unterricht möglichst wenig durch Straßengeräusch gestört und die Kinderschar beim Kommen und Gehen nicht durch starken Wagenverkehr gefährdet wird. Das Schulgebäude wird zweckmäßig an einem öffentlichen (Spiel-)Platz errichtet oder in Straßen gegen die Bauflucht zurückgesetzt und der Schulplatz vor ihm angeordnet, um die Erscheinung des Baues zu steigern.

e) Grünplätze.

Die Anlage von mehr oder weniger umfangreichen Grünflächen auf den bereits besprochenen Plätzen, wie sie, soweit der Verkehr dadurch nicht behindert wird, zur Belebung des Stadtbildes immer erwünscht ist, genügt im allgemeinen dem Bedürfnis der Einwohner nach Licht, Luft und Erholung im Grünen nicht, weil Grünflächen im Getriebe des Verkehrs zu längerem Verweilen nicht einladen.

1. Es sind daher, abgesehen von den größeren Parkanlagen, die Gelegenheit zu Spaziergängen bieten sollen,. im ganzen Ort zerstreut, und zwar abseits des Verkehrs **inmitten der Wohnviertel** kleinere und mittelgroße Grünplätze vorzusehen, die infolge ihrer ruhigen Lage zu längerem Aufenthalt im Freien geeignet sind.

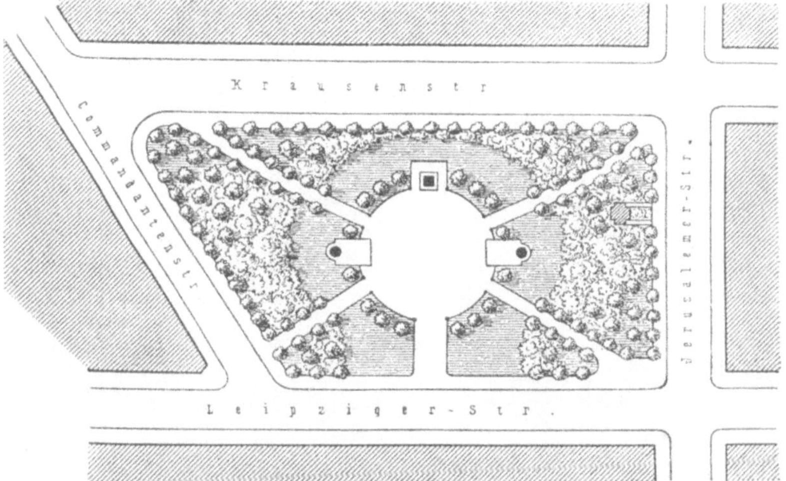

Abb. 54. Göckes Entwurf zur Umgestaltung des Dönhoff-Platzes in Berlin.

Je enger und höher ein Viertel bebaut werden darf, je dichter die voraussichtliche Besiedelung werden wird, desto notwendiger sind derartige Grünplätze. Auch da, wo die Einwohner ihre Gärten hauptsächlich zum Gemüsebau benutzen, in Kleinhaussiedlungen, sind öffentliche Plätze mit Rasen, Blumenbeeten, Bäumen und Sträuchern mehr angebracht als dort, wo schon die Privatgärten als Ziergärten angelegt werden, wie in Landhausgebieten. Entbehrlicher sind besondere Grünplätze auch dort, wo größere Parkanlagen schnell und leicht erreicht werden können.

2. Einen Fingerzeig zur **Anlage von Grünplätzen** geben öfters Geländemulden, die ohne höhere Anschüttung doch nicht bebaubar sind, vorhandene, der Erhaltung werte Büsche, Baumgruppen, aber auch Restflächen, die sich bei möglichst zweckmäßiger Baublockteilung ergeben.

Es ist nicht nötig, daß Grünplätze ringsum von Straßen umschlossen sind. Man spart sogar an Straßenfläche, wenn sie einem Baublock angegliedert werden, so daß sie an einer oder zwei Seiten unmittelbar an Privatgärten stoßen und durch den unmittelbaren Einblick in diese sogar noch größer erscheinen. Nur muß dafür Sorge getragen werden, daß die

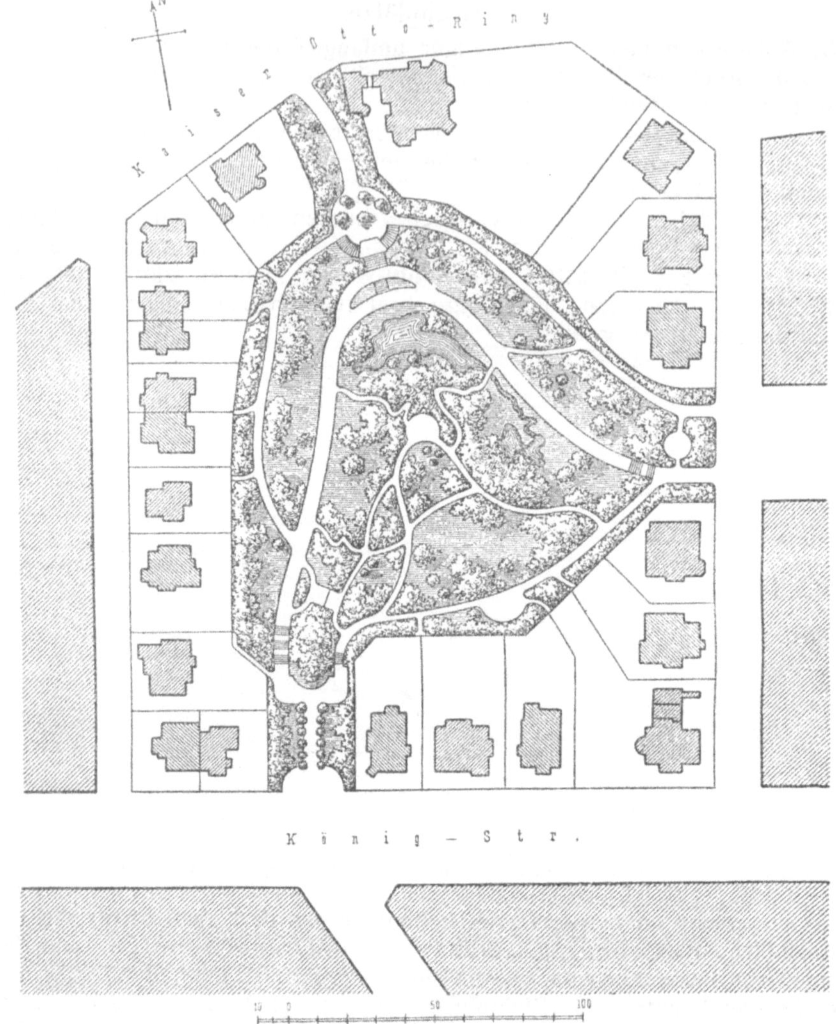

Abb. 55. Innenpark (Magdeburg).

vom Platz aus sichtbaren Seiten- und Hinterflächen der angrenzenden Häuser
ästhetisch befriedigen und keine untergeordneten Hintergebäude den Platz
verunzieren.

Weniger empfehlenswert ist es, Grünplätze auf drei oder gar allen vier
Seiten (Innenplätze) zu umbauen, weil sie dann im Stadtbild nicht in der wünschenswerten Weise in die Erscheinung treten.

3. Die **Anpflanzungen** sind auf den kleinen und mittelgroßen, meistens
ja auch regelmäßigen Grünplätzen, deren Umrahmung klar hervortritt, in ar-
chitektonisch strengen Linien zu halten, weil malerisch gewundene, das
Landschaftliche betonende Linien auf beschränkter Fläche kleinlich wirken.
Aus dem gleichen Grunde ist auch Wert auf größere geschlossene Gar-

tenflächen zu legen, eine zu weitgehende Zerstückelung in Einzelflächen zu vermeiden (Abb. 54). Die Wege wird man tunlichst so führen, daß sie gleichzeitig für die Fußgänger eine Abkürzung von Straße zu Straße bedeuten (Abb. 41, 54).

Es empfiehlt sich immer, die Rasenflächen und Beete gegen die Wege vertieft anzulegen, weil sie sich so besser überblicken lassen und zu größerer Wirkung kommen.

4. Parkanlagen und Promenadenwege.

1. Die **größeren**, schon bei der Gliederung des Anbaues vorzusehenden **Grünflächen** — 2 m^2 auf den Kopf der Bevölkerung nach Martin Wagner — dürfen im Umriß ganz unregelmäßig sein; die Mannigfaltigkeit der Landschaftsbilder wird dadurch nur gefördert.

Die Bebauung ihres Saumes auf kürzere oder längere Strecken ist erwünscht, weil das Geräusch und der Staub der Straßen hierdurch am wirkungsvollsten von den Anlagen abgehalten wird. Es empfiehlt sich dies namentlich dort, wo die Anlagen von den Hauptverkehrsadern, den Strahlstraßen, gekreuzt werden, einmal um nicht das teuere Gelände zu beiden Seiten solcher Straßen zu den keine Rente abwerfenden Grünflächen zu verwenden, sodann aber auch, um nicht dem Verkehr zur Nachtzeit die Sicherheit zu nehmen, deren er bedarf, die ihm aber auf längeren unbebauten Strecken immer fehlt.

Auf eine befriedigende Gestaltung der dem Park zugekehrten Rückseiten der Häuser ist zu sehen. Im allgemeinen dürfte, namentlich für ringsumschlossene Innenparks (Abb. 55), die Umbauung mit Landhäusern die passendste sein.

Große Grünflächen sind mehr nach landschaftlichen Gesichtspunkten anzulegen. Wechsel zwischen geschlossenem Baumbestand und großen Rasenflächen, an einzelnen Stellen auch Blumenbeete, Teiche, Wasserläufe werden Abwechslung bieten, Wege, die sich zwanglos der Geländegestaltung anpassen und immer neue Blicke erschließen, zum Spazierengehen einladen (Abb. 56). An besonders schönen Punkten werden Bänke Gelegenheit zum Ausruhen und zu ruhiger Betrachtung des Landschaftsbildes zu geben haben.

2. Die Verbindung der Parkanlagen sowohl mit dem Ortsinnern als auch miteinander erfolgt am schönsten durch **Grünbänder**, die mitten durch die Baublöcke, womöglich im Linienzug kleinerer Gewässer (Abb. 15) oder am Ufer größerer Wasserflächen entlang (Taf. I), geführt sind.

3. Für bescheidenere Ansprüche genügen zum Erreichen der größeren Parkanlagen von Bäumen, Alleen beschattete **Promenadenwege** (0,5 m^2/Kopf nach Wagner), die ebenfalls am schönsten mitten durch die Baublöcke gelegt werden (Abb. 57, 83). Solch ein Weg, auf beiden Seiten mit den Hintergärten der Häuser an den benachbarten Straßen besäumt, braucht keine große Breite (3—6,5 m) zu erhalten, kann mit einer oder mit zwei zueinander versetzten Baumreihen bepflanzt werden und bietet mit dem Blick in die Privatgärten (Abb. 83) einen hübschen Spaziergang, nimmt zudem eher eine kleinere Grundfläche in Anspruch als eine Mittel- oder Seitenpromenade in der Straße.

Beliebte Spazierwege, die ins Freie führen (Heckenwege), sollten immer dieser Bestimmung vorbehalten bleiben und nicht zu Straßen ausgebaut werden.

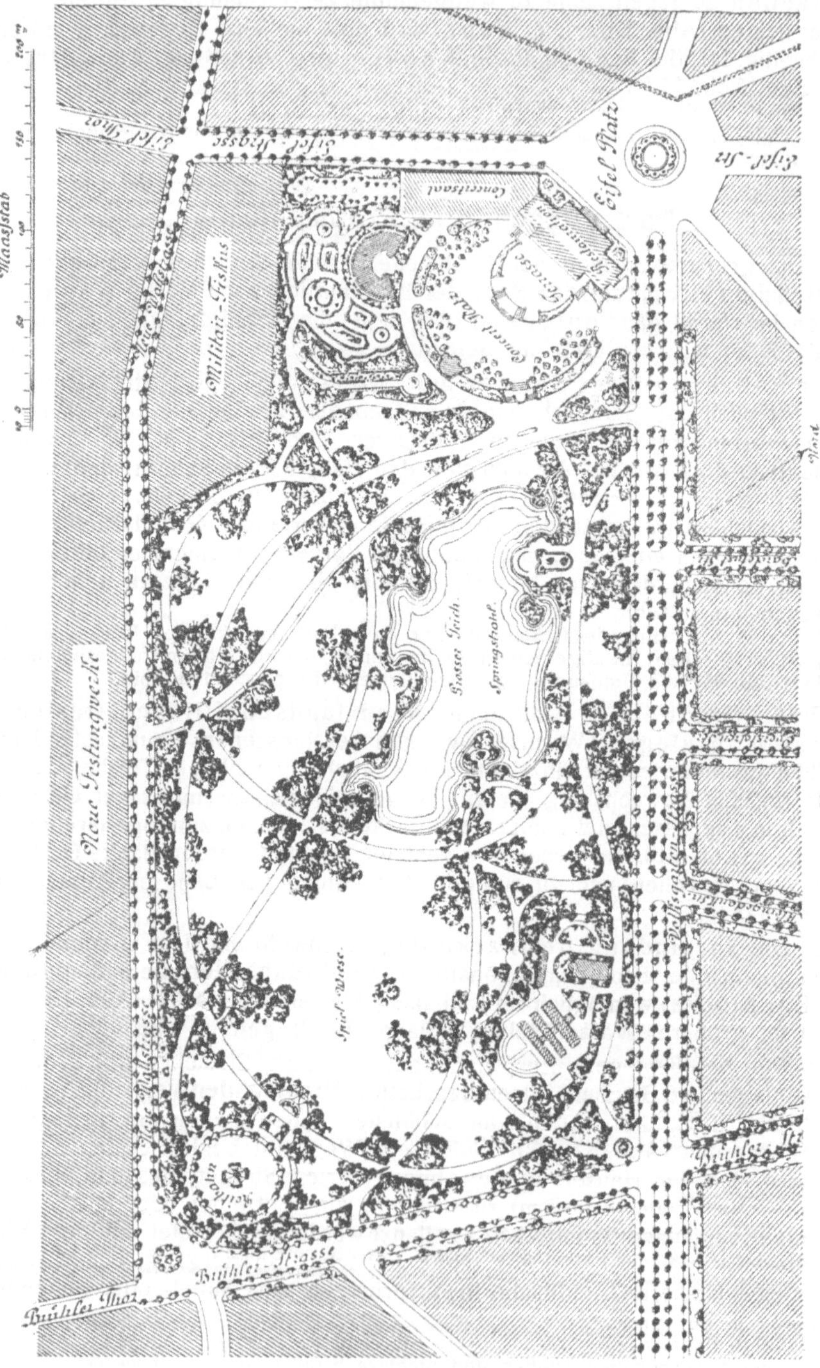

Abb. 50. Volksgarten in Köln.

Durch entsprechende baupolizeiliche Bestimmungen ist die Verunstaltung der Rückseiten der Häuser, die an Innenpromenaden grenzen, zu unterbinden und durch Festsetzung hinterer Baulinien (Abb. 57) die Freihaltung eines Gartenstreifens von wenigstens 6—8 m beiderseits zu sichern.

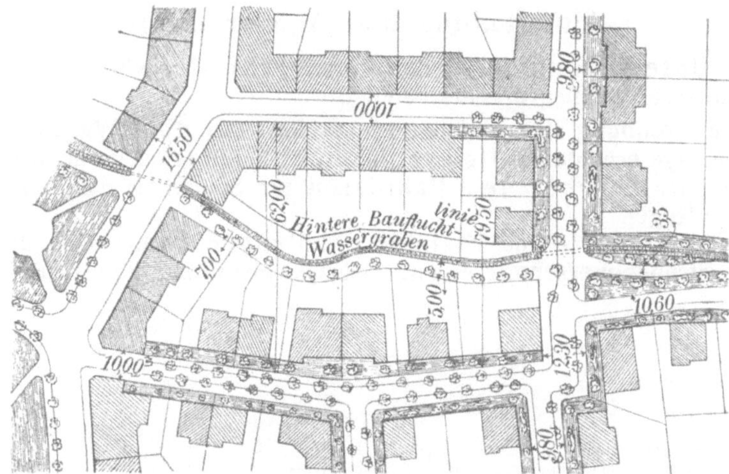

Abb. 57. Durch einen Baublock geführter Promenadenweg.

Zur Durchlegung von Grünbändern und Promenadenwegen sind daher Wohnblöcke am geeignetsten.

Ist die Durchführung der erforderlichen Promenaden durch Baublöcke nicht angängig, so müssen diese in zusammenhängendem Zuge in die Straßen verlegt werden. Zu ihrer Aufnahme eignen sich ruhige Wohnstraßen mit Vorgärten (Abb. 81, 82, 88) besser als Strahl- und Ringstraßen (Abb. 79), die zwar ihrer Richtung nach zur Verbindung der Grünflächen passen, aber wegen ihres starken Wagenverkehrs und des immer damit verbundenen Lärmes und Staubes zum Spazierengehen wenig einladen, womit jedoch nicht gesagt sein soll, daß Mittel- oder Seitenpromenaden in den Verkehrsstraßen grundsätzlich ausgeschlossen sind.

VI. Straßenquerschnitte.

Die Straßenquerschnitte sind, sobald das Straßennetz feststeht, auf Millimeterpapier freihändig, aber unter Einhaltung eines bestimmten Maßstabes für die Breiten (1:250 oder bequemer 1:100) zu entwerfen, um die Straßen vollständig mit Baufluchtlinien, Straßenfluchtlinien, Bordkanten in den Lageplan eintragen zu können.

Die Querprofile sind so aufzutragen, wie sie vom Anfangspunkt der Straße aus gesehen werden. Als Anfangspunkt aller von der Ortsmitte ausstrahlenden Straßen ist das dieser zugekehrte Straßenende, aller Straßen der Sehnenrichtung der Straßenanfang im Drehsinne des Uhrzeigers anzunehmen.

Die Straßenquerschnitte sind nach den einzelnen Gebieten zusammenzustellen und sofort mit dem Namen oder der Nummer der Straße zu versehen. Es empfiehlt sich zum schnellen Auffinden der einzelnen Profile zuerst die Querschnitte der Straßen mit Namen nach dem Alphabet, sodann die der übrigen in der Reihenfolge ihrer Nummern aufzutragen. Erhält eine Straße verschiedene Querschnitte, so sind diese der Reihe nach untereinander zu setzen mit der Angabe, für welche Strecke, zwischen welchen Querstraßen und auf welche Länge sie gelten sollen.

Im allgemeinen Entwurf kann auf die Darstellung des Geländes und die Angabe irgendwelcher Höhen in den Querprofilen verzichtet werden; es genügt die Wiedergabe des nackten Straßenquerschnitts von Bauflucht zu Bauflucht mit seiner Unterteilung in Fahrdamm, Fußsteig usw. nebst Vorgärten und etwaigen Baumreihen.

1. Unterteilung und Abmessungen.

I. Die **Unterteilung des Straßenquerschnittes** wird durch die Art und Stärke des Straßenverkehrs bedingt.

1. Die **Trennung des Fußgängerverkehrs von** d e m **Wagenverkehr** d u r c h Anlage erhöhter Seitensteige — in Landorten auch nur durch die Straßenrinnen — neben dem Fahrdamm zur Sicherung der Fußgänger bildet die **Regel.**

Für Gartenstädte und Kleinhaussiedlungen kommt auch der **ungeteilte Straßenquerschnitt** — eine Steinschlagbahn für Wagen- und Fuß-

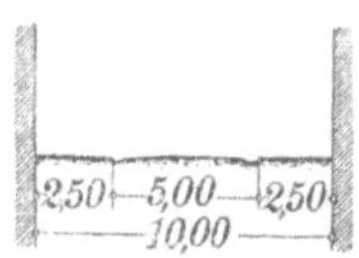

Abb. 58. Zweispuriger Fahrdamm für Wagen- u n d Fußgängerverkehr mit Rasenstreifen beiderseits (Straßenquerschnitt für Kleinhaussiedlungen).

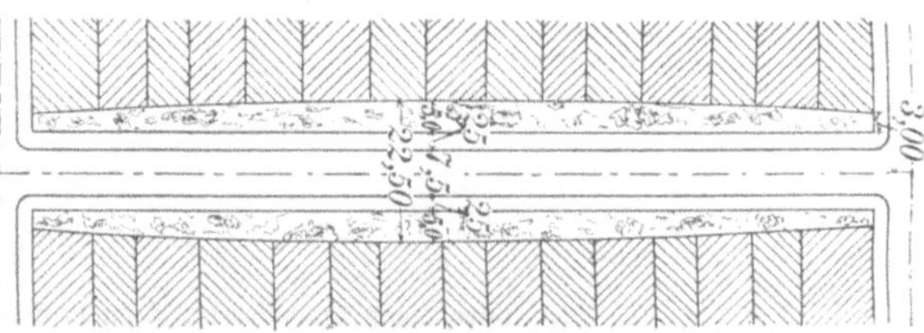

Abb. 59. Konkav gekrümmte Baufluchtlinien.

gängerverkehr, womöglich mit Rasenstreifen beiderseits (Abb. 58, Taf. I u. II: Str. V. 4) — zwecks Verringerung der Straßenbaukosten in Betracht.

Breite Fahrdämme werden zweckmäßig durch **Mittelsteige** geteilt (Abb. 66, 69), um den Verkehr nach beiden Richtungen besser zu regeln.

Hin und wieder werden noch **Promenadenwege** (Abb. 70, 79—82, 88), **Radwege** (Abb. 86, 87) und **Reitwege** (Abb. 87, 88) zum Spazierengehen, Radeln und Reiten angelegt.

2. **Baumreihen,** die als Schattenspender und zur Belebung des Straßenbildes erwünscht, aber nur in größerem Abstande von den Häusern zulässig sind, beanspruchen einen besonderen, für den Verkehr nicht in Betracht kommenden Straßenstreifen.

Breitere **gärtnerische Anlagen** mit Beeten und Sträuchern haben n u r bei sehr großer Straßenbreite, in sog. Prachtstraßen Platz.

3. **Vorgärten,** die der Gemeinde selbst keine Kosten verursachen und sehr zur Verschönerung des Straßenbildes beitragen, sind in Verkehrsstraßen mit Läden nicht, dagegen in Wohnstraßen stets angebracht.

4. Auf Mannigfaltigkeit der Straßenbilder ist durch möglichste **Abwechselung in** d e n **Straßenquerschnitten,** die jedoch immer dem Zweck der Straße und der Art des voraussichtlichen Anbaues angepaßt sein müssen, Bedacht zu nehmen.

So ergeben sich oft genug aus den örtlichen Verhältnissen unsymmetrische Straßenquerschnitte, die immer eine angenehme Abwechselung gegenüber den doch meistens symmetrischen Querschnitten bieten.

Auch durch konkav gekrümmte Baufluchtlinien (Abb. 59), entweder beiderseits oder nur auf einer Seite, und durch Einsprünge in langen Baufluchten, Straßenerweiterungen (Abb. 60), läßt sich eine wirkungsvolle Abwechselung in die Straßenbilder bringen. Die Abweichungen von der normalen Breite werden durch einen kleinen Platz (Abb. 60), durch die Vorgärten (Abb. 59) oder, wo solche fehlen, durch die Seitensteige ausgeglichen, während die Fahrbahn in der Regel in gleicher Breite durchläuft.

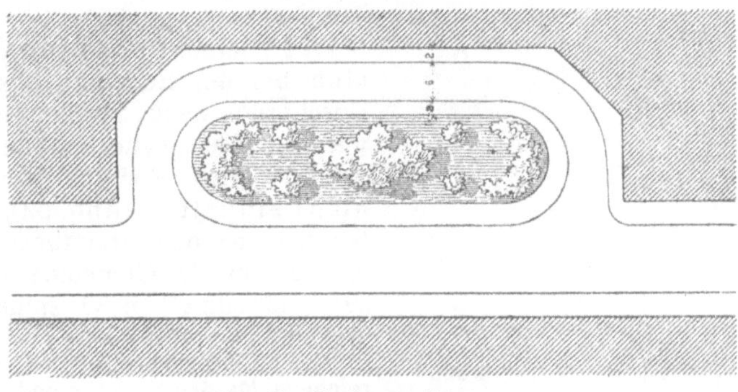

Abb. 60. Straßenerweiterung.

II. Die **Straßenbreite** ist von der Stärke des voraussichtlichen Verkehrs eines Ortes von der Größe, wie sie sich in dem Umfang des Bebauungsplanes ausprägt — nicht etwa des Verkehrs zur Zeit der Planaufstellung — abhängig.

Es sei darauf hingewiesen, daß nach § 15 des Fluchtliniengesetzes v. 2. Juli 1875 die angrenzenden Eigentümer die Kosten für die Freilegung, erste Einrichtung, Entwässerung und Beleuchtungsvorrichtung einer Straße, sowie deren fünfjährige Unterhaltung bis zur Straßenmitte, jedoch auf höchstens 13 m Straßenbreite zu tragen haben.

Bei **Straßen über 26 m Breite** (ohne Vorgärten) [Abb. 66, 69, 79, 87] wird daher die Gemeinde mit den Mehrkosten belastet, weshalb so breite Straßen auch als „Luxusstraßen" bezeichnet werden.

Unter Umständen können aber die bei der Anlage von über 26 m breiten Straßen oder Plätzen entstehenden Mehrkosten auf Grund des § 9 des preußischen Kommunalabgabengesetzes vom 14. Juli 1893 als Interessentenbeiträge (Bettermentabgabe) von den Anliegern erhoben werden, da diesen in der Regel aus der größeren Straßenbreite wirtschaftliche Vorteile in Gestalt höherer Bodenpreise erwachsen.

III. Eine **Unterscheidung von endgültigem und vorläufigem Straßenquerschnitt** ist in Verkehrsstraßen, die voraussichtlich noch nicht bald mit Geschäftshäusern besetzt werden, also zumeist in den Außengebieten, zu treffen.

Es wäre nämlich höchst unwirtschaftlich, eine Verkehrsstraße sofort in solcher Breite zu befestigen, wie sie erst der Verkehr eines Ortes von der Größe des Bebauungsplanes, also etwa in 30—40 Jahren, verlangt.

Der vorläufige Straßenquerschnitt erhält daher vor allem einen schmäleren Fahrdamm und erwünschtenfalls auch schmälere Fußsteige. Der Abstand der Baufluchtlinien muß natürlich, um die Straße später verbreitern zu können, beibehalten werden. Der **Unterschied zwischen Baufluchtabstand und vorläufiger Straßenbreite** wird zweckmäßig zur vorübergehenden Anlage von Vorgärten (Abb. 61), unter Umständen auch von Promenaden (Abb. 79) ausgenutzt.

Nur muß sich die Gemeinde die kostenlose Abtretung des Vorgartenlandes durch Eintragung einer Vormerkung in die betreffenden Grundbuchblätter sichern, damit sie nicht, sobald sich die Notwendigkeit der Straßenverbreiterung ergibt, genötigt ist, den hohen, dem inzwischen gestiegenen Bodenwerte entsprechenden Preis für die Vorgärten zu bezahlen.

Der endgültige Straßenquerschnitt ist stets zuerst zu entwerfen und der vorläufige möglichst so auszubilden, daß in ihm etwaige Baumreihen schon ihren endgültigen Platz erhalten (Abb. 61).

Es empfiehlt sich jedoch, in den Bebauungsplan (Lageplan) den endgültigen Querschnitt einzutragen, um das Zukunftsbild, das der Entwurf darstellt, nicht unklar zu machen, und den vorläufigen Querschnitt nur dem Erläuterungsbericht beizufügen.

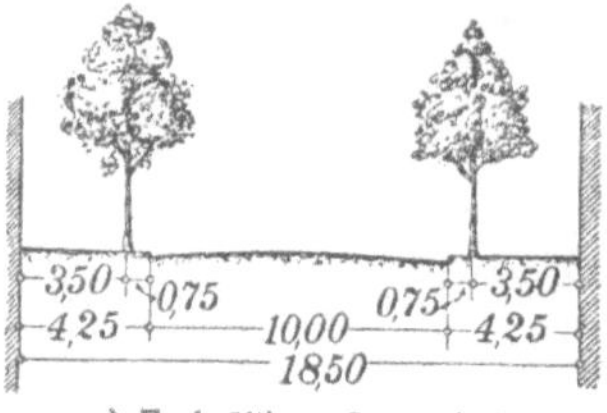

a) Endgültiger Querschnitt.

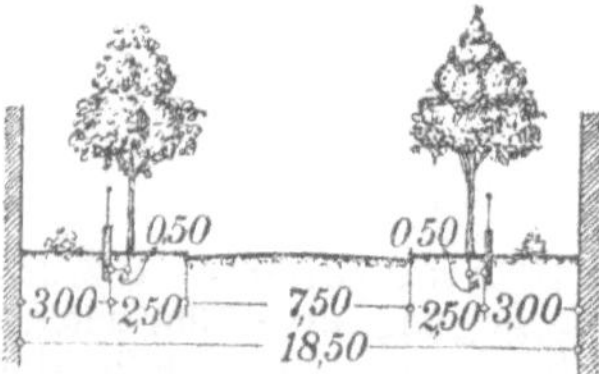

b) Vorläufiger Querschnitt mit dreispurigem Fahrdamm.

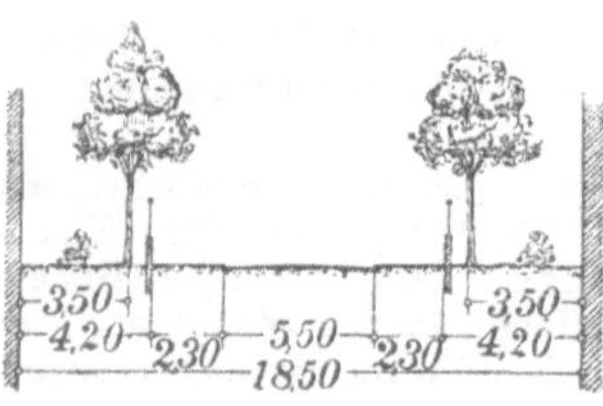

c) Vorläufiger Querschnitt mit zwei-
spurigem Fahrdamm.

Abb. 61. Endgültiger und vorläufige
Querschnitte einer vierspurigen Verkehrsstraße mit Baumreihen.

IV. In bereits **bebauten Ortsteilen** lassen sich bei der Regelung bestehender und dem Durchbruch neuer Straßen die dem Verkehr erwünschten, weiterhin angegebenen Fahrdamm- und Fußsteigbreiten gewöhnlich nicht einhalten (Abb. 62), weil in diesen Fällen die von den Grundbesitzern abzutretenden Flächen von der Gemeinde bezahlt werden müssen und zumal im Ortsinnern hoch im Preis stehen.

Welche Straßenbreite im Einzelfalle noch als ausreichend für den Verkehr und andererseits noch als wirtschaftlich anzusehen ist, läßt sich nur auf Grund eingehender Kenntnis der örtlichen Verhältnisse ermessen.

Falls die Notwendigkeit einer Straßenverbreiterung gemäß der Zunahme der Bevölkerung und des Verkehrs vorauszusehen ist, so können die neuen Baufluchtlinien nicht früh genug festgesetzt werden. Denn die Verbreiterung kann nur stückweise erfolgen, nämlich immer nur dort, wo ein Haus einem Neubau Platz macht, und nimmt daher Jahrzehnte in Anspruch.

Es empfiehlt sich deshalb, bei dem Eintragen neuer Baufluchtlinien in bebaute Straßen, damit nur die Hälfte der Grundstücke in Mitleidenschaft gezogen wird und infolgedessen die Durchführung der Verbreiterung eher zu erwarten ist, möglichst nur eine Seite und möglichst nur alte Häuser, deren Abbruch am ehesten zu erwarten ist, anzuschneiden.

Im übrigen ist darauf zu achten, daß die angeschnittenen Grundstücke noch bebauungsfähig bleiben. Die Verbreiterung der Straße hat daher tunlichst nach der Seite zu erfolgen, an der die tieferen Grundstücke liegen.

Ob die in der Regel unter der wünschenswerten Breite bleibende Straßenverbreiterung mehr den Wagenverkehr oder mehr den Fußgängerverkehr berücksichtigen soll, hängt davon ab, ob eine Umleitung des Durchgangsverkehrs, wenn auch nur zum Teil, unmöglich ist, oder ob ein lebhafter Ladengeschäftsverkehr, wie oft im Kern größerer Städte, zu erwarten ist.

Bei der Eintragung der Baufluchtlinien in bebaute Straßen ist stets darauf zu sehen, daß Unregelmäßigkeiten der vorhandenen Bebauung, wie Straßenerweiterungen, Einsprünge der Bauflucht, soweit sie über die neue normale Straßenbreite hinausreichen, nicht begradigt, sondern beibehalten werden, um den Wechsel im Straßenbild zu erhalten, Anregung zu reizvollen Lösungen des Anbaues zu geben und hin und wieder vielleicht die Möglichkeit zur Anpflanzung einiger Bäume in sonst baumloser Straße zu haben.

a) Fahrdamm.

1. Die **Fahrdammbreite** für 1 Wagen, dessen übliche Breite zwischen 1,50 m und 2,40 m schwankt, wird gewöhnlich auf **2,50 m** festgesetzt, so daß die ganze Breite der Fahrbahn ein der voraussichtlichen Verkehrsstärke entsprechendes Vielfaches von 2,50 m betragen muß.

Doch ist der Kostenersparnis wegen bei der Verbreiterung bebauter Straßen in der Annahme, daß sich zwei Wagen größter Ausladung (Rollwagen, Möbelwagen) nur selten begegnen und dabei angesichts ihrer langsamen Fortbewegung über die Bordkante auf den Seitensteig überragen dürfen, ausnahmsweise eine Spurbreite von **2,25 m** (Abb. 62), in Gartenstädten und

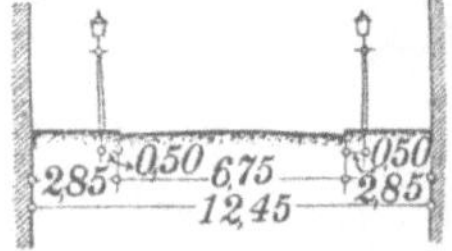

Abb. 62. Dreispurige Verkehrsstraße von beschränkter Fahrdammbreite.

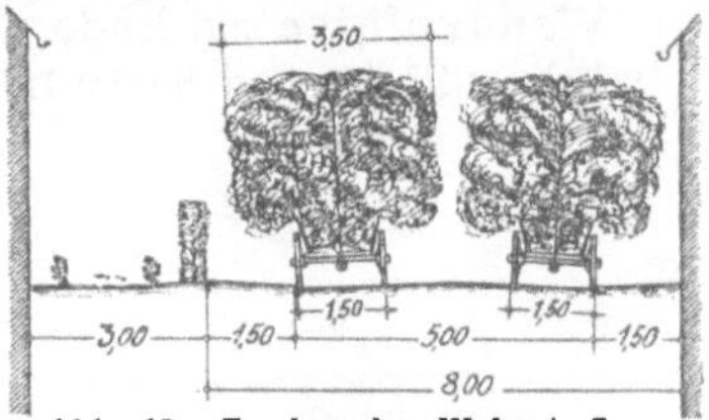

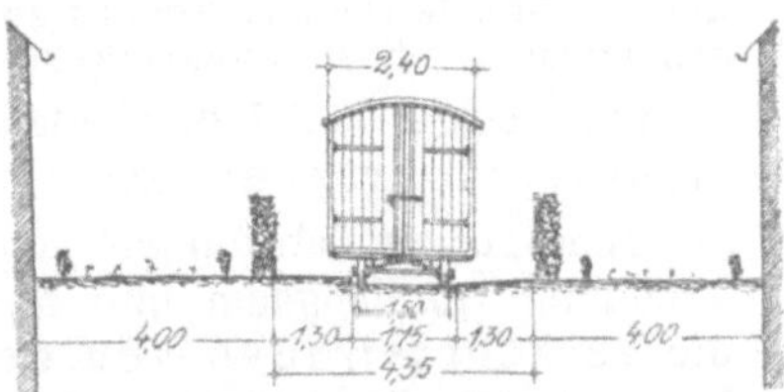

Abb. 63. Zweispurige Wohnstraße für Landorte.

Kleinhaussiedlungen alleräußerstenfalls bis **1,75 m** herab (Abb. 64, 65) zulässig.

In Landorten mit ihrem Verkehr von Heuwagen (3,50 m breit) und sonstigen Erntewagen wird dagegen, wenn man ein allzu starkes Überstehen der Ladung über die Bordkante vermeiden will, der Fahrdammbreite besser ein Einheitsmaß von 3,50 m, mindestens aber von **3,00 m** zugrunde gelegt.

1. In **Wohnstraßen** genügt es, wenn sich zwei Wagen begegnen können, wonach sich für sie gewöhnlich zweispurige Fahrdämme von **5,00 m** Breite ergeben (Abb. 71, 74—77, 81, 84, 85, 88), die auch für die Wohnstraßen der Landorte in der Voraussetzung, daß das Begegnen zweier Erntewagen in den Nebenstraßen bei einiger Aufmerksamkeit vermieden werden kann, auch bei der üblichen Ackerwagenspur von rd. 1,50 m noch soeben möglich und bei 1,50 m breiten Seitenwegen ohne Gefahr für einen Fußgänger ist, genügen (Abb. 63).

In den Wohnstraßen der Gartenstädte und Kleinhaussiedlungen mit ihrem ganz unbedeutenden Wagenverkehr reichen schon Fahrdammbreiten von 4,50—4,00 m, ja bis **3,50 m** herab aus, welch letztere Breite noch das Aneinandervorbeifahren eines Wagens der üblichsten Breite von 1,50 bis 1,60 m und eines Rollwagens von 2,20 m Breite, aber nicht mehr zweier

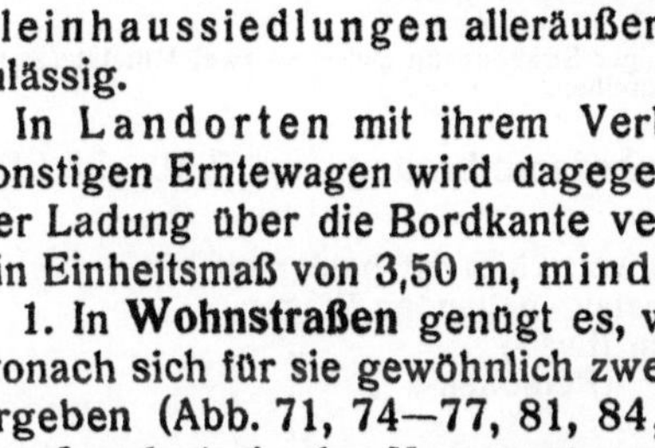

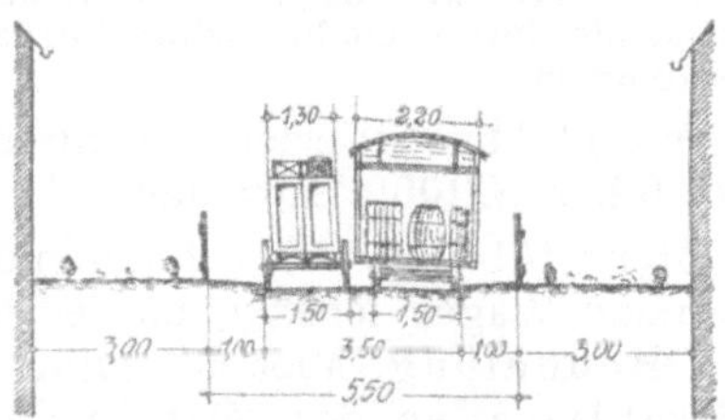

Abb. 64. Zweispurige Wohnstraße geringster Breite für Kleinhaussiedlungen.

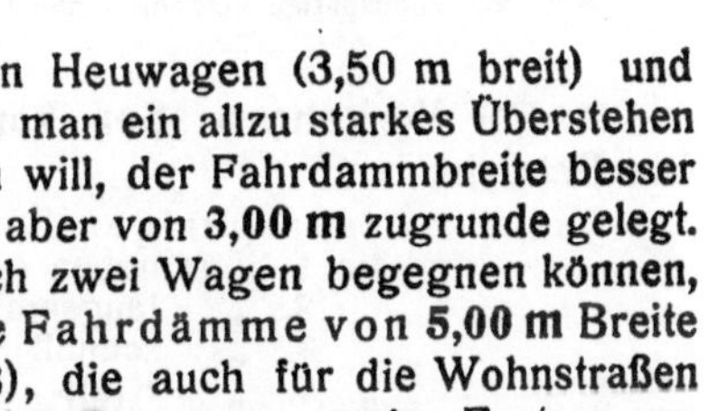

Abb. 65. Einspuriger Fahrdamm geringster Breite für kurze, gerade Straßen in Kleinhaussiedl.

Möbel- oder Rollwagen gestattet (Abb. 64). In kurzen, geraden, über-
sehbaren Straßen solcher Siedlungen sind sogar einspurige Fahrdämme
von 2,50 bis 1,75 m Breite herab noch zulässig, wenn für das Ausweichen der
Fußgänger Seitenwege (Abb. 65) oder offene Rasenstreifen (vgl. Abb. 58), die
allermindestens eine Breite von 1,00 m zum Schutze der Fußgänger vor dem
unter Umständen 40 cm über den Rand der Fahrbahn überstehenden Wagenkasten aufweisen müssen, vorgesehen sind (vgl. Abb. 64).

Doch lassen sich die in Kleinhaussiedlungen meistens üblichen Steinschlagdecken
solch schmaler Fahrdämme, die gewöhnlich bei einseitigem Quergefälle eine Pflasterrinne von 0,50—0,60 m Breite auf einer Seite erhalten, nicht mehr mit der 2 m
breiten Dampfstraßenwalze, sondern nur noch mit der 1,1—1,4 m breiten, von Pferden
gezogenen Straßenwalze einwalzen.

Wendeplätze am Ende von Sackgassen (Taf. I: Str. V. 4) verlangen eine
Fahrbahnfläche von **8—10 m** Breite bei mindestens gleicher Länge.

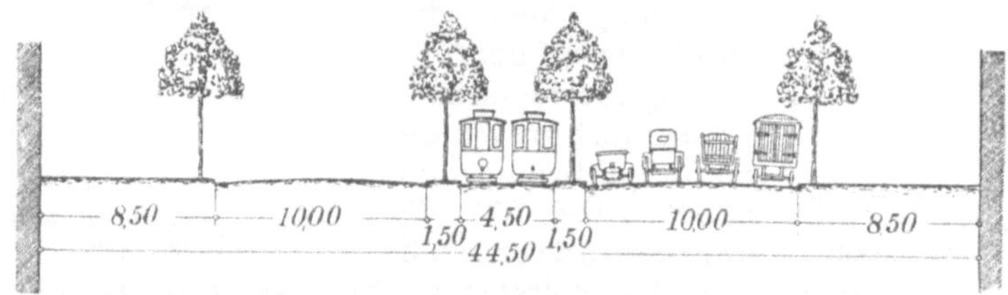

Abb. 66.   Zehnspurige Verkehrsstraße mit zweigleisiger Straßenbahn zwischen zwei Mittelsteigen
und mit Baumreihen.

2. Für **Verkehrsstraßen** kommen Fahrdammbreiten von 7,50—25,00 m
in Betracht.

Auf einem zehnspurigen Fahrdamm von 25 m ist beiderseits
       die 1. Spur neben dem Seitensteig haltenden Wagen,
       „ 2. „   langsam fahrenden (Last-)   „ ,
       „ 3. „   schnell   (Personen-)   „ ,
       „ 4. „   Kraft-   „ ,
       „ 5. „   der Straßenbahn
vorbehalten (Abb. 66).

In einseitig bebauten Verkehrsstraßen, wie Park-, Ufer- (Abb. 67,
70), Hangstraßen (Abb. 82) kommt der 2,50 m breite Streifen für haltende
Wagen auf der Park-, Ufer-, Talseite natürlich in Fortfall.

Dagegen bedürfen **Uferstraßen**, die gleichzeitig zum Ent- und Beladen
von Schiffen dienen, an der Wasserseite eines breiteren Streifens von
7,5—15 m zum Anfahren und Aufstellen der Wagen (Abb. 67, 70).

Besondere Fahrbahnstreifen für Kraftwagen sind meistens entbehrlich,
weil diese bei starkem Verkehr und häufigen Straßenkreuzungen kaum eine größere
Geschwindigkeit als die sonstigen Personenwagen entwickeln dürfen. Nur für nach
außen führende Hauptverkehrsstraßen im Flachlande dürfte eine besondere Berücksichtigung des Kraftwagenverkehrs in Frage kommen.

Achtspurige, **20,00 m** breite Fahrdämme (vgl. Abb. 79) erfordern nur die
Hauptverkehrsadern der Großstädte (über 100000 Einwohner).

Sechsspurige Fahrdämme von **15,00 m** Breite (Abb. 69, 80), auf denen die
Trennung von langsam und schnell fahrenden Wagen fortfällt, passen für
die Verkehrsstraßen von geringerer Bedeutung, aber mit Straßenbahn in Großstädten und für die Strahlstraßen der Mittelstädte
(5—100000 Einwohner).

Selbst in den kleineren Mittelstädten sollte man dieses Maß für die Strahlstraßen in den Außenbezirken, wo seiner Durchführung noch keine Bebauung im Wege steht, nicht unterschreiten, einmal im Hinblick auf das sich durch Aufstellung des Bebauungsplanes ausdrückende voraussichtliche Wachstum der Stadt mit der Folge einer Straßenbahnanlage, sodann aber auch in Berücksichtigung des immer mehr zunehmenden Landverkehrs der Kraftwagen, zumal die Gesamtstraßenbreite für sechsspurige Fahrdämme noch unter der Luxusstraßenbreite von über 26 m bleibt (Abb. 80) und der vollständige Ausbau solch breiter Straßen erst, wenn das Bedürfnis danach künftig wirklich eintritt, notwendig ist.

Für alle sonstigen Verkehrsstraßen, namentlich in kleineren Orten, genügen vierspurige, 10,00 m breite Fahrdämme (Abb. 61a, 68, 78, 86, 87), die auch für den Ver-

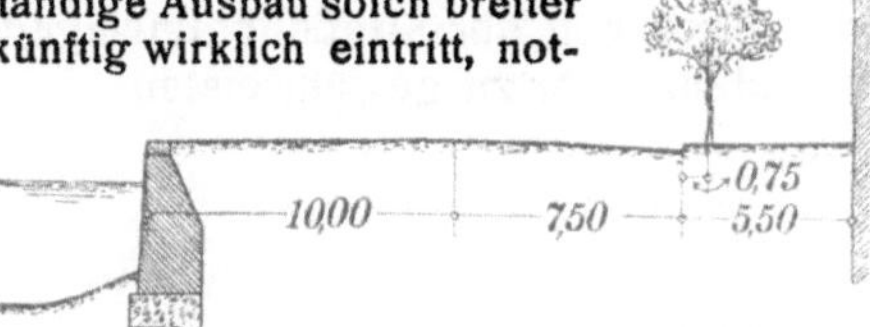

Abb. 67. Dreispurige Uferstraße mit Ladestreifen.

kehr von Erntewagen, der ja nicht ausschließlich und nur zu gewissen Zeiten stattfindet, vollständig ausreichen.

Auf 7,50 m Fahrdammbreite (vgl. Abb. 61b, 62) sollte bei beiderseitigem Anbau selbst in kleineren Orten nur ausnahmsweise, jedenfalls nie in den vom Durchgangsverkehr am stärksten belasteten Strahlstraßen und Hauptumgehungsstraßen, heruntergegangen werden. Doch ist das Maß geeignet für Verkehrsstraßen, die, was natürlich möglichst zu vermeiden ist, offene (Gartenstadt- oder Kleinhaus-) Siedlungen kreuzen müssen und später keinen Straßenbahnverkehr zu erwarten haben, weil in diesen nur ganz vereinzelt mit vor den Anwesen haltenden Wagen zu rechnen ist, die Breite auch für den Verkehr beladener Erntewagen ausreicht und ein über den Bedarf des gewöhnlichen Wagenverkehrs hinausgehender Fahrbahnstreifen von 2,50 m für das Überholen der langsamer fahrenden Fuhrwerke durch Kraftwagen ausreichen dürfte, besonders da eine etwa später doch nötig werdende Verbreiterung durch Inanspruchnahme eines Teiles der Vorgärten im Bereich der Möglichkeit liegt (vgl. Abb. 61b).

Selbstverständlich werden die Fahrdämme der Verkehrsstraßen nicht sofort, sondern erst, wenn sich das Bedürfnis danach einstellt, in den vorgenannten Breiten ausgebaut. Für den vorläufigen Ausbau empfiehlt es sich jedoch, nicht unter 6,00—5,50 m Fahrdammbreite (Abb. 61c) herunterzugehen, um das Wenden von Wagen, wofür 5,00 m recht knapp sind, zu erleichtern. Für Landorte erscheint sogar mit Rücksicht auf den Erntewagenverkehr und darauf, daß das Vordergestell der verhältnismäßig langen Ackerwagen sich nur beschränkt drehen kann und infolgedessen das Wenden in schmaler Straße erschwert ist, eine Breite der Verkehrsstraßen von 7,00—7,50 m noch angemessener (Abb. 61b).

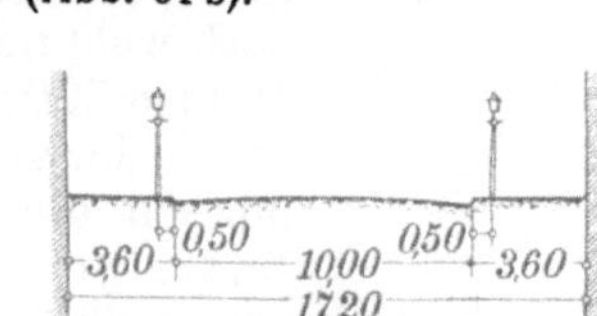

Abb. 68. Vierspurige Verkehrsstraße ohne Baumreihen.

Abb. 69. Sechsspurige Verkehrsstraße mit Mittelsteig und Baumreihen.

II. Eine **Teilung des Fahrdammes durch** einen **Mittelsteig** (Abb. 69, 79, 80) wird zweckmäßig bei einer Breite von **15,00 m** und darüber vorgenommen, einmal um den Fußgängern das Überschreiten des Fahrdammes, der dann auf jeder Seite nur in einer Richtung befahren wird, zu erleichtern, sodann aber auch um das Verlassen und Besteigen der Straßenbahnwagen, das nun vom Mittelsteig aus erfolgen kann, weniger gefahrbringend zu machen.

Für Deutschland, wo rechts gefahren und gewöhnlich auch von rechts eingestiegen wird, empfiehlt es sich noch mehr, den Straßenbahnverkehr von dem übrigen Fahrverkehr durch zwei **Mittelsteige**, welche die **Straßenbahngleise zwischen sich** fassen (Abb. 66), ganz abzutrennen und dadurch das Besteigen der Straßenbahnwagen unmittelbar von den Mittelsteigen aus in jedem Falle zu gewährleisten.

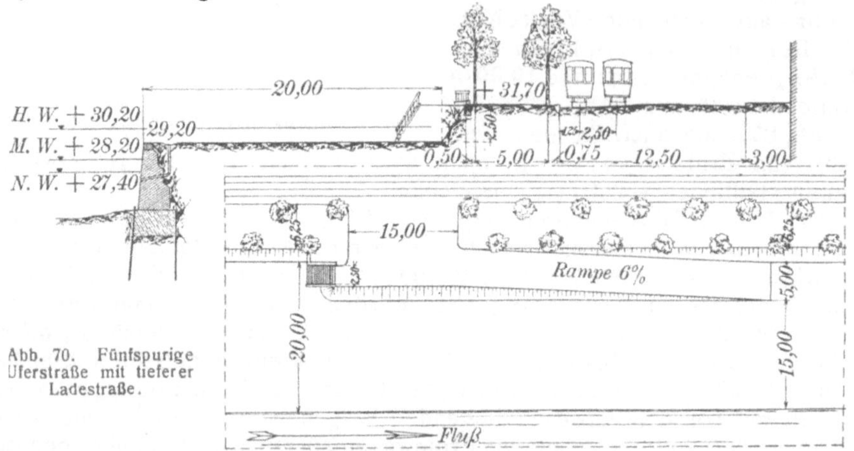

Abb. 70. Fünfspurige Uferstraße mit tieferer Ladestraße.

Als **Breite** für ein **Doppelgleis** genügt in diesem Falle **4,50 m,** da die Straßenbahnwagen dem Anfahren durch anderes Fuhrwerk nicht mehr ausgesetzt sind und den seitlichen Sicherheitsstreifen von 25 cm entbehren können.

Ein weiterer Ausgleich der Mehrkosten, welche die Anlage zweier Mittelsteige verursacht, liegt noch darin, daß die **Straßenfläche zwischen den Schienen nicht für Fuhrwerk befestigt** zu werden braucht. Sie ist nur staubfrei zu halten, was am sichersten durch Rasenflächen zwischen den Schienen, die durch ihr Grün die Straße noch angenehm beleben, erreicht wird. Billiger in der Unterhaltung ist eine geteerte Kiesdecke oder sonstige leichte Fußsteigbefestigung.

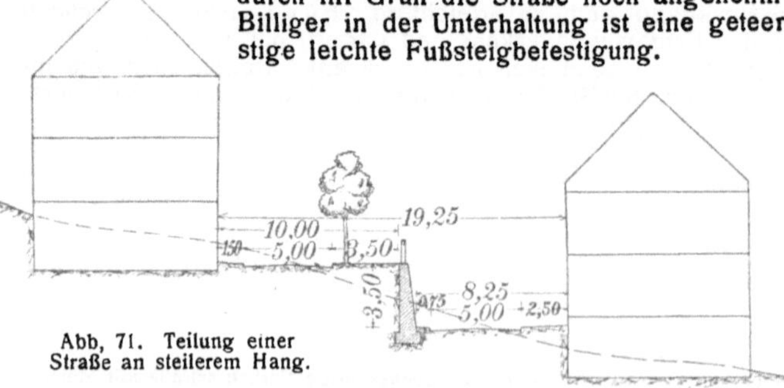

Abb. 71. Teilung einer Straße an steilerem Hang.

An Querstraßen und bei langen Baublöcken auch wohl noch in 100 bis 200 m Abstand dazwischen müssen die Mittelsteige selbstverständlich unterbrochen werden (Abb. 39), um den Wagenverkehr von der einen Straßenseite nach der anderen zu ermöglichen.

III. Eine **Zerlegung des Fahrdammes nach der Höhe** erfolgt häufig in **Uferstraßen,** und zwar in eine hochgelegene, hochwasserfreie **Verkehrsstraße** und eine tiefere, für den Güterumschlag bequemere **Ladestraße,** die durch eine Stützmauer oder eine steile gepflasterte Böschung voneinander getrennt und in größeren Zwischenräumen durch Rampen (3—6%) für den Wagenverkehr, in kleineren durch Treppen für den Personenverkehr miteinander verbunden sind (Abb. 70).

Eine Zerlegung in zwei verschieden hoch gelegene Fahrdämme findet sich zuweilen auch in **Hangstraßen,** um bei starker Geländeneigung beide Straßenseiten mit Häusern besetzen zu können (Abb. 71).

b) Fußsteige und Promenaden.

I. Maßgebend für die Breite ist:

1. Ein **Fußgänger** beansprucht für unbehindertes Begegnen und Nebeneinandergehen eine Breite von **0,75 m, mit aufgespanntem Regenschirm von 1,15 m.**

Für mäßigere Anforderungen genügen allenfalls 0,70 m und 1,10 m, während 0,65 m und 1,05 m die äußerste Einschränkung darstellen.

2. **Laternen,** Masten, Schilder, Feuermelder usw. werden **0,50 m** von der Bordkante aufgestellt; bis zu ihrer Hinterkante ist **0,60 m** zu rechnen.

3. Der Abstand der **Straßenbäume** von der Bordkante beträgt mindestens und auch in der Regel **0,75 m,** bis Hinterkante Stamm also rund **0,90 m.**

Außerdem bedarf jeder Baum zur Bewässerung und Durchlüftung des ihn umgebenden Erdreichs einer unbefestigten, locker zu haltenden oder berasten

„Baumscheibe" (Abb. 72) von 2—4 m² Fläche und 1—1,5 m Breite von Bordkante.

Abb. 72. Baumscheiben.

Da die Fußsteigstreifen zwischen den Baumscheiben nur zum Ausweichen der sich Begegnenden zu benutzen sind, so kann, namentlich bei größerer Breite des Fußsteigs, an die Stelle der einzelnen Baumscheiben auch ein durchlaufendes Rasenband treten, das nur hin und wieder durch einen befestigten, 1—2 m breiten Übergang zum Fahrdamm unterbrochen wird. Die Belebung des Straßenbildes läßt sich dann noch durch Schlingpflanzen, die an Drähten von Baum zu Baum gezogen sind, erhöhen (Abb. 73).

Ferner verlangen

Baumarten	Abstand	
	von den Häusern m	voneinander m
mit großer Krone: Roßkastanie, Silberahorn, Platane, Ulme	7	10—12
mit mittlerer Krone: Bergahorn, Spitzahorn, Linde	5	8—10
mit kleiner Krone: Rote Kastanie, Bessons Robinie, Kugelakazie, Eberesche, Rotdorn, Kugelform von Ulme, Ahorn, Esche	3,5	6—8

II. Die Breite der Fußsteige hängt von der Art und der Bedeutung der Straße ab.

Ein 0,75 m breiter Streifen ermöglicht nach Brix die Fortbewegung von 1800 Menschen hintereinander in einer Stunde. Ein drei Streifen breiter Seitensteig von 2,25 m gestattet also das Betrachten der Schaufenster in einer Reihe und den Ver-

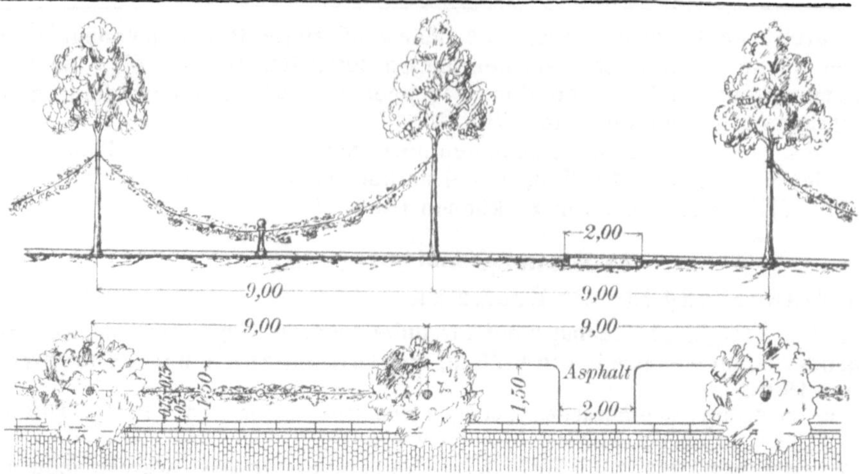

Abb. 73. Rasenband mit Baumreihe und verbindenden Schlingpflanzen.

kehr von 3600 Personen, auf beiden Straßenseiten zusammen von 7200 Personen in der Stunde, eine Verkehrszahl, wie sie nur in den Hauptverkehrsadern der Weltstädte überschritten wird.

Es darf jedoch nicht übersehen werden, daß sich die Menschen nicht nur einzeln, sondern in erheblicher Zahl auch paarweise und zu dritt — vier Personen können zwei Paare bilden — über die Straße bewegen, und daß die Vorschrift „Rechtsgehen" selbst in dem polizeilich überwachten Straßenverkehr der Großstädte kaum durchführbar ist. Je dichter nun die Verkehrsfolge ist, desto schwieriger gestaltet sich auf schmalem Fußsteig das Ausweichen und Überholen der einzelnen Personengruppen.

Es entspricht daher dem praktischen Verkehrsbedürfnis, wenn die Breite der Seitensteige dem zu erwartenden Verkehr entsprechend abgestuft wird.

1. In **Wohnstraßen** genügt im allgemeinen eine Seitensteigbreite, die das Begegnen zweier Personen gestattet.

Als übliche Mindestbreite ergibt sich daher **1,50 m** (Abb. 63, 71, 80, 82), wobei jedoch Laternen usw. besser an den Häusern befestigt (Abb. 74, l.) oder, falls ein Vorgarten vorhanden ist, dicht an diesem aufgestellt werden (Abb. 74, r.).

In den weiträumigen Kleinhaussiedlungen, die nur schwachen Verkehr aufweisen und in denen die Straßenbaukosten möglichst niedrig zu halten sind, kommen — wenn nicht ganz auf besondere Fußsteige verzichtet wird — auch Seitensteige von nur **1,40—1,30 m** Breite für das Begegnen zweier Personen in Betracht (Abb. 65).

Selbst mit Seitensteigen für nur eine Person kann man sich in Kleinhaussiedlungen begnügen; nur müssen diese, falls der Fahrdamm so knapp gehalten ist, daß mit dem Hinüberragen breiterer Wagen über den Fußsteig zu rechnen ist, wenigstens **1,00 m** Breite erhalten, damit ein Zwischenraum von 60 cm zwischen Wagenkasten und Gartenzaun oder Hauswand verbleibt (Abb. 64).

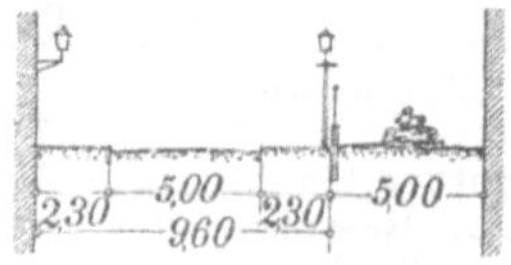

Abb. 74. Wohnstraße mit schmalsten Seitensteigen und Vorgarten an einer Seite.

Abb. 75. Wohnstraße mit breiteren Seitensteigen ohne Baumreihen und mit Vorgarten an einer Seite.

In Straßen mit mehrstöckigen Mittelhäusern oder Landhäusern ist eine Breite von **2,30 m** (Abb. 61 c, 75, 84), die auch das Begegnen zweier Personen mit aufgespanntem Regenschirm gestattet, vorzuziehen.

Sollen die Laternen usw. an der Bordkante Aufstellung finden, ohne daß der Verkehr behindert wird, so erhöhen sich die angegebenen Maße um 0,60 m auf **2,10 m** (Abb. 76, l., 81, l.) und **2,90 m** (Abb. 77, l., 85).

Straßenbäume lassen sich auf den Seitensteigen von Wohnstraßen nur anpflanzen, wenn der erforderliche Abstand von den Häusern durch Vorgärten gegeben ist. Unter Berücksichtigung der Baumscheiben ergibt sich dann für bescheidenere Wohnstraßen eine Seitensteigbreite von 1,00 + 1,50 = **2,50 m** (Abb. 61 b, 76, r.), für reicher ausgestattete Wohnstraßen von 0,90 + 2,30 = **3,20 m** (Abb. 77, r., 88, r.).

2. In **Verkehrsstraßen** entspricht die Stärke des Fußgängerverkehrs im allgemeinen der des Wagenverkehrs. Man wird daher, je nachdem ein

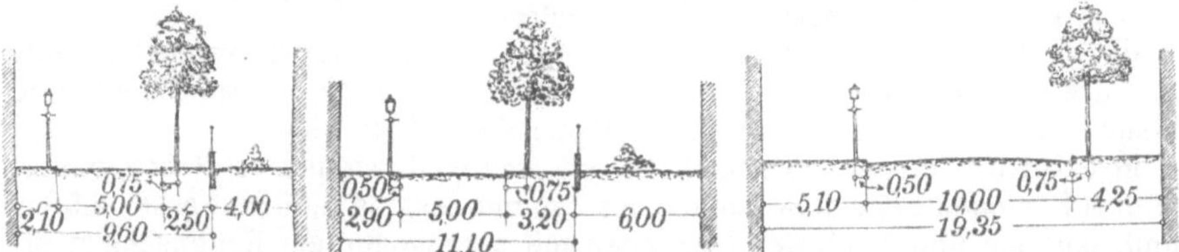

Abb. 76. Wohnstraße mit schmäleren Seitensteigen und Baumreihe an einer Seite.

Abb. 77. Wohnstraße mit breiten Seitensteigen und Baumreihe an einer Seite.

Abb. 78. Unsymmetrische vierspurige Verkehrsstraße mit Baumreihe auf der Sonnenseite.

dreispuriger, vierspuriger usw. Fahrdamm vorgesehen ist, die Seitensteige so breit machen, daß 3, 4 usw. Personen aneinander vorbeigehen können. Es genügt aber, für jeden Fußgänger 0,75 m Breite in Rechnung stellen, da bei Regenwetter der Verkehr geringer ist und auch nicht jeder einen Regenschirm aufspannt.

Doch wird in Verkehrsstraßen wohl immer noch ein Streifen von 0,60 m für Laternen usw. hinzugerechnet werden müssen, so daß sich also
bei dreispurigem Fahrdamm Seitensteige von 2,85 m Breite (Abb. 62),
„ vierspurigem „ „ „ 3,60 „ „ (Abb. 68, 87, r.),
„ sechsspurigem „ „ „ 5,10 „ „ (Abb. 69, l., 87, l.),
„ achtspurigem „ „ „ 6,60 „ „ (Abb. 79, l.)
ergeben.

Da die Verkehrsstraßen keine Vorgärten erhalten und der Mindestabstand der Straßenbäume (mit kleiner Krone) von den Häusern 3,50 m beträgt, so haben Baumreihen im allgemeinen erst in sechsspuriger Verkehrsstraße auf den Seitensteigen Platz.

Die Breite eines Seitensteiges mit Bäumen berechnet sich
in sechsspuriger Verkehrsstraße zu 6 · 0,75 + 1,00 = 5,50 m (Abb. 69, r.)
„ achtspuriger „ „ 8 · 0,75 + 1,00 = 7,00 „ (Abb. 79, r.).
In vierspuriger Verkehrsstraße ermöglicht erst ein Seitensteig von 3,50 + 0,75 = 4,25 m Breite die Anpflanzung einer Baumreihe (Abb. 61 a, 78, r.).

Verschiedene Fußsteigbreiten auf beiden Straßenseiten ergeben sich, wenn, wie in Ost-West-Straßen, Straßenbäume vielleicht nur auf der einen (Sonnen-) Seite erwünscht sind.

In bedeutenden Geschäftsstraßen mit vielen Läden kann man beobachten, daß von den Fußgängern die Straßenseite, die sich zur Zeit des stärksten Verkehrs (am

Mittag und Nachmittag) im Schatten befindet, nämlich die Südseite und Westseite, bevorzugt wird, daß sich deshalb und gleichzeitig wegen der günstigeren Belichtung ihrer Auslagen die bedeutenderen Ladengeschäfte auch auf dieser Seite ansiedeln und so den Fußgängerverkehr noch mehr nach dieser Seite ziehen.

Es ist deshalb zuweilen nicht unangebracht, in Hauptverkehrsstraßen die Seitensteige verschieden breit anzulegen, doch sollte nie unter eine Fußsteigbreite von 3,60 m und, falls Bäume angepflanzt werden sollen, von 4,25 m heruntergegangen werden. In vierspurigen Verkehrsstraßen ist daher die angegebene Breite auf der Sonnenseite beizubehalten und auf der Schattenseite erwünschtenfalls um 1,50 m zu erhöhen (Abb. 78, 87), während in sechs- und achtspurigen Straßen die Fußsteigbreite auf der Sonnenseite um 2—4 Einzelbreiten von je 0,75 m verringert und auf der Schattenseite um ebensoviel vergrößert werden kann.

Für **Mittelsteige**, die nur zur Trennung breiter Fahrdämme und zum Besteigen und Verlassen der Straßenbahnwagen dienen, genügt eine Breite von 1,50 m, die auch zum Bepflanzen mit Bäumen und zur Aufstellung von Kandelabern usw. ausreicht (Abb. 66, 69).

Sollen Mittelsteige Promenaden (Abb. 79, 80) oder Reitwege (Abb. 87) aufnehmen, so sind sie natürlich wesentlich breiter anzulegen.

III. **Promenaden** sind zum Spazierengehen und erhalten wenigstens eine Baumreihe (Abb. 81), gewöhnlich zwei (Allee: Abb. 70, 79, 80, 82, 83) und manchmal noch mehr Baumreihen (Doppelallee: Abb. 88).

Ihre Nutzbreite ist so zu bemessen, daß sich wenigstens zwei Paare, besser je drei Personen begegnen können, also zu mindestens 3,00 m, besser 4,50 m und, falls ein ungehindertes Begegnen mit aufgespanntem Regenschirm ermöglicht werden soll, wie namentlich in Kurorten, zu 4,60 und 6,90 m.

Promenaden mit einer Baumreihe (auf der Süd- oder Westseite des Promenadenweges) werden demnach einschließlich einer 1 m breiten **Baumscheibe 4,00—7,80 m** breit.

Alleen mit gegenüberstehenden Bäumen verlangen je nach der Größe ihrer Krone einen **Abstand der Baumreihen** von i. M. **7 m, 9 m** oder **11 m** und einschließlich des Abstandes von der Bordkante von je 0,75 m eine mittlere Breite von 8,50 m, 10,50 m oder 12,50 m.

Alleen mit zueinander versetzten Bäumen ermöglichen eine Einschränkung der Breite. Doch wird man, um die Geschlossenheit der Allee zu wahren, die Baumreihen höchstens so weit einander nähern, daß alle Bäume gleichweit voneinander entfernt sind, daß also je drei Bäume in den Ecken eines gleichseitigen Dreiecks stehen. Für Bäume mit kleiner, mittlerer und großer Krone ergibt sich hiernach ein **Abstand der Baumreihen** von mindestens **5,00 m, 7,00 m** und **8,50 m** und eine Promenadenbreite von wenigstens 6,50 m, 8,50 m und 10,00 m.

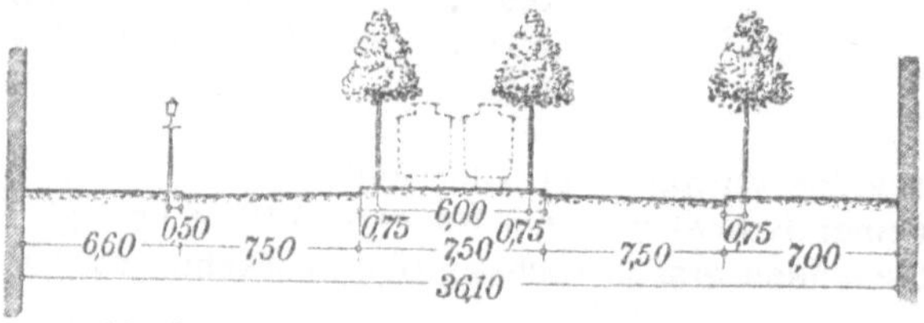

Abb. 79. Sechsspurige Verkehrsstraße mit Mittelpromenade und Baumreihe auf der Sonnenseite (Vorläufiger Querschnitt einer achtspurigen Verkehrsstraße mit Doppelgleis).

1. In **Verkehrsstraßen** sind des Lärmes und Staubes wegen **Promenaden** selten am Platze.

Sie passen nur in Verkehrsstraßen außerhalb der eigentlichen Geschäftsviertel, die keinen starken Lastverkehr haben und den Zugang zu beliebten Ausflugspunkten bilden. Sie werden dann zweckmäßig so angelegt, daß sie mit zunehmendem Verkehr zur Verbreiterung des Fahrdammes benutzt werden können, die Baumreihen aber möglichst erhalten bleiben. Am ehesten gelingt letzteres durch Anlage eines Mittelsteiges mit zwei Baumreihen, die später die Straßenbahngleise zwischen sich fassen (Abb. 79).

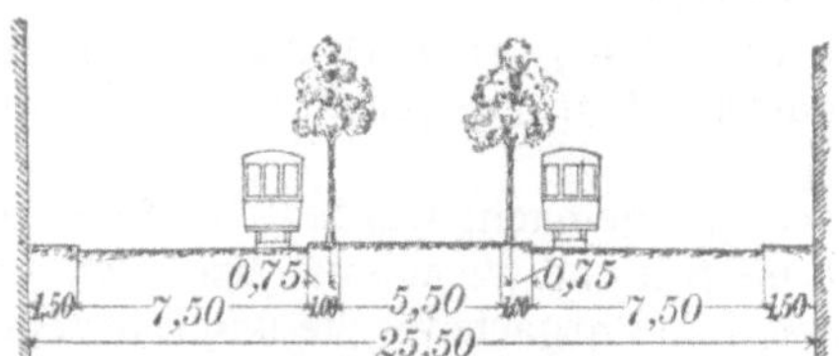

Abb. 80. Sechsspurige Verkehrsstraße im Industrieviertel mit Mittelpromenade.

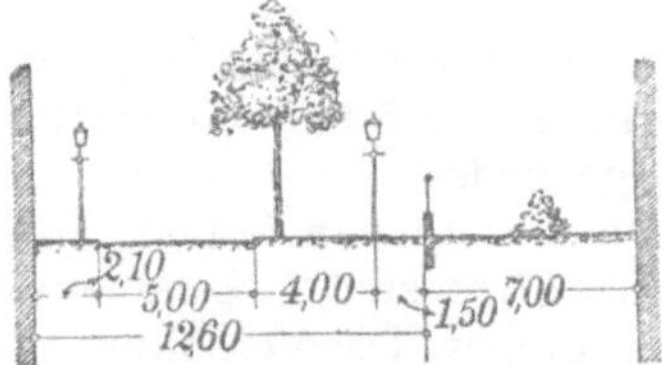

Abb. 81. Unsymmetrische Wohnstraße mit Seitenpromenade.

Seitenpromenaden passen schon deshalb weniger in Verkehrsstraßen, weil sie infolge ihrer großen Breite den Verkehr zwischen den anfahrenden Wagen und den Häusern erschweren.

Mittelpromenaden sind ferner noch in den Verkehrsstraßen der Industrieviertel, in denen nur schmale Seitensteige der bequemeren Anfahrt wegen erwünscht sind, als schattiger Weg für den zu Beginn und Schluß der Arbeitszeit herrschenden großen Arbeiterverkehr angebracht (Abb. 80).

2. In **Wohnstraßen** bestehen keinerlei Bedenken gegen die Anlage von Promenaden. Am besten eignen sich hierzu Straßen mit Landhäusern.

Die Promenaden sind seitlich zu legen, da die Teilung eines zweispurigen Fahrdammes nicht angängig ist. Sie werden mit dem Seitensteig in der Weise vereinigt, daß dieser einen auch bei schlechtestem Wetter begehbaren Pflasterstreifen von 1,50—2,30 m Breite erhält, an ihn unmittelbar sich der nur mit einer Kiesdecke versehene Promenadenweg anschließt und die Laternen auf die Grenze zwischen beiden gesetzt werden (Abb. 81).

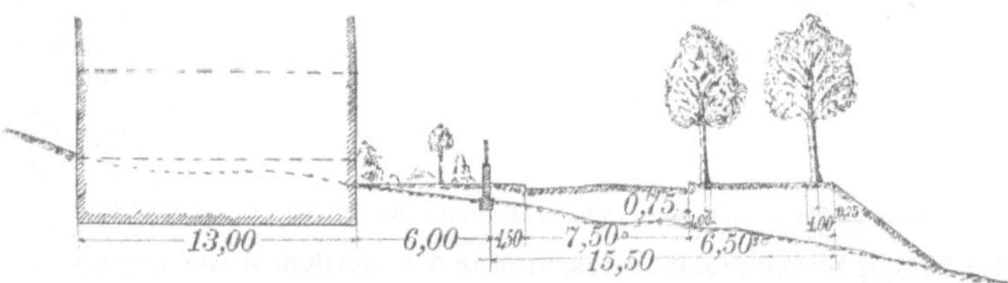

Abb. 82. Einseitig bebaute Hangstraße mit Seitenpromenade an der Talseite.

3. In **einseitig bebauten Straßen** sind Promenaden besonders am Platze und zwar auf der unbebauten Seite, wo sie in Ufer- und Hangstraßen eine schöne Aussicht über die Wasserfläche (Abb. 70) und das Tal (Abb. 82), in Parkstraßen Einblicke in den Park (Abb. 88) bieten.

Einer baumbesäumten Promenade am Parkrande ist häufig ein leicht geschwungener Parkweg, der sich in wechselndem Abstande vom Parkrand längs der Straße hinzieht, vorzuziehen.

4. **Durch die Baublöcke gelegte Promenaden** gewähren, abgesehen von Aussichts- und Parkpromenaden, den angenehmsten, weil von Straßenlärm und Staub nicht beeinträchtigten Spaziergang.

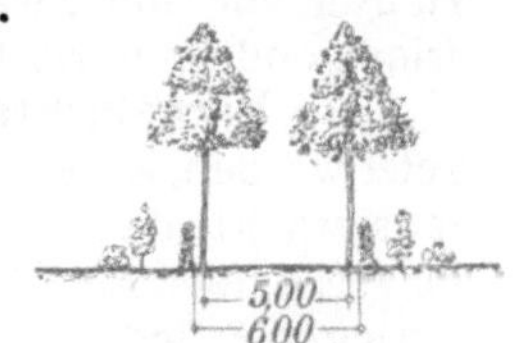

Abb. 83. Promenade zwischen den Hintergärten eines Baublocks.

Die Bäume können dicht an die Hecken der Privatgärten gesetzt werden, so daß bei 1 Baumreihe 0,60 m, bei zweien 1,20 m an Promenadenbreite erspart werden (Abb. 83).

c) Vorgärten.

1. **Vorgartenbreite** allermindestens **3 m**, soweit durchführbar, nicht unter **5 m**, weil schmale Vorgärten erfahrungsgemäß nicht die nötige Pflege finden.

Die Vorgärten können um so breiter gemacht werden, je tiefer die Baustellen sind, in Landhausstraßen bis 8 m und ausnahmsweise auch wohl noch breiter. Das Verhältnis $^1/_7 - ^1/_5$ zwischen Vorgartenbreite und Baustellentiefe dürfte in den meisten Fällen passen. In Kleinhaussiedlungen wird man jedoch Vorgärten auch bei größeren Grundstückstiefen nur in beschränkter Breite vorsehen und das Mehr an Freifläche lieber den Hintergärten zukommen lassen, um desto größere Gartenflächen für den Gemüsebau zu gewinnen, worauf in Kleinhausgebieten besonderer Wert zu legen ist.

Selbstverständlich brauchen die Vorgärten auf beiden Seiten einer Straße nicht gleich breit zu sein, wie es auch ohne weiteres zulässig ist, daß Vorgärten nur auf der einen Straßenseite angelegt werden (Abb. 74—77, 81, 82, 84, 88).

So empfiehlt es sich, sie in Ost-West-Straßen mit geschlossener Bebauung mit Rücksicht auf eine ausgiebige Besonnung nur auf der Nordseite vorzusehen, während bei offener Bauweise mit breitem Bauwich ihre Lage auf der Schattenseite weniger bedenklich ist.

Eine Abweichung von der gewöhnlichen Anordnung der Vorgärten in Straßenhöhe ist an der Bergseite von Hangstraßen und dort, wo eine Straße im Einschnitt liegt, in der Art zu empfehlen, daß der Vorgarten um einige Stufen höher als die Straße gelegt und durch eine kleine Futtermauer gegen diese abgeschlossen wird (Abb. 84), um die Abschachtung der Bauplätze bis auf Straßenhöhe zu ersparen und außerdem Abwechslung in die Straßenbilder zu bringen.

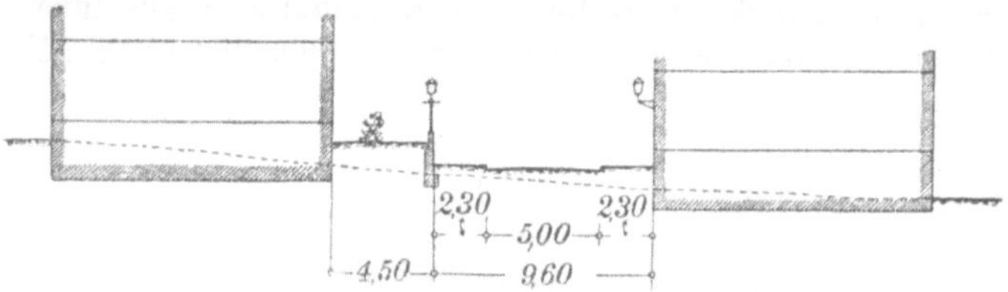

Abb. 84. Zweispurige Hangstraße mit erhöhtem Vorgarten an der Bergseite.

2. In **Wohnstraßen** sind Vorgärten immer erwünscht, um das Straßenbild freundlich zu gestalten und die Wohnungen, namentlich des Erdgeschosses, besser von der Straße und ihrem Verkehr abzuschließen. Besonders die offene Bauweise bedingt schon durch ihre Eigenart das Zurücktreten der Häuser von der Straßenflucht, würde außerdem ohne Vorgärten ein unbefriedigendes, zerrissenes Straßenbild bieten.

3. In **Verkehrsstraßen**, die in der Hauptsache mit Geschäftshäusern besetzt werden, wären Vorgärten der Besichtigung der Auslagen in den Schaufenstern hinderlich. Nur außerhalb der ausgebauten Geschäftsviertel sind in Verkehrsstraßen Vorgärten so lange zulässig, als sich nur Geschäfte von geringerer Bedeutung und nur vereinzelt dort ansiedeln (Abb. 61b u. c).

4. Weil Vorgärten nicht immer die wünschenswerte Pflege finden, werden ihnen neuerdings häufiger in Kleinhaussiedlungen durchlaufende, nur

durch die Zugänge zu den Grundstücken unterbrochene **Rasenstreifen** ohne Einfassung (Abb. 58) vorgezogen.

Auch in Wohnstraßen mit hohen Miethäusern hat man Rasenstreifen mit ganz niedriger Einfassung angelegt und noch mit einigen Blumenbeeten und

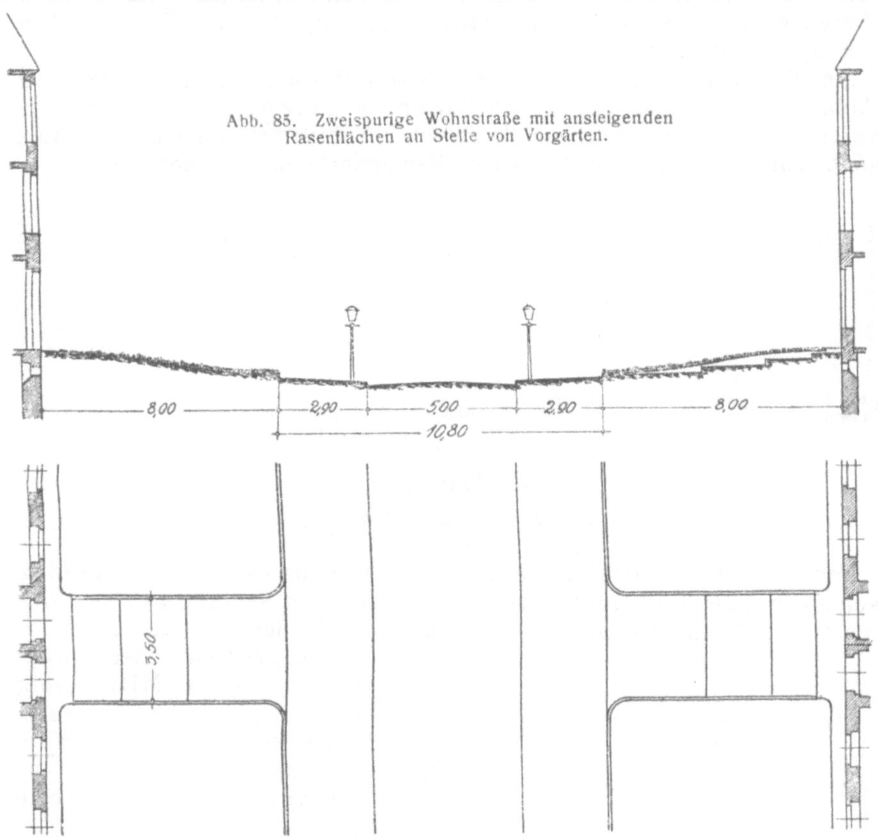

Sträuchern geschmückt, die bei sanftem Ansteigen zu den Häusern besonders wirkungsvoll in die Erscheinung treten (Abb. 85).

Die Unterhaltung solcher Anlagen fällt natürlich der Gemeinde zur Last, und eignet sich daher die an zweiter Stelle genannte reichere Ausstattung nur für größere und wohlhabende Städte.

d) Radwege.

Breite für 1 Radler . . . . 1 m,
    „   „ 2   „   der gleichen Fahrrichtung . 1,5—2 „ ,
    „   „ 2   „   „ beiden Gegenrichtungen   2 „ ,
    „   „ 4   „   „   „   „   3,5—4 „ .

Die Breite der Radwege sollte für mindestens 2 Radler bemessen werden. Zwei Radwege für je eine Fahrrichtung sind vorzuziehen, da sie einer geringeren Gesamtbreite als ein Radweg für beide Richtungen bedürfen, wenn sie nur auf einer Seite durch Aufbauten (Laternen usw.) oder Bäume vom übrigen Verkehr abgegrenzt sind (Abb. 86) und Zusammenstöße sicherer verhütet werden.

Radwege sind im Ortsinnern mit seiner im allgemeinen ebenen Fahrdammbefestigung entbehrlich. Sie kommen nur in Betracht für die in Landstraßen übergehenden Strahlstraßen, für Ringstraßen, Ufer- und Parkstraßen zum Spazierenfahren.

Sie finden ihren Platz entweder neben Promenaden, Reitwegen (Abb. 87), von diesen durch eine Baumreihe getrennt, oder neben den Seitensteigen als Zwischenstufe zwischen Fahrdamm und Fußsteig (Abb. 86, l.) oder von letzterem durch eine Baumreihe getrennt (Abb. 86, r.).

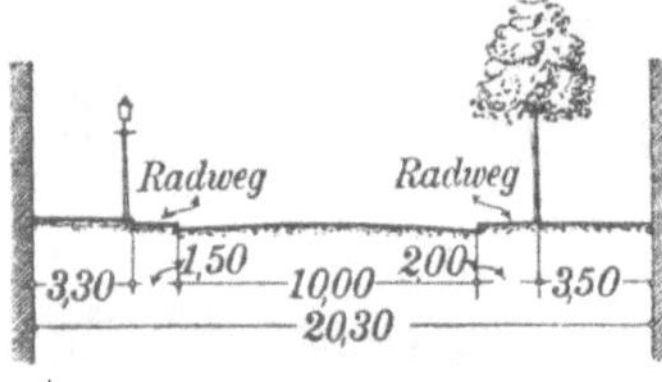

Abb. 86. Vierspurige Verkehrsstraße mit Radwegen beiderseits und Baumreihe auf der Sonnenseite.

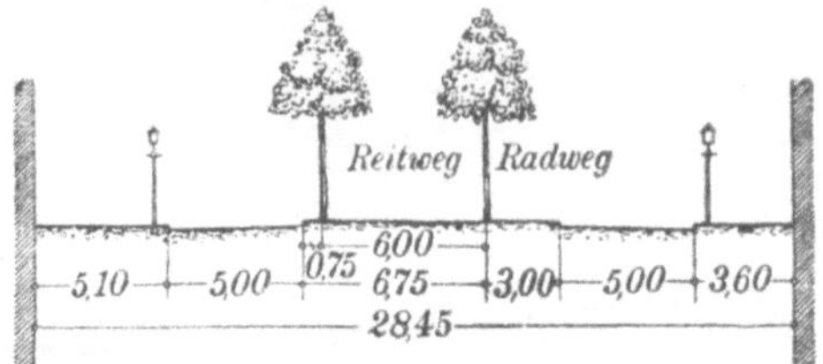

Abb. 87. Unsymmetrische vierspurige Verkehrsstraße mit Reit- und Radweg auf dem Mittelsteig.

e) Reitwege.

Breite für 2 Reiter 3—4 m,
„   „ 4 „   6—8 m.

Reitwege dürfen **nicht an eine bebaute Straßenseite** gelegt werden, weil sie infolge ihrer unbefestigten Oberfläche den Verkehr zwischen den Häusern und etwa haltenden Wagen zu sehr behindern würden.

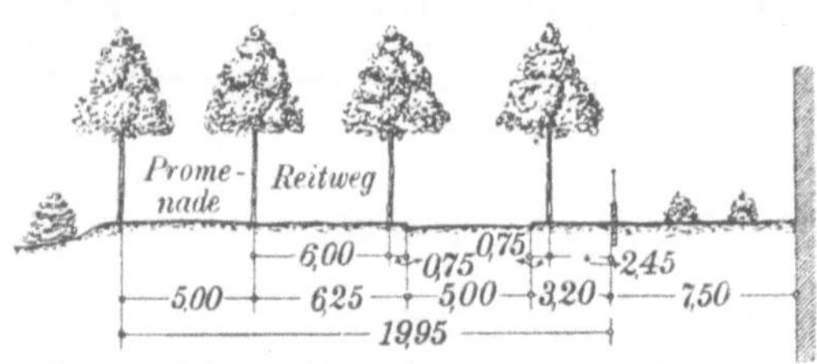

Abb. 88. Zweispurige Parkstraße mit Seitenpromenade und Reitweg.

Sie gehören daher entweder auf einen Mittelsteig (Abb. 87) oder in einseitig bebauten Straßen (vornehmlich Parkstraßen) auf die unbebaute Straßenseite (Abb. 88), von Promenaden oder Radwegen durch Bäume oder noch besser durch Hekken getrennt.

Ein Bedürfnis nach Reitwegen besteht nur in Großstädten und in Orten mit Garnison. Man wird sie in möglichst zusammenhängendem Zuge auf wenige ins Freie führende Torstraßen und Parkstraßen beschränken.

f) Ausbildung der Straßenecken.

An den Straßenecken ergeben sich mancherlei Abweichungen von dem normalen Straßenquerschnitt.

I. Die **Bauflucht** wird an zwei im rechten Winkel zusammenstoßenden Wohnstraßen bis zum Schnitt durchgeführt.

1. Eine **Abstumpfung der Blockecken** erfolgt
bei rechtem Winkel nur an Verkehrstraßen, um den Überblick über die Straßenkreuzung zu erweitern und ein Zusammenprallen von Wagen und Fußgängern möglichst zu verhüten,

bei spitzem Winkel immer, schon mit Rücksicht auf einen zweckmäßigen Grundriß und eine gute Erscheinung des Eckbaues,
bei stumpfem Winkel wegen der häßlichen Wirkung nie.

Wo ein Vorgarten in der einen (Wohn-) Straße bis zur Blockecke reicht und durch das Vorgartengitter einen gewissen Überblick über den Verkehr in der Querstraße ermöglicht, unterbleibt die Abschrägung rechtwinkliger Ecken auch an Verkehrsstraßen (Abb. 89).

Es genügt übrigens, die Abstumpfung rechtwinkliger Blockecken nur auf die Höhe des Erdgeschosses vorzunehmen und darüber die Obergeschosse voll auszukragen.

Abb. 89. Abrundung eines Vorgartenabschlusses.

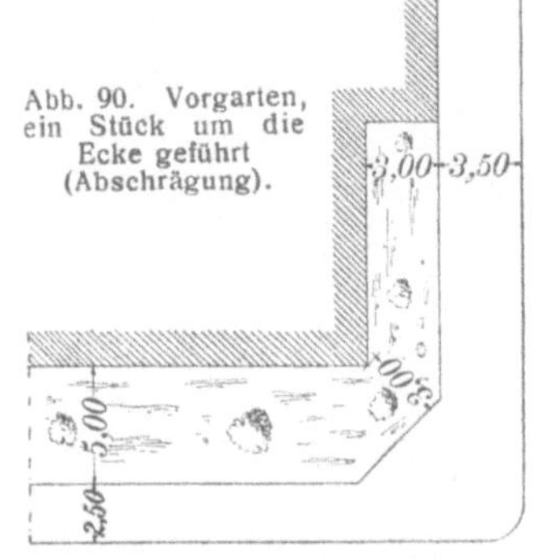
Abb. 90. Vorgarten, ein Stück um die Ecke geführt (Abschrägung).

2. Die **Breite der Abstumpfung** muß in einem gut wirkenden Verhältnis zur Gebäudehöhe und Winkelgröße stehen. Je höher das Gebäude und je kleiner der abzustumpfende Winkel ist, desto breiter muß die Abschrägung gehalten werden. Für rechtwinklige Ecken können als Mindestbreiten 2,50 m, wenn ein Fenster, 4,00 m, wenn eine Tür in der Abschrägung angelegt werden soll, gelten; für spitzwinklige Ecken kommen Breiten von 5—15 m in Betracht.

Die Abstumpfung spitzer Blockecken wird an der Verzweigung zweier Verkehrsstraßen gewöhnlich rechtwinklig zur Winkelhalbierenden erfolgen, während sie am Zusammenstoß zweier Straßen von verschiedenem Verkehrswert, einer Verkehrs- und einer Wohnstraße, auch winkelrecht zur Bauflucht der unbedeutenderen, der Wohnstraße, vorgenommen werden kann.

3. Eine angenehme Abwechselung gegenüber der wohl meistens gewählten geradlinigen Abschrägung bietet die **Abrundung** und namentlich die **Ausklinkung** der Blockecken (Abb. 36); durch letztere läßt sich bei nicht zu kleinen Abmessungen sogar eine platzartige Wirkung erzielen.

II. **Vorgärten** mit niedriger Abschlußmauer und Gitter oder Zaun, niedriger Hecke, brauchen an den Straßenecken nicht abgestumpft zu werden, erhalten jedoch in Anpassung an den Fußgängerverkehr, der sich im Bogen

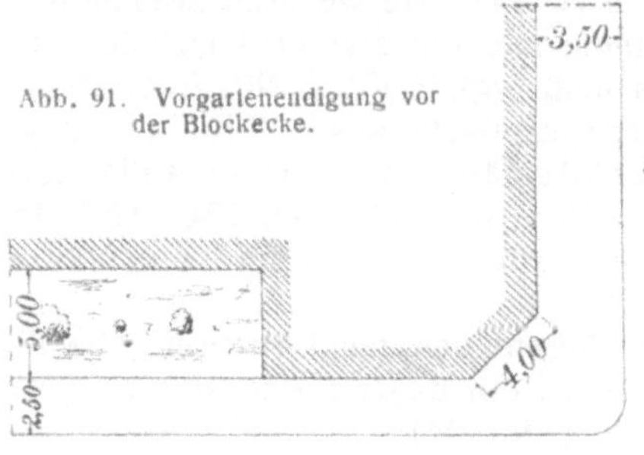
Abb. 91. Vorgartenendigung vor der Blockecke.

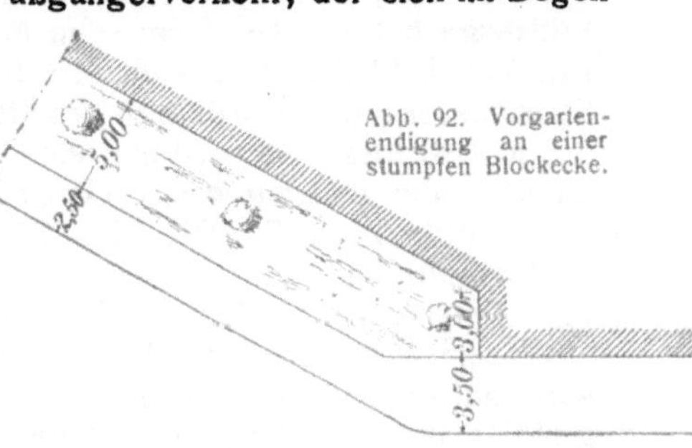
Abb. 92. Vorgartenendigung an einer stumpfen Blockecke.

um die Ecke vollzieht, häufig eine Abrundung (Abb. 89) oder Abschrägung (Abb. 90).

Hat nur die eine Straße einen Vorgarten, so empfiehlt es sich, falls die andere Straße eine Wohnstraße ist, den Vorgarten um die Ecke in diese ein Stück hineinzuführen (Abb. 90), falls die andere Straße aber eine Verkehrsstraße ist, den Vorgarten vor der Ecke endigen zu lassen (Abb. 91, 92), um durch den in der Bauflucht entstehenden Sprung, der jedoch nie mit einer Grenze zusammenfallen darf, einen gut wirkenden Abschluß des Vorgartens und gleichzeitig eine wohltuende Abwechselung in der Bauflucht zu erzielen.

III. Die **Bordkanten** werden an den Straßenecken immer abgerundet, um ein Anprallen der um die Ecke biegenden Wagen an die Bordschwelle möglichst zu verhüten. Doch ist Maß hierin zu halten; ein Bogen von 2—3 m Halbmesser, für den Bogenbordschwellen von den Steinbrüchen auf Lager gehalten werden, reicht in den meisten Fällen aus.

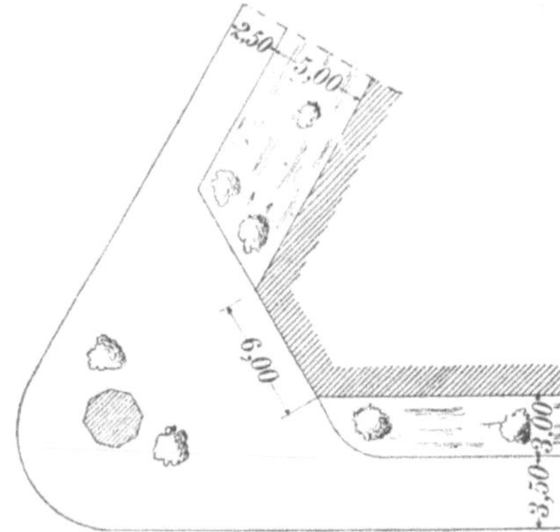

Abb. 93. Abrundung des Fußsteiges an einer abgestumpften spitzen Blockecke.

Es ist nämlich zu bedenken, daß die Befestigung einer Fahrdammfläche immer teurer ist als die einer gleich großen Fußsteigfläche, und daß bei stärkerem Einziehen der Fußsteigzungen die Fußgänger eine um so größere Strecke des Fahrdammes mit seiner außerdem gewöhnlich rauheren Oberfläche kreuzen müssen und damit der Gefahr des Überfahrenwerdens mehr ausgesetzt sind.

Die an spitzen, aber abgestumpften Blockecken vorspringenden Fußsteigzungen geben nebenbei Gelegenheit zur Aufstellung von Anschlagsäulen, Verkaufsbuden, Bedürfnisanstalten (Abb. 93).

2. Querprofil.

I. Jede Straße muß zur schnellen Ableitung des Regenwassers **Quergefälle** nach den Straßenrinnen erhalten.

Das Quergefälle ist um so schwächer, je glatter die Oberfläche der Straßenbefestigung und je stärker das Längsgefälle ist.

1. Die **Straßenrinnen** werden gewöhnlich durch die Bordsteine der Fußsteige und das anschließende Fahrdammpflaster gebildet (Abb. 94, 105, 107 bis 109, 121, 129, 131—134, 140, 150—153, 155). Die Bordhöhe der Fußsteige beträgt 8—16 cm — im Mittel 10 cm —, sie wechselt zwischen diesen Maßen (Abb. 102), wenn die Rinnensohle ein stärkeres Gefälle als die Straßenkrone und Bordkante erhalten muß (vgl. B. VII. S. 90, Abb. 102).

Die Rinnensohle wird in Stein- oder Holzpflaster aus 1—2 Reihen Pflastersteinen oder -klötzen ohne Quergefälle längs der Bordschwelle hergestellt (Abb. 94, 107, 109, 121—125, 129, 130, 132—134, 150—153, 155). In Steinpflaster setzt man diese Reihen zuweilen 1—2 cm tiefer als den anschließenden Fahrdamm (Abb. 94, l.).

Diesem wird, damit er bei starken Regenfällen nicht zu breit überflutet wird, auf 40—60 cm von der Bordkante ein doppelt so starkes Quergefälle wie im übrigen Teil gegeben (Abb. 94).

Steinschlagbahnen erhalten auf diese Breite Steinpflaster, weil eine Schotterdecke in der Rinne durch das abfließende Regenwasser bald ausgespült würde.

In einfacherer und billigerer Ausführung (für Landorte, Kleinhaussiedlungen) werden zwischen Fahrdamm und Fußsteig, namentlich zwischen einer Steinschlagbahn und einem Schlackenweg, symmetrische Pflasterrinnen ohne Bordsteine angeordnet, wobei eine Erhöhung des Fußsteiges über die Fahrbahn fortfällt (Abb. 113).

2. Der **Fahrdamm** fällt am besten von der Mitte (Straßenkrone) gleichmäßig nach beiden Seiten, doch ist die Krone auf 50 cm abzurunden (Abb. 94).

Schmale, einspurige Fahrdämme werden immer (Abb. 65), Fahrdämme zu beiden Seiten eines Mittelsteiges bis 5,00 m Breite zuweilen mit einseitigem Gefälle nach dem Seitensteig versehen.

Weniger empfiehlt sich die vielfach noch übliche Wölbung des Fahrdammes nach einem Kreisbogen oder einer Parabel, weil hierbei die Krone ein zu schwaches Quergefälle für die Wasserabführung, die Streifen neben der Bordkante aber ein so starkes Quergefälle erhalten, daß die Wagen, namentlich bei Glatteis, leicht schleudern.

Jedenfalls kann der Vorzug eines gewölbten Querprofils, daß nämlich auf den am stärksten befahre-

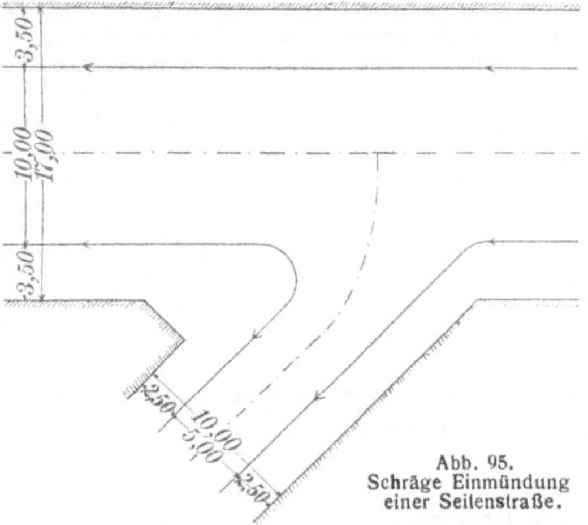

Abb. 95.
Schräge Einmündung
einer Seitenstraße.

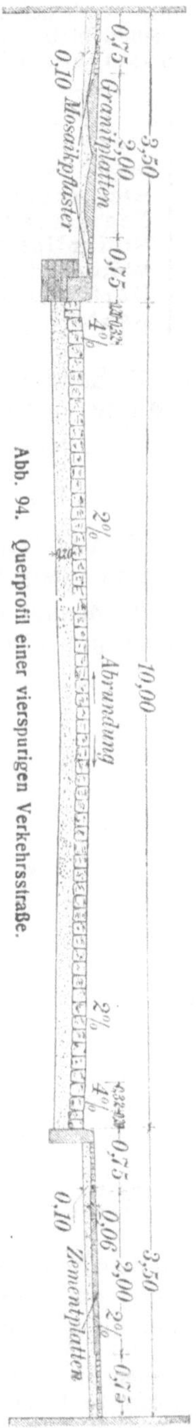

Abb. 94. Querprofil einer vierspurigen Verkehrsstraße.

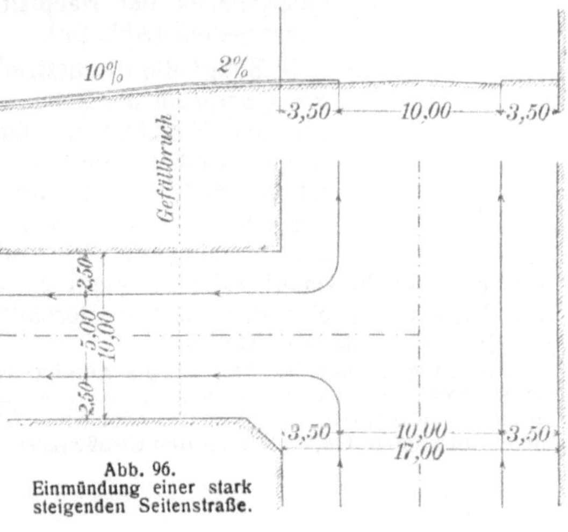

Abb. 96.
Einmündung einer stark
steigenden Seitenstraße.

nen seitlichen Streifen sich nicht so leicht Mulden bilden, in denen das Wasser stehen bleibt, nur für Steinschlagbahnen und Weichholzpflaster, die sich stark abnutzen, und für Kopfsteinpflaster ohne feste Unterbettung geltend gemacht werden.

Fahrdammbefestigung	Quergefälle bei einem Längsgefälle	
	unter 2%	von 2% und mehr
Steinschlagbahn	4—5 %	4—3 %
Teermakadam	3 „	2 „
Steinpflaster	2—4 „	2,5—1,5 „
Weichholzpflaster	2,5 „	2 „
Hartholzpflaster	2—2,5 „	2—1,25 „
Asphalt	1—2 „	1,5—1 „

3. **Seitensteige** erhalten einseitiges Quergefälle nach der Straßenrinne, **Mittelsteige** Gefälle nach beiden Seiten:

Kieswege	4 %
Steinpflaster	2 „
Platten und Estrich	1,5—1,25 „

II. An **Straßenkreuzungen** ergeben sich Abweichungen von dem normalen Querprofil:

1. Mündet eine **Seitenstraße schräg** in eine durchgehende Straße, so muß ihre Krone die Mitte der verbreiterten Einmündung, die durch die Abrundung des Fußsteiges an der spitzen Ecke entsteht, einhalten und deshalb im Bogen bis zum rechtwinkligen Schnitt mit der Krone der Hauptstraße geführt werden (Abb. 95).

2. Hat die **Seitenstraße** eine **starke Neigung** (über 2%), so darf diese nur bis zu einer Linie, die einige Meter hinter der Bauflucht der Hauptstraße liegt, reichen, um von dort in die Neigung des Quergefälles der Hauptstraße (i. M. 2%) überzugehen (Abb. 96).

3. **Steigt die Hauptstraße stark**, so ist das Querprofil der Seitenstraße ein Stück vor der Einmündung allmählich in das Längenprofil ersterer in der Art überzuführen, daß ihre Krone im Bogen in die obere Rinne der Hauptstraße einschwenkt (Abb. 97). Dadurch erhält die

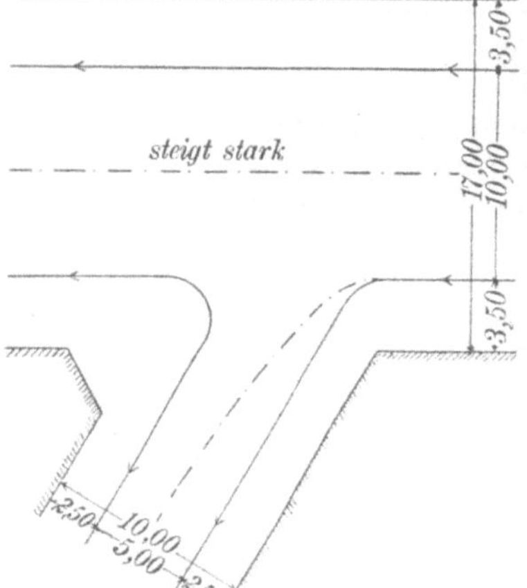

Abb. 97. Einmündung einer Seitenstraße in eine stark steigende Hauptstraße.

Seitenstraße am Anschluß an die Hauptstraße nur mehr einseitiges Quergefälle, und wird auf diese Weise eine den Verkehr störende tiefe Kehle in der durchgehenden Straße vermieden (Abb. 98).

Bei vollständiger Kreuzung zweier Straßen ist als durchgehende, als **Hauptstraße** die mit dem stärkeren Verkehr anzusehen, bei gleich starkem Verkehr in beiden Straßen die steilere, um in geraden steilen Straßen die hier besonders unangenehm auffallende Gefällstufe an den Straßenkreuzungen möglichst zu vermeiden.

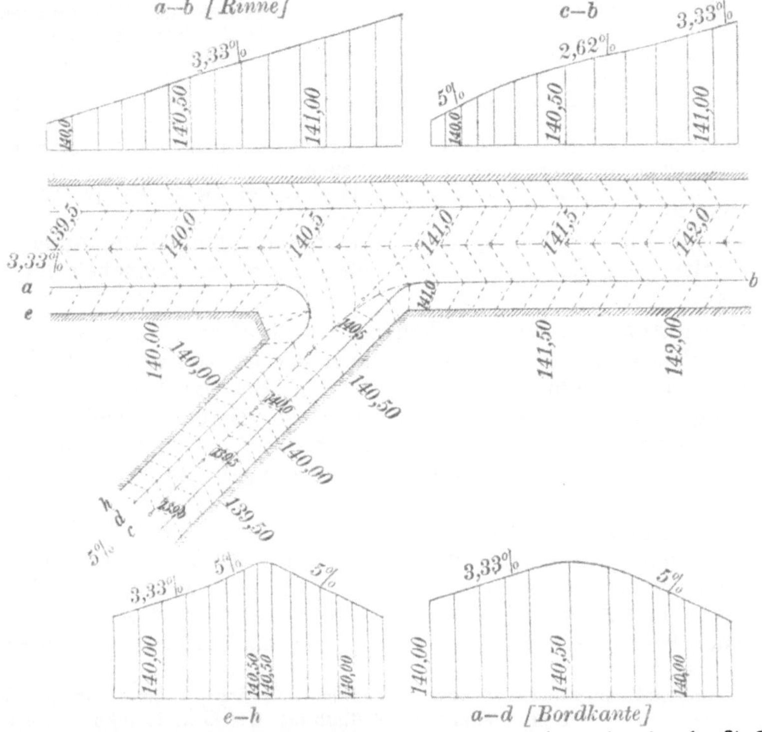

Abb. 98. Höhenlinien der Straßenoberfläche an der Kreuzung zweier stark steigenden Straßen.

VII. Straßenlängenprofile.

Es empfiehlt sich immer, bevor die Baufluchtlinien, Straßenflucht(Vor-garten)linien, Bordkanten in dem Lageplan ausgezogen werden, die Gradien-ten sämtlicher Straßen zu entwerfen. Die Rücksicht auf die Anforderungen, welche an den Verlauf der Straßengradienten gestellt werden, die sich abe: erst durch Auftragen der Straßenlängenprofile in der wünschenswerten Weise erfüllen lassen, wird nämlich nicht selten noch zu Abänderungen des Lage-planes nötigen.

Zudem läßt sich die in wirtschaftlicher Hinsicht, namentlich für kleinere Gemeinden, so wichtige Frage der oberirdischen Straßenentwässerung nur im Zusammenhang an Hand des allgemeinen Bebauungsplanes, der infolge seines verhältnismäßig kleinen Maßstabes den besten Überblick gewährt, sicher lösen.

Die Längenprofile sind in der Straßenachse aufzutragen; letztere ist in Mitte Fahrdamm und bei geteilter Fahrbahn mitten zwischen beiden Fahrdämmen anzu-nehmen. Nullpunkt ist der Straßenanfang gemäß den Ausführungen unter B. VI., S. 67.

Eine Stationierung und die Eintragung des wagerechten Abstandes der einzel-nen Geländehöhen kann entbehrt werden, da die Längenmaße doch nur aus dem Lageplan abgegriffen werden können und als Unterlage für eine Massenberech-nung nicht in Betracht kommen. Dagegen sind die Namen oder Nummern aller Querstraßen sofort an die betreffenden Ordinaten zu schreiben, damit sich die Richtung des Längenprofiles im Lageplan — von Straße bis Straße — jederzeit mit Leichtigkeit feststellen läßt.

Es empfiehlt sich, die Straßen der einzelnen Teilgebiete des Bebauungsplanes in der Weise zu ordnen, daß zuerst die Längenprofile der Straßen mit Namen nach dem Alphabet, hierauf die der nur numerierten Straßen in der Reihenfolge der Nummern auf ein oder mehrere Zeichenblätter verteilt werden, um die zu den Straßen im Lageplan gehörenden Längenprofile schnell herausfinden zu können.

Ferner bleibt zwischen den einzelnen Reihen der Längenprofile zweckmäßig so viel Platz, daß die Querprofile der Straßen unter die zugehörigen Längenprofile mit der Angabe, für welche Strecke der letzteren sie gelten, gesetzt werden können (Taf. 11).

Maßgebend für den Entwurf der Straßengradienten ist der Anbau, der Straßenverkehr, die Entwässerung der Straßen und die Schönheit des Straßenbildes.

1. Für den **Anbau** bietet die Erhöhung der Straßen über das Gelände den Vorteil, daß an Erdarbeiten für die Keller gespart wird und die Aushubmassen zur Aufhöhung der Höfe, Gärten, die der bequemen Zufahrt wegen möglichst bis auf Straßenhöhe erfolgt, zu verwenden sind, außerdem in den Straßendämmen das überschüssige Material aus den in einem Orte überall und jederzeit vorkommenden Ausschachtungen und Abbrüchen untergebracht werden kann.

Ein zu hoher Auftrag hat jedoch den Nachteil, daß die Zufahrt zu den Höfen unmöglich gemacht, die Entwässerung der Grundstücke in Frage gestellt, zum mindesten erschwert und verteuert wird, und falls zur Vermeidung dieser Übelstände Kellersohle und Hof höher gelegt werden, besondere Kosten hierfür bzw. für die Gründung bis auf den gewachsenen Boden entstehen.

Die erwünschte Höhe des Auftrages ist demnach abhängig einmal von der Größe und Tiefe der Keller und der danach zur Aufhöhung der Grundstücke verfügbaren Bodenmenge, sodann von der für die Straßendämme erhältlichen Schüttmasse, die um so größer sein wird, je hügeliger das Gelände und je stärker die Bautätigkeit, namentlich im Tiefbau, ist. Man wird deshalb ein bestimmtes Maß des Auftrages nicht für alle Straßen beibehalten können, sondern dieses im Laufe der Zeit je nach der stärkeren oder schwächeren Zufuhr von Boden und Abbruchmaterial abändern müssen.

Abträge der Straßen bieten nur Vorteile hinsichtlich der Grundstücksentwässerung, erschweren dagegen oder machen gar die Zufahrt zu den Grundstücken unmöglich und erfordern den Abschluß etwaiger Vorgärten durch eine kleine Futtermauer (vgl. Abb. 84).

Man wird daher, je nachdem welcher Anbau in Frage kommt, Abträge zu vermeiden suchen und womöglich Aufträge von passender Höhe vorsehen oder Abträge, welche die Gradiente erwünscht erscheinen läßt, zulassen.

Wohnstraßen, namentlich in Kleinhaussiedlungen, deren Anbauten eine Einfahrt nicht verlangen, wird man zwecks tunlichster Ersparung von Erdarbeiten dem Gelände so weit wie möglich anzuschmiegen suchen und auch vor kleineren Einschnitten, falls sie sich schwer vermeiden lassen und sich durch Aufträge an anderen Stellen der Straße ausgleichen, nicht zurückschrecken. Wo genügend Dammaterial kostenlos, wie in stark bewegtem Gelände, zu haben ist, braucht man aber auch die Anlage von Dämmen, insofern die Entwässerungsmöglichkeit gewahrt bleibt, also bis etwa 1,00 bis 1,50 m, nicht zu scheuen.

In Verkehrsstraßen dagegen, in denen der Anbau von Geschäftshäusern mit Zufahrt zu den Höfen zu erwarten ist, wird man von vornherein im Flachlande einen Auftrag von etwa 0,25—0,75 m, in hügeligem Gelände von 0,50—1,50 m, im Notfalle bis 2,50 m vorsehen, bei höherem Auftrag aber, den vielleicht die Kreuzung einer Mulde verlangt, den Anbau, wenn nicht das Gelände infolge seiner günstigen Lage besonders wertvoll ist, besser ausschließen.

In unbebauten (Park-)Straßen sind natürlich nicht nur Aufträge, sondern auch Abträge von beliebiger Höhe zulässig.

An steileren Hängen, wie sie in Bergstädten noch häufig genug bebaut werden, ist der Bau einer Hangstraße und der Häuser an der Bergseite selbstverständlich nicht ohne starkes Anschneiden des Geländes, nicht ohne umfangreiche Erd- und Felsarbeiten möglich (Abb. 71).

2. **Der Verkehr,** insbesondere der Wagenverkehr, verbietet allzu starke Steigungen der Straßengradienten.

Im allgemeinen muß die Steigung um so schwächer gehalten werden, je größer der Verkehr und je glatter die Oberfläche der Straßenbefestigung ist. Doch spielt auch die örtliche Gewohnheit insofern eine Rolle, als in gebirgigen Gegenden den Zugtieren erheblich stärkere Steigungen zugemutet werden als im Flachlande.

Als zulässige „**Höchststeigung**" kann gelten:

	Verkehrsstraße	Wohnstraße
Für Steinschlagbahn und in Bergstädten	5 %	10 %
Stein(Groß)pflaster im Flachland	2,5 %	5 %
„ Kleinpflaster (Grauwacke)	8 %	
„ „ (Granit), Teermakadam	6 %	
„ Weichholzpflaster	5 %	
„ Hartholzpflaster, Hartgußasphalt, Walzasphalt	4 %	
„ Stampfasphalt	1,5 %	
„ Kiesdecke (Promenadenwege)	15 %	
„ Pflaster (Mosaik, Platinen, Klinker)	10 %	
„ Plattenbelag und Estrich (Zement, Gußasphalt)	5 %	

(Fahrdamm: Für Steinschlagbahn und Stein(Groß)pflaster, Kleinpflaster, Weichholzpflaster, Hartholzpflaster, Stampfasphalt; Fußsteig: Kiesdecke, Pflaster, Plattenbelag.)

Wegabkürzende Fußwege in Bergstädten erhalten bei einer Steigung von über 10, 15% Stufen (Abb. 35).

Da jedoch die Art der Straßenbefestigung bei Aufstellung des Bebauungsplanes in der Regel noch nicht feststeht, wird man sich bei dem Entwurf der Straßengradienten damit begnügen müssen, die für Großpflaster angegebenen Höchststeigungen nicht zu überschreiten und, soweit durchführbar, in den Verkehrsstraßen eine Steigung $\gtrless 1,5\%$ festzuhalten, um die Möglichkeit, sie vielleicht später zu asphaltieren, nicht aus der Hand zu geben.

3. **Die oberirdische Entwässerung** der Straßen verlangt Vorflut aller Straßen bis zu einem öffentlichen Wasserlauf, demnach eine Straßenhöhe von mindestens 0,60 m, besser von 1,50—2,50 m über H. W. und ein

„**Mindestgefälle**" für Steinpflaster	von	0,4 %,
„ „ Holzpflaster	„	0,3 %,
„ „ Asphaltpflaster	„	0,25%.

Da jedoch die weitaus meisten Straßen Steinpflaster oder eine Steinschlagdecke mit Pflasterrinne erhalten, auch die Art der Straßenbefestigung bei Aufstellung des Bebauungsplanes noch gar nicht feststeht, so wird man der Gradiente nicht gern unter 0,4% Gefälle geben. Nur ausnahmsweise wird man bis auf 0,3% Gefälle herabgehen, in der Voraussetzung, daß die Straßenrinne sehr sorgfältig und womöglich aus Pflastersteinen mit sehr ebener Kopffläche (Kunststeinen) hergestellt wird.

Ist jedoch bei sehr schwachem Geländegefälle noch nicht einmal 0,3 %
Straßengefälle zu erzielen, so ist die unterirdische Entwässerung der Straße
vor ihrem Ausbau nicht zu umgehen. Man wird aber bestrebt sein, ein nicht
zu vermeidendes, unzureichendes Straßengefälle nicht in die Nebenstraßen,
sondern in die Hauptvorflutstraße zu legen, um die Länge der erforderlichen
Entwässerungsleitung, die ja zum Vorfluter immer durch die Hauptvorflutstraße geführt werden muß, möglichst einzuschränken.

In einer Straße mit ungenügendem Längsgefälle wird die Straßenrinne nicht wie gewöhnlich der Straßenkrone und Bordkante parallel geführt, sondern fällt und steigt abwechselnd in dem Mindestgefälle von 0,4 % und entwässert nach den an die Entwässerungsleitung angeschlossenen Regeneinläufen in
den jeweiligen Tiefpunkten (Abb. 102).

Doch wird im allgemeinen Entwurf auf die Eintragung der Rinnensohle in die
Längenprofile verzichtet.

Die Lösung der einwandfreien oberirdischen Entwässerung wird zweckmäßig, namentlich bei schwacher Geländeneigung, wo sie am ehesten Schwierigkeiten bietet, an Hand einer besonderen Pause des Lageplanes mit den

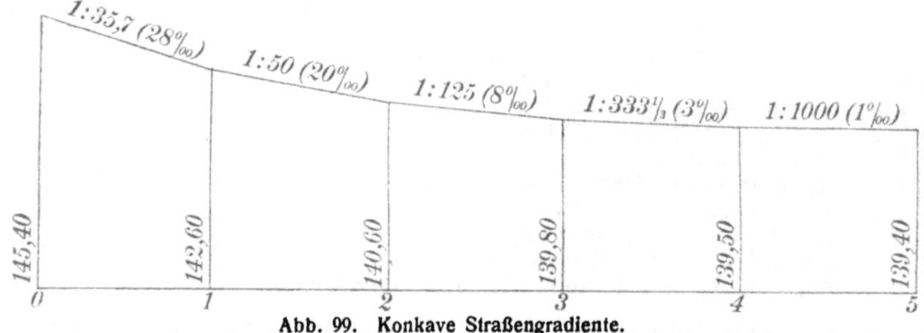

Abb. 99.   Konkave Straßengradiente.

Pfeilen der Gefällrichtungen und mit Hervorhebung der Tief- und Hochpunkte vorgenommen.

4. Die **unterirdische Entwässerung** der Straßen und Häuser erfordert,
wie schon unter B. V., S. 43 bemerkt,
bei getrennter Ableitung des Regen- und Schmutzwassers eine
   Straßenhöhe von 1,75 m, ausnahmsweise von 0,60 m über H. W.
bei gemeinschaftlicher Ableitung von 2,20—3,20 m über H W., zum
   mindesten über Sommerhochwasser.

In Orten, wo schon bebaute Straßen eine tiefere Lage besitzen, genügt
es, wenn die neu anzulegenden Straßen Vorflut zu diesen haben.

5. Die **Schönheit des Straßenbildes** macht konkave Straßengradienten (Abb. 99) erwünscht, weil gerade steif, konvexe häßlich wirken. Eine
Einsenkung von 25 cm auf 100 m genügt, um eine Straße gefälliger und
auch bedeutender erscheinen zu lassen. Die Gefällwechsel dürfen nicht
zu stark sein und müssen bei der Ausführung ausgerundet werden.
Doch gilt diese Forderung hauptsächlich nur für gerade und besonders für
längere und steilere, gerade Straßen.

Konvexe Gradienten sind in geraden Straßenstrecken jedenfalls ganz
zu vermeiden.

Zeigen einzelne Straßen in Anpassung an das Gelände konvexe Gradienten, so sind diese zu begradigen, womöglich aber in konkave ab-
zuändern.

Können Konvexitäten in geraden Straßenstrecken mit Rücksicht auf die Entwässerung und den Nachteil höherer Abträge nicht beseitigt werden, so ist zu prüfen, ob die Konvexität sehr unangenehm auffällt. Zu dem Zwecke werden im Längenprofil von den Endpunkten der zu übersehenden Straßenstrecke in Augenhöhe, 1,50 m über der Straßenkrone, zwei Sehstrahlen gezogen, welche die Gradiente berühren (Abb. 100). Lassen sich Tangenten an die Gradiente in dieser Weise nicht ziehen, so ist die ganze Straßenstrecke von beiden Endpunkten zu übersehen, die Konvexität demnach unbedenklich.

Solange nicht einer der Sehstrahlen den entgegengesetzten Endpunkt in größerer Höhe als 1 m über Gelände anschneidet, also nicht mehr als

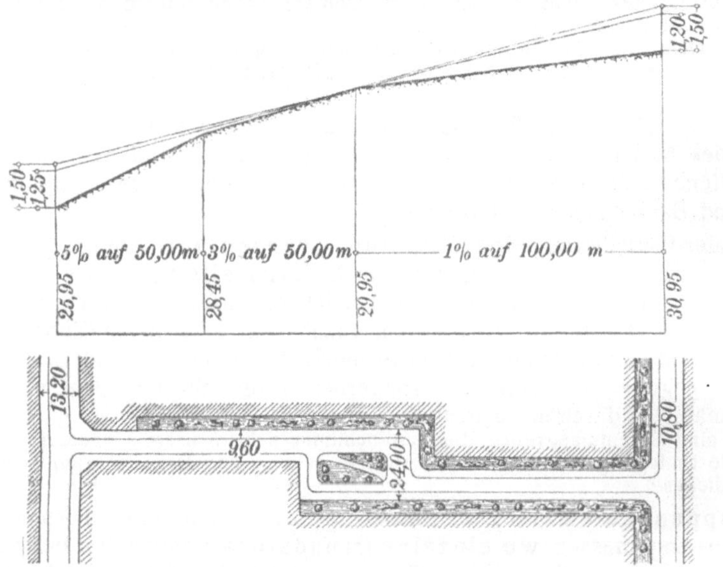

Abb. 100. Prüfung einer konvexen Gradiente und Straßenabschluß am Scheitel durch Versetzen der Straßenachse.

etwa der Sockel der dort befindlichen Häuser unter dem Scheitel der Gradiente verschwindet, kann die Konvexität allenfalls noch zugelassen werden.

Trifft einer der Sehstrahlen den Endpunkt aber in größerer Höhe, so muß am Scheitel der Gradiente ein Abschluß für das Auge des Beschauers geschaffen werden. Dies geschieht, wie schon unter B. V., S. 44, erwähnt, entweder durch Knicken, Krümmen (Abb. 32a) der Straße am Scheitelpunkte, durch Verlegen einer in seiner Nähe erforderlichen Straßengabelung an ihn (Abb. 32c) oder, praktisch meistens am einfachsten, namentlich in Wohnstraßen, durch Versetzen der Straßenachse und Anordnung eines kleinen Plätzchens im Scheitel der Straße (Abb. 32b, 100). Auch durch ein größeres Bauwerk (Kirche) an der Stelle, um das die Straße in schlankem Bogen herumzuführen ist, wird ein gutwirkender Abschluß auf der Höhe nach beiden Seiten erzielt (Abb. 32d).

VIII. Zeichnerische Darstellung.

I. Der Lageplan wird erst zu einem wirklichen „Bebauungsplan", wenn in ihm außer den Baufluchtlinien, Straßenfluchtlinien, Bordkanten auch die für eine gedeihliche Entwicklung des Ortes empfehlenswerte **künftige Bebauung dargestellt** und dazu die größeren Grundstücke in Baustellen zerlegt (**parzelliert**) werden (Tafel I). Dies hat zum Zweck, die Bebauungsfähigkeit der einzelnen Grundstücke vollständig klarzustellen, einen Hinweis für die zweckmäßigste Art des Anbaues in den einzelnen Straßen zu geben und das Zukunftsbild des Ortes besser zu veranschaulichen.

Das Eintragen der Bebauung geschieht zweckmäßig vor dem Ausziehen der Baufluchtlinien usw. im Lageplan, der Längen- und Querprofile, da die bestmögliche Lösung des Anbaues öfters noch kleinere Abänderungen des Straßennetzes erwünscht erscheinen lassen.

An Stellen, wo die Eigentumsgrenzen sehr ungünstig verlaufen, wird man die passendste Bebauung zunächst auf Pauspapier über dem Lageplan zu ermitteln suchen.

Die Darstellung der Bebauung hat natürlich der schon bei der Gliederung des Anbaues, dem Entwurf des Straßennetzes und der Blockteilung zu treffenden Entscheidung über die Art der Bebauung der einzelnen Straßen und Baublöcke zu entsprechen.

Bei der Parzellierung sind **Eigentumsgrenzen** unbedingt, bestehende Parzellengrenzen so weit wie tunlich als **Baustellengrenzen** anzusehen. Es ist darauf zu achten, daß die Baustellengrenzen **nicht in Sprünge, Knicke der Baufluchtlinie** fallen, damit nicht etwa kahle Giebel sichtbar werden und unzweckmäßige Hausgrundrisse entstehen, sondern die **Mög**lichkeit gegeben ist, solche Besonderheiten der Straßenflucht einheitlich, zweckmäßig und schön zu gestalten.

Wo eine Eigentumsgrenze die Baufluchtlinie sehr schräg schneidet, empfiehlt sich die Umlegung der Grenze im rechten Winkel zur Bauflucht auf Grund der „lex Adickes".

Gruppenbauten von 2—5 Häusern sind innerhalb sonst offener Bebauung dort angemessen, wo einzelne Grundstücke gegenüber den anderen eine wesentlich größere Tiefe haben und zweckmäßiger, um den Erwerb so tiefer Baustellen durch Verringerung der Breite und damit auch der Straßenbaukosten zu erleichtern, mit eingebauten oder angebauten Häusern besetzt werden, oder auch da, wo es wünschenswert erscheint, den Abschluß, die Krümmung einer Straße durch einen größeren Bau kräftig zu betonen.

Die geplanten **öffentlichen Gebäude** werden in den Lageplan selbstverständlich immer eingezeichnet.

II. Die **zeichnerische Darstellung** der Pläne **im einzelnen** ist folgende:

Alles Bestehende wird **schwarz**, alle Entwurfslinien **zinnoberrot**, alles die Entwässerung Betreffende **preußischblau** ausgezogen und beschrieben.

1. Im **Lageplan** (Tafel I) werden die **Fluchtlinien** und die etwa eingetragene zukünftige Bebauung zunächst mit **roter Tusche** in feinen Linien ausgezogen, die **Bordkanten** mit scharfen **blauen** Linien, unterirdische Entwässerungsleitungen **blau** punktiert dargestellt und mit blauen Gefällpfeilen versehen.

Die in Zinnober auszuführende Schrift wird vorerst auf einer über den Lageplan gebreiteten Pause vermerkt.

Nachdem hierauf der Plan gereinigt ist, wird er getuscht:
>Vorhandene Straßen und Wege: wegebraun,
>Eisenbahngelände: violett,
>Gewässer: blau,
>Entwurfsstraßen und -plätze: karmin,
>Vorgärten und Grünflächen: grün,
>vorhandene Privatgebäude: grau,
>desgl., soweit sie vor die neue Bauflucht fallen: hellgrau,
>vorhandene öffentliche Gebäude: schwarz,
>neue Privatgebäude: hellzinnober,
>neue öffentliche Gebäude: dunkelzinnober.

Sodann werden die Bäume eingetragen und schließlich die roten Linien mit Zinnober gedeckt, und zwar die Baufluchtlinien in etwas kräftigerem Strich, die Straßen(Vorgarten)fluchtlinien und sonstigen roten Linien in schwachem Strich, sowie die Schrift in Deckzinnober eingetragen.

2. In den **Längenprofilen** (Tafel II) werden die neuen Gradienten und die Ordinaten ihrer Brechpunkte und neuer Querstraßen zinnoberrot, Wasserspiegel und ihre Ordinaten preußischblau ausgezogen und beschrieben.

Aufträge sind mit Karmin, Abträge grau, die Geländelinie mit Sepia anzulegen.

3. Die **Straßenquerschnitte** (Tafel II) werden wie die Längenprofile ausgezogen, angelegt und beschriftet.

III. **Dem Bebauungsplan** ist noch **beizufügen:**

1. Ein **Erläuterungsbericht** von etwa folgender Gliederung: Örtlichkeit, bisherige Bebauung, Veranlassung zur Aufstellung des Entwurfs, Umfang des Entwurfs, Entwurfsunterlagen, Gliederung des Anbaues, Baublockteilung, Verkehrsstraßennetz, Linienführung der Wohnstraßen, Plätze, öffentliche Gebäude, Grünflächen, Promenadenwege, Straßenquerschnite (Vorgärten, Baumreihen), Straßenlängenprofile.

2. Ein **Straßenverzeichnis** enthaltend: Namen oder Nummer, Breite, Länge und Gefälle sämtlicher Straßen.

C. Fluchtlinienpläne.

I. 1. Als **Unterlage** für Fluchtlinienpläne (Tafel III) ist ein **Lageplan** größeren Maßstabes, in der Regel nicht unter 1 : 1000 (allenfalls noch 1 : 1250, wenn die Katasterkarte diesen Maßstab hat), erforderlich, der mit der Örtlichkeit genau übereinstimmen muß.

Enthält die Katasterkarte, wie nicht gerade selten, erheblichere Ungenauigkeiten aus alter Zeit, die nur für den allgemeinen Entwurf kleinen Maßstabes unbedenklich sind, so müssen die von der Fluchtlinienfestsetzung betroffenen Grundstücke usw. neu vermessen werden, um einen Lageplan von der erforderlichen Genauigkeit zu erhalten.

Die Fluchtlinien sind zunächst aus dem allgemeinen Bebauungsplan in das Gelände zu übertragen und zu vermarken, was nicht sklavisch nach einzelnen abgegriffenen Maßen, sondern nur sinngemäß den durch den Entwurf gegebenen Richtlinien zu erfolgen hat. Sodann werden sie auf die Eigentumsgrenzen eingemessen und an Hand der festgestellten Maße in den Fluchtlinienplan eingezeichnet.

2. Ferner wird von jeder Straße ein **Längenprofil** (Tafel III) im gleichen Längenmaßstabe (1 : 1000) und im Höhenmaßstabe 1 : 100 verlangt, sowie mindestens so viele **Querprofile 1 : 250** (Tafel III), wie die Straße voneinander abweichende Querschnitte hat, bei erheblichem Wechsel des Auftrages oder Abtrages entsprechend mehr.

Zu dem Zwecke ist in der Straßenachse ein Nivellementszug mit Stationen von 100 m und Zwischenstationen von 50 m Abstand zu machen und die Aufnahme der nötigen Querprofile damit zu verbinden.

In bebauten Straßen sind auch noch die Türschwellen und Einfahrten der Häuser auf die Achse einzumessen und einzunivellieren, weil bei dem Entwurf der Straßengradiente die bequeme Zugänglichkeit der bestehenden Häuser nicht außer acht gelassen werden darf; sie werden im Längenprofil durch einen kurzen wagerechten Strich an der betr. Stelle kenntlich gemacht und die Ordinate und Hausnummer beigeschrieben.

Aus Vorstehendem dürfte hervorgehen, daß die Aufstellung der Fluchtlinienpläne wesentlich kostspieliger ist als die eines allgemeinen Bebauungsplanes gleichen Umfanges. Es empfiehlt sich deshalb und weil außerdem in dem Zeitraum von 30—40 Jahren, für den der Umfang des allgemeinen Planes zweckmäßig bemessen wird, Änderungen des Planes infolge wirtschaftlicher Verschiebungen, des Baues neuer Eisenbahnlinien und Wasserwege unausbleiblich sind, die Fluchtlinienpläne für die einzelnen Straßen gesondert und nur nach und nach in Anpassung an den Bedarf der nächsten Zukunft aufzustellen, damit die Gegenwart nicht mit Ausgaben für eine ferne Zukunft belastet wird, mit Ausgaben, die oft genug noch, so weit sich später Abänderungen der Fluchtlinien als notwendig erweisen, vergeblich gemacht sein werden.

II. 1. Der **Entwurf** wird im **Lageplan** durch Eintragung der etwa vor-

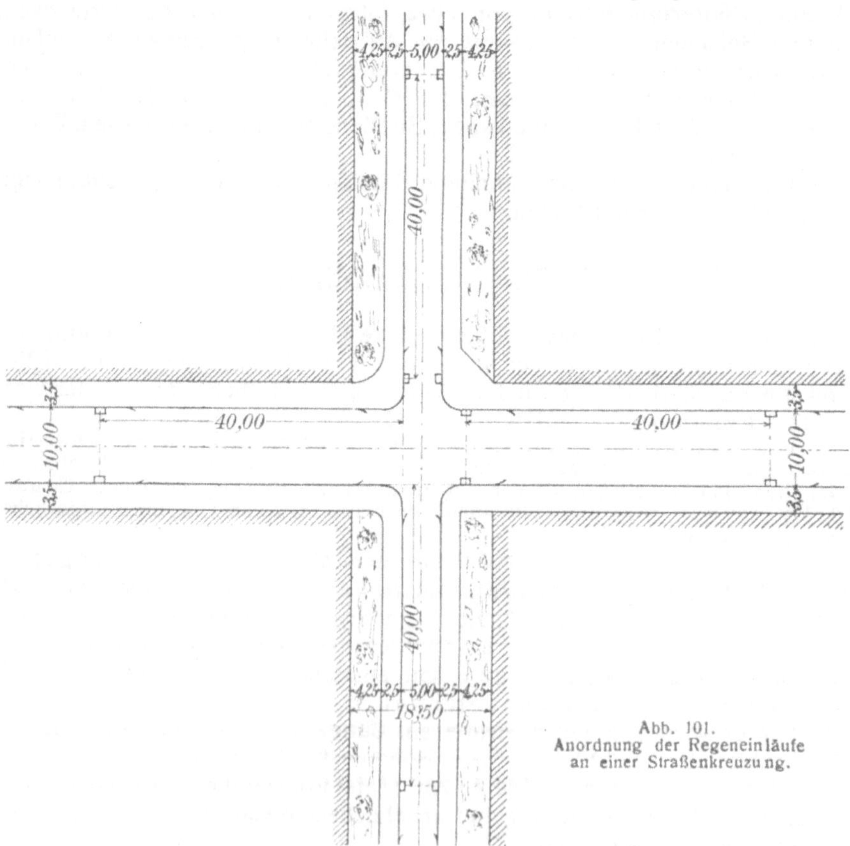

Abb. 101.
Anordnung der Regeneinläufe
an einer Straßenkreuzung.

gesehenen Regeneinläufe behufs Klarstellung der Entwässerung zweckmäßig ergänzt.

Die „Regeneinläufe" werden in Straßen mit Quergefälle nach beiden Seiten je nach Straßenbreite in 40—80 m Abstand (200—400 m² Straßenfläche auf einen Einlauf) möglichst gegenüber gesetzt, in Straßen mit einseitigem Quergefälle des Fahrdammes natürlich nur auf der einen Seite und entsprechend näher.

Sie werden auf die Strecke zwischen zwei Querstraßen gleichmäßig verteilt.

An den Straßenecken sind die Regeneinläufe möglichst so anzuordnen, daß sie und die ihnen bei Sturzregen zufließenden und die Straßenrinne nach unten zu immer breiter anfüllenden Wassermassen nicht unmittelbar oberhalb des Einlaufes von den Fußgängern überschritten werden müssen.

An Straßenecken, denen Wasser von beiden Straßen zufließt, wird deshalb in jeder Straße ein Einlauf angebracht, um nicht größere Wassermengen um die Fußsteigecke herumzuführen und den Fußgängerverkehr bei Regen zu behindern (Abb. 101). Der Einlauf der einen Straße wird möglichst bis in die Bauflucht bzw. Vorgartenflucht der anderen Straße zurückgesetzt, wozu die Rinne von der Fußsteigecke Gegengefälle erhalten muß, was allerdings nur bei schwächerem Straßengefälle zu erreichen ist.

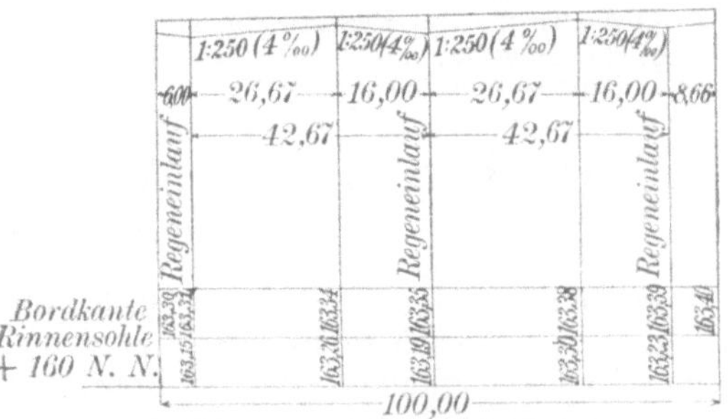

Abb. 102. Straße von unzureichendem Gefälle mit fallender und steigender Rinne.

2. Im **Längenprofil** sind stärkere Brechpunkte der Straßengradiente auf 10—20 m auszurunden, konvexe abzurunden.

Ist das für die oberirdische Entwässerung erforderliche Mindestgefälle nicht zu erzielen, so muß die Straßenrinne, wie schon unter B. VII. auf S. 90 erwähnt, abwechselnd fallen und steigen und nach Regeneinläufen in den Tiefpunkten entwässert werden (Abb. 102). Der Höhenabstand zwischen Rinnensohle und Bordkante darf in diesem Falle zwischen 8 und 16 cm wechseln, was natürlich auch einen Wechsel in dem Quergefälle des Fahrdammes, dessen Krone der Bordkante parallel läuft, längs der Rinne zur Folge hat. Die Verteilung der Regeneinläufe ist, wie vorher beschrieben, im Lageplan vorzunehmen, wonach ihre Ordinaten in das Längenprofil übertragen und die zwischenliegenden Hochpunkte eingerechnet werden.

Einfahrten bestehender Häuser dürfen nicht unter der Straßenkrone und höchstens 5—10 cm darüber bleiben. Vorhandene Türschwellen müssen je nach dem Quergefälle der Straße sich wenigstens 20 cm über Straßenkrone befinden. Welches Höchstmaß für sie einzuhalten ist, richtet sich danach, ob der Einbau weiterer Treppenstufen mit Rücksicht auf den Fußgängerverkehr und die gute Erscheinung des betreffenden Hauses zulässig ist.

III. Die **zeichnerische Darstellung** der Fluchtlinienpläne ist die gleiche wie die der Bebauungspläne.

1. Doch werden noch **Lageplan** und **Längenprofil** stationiert, in ersterem die Straßenachse rot punktiert eingezeichnet, in letzterem die Abstände der einnivellierten Geländepunkte, der Brechpunkte der Gradiente und der Straßenkreuzungen von den Stationen angegeben.

2. In den **Querprofilen** kommt auch das Gelände zur Darstellung und sind die Ordinaten von Straßenkrone, Straßenrinne, Bordkante usw. anzugeben, womit das Quergefälle festgelegt wird; für welche Station sie gelten, wird darüber geschrieben (Tafel III).

IV. Dem Fluchtlinienplane ist noch ein **Vermessungsregister** des von der Festsetzung der neuen Fluchtlinien betroffenen Grundeigentumes **beizufügen**, enthaltend:

    a) Name und Wohnort des Eigentümers,
    b) die Nummer des Grundbuches oder Grundsteuerkatasters,
    c) die Größe der abzutretenden Grundflächen,
    d) deren Benutzungsart,
    e) die Bezeichnung und Beschreibung der zu beseitigenden Gebäude oder Gebäudeteile,
    f) die Größe der Restgrundstücke,
    g) die Angabe, ob diese nach der Bauordnung noch zur Bebauung geeignet bleiben oder nicht.

D. Verteilung der Versorgungsleitungen im Straßenkörper.

In Betracht kommen hauptsächlich: Gas-, Wasser- und Entwässerungsleitungen, Schwachstrom- und Starkstromkabel, in Großstädten auch wohl noch Druckluftleitungen für den Rohrpostbetrieb.

Von Schwachstromleitungen sind häufig mehrere in einer Straße unterzubringen, so für Telegraphie, Fernsprechdienst und Feuermeldezwecke, in manchen Straßen neben den Ortsleitungen auch noch Fernleitungen.

Auch Starkstromleitungen werden in solche für Licht und Kraft zu Privatzwecken und solche für den Straßenbahnbetrieb getrennt.

Doppelte Entwässerungsleitungen werden erforderlich bei getrennter Ableitung des Schmutz- und Regenwassers.

Außerdem empfiehlt es sich, **in Straßen über 20 m Breite für jede Straßenseite**, falls sie beide bebaut sind, **gesonderte Versorgungsleitungen** anzuordnen, damit die Anschlußleitungen kürzer werden und Aufbrüche der Fahrdammmbefestigung möglichst vermieden werden.

In manchen Straßen kommt noch eine dritte Leitung gleicher Art, wie ein Hauptwasser- oder -gasrohr oder ein Notauslaß der Entwässerungsleitungen zum Vorfluter, hinzu.

I. Allgemein ist die **Lage der Versorgungsleitungen unter den Seitensteigen** der unter dem Fahrdamm **vorzuziehen**, weil dann die Grundstücksleitungen kürzer werden und die häufig zu Ausbesserungen oder Grundstücksanschlüssen erforderlichen Aufbrüche weniger Kosten und Störungen verursachen.

Die Fußsteigbefestigung ist nämlich im allgemeinen schwächer und billiger als die des Fahrdammes und daher leichter aufzunehmen und billiger wiederherzustellen. Ferner werden die durch Aufgrabungen hervorgerufenen Störungen des Fußgängerverkehrs nicht so unangenehm empfunden wie Störungen des Wagenverkehrs, dauern außerdem wegen der leichteren Befestigung der Fußsteige gewöhnlich nicht so lang.

Alle Versorgungsleitungen unter den Seitensteigen unterzubringen, ist jedoch **nur bei großer Breite** dieser (**mindestens 5 m**) möglich (Abb. 103).

Man muß sich daher bei geringerer Breite der Seitensteige darüber schlüssig werden, welche Leitungen am ehesten ohne schwerwiegende Nachteile unter den Fahrdamm gelegt werden können, und welche unbedingt unter dem Seitensteig anzuordnen sind.

II. **Unter** den **Fahrdamm** wird man, eine für „alle" Leitungen unzureichende Breite der Seitensteige vorausgesetzt, diejenigen Leitungen legen, die am seltensten Aufgrabungen notwendig machen.

1. Das sind vor allem **Notauslässe, Hauptwasser-** und **-gasrohre**, Leitungen, an welche die Grundstücke nicht angeschlossen werden (Abb. 103),

2. alle Leitungen, welche mit Besichtigungsschächten versehen sind, von denen aus Unregelmäßigkeiten beseitigt, Ausbesserungen und Ände-

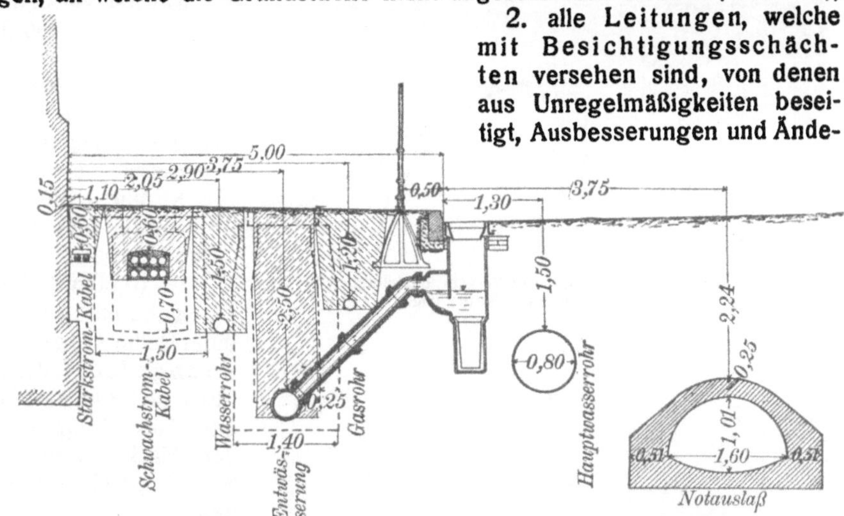

Abb. 103. Verteilung der Versorgungsleitungen bei 5 m breitem Seitensteig.

rungen vorgenommen werden können. Es sind das die **Entwässerungsleitungen** und die **Schwachstromkabel,** welch letztere meistens durch sog. **Zementformstücke** (von rechteckigem Querschnitt mit flach gewölbter Decke und ausgesparten, asphaltierten Röhren, 1 m lang, mit mindestens 60 cm Deckung) von Kabelbrunnen zu Kabelbrunnen gezogen werden (Abb. 103, 104, 106, 110).

Von Entwässerungsleitungen wird man größere begehbare Kanäle von den Seitensteigen schon deshalb fernhalten, weil sie infolge ihrer Breite dort den Leitungen, die unbedingt dahin gehören, den Platz versperren würden, zudem ihre Herstellung bei ihrer häufig recht tiefen Lage die Grundmauern und damit den Bestand der nahen Häuser gefährden würde.

Für die Lage der Leitungen unter dem Fahrdamm ist noch zu beachten, daß sie so weit von der Bordkante abbleiben müssen, daß die Regeneinläufe Platz haben.

III. **Unter** die **Seitensteige** legt man, wenn es irgendwie angängig ist, abgesehen von Hauptrohren, die **Wasser-** und **Gasrohre**, sowie die **Starkstromkabel.**

Bei der Verteilung der Leitungen unter dem Seitensteig ist auf Aufbauten, wie Laternen, Masten für Licht und Straßenbahn, Überflurhydranten, Kehrichtsammelkasten usw. Rücksicht zu nehmen, die 0,50 m hinter der Bordkante Aufstellung finden und einen Streifen für sich beanspruchen.

Dies in Rücksicht gezogen, dürfte **zum Unterbringen von Starkstromkabel, Wasser- und Gasleitung unter** dem Seitensteige eine **Breite** desselben von etwa **3 m** ausreichen (Abb. 104).

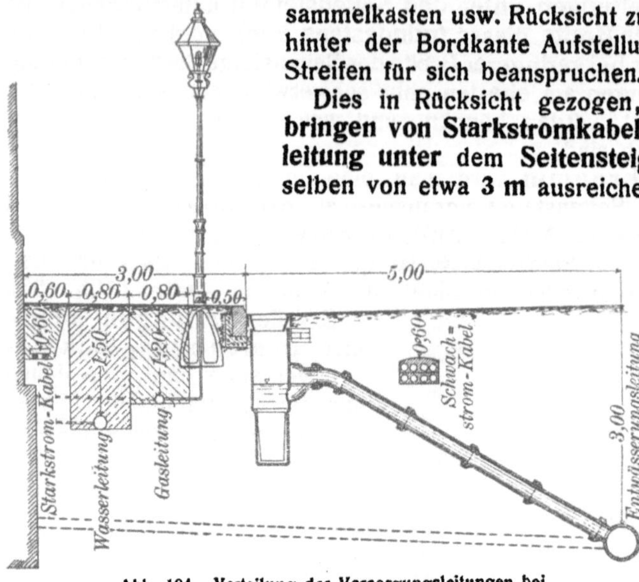

Abb. 104. Verteilung der Versorgungsleitungen bei 3 m breitem Seitensteig.

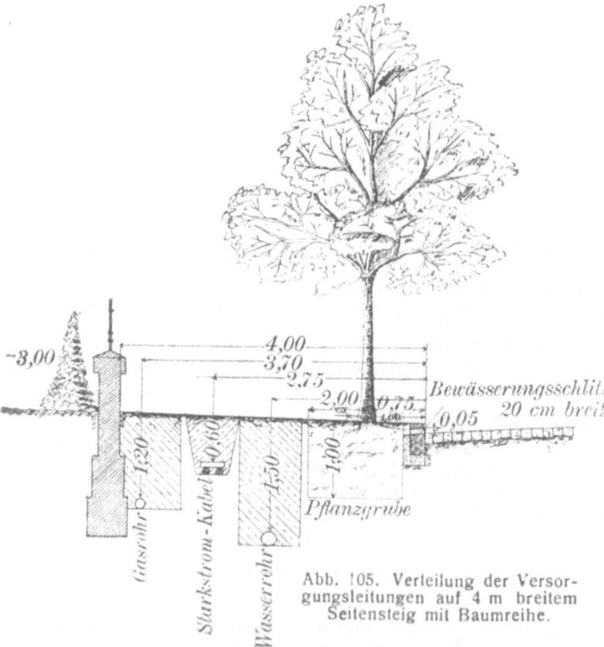

Abb. 105. Verteilung der Versorgungsleitungen auf 4 m breitem Seitensteig mit Baumreihe.

1. Die **Starkstromkabel** werden den Häusern zunächst verlegt, soweit wie möglich von den eisernen Leitungen entfernt, weil diese leicht durch vagabundierende elektrische Ströme leiden. Sie werden gewöhnlich nur lose in die Erde (0,60 m tief) eingebettet und mit einer Reihe Ziegelsteine abgedeckt, die verhüten soll, daß die Kabel bei Aufgrabungen mit der Hacke oder dem Spaten beschädigt werden.

2. Die **Gasleitung** (rd. 1,20 m tief) wird möglichst weit von den Häusern ab angeordnet, damit das immer in geringen Mengen aus den Muffen entweichende Gas verhindert wird, in die Keller einzudringen und, dort zufällig entzündet, folgenschwere Explosionen hervorzurufen.

Aus demselben Grunde sind übrigens „alle" Durchbrüche durch die Frontmauern für Grundstücksanschlüsse nach Durchlegung der Leitungen aufs sorgfältigste wieder zu vermauern.

Gasleitungen sollen aber auch mindestens 3 m von Bäumen entfernt sein, weil die Lebensfähigkeit der Bäume durch das den Boden durchdringende Leuchtgas leidet. Nun sind Baumreihen auf Seitensteigen nur unterzubringen bei großer Breite dieser, oder wenn Vorgärten vorhanden sind.

Man wird daher das Gasrohr in Straßen mit Vorgärten möglichst nahe an die Vorgartenmauer (Abb. 105), auf breiten Seitensteigen (mindestens 5 m von Bauflucht bis Baumreihe) von den Bäumen 3 m ab, also immer noch mindestens 2 m von den Häusern ab (Abb. 106), und auf Seitensteigen ohne Bäume möglichst nahe an die Bordschwelle legen (Abb. 103, 104).

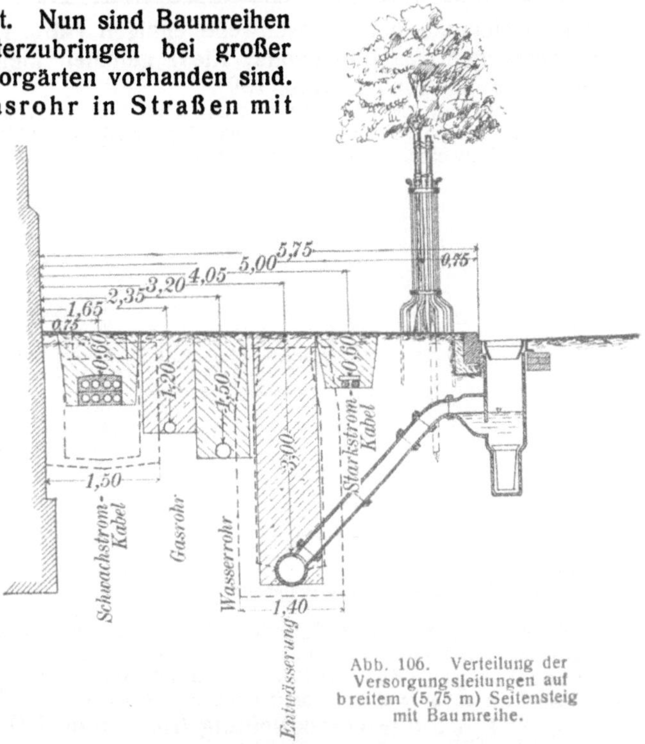

Läßt sich diese Anordnung wegen bereits vorhandener Leitungen nicht durchführen, so bleibt nichts anderes übrig, als die Gasrohre unter den Fahrdamm zu legen oder,

Abb. 106. Verteilung der Versorgungsleitungen auf breitem (5,75 m) Seitensteig mit Baumreihe.

wo Bäume vorhanden sind, sie diesen näher zu rücken und entweder durch eine Mauer gegen die Bäume abzuschließen (Abb. 107) oder dem etwa austretenden Gas zu ermöglichen, schnell und leicht an die Straßenoberfläche zu steigen.

Letzteres geschieht durch Umhüllung der Muffen mit Kies und Entlüftung jeder Muffe durch Rohre, die, damit sie sich nicht zusetzen, entweder wagrecht an

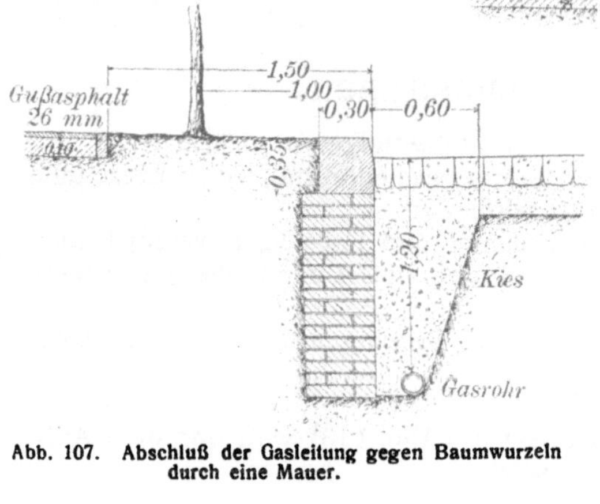

Abb. 107. Abschluß der Gasleitung gegen Baumwurzeln durch eine Mauer.

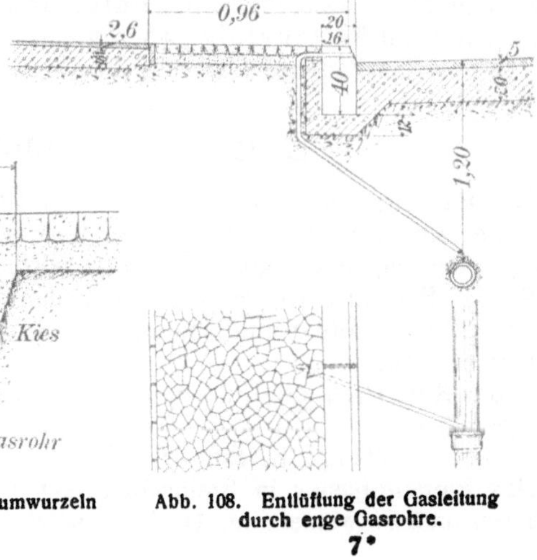

Abb. 108. Entlüftung der Gasleitung durch enge Gasrohre.

der Vorderseite der Bordschwelle endigen (Abb. 108) oder in einen mit durchlässigem Material (Koks, Kies) gefüllten kleinen Schacht hinter der Bordschwelle münden (Abb. 109).

Die Entlüftung der Gasleitungen ist namentlich in Straßen mit asphaltiertem Fahrdamm und Fußsteig notwendig, weil die völlig undurchlässige Decke jegliches Entweichen von Gas verhindert.

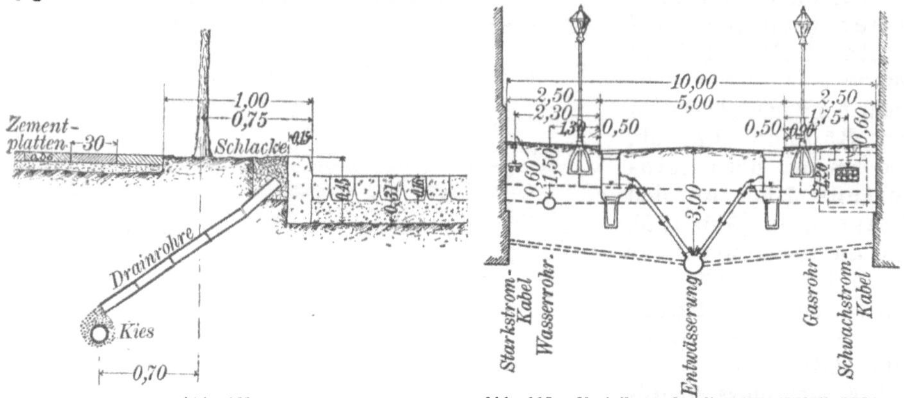

Abb. 109.
Entlüftung der Gasleitung durch Drainrohre.

Abb. 110.   Verteilung der Versorgungsleitungen in schmaler (10 m) Straße.

Selbst wenn eine Asphaltstraße keine Bäume hat, ist es erwünscht, daß auf dem Fußsteig wenigstens ein Streifen von 0,5 – 1 m Breite hinter der Bordschwelle durchlässiges (Mosaik-) Pflaster erhält, damit dem Gas die Möglichkeit bleibt, in die Luft zu entweichen, statt etwa in die Keller der Häuser einzudringen.

3. Die Lage der Wasserleitung (rd. 1,50 m tief) kann beliebig gewählt werden. Falls noch viel Platz zur Verfügung steht, wird man mit dem Wasserrohr möglichst von den Häusern abrücken, damit bei Rohrbrüchen nicht die Keller überschwemmt werden. Doch geht ihm hierin die Entwässerungsleitung, wenn für sie auf dem Seitensteig Platz ist, wegen ihrer größeren Tiefenlage (rd. 3 m) zu den Grundmauern der Häuser vor.

IV. In schmalen Straßen, die nur „eine" Leitung jeder Art enthalten, legt man die Wasserleitung unter den einen, die Gasleitung unter den anderen Seitensteig, während die Entwässerungsleitung in die Mitte des Fahrdammes kommt (Abb. 110).

E. Bau der Stadtstraßen.

Der Bau einer Stadtstraße geht in der **Reihenfolge** vor sich, daß

1. der etwa erforderliche Straßendamm geschüttet und, wo ein Einschnitt vorgesehen ist, dieser ausgeschachtet wird,

2. die Bordsteine zwischen Fahrdamm und Fußsteigen versetzt und damit Richtung, Höhe und Neigung der Straße an Ort und Stelle genau festgelegt werden,

3. das Kofferbett, die Unterbettung und die Befestigung des Fahrdammes hergestellt wird,

4. die Fußsteige befestigt werden.

Das Rinnenpflaster in Steinschlagbahnen (Abb. 113) wird vor dem Aufbringen und Einwalzen der Decke gesetzt.

Die Fußsteige werden in den Außenbezirken oft erst nach Jahren, wenn der Fußgängerverkehr nennenswert geworden ist, endgültig hergestellt, zunächst allenfalls mit Kesselschlacke abgedeckt.

Auch der Fahrdamm erhält in den neuen Straßen der Außengebiete vielfach nur eine vorläufige, billigere Befestigung, die erst nach Abnutzung oder mit Zunahme des Verkehrs durch eine dauerhaftere ersetzt wird (vgl. Abb. 114, 131).

I. Unterbau.

1. Straßenkörper.

Vor Herstellung des „Planums", der etwaigen Dämme und Einschnitte wird die Straße abgesteckt und ihre Richtung, Breite und Höhe durch Pfähle bezeichnet.

I. **Straßendämme** werden erst nach Entfernung des nachgiebigen Mutterbodens angeschüttet, um Versackungen der fertigen Straße möglichst auszuschließen, ferner aber auch um den gewonnenen Mutterboden für die Anpflanzungen der Straßen nnd Plätze verwerten zu können.

1. Die Bildung der Dämme geschieht in **Lagenschüttung**, damit die einzelnen Lagen durch die Fuhrwerke, die das Dammaterial bringen, möglichst festgefahren und durch den Regen gehörig eingeschlämmt werden. Um dem Damm vor Herstellung der Straßenbefestigung genügend Zeit zum Setzen zu geben, ist mit der Schüttung möglichst frühzeitig, mindestens zwei Jahre vor dem Ausbau der Straße zu beginnen. Diese Zeit genügt auch, um Bakterien, die etwa mit Bauschutt in die Anschüttung gelangt sind, ihre Lebensfähigkeit zu nehmen.

2. Zum **Dammaterial** eignet sich nur Erde und Bauschutt, welche die Bautätigkeit umsonst oder gegen geringes Entgelt liefert. Straßenkehricht, Hausmüll, überhaupt jegliche tierischen oder pflanzlichen Reste sind von den Straßendämmen fernzuhalten, einmal um den Untergrund nicht zu verseuchen, sodann aber auch um Senkungen der Straßenbefestigung, die infolge der Verwesung solcher Stoffe noch nach Jahren eintreten können, möglichst zu vermeiden.

3. Damit nur einwandfreies Material zur Ablagerung kommt, ist ein zuverlässiger Arbeiter mit der **Aufsicht über die Dammschüttung** zu betrauen, der die Fuhren abzunehmen, sie erforderlichenfalls zurückzuweisen, ihnen die Abladestelle anzuweisen und den abgeladenen Boden oder Schutt auszubreiten hat.

Bei der Anschüttung läßt sich das künftige Querprofil der Straßenoberfläche nur ganz roh berücksichtigen. Man wird sich darauf beschränken, den Damm so hoch zu schütten, daß die Bodenmassen, die bei der Herstellung des Kofferbettes für die Fahrdammunterbettung und -befestigung übrig bleiben, zur Aufhöhung der Fußsteige Verwendung finden.

II. **Einschnitte** dürfen, um Rutschungen zu verhüten, nicht zu steile Böschungen erhalten; bei größerer Tiefe sind erforderlichenfalls Futtermauern vorzusehen (vgl. Abb. 71).

Da die Entwässerung durch die Straßenrinnen erfolgt, fallen natürlich Seitengräben fort.

III. Das **Straßenplanum** wird unmittelbar vor dem Ausbau der Straße durch Ausschachten des Kofferbettes zur Aufnahme der Unterbettung und Befestigung hergestellt. Da letztere in gleichbleibender Stärke ausgeführt werden, ist das Planum nach dem Straßenquerprofil abzugleichen.

Bei dem Aushub des **Kofferbettes** ist darauf zu achten, daß nicht zu tief gegraben, der Untergrund nicht durch Hacken aufgelockert wird, um ein nachträgliches Setzen der Straßenbefestigung soweit wie möglich zu verhüten. Aus dem gleichen Grunde ist bei durchlässigem Boden das Einschlämmen und bei trockenem Untergrund, falls die Aufschüttung nicht besonders hoch ist, das Abwalzen der Koffersohle mit leichten (8—10 t) Walzen vor Einbau der Unterbettung zu empfehlen.

2. Unterbettung.

Die Unterbettung hat den Druck, den der Verkehr auf die Straßenbefestigung ausübt, auf den Untergrund zu verteilen. Je schwerer und stärker der Verkehr, je schwächer die Straßenbefestigung und je nachgiebiger der Untergrund ist, desto stärker und fester muß die Unterbettung sein. Die Güte der Unterbettung muß im allgemeinen in der Reihenfolge: Fußsteig, Radweg, Reitweg, Fahrbahn, zunehmen.

I. Als **Unterbettungsmaterialien** kommen zur Verwendung: Sand, (Kalkmörtel), Kies, Schotter, Packlage, Beton, manchmal auch alte Pflastersteine.

1. **Sand** dient in allen Fällen, wo die Straßenfläche mit einzelnen Steinen aus natürlichem oder künstlichem Material befestigt wird, zur unmittelbaren Unterbettung und zur Ausfüllung der Fugen des Pflasters. Er muß scharf und rein sein.

a) Für Fußsteigpflaster aus Steinen, Platten reicht eine einfache Sandunterbettung von **5—10** cm Höhe (Abb. 94, 108, 109, 121, 131—134, 140, 152, 155) gewöhnlich aus.

Hin und wieder werden **Klinker und Platten aus künstlichem Material** auch in Mörtel über einem Sandbett verlegt, um sie in ihrer Lage zu sichern und dichte, keinen Staub erzeugende Fugen zu erzielen.

Ersteres wird aber sicherer durch eine genügende Stärke der Platten (mindestens 5 cm) erreicht, letzteres in Rücksicht auf das aus den Gasleitungen entweichende Gas (vgl. D. S. 98, 100) besser unterlassen und die Staubentwicklung soweit wie möglich durch enge Fugen unterbunden.

Jedenfalls sollten Klinker und Plattenbeläge **nie in Zementmörtel** eingebettet werden, weil sonst bei jedem Pflasteraufbruch viel Verlust durch Bruch entsteht, sondern höchstens in Kalkmörtel.

b) Das Steinpflaster des Fahrdammes verlangt, falls keine festere Unterbettung erforderlich ist, wie in Straßen mit schwächerem Verkehr bei Verwendung von Großpflaster, ein Sandbett von 10—40 cm, im Mittel **20 cm** Höhe (Abb. 94, 107, 109, 129, 132, 151, 152).

c) Für Fahrdämme mit starkem Verkehr und Fahrdämme mit Kleinpflaster genügt eine Sandschicht allein nicht, sondern ist durch eine festere Unterbettung zu ergänzen. Sand wird in diesem Falle nur als Zwischenschicht, 2—4 cm hoch, zwecks gleichmäßiger Druckübertragung und zur Dämpfung des Geräusches verwendet (Abb. 121, 131, 150, 153, 155).

2. Schichten aus **Kies, Schotter, Pack- und Decklage** dienen als feste Unterbettung wasserdurchlässiger Straßenbefestigungen.

a) Kieswege (Promenaden, Radwege) erhalten eine **10 cm** starke Schicht aus Kies oder Ziegelschotter als Unterlage (Abb. 111, 131, 152),

b) Steinschlagbahnen eine solche aus Kies oder besser aus Steinschotter (10—15 cm stark: Abb. 112, 113) oder eine Packlage (12—15 cm-Abb. 111, 114).

c) Stärkere (15—25 cm) Schichten aus Kies oder Schotter oder eine regelrechte Steinschlagbahn aus Packlage (12—15 cm) und Decklage (5—10 cm) kommen als feste Unterbettung für Reitwege (Abb. 153), Kleinpflaster (Abb. 131) und Großpflaster (Abb. 114, 121, 131, 153, 155) auf Fahrdämmen mit starkem Verkehr in Betracht. Sie sind vor dem Aufbringen des Pflastersandes mehrmals, am besten in 2 Schichten abzuwalzen.

Dem Abwalzen bereiten die vielen in Stadtstraßen eingebauten Abdeckungen, die durch die unterirdischen Leitungen bedingt sind, Schwierigkeiten. Außerdem läßt sich die Unterbettung nach den in Stadtstraßen oft vorkommenden Aufgrabungen wegen mangelnden Platzes nicht mehr einwalzen, so daß ein Setzen und nachträgliches Anheben des Pflasters nicht immer zu vermeiden ist.

3. a) Aus diesem Grunde wird vielfach eine Pflasterunterbettung aus **Beton** (1 : 3 : 4—6, 15—25 cm hoch) vorgezogen, die sich ohne Schwierigkeiten auch auf engstem Platze fest einstampfen läßt.

Sie hat aber die Nachteile, daß sie Steinpflaster geräuschvoller macht, infolge ihrer Festigkeit Aufgrabungen erschwert und das Vergießen der Pflasterfugen erfordert, weil das sonst durch die Fugen dringende Regenwasser nicht versickern kann und bei Frost die Pflasterdecke hebt.

Um diesen Übelständen zu begegnen, hat Beer in Magdeburg die Unterbettung aus **Betonprismen** (1 : 3 : 5), 30 cm lang, 25 cm breit, 17 cm hoch, deren Stoßfugen mit trockenem Sand ausgefüllt werden, hergestellt (Abb. 144). Zugleich werden durch Verwendung derartiger Prismen die Arbeiten auf der Straße und die für den Verkehr immer lästige, ganze oder teilweise Absperrung der Straße wesentlich abgekürzt. Die Kosten dieser Unterbettungsart stellten sich 1910 auf 3 $\mathscr{M}$/m².

b) Holz-, Asphalt- und Zementpflaster erfordern immer eine Unterbettung aus Stampfbeton oder Betonprismen, da nur diese mit völlig ebener Oberfläche, welche die genannten Pflasterarten wegen des Fortfalls einer Zwischenschicht verlangen, herzustellen ist (Abb. 108, 133, 134, 140, 144, 145, 147), ebenso fugenlose Fußsteigbefestigungen, wie Zementestrich (Abb. 129), Gußasphalt (Abb. 107, 108), Asphaltplatten.

4. Der Verwendung von Betonprismen nahe kommende Vorzüge weist eine Unterbettung aus **alten Pflastersteinen**, die zur Straßenbefestigung nicht mehr taugen, auf, die ebenfalls in Magdeburg ausgedehnte Anwendung gefunden hat.

a) Sie eignet sich wegen ihrer unebenen Oberfläche jedoch nicht für Holz- und Asphaltpflaster, wohl aber für Steinpflaster jeder Art.

b) Nur für Walzasphalt mit „Binder" (vgl. E. II. 2. g, γ) kommt auch eine vorhandene Befestigung aus Schotter oder Pflastersteinen als Unterbettung in Betracht (Abb. 146).

II. Die **Kosten** der Unterbettung sind natürlich nach Ort und Zeit und Art des Materials sehr verschieden. Es können angesetzt werden für eine Fahrdammunterbettung aus

Kies	1,00—2,00	$\mathscr{M}$/m²,
Schotter	1,50—4,00	„ ,
Pack- und Decklage	3,50—4,50	„ ,
Beton	3,00—6,00	„ .

II. Straßenbefestigung.

1. Bordsteine.

Bordsteine werden zur Trennung der verschiedenen Verkehrsarten einer Straße verwendet, wofür hin und wieder auch Baumreihen (zwischen Reit- und Radwegen und Promenaden) in Betracht kommen (Abb. 86—88). Sie dienen namentlich zur Abgrenzung der Fahrbahn von den zum Schutze der Fußgänger erhöht angelegten Fußsteigen.

Die Bordsteine müssen entweder von Oberkante Fußsteig bis Unterkante Fahrdammunterbettung reichen oder bei geringerer Höhe zum Ausgleich eine Grundmauer aus Mauerwerk oder Beton erhalten, damit sie nicht versacken können.

Für Bordsteine eignen sich am besten mittelharte kristallinische Gesteine, die einerseits die Stöße etwa anfahrender Wagen aushalten können, andererseits unter dem Fußgängerverkehr nicht glatt werden: Granit, Gneis, Syenit, Diorit, Diabas, Porphyr uud Basaltlava.

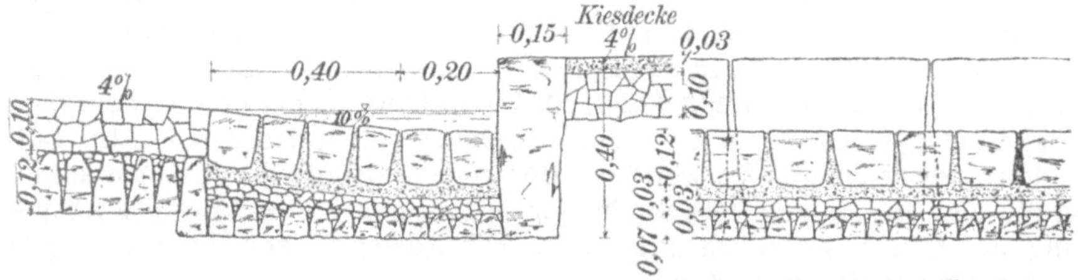

Abb. 111. Bordsteine mit anschließender Pflasterrinne zwischen Steinschlagbahn und Kiesweg.

I. 1. Die **Bordsteine** bestehen in einfachster Ausführung **aus roh behauenen plattenartigen Steinen** (Abb. 111, 153) von 40—50 cm Höhe, 10—20 cm Stärke und 30—50 cm Länge (2—4 $\mathcal{M}$/m); sie haben den Nachteil, daß sie unter starkem Verkehr leicht nach vorn kippen. Sie kommen hauptsächlich für den Abschluß von Kieswegen in Straßen mit Steinschlagbahn, also für Wohnstraßen in Außenbezirken, Kleinhaussiedlungen und für Landorte in Frage.

2. An ihre Stelle tritt in den mehr landstraßenartig gehaltenen Verkehrsstraßen der Außengebiete auch wohl ein **geböschter Pflasterstreifen,** der sich an eine Straßenrinne von verhältnismäßig großem Querschnitt zum Abführen der Regenmengen auf längere Strecken anschließt (Abb. 112).

3. In Landorten und Kleinhaussiedlungen begnügt man sich häufig mit einer flacheren, für die Fußgänger weniger heiklen, symmetrischen **Pflasterrinne** zwischen Fahrbahn und Fußsteig, die natürlich eine nennenswerte Erhöhung des Fußsteigs über die Rinnensohle ausschließt und im Notfalle dessen Benutzung durch ausweichende Wagen bei schmalem Fahrdamm zuläßt (Abb. 113).

II. In der Regel werden in Stadtstraßen Bordsteine, deren sichtbar bleibende Flächen mit dem Stock- und Flächhammer bearbeitet sind, sog. **Bordschwellen,** verwendet.

1. Ihre gewöhnlich 10 cm hohe sichtbare **Vorderfläche** wird mit Rücksicht auf den Sturz 'der Achsschenkel der Wagen um 2—4 cm **abgeschrägt,** damit die Radfelgen nicht an den Bordschwellen schleifen. Die **Oberfläche** der Schwellen erhält eine dem Quergefälle des Fußsteiges entsprechende

Neigung von rund 2%. Ihre Länge beträgt 0,60—1,50 m. Der Stoß erfolgt stumpf; er ist mit Zementmörtel zu vergießen.

Es kommen Bordschwellen von 12—20 cm Breite und 40—50 cm Höhe (Abb. 94, r., 108, 109, 129, 132, 152) und solche von 30—40 cm Breite und 25—30 cm Höhe (Abb. 94, l., 107, 114, 121, 131, 133, 134, 140, 150, 151, 155) zur Verwendung. Erstere eignen sich, da sie leicht kippen, nur für Straßen mit schwächerem Verkehr, letztere müssen bis Unterkante Fahrdammunterbettung untermauert oder unterbetoniert werden.

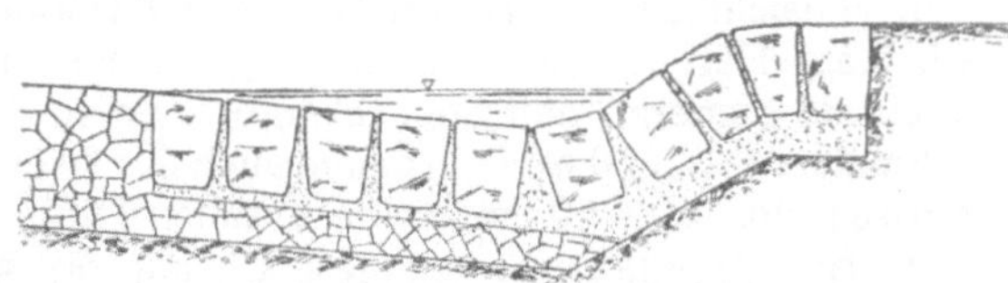

Abb. 112. Pflasterrinne in Steinschlagbahn ohne Bordsteine.

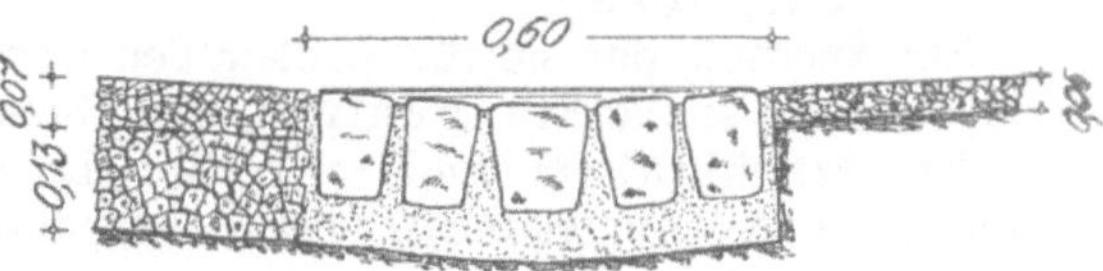

Abb. 113. Symmetrische flache Pflasterrinne zwischen Steinschlagbahn und Schlackenweg.

2. Die **Untermauerung** wird in Zementmörtel aus 3—4 Schichten, $1^1/_2$—2 Stein stark, hergestellt (Abb. 94, l., 121, 131, 150).

Der **Betonunterbau** erhält eine Breite von 40—50 cm, eine Höhe von 30—40 cm und wird zweckmäßig behufs vollständiger Sicherung der Schwelle gegen Verschieben an der Rückseite bis auf 10, 15 cm unter Fußsteigoberkante hochgeführt (Abb. 114, 133, 134, 140, 151, 155).

Damit nicht **über Baumlöchern** die Bordschwellen samt Unterbau in den losen Mutterboden versinken, empfiehlt es sich, zur Überbrückung der Baumlöcher die Untermauerung oder Unterbetonierung mit Flach- oder Rundeisen zu bewehren.

3. An den Straßenecken verlangt die Abrundung der Fußsteige besondere **Bogenstücke** (Abb. 123—125).

4. Die **Preise** für Bordschwellen wechseln je nach Material und Herbeischaffungskosten in weiten Grenzen. Als mittlerer Preis für 1 m Länge kann 5 ℳ gelten.

2. Fahrdamm.

a) Schlackenweg.

Die einfachste und billigste Fahrwegdecke, die aber nur schwachem und leichtem Verkehr gewachsen ist und deshalb nur als vorläufige Straßenbefestigung für dünn besiedelte Außengebiete und für Kleinhaussiedlungen in Frage kommt, ist eine 15—25 cm starke, eingewalzte Schüttung aus **Kesselschlacke** ohne Unterbettung.

Die Unterschicht wird zwar unter dem Verkehr mit der Zeit sehr zähe und fest und damit wasserundurchlässig, die Oberschicht aber infolge der geringen Widerstandsfähigkeit des Materials zu feinstem Mehl zermahlen, so daß die Schlackenwege bei anhaltender Trockenheit stark stauben und sich bei längerem Regenwetter infolge der Undurchlässigkeit der Unterschicht mit tiefem Schlamm überziehen.

Das **Quergefälle** muß daher sehr stark (etwa 10%) gehalten werden, wodurch natürlich stärkerer Verkehr, namentlich schnell fahrender Wagen gefährdet wird. Zur schnellen Ableitung des Regenwassers sind an den Seiten Pflasterrinnen (vgl. Abb. 111—113) vorzusehen.

Die schwarze Farbe macht die Schlackenwege tot und unfreundlich; doch wird dieser ästhetische Übelstand durch Grün, durch Rasen, Sträucher, Bäume, ziemlich ausgeglicheu.

b) Steinschlagbahn.

I. Hinsichtlich des Materials und der Herstellung der Steinschlagbahnen wird auf Heft 12 dieser Sammlung: H. Knauer, „Straßenbau" verwiesen, doch sei bemerkt, daß Steinschlagbahnen in Stadtstraßen beiderseits, bei schmalem (bis 3,50 m) Fahrdamm auch nur an einer Seite (Abb. 65), Pflasterrinnen von 50—60 cm Breite erhalten (Abb. 111—114).

1. Die **Vorzüge** der Steinschlagbahn für Stadtstraßen bestehen in der Billigkeit (3,50—4,50 $\mathcal{M}/m^2$) ihrer Herstellung und ihrer ziemlich großen Geräuschlosigkeit.

Ein **Nachteil**, der sie für Stadtstraßen wenig geeignet erscheinen läßt, ist dagegen die starke Staubentwicklung bei trockenem Wetter und die hohe Schmutzschicht bei feuchtem Wetter. Doch wird diesem Übelstand neuerdings, wie weiter unten S. 107 beschrieben, durch Teerung mit Erfolg begegnet.

2. Steinschlagbahnen kommen in geschlossenen Ortschaften nur für schwächeren Verkehr, also hauptsächlich nur in den Außenbenzirken und in Wohnstraßen in Betracht. Bei starkem Verkehr werden ihre **Unterhaltungskosten** zu hoch (in München beispielsweise 0,55 $\mathcal{M}/m^2$ im Jahr), so daß ihnen trotz ihrer billigen Erstherstellung andere Straßenbefestigungsarten vorzuziehen sind.

3. Steinschlagbahnen in Stadtstraßen werden zweckmäßig so angelegt, daß sie nach Abnutzung oder bei eintretendem stärkeren Verkehr ohne weiteres **als Unterbettung** für die endgültige Straßenbefestigung benutzt werden können. Ihre Oberkante muß dann um die Stärke der für später in Aussicht genommenen Befestigung unter der künftigen Straßenhöhe bleiben. Da aber die Bordschwellen gleich in der endgültigen Höhe verlegt werden, so entsteht eine für das Betreten und Verlassen des Fußsteiges unbequeme und gefährlich hohe Stufe. Es ist daher eine Zwischenstufe zwischen Fahrdamm und Fußsteig einzuschalten, welche gewöhnlich aus 3—5 Reihen Pflastersteinen besteht, an die sich die mit 3—4 Steinreihen ausgepflasterte Rinne der Steinschlagbahn anschließt (Abb. 114). Statt dessen kann auch die Zwischenstufe vorübergehend als Radweg von 1 m Breite ausgestaltet werden (Abb. 131).

Die Sinkkasten werden von vornherein unter die künftige Rinne gesetzt, um sie nicht später verschieben zu müssen. Für den Rost wird bei schmaler Zwischen-

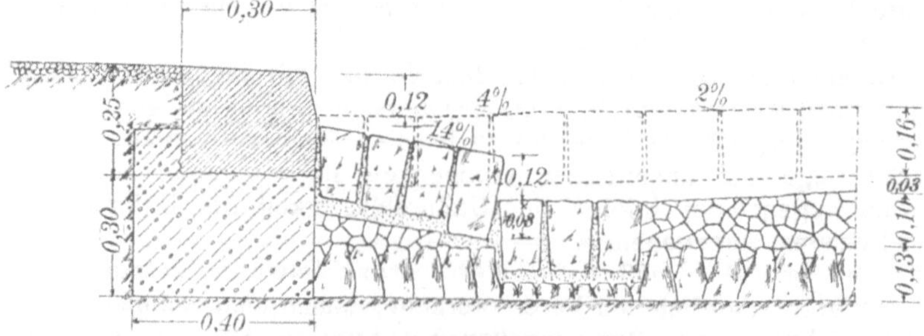

Abb. 114. Steinschlagbahn als vorläufige Straßenbefestigung und Unterbettung der endgültigen Befestigung (Zwischenstufe aus Pflastersteinen).

stufe eine Lücke in dieser ausgespart. Bei breiter Stufe wird der Sinkkasten dicht abgedeckt und mit einem seitlichen Einlauf in der vorläufigen Straßenrinne versehen (Abb. 131).

II. Die schon erwähnte **Teerung** der **Steinschlagbahnen** hat in den letzten Jahren eine große Bedeutung erlangt, namentlich im Hinblick auf die starke Staubentwicklung durch den Kraftwagenverkehr. Sie ist von besonderer Wichtigkeit für Stadtstraßen, da sie geeignet ist, nicht allein die in der Stadt mit ihrer dichten Bebauung besonders lästige Staubplage, sondern auch die hohen Unterhaltungs- und Straßenreinigungskosten der Steinschlagbahnen zu vermindern und diesen dort wieder mehr Eingang zu verschaffen, wo es auf eine möglichst billige und gleichzeitig ziemlich geräuschlose Straßenbefestigung, wie in Wohnstraßen, ankommt.

Nach den bisherigen Erfahrungen betragen nämlich sowohl die Unterhaltungskosten als auch die Kosten für Reinigung und Besprengung geteerter Schotterstraßen nur etwa die Hälfte der gewöhnlicher Steinschlagbahnen.

Für Straßen mit Steigungen über 6% kommt die Teerung wegen der entstehenden glatten Oberfläche nicht mehr in Betracht.

Zur Verwendung kommt der **Steinkohlenteer** aus den Gasanstalten und Kokereien, nachdem ihm vorher durch Destillation Wasser und Leichtöle, welch letztere nebenbei Bestandteile, die durch ihre Verdunstung benachbarte Pflanzen schädigen, aufweisen, möglichst entzogen worden sind. Der Teer soll höchstens 0,5% Wasser, 2% Leichtöle, 18% Ruß und Asche enthalten. Das Verhältnis zwischen Pech und Schwerölen wird je nach Verwendungsart verschieden gewählt.

1. Die **Oberflächenteerung**, bei der nur mit einem Eindringen der Teermasse auf 2—3 cm Tiefe zu rechnen ist, bezweckt in der Hauptsache die Hintanhaltung der Staub- und Schlammbildung. Sie eignet sich nur für leichten, wenn auch starken Verkehr und trockene, gut besonnte Straßen; sie findet Anwendung auf alten und neuen Schotterstraßen.

Alte Schotterdecken sind vor dem Teeren sorgfältig auszubessern und von Schmutz und Staub zu reinigen; neue läßt man zuvor 6—8 Wochen einfahren.

Dammann-Essen hält dagegen auf Grund neuerer Erfahrungen das Vorhandensein einer Straßenkruste für notwendig zum Gelingen der Oberflächenteerung.

Der Teer soll 35—50% Schweröle (Anthrazenöl) und 65—50% Pech (Hartpech) enthalten. Er wird auf 105—140° C erhitzt und bei trockenem Wetter auf die von der Sonne erwärmte Decke mittels breitmauliger Gießkannen oder Teersprengwagen (Abb. 115—116) aufgebracht und sofort eingekehrt.

Eine Bekiesung oder Bestreuung der geteerten Flächen mit Steinsplitt ist zu empfehlen, wenn die Straße, bevor der Teer fest geworden ist, dem Verkehr übergeben werden muß, damit der Teer nicht an den Rädern der Fuhrwerke haften bleibt.

Die Teerung ist bei starkem Verkehr nach 2—3 Monaten, sodann und bei schwachem Verkehr jährlich nur einmal zu wiederholen.

Verbrauch an Teer: erstmalig 0,75—1,1 l/m², später 0,5—0,7 l/m², an Deckmaterial: Steinsplitt 3,5—4 kg/m² oder Kiessand 5—7 kg/m².

Kosten der Erstteerung 0,10—0,18 ℳ/m², jeder Wiederholung 0,07 bis 0,12 ℳ/m².

2. Die **Innenteerung** hat den Zweck, außer der Verringerung der Staub- und Schlammbildung die Haltbarkeit und damit die Lebensdauer der Stein-

Abb. 115. Großer Teerwagen mit verstell- und drehbarer
Kehrrichtung von G. Brein ng,
Maschinenfabrik und Kesselschmiede, in B o n n a. Rh.

Abb. 116. Handteerwagen mit Kehrvorrichtung und Flügelpumpe
von G. Breining in B o n n a. Rh.

schlagdecke zu erhöhen. Sie eignet sich auch für schwereren Verkehr und schattige Lagen.

Die mit Teer versetzte Deckschicht von 5—8 cm Stärke für mittelschweren, von 10—11 cm für schweren Verkehr erhält immer eine Unterlage in Gestalt einer eingewalzten Packlage oder Schotterschicht.

Für die Decklage empfiehlt sich in Verkehrsstraßen nur Schotter aus Granit oder Basalt, in Wohnstraßen auch aus Kalkstein. Der Schotter soll möglichst würfelförmig sein, zu wenigstens 60% aus Steinen von 6 cm, zu höchstens 30—35 % aus Steinen von 3—6 cm und zu 10—5% aus Splitt von 1—2 cm bestehen. Letzterer wird teils zum Ausfüllen der Zwischenräume zwischen den größeren Steinen, teils zum Abdecken verwendet.

Die neueren Verfahren, Kiton-, Quarrite-, Nassauer, Pyknoton-, Dammann-Verfahren, sehen noch die Beimengung von Sand, Kiton außerdem von Ton, Pyknoton von Tuffasche, Traß, Ätzkalk und Kalkhydrat, Dammann von feinstem Gesteinsstaub vor.

Der Schotter ist vor der Teerung sorgfältig zu reinigen und zu trocknen.

Bei einer Stärke von 10—11 cm wird die geteerte Decklage in zwei Schichten hergestellt, von denen die untere, stärkere, vorwiegend den gröberen, die obere, schwächere, den feineren Steinschlag enthält. Das Einwalzen der Schichten erfolgt mit leichteren (10 t) Walzen, aber desto öfter.

Einige Wochen nach Fertigstellung erhält die Teerschotterdecke zweckmäßig noch eine Oberflächenteerung, die jährlich wiederholt wird.

Nach der Art der Ausführung ist zu unterscheiden:

a) Das **Tränkverfahren** (Pechmörtelmakadam) besteht darin, daß die Schotterdecke zunächst trocken leicht eingewalzt, hierauf mit einem breiigen Pechmörtel aus 80—90% Weichpech, 20—10% Schweröl und Sand von 150—200° C ausgegossen und sofort fertiggewalzt wird.

Verbrauch an Pechöl 1,5—2 l/m² für 1 cm Höhe.

Kosten 1,00 $\mathscr{M}$/m² höher als die gewöhnlichen Makadams.

b) Das **Umhüllungsverfahren** (Teerschotterbau, Teermakadam) besteht in dem Einbau vorher mit Teer (65—85 l/m³) vermischten Steinschlages. Zum Mischen werden die Steine erwärmt und der Teer auf 70 bis 80° C erhitzt. Letzterer soll die Steine nur gerade überziehen, nicht abtropfen.

Der Teer kann 60—70% Pech enthalten, wenn die Mischung unmittelbar vor dem Einbau, also auf der Baustelle erfolgt, während der Pechgehalt nur 50—60% betragen darf, wenn die Mischung in Fabriken vorgenommen, der geteerte Schotter also erst nach längerer Zeit (höchstens 3 Monaten) eingebaut wird. Im ersten Falle wird der Teerschotter warm, im zweiten kalt aufgebracht.

Eine 10 cm starke Teerschotterdecke stellt sich etwa 1,50 $\mathscr{M}$/m² teurer als eine gleich starke Schotterdecke gewöhnlicher Art.

c) Zementpflaster.

Zementmakadam (Beton) hat sich nach vielen Versuchen als Straßendecke ungeeignet erwiesen, da der Zement durch die Räder zerrieben wird, der Steinschlag mit der Zeit immer stärker hervortritt und so das Pflaster immer unebener, geräuschvoller und unansehnlicher macht.

Dagegen scheinen sich nach Versuchen in Frankfurt a/M. sog. **Schotterplatten** aus Basaltschotter und Zement zu bewähren. Sie bestehen aus einer unteren Grobschicht und einer oberen Feinschicht und sind 6—10 cm stark. Sie werden auf einer 15 cm starken Betonunterbettung oder in einer 3—5 cm starken Zementschicht auf der vorhandenen Steinschlagbahn verlegt. Ihr Preis stellt sich im ersten Falle auf 8,50 $\mathcal{M}/\mathrm{m}^2$, im letzten auf 7,00 $\mathcal{M}/\mathrm{m}^2$.

Ihre Oberfläche wird unter dem Verkehr mäßig rauh, infolge des feinen Basaltkornes in der oberen Schicht aber nicht uneben.

d) Steinpflaster.

Pflaster aus Natursteinen findet von allen Befestigungsarten in Stadtstraßen die weitaus häufigste Anwendung.

Es ist infolge seiner Dauerhaftigkeit verhältnismäßig billig, infolge seiner Rauhigkeit sehr verkehrssicher, aber auch sehr geräuschvoll.

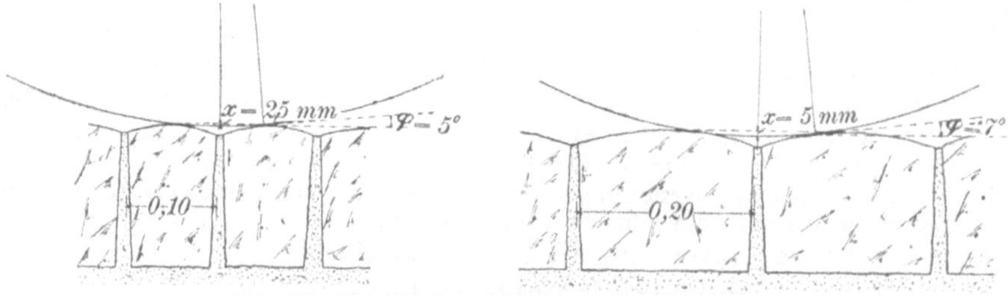

Abb. 117. Kugelköpfe verschieden breiter Pflastersteine.

1. Es eignet sich dazu mittelhartes **Gestein** ($K = 600—1200$ kg/cm²), insbesondere die kristallinischen Gesteine (außer Basalt), Granit, Gneis, Syenit, Diorit, Diabas, Porphyr, Basaltlava, aber auch harter Kalkstein, Sandstein und Grauwacke.

Weiches Gestein (die meisten Sandsteine) schleift sich zu schnell ab und erfordert deshalb eine häufige Erneuerung des Pflasters.

Sehr harte Steine (Basalt) haben sich als Pflastersteine ebenfalls nicht bewährt. Sie splittern unter den Stößen der Fuhrwerke an den Kanten ab und bekommen infolgedessen einen kugeligen Kopf (Abb. 117), der das Befahren und das Begehen des Pflasters immer unangenehmer und geräuschvoller macht, und werden außerdem sehr glatt.

2. Die beste **Kopfform** ist die rechteckige, doch nicht zu lang (16 bis 24 cm), damit die Steine nicht unter einer Last am Ende kippen.

Die Pflastersteine müssen, um die kugelige Abrundung möglichst hintanzuhalten, in der Richtung des Verkehrs, der Straßenachse schmal (8—15 cm) gehalten werden, und zwar je härter das Gestein ist, um so schmäler, damit die Kugelform um so weniger hervortritt (Abb. 117). Die Breite der Steine muß auch mit zunehmender Straßenneigung abnehmen (bis 8 cm). Die Pflastersteine in steilen Straßen haben nämlich das Bestreben, unter dem bergangehenden Verkehr nach hinten zu kippen, sich sägeförmig zu stellen, und leisten so der Abrundung des Kopfes Vorschub. Dies wird aber um so eher eintreten, je steiler eine Straße ist und je breiter die Steine sind.

Die größere oder geringere Härte des Gesteins ist auch maßgebend für die Höhe der Pflastersteine, da härtere Steine sich nur langsam abschleifen und deshalb eine geringere Höhe (11—16 cm) zulassen als weniger harte (bis 20 cm). Doch müssen die Steine **einer** Straße gleich hoch sein, weil sonst die niedrigeren leichter in die Unterbettung eingedrückt werden als die höheren.

3. Die Güte der Pflastersteine wird, abgesehen von der Gesteinsart, nach der größeren oder geringeren **Regelmäßigkeit** ihrer Form und nach ihren mehr oder weniger ebenen Flächen beurteilt.

Je regelmäßiger und gleichmäßiger die einzelnen Kopfflächen sind, desto leichter lassen sich die Fugen eng ($\leqq$ 12 mm) halten. Gleiche Länge und gleiche Breite aller Steine ermöglichen einen regelrechten Verband (Abb. 121 bis 125), der für bestes Pflaster (Reihenpflaster) Bedingung ist.

Ein gutes Pflaster verlangt von den einzelnen Steinen eine ebene Kopffläche zwecks Verminderung des Geräusches. Auch ebene Seitenflächen sind erwünscht, da sie die Standsicherheit der einzelnen Steine infolge der innigeren Berührung und stärkeren Reibung erhöhen und infolge der engeren Fugen das Entstehen von Staub und Schmutz verringern. Besonders wird aber die Standsicherheit durch eine ebene Satzfläche bedingt.

Die Satzfläche muß der Kopffläche ähnlich sein, damit sich der Druck auf die Steine zentrisch auf die Unterbettung überträgt. Je mehr sich die Satzfläche in der Größe der Kopffläche nähert, desto besser wird der Druck verteilt, desto weniger leicht der einzelne Stein in die Unterbettung gedrückt.

Die vollkommenste Form für Pflastersteine ist daher das Parallelepiped.

Die Herstellung der Pflastersteine gelingt um so besser, je leichter sich das Gestein spalten läßt. Das Zurichten erfolgt schon im Steinbruch mittels Kipphammer (Abb. 118).

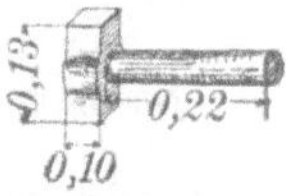

Das Auf- und Abladen der Pflastersteine muß mit der Hand vorgenommen werden, damit nicht, wie beim Werfen, die Kanten abgestoßen werden.

Abb. 118.
Kipphammer.

4. Steinpflaster wird durch **Fugenverguß** erheblich verbessert. Die Bildung von Staub und Schmutz wird bedeutend verringert, das Eindringen von Wasser und Schmutz in den Untergrund verhindert, die Unebenheiten der Steinkanten werden ausgeglichen, die einzelnen Steine wesentlich besser in ihrer Lage gesichert, die Unterhaltungs- und Reinigungskosten vermindert, die Haltbarkeit wird erhöht; außerdem erübrigt sich das Bekiesen neuen Pflasters.

Das Vergießen der Pflasterfugen ist unbedingt notwendig, wenn eine an Ort und Stelle gestampfte Betonplatte die Unterbettung bildet, weil andernfalls Wasser durch die Fugen sickern, auf dem Beton stehen bleiben, bei Frost gefrieren und das Pflaster heben kann.

Die Fugen werden, bevor sie vergossen werden, ungefähr bis zur Hälfte mit messerartigen Eisen ausgekratzt oder mittels eines an die Wasserleitung angeschlossenen Schlauches ausgespritzt.

a) Dünnflüssiger **Zementmörtel** aus schnell bindendem Zement und feingesiebtem Sand (1 : 1) wird unter beständigem Umrühren in die Fugen gegossen und, sobald er etwas erhärtet ist, mit dem Fugeisen glatt gestrichen. Dieser Verguß hat den Nachteil, daß auf das Abbinden des Mörtels rd. 10 Tage gewartet werden muß, ehe das Pflaster dem Verkehr übergeben werden kann, und daß Pflasteraufbrüche sehr erschwert und infolge Zertrümmerung eines großen Teiles der Steine verteuert werden. Kosten 1,30 $\mathcal{M}$/m² (Breslau 1912).

b) **Goudron** eignet sich wegen seiner bleibenden Elastizität besser zum Fugenverguß. Nur ist das Vergießen erst nach vollständiger Austrocknung

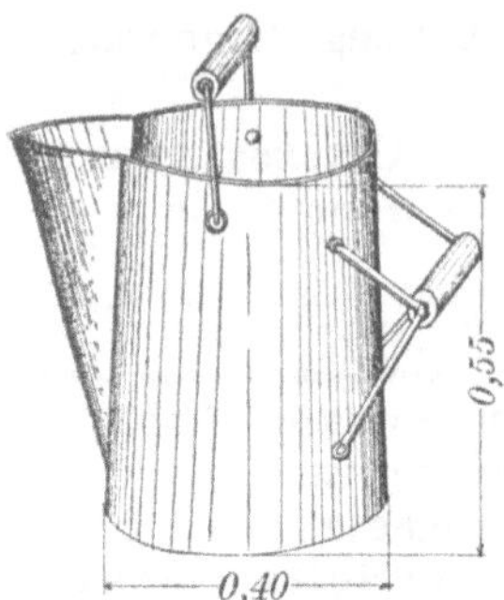
Abb. 119. Asphaltkanne.

des Pflasters, am besten bei Sonnenschein, vorzunehmen, damit der Asphalt nach dem Erkalten auch wirklich an den Steinen haftet. Es erfolgt mittels offener Kanne (Abb. 119) an einzelnen Stellen, von denen aus sich der heiße, flüssige Goudron in die benachbarten Fugen verteilt. Kosten 1,00—1,50 $\mathscr{M}$/m².

Sperber-Hamburg empfiehlt einen Pflasterkitt aus 58 % Goudron, 36 % Stampfasphaltmehl, 5 % Petroleum-Residuum (weich) und 1 % Anthrazenöl.

c) **Teer** von etwas über 55 % Pechgehalt genügt nach Kölner Erfahrungen bei geringem Verkehr zum Fugenverguß. Die Fugen des „alten" Pflasters wurden 2 cm tief ausgekratzt und mit dem auf 120° C erhitzten Teer (1,2 kg/m²) ausgegossen. Kosten 1913: 0,22 $\mathscr{M}$/m².

α) Reihenpflaster.

1. Die Kopffläche der Reihensteine muß rechteckig sein, die **Abmessungen** der einzelnen Steine dürfen nur wenig voneinander abweichen. Es sind Längen bis 24 cm, Breiten bis 15 cm, Höhen bis 20 cm in Gebrauch.

Reihensteine I. Klasse: Satzfläche ungefähr gleich der Kopffläche
„ II. „ „ mindestens $\frac{4}{5}$ „ „
„ III. „ „ „ $\frac{2}{3}$ „ „

Normalpflasterstein (Pariser Format: Abb. 120):
16 cm lang, 10 cm breit, 16 cm hoch,
bei besonders hartem Gestein oder in steilen Straßen:
16 cm lang, 8 cm breit, 16 cm hoch,
Abweichung in der Länge oder in der Breite   höchstens 1 cm,
„ „ „ Höhe   „ 1 „ ,
Verjüngung von der Kopf- zur Satzfläche in Länge und Breite   „ 1 „ .

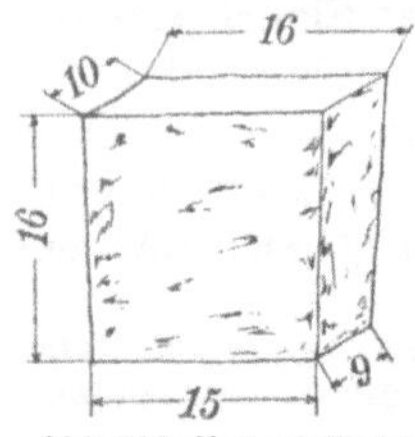
Abb. 120. Normalpflasterstein (Pariser Format).

Der Verband erfordert an der Pflasterrinne Anfänger oder Binder von der $1\frac{1}{2}$fachen Länge der übrigen Steine (Abb. 121).

Die Steine sind nach Breiten zu sortieren und die einzelnen Reihen in der Geraden in genau gleicher Breite durchzuführen.

2. Die **Reihen** sind rechtwinklig zur Verkehrsrichtung, normal zur Straßenachse anzuordnen. Krümmungen der Straße erfordern daher keilförmige Reihen (Abb. 122).

Die Pflasterstreifen zwischen Straßenbahnschienen erhalten, jeder für sich, eine selbständige Reihenteilung normal zur Gleisachse, die so erfolgen muß, daß die Spurhalter immer in eine Pflasterfuge fallen (Abb. 123, 198).

An den Bordkanten werden zur Bildung der Rinne und zwecks glatteren Wasserabflusses gewöhnlich 1—2 Längsreihen ohne Quergefälle gesetzt, an die sich die Querreihen anschließen (Abb. 94, 107, 109, 121—125, 129, 150—153, 155).

3. An **Straßenkreuzungen** läßt sich infolge der Abrundung der Fußsteige ein Verhau der Pflastersteine nicht umgehen, doch dürfen die Paßstücke nicht zu klein oder gar nur dreieckig sein. Die Pflasterreihen der beiden Richtungen verschneiden sich entweder in gebogener Linie stumpf (Abb. 124) oder einfacher in gerader Linie schwalbenschwanzförmig

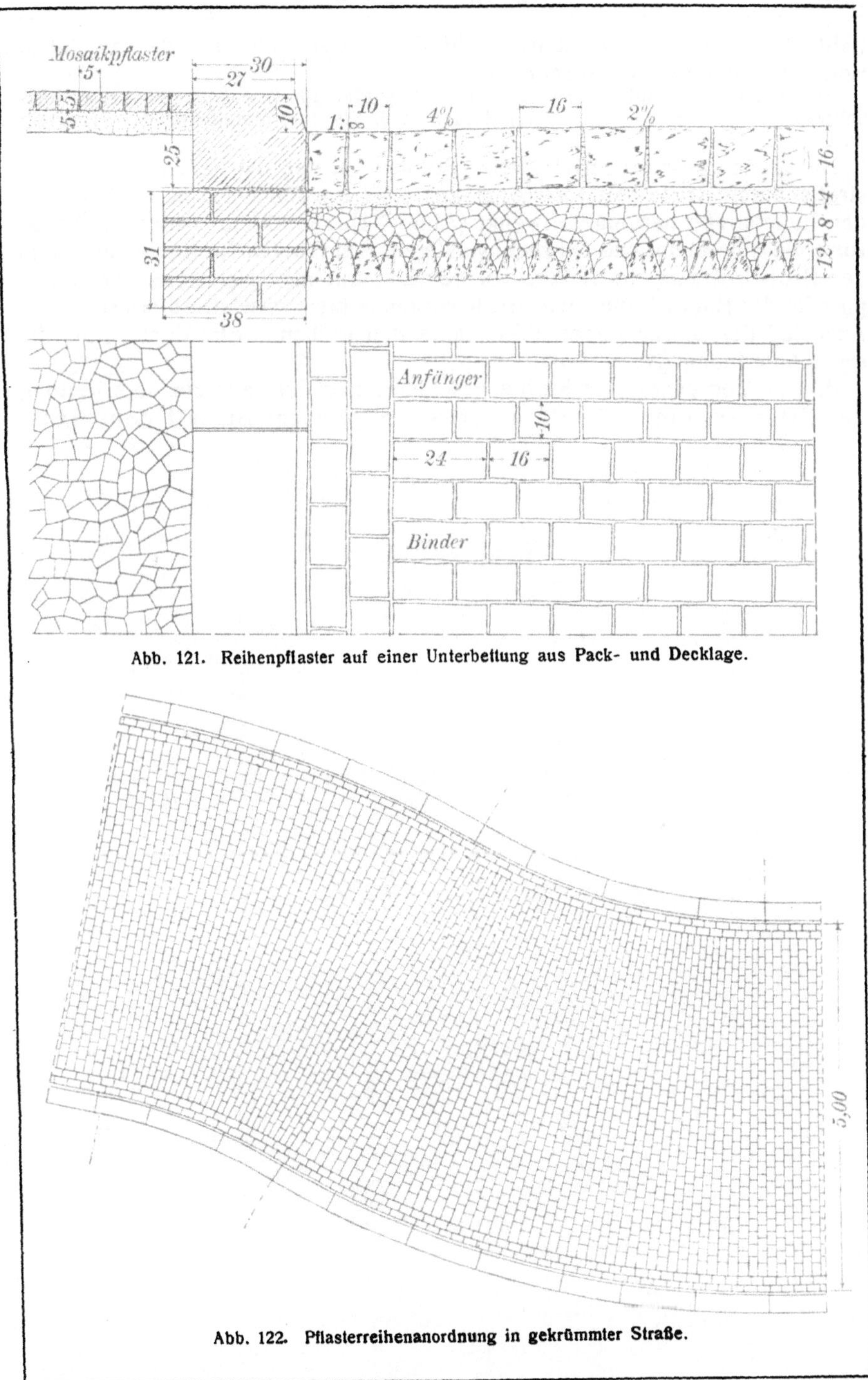

Abb. 121. Reihenpflaster auf einer Unterbettung aus Pack- und Decklage.

Abb. 122. Pflasterreihenanordnung in gekrümmter Straße.

(Abb. 125) bis zur Bordkantenflucht der Hauptstraße, mit der die letzte
Reihe der Seitenstraße abschließt.

Bei gleicher Bedeutung zweier sich kreuzender Straßen kann die schwalbenschwanzförmige Verschneidung der Reihen auch bis zum Mittelpunkt der Kreuzung
durchgeführt werden.

Bei schrägem Schnitt zweier Straßen werden die Reihen der Seitenstraße durch Einlegen keilförmiger Reihen allmählich in die Richtung
der Hauptstraße herumgeschwenkt (Abb. 124), so daß die Lösung der Kreuzung dieselbe bleibt wie bei rechtwinkligem Schnitt. Einfacher ist es, wenn
der Richtungswechsel kurz vor der Einmündung in einer geraden Linie,
parallel der Hauptstraße, plötzlich vorgenommen wird, doch erfordert der
Anschluß der schräg gegen diese laufenden Reihen mehr Verhau als die
erste Anordnung (Abb. 125).

4. Das **Versetzen der Steine** geschieht, nachdem auf die Unterbettung
der Pflastersand in 7—10 cm Stärke aufgebracht ist, mit dem Setz-

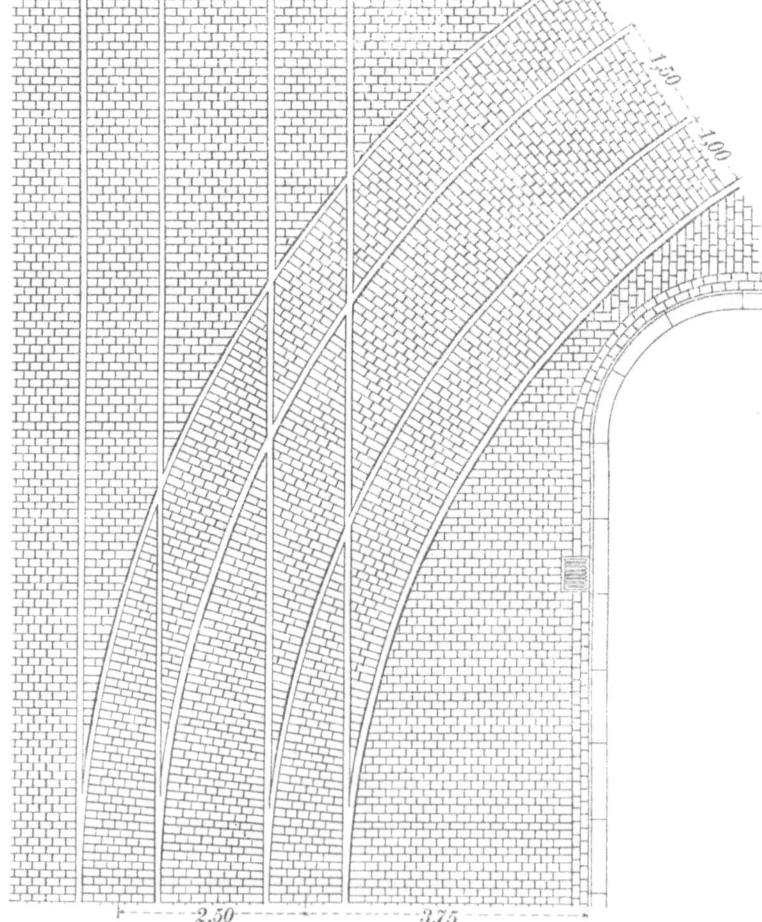

Abb. 123. Pflasterreihenanordnung zwischen Straßenbahnschienen.

hammer (Abb. 126), wobei die Steine um den „Rammschlag", 4—6 cm, höher gesetzt werden, als der Entwurf angibt.

Zunächst werden einzelne Steine, „Lehren", 1,5—2 m auseinander, in der Längs- und Querrichtung eingefluchtet und eingetafelt und hierauf die übrigen nach der Schnur versetzt.

Es wird verlangt, daß

1. die Steine gerade und gleich breite Reihen bilden,
2. der Verband eingehalten ist,
3. die Fugen höchstens 12 mm breit sind,
4. die Steine mit dem Setzhammer gut angetrieben sind und festsitzen,
5. die Oberfläche keine Buckel und Mulden aufweist.

5. Das **Abrammen** des Pflasters erfolgt unter stetem Annässen, damit sich der Pflastersand gut setzt, dreimal mit eisernen Pflasterrammen (Abb. 127) von 25—35 kg Gewicht.

Die Sandzwischenschicht soll dabei auf 2—4 cm zusammengepreßt werden.

Um die Wirkung des Rammens beurteilen zu können, läßt man alle 3—4 m vorläufig einige Reihen stehen, die den einzelnen Rammschlägen entsprechend nach dem fertig gerammten Pflaster abgetreppt werden (Abb. 128). Ist letzteres abgenommen, so werden die stehengebliebenen Reihen nachgerammt.

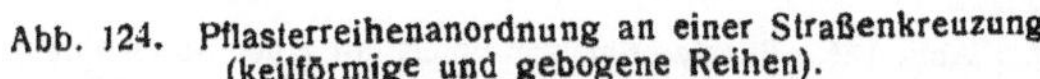

Abb. 124. Pflasterreihenanordnung an einer Straßenkreuzung (keilförmige und gebogene Reihen).

6. Wird das Pflaster nicht mit Zementmörtel oder Goudron ausgegossen, so muß es 8—14 Tage lang mit einer 1—2 cm starken **Sandschicht** bedeckt und naß gehalten werden, damit unter den Erschütterungen der Wagen der Pflastersand sich setzt und die Pflasterfugen sich nachfüllen.

7. Die **Preise** für Reihenpflaster schwanken je nach Güte und Transportkosten des Materials zwischen 6 und 20 $\mathscr{M}/m^2$. Als Durchschnittspreis kann 10 $\mathscr{M}/m^2$ (ausschl. fester Unterbettung und Fugenverguß) gelten.

8. Die **Ausbesserung** des Reihenpflasters erfolgt, abgesehen von dem Ersatz etwa zersprungener Steine durch neue, erst, wenn sich Mulden in größerer Zahl gebildet haben, so daß sich das Umlegen größerer zusammenhängender Pflasterflächen lohnt.

Die noch brauchbaren Steine sind nicht mit den neuen Ersatzsteinen vermengt zu verpflastern, um der ungleichmäßigen Abnutzung des Pflasters auf kleinen Flächen und der Bildung von Schlaglöchern möglichst vorzubeugen.

Die Unterhaltungskosten stellen sich nach E. Genzmer

für Steinpflaster ohne Fugenverguß auf rd. 20 $\mathscr{Pf}/m^2$ im Jahr,

für Steinpflaster mit Fugenverguß auf rd. 15 $\mathscr{Pf}/m^2$ im Jahr,

für Steinpflaster mit Fugenverguß und mit fester Unterbettung auf rd. 10 $\mathscr{Pf}/m^2$ im Jahr.

Lebensdauer des Reihenpflasters rd. 20 Jahre.

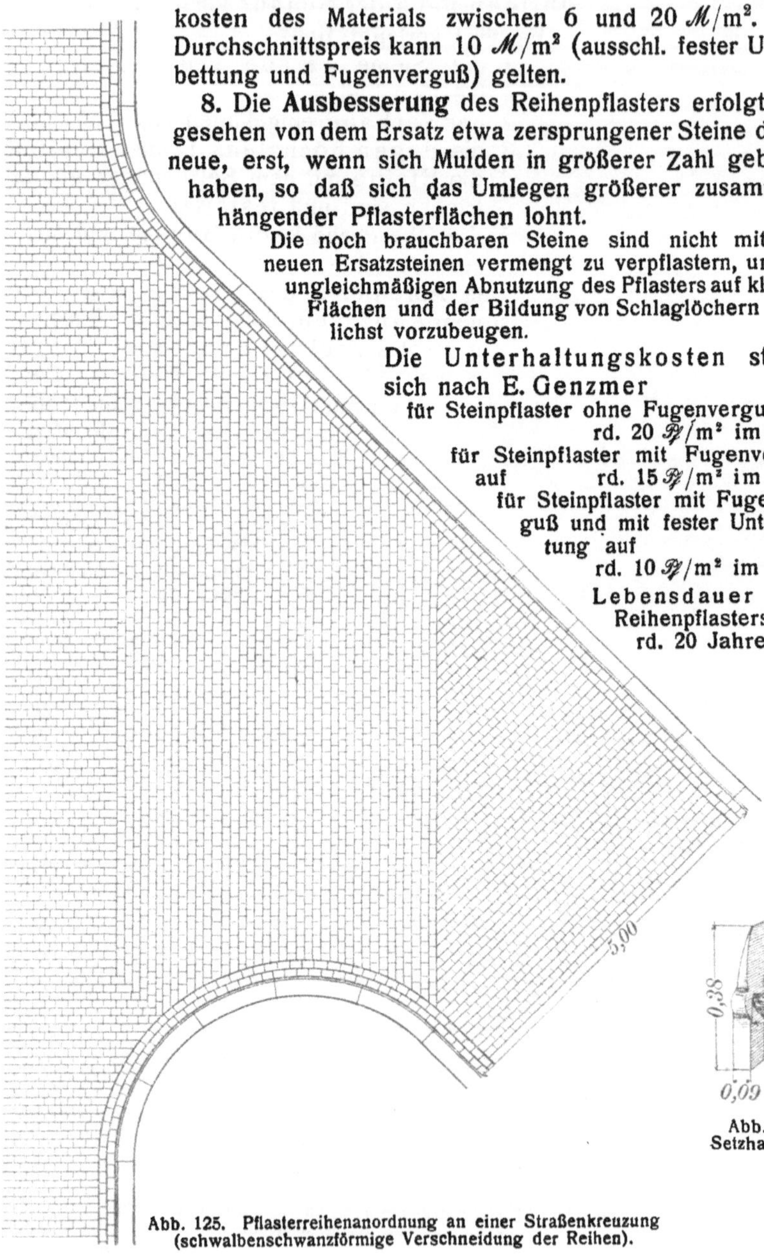

Abb. 125. Pflasterreihenanordnung an einer Straßenkreuzung
(schwalbenschwanzförmige Verschneidung der Reihen).

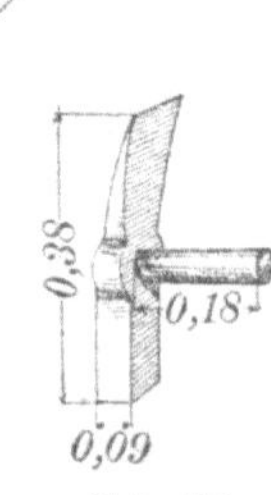
Abb. 126.
Setzhammer.

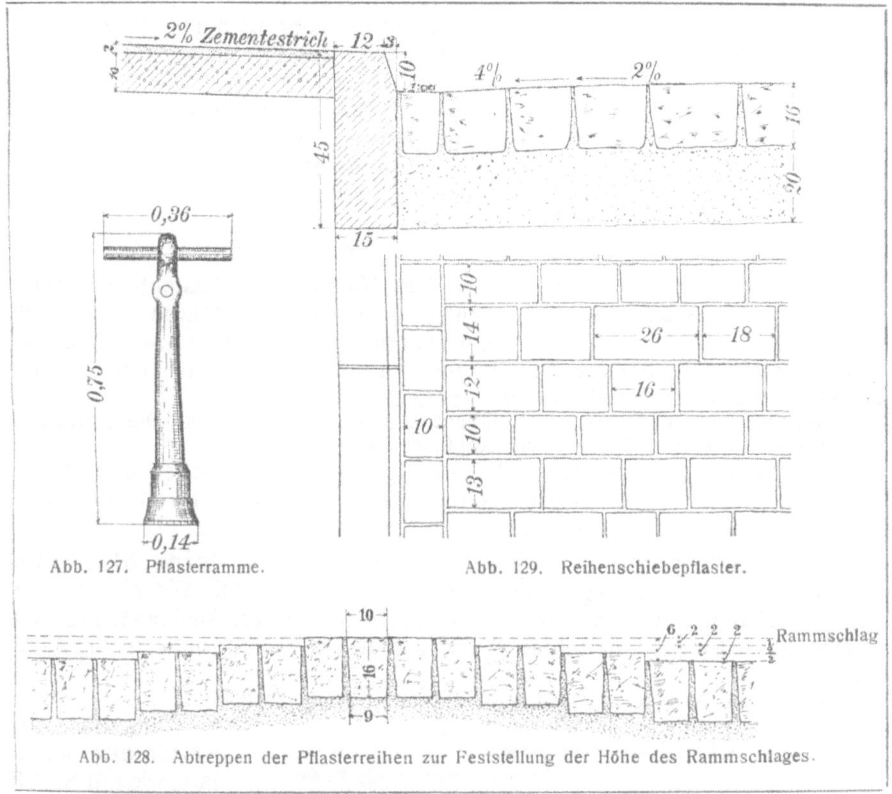

Abb. 127. Pflasterramme.   Abb. 129. Reihenschiebepflaster.

Abb. 128. Abtreppen der Pflasterreihen zur Feststellung der Höhe des Rammschlages.

β) Reihenschiebepflaster.

Zu Reihenschiebepflaster werden Steine mit annähernd rechteckiger Kopffläche, jedoch von verschiedener Länge und Breite verwendet. Die Satzfläche soll wenigstens $^2/_3$ der Kopffläche betragen.

Die Steine sind nach den verschiedenen Breiten zu sortieren und reihenweise so zu versetzen, daß die Breite einer Reihe gleich bleibt, während die einzelnen Reihen verschieden breit sein dürfen. Ein regelrechter Verband kann wegen der verschiedenen Längen nicht eingehalten werden (Abb. 129).

Reihenschiebepflaster erhält gewöhnlich keine feste Unterbettung und wird in Straßen mit schwächerem Verkehr, in Mittel- und Kleinstädten verwendet.

Sein Preis beträgt etwa $^3/_4$ des Preises von Reihenpflaster.

γ) Kopfsteinpflaster.

Das Kopfsteinpflaster besteht aus roh behauenen Steinen mit unregelmäßiger, aber geradlinig begrenzter und möglichst ebener Kopffläche, die mosaikartig aneinander gesetzt werden (Abb. 130).

Die Kopffläche soll 150—300 cm^2 groß sein, ihre Kanten müssen mindestens 10 cm lang sein und dürfen keinen spitzen Winkel miteinander bilden. Die Satzfläche soll mindestens $^2/_3$ der Kopffläche betragen.

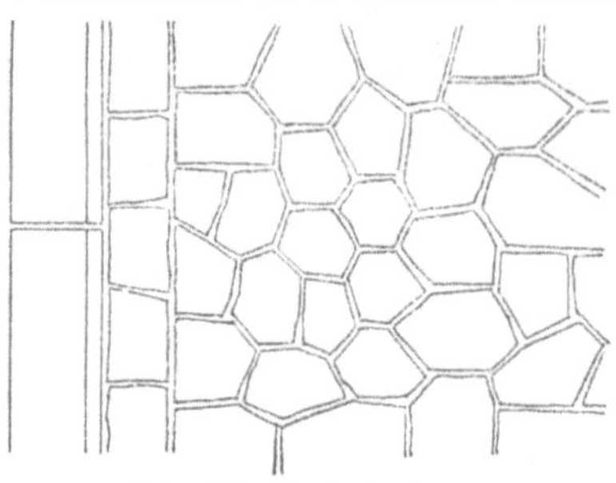

Abb. 130.   Kopfsteinpflaster.

Kopfsteinpflaster wird nur in scharfem Sande oder Kies (im Mittel 20 cm hoch) versetzt.

Es ist etwa um die Hälfte billiger als Reihenpflaster, eignet sich aber nur für untergeordnete Straßen mit schwachem Verkehr.

δ) Kleinpflaster.

1. Das Kleinpflaster besteht aus möglichst würfelförmigen **Steinen von 6—10 cm Seitenlänge** mit ebener Kopffläche, die mosaikartig mit möglichst engen Fugen auf einer festen Unterbettung in reinem, scharfem Sand versetzt werden.

Je weicher das Gestein ist, desto höher müssen die Steine sein. Die Satzfläche der einzelnen Steine soll $^2/_8$—$^3/_4$ der Kopffläche betragen.

Kleinpflaster ist wesentlich **billiger** (4,5—8 $\mathscr{M}/m^2$), ebener und daher geräuschloser als Großpflaster, eignet sich aber nicht für starken Verkehr. Es ist in Wohnstraßen sehr zu empfehlen.

2. Als **Unterbettung** wird meistens eine eingewalzte Steinschlagbahn mit oder ohne Packlage von rd. 20 cm Stärke gewählt. Wo eine solche schon vorhanden ist, wird nach gründlicher Reinigung, Ausbesserung und vorherigem Abwalzen der alten Decke auf dieser das Kleinpflaster in Sand versetzt.

Weniger gut ist eine abgewalzte Kiesschicht als Unterbettung.

Wenn das Abwalzen des Schotters, wie auf S. 103 erwähnt, Schwierigkeiten macht, empfehlen sich zur Unterbettung des Kleinpflasters Pflasterungen aus alten Steinen oder die auf S. 103 genannten Betonprismen (vgl. Abb. 144).

3. Nachdem ein größeres Stück Kleinpflaster hergestellt ist, wird es unter stetem Annässen mehrere Male **abgerammt**, bis die Steine vollkommen festsitzen und Ein-

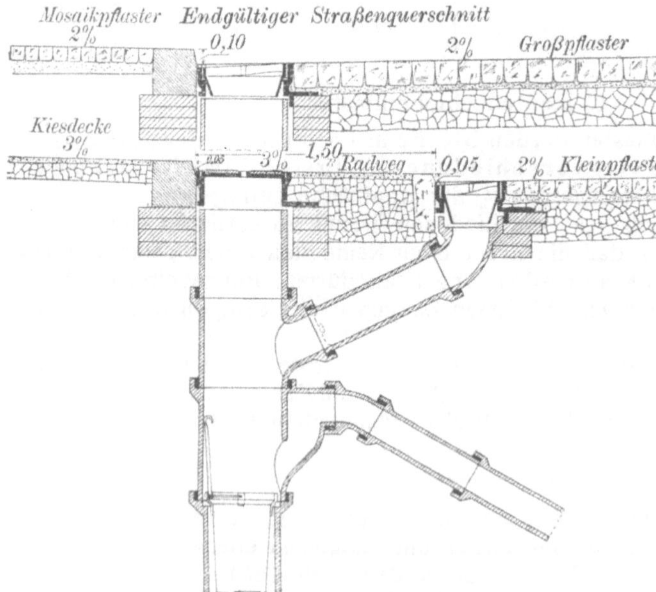

Abb. 131.   Kleinpflaster als vorläufige Fahrdammbefestigung mit Radweg als Zwischenstufe zwischen Fahrdamm und Fußsteig nebst Anordnung der Regeneinläufe (München).

drücke durch die Wagenräder ausgeschlossen sind. Die Sandzwischenschicht soll, gerammt, nur mehr 1—2 cm betragen.

4. Nach Fertigstellung wird das Pflaster mit Sand **abgedeckt** und täglich mehrere Male **angenäßt**, damit sich die Fugen unter den Erschütterungen des Verkehrs ganz mit Sand füllen. Ist dies **nach 2—4 Wochen** eingetreten, so wird die Straße von dem übrig gebliebenen Sande **gereinigt**.

Durch Vergießen der Pflasterfugen mit heißem Goudron (nur bei sonnigem Wetter) wird das Entstehen von Staub und Schmutz erheblich verringert und die **Lebensdauer** des Pflasters **erhöht**.

In den Verkehrsstraßen der Außenbezirke empfiehlt sich das **Kleinpflaster als vorläufige Straßenbefestigung**, die mit der stärkeren Entwicklung des Verkehrs durch Großpflaster, Asphalt- oder Holzpflaster ersetzt wird (Abb. 131). Letztere beiden Pflasterarten verlangen Betonunterbettung. Es ist daher auch das Kleinpflaster für diesen Fall auf einer zusammenhängenden Betondecke von 15—25 cm Stärke oder auf den vorher erwähnten Betonprismen zu versetzen. Der Höhenunterschied der beiden Befestigungsarten ist bei der Erstanlage zu beachten, damit die Unterbettung keine Veränderung bei dem endgültigen Ausbau der Straße zu erleiden braucht.

5. Die **Unterhaltung** des Kleinpflasters kostet nach Wiesbadener Angaben jährlich etwa 5 $\mathscr{Pf}$/m².

e) Kunststeinpflaster.

Pflaster aus Kunststeinen findet seltener Anwendung. Kunststeine lassen sich ohne Schwierigkeiten in genauen Formen herstellen und ergeben daher **ein ebenes, engfugiges, verhältnismäßig geräuschloses Pflaster.**

Hin und wieder werden in **Straßen mit Natursteinpflaster Radwege** von 0,50 m Breite in Straßenmitte oder neben der Straßenrinne **aus Kunststeinen** wegen ihrer vollständig ebenen Oberfläche hergestellt.

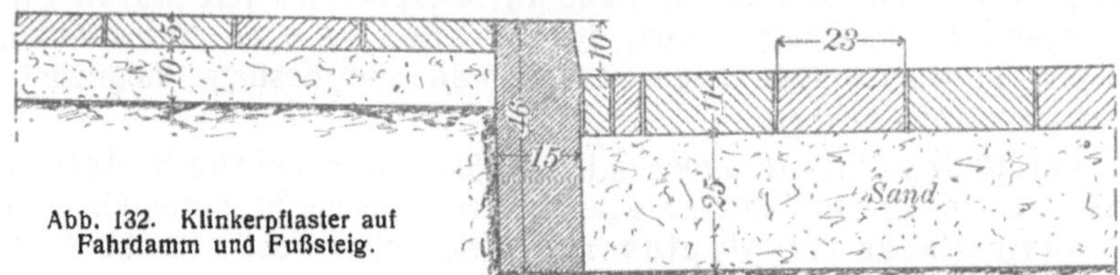

Abb. 132. Klinkerpflaster auf Fahrdamm und Fußsteig.

1. **Klinker** (K = 335—750 kg/cm²), gewöhnlich 21 · 10,5 · 5,5 cm, mindestens 19,5 · 8 · 4,8 cm, werden hauptsächlich nur im Nordwesten Deutschlands und in Holland zu Straßenpflaster benutzt; sie eignen sich für schweren Verkehr weniger.

Die Klinker, doch ja keine verzogenen Steine, werden unmittelbar **auf einer 10—25 cm hohen, eingeschlämmten und festgewalzten Sandunterbettung als Rollschicht quer zur Straßenachse** mit möglichst engen Fugen versetzt und mit hölzernen, mit Eisenblech beschlagenen Rammen **abgerammt.**

Die Fugen werden mit Sand vollgeschlämmt oder seltener mit Asphalt vergossen (Abb. 132).

Preis des Klinkerpflasters etwa 3,5—5 $\mathscr{M}$/m².

Die **Unterhaltung**, Ersatz zerfahrener und zerfrorener Steine, kostet in Holland 0,08—0,15 $\mathscr{M}$/m² im Jahr.

Lebensdauer: 25 Jahre bei 650 kg/cm² Druckfestigkeit,
15 „ „ weniger   „ .

2. **Schlackensteine** der Mansfelder Gewerkschaft, aus Rückständen der Kupferaufbereitung, geben ein sehr ebenes Pflaster, schleifen sich aber mit der Zeit, besonders unter dem Fußgängerverkehr, glatt. Sie sind für stärkere Steigungen und stärkeren Verkehr ungeeignet.

Die Schlackensteine werden wie Natursteine auf beliebiger Unterbettung verpflastert. Ihr Preis stellt sich ungefähr ebenso hoch wie der natürlicher Pflastersteine, i. M. zu 10 $\mathcal{M}/m^2$.

3. Hartgebrannte **Vulkanolplatten** aus Granit-Basalt-Grus oder Granit-Porphyr-Grus und einem patentierten Flußmittel verhalten sich nach Versuchen der Material-Prüfungsanstalten hinsichtlich Druckfestigkeit und Abnutzung wie Granit und bleiben unter dem Verkehr rauh, so daß sie noch in Steigungen bis 6% verwendet werden können.

Sie werden auf einer festen Unterbettung (Beton, eingewalzten Packlage oder Schotterschicht) in Zementmörtel verlegt. Ihr Preis stellt sich etwas höher als der des Natursteinpflasters.

f) Holzpflaster.

Holzpflaster bietet den Vorteil großer Geräuschlosigkeit und gegenüber Asphaltpflaster den größerer Verkehrssicherheit. Hartholz darf bis zu 4%, Weichholz bis zu 5% Steigung verwendet werden.

Seine Nachteile sind seine Kostspieligkeit in Herstellung und Unterhaltung und seine verhältnismäßig kurze Lebensdauer.

Es empfiehlt sich wegen seiner größeren Verkehrssicherheit in Großstädten mit Asphaltpflaster für steilere Strecken, auf denen Asphaltpflaster nicht mehr zulässig ist, und in Mittel- und Kleinstädten, die vorwiegend Steinpflaster haben, für Straßen, die an Krankenhäusern, Schulen, Verwaltungsgebäuden vorbeiführen und deshalb möglichst geräuschlos sein sollen.

I. **Weichholz** zu Pflasterzwecken liefern feste, harzreiche Nadelhölzer, wie schwedische Kiefer, steirische Lärche, französische Seestrandkiefer, **Hartholz** australische Eukalyptusarten, wie Tallowwood, Blackbutt, Karri, Jarrah.

Das Holz muß vollkommen gesund, frei von Rissen und gut ausgetrocknet sein.

Es wird zu gleichgroßen Pflasterklötzen, die auf Hirn gesetzt werden, geschnitten. Die Breite der Klötze beträgt 7,5—8,5 cm, die Länge 15—23 cm; ihre Höhe ist abhängig von der Verkehrsstärke und wird zu 10—13 cm gewählt.

Die Weichholzklötze sind vor der Verwendung mit Kreosotöl zu durchtränken, um sie gegen Fäulnis zu schützen.

Bei trockenem Wetter empfiehlt es sich, die Klötze einige Zeit in Wasser zu legen und naß zu verpflastern, um dem nachträglichen Quellen und Treiben des Pflasters, namentlich bei Regen, so weit wie möglich zu begegnen.

II. Als **Unterbettung** für Holzpflaster dient eine Betonschicht (1:8) von 15—20 cm Stärke, die mit Zementmörtel (1:3) 1,5—2 cm hoch genau profilmäßig abzugleichen ist (Abb. 133, 134).

Da sich die Pflasterfugen bei trockener Witterung erweitern, bei nasser wieder verengern, zu Zeiten also nicht dicht sind, so gelangt durch sie immer etwas Wasser auf die Betonunterlage und verursacht, namentlich bei Frost, Aufbeulungen und Lockerungen der Decke. Es ist deshalb die Unterbettung an den tiefsten Stellen, besonders unter den Rinnen, durch einbetonierte lotrechte Sickerröhren in den Untergrund oder in die Straßensinkkasten durch Schlitze in deren Wandungen zu entwässern.

III. Die **Pflasterklötze** werden unmittelbar auf die Unterbettung **in Reihen rechtwinklig zur Straßenachse** gesetzt; nur die Straßenrinne wird von 2—3 Längsreihen gebildet.

Neben der Bordschwelle läßt man einen Schlitz von 5 cm, der auf $^2/_3$ der Klotzhöhe mit Sand, im oberen Drittel mit plastischem Ton ausgefüllt wird, damit das Pflaster bei dem nie zu verhindernden Treiben Spielraum hat und sich nicht etwa wirft oder die Bordschwellen verschiebt (Abb. 133, 134).

Wird durch das Treiben der Ton herausgequetscht und die Fuge zusehends verschmälert, so wird eine der Längsreihen durch eine Reihe von halber Breite ersetzt und, falls das Pflaster noch weiter treibt, diese wieder herausgenommmen. Jedenfalls muß immer eine Tonfuge von 3—5 cm vorhanden sein. Das Treiben des Holzpflasters dauert oft monatelang; das Pflaster ist deshalb in der ersten Zeit sorgfältig zu beobachten, um die beschriebenen Maßnahmen rechtzeitig vornehmen zu können.

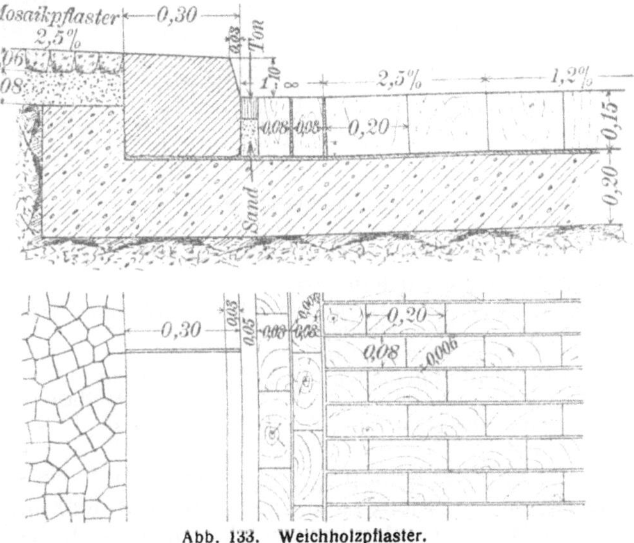

Abb. 133. Weichholzpflaster.

IV. Die **Herstellung** des Weichholz- und Hartholzpflasters erfolgt im übrigen in verschiedener Weise.

1. Die **Weichholzklötze** werden gewöhnlich mit dichten Stoßfugen, aber mit 5—8 mm weiten Fugen zwischen den Reihen versetzt (Abb. 133), indem man Fugenleisten von 2—4 cm Höhe und entsprechender Dicke einlegt.

Nachdem das Pflaster auf ungefähr 10 m Länge verlegt worden ist, werden die Reihen mittels starker Holzlatten geradegerichtet und mit Holzschlägeln zusammengetrieben. Hierauf werden die Fugen mit Zementmörtel (1:2 bis 1:3) vergossen. Damit der Mörtel auch wirklich alle Fugen vollfüllt, wird das Pflaster mittels Brause leicht besprengt.

Nach Erhärtung des Zementmörtels (6—8 Tage) wird das Holzpflaster mit einer dünnen Lage scharfkantiger, 5—15 mm langer Splitter aus Granit, Porphyr, Basalt oder anderem Hartgestein oder auch mit einer Lage Perlkies bedeckt und dem Verkehr übergeben. Es geschieht dies in der Absicht, die Pflasterdecke durch Festfahren der Steinsplitter oder Kieskörner dauerhafter zu machen. Doch muß die Decke, damit die durch die Wagenräder zerriebenen Splitterchen keinen Staub bilden, feucht gehalten und, sobald

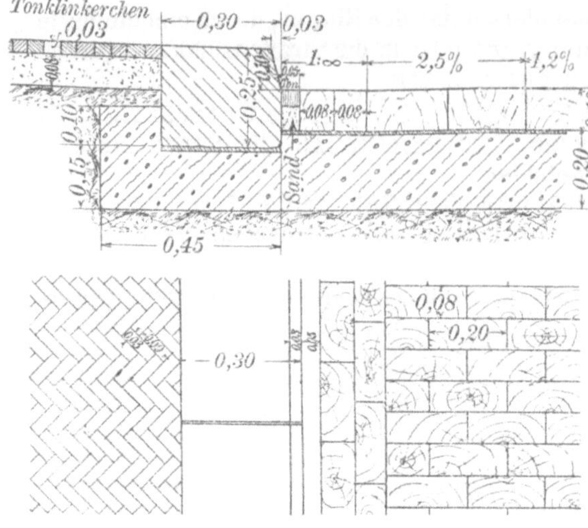

Abb. 134.   Hartholzpflaster.

nach einigen Tagen die Splitter festgefahren sind, in der Woche mindestens zweimal gründlich abgewaschen werden. Die Bekiesung ist vierteljährlich zu wiederholen.

2. Die **Hartholzklötze** werden meistens mit einer Seitenfläche und einer Stirnfläche in heißen Goudron getaucht und dicht aneinander geschoben (Abb. 134). Die Oberfläche des fertigen Pflasters wird mit heißem Goudron überbürstet, wobei die Fugen nachgefüllt werden, und schließlich mit grobem Sand oder Perlkies überstreut.

V. Die **Kosten** betragen

für 1 m² Weichholzpflaster ohne Unterbettung (13 cm stark) 12—15 $\mathcal{M}$,
„ 1 „ Hartholzpflaster   „   „   (10 „   „) 15—20 „ ,
„ 1 „ Betonunterbettung   „   „   (18 „   „) 4—4,50 „ ,
die jährl. **Unterhaltungskosten** des Weichholzpflasters 0,30—1,00 $\mathcal{M}$/m²,
„   „   „   „ Hartholzpflasters 0,25—0,60 „ ,
die **Lebensdauer** des Weichholzpflasters 10—15 Jahre,
„   „   „ Hartholzpflasters 12—18 „ .

VI. Die **Unterhaltung** des Holzpflasters erstreckt sich auf den schleunigen Ersatz solcher Klötze, die eine stärkere Abnutzung als die übrigen zeigen, durch neue, die erforderlichenfalls auf die Höhe der schon zum Teil abgefahrenen Nachbarklötze zu schneiden sind, auf die Erneuerung der Bekiesung des Weichholzpflasters, des Goudronanstrichs des Hartholzpflasters.

g) Asphaltpflaster.

Der Vorzug des Asphaltpflasters besteht hauptsächlich in seiner Geräuschlosigkeit. Dem Holzpflaster ist es wegen seiner vollständigen Undurchlässigkeit in gesundheitlicher Hinsicht überlegen. Es wird deshalb und namentlich wegen seiner größeren Billigkeit und Lebensdauer dem etwas verkehrssicherern, etwa ebenso geräuschlosen Holzpflaster meistens vorgezogen.

α) Stampfasphalt.

Die glatte Oberfläche des Stampfasphalts bietet den Pferden nur geringen Halt, er ist deshalb nur in Steigungen bis 1,5 % zulässig.

1. Das zur Verwendung kommende **Material** ist Kalkstein mit 8—10, höchstens 12 % Bitumengehalt. Die für Deutschland in Betracht kommenden Fundstellen dieses Gesteins sind bei Limmer (Hannover), Vorwohle (Braunschweig), im Val de Travers (Neuchâtel - Schweiz), bei Seyssel (Rhonetal-Frankreich), St. Valentino (Abruzzen-Italien), Ragusa (Sizilien).

Die Steine werden durch Maschinen in faustgroße Stücke gebrochen und darauf in dem sog. Desintegrator fein gemahlen. Das aus diesem fallende (schokoladenbraune) Pulver wird gesiebt und der Rückstand wieder in den Desintegrator gebracht, so daß nur feinstes Pulver zur Verwendung kommt.

Pulver, das infolge längeren Lagerns zusammengebacken ist, zerfällt wieder durch das dem Einbau immer vorhergehende Erhitzen.

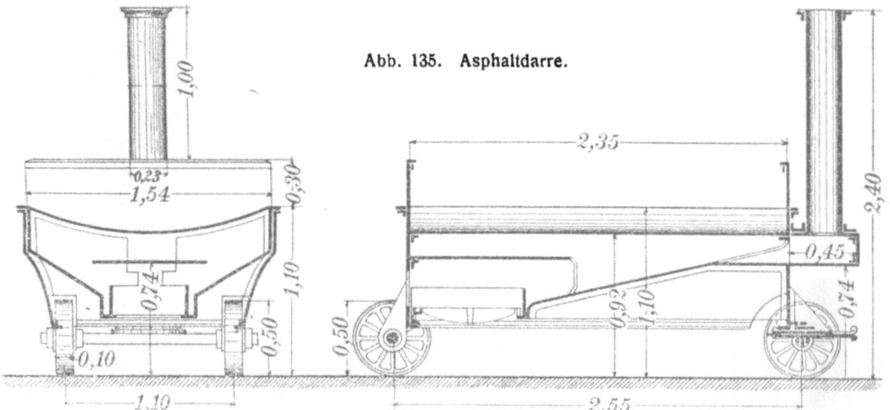

Abb. 135. Asphaltdarre.

2. Als **Unterbettung** des Stampfasphalts dient eine gewöhnlich 20 cm starke, mit Zementmörtel (1 : 3) genau nach dem Straßenprofil abgeglichene Betonschicht (1 : 8 bis 1 : 9).

Der Beton soll nach den „vorläufigen Grundsätzen für die Herstellung und Unterhaltung von Asphaltstraßen" als Schüttbeton unter Werfen eingebracht, mit Schaufeln geschlagen und durch Streichen gedichtet werden.

3. Sobald der Beton erhärtet (nach 7—10 Tagen) und vollständig trocken ist, wird das auf 110—140⁰ erhitzte **Asphaltpulver** in etwa **8 cm hoher Schicht aufgeschüttet.**

Das Erhitzen des Pulvers erfolgt in fahrbaren Darren (Abb. 135) oder Kesseln.

Ist die Asphaltfabrik nicht allzuweit entfernt, so kann auch das Pulver dort erhitzt und in zugedeckten Wagen angefahren werden, da es sich nur sehr langsam abkühlt.

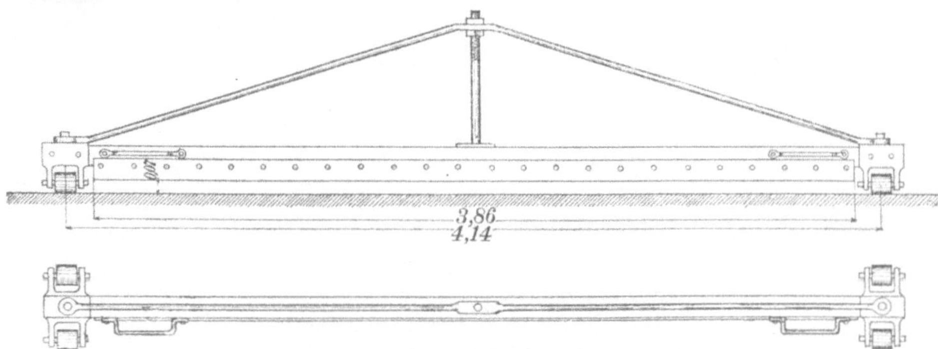

Abb. 136. Lehre zum Abgleichen des Asphaltpulvers.

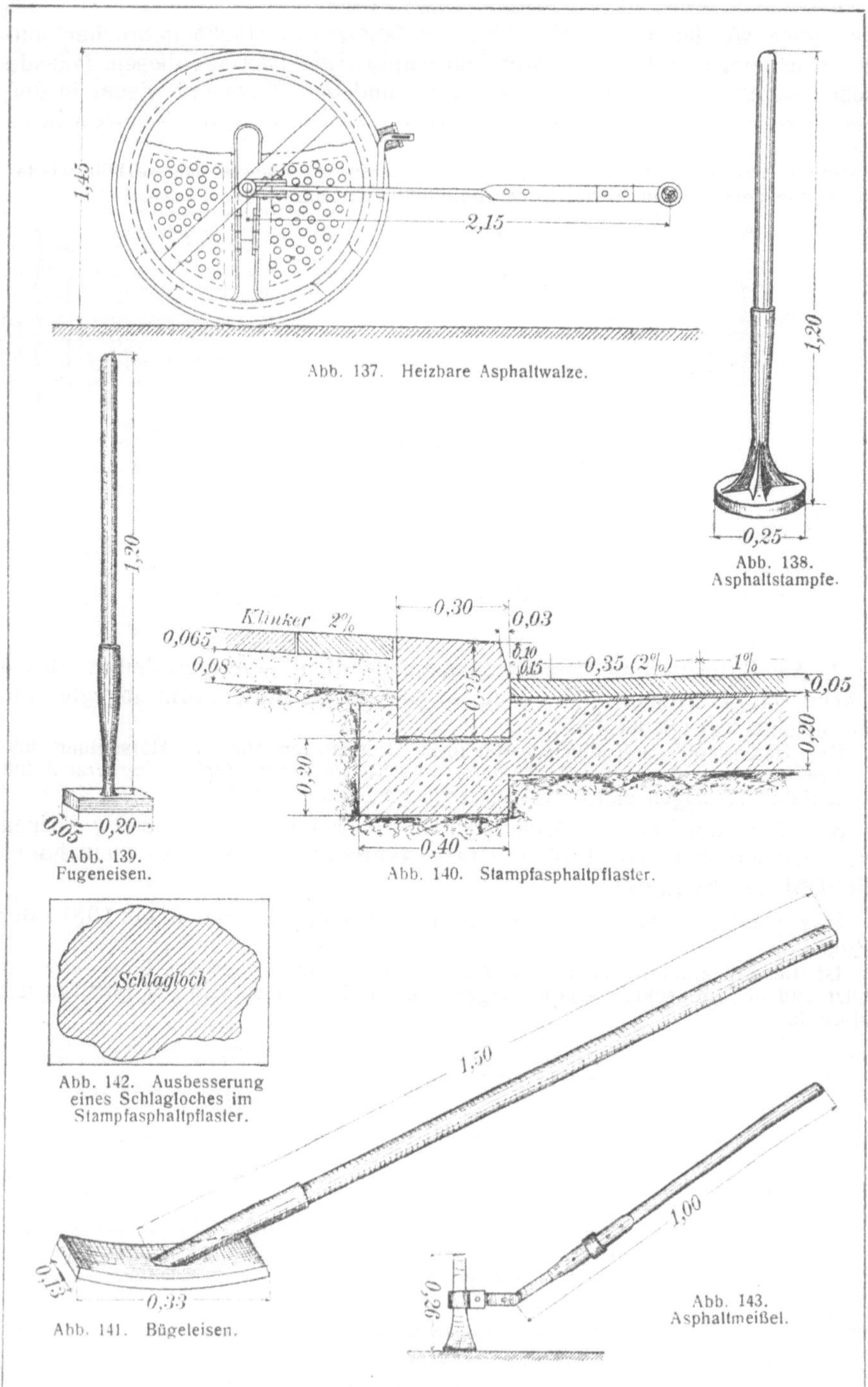

Abb. 137.　Heizbare Asphaltwalze.

Abb. 138.
Asphaltstampfe.

Abb. 139.
Fugeneisen.

Abb. 140.　Stampfasphaltpflaster.

Abb. 142.　Ausbesserung
eines Schlagloches im
Stampfasphaltpflaster.

Abb. 141.　Bügeleisen.

Abb. 143.
Asphaltmeißel.

Das aufgeschüttete Asphaltpulver wird mit einer Lehre, die auf Rollen über zwei genau ausgerichtete Bohlen läuft (Abb. 136), auf die vorgesehene Stärke glatt abgestrichen. Hierauf wird es mit einer ungefähr 300 kg schweren Handwalze, in die ein eiserner Korb mit glühendem Koks eingehängt ist (Abb. 137), abgewalzt und sodann mit erwärmten eisernen Stampfen (Abb. 138—139) von 10—20 kg Gewicht kräftig gestampft.

Die Erwärmung von Walzen und Stampfen ist notwendig, weil sonst das Asphaltpulver an den Werkzeugen kleben bleiben würde.

Neben Bordschwellen, Schienen, Abdeckungen werden rechteckige Fugeneisen (Abb. 139), im übrigen runde Stampfen (Abb. 138) benutzt.

Durch das Walzen und Stampfen wird die 8 cm hohe Asphaltschicht auf 5 cm zusammengepreßt (Abb. 140). Zum Schluß werden die durch das Stampfen entstehenden Unebenheiten mit dem 25 kg schweren, erhitzten Bügeleisen (Abb. 141) beseitigt und die Oberfläche vollständig geglättet. Nach vollständiger Abkühlung (2—3 Stunden) darf die Asphaltdecke dem Verkehr übergeben werden.

4. Der **Preis** des Stampfasphaltpflasters stellt sich auf 12—15 $\mathcal{M}/m^2$, seine Unterhaltung je nach Verkehrsstärke auf 0,20—0,50 $\mathcal{M}/m^2$ im Jahre, seine Lebensdauer auf 15—20 Jahre.

5. **Schadhafte Stellen** im Stampfasphalt sind alsbald nach dem Entstehen auszubessern. Es wird ein geradlinig begrenztes, die betreffende Stelle einschließendes Stück der Asphaltdecke (Abb. 142) mit dem Asphaltmeißel (Abb. 143) abgetrennt und von dem Beton abgehoben und die Vertiefung sofort wieder mit frischem Asphalt ausgestampft.

Ist letzteres wegen schlechten Wetters nicht angängig, so wird das Loch vorübergehend mit Gußasphalt ausgegossen und erst, wenn trockenes Wetter eingetreten ist, mit Stampfasphalt gefüllt.

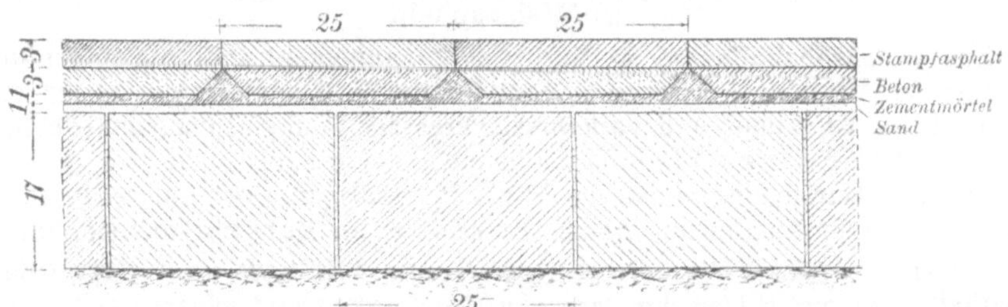

Abb. 144. Löhrsche Stampfasphaltplatten auf Betonprismen.

Das Erhitzen des Asphaltpulvers und der Geräte auf der Baustelle, das Stampfen der Asphaltdecke ist infolge des entstehenden Geruchs und Lärms für die Anwohner unangenehm. Außerdem erfordert die Herstellung des Stampfasphalts gut eingeübte Arbeiter, was die Anlage von Asphaltstraßen in Städten, in denen keine Sondergeschäfte für derlei Arbeiten bestehen, wesentlich verteuert.

6. Diese Nachteile werden bei Verwendung von **Stampfasphaltplatten** vermieden, die von jedem Maurer oder Steinsetzer auf der Unterbettung verlegt werden können. Die Fugen werden mit Gußasphalt gedichtet.

Die Platten (25/25 cm) sind entweder in ganzer Stärke (5 cm) aus bituminösem Kalksteinpulver oder aus einer unteren Betonschicht und einer oberen Asphaltschicht von 3 cm Stärke (Abb. 144) unter hohem Druck hergestellt.

In Magdeburg wurden die Platten in einem 1 cm starken Zementmörtelbett verlegt, das aber noch eine dünne Sandunterbettung verlangt, damit der Mörtel nicht an die Unterbettung aus Betonprismen anbindet und so das Losnehmen einzelner beschädigter Platten erschwert (Abb. 144).

Die engen Fugen zwischen den Stampfasphaltplatten verschwinden unter starkem Verkehr mit der Zeit ganz.

Kosten 8—10 $\mathcal{M}/m^2$ ohne Unterbettung.

β) Hartgußasphalt.

Hartgußasphalt ist rauher und dadurch verkehrssicherer als Stampfasphalt und läßt sich deshalb noch in Steigungen bis 4% verwenden. Er ist um etwa ein Drittel billiger als Stampfasphalt, eignet sich aber nur für schwächeren Verkehr (Wohnstraßen).

1. Als **Unterbettung** genügt eine Betonschicht von 15 cm Stärke.

2. Der Hartgußasphalt besteht aus einem **Gemisch von Kies** oder Porphyr- und Granitgrus verschiedener Korngröße **und Asphalt**. Stampfasphaltpulver wird mit gereinigtem natürlichen Asphalt aus dem Trinidadsee (Insel Trinidad) oder Bermudezsee (Venezuela), der durch Zusatz von schwerflüssigen Petroleumrückständen oder von flüssigem Trinidad-Asphalt erweicht wurde, bei 180—200⁰ zusammengeschmolzen und bei gleicher Temperatur zu 9—13% mit 91—87% Kies oder Steingrus vermengt. Die Masse wird auf dieser Temperatur erhalten und fortwährend umgerührt, bis sie in einer oder zwei Schichten auf den gut getrockneten Beton 4—5 cm hoch aufgestrichen wird.

3. **Preis** des Hartgußasphaltpflasters 8—10 $\mathcal{M}/m^2$.

Jährliche Unterhaltungskosten 0,15—0,20 $\mathcal{M}/m^2$.

γ) Walzasphalt.

Das Walzasphaltpflaster, in Nordamerika allgemein statt Stampfasphaltpflaster in Anwendung, wurde in Deutschland erst vor einigen Jahren eingeführt. Es ist rauher und verkehrssicherer als Stampfasphalt und deshalb noch in Steigungen bis 4% verwendbar; sein Preis stellt sich je nach Stärke und Herstellungsweise um $\frac{1}{3}$ bis $\frac{1}{2}$ niedriger. Doch soll es in stärkster und bester Ausführung auch für schweren Verkehr ausreichen.

1. Der verwendete Asphalt ist natürlicher **Trinidad-** oder **Bermudezasphalt**, der durch Umschmelzen von Feuchtigkeit und mineralischen Verunreinigungen befreit und zwecks Erweichung in warmem Zustande mit schwerflüssigen Petrolölen oder flüssigem Trinidad-Asphalt versetzt wird.

2. Die **Unterbettung** besteht in neuen Straßen aus einer gewöhnlich 15 cm starken Betonschicht (Abb. 145, 147), die in Straßen mit leichtem Verkehr (Wohnstraßen) auf 10 cm verringert werden kann.

In alten, schon befestigten Straßen dient die bisherige Befestigung, Steinschlagbahn oder Steinpflaster, insofern sie nur in gutem und tragfähigem Zustande ist, als Unterbettung (Abb. 146); doch ist eine Schotterdecke zuvor aufzurauhen und einzuebnen.

3. Auf die Unterbettung wird zunächst die 3,5—4 cm starke **Binderschicht** (Abb. 145, 146) aufgebracht. Diese, aus gutgetrocknetem Kleinschlag von 6—25 mm Korn, Sand, Steinstaub und geschmolzenem Asphalt ge-

mischt („geschlossener Binder"), wird warm aufgeschüttet, mit eisernen Rechen verteilt, profilmäßig abgeglichen und mit einer mittelschweren Straßenwalze abgewalzt.

Damit die Binderschicht an dem Beton ja haftet, erhält dieser auch wohl vor dem Aufbringen des Bindermaterials einen dünnen Anstrich aus Asphaltöl.

Die Binderschicht wird um etwa 0,75 $\mathcal{M}$/m² billiger, aber auch etwas weniger widerstandsfähig und dauerhaft, wenn ihr kein Sand oder Steinstaub beigemischt wird („offener Binder").

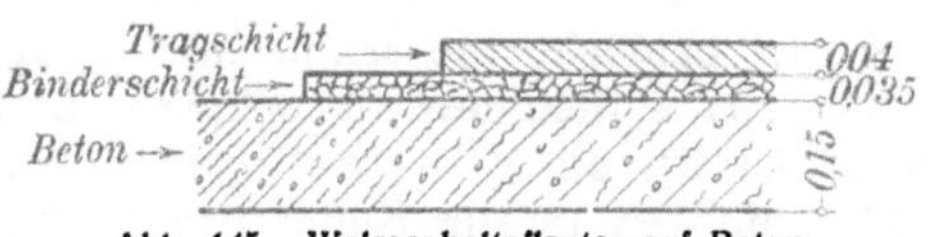

Abb. 145. Walzasphaltpflaster auf Beton.

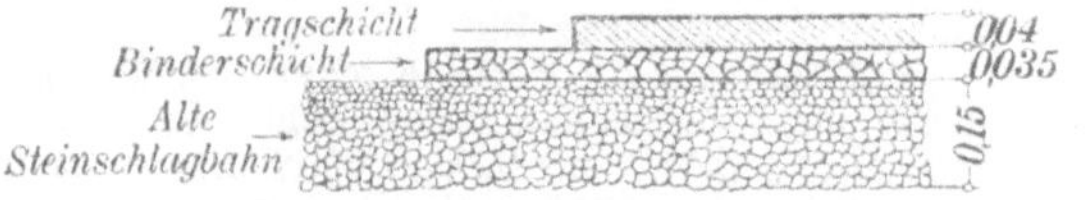

Abb. 146. Walzasphaltpflaster auf alter Steinschlagbahn.

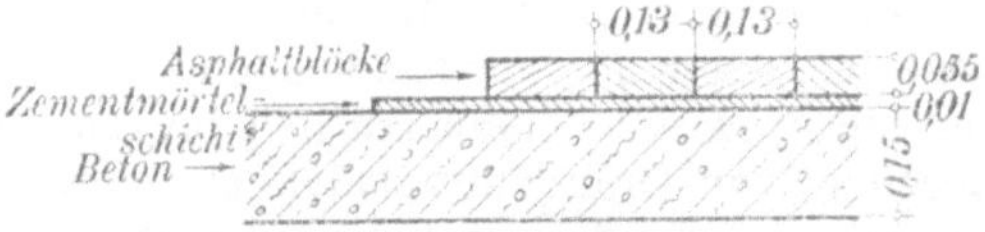

Abb. 147. Asphaltblockpflaster.

4. Die aus 85—90% getrocknetem Sand verschiedener Korngröße und 15—10% heißem Asphalt gemischte, 5 cm starke **Tragschicht** (Abb. 145, 146) wird ebenfalls warm aufgebracht und abgewalzt, hin und wieder auch wohl noch mit feinem Steinstaub oder Zementpulver abgerieben.

5. Als Tragschicht für leichteren Verkehr kommen auch **Asphaltblöcke** (Abb. 147) aus Steingrus, Sand, Steinstaub und Asphalt zusammengemischt und gepreßt, von 30 cm Länge, 13 cm Breite und 3,5—7,5 cm Höhe in Betracht. Als Binderschicht genügt in diesem Falle eine mit wenig Wasser angemachte Zementmörtelschicht von 1 cm Stärke (Abb. 147), auf der die Asphaltblöcke mit möglichst engen Fugen verlegt werden. Die Fugen werden mit feinem Sand ausgefüllt, schließen sich aber unter dem Verkehr schon nach kurzer Zeit.

6. **Preis** des

Walzasphaltpflasters mit geschlossenem Binder . . . . 10,50 $\mathcal{M}$./m²,
      „   „ offenem   „ . . . . 9,75 „ ,
      „   auf vorhandener Unterbettung . . . . 7,75 „ ,
Asphaltblockpflasters . . . . 7—11 „ .
Jährliche Unterhaltungskosten 0,15 $\mathcal{M}$/m².

3. Fußsteig.

1. Die Fußsteigbefestigung muß sich vor allem bequem und ohne schnelle Ermüdung begehen lassen, sie darf also keine Unebenheiten aufweisen und darf nicht zu hart sein.

Sehr hartes Befestigungsmaterial schleift sich unter dem Fußgängerverkehr mit der Zeit glatt und bringt, namentlich im Winter, die Fußgänger leicht zum Ausgleiten.

Doch auch zu weiches Material taugt nicht zur Fußsteigbefestigung, weil in ihm durch den Verkehr Mulden ausgeschliffen werden, die bei Regen voll Wasser stehen und so den Verkehr behindern.

Das Regenwasser soll vielmehr möglichst schnell vom Fußsteig zur Straßenrinne abfließen, einmal der Fußgänger wegen, sodann aber auch um zu verhüten, daß es in den Untergrund sickert, im Winter gefriert und die Fußsteigdecke hebt.

Dieser Forderung entspricht am besten eine vollkommen **undurchlässige Befestigung**, wie ein Zement- oder Asphaltestrich oder sonstiges Pflaster mit Fugenverguß.

Der Anwendung einer derartigen Befestigung auf die ganze Fußsteigbreite stehen jedoch andere Bedenken entgegen.

2. Es ist nämlich, wie schon unter D. S. 98 bemerkt, nie zu verhindern, daß aus den Muffen der Gasleitungen **Leuchtgas** entweicht. Kann dieses aber nicht durch Pflasterfugen ins Freie gelangen, so besteht die Gefahr, daß es in die Keller dringt. Das ist namentlich zu befürchten, wenn nicht allein der Fußsteig, sondern auch der Fahrdamm eine undurchlässige Befestigung hat.

Will man auf die Vorteile einer zusammenhängenden, undurchlässigen Fußsteigdecke nicht verzichten, so versieht man wenigstens einen Streifen neben der Bordschwelle von 0,50—1,00 m Breite mit durchlässigem Pflaster (Abb. 108, 155) oder entlüftet die Gasleitung (vgl. D. Abb. 108, 109).

3. Zusammenhängende Fußsteigbefestigungen (Zement, Asphalt) erschweren und verteuern aber auch, da sie einer Unterbettung aus Beton bedürfen, die häufig vorkommenden **Aufgrabungen**, welche die Ausbesserung der meistens unter dem Fußsteig liegenden Versorgungsleitungen und der Anschluß von Grundstücksleitungen an diese erfordert. Der Aufbruch geht nämlich infolge der Festigkeit des Betons langsamer vonstatten, das alte Material muß bei der Wiederherstellung der Betonunterbettung durch neues ersetzt werden, das langsame Abbinden des Betons macht eine längere Absperrung nötig.

4. Die unter 2. und 3. angeführten Gründe sprechen auch gegen die Verwendung von Zementmörtel als Unterbettung von Plattenbelägen und zum Vergießen der Pflasterfugen.

Hierzu ist **Zementmörtel** schon deswegen nicht zu benutzen, weil sonst beim Aufbruch die Platten leicht zertrümmert werden und durch neue ersetzt werden müssen, zum mindesten Platten und Steine vor der Wiederverwendung von anhaftendem Mörtel gesäubert werden müssen.

Glaubt man (bei dünnen Platten) ein Mörtelbett und Mörtelfugen behufs sicherer Lagerung nicht entbehren zu können, so ist Kalkmörtel zu verwenden.

a) Schlackendecke.

Eine Decke aus eingewalzter, abgestampfter **Kesselschlacke** von etwa 5 cm Stärke ohne jede Unterbettung (Abb. 113) stellt die einfachste und billigste Fußwegbefestigung für Außenbezirke und Kleinhaussiedlungen dar.

Da sie fast wasserundurchlässig ist, wird die feine Oberschicht bei lang anhaltendem Regenwetter schmierig und muß deshalb die Oberfläche gutes Quergefälle ($\geq 5\%$) erhalten.

Die tote, schwarze Farbe wird durch das Grün von Rasen, Vorgärten, Bäumen gemildert.

b) Kiesdecke.

Eine Kiesdecke kommt für **Promenadenwege** und als vorläufige Befestigung der Fußsteige in den noch dünn besiedelten Außenbezirken in Frage. Sie ist angenehm zu begehen, doch nicht fest genug und bei Regenwetter nicht trocken genug, um sich auf stark begangenen Fußsteigen zu bewähren.

Als Unterbettung dient eine etwa 10 cm starke Schicht aus Stein- oder Ziegelschotter, die unter stetem Annässen gut einzustampfen und abzuwalzen ist.

Bei felsigem oder kiesigem Untergrund ist eine Unterbettung entbehrlich.

Für die Kiesdecke (Korngröße 2—4 mm), die ebenfalls festzuwalzen ist, genügt eine Stärke von 2—3 cm (Abb. 111, 131).

Kosten etwa 1 $\mathcal{M}$/m² einschl. Unterbettung, für die Unterhaltung jährlich 10—15 $\mathcal{Pf}$/m².

Der Kies muß von Zeit zu Zeit wieder auf die abgetretenen Stellen gekehrt und neu eingewalzt werden.

Durch eine **Oberflächenteerung** (vgl. E. II. 2. b)) wird eine wesentliche Erhöhung der Haltbarkeit und eine erhebliche Verringerung der Unterhaltungskosten erzielt.

c) Steinpflaster.

Von Natursteinen empfehlen sich für Fußsteige mehr die weniger harten Arten, wie Grauwacke, Kalkstein, Kohlensandstein, ohne damit nicht allzu harten Granit, Porphyr usw. auszuschließen.

Die Oberfläche der einzelnen Steine muß möglichst eben sein. Ihre Größe wird wesentlich kleiner gewählt als für Fahrdämme, und zwar, je härter das Gestein ist, desto kleiner, damit etwaige kleine Unebenheiten um so weniger hervortreten.

Steinpflaster wird nur in 5—10 cm starker Sandunterbettung versetzt. Es ist durchlässig und trocknet daher nach Regen schnell ab. Es ist dauerhaft und bei Aufgrabungen leicht aufzunehmen und wiederherzustellen.

α) Mosaikpflaster.

Mosaikpflaster findet für Fußsteige außerordentlich häufig Verwendung.

Es besteht aus Steinchen mit unregelmäßiger, aber ebener Kopffläche von 4—5 cm oder 6—8 cm (Doppelmosaik) Durchmesser, die mosaikartig in Sand (5—10 cm) versetzt und abgerammt werden (Abb. 94, 108, 121, 131, 133, 151, 152, 155).

Das mancherorts beliebte Versetzen in Fächerform ist nicht zu empfehlen, weil sich diesem Muster die unregelmäßigen Steinchen nicht gut anpassen lassen und infolgedessen stärkere Fugen entstehen.

Durch Musterung mit verschiedenfarbigen Steinen läßt sich das Mosaikpflaster leicht beleben.

Auf Fußsteigen mit Plattenbelag dient das Mosaikpflaster wegen seiner größeren Billigkeit und Durchlässigkeit für Leuchtgas (E. II. 3. S. 128) vielfach zur Befestigung der seitlichen, weniger begangenen Streifen (Abb. 94, 108, 151, 155).

Kosten 3—5 $\mathcal{M}$/m² einschl. Sandunterbettung, für die Unterhaltung jährlich 5—10 $\mathcal{Pf}$/m².

β) Platinen.

Platinen sind genau würfelförmige Steine von 10 oder 12 cm Kantenlänge, die gewöhnlich in Schrägreihen versetzt werden, wozu fünfeckige Anfänger erforderlich sind (Abb. 150, 151).

Zu Platinen eignen sich wegen ihrer verhältnismäßigen Größe nur weichere Gesteinsarten; am besten hat sich belgischer Kohlensandstein bewährt.

Platinenpflaster ist ziemlich teuer (6—8 $\mathcal{M}$/m²), aber sehr dauerhaft. Die jährl. Unterhaltungskosten betragen nur 2—3 $\mathcal{Pf}$/m². Eine Zerstörung durch Kinder, wie bei Mosaikpflaster, ist nicht zu befürchten.

Platinen werden auch **aus gebranntem Ton** in verschiedenen Farben hergestellt. Sie ergeben eine sehr ebene, saubere Befestigung. Ihre Güte ist aber wie die aller Tonwaren sehr verschieden, so daß nur Probepflasterungen über Brauchbarkeit und Haltbarkeit entscheiden können.

γ) Klinker.

Klinker, **flach in Sand**, seltener in Kalkmörtel verlegt, bilden ein ebenes, dauerhaftes, nur etwas unansehnliches und totes Straßenpflaster (Abb. 132, 140). Durch Musterung läßt sich etwas Abwechslung erzielen.

Klinkerpflaster kostet $3-6$ $\mathscr{M}$/m², seine Unterhaltung rd. 5 $\mathscr{Pf}$ für 1 m² und 1 Jahr.

d) Plattenbelag.

Beläge aus Natur- oder Kunststeinplatten sind sehr beliebt, da sie, sorgfältig verlegt und unterstopft, eine ebene, bequem zu begehende Fläche bilden.

Die Platten aus natürlichem Gestein werden jedoch wegen ihrer Kostspieligkeit mehr und mehr von Platten aus künstlichem Material verdrängt. Sie werden auch, falls sie sehr hart sind, leicht glatt, falls sie aber zu weich sind, hohl geschliffen.

α) Steinplatten.

Hauptsächlich kommen Granit, Basaltlava, Kalkstein und harter Sandstein zur Verwendung.

Steinplatten werden auf einer Sandunterbettung verlegt.

Da der Kostenersparnis wegen nur die Oberfläche und ihre Kanten bearbeitet werden, so ist die Lagerfläche gewöhnlich mehr oder weniger abgerundet (Abb. 94). Infolgedessen neigen die Platten zum Verkippen, wodurch sich bei Regen Wasserpfützen bilden.

Sie sind daher beim Verlegen aufs sorgfältigste zu unterstopfen und, sowie sie versacken, wieder anzuheben.

Die Platten erhalten eine gleiche Breite zwischen 0,50 und 1,00 m, ihre Länge ist verschieden, ihre Stärke 10—15 cm.

Je nach der Stärke des Verkehrs wird der Fußsteig mit einer oder mehreren Plattenreihen belegt und die übrige Fläche mit billigerem Pflaster (Mosaik) befestigt (Abb. 94).

Die Kosten betragen für

	Erstherstellung in $\mathscr{M}$/m²	Jährliche Unterhaltung in $\mathscr{M}$/m²
Granitplatten i. M. . . .	13,00	0,05—0,35
Sandsteinplatten . . .	4,00—9,00	

β) Zementplatten.

Zementplatten erhalten eine vollständig parallelepipedische Form, so daß bei sorgfältiger Unterbettung ein Verkanten wie bei Steinplatten nicht zu befürchten ist. Sie sind quadratisch, gewöhnlich mit 33 cm Seitenlänge (3 Stück auf 1 m), und 6—8 cm stark. Größere Platten sind stärker (bis 12 cm) zu wählen.

Die untere Schicht besteht aus Kiesbeton (1:4—8), die obere, etwa 2 cm starke, ist eine Feinschicht (1:2). Die Platten werden in Formen gestampft oder durch hydraulischen Druck gepreßt.

Dem allmählichen Glattwerden sucht man durch Einpressen einer Riffelung (Waffelmuster) vorzubeugen. Doch begegnet man diesem Übelstand am sichersten durch Verwendung scharfkörnigen Sandes zur Feinschicht.

Die Platten müssen vor dem Verlegen vollständig erhärtet sein, da sie andernfalls durch Frost leicht zerstört werden.

Als Unterbettung genügt im allgemeinen eine Sandschicht von 5—10 cm (Abb. 94, 109, 155).

Wird auf eine dichte Fußsteigbefestigung Wert gelegt, so verlegt man die Zementplatten in einem Kalkmörtelbett.

Der Preis stellt sich einschließlich Sandunterbettung
für kleine Platten i. M. auf 4 $\mathcal{M}$/m²,
„ große „ „ „ „ 5 „

Die jährlichen Unterhaltungskosten betragen durchschnittlich 5 $\mathcal{Pf}$/m².

Zu den Zementplatten sind. auch die **Basaltinplatten** und die **Granitoidplatten** zu rechnen, deren Oberschicht aus Basalt- oder Granitsplitt und Zement ohne Sandzusatz besteht und infolgedessen unter dem Verkehr nicht glatt wird.

γ) Tonplatten.

Platten aus gebranntem Ton, quadratisch, von 15—25 cm Seitenlänge, wurden früher viel zur Befestigung der Fußsteige verwendet, werden aber neuerdings mehr und mehr von den billigeren und meistens auch haltbareren Zementplatten verdrängt.

Sie sind nämlich in ihrer Güte sehr verschieden, was ihrer größeren oder geringeren Sinterung zugeschrieben wird; namentlich schleifen sich viele Sorten mit der Zeit gefährlich glatt. Außerdem lösen sie sich, besonders bei Frost, leicht von ihrer Unterbettung.

Letzterer Übelstand ist in der Hauptsache eine Folge ihrer meistens im Verhältnis zur Größe zu geringen Stärke, wodurch ihre gegenseitige feste Lagerung beeinträchtigt wird.

Es hat sich nämlich gezeigt, daß die nur 2,5 cm hohen, aber auch nur ebenso breiten und 9 cm langen **Tonklinkerchen** (Abb. 134) den eben erwähnten Nachteil nicht haben.

Tonplatten der angegebenen Größe sollten eine Dicke von wenigstens 5 cm erhalten.

Die beliebte Riffelung der Tonplatten ist zwecklos, da auch die Kuppen mit der Zeit glatt werden, wenn einmal das Material zum Glattwerden neigt. Außerdem erschwert die Riffelung die Reinigung.

Für Tonplatten von 5 cm Stärke dürfte eine feste Sandunterbettung in den meisten Fällen ausreichen. Schwächere Platten sind ebenso wie die eben erwähnten Tonklinkerchen in Kalkmörtel von etwa 2 cm Stärke zu verlegen.

Der Preis für Tonplatten beträgt i. M. 7,5 $\mathcal{M}$/m², die jährlichen Unterhaltungskosten können zu 20 $\mathcal{Pf}$/m² angenommen werden.

Tonklinkerchen kosten etwa 6 $\mathcal{M}$/m².

Vulkanolplatten (vgl. E. II. 2. e)), 28 · 21 · 5 oder 21 · 14 · 4,5 cm groß, werden ebenfalls durch einen Brennprozeß gewonnen. Sie werden nicht glatt und sind sehr haltbar.

δ) Asphaltplatten.

Gepreßte Asphaltplatten (vgl. Abb. 144) ergeben eine ebene, nie glatt werdende Befestigung, sind aber ziemlich teuer (8—10 $\mathcal{M}$/m²).

Sie werden gewöhnlich auf einer Betonunterbettung von 10 cm verlegt und die möglichst engen Fugen mit Gußasphalt gedichtet.

Für die Löhrschen Stampfasphaltplatten (Abb. 144), die in der unteren Hälfte aus Beton bestehen, dürfte eine Sandunterbettung genügen.

e) Estrich.

Eine zusammenhängende Fußsteigdecke ohne Fugen (Estrich) ist für die Fußgänger von großer Annehmlichkeit, hat aber, wie bereits S. 128 erwähnt, ihre Nachteile bei Aufgrabungen und hinsichtlich der Entlüftung der Gasleitungen.

Falls eine Gasleitung unter dem Fußsteig liegt und das Fahrdammpflaster undurchlässig ist, sollte sich der fugenlose Belag nicht über die ganze Breite des Fußsteiges erstrecken, wenn nicht die Gasleitung besonders entlüftet wird (Abb. 108, 109).

α) Zementestrich.

1. Die Unterbettung besteht aus einer 10 cm hohen Betonschicht (1:8—10), die Decke aus einer 2 cm starken Feinschicht (1:2) (Abb. 129).

2. Die **Herstellung** erfolgt zwischen Kreuzhölzern 12/12 cm, die in einem Abstand von 2—3 m genau im Quergefälle des Fußsteiges verlegt werden. Nachdem noch die Kreuzhölzer an der Innenseite mit einem Streifen Asphaltfilz von 7 mm Dicke verkleidet sind, wird der Beton eingestampft. Nach 1 Tag Ruhe wird die Feinschicht aufgebracht, mit der Kelle festgeschlagen und geglättet. Die Oberfläche wird vor der Erhärtung mittels besonderer Walze mit einem Waffelmuster, meistens auch noch mit einer Fugenteilung (in 1 m Abstand) versehen.

Die einzelnen Felder werden zunächst mit ebenso breiten Zwischenräumen hergestellt und letztere nach Entfernung der Kreuzhölzer und nach Erhärtung der Betons in gleicher Weise ausgefüllt.

Die Filzstreifen verbleiben entweder zwischen den einzelnen Platten oder werden durch Gußasphalt ersetzt, damit bei Ausdehnung des Betons soweit wie möglich Risse verhütet werden.

3. Die Zementdecke ist nach Fertigstellung eines Feldes 3—4 Tage mit einer feucht zu haltenden Sandschicht von 3—4 cm zu bedecken, damit sie nicht zu schnell erhärtet und rissig wird.

4. Trotz aller Vorsichtsmaßregeln bleiben selten Risse aus, sei es daß sie bei der Starrheit der Decke durch kleine Bewegungen des Untergrundes (Frost) hervorgerufen werden, sei es daß sie sich infolge Ausdehnung des Betons selbst bilden. Jedenfalls wird ein fugenloser Zementbelag mit der Zeit immer unansehnlicher.

Es wird ihm daher immer mehr der Zementplattenbelag vorgezogen, der auch die sonstigen Nachteile der Fugenlosigkeit nicht in dem Maße besitzt wie ein zusammenhängender Belag.

Kosten etwa 3,50 $\mathscr{M}$/m².

β) Gußasphalt.

Ein fugenloser Estrich aus Gußasphalt ist für die Fußgänger der angenehmste Belag. Er besitzt eine gewisse Elastizität, ermüdet daher wenig und bleibt immer stumpf. Doch hat er, da er vollkommen undurchlässig ist und eine Betonunterbettung von 10 cm Stärke verlangt, die bereits unter E. II. 3. S 128 und oben unter e) geschilderten Nachteile.

1. Der Gußasphalt wird aus 1 Gewichtsteil Goudron und 7 Gewichtsteilen Asphaltmastix gemischt und etwa $^5/_4$ Stunden lang in einem Asphaltkessel bei 170—180⁰ C unter stetem Umrühren (Abb. 148) gekocht. Hierauf werden ihm 3,5 Gewichtsteile Perlkies (Korngröße 2—3 mm) zugesetzt

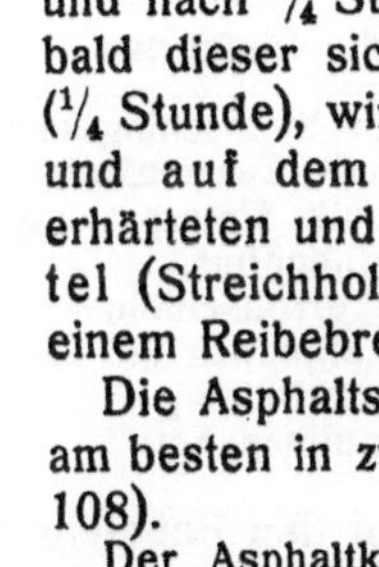

Abb. 148.
Rühreisen
für Guß-
asphalt.

und nach $^1/_4$ Stunde weiteren Kochens noch 3,5 Teile Perlkies. Sobald dieser sich durch stetes Umrühren in der Masse verteilt hat ($^1/_4$ Stunde), wird der Asphalt aus dem Kessel geschöpft (Abb. 149) und auf dem genau profilmäßig abgeglichenen und vollständig erhärteten und trockenen Beton ausgebreitet, mit einem Spachtel (Streichholz) verteilt und bis zum Erkalten feiner Sand mit einem Reibebrett in ihn eingerieben.

Die Asphaltschicht erhält eine Stärke von etwa 25 mm und wird am besten in zwei Schichten von 12—13 mm hergestellt (Abb. 107, 108).

Der Asphaltkessel wird mit Holz oder Torf geheizt, damit die Temperatur von 180° C nicht überschritten wird, das Bitumen nicht verdampft und die Masse nicht anbrennt. Die richtige Temperatur erkennt man am Aufsteigen bläulicher Dämpfe. An einem eingetauchten Brettstück soll die Masse nicht haften bleiben; andernfalls ist stärker zu heizen und, wenn das nicht hilft, noch etwas Goudron zuzusetzen.

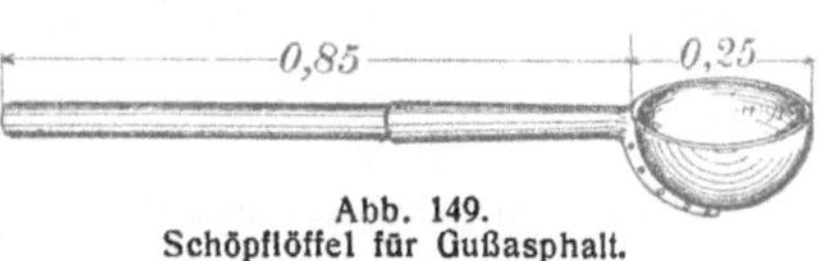

Abb. 149.
Schöpflöffel für Gußasphalt.

In wärmeren Gegenden wird der Kieszusatz größer gewählt, um das Weichwerden des Belages bei Sonnenschein besser zu verhindern.

2. Erstreckt sich der Asphaltbelag nicht auf die ganze Fußsteigbreite, so wird er durch eine hochkant gestellte Klinkerreihe oder eine schmale Beton- oder Steinschwelle gegen Steinpflaster abgegrenzt (Abb. 107, 108).

3. Der Preis für einen Gußasphaltbelag stellt sich einschließlich der Betonunterlage auf etwa 6,50 $\mathcal{M}$/m², seine Unterhaltung kostet 10 bis 15 $\mathcal{Pf}$/m² im Jahr.

Der bei Aufbrüchen gewonnene Gußasphalt kann eingeschmolzen und wieder verwendet werden.

γ) Pechmörtelestrich.

Wesentlich billiger als Gußasphalt stellt sich Pechmörtelestrich (vgl. E. II. 2. b) S. 109), der ähnliche Vorzüge aufweist.

Er wird in zwei Lagen, einer unteren grobkörnigeren von 4,5 bis 5 cm und einer oberen feinkörnigeren von 2 cm Stärke, eingestampft und mit einer Handwalze abgewalzt, nicht selten auch noch mit Sand oder Steingrus überstreut.

Bei der Erneuerung der oberen Schicht ist die untere zuvor mit heißem Teer zu streichen.

Dammann-Essen begnügt sich mit einer 2,5 cm starken Schicht aus feinem Sand, Schlackenmehl und Teer über einer eingewalzten, 10 cm starken Schicht aus Kohlenschlacke.

f) Einfahrten.

1. Einfahrten müssen in Rücksicht auf den Wagenverkehr eine stärkere **Befestigung** erhalten als der übrige Fußsteig. Doch wird man die Art der Fußsteigbefestigung auch in den Einfahrten möglichst beibehalten.

Es kommen demnach in Betracht

bei einer Fußsteigbefestigung mit	für die Einfahrten
Kies	Kies- oder Steinschlagbahn
Pechmörtelestrich	Pechmörtel-, Teermakadam
Mosaikpflaster oder Platinen	Platinen auf fester Unterbettung oder Reihenpflaster
Klinkerflachschicht	Klinkerrollschicht
Stein-, Zement-, Ton- oder Asphaltplatten	Stampfasphaltplatten auf fester Unterbettung
Zementestrich oder Gußasphalt	Stampfasphalt

2. Damit das die Einfahrt benutzende Fuhrwerk auf den Fußsteig hinauffahren kann, wird entweder bei schwachem Fuhrverkehr jedesmal ein Holz von dreieckigem Querschnitt in die Rinne gelegt (Abb. 150) oder bei starkem Verkehr eine kleine Rampe in dem Fußsteig angelegt.

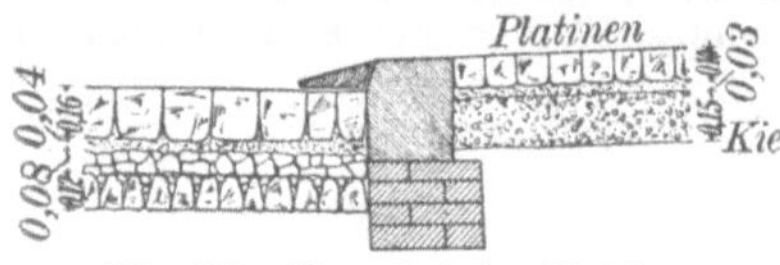

Abb. 150. Rinnenholz für Einfahrten.

Die **Rampe** senkt sich bis auf 3 cm über Rinnensohle. Ihr Anschluß an den übrigen Fußsteig wird durch schwachgeneigte dreieckige Flächen vermittelt. Beim Versetzen der Bordschwellen muß dem Rechnung getragen werden. Letztere erhalten in der Einfahrt eine abgerundete Kante (Abb. 151).

4. Radweg.

1. Dem Radler ist eine möglichst ebene, fugenlose Bahn erwünscht.

Das Vollkommenste in dieser Hinsicht stellt der Asphalt- und Zementbelag, sowie Pechmörtelestrich dar. Aber auch Plattenbeläge und Kunststeinpflaster befahren sich angenehm, während das immer mehr oder weniger rauhe Pflaster aus natürlichen Steinen den Anforderungen der Radler am wenigsten entspricht.

Eine recht geeignete und dabei billige Befestigung für Radwege ist eine gut festgewalzte Kiesdecke, die durch die Räder noch mehr geglättet wird (Abb. 131, 152); nur muß der Fußgängerverkehr ganz ferngehalten werden, beispielsweise durch Baumreihen mit verbindenden Gehängen aus Schlingpflanzen (Abb. 73).

Eine Oberflächenteerung dürfte wesentlich zur Befestigung der Kiesdecke beitragen.

2. Radwege werden gewöhnlich ebenso wie die Fußsteige um 10—15 cm über den Fahrdamm erhöht.

An jeder Straßenkreuzung ist der Radweg in einer kurzen Rampe (5%) auf die Höhe des Fahrdammes zu senken.

Liegt der Radweg zwischen Fahrdamm und Fußsteig, so erhält er eine Bordhöhe von 5—10 cm, die der Fußsteig wieder um 5 cm überragt (Abb. 152). Zur Abgrenzung des letzteren genügen dann verhältnismäßig kleine Bordschwellen, die nur bis zur Unterkante der Unterbettung des Radweges bzw. Fußsteiges reichen.

Werden Radweg und Fußsteig durch eine Baumreihe getrennt, so erübrigt sich eine Stufe zwischen beiden (Abb. 86, 87).

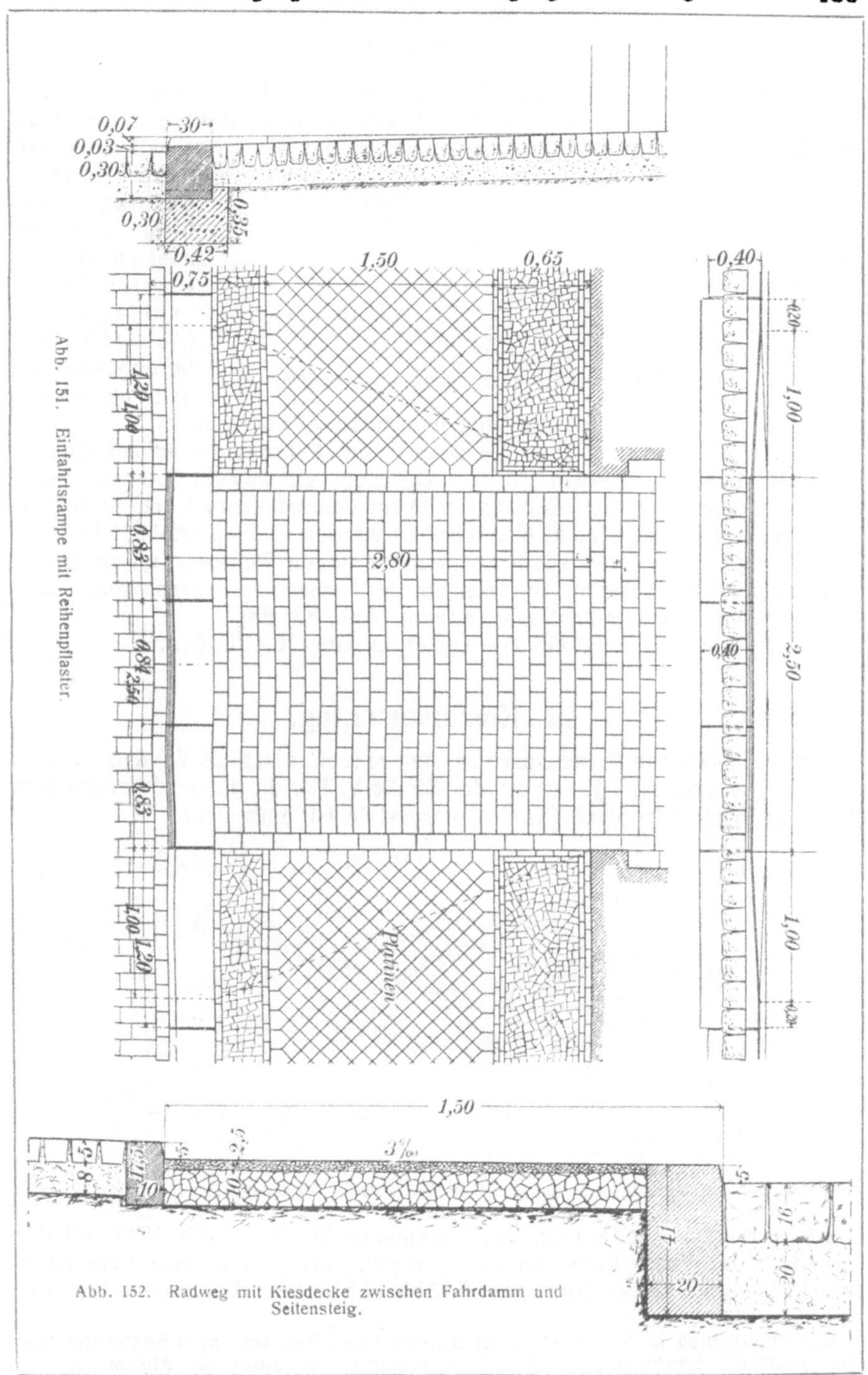

Abb. 151. Einfahrtsrampe mit Reihenpflaster.

Abb. 152. Radweg mit Kiesdecke zwischen Fahrdamm und
Seitensteig.

5. Reitweg.

1. Reitwege bedürfen einer mindestens 30 cm starken Decke aus losem Sande. Der Sand muß rein und scharf sein, damit das Entstehen von Staub möglichst hintangehalten wird und bei Regen das Wasser schnell versickert.

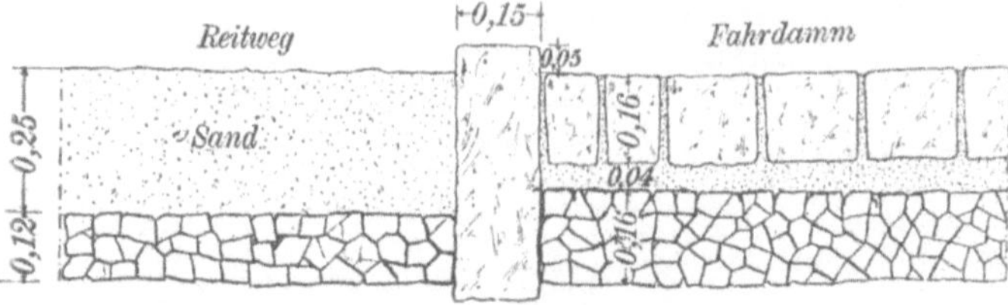

Abb. 153. Abgrenzung eines Reitweges gegen den Fahrdamm.

Als Unterbettung empfiehlt sich am meisten eine eingewalzte Steinschlagbahn (Abb. 153), die bei undurchlässigem Untergrunde mit einer Drainage nach den Regeneinläufen zu versehen ist.

2. Die Abgrenzung des Reitweges vom Fahrdamme erfolgt durch schmale, hohe Bordsteine oder -schwellen, die sowohl über den Fahrdamm als auch über den Reitweg um 5 cm überstehen und erforderlichenfalls von den Pferden leicht überschritten werden können (Abb. 153).

Fußsteige und Promenadenwege werden gegen Reitwege etwas erhöht angelegt und ebenfalls mit Bordsteinen oder -schwellen begrenzt oder auch nur durch eine Baumreihe abgetrennt (Abb. 87, 88).

Die Unterhaltung der Reitwege kostet im Jahr 10—20 $\mathscr{M}$/m².

III. Kostenanschlag.

Der nachstehende Kostenanschlag, der gleichzeitig als Verdingungsunterlage gedacht ist, ist für die Straße V. 18, die in dem beigefügten farbigen Fluchtlinienplane (Taf. III) dargestellt ist, aufgestellt.

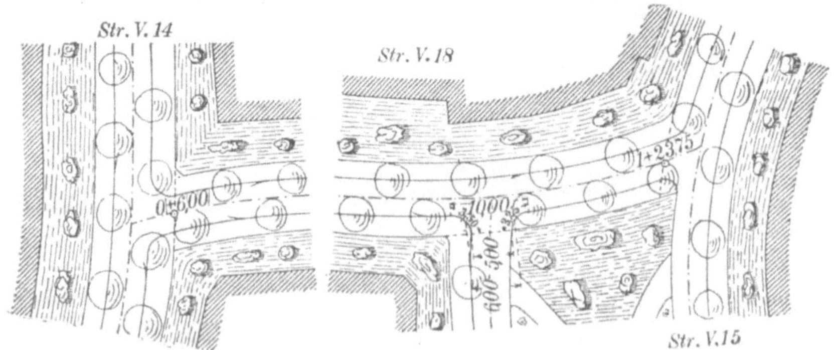

Abb. 154. Verkürzter Lageplan der Str. V. 18 (Taf. III) zum Kostenanschlag auf S. 137—139.

Die verkürzte Wiedergabe des Lageplanes im Text (Abb. 154) soll den Vergleich der Vordersätze mit der Zeichnung erleichtern. Aus dem ebenfalls beigefügten halben Querprofil (Abb. 155) erhellt die Art der Straßenbefestigung.

Der Unterschied in den Stärken der Schotter- und Sandschicht in Kostenanschlag und Querprofil ergibt sich aus der Zusammenpressung durch das Abrammen.

(Fortsetzung der Vorbemerkung auf S. 139.)

Kostenanschlag

für die Herstellung der Straßenbefestigung und die Anpflanzung der Straßenbäume
in Straße V. 18
von St. 0 + 6,00 bis St. 1 + 23,75.

Nr.	An-zahl	Gegenstand	Preis $\mathcal{M}$	$\mathcal{Pf}$	Betrag $\mathcal{M}$	$\mathcal{Pf}$
		St. 0 + 6,00 bis St. 1 + 23,75 : 117,75 m.				
		I. Verlegen von Bordschwellen.				
		$2 \cdot 117{,}75 - 10{,}00 + 3{,}50 + 3{,}25 =$ rd.				
1	233	m Granitbordschwellen 30/25 cm flucht- und höhenrecht zu verlegen und auf eine Breite von 45 cm rd. 26 cm hoch zu unterbetonieren (1 : 3 : 5) einschl. Ausschachtung (durchschnittlich 19 cm tief), Lieferung der Betonmaterialien und Vorhalten der erforderlichen Geräte	1	50	349	50
		II. Erdarbeiten.				
		$(117{,}75 \cdot 5{,}00 + 6{,}00 \cdot 2{,}50) \cdot 0{,}19 =$ rd.				
2	115	m³ Boden zur Herstellung des Kofferbettes für die Fahrdammbefestigung und -unterbettung auszuschachten, die Koffersohle einzuebnen, mit dem ausgeschachteten Boden die Fußsteige und, soweit der Boden reicht, die anstoßenden Vorgartenflächen bis auf 10 cm unter Bordschwellenoberkante aufzuhöhen, den Boden erforderlichenfalls hierzu 50 m zu verkarren einschl. Vorhalten der erforderlichen Geräte, Karrdielen usw.	—	75	86	25
		$\dfrac{2 \cdot 117{,}75 - 6{,}00}{10} \cdot 2{,}00 \cdot 0{,}70 \cdot 1{,}00 =$ rd.				
3	33	m³ Boden zur Herstellung der Pflanzgruben für die Bäume auszuschachten, mit dem ausgeschachteten Boden die Fußsteige und Vorgartenflächen aufzuhöhen usw. wie vor	1	—	33	—
		III. Pflasterarbeiten.				
		$117{,}75 \cdot 5{,}00 + 6{,}00 \cdot 2{,}50 =$ rd.				
4	604	m² Packlage (15 cm hoch) zu setzen und abzuwalzen, sodann eine Schotterdecklage (8 cm hoch) aufzubringen und ebenfalls abzuwalzen einschl. Vorhalten der Walze und der erforderlichen Geräte	—	55	332	20
5	604	m² Reihenpflaster II. Sorte in eine 5 cm starke Sandschicht kunstgerecht zu versetzen, dreimal unter Annässen abzurammen, mit einer 1 cm starken Sandschicht abzudecken, die Deckschicht bei trockenem Wetter 14 Tage lang feucht zu halten und dann zu entfernen einschl. Sortieren und Verkarren der Steine bis auf 50 m und Vorhalten der erforderlichen Geräte, Karrdielen usw.	—	75	453	—
		Zu übertragen			1253	95

Nr.	An-zahl	Gegenstand	Preis $\mathcal{M}$	$\mathcal{P}\!f$	Betrag $\mathcal{M}$	$\mathcal{P}\!f$
		Übertrag			1253	95
		$(2 \cdot 117{,}75 - 6{,}00) \cdot 1{,}00 = \text{rd.}$				
6	230	m² Zementplatten auf 1 m Breite auf einer 5 cm hohen Sandschicht kunstgerecht zu verlegen . .	—	60	138	—
		$\dfrac{2 \cdot 117{,}75 - 6{,}00}{10} \cdot 2 \cdot 0{,}70 = \text{rd.}$				
7	33	m halbe Zementplatten zum Abschluß des Mosaik-pflasters gegen die Pflanzgruben hochkant kunst-gerecht zu versetzen	—	40	13	20
		$(2 \cdot 117{,}75 - 6{,}00) \cdot 1{,}20$ $- \dfrac{2 \cdot 117{,}75 - 6{,}00}{10} \cdot 2{,}12 \cdot 0{,}70 = \text{rd.}$				
8	242	m² einfarbiges Mosaikpflaster auf einer 6 cm hohen Sandschicht zu versetzen und unter Annässen ab-zurammen	1	05	254	10
		IV. Pflanzarbeiten.				
		$\dfrac{2 \cdot 117{,}75 - 6{,}00}{10} = \text{rd.}$				
9	23	Stück fünfjährige Linden nebst Baumpfählen in die ausgeschachteten Pflanzgruben von 1,4 m³ Raum-inhalt einzusetzen, die Pflanzgruben mit Mutter-erde auszufüllen und diese festzustampfen, die Bäume an die Pfähle zweimal sicher anzubinden einschl. Vorhalten des Bindematerials, der erfor-derlichen Geräte usw.	2	—	46	—
		V. Materiallieferung frei Baustelle.				
		$2 \cdot 117{,}75 - 10{,}00 = \text{rd.}$				
10	226	m Granitbordschwellen 30/25 cm anzuliefern und nach Anweisung abzuladen	5	50	1243	—
		$3{,}50 + 3{,}25 = \text{rd.}$				
11	7	m Bogenbordschwellen wie vor	6	—	42	—
		$604 \cdot 0{,}15 = \text{rd.}$				
12	91	m³ Packlagesteine aus Kohlensandstein anzuliefern, abzuladen und in meßbaren Haufen aufzusetzen .	5	30	482	30
		$604 \cdot 0{,}08 = \text{rd.}$				
13	49	m³ Schotter aus Kohlensandstein in einer Korngröße von 3—5 cm wie vor	7	40	362	60
		$604 \cdot (0{,}05 + 0{,}01) + 230 \cdot 0{,}05 + 242 \cdot 0{,}06 = \text{rd.}$				
14	63	m³ Pflastersand wie vor	3	—	189	—
15	604	m² Reihensteine II. Klasse anzuliefern, mit der Hand abzuladen und aufzustapeln, im fertigen Pflaster gemessen	8	—	4832	—
		$230 + \dfrac{33}{0{,}33 \cdot 2 \cdot 9} = \text{rd.}$				
16	236	m² Zementplatten, 6 cm stark, wie vor	3	—	708	—
		Zu übertragen			9564	15

Nr.	An-zahl	Gegenstand	Preis $\mathcal{M}$	$\mathcal{Pf}$	Betrag $\mathcal{M}$	$\mathcal{Pf}$
		Übertrag			9564	15
17	242	m² Mosaiksteine aus Grauwacke, 5 cm hoch, anzu-liefern und abzuladen	2	50	605	—
18	37	$33 + 23 \cdot 2,00 \cdot 0,70 \cdot 0,10 =$ rd. m³ Muttererde anzuliefern und nach Anweisung ab-zuladen	2	—	74	—
19	23	Stück gesunde und kräftige fünfjährige Linden wie vor	2	—	46	—
20	23	Stück fichtene Baumpfähle, 10 cm stark, 4,50 m lang, wie vor	—	50	11	50
21		Für Anschluß an das bestehende Pflaster, für un-vorhergesehene Fälle und Bauleitung und zur Abrundung rd. 6,8 %			699	35
		Summa			11000	—

Bei der Berechnung der Erdarbeiten ist angenommen worden, daß die Anschüttung des Straßendammes durchschnittlich nur bis auf 19 cm **unter** Pflasteroberfläche vorgenommen ist, um den bei der Ausschachtung des Kofferbettes gewonnenen Boden auf den Seitensteigen unterbringen zu können.

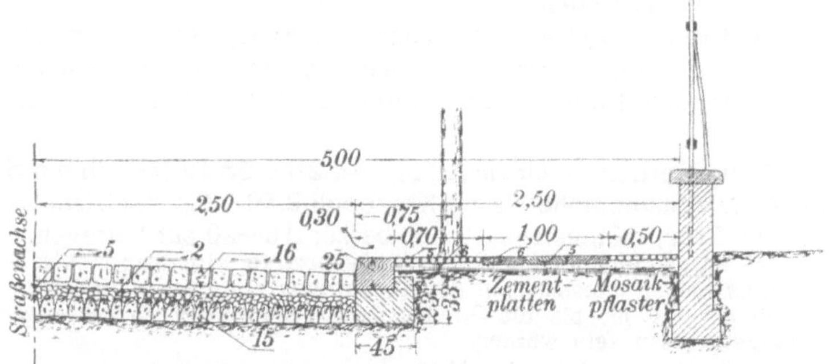

Abb. 155. Halbes Querprofil der Str. V. 18 (Taf. III, Abb. 154) zum Kostenanschlag auf S. 137—139.

Der Abstand der Straßenbäume beträgt rd. 10 m. Die Pflanzgruben für die Bäume werden erst nach Fertigstellung des Fahrdammpflasters ausgeschachtet, die Bäume aber vor Ausführung des Fußsteigpflasters eingepflanzt.

Die eingesetzten Preise erheben natürlich keinen Anspruch auf allgemeine Gültig-keit, namentlich zur Jetztzeit (1920), in der sie das Zehnfache und noch mehr be-tragen.

F. Sonderanlagen.

I. Baumpflanzungen.

1. Die für die Bepflanzung von Stadtstraßen geeignetsten **Baumarten** sind [1]:
Ulme (Ulmus americana, montana und vegeta) für nahrhaften, mäßig feuchten Boden.

Feldrüster (U. campestris) und Flatterrüster (U. effusa) sind weniger geeignet.

---

[1] Die Angaben sind einem Vortrage des Stadtgarteninspektors Tapp in Danzig entnommen (Technisches Gemeindeblatt, Jahrgang 1906).

Platane (Platanus orientalis) ebenfalls für nahrhaften, nicht zu trockenen Boden. Sie leidet allerdings in jungen Jahren leicht durch Frost, der Stamm ist deshalb im Winter bis in die Krone mit Rohr zu umhüllen.

Roßkastanie (Aesculus Hippocastanum) für schweren, feuchten Boden. In trockenem Boden verliert sie frühzeitig ihr Laub. Außerdem bilden ihre Früchte einen Anreiz für allerlei Unfug der Straßenjugend. Sie ist für Alleen, nicht für Pflasterstraßen geeignet.

Silberahorn (Acer dasycarpum) verlangt keinen besonderen Boden, aber einen luftigen Stand. Anfänglich muß seine Krone wegen schnellen Wachstums öfter geschnitten werden.

Eschenahorn, Pappel und Esche sind weniger zu empfehlen. Die beiden ersten brechen leicht bei Wind, außerdem können durch die langen Wurzeln der Pappel Leitungen zerstört werden. Die Esche leidet häufig unter dem Weidenbohrer.

Bergahorn (Acer Pseudoplatanus) und Spitzahorn (Acer platanoides) beanspruchen keine besondere Bodenart, aber freie Lage.

Linde, großblätterige (Tilia platyphyllos), und Krimlinde (Tilia euchlora) nehmen mit jedem nicht zu mageren Boden vorlieb. Letztere ist ziemlich teuer.

Rote Kastanie (Aesculus rubicunda), Bessons Robinie (Robinia Pseudacacia Bessoniana), Kugelakazie (Robinia Pseudacacia inermis) sind ziemlich anspruchslos. Die Bessoniana ist in den ersten Jahren, die Kugelakazie alle drei Jahre zu schneiden.

Rotdorn (Crataegus Oxyacantha oder monogyna) und Eberesche (Sorbus aucuparia, Aria und intermedia) stellen ebenfalls keine besonderen Anforderungen an den Boden. Der Rotdorn ist nach der Blüte etwas beizuschneiden.

2. Die Bäume werden in einem Alter von 20—25 Jahren in die Straßen verpflanzt. Die Stammhöhe bis zur Krone soll 2,50—3 m, der Stammumfang, 1 m über der Erde, mindestens 12 cm, besser 15—20 cm betragen.

In den neu anzulegenden Straßen der Außenbezirke wird man sich jedoch der Kostenersparnis halber meistens mit der Anpflanzung von etwa fünfjährigen Pflänzlingen begnügen, die ja, bis die Straßen ganz bebaut sind, zu der erwünschten Größe herangewachsen sein werden.

Die beste Pflanzzeit ist der März.

3. Jeder Baum erfordert die Ausschachtung einer **Pflanzgrube** von mindestens 2 m², in sehr hartem, undurchlässigem oder schlechtem Boden von 4 m² Grundfläche und 0,75—1 m Tiefe und ihre Ausfüllung mit Mutterboden, der mit etwas Sand vermischt ist.

In die Sohle der Grube wird ein 4—5 m langer, 10 cm starker Baumpfahl eingetrieben, um dem frisch gepflanzten Baume einen Halt zu geben. Er darf jedoch nur bis zur Krone reichen, damit sich der Baum nicht wund scheuert. Die Verbindung beider erfolgt mittels eines Kokosstrickes unmittelbar unter der Krone und noch einmal 50 cm tiefer (Abb. 106).

Zum Schutze gegen Beschädigungen erhalten die jungen Bäume einen Schutzkorb aus Drahtgeflecht, Rundeisen oder Fichtenstangen von 2 m Höhe (Abb. 106).

4. Jeder Baum verlangt, wie bereits unter B. VI. 1. b) S. 75 bemerkt, zur Bewässerung und Durchlüftung der Erde eine unbefestigte **Baumscheibe** von mindestens 1 m, besser 1,50 m Breite und 2—4 m² Fläche (Abb. 72), die, falls sie nicht mit Rasen versehen ist, öfters aufgelockert werden muß.

Ihre Oberfläche liegt zweckmäßig etwas unter dem umgebenden Pflaster. Sie ist bei starkem Verkehr und geringer Fußsteigbreite mit einem abnehmbaren Baumrost abzudecken (Abb. 156).

Noch besser und schöner ist ein durchlaufendes Rasenband, das nur hin und wieder von einem 1—2 m breiten, gepflasterten Übergang zwischen zwei Bäumen unterbrochen wird (Abb. 73).

5. Um die **Bewässerung** der Baumerde zu erleichtern, werden öfters Drainrohre senkrecht in das Pflanzloch eingesetzt, die, gewöhnlich mit Blechkapseln verschlossen, zeitweise mit Wasser gefüllt werden.

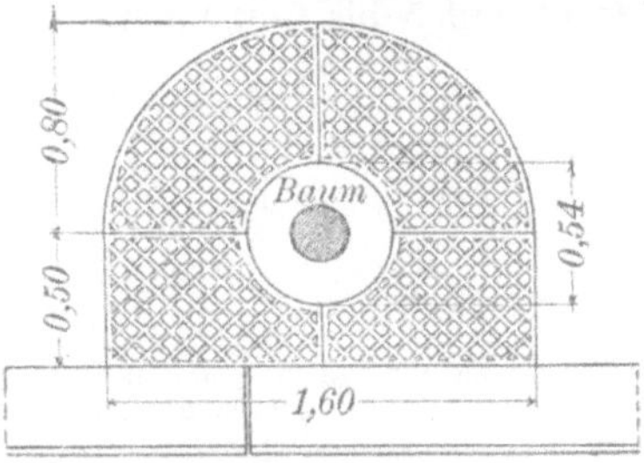

Damit das Regenwasser aus der Straßenrinne leicht in das Pflanzloch eindringen kann, verlegt man in einigen Städten vor jedem Baume eine Bordschwelle mit einem 20 cm breiten und 6 cm hohen Schlitz, aus dem aber von Zeit zu Zeit der sich ansammelnde Straßenschmutz entfernt werden muß (Abb. 105).

Abb. 156. Baumrost.

6. Der größte Feind der Bäume ist das fast immer, wenn auch nur in geringen Mengen, aus den Muffen der Gasleitungen entweichende **Leuchtgas**. Es darf ein Baum nie in gasdurchschwängerte Erde gesetzt werden, wenn er nicht bald eingehen soll. Erst wenn die Undichtigkeit der Gasleitung beseitigt ist und das Gas sich verzogen hat, darf nach etwa einem Jahre der Baum verpflanzt werden.

Doch empfiehlt es sich immer noch, eine derartig gefährdete Pflanzgrube mit Reisig und Lehm oder Dachpappe auszukleiden.

Den sichersten Schutz der Bäume gegen Leuchtgas bietet ein großer Abstand von Baum und Gasleitung. Er sollte mindestens 3 m betragen.

Vielfach läßt sich jedoch ein so großer Abstand nicht einhalten. Will man in solchen Fällen auf Baumpflanzungen nicht verzichten, so muß man, wie unter D. S. 99—100 beschrieben, die Gasleitung gegen die Baumreihe durch eine Mauer abschließen (Abb. 107) oder besonders entlüften (Abb. 108, 109).

II. Aufbauten.

Alle Aufbauten der öffentlichen Straßen und Plätze erhalten ihren Platz auf den erhöhten Fußsteigen oder besonderen Inselsteigen, damit sie nicht von den Wagen angefahren und beschädigt werden.

I. Die häufig wiederkehrenden **Aufbauten kleineren Querschnittes**, wie Laternen (Abb. 103, 104, 110), Masten für die elektrische Beleuchtung und die Oberleitung der Straßenbahn, Überflurhydranten (II. Teil: Abb. 73, S. 55), Schilder für Straßenbahn-Haltestellen und Bekanntmachungen der Straßenpolizei, Feuermelder, Sammelbehälter für Straßenkehricht (Abb. 208) werden rd. 0,50 m hinter der Bordkante aufgestellt, damit sie einerseits vor Beschädigungen durch Fuhrwerke ausreichend geschützt sind, andererseits den Fußgängerverkehr nicht zu sehr behindern.

Sie sind auf die Straßenstrecke zwischen zwei Querstraßen und zwischen etwa vorhandene Bäume angemessen zu verteilen.

1. **Gaslaternen**, die stündlich 150—200 l Gas verbrauchen, erhalten einen Abstand von 25—30 m voneinander. Die Laternen beider Straßenseiten

werden bei Fahrdämmen unter 15 m vielfach gegeneinander versetzt (Abb. 157), in breiteren Straßen aber immer gegenüber gesetzt (Abb. 158).

Ihre Höhe über der Straße beträgt 3,30—4 m.

2. Der Abstand elektrischer **Bogenlampen** ist 40—60 m, ihre Höhe rd. 8 m.

3. Die **Masten für** die Oberleitung der **Straßenbahn** sind in geraden Strecken 35—40 m, in Krümmungen je nach der Größe des Krümmungshalbmessers weniger voneinander entfernt und 5 bis 6 m hoch.

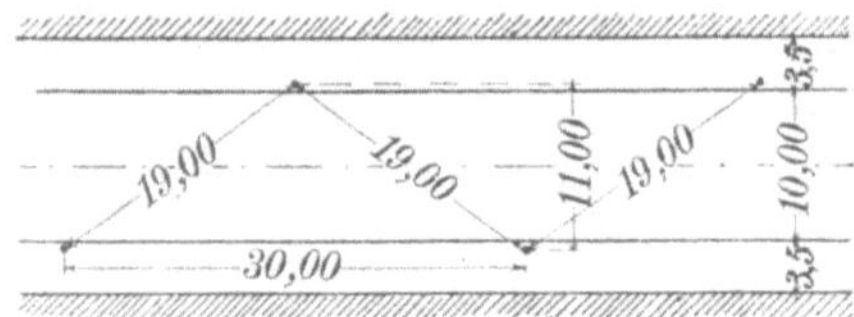

Abb. 157. Stellung der Gaslaternen
in schmaler Straße.

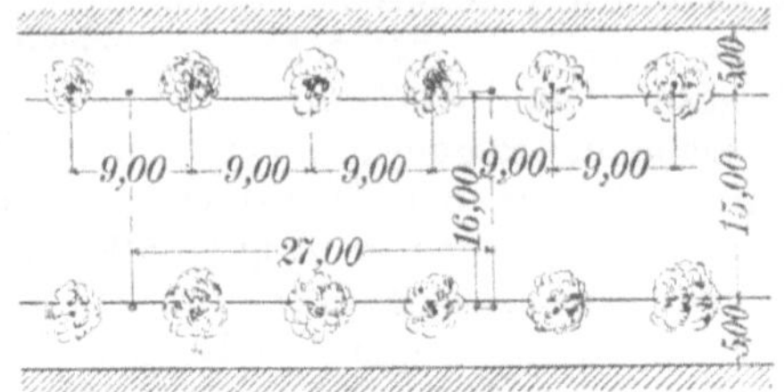

Abb. 158. Stellung der Gaslaternen
in breiter Straße.

In engen Straßen mit schmalen Seitensteigen werden Gaslaternen und Bogenlampen auf Wandarmen an den Häusern angebracht (Abb. 74, 75), letztere wohl auch, ebenso wie der Fahrdraht der Straßenbahn, an Spanndrähten aufgehängt, die an den Häusern befestigt sind.

4. **Überflurhydranten** (vgl. II. Teil „Die Wasserversorgung von Ortschaften": Abb. 73, S. 55) erhalten einen Abstand von 50—100 m.

An ihre Stelle müssen in schmalen Straßen die auch sonst gebräuchlicheren Unterflurhydranten (II. Teil: Abb. 72, S. 55) treten.

II. 1. **Aufbauten größeren Querschnittes**, wie Anschlagsäulen, Normaluhren, Wettersäulen, Umformerhäuschen für Starkstrom, werden gewöhnlich auf den mehr Platz bietenden Fußsteigzungen an den Straßenkreuzungen oder auf besonderen Inselsteigen, in Straßen mit Baumreihen auch wohl zwischen zwei Bäumen aufgestellt (vgl. Abb. 160).

2. Fast ausschließlich auf Inselsteigen finden Aufbauten Platz, die nicht reinen Nutzzwecken, sondern auch zur Verschönerung des Straßenbildes dienen, wie große **Kandelaber** (Abb. 159) und **Zierbrunnen**.

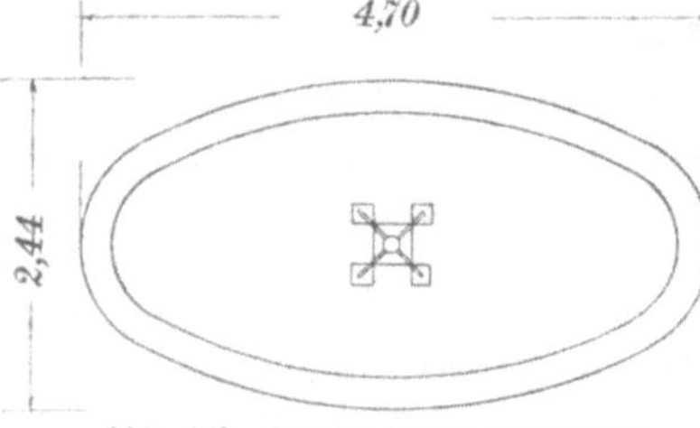

Abb. 159. Inselsteig mit Kandelaber.

3. Auch **Denkmäler** sind, falls sie nicht von größeren Gartenanlagen umgeben sind, aus der Straßenfläche herauszuheben, damit sie und ihre Beschauer vor dem Fahrverkehr geschützt sind.

Die **Inselsteige** haben in ihrer Umrahmung dem sie umflutenden Wagenverkehr Rechnung zu tragen. Sie sind deshalb gewöhnlich nicht geradlinig, sondern in Anpassung an den sich im Bogen vollziehenden Verkehr bogenförmig abzugrenzen (Abb. 159).

III. **Umfangreichere Aufbauten**, wie Verkaufsbuden für Obst, Getränke, Zeitungen, Wartehallen der Straßenbahn, Bedürfnisanstalten haben in der Regel nur Platz auf weit ausladenden Fußsteigzungen spitzwinkliger Straßenkreuzungen (Abb. 93), auf größeren Inselsteigen oder in Gartenanlagen.

Kleinere Häuschen finden auch wohl zwischen zwei Straßenbäumen, wo sie den Fußgängerverkehr nicht allzu sehr behindern, Aufstellung (Abb. 160).

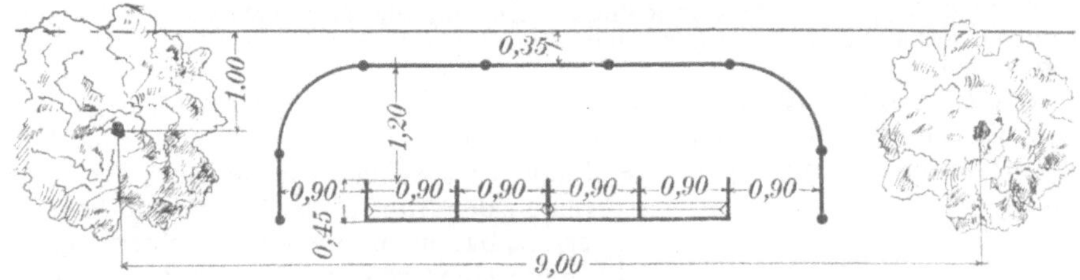

Abb. 160. Reihenpissoir.

1. Pissoire werden als Reihen- (Abb. 160), Fächer- (Abb. 161) oder Umfangpissoire (Abb. 162) ausgebildet. Erstere erfordern eine geringere Breite, aber eine größere Länge, die beiden letzteren nehmen bei gleicher Zahl der Stände im ganzen eine geringere Fläche in Anspruch.

Die Eingänge sind durch besondere Wände so zu verdecken, daß der Einblick in die Anstalten verhindert wird. Aus dem gleichen Grunde sind die Pissoire mit einem Dach zu versehen.

Die **Wände** erhalten jedoch der Durchlüftung wegen unten und oben durchbrochene Füllungen aus Gußeisen oder Blech.

Im übrigen werden die Wände aus Pfosten aus Gußeisen, Stab- oder Formeisen und dazwischen gesetzten Tafeln aus Gußeisen, glattem oder Wellblech oder aus Holz hergestellt. Das Dach besteht aus glattem oder gewelltem Zinkblech oder verzinktem Eisenblech.

Die Standbreite ist 0,75—0,90 m, der Winkel der Fächerstände darf nicht unter 60° betragen. Die Trennungswände sind 0,40—0,45 m breit. Die Gänge erhalten eine Breite von 1,20—1,60 m, zwischen zwei Standreihen von 2,40 m. Für die Eingänge genügt 0,85—0,95 m Breite. Die lichte Höhe bis zur Dachtraufe soll 2,50—3 m betragen.

Die **Urinier- und Trennungswände** bestehen aus glatten Steinplatten (Granit, Schiefer, Marmor) oder Rohglastafeln oder werden nischenartig aus Steinzeug hergestellt.

Der **Fußboden** wird mit Stein- oder Tonplatten belegt oder asphaltiert.

Die **Rinne** zur Ableitung des Urins wird in Haustein oder in Beton mit Asphaltüberzug ausgeführt, sie erhält Gefälle nach dem Abflußrohr. Ein Geruchverschluß (Glockenverschluß, vgl. III. Teil „Stadtentwässerung": Abb. 95, S. 103) ist nicht unbedingt erforderlich, wo er aber eingebaut wird, muß durch Verlängerung der Abflußleitung bis über Dach für eine ausreichende Entlüftung der Entwässerungsleitung Sorge getragen werden.

Zur **Spülung** der öffentlichen Pissoire dient eine Überlaufrinne oder ein Rohr mit feinen Öffnungen über der Urinierwand, welchen ununterbrochen Wasser aus der Wasserleitung zugeführt wird und aus denen es in dünner Schicht über die Urinierwand rieselt. Der Wasserverbrauch beträgt für jeden Stand 45—50 l/Stunde.

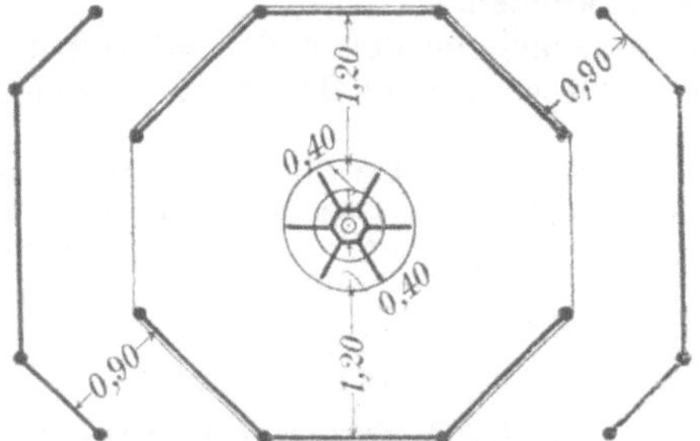

Abb. 161. Fächerpissoir.

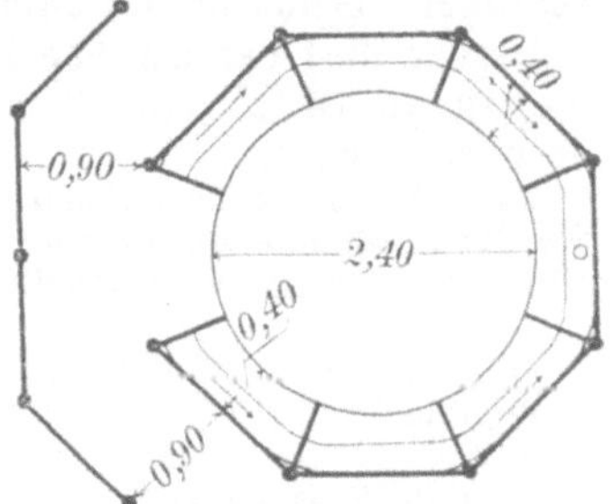

Abb. 162. Umfangpissoir.

Wesentlich sparsamer sind in dieser Beziehung **Ölpissoire**, bei denen die Wasserspülung fortfällt und die Urinier- und Trennungswände mit einer Ölschicht überzogen sind.

2. **Öffentliche Aborte** bedürfen ständiger Wartung. Die Eingänge sowie die Aborte selbst sind für Männer und Frauen zu trennen. Für die Wartefrau ist ein besonderer Raum vorzusehen, von dem aus die Vorräume der Aborte für Männer und Frauen erreichbar sind. Für die einzelnen Zellen genügt eine Größe von $1-1,5\,m^2$ (Abb. 163).

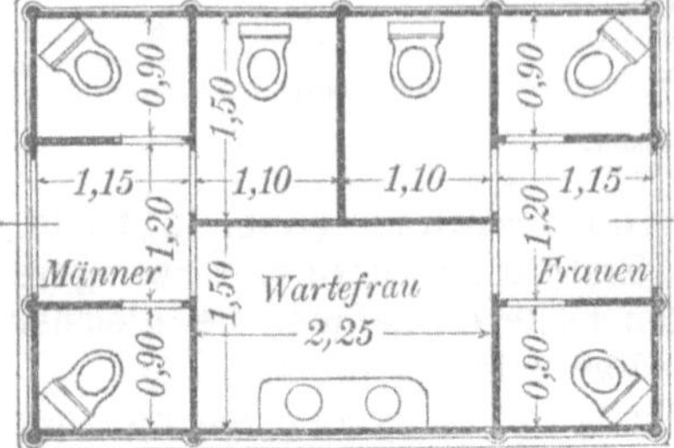

Abb. 163. Bedürfnisanstalt.

Die Zwischenwände werden der Lüftung und Erwärmung wegen nicht bis unter Dach, sondern nur etwa 2,50 m hoch geführt. Die Erwärmung im Winter erfolgt durch einen Gas- oder Koksofen. Für eine ausreichende Entlüftung sowohl der Abflußleitungen als auch der ganzen Anstalt, sowie für Geruchverschlüsse und Wasserspülung der einzelnen Becken (vgl. III. Teil „Stadtentwässerung": Abb. 96, S. 104) ist natürlich Sorge zu tragen, damit die Benutzer der Anstalt und die Anwohner keinesfalls belästigt werden.

In Großstädten werden öfters an hervorragenden Verkehrspunkten bei mangelndem Platz Bedürfnisanstalten, Aborte wie auch Pissoire, unterirdisch angelegt.

Von allen Aufbauten der Stadtstraßen und -plätze, besonders auch von privaten Verkaufsbuden, ist eine solche architektonische Durchbildung zu verlangen, daß sie das Straßenbild nicht verunzieren.

III. Einbauten.

Alle Einbauten in der Straßenoberfläche, wie die **Abdeckungen** der Einsteigschächte[1]), Lüftungsrohre[2]) und Regeneinläufe[3]) der unterirdischen Entwässerung, der Brunnen für Schwachstromkabel (Abb. 103, 106, 110), der Verteilungskasten für Starkstromkabel, die **Straßenkappen** der Absperrschieber[4]), Feuer-[5]) und Lufthähne der Wasserleitungen, der Absperrschieber und Wassertöpfe der Gasleitungen, sind so auszubilden, daß sich ihrer Form leicht jede Art von Straßenbefestigung anpassen läßt und durch die Beschaffenheit ihrer Oberfläche der Straßenverkehr nicht erschwert und gefährdet wird.

I. Die **Form** der Abdeckungen und Straßenkappen sollte immer rechteckig (vgl. die in den untenstehenden Fußnoten genannten Abbildungen), nie rund oder oval sein, damit Stein- und Holzpflaster und Plattenbeläge ohne schrägen Verhau an sie angesetzt werden können.

Ferner darf der untere Rand der Abdeckungen gegen den oberen nur wenig ausladen, damit eine starke Unterschneidung der Anschlußsteine vermieden wird.

Die **Höhe der Abdeckungen** und Straßenkappen ist zweckmäßig etwas größer als die der Pflastersteine, aber geringer als der Abstand der Straßenoberfläche von der Oberkante der festen Unterbettung, nämlich 18—20 cm, damit der untere, gewöhn-

---

1) Abb. 2, S. 4, Abb. 29—30, S. 47, Abb. 36, S. 51   } III. Teil: „Stadt-
2) Abb. 39, S. 55   } entwässerung".
3) Abb. 55—58, S. 71—73
4) Abb. 69, S. 53 und Abb. 76, S. 61   } II. Teil: „Die Wasserversorgung von
5) Abb. 72, S. 55   Ortschaften".

lich etwas ausladende Rand der Abdeckungen in die Zwischenschicht aus Sand reicht und die regelrechte Herstellung sowohl der Unterbettung als auch des Pflasters nicht behindert wird, außerdem aber bei etwaigem Umlegen der Abdeckung die Unterbettung nicht aufzubrechen ist.

In Holzpflaster (10—13 cm hohe Klötze) und Asphaltpflaster (Asphaltschicht 5 cm stark) wird sich allerdings die Einbetonierung der Abdeckungen, in Kleinpflaster (6—10 cm hohe Steine) ihr Einbau in die Unterbettung nicht vermeiden lassen.

Auf den Fußsteigen ist einerseits wegen der geringeren Pflasterstärke, andererseits wegen der schwächeren Inanspruchnahme eine wesentlich geringere Höhe der Abdeckungen (etwa 10 cm) zulässig, eine größere Höhe aber, wie sie gerade die kleinen Straßenkappen aufweisen, nicht nachteilig für die Herstellung der Befestigung, weil eine feste Unterbettung in der Regel fortfällt, bei Asphalt- und Zementestrich die Einbetonierung der Abdeckungen sich sowieso nicht vermeiden läßt.

II. Die **Oberfläche** der Abdeckungen, die fast durchweg aus Gußeisen sind, muß so rauh sein, daß sie den Pferdehufen genügend Halt bietet und ein Ausgleiten von Menschen und Tieren nicht veranlaßt.

1. **Größere Abdeckungen** werden daher durch Rippen in kleinere Flächen zerlegt, die entweder mit Holzklötzen ausgekeilt (III. Teil: Abb. 29, 39) oder mit Asphalt ausgegossen (III. Teil: Abb. 2, 30, 36) werden. Die erste Art eignet sich mehr für Steinschlagbahn, Stein- und Holzpflaster, die letzte mehr für Asphaltplaster und Fußsteige.

2. **Kleinere Abdeckungen**, besonders die sog. Straßenkappen (II. Teil: Abb. 69, 72, 76), bestehen gewöhnlich ganz aus Gußeisen, ihre Oberfläche ist jedoch mit Erhöhungen und Vertiefungen zu versehen, um die ihr sonst gefährliche Glätte soweit wie möglich zu nehmen.

III. Eine besondere Art von Abdeckungen bilden die **Regeneinläufe** (Abb. 123, 131) zur unterirdischen Ableitung der Niederschläge.

Sie werden entweder mit einem Rost in der Straßenrinne abgedeckt (III. Teil: Abb. 55, 58) oder erhalten einen Seiteneinlauf unter der Bordschwelle und sind dann in den Fußsteig einzubauen und von oben dicht abzudecken (III. Teil: Abb. 56) oder bestehen aus einer Vereinigung von Rost und Seiteneinlauf (III. Teil: Abb. 57).

1. Die **Rostschlitze** sind rechtwinklig, parallel oder schräg zur Bordkante. Bei der ersten Anordnnng (Abb. 123, 131, III. Teil: Abb. 55, 57) werden Laub, Stroh usw. nicht so leicht durch die Rostschlitze geschwemmt und somit Verstopfungen der Abflußleitungen besser verhindert, bei der zweiten (III. Teil: Abb. 58) setzen sich die Rostschlitze nicht so leicht mit derlei Sperrgut ganz zu, was an Tiefpunkten des Straßennetzes zu Überschwemmungen führen könnte, während die dritte, ziemlich seltene Anordnung die Mitte zwischen den genannten Vorzügen einhält.

Über Querschlitze schießt in steileren Straßen bei Starkregen leicht das Wasser zum Teil hinweg, und sind deshalb dort Längsschlitze vorzuziehen, die auch, wenn ein Laubeimer unter dem Rost hängt (III. Teil: Abb. 57), ganz unbedenklich sind.

2. Noch mehr verlangen **Seiteneinläufe** das Anbringen freihängender Laubeimer, weil sperrige Gegenstände unbehindert in sie eindringen können, zumal sie gerade in Straßen, wo viel Laub, Stroh oder Heu abgeschwemmt wird und die Roste leicht zusetzen würde, also in Park- und Promenadenstraßen und ländlichen Orten und Gebieten mit Vorliebe verwendet werden. Auch in steileren Straßen sind Seiteneinläufe zur Aufnahme des

schnèll abfließenden Regenwassers angebracht, nur ist die Straßenrinne an den Einläufen muldenartig zu vertiefen, um das ganze Wasser sicher in diese einzuleiten.

3. Regeneinläufe mit **Rost** (Längsschlitze) **und Seiteneinlauf** (vgl. III. Teil: Abb. 57) stellen in Verbindung mit einem untergehängten Laubeimer die zur Zeit beste Einlaufart für seltener gereinigte Straßen in ländlichen Orten dar.

Das Wasser schiebt den Abfall vor sich her über die Roststäbe und bildet von ihm an dem unteren Ende des Rostes einen kleinen Damm, der bei starkem Zufluß und teilweise zugesetzten Rostschlitzen einen kleinen Stau hervorruft und das Wasser zum Überfließen in den Seiteneinlauf bringt.

IV. Straßenbahn.

In Orten, die sich über $1\frac{1}{2}$ km ausdehnen, verlangt der Verkehr meistens die Anlage einer Straßenbahn.

1. Betriebseinrichtung.

a) Betrieb.

Der Betrieb der Straßenbahnen erfolgt fast ausschließlich mittels Oberleitung durch Gleichstrom von 500—700 V.

1. Der **Fahrdraht** (hartgezogener Kupferdraht), 8—9 mm Φ, 5—6 m über der Straße, ist in Abständen von 35—40 m (auf geraden Strecken) isoliert an Auslegern oder Spanndrähten aufgehängt, die ihrerseits an Masten oder an den Häusern befestigt sind.

Der Fahrdraht ist durch Streckenisolatoren in einzelne Abschnitte geteilt, denen der elektrische Strom durch Speisekabel unter den Fußsteigen zugeführt wird.

Die Triebwagen entnehmen dem Fahrdraht den Strom mittels Bügel oder Rolle, die durch eine federnde Kontaktstange an jenen angedrückt werden.

Die Oberleitung ist dort, wo sie von Schwachstrom (Fernsprech)leitungen gekreuzt wird, mit schmalen Schutzleisten aus Holz oder Gummi abzudecken oder in $^{3}/_{4}$ m Höhe mit einem Drahtnetz zu überspannen, um bei einem Bruch der Schwachstromleitung die Berührung dieser mit der Starkstromleitung zu verhüten.

2. Zur **Stromrückleitung** dienen in der Regel die Schienen, die deshalb an den Stößen durch Kupferdraht (8—12 mm Φ) zu verbinden oder zusammenzuschweißen sind.

3. Die **Fahrgeschwindigkeit** beträgt im Inneren der Städte 10—15 km, auf freien Strecken in den Außenbezirken bis 20 km in der Stunde. Für die Geschwindigkeit kann einschließlich des Aufenthaltes an den Haltestellen im Durchschnitt 180 m in der Minute gerechnet werden.

4. **Haltestellen** werden vor oder hinter Straßenkreuzungen, außerdem vor öffentlichen Gebäuden angeordnet.

5. Der elektrische Betrieb läßt **Steigungen** bis 8%, ausnahmsweise bis 11% zu.

b) Liniennetz.

Das Liniennetz der Straßenbahnen ist nach ähnlichen Gesichtspunkten wie das Netz der Verkehrsstraßen (vgl. B. V. 1.), nur viel weitmaschiger, anzulegen.

Es ist jedoch für eine Straßenbahnlinie nicht ohne weiteres der kürzeste Weg vorzuziehen. Für die Rentabilität einer Bahnstrecke ist es vorteilhafter, alle besonderen Verkehrspunkte, wie Tore, Brücken, öffentliche Gebäude, die annähernd auf dem vorgesehenen Wege liegen und ohne allzu großen Umweg erreicht werden können, zu berühren.

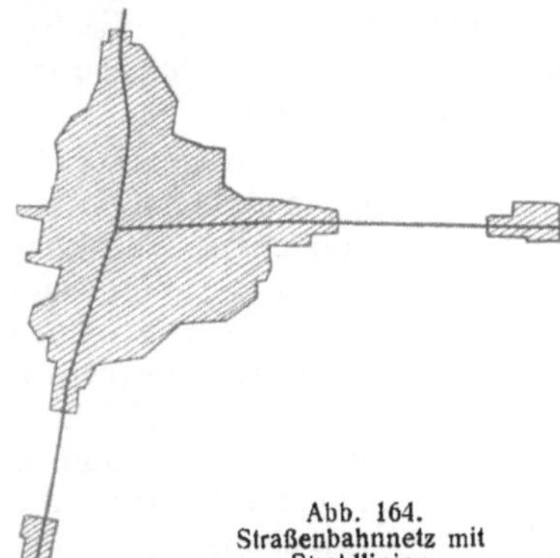

Abb. 164. Straßenbahnnetz mit Strahllinien.

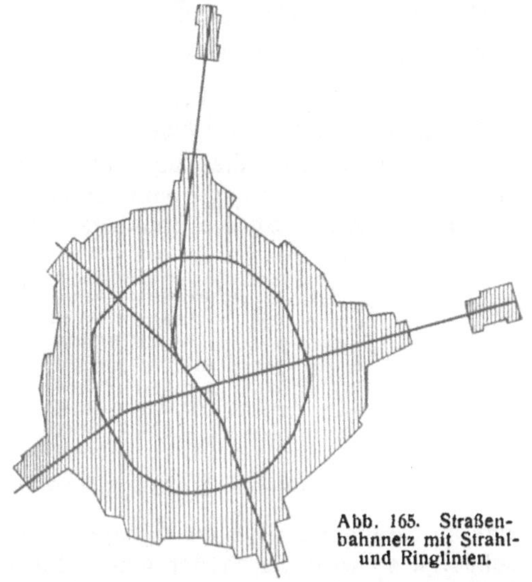

Abb. 165. Straßenbahnnetz mit Strahl- und Ringlinien.

Die wichtigsten Straßenbahnlinien sind für jede Stadt die Strahllinien, die Punkte der Umrißlinie unter Berührung des Stadtkerns miteinander verbinden und häufig noch eine Verlängerung nach Nachbarorten erhalten (Abb. 164).

Eine besondere Ringlinie lohnt sich erst bei einem Durchmesser von etwa 2 km und einer erheblich darüber hinausreichenden Bebauung, kommt also nur für Großstädte in Betracht (Abb. 165). Dagegen empfiehlt es sich hin und wieder, in mittelgroßen Städten bei großer Enge des Stadtkernes diesen nicht zu durchqueren, sondern eine kleine Ringlinie zur Verbindung der Strahllinien um diesen herumzulegen (Abb. 166).

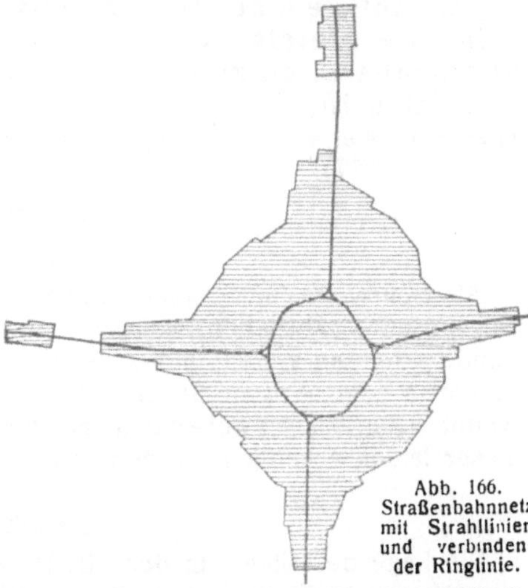

Selbständige Schräglinien werden fast nur in sehr großen Städten erforderlich.

Die Einteilung in Strahl-, Ring- und Schräglinien kann nur die Grundlage für den Entwurf des Straßenbahnnetzes bilden, im einzelnen wird die Gestalt der Stadt, die Notwendigkeit, hervorragende Verkehrspunkte (Bahnhöfe) miteinander zu verbinden, mancherlei Abweichungen bedingen.

Abb. 166. Straßenbahnnetz mit Strahllinien und verbindender Ringlinie.

c) Gleiszahl.

Die Gleiszahl einer Linie hängt ab von der zu erwartenden Verkehrsstärke, von der mehr oder weniger dichten Aufeinanderfolge der Wagen.

10*

I. Eingleisige Linien erfordern Ausweichen im halben Abstande der einzelnen Wagen.

Folgen sich die Wagen mit einer Geschwindigkeit von 180 m in der Minute alle 5 Minuten, so muß der Abstand der Ausweichstellen $\dfrac{5 \cdot 180}{2} = 450$ m betragen.

1. Die Ausweichstellen erhalten je nach der Anzahl der zu einem Zuge vereinigten Wagen eine Länge von 40—100 m (Abb. 174, 175).

2. Je dichter sich die Züge folgen, desto mehr verringert sich die Ersparnis, die in der Anlage einer eingleisigen Bahn liegt, zumal der Mehrbedarf an Weichen die Baukosten nicht unwesentlich erhöht.

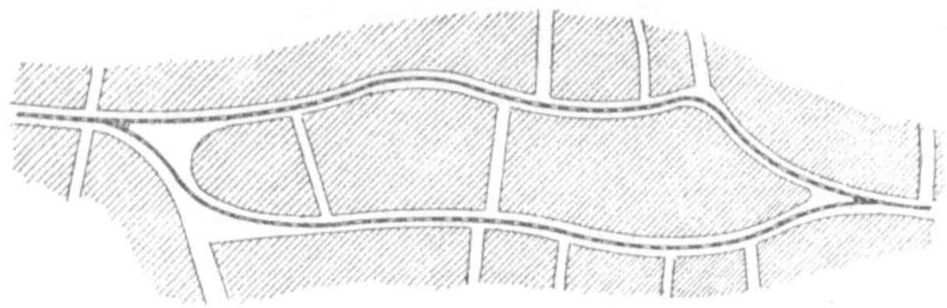

Abb. 167. Gleisspaltung einer Straßenbahnlinie.

3. Außerdem spricht bei einigermaßen erheblichem Verkehr für eine zweigleisige Linie die Unsicherheit im Betriebe einer eingleisigen Bahn. Wird nämlich nur ein Wagen, wie das im Straßengetriebe der Städte häufig vorkommt, aufgehalten oder beschädigt, so wird gleich der ganze Betrieb in Mitleidenschaft gezogen und kann nur durch Umsteigen an der fraglichen Stelle, was immer Aufenthalt verursacht, aufrechterhalten werden.

II. Die geringe Breite der Straßen in alten Städten macht jedoch häufig die Anlage eines Doppelgleises unmöglich.

In **zweigleisige Linien** ist dann entweder eine kurze, möglichst übersehbare, eingleisige Strecke einzuschalten, oder es ist, was vorzuziehen ist, die Linie streckenweise zu spalten, indem die beiden Gleise in zwei verschiedene, parallele und benachbarte Straßen gelegt werden (Abb. 167).

2. Gleis.

a) Spurweite.

Als Spurweite für Straßenbahnen ist die **Schmalspur** von **1000 mm** der Normalspur vorzuziehen, weil sie kleinere Krümmungshalbmesser, besonders in den engen und krummen Straßen der alten Städte, ermöglicht und von dem übrigen Straßenfuhrwerk nicht befahren werden kann, wodurch das Pflaster neben den Schienen, das schon unter den Schwingungen dieser leidet, erheblich geschont wird.

b) Gleislage.

Die Lage der Gleise in der Straße wird im wesentlichen durch die Fahrdammbreite bedingt. Die Breite der Wagen beträgt fast durchweg 2,00 m, so daß **2,50 m** für die Gleisentfernung (in Krümmungen bis 2,70 m), **1,25 m**, im Notfalle 1,00 m, für den Abstand der Gleisachse von der Bordkante genügt.

1. Wie bereits unter B. VI. 1. a) S. 72—74 erwähnt, empfiehlt es sich, die **Gleise in die Straßenmitte** zu legen, damit die Streifen neben den Seitensteigen für haltende Wagen frei bleiben (Abb. 170, 172).

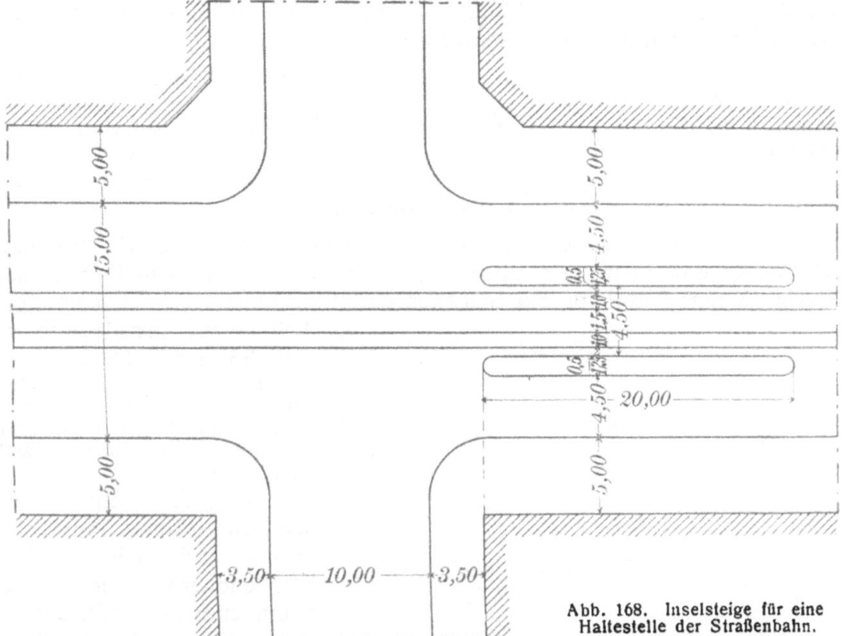

Abb. 168. Inselsteige für eine Haltestelle der Straßenbahn.

Der Nachteil dieser Lage, der in der Gefahr des Überfahrenwerdens beim Besteigen und Verlassen der Straßenbahnwagen, besonders bei starkem Verkehr, besteht, läßt sich durch Anlage eines, wenn auch nur schmalen Mittelsteiges zwischen den Gleisen (Abb. 69, 80) oder noch besser zweier schmaler Steige zu beiden Seiten des Doppelgleises (Abb. 66) oder durch Verlegung der Straßenbahn auf einen breiteren Mittelsteig (Abb. 79) beheben.

Es genügt schon, wenn nur an den Haltestellen derartige Schutzsteige von verhältnismäßig geringer Länge angeordnet werden (Abb. 168).

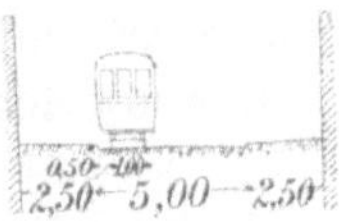

Abb. 169. Ein Gleis in zweispuriger Straße.

2. **In einseitig bebauten Straßen** (Park-, Ufer-, Hangstraßen) dürfen die Gleise natürlich unbedenklich neben den Seitensteig auf die unbebaute Seite gelegt werden (Abb. 70).

3. **In den Straßen der älteren Stadtteile** muß häufig wegen ungenügender Straßenbreite von den gegebenen Regeln abgewichen werden.

In einspurigen Straßen (< 4.50 m) ist ein Gleis, in zweispurigen (4,50—6,75 m) ein Doppelgleis nur auf ganz kurze, übersehbare Strecken zulässig.

Im übrigen ist die Lage der Gleise in schmalen Straßen so zu wählen, daß wenigstens auf **einer** Seite (der Seite des stärkeren Geschäftsverkehrs)

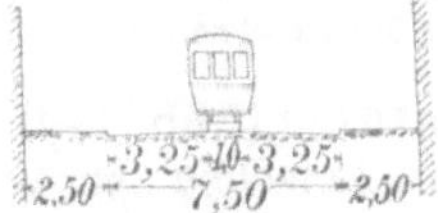

Abb. 170. Ein Gleis in dreispuriger Straße.

Abb. 171. Doppelgleis in dreispuriger Straße.

Abb. 172. Doppelgleis in vierspuriger Straße.

eine volle Spurbreite (2,50 m) zwischen Gleis und Bordkante für den übrigen Verkehr frei bleibt. Hiernach ergibt sich für

	Einzelgleis	Doppelgleis
zweispurige Straßen (4,50—6,75 m)	auf einer Seite [1]	—
dreispurige Straßen (6,75—9,00 m)	in der Mitte [2]	auf einer Seite [3]
vierspurige Straßen (9,00—11,25 m)	„ „ „	in der Mitte [4]

c) Krümmungen.

1. Krümmungen sind bei dem üblichen Radstand von 1,80 m bis zu einem **Halbmesser** von **15 m** herab, bei 1,25 m Radstand bis 12 m Halbmesser zulässig. Behufs Schonung der Schienen und Spurkränze ist der Krümmungshalbmesser möglichst zu **20—25 m** zu wählen.

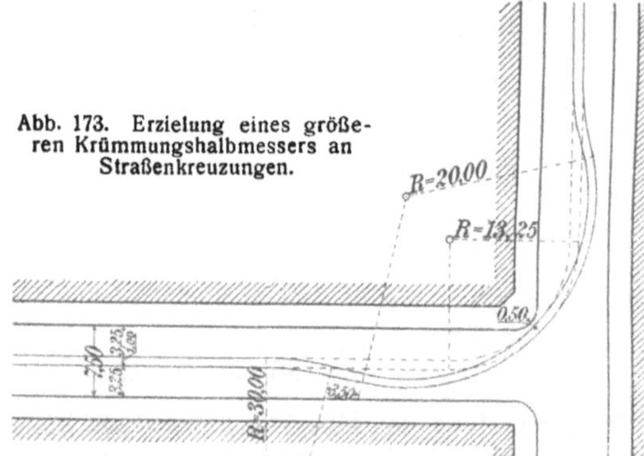

Abb. 173. Erzielung eines größeren Krümmungshalbmessers an Straßenkreuzungen.

An der Kreuzung schmaler Straßen wird ein größerer Halbmesser durch Ausbiegen aus den Straßenachsen erzielt (Abb. 173).

2. Eine **Überhöhung** der äußeren Schiene findet, soweit sie sich nicht aus dem Straßenquerprofil ergibt, gewöhnlich nicht statt, um die Entwässerung der Straßenoberfläche nicht zu stören. Es wird nur die Geschwindigkeit in Krümmungen entsprechend verringert.

d) Weichen und Kreuzungen.

I. **Weichen** erhalten ein Kreuzungsverhältnis von 1:3 bis 1:6 bei einem Krümmungshalbmesser von 20—50 m.

1. **Ausweichstellen** eingleisiger Linien erfordern ein Doppelgleis auf 40—100 m und zwei Weichen zu dessen Verbindung.

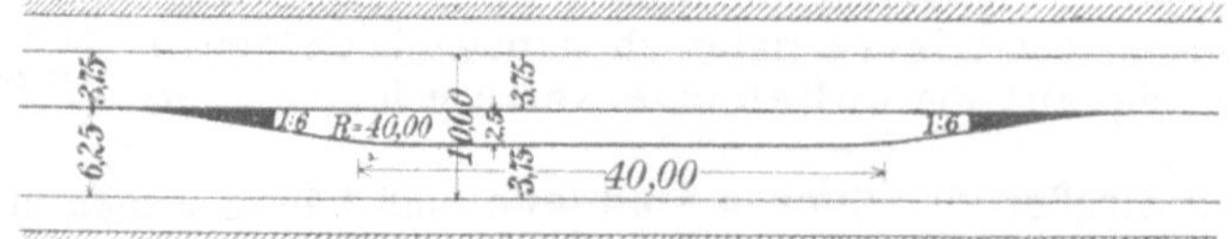

Abb. 174. Ausweichstelle einer eingleisigen Straßenbahn (gewöhnliche Anordnung).

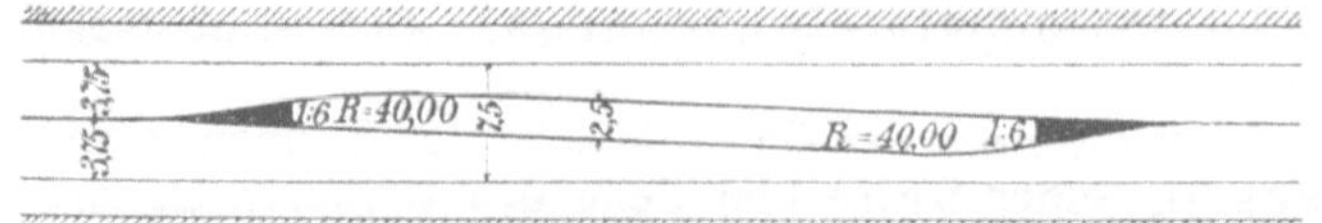

Abb. 175. Ausweichstelle einer eingleisigen Straßenbahn (schräg zur Straßenachse).

Gewöhnlich wird das Hauptgleis gerade durchgeführt (Abb. 174). Statt dessen wird das Doppelgleis auch wohl gegen die Straßenachse schräg

---

1) Abb. 169.   2) Abb. 170.   3) Abb. 171.   4) Abb. 172.

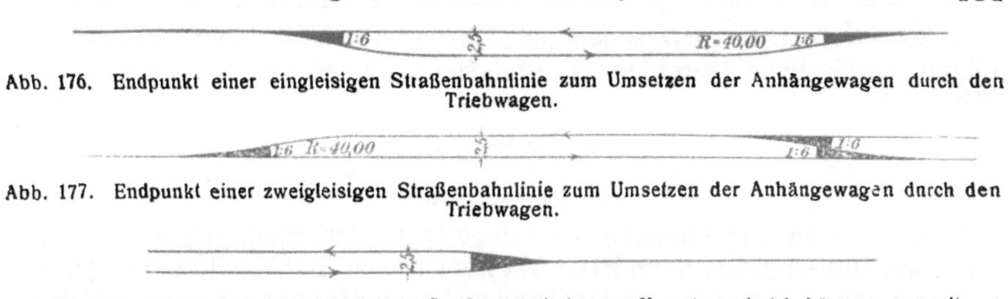

Abb. 176. Endpunkt einer eingleisigen Straßenbahnlinie zum Umsetzen der Anhängewagen durch den Triebwagen.

Abb. 177. Endpunkt einer zweigleisigen Straßenbahnlinie zum Umsetzen der Anhängewagen durch den Triebwagen.

Abb. 178. Endpunkt einer eingleisigen Straßenbahnlinie zum Umsetzen der Anhängewagen mit der Hand.

verschoben, damit die Wagen gegen die Zunge nur in gerader Richtung fahren (Abb. 175). Dies empfiehlt sich aber nicht, wenn für später ein zweigleisiger Betrieb in Aussicht genommen ist, weil dann die Gleise der Ausweiche auf ihre ganze Länge umgelegt werden müßten.

2. Die **Endpunkte** ein- und zweigleisiger Linien werden ebenfalls mit z w e i bzw. d r e i W e i c h e n zum Umsetzen von Trieb- und Anhängewagen ausgerüstet (Abb. 176, 177).

Wird letzterer b e i m Umsetzen v o n H a n d bewegt, so genügt e i n e W e i c h e (Abb. 178).

Abb. 179. Endschleife einer zweigleisigen Straßenbahnlinie.

Ist genügend Platz vorhanden, so kann das Umsetzen durch Anlage einer Schleife erspart werden (Abb. 179).

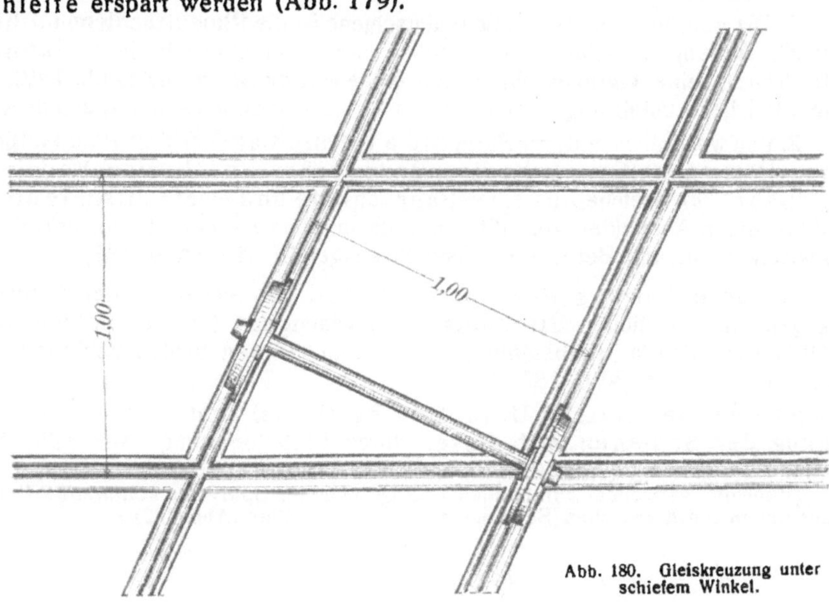

Abb. 180. Gleiskreuzung unter schiefem Winkel.

II. Gleiskreuzungen sollen möglichst unter schiefem Winkel erfolgen, damit beim Durchfahren wenigstens immer ein Rad Führung hat (Abb. 180).

3. Oberbau.

a) Schienenprofil.

I. Zur Verwendung kommen breitfüßige (140—180 mm), schwere (40 bis 70 kg/m), 100—220 mm hohe **Rillenschienen** aus Stahl bis 15 m Länge, die meistens ohne Schwellen unmittelbar auf einer Unterbettung aus Schotter, Pack- und Decklage oder Beton verlegt werden.

Die Schienenhöhe kann um so kleiner gewählt werden, je starrer die Unterbettung und die Verbindung der Schienen mit dieser ist.

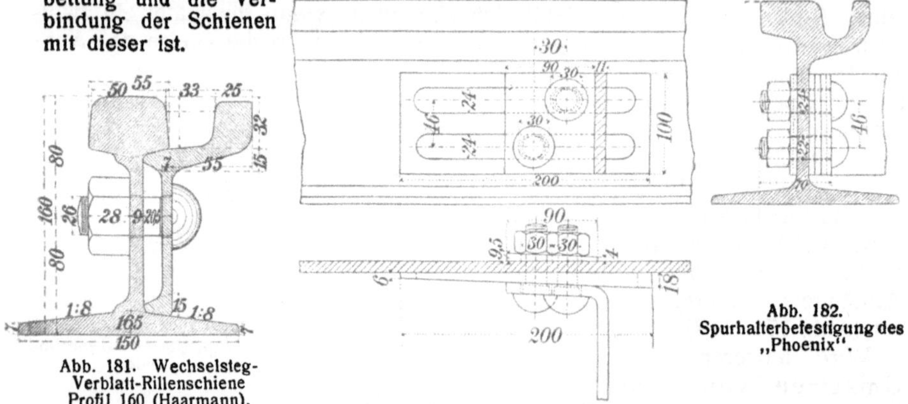

Abb. 181. Wechselsteg-Verblatt-Rillenschiene Profil 160 (Haarmann).

Abb. 182. Spurhalterbefestigung des „Phoenix".

Die Rillenbreite soll 26—33 mm (in Krümmungen bis 36 mm), die Rillentiefe 24 bis 32 mm betragen.

1. Die gebräuchlichste Straßenbahnschiene ist die **Phoenixschiene** („Phoenix", Aktiengesellschaft für Bergbau und Hüttenbetrieb, in Duisburg-Ruhrort), eine Vignolesschiene mit eingewalzter Spurrinne (Abb. 182), die in ähnlicher Ausführung aber auch von anderen Walzwerken hergestellt wird.

2. Von wesentlich anderer Form ist die **Wechselsteg-Verblatt-Rillenschiene** von **Haarmann** (Georg-Marien-Bergwerks- und Hütten-Verein in Osnabrück), welche aus einer Fahrschiene und einer Leitschiene besteht, die in Abständen von 500 mm miteinander verschraubt sind und deren Zwischenraum mit Beton oder Asphalt ausgefüllt wird (Abb. 181).

II. Zur Erhaltung der Spurweite und zur Sicherung der Schienen gegen Kanten dienen **Spurhalter** aus Flacheisen (70 bis 100 mm breit, 10 mm stark), die in Abständen von rd. 2 m mit den beiden Schienen verschraubt werden (Abb. 182, 198).

Sie sind bei starrer Unterbettung (Beton) und starrer Verbindung der Schienen mit dieser durch Einbetonierung (Abb. 199, 200) oder Verankerung (Abb. 202, 203) entbehrlich.

„Phoenix" verwendet zur bequemen Regelung der Spurweite keilförmige Platten mit Langlöchern zwischen Schienensteg und Spurhalter (Abb. 182).

b) Schienenstöße.

Für Straßenbahnen ist die feste und ruhige Lage der Schienenstöße von ganz besonderer Wichtigkeit, da die Einbettung der Schienen in die Straßenbefestigung ein Nachziehen der Laschenschrauben nur nach Aufbruch des Pflasters gestattet, der Lärm beim Befahren lockerer Stöße in der Stadt besonders unangenehm wirkt und die Straßenbefestigung, insbesondere der Stampfasphalt, unter den Bewegungen etwa lockerer Schienen stark leidet und dann längs der Schienen öfters erneuert werden muß.

Zwischen Straßenbahnschienen wird deshalb auch keine Stoßlücke gelassen.

I. **Haarmann** erzielt die Stoßsicherung durch einen Blattstoß von 50 mm Länge und gleichzeitigen Wechsel in der Stegstellung (Abb. 183, 184) der gestoßenen Fahrschienen, so daß zur Verblattung nur der halbe Kopf und Fuß jeder Schiene abgefräst zu werden braucht und die Stege, ungeschwächt, auf die Stoßlänge dicht nebeneinander zu stehen kommen.

Die Leitschiene ist am Stoß auf 1,00 m Länge unterbrochen und wird durch die entsprechend ausgestaltete Innenlasche ersetzt. Die Außenlasche reicht bis Schienenoberkante (Abb. 183).

Die Verbindung erfolgt durch acht Schraubenbolzen von 26 mm Φ (Abb. 184).

II. **„Phoenix"** bewirkt die erforderliche Stoßsicherung durch Fuß- oder Kremplaschen, die mit dem Vor-

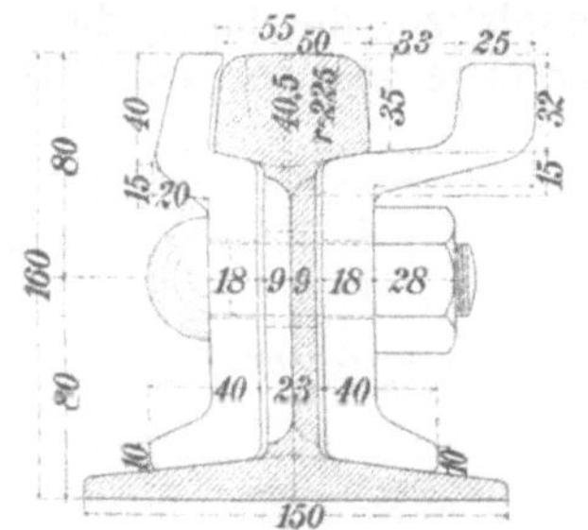

Abb. 183. Stoß der Wechselsteg-Verblatt-Rillenschiene, Profil 160 (Schnitt).

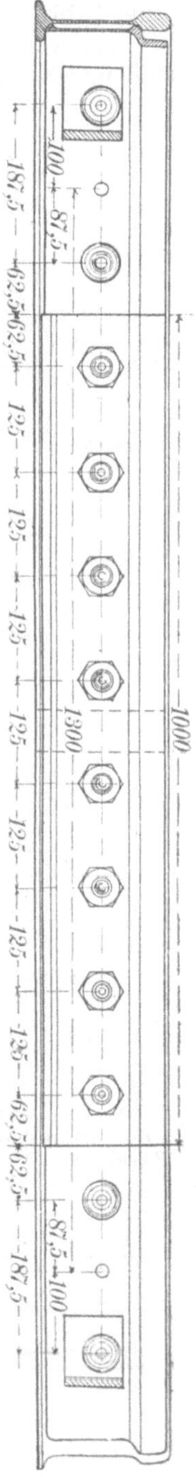

Abb. 184. Stoß der Wechselsteg-Verblatt-Rillenschiene, Profil 160 (Grundriß und Ansicht).

hammer fest auf den Schienenfuß und in die Laschenkammer zu treiben sind (Abb. 185—190).

Eine weitere Verstärkung des Stoßes wird durch eine zwischen Schienenfuß und Kremplaschen geschobene Unterlagsplatte erreicht (Abb. 189).

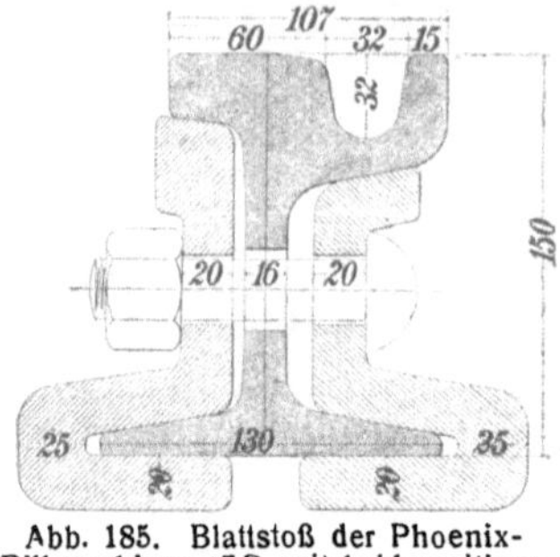

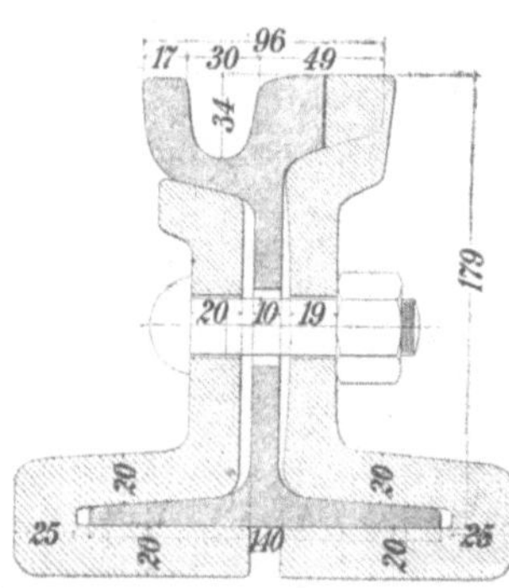

Abb. 185. Blattstoß der Phoenix-Rillenschiene 17 B mit beiderseitigen Fußlaschen (Schnitt).

Die Laschenlänge beträgt 750 mm, die Zahl der 22 mm starken Bolzen 6 (Abb. 186, 188, 190).

Der Stoß selbst ist ein Blattstoß (Abb. 185, 186), Halbstoß (der Fahrkopf wird zur Hälfte von der Außenlasche gebildet: Abb. 187, 188), Stumpfstoß oder Schrägstoß (Abb. 189, 190). Letztere beiden reichen bei Verwendung von Fußlaschen aus.

„Phoenix legt Wert darauf, daß die nie ganz zu vermeidenden kleinen Höhenunterschiede am Schienenstoß nach Verlegen des Gleises mit dem Culinschen Feilhobel (Abb. 191) ausgeglichen werden.

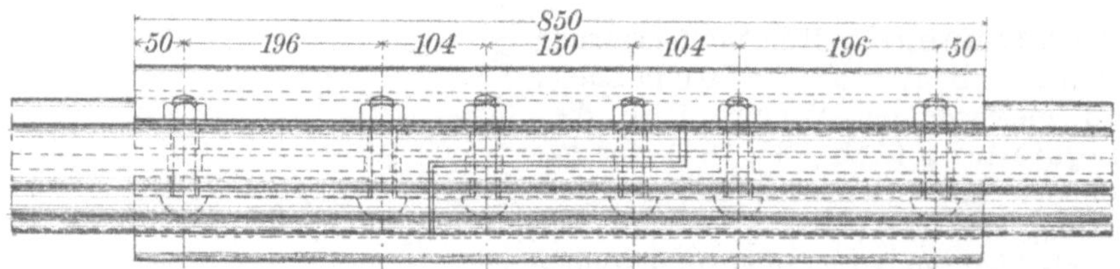

Abb. 186. Blattstoß der Phoenix-Rillenschiene 17 B mit beiderseitigen Fußlaschen (Grundriß).

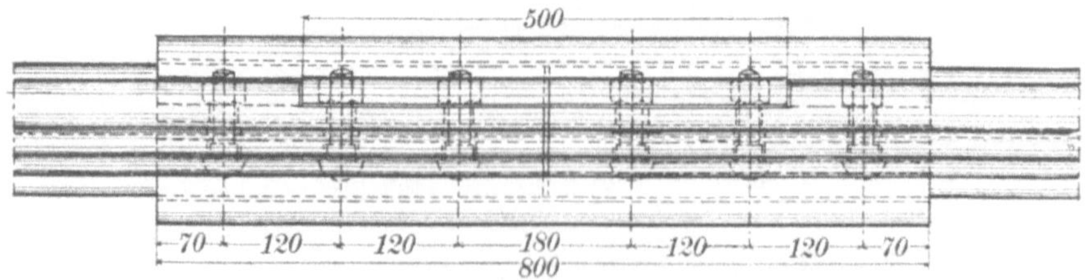

Abb. 187. Halbstoß der Phoenix-Rillenschiene 25 B mit beiderseitigen Fußlaschen (Schnitt).

III. Nach dem „Bochumer Verein" werden zunächst die Schienenenden kalt so weit aufgestaucht, daß die Lauffläche auf einige Millimeter Länge eine Erhöhung von 1 mm erhält, sodann die Stoßlaschen mittels exzentrischer Schraubenbolzen in die Laschenkammer gepreßt und gleichzeitig die Schienenenden infolge der Exzentrizität des Bolzenschaftes so kräftig zusammengezogen, daß die Fuge am Stoß vollständig verschwindet, worauf die Erhöhung der Lauffläche am Stoß wieder abgehobelt wird. Außerdem werden noch die Laschenbolzen durch federnde Spannplatten, die unter die Muttern greifen, in ihrer Lage gesichert (Abb. 192).

Abb. 188. Halbstoß der Phoenix-Rhlenschiene 25 B mit beiderseitigen Fußlaschen (Grundriß).

4. Als beste Stoßverbindung mittels Laschen gilt zurzeit der **Melaun-sche Stoß** mit Auflauflasche (Abb. 193).

An den beiden Schienenenden wird der Fahrkopf auf etwa 300 mm Länge abgeschnitten und durch den Kopf der entsprechend ausgebildeten Außenlasche ersetzt, welch letztere mit ihren Enden, die keinen Fahrkopf haben, rd. 120 mm weit unter den Schienenkopf greift und gegen diesen durch Weicheisenkeile abgekeilt wird.

V. Die sicherste Stoßverbindung erhält man jedoch durch **Zusammenschweißen der Schienenenden**, das außerdem eine besondere Kupferverbindung der Schienenenden zur Rückleitung des elektrischen Stromes entbehrlich macht, das Auswechseln der Schienen allerdings erschwert.

1. Das **Goldschmidtsche Thermitverfahren** besteht darin, daß Thermit (Gemenge von gepulvertem Aluminium und Eisenoxyd) in einem Tiegel über der Stoßstelle geschmolzen und in

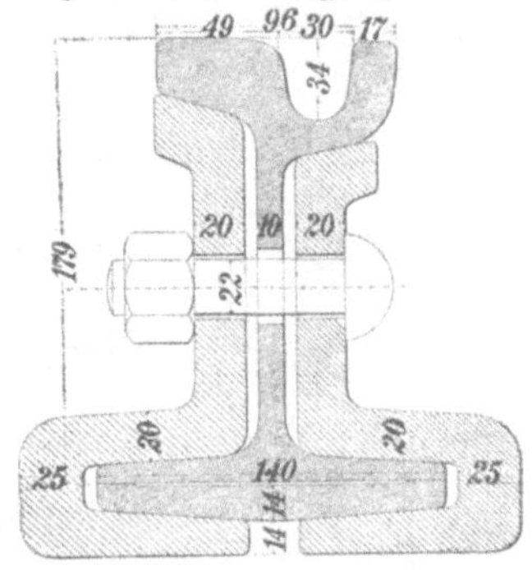

Abb. 189. Stumpf- oder Schrägstoß der Phoenix-Rillenschiene 25 B mit beiderseitigen Fußlaschen und Unterlagsplatte (Schnitt).

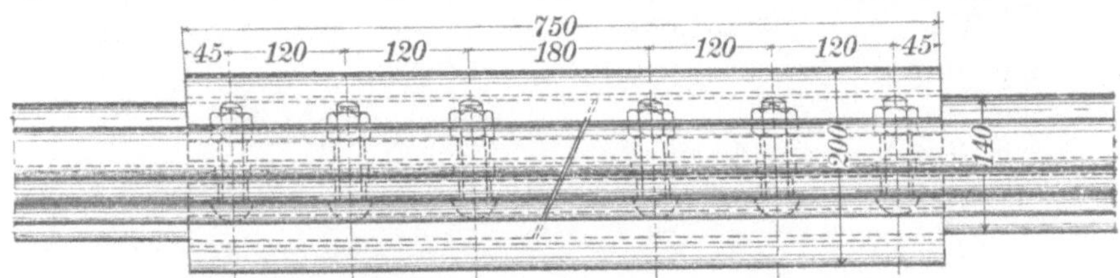

Abb. 190. Schrägstoß der Phoenix-Rillenschiene 25 B mit beiderseitigen Fußlaschen und Unterlagsplatte (Grundriß).

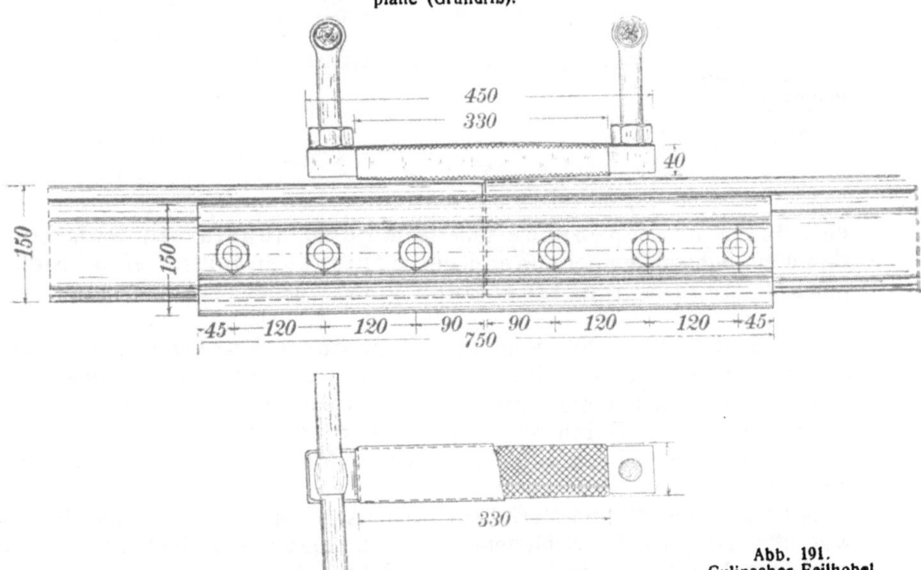

Abb. 191.
Culinscher Feilhobel.

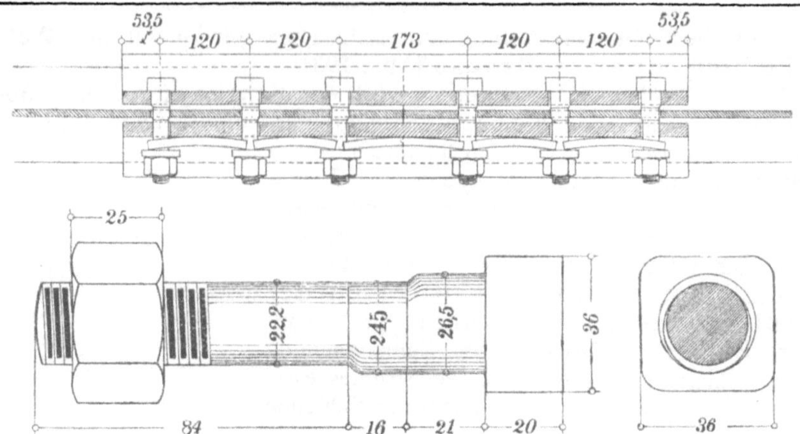

Abb. 192.　Schienenstoßverbindung des „Bochumer Vereins".

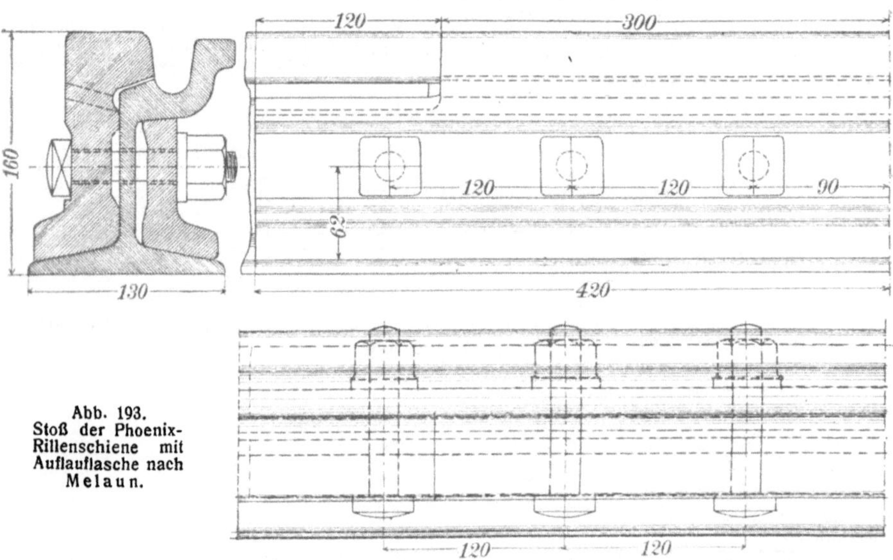

Abb. 193.
Stoß der Phoenix-
Rillenschiene mit
Auflauflasche nach
Melaun.

eine den Stoß umgebende feuerfeste Form abgelassen wird, die dadurch auf Schweißtemperatur erhitzten Schienenenden mit einem Klemmapparat gegeneinandergestaucht und damit zusammengeschweißt werden.

2. Die **elektrische Schweißung** erfolgt durch Erzeugung eines elektrischen Flammbogens zwischen Kohlenstift und Schiene zwecks Erhitzung der Schienenenden und Ausfüllen der Stoßlücke mit flüssigem Zusatzmaterial. Durch Verringerung der Flammenbogenlänge wird die Schweißstelle allmählich abgekühlt, damit Materialspannungen vermieden werden.

Doch geht bei diesem Verfahren Kohlenstoff auf die Schweißstelle über, worunter die Härte des Schienenmaterials an dieser Stelle leidet, so daß eine ungleiche Abnutzung der Schienen die Folge ist.

c) Weichen.

I. Die Weichen unterliegen starken Beanspruchungen und sind deshalb aus bestem Stahl herzustellen.

1. Die 2—3 m langen **Weichenzungen** sind, um einen Zapfen drehbar, auf einer Unterlage aus Stahlguß gelagert. Unterfläche der Zunge und Oberfläche der Unterlage sind gehobelt zwecks leichter Beweglichkeit der Zunge (Abb. 194).

Die **Weichenkasten**, in denen sich die Verbindungsstange der beiden Weichenzungen und die Stellvorrichtung befinden, sind unterirdisch zu entwässern (Abb. 197).

2. Die neueren Straßenbahnweichen haben fast immer eine **Zungensicherung**, die durch ein Hebelgewicht oder eine Spiralfeder bewirkt wird (Abb. 196, 197).

3. Ein **Herzstück** 1:6 zeigt Abb. 195.

II. Je nachdem die Weichen umgestellt werden müssen oder nur von den ausfahrenden Wagen aufgeschnitten werden und nach Durchfahrt wieder in ihre alte Stellung zurückschnellen, unterscheidet man Stellweichen und Federweichen.

1. **Stellweichen** sind dort erforderlich, wo die Wagen bald in das eine, bald in das andere Gleis einfahren, wie an Gleisverzweigungen. Das Umstellen erfolgt entweder vom Wagen aus durch Einführen eines Stelleisens in die Rille seitens des Wagenführers oder durch Einführen einer Stellstange in den Weichenkasten und unmittelbares Umlegen der Stellvorrichtung, was natürlich etwas mehr Aufenthalt verursacht und

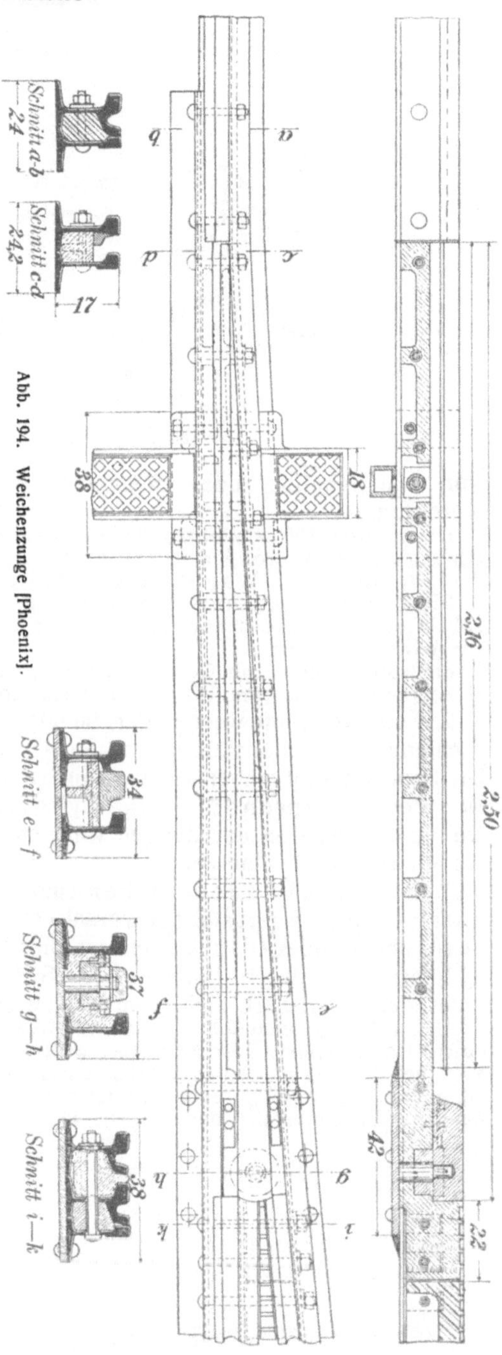

Abb. 194. Weichenzunge [Phoenix].

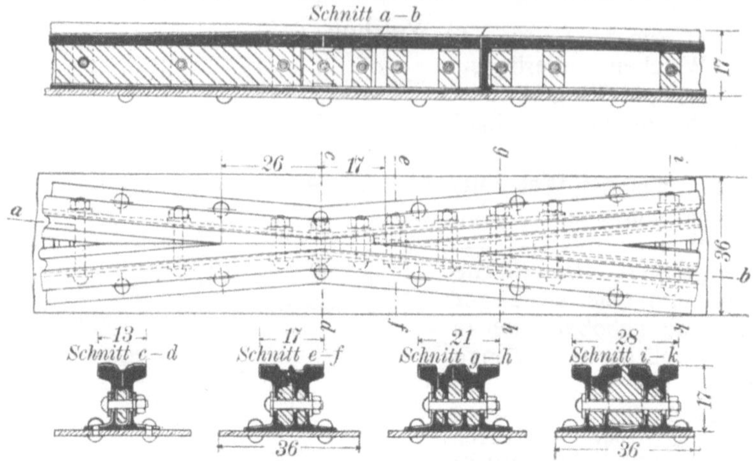

Abb. 195. Herzstück 1 : 6 [Phoenix].

von dem Schaffner oder einem besonderen Weichensteller vorgenommen werden muß.

Die in Abb. 196 wiedergegebene **Stellvorrichtung** des „Phoenix" gestattet das **Umlegen der Weiche auf beiderlei Art.** Außerdem wird die Weiche durch den ausfahrenden Wagen aufgeschnitten und umgelegt.

Die Zungensicherung wird durch einen federnden Kniehebel erreicht, der, sobald er mit der Verbindungsstange über den toten Punkt geschoben worden ist, zur Wirkung kommt.

Stellvorrichtungen mit Gewichtssicherung lassen sich nur durch Umlegen des Hebelgewichts, das vom Wagen aus nicht möglich ist, bewegen.

2. **Federweichen** werden dort benutzt, wo die Wagen immer in derselben Richtung ein- und ausfahren, wie an Ausweichstellen eingleisiger Linien. Die Zungen sind immer auf die Einfahrtsrichtung gestellt und müssen von den ausfahrenden Wagen jedesmal aufgeschnitten werden. Das Zurückschnellen der Zungen wird, sobald der Wagen durchgefahren ist, durch eine Feder bewirkt.

3. Die neueren Federweichen sind gewöhnlich noch mit einer Stellvorrichtung ausgerüstet **(Universalweichen),** die in Notfällen und bei Ausbesserungen eines Gleises auch das Umstellen der Weichen gestattet. Doch ist dieses nur durch Umlegen der Sicherung selbst (Hebelgewicht oder federnder Kniehebel), nicht vom Wagen aus möglich.

Abb. 197 veranschaulicht eine derartige **Universalweiche** mit Kniehebelsicherung des „Phoenix". Der Kniehebel wird im Gegensatz zu der in Abb. 196 dargestellten Weiche desselben Werkes durch den die Weiche aufschneidenden, ausfahrenden Wagen nicht über den toten Punkt bewegt. Infolgedessen können die Zungen nach Durchfahrt des Wagens wieder zurückschnellen.

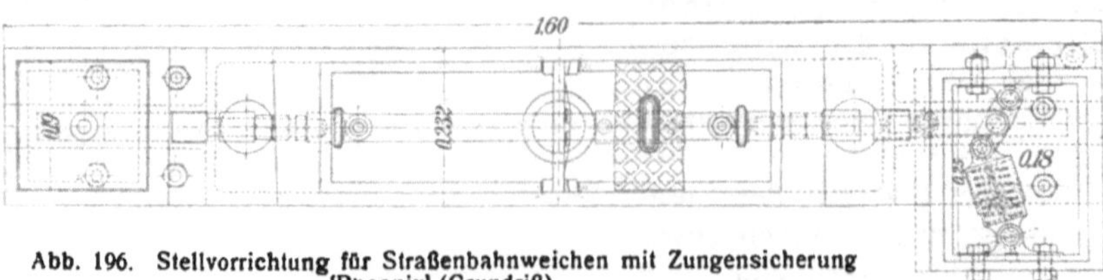

Abb. 196. Stellvorrichtung für Straßenbahnweichen mit Zungensicherung [Phoenix] (Grundriß).

Das Umlegen des Kniehebels und damit das Umstellen der Weiche kann jedoch erforderlichenfalls mit einer eingesteckten, als Hebel dienenden Stellstange bewirkt werden.

4. Einbau der Gleise.

Als **Unterbettung** der Schienen dient entweder eine Schotter- oder Kiesschicht, 25—30 cm stark, oder eine Pack- und Decklage (Abb. 198), 20 bis 30 cm stark, oder Beton (Abb. 199—203), 15—25 cm stark. Die Unterbettung wird entweder nur in einer Breite von 50 cm unter jeder Schiene (Abb. 200) oder besser in der ganzen Gleisbreite (1,30—1,60 m für die Meterspur) (Abb. 199) hergestellt.

Erhält die Straßenbefestigung selbst eine feste Unterbettung, so dient diese bei genügender Stärke unter dem Schienenfuß gleichzeitig zur Unterbettung der Schienen (Abb. 198, 202). Reicht sie aber nicht tief genug unter den Schienenfuß, so muß sie unter den Schienen (Abb. 200, 203) oder besser unter dem ganzen Gleis (Abb. 199, 201) entsprechend verstärkt werden.

Die Schienen sind sorgfältig mit Schotter (Abb. 198) oder mit Beton (Abb. 199, 200) je nach Art der Unterbettung zu unterstopfen.

Die **Straßenbefestigung** muß, weil sie schneller als die Schienenköpfe verschleißt, 1—2 cm über Schienenoberkante vorstehen (Abb. 198—203).

I. Eine **Schotterunterbettung** mit oder ohne Packlage besitzt eine gewisse Elastizität und macht infolgedessen den Bahnbetrieb weniger geräuschvoll, ermöglicht jedoch gerade durch ihre Elastizität, daß die nur lose aufruhenden Schienen unter dem Verkehr Schwingungen in lotrechter und wagerechter Richtung vollführen, durch welche die Straßenbefestigung neben den Schienen gelockert wird und frühzeitig in Verfall gerät.

1. Sie ist nur bei **Steinpflaster** zulässig, das weniger leicht der Zerstörung anheimfällt, wenn nur die Schwingungen der Schienen durch Verwendung eines hohen Schienenprofiles so weit wie möglich verringert werden und für eine ausreichende Entwässerung der Unterbettung, nötigenfalls durch Drainage nach den Sinkkasten, Sorge getragen wird. Ganz besonders empfiehlt sich ein elastischer Pflasterverguß (Goudron), der einmal das Eindringen von Wasser in die Unterbettung verhindert, sodann aber auch ermöglicht, daß die Pflasterdecke im Zusammenhang die Schwingungen der Schienen mitmacht und daher die Lockerung einzelner Steine neben den Schienen erschwert.

Tritt eine Lockerung oder sonstige Beschädigung von Pflastersteinen im Gleisbereich ein, so ist jedenfalls sofort eine Ausbesserung vorzunehmen.

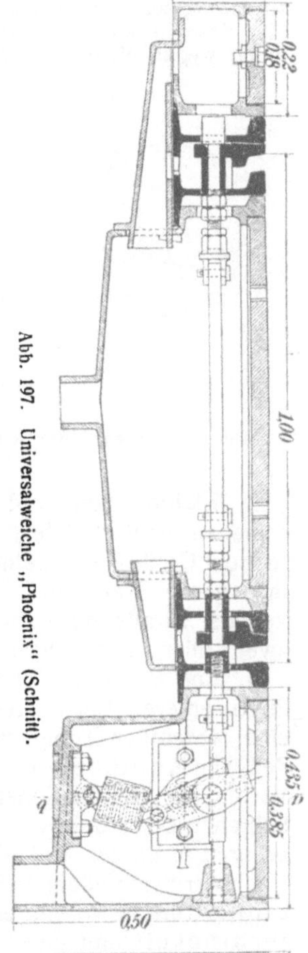

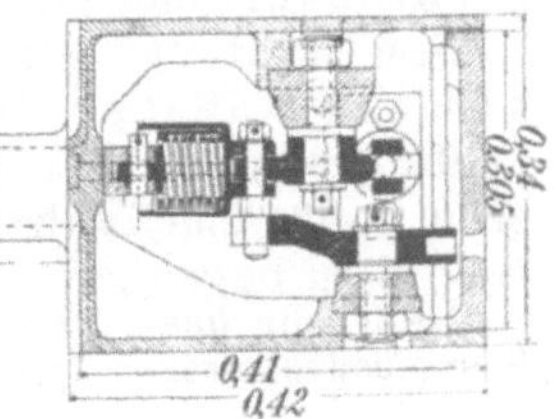

Abb. 197. Universalweiche „Phoenix" (Schnitt).

Die Schienen werden zwischen Fuß, Steg und Kopf mit passenden Form-steinen ausgemauert (Abb. 198) oder ausbetoniert (vgl. Abb. 199, 202) und die Anschlußsteine des Pflasters wegen der starken Ausladung des Schienenfußes nach unten abgeschrägt, um einen dichten Schluß zwischen Pflaster und Schiene zu erzielen.

Bei der Einteilung der Pflasterreihen zwischen den Schienen ist darauf zu achten, daß die Spurhalter immer in eine Fuge fallen, ohne daß eine Reihe besonders zugehauen werden muß (Abb. 198). Die Pflasterreihen stoßen unmittelbar an die Schienen (Abb. 123).

Es empfiehlt sich nicht, neben die Schienen eine oder zwei Längsreihen zu setzen, weil diese aus dem Verbande des übrigen Pflasters herausfallen und sich deshalb leichter lockern würden, außerdem zwischen den Schienen der Spurhalter wegen nicht im Verbande durchgesetzt werden könnten.

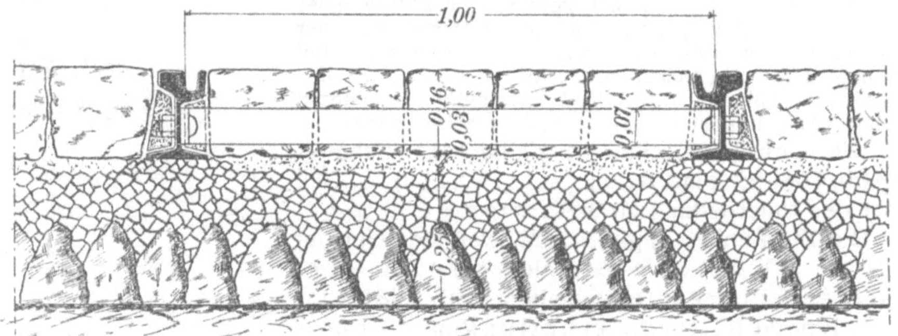

Abb. 198. Anschluß des Steinpflasters an Straßenbahnschienen und Anordnung der Spurhalter zwischen den Pflasterreihen.

2. **Kleinpflaster** und **Schotterdecken** halten sich neben Straßenbahn-schienen nicht. Letztere sind daher in derartig befestigten Straßen mit 2—3 Reihen Großpflastersteinen einzufassen, oder noch besser die Gleise auf ihre ganze Breite mit Großpflaster zu versehen, um den der Haltbar-keit der Straßendecke wenig zuträglichen Wechsel der Befestigungsart auf zwei Linien zu beschränken.

II. Eine **Unterbettung aus Beton** gewährleistet, falls die Schienen mit ihrem unteren Teil in den Beton eingebettet oder mit ihm verankert werden, eine wesentlich ruhigere Lage des Gleises. Der Beton muß rd. 14 Tage Zeit zum Abbinden haben, bevor das Gleis befahren wird. Ist aber die Verbindung der Schienen mit dem Beton nicht sehr kräftig, so fangen die Schienen doch bald an unter dem Verkehr zu hämmern, werden locker und bringen in kurzer Zeit die Straßenbefestigung zum Verfall.

Dies tritt vor allem in **Stampfasphaltstraßen** ein, da der spröde Stampf-asphalt die Bewegungen der Schienen nicht mitmachen kann, infolgedessen zerbröckelt und durch eindringendes Wasser vollständig verrottet.

Dem sucht man einerseits durch Einfassen der Schienen mit einem schmalen Gußasphaltstreifen (Abb. 203) oder mit Hartholzklötzen (Abb. 199) oder auch durch Holzpflaster im ganzen Gleisbereich, anderer-seits durch eine sehr kräftige Verankerung der Schienen mit dem Beton zu begegnen.

Die Urteile über die Bewährung von Holzpflasterstreifen neben den Schienen in Stampfasphaltstraßen gehen sehr auseinander; meistens wird die vollständige Auspflasterung der Gleise mit Holzklötzen vorgezogen. Bei sehr starrer Verbindung der Schienen mit der Betonunterbettung wird ein Gußasphaltstreifen von 2—3 cm Breite neben den Schienen für vollständig ausreichend erachtet, etwaige kleine Bewegungen der Schienen aufzunehmen und dem Stampfasphalt fernzuhalten, in München (Abb. 201) sogar für entbehrlich gehalten.

In Dresden erfolgt die Verankerung der Schienen mit der Betonunterbettung durch Fußplatten, die zwischen den Stößen durch kurze, am Stoß durch die dort nötigen langen Kremplaschen an den Schienen befestigt sind und mit ihren nach unten gebogenen hakenförmigen Enden etwa 20 cm tief in den Beton eingreifen (Abb. 200).

Diese an sich bewährte Verankerung erschwert jedoch gegenüber der einfachen Einbetonierung der Schienen (Abb. 199) das Nachziehen der Laschenschrauben und das Auswechseln der Schienen noch ganz erheblich mehr, weil hierzu der Beton in noch größerem Umfange aufgebrochen, außerdem der Bahnbetrieb noch längere Zeit umgeleitet oder unterbrochen werden muß, bis die Wiederherstellung beendet ist und die neue Betonbettung ausreichend abgebunden hat.

Dem entgeht man in München dadurch, daß die Schienen mit eisernen Querschwellen in 2,50 m Abstand in der üblichen Weise verschraubt, die Querschwellen mit angenieteten, nach unten gebogenen hakenförmigen Flacheisen und zwischen ihnen gleichartige, mit dem Schienenfuß verschraubte Flacheisen in den Beton eingebettet werden, der Raum über dem Schienenfuß und den Klemmplatten aber bis unter die Stampfasphaltdecke mit leicht zu entfernendem Asphaltbeton aus Quarzriesel von 10 mm Korn und Asphalt ausgefüllt wird (Abb. 201).

III. Den gleichen Vorzug und außerdem den der baldigen (nach 2—3 Tagen) Inbetriebnahme des Gleises beim Neubau hat die **Unterbettung** der Schienen **aus** mindestens drei Monate alten **Eisenbetonplatten**, an denen jene in Abständen von rd. 50 cm durch je zwei Ankerschrauben befestigt werden (Abb. 202, 203), wie sie in Berlin üblich ist.

Die 0,80—1,00 m langen, 0,50 m breiten Platten ersetzen unter und neben den Schienen die im übrigen an Ort und Stelle einzustampfende Betonunterbettung. Infolgedessen muß die Plattenoberkante mit dem übrigen

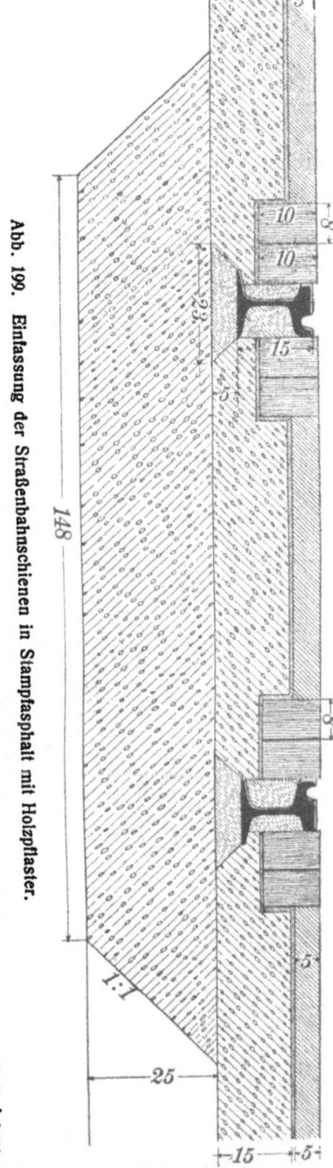

Abb. 199. Einfassung der Straßenbahnschienen in Stampfasphalt mit Holzpflaster.

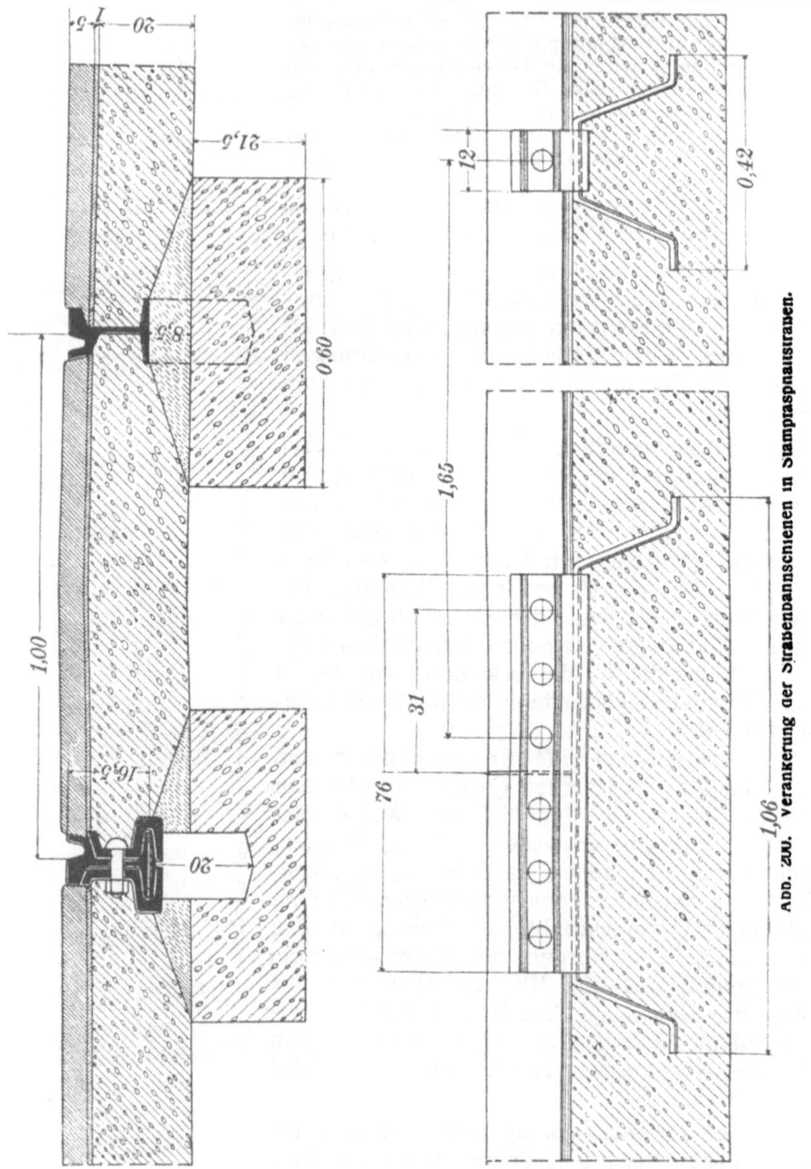

Beton bündig liegen, damit die Schienen mit frischem Beton gar nicht in Berührung kommen und jederzeit nach Aufnahme zweier Streifen der Straßendecke und Lösung der Ankermuttern abgehoben werden können.

1. Eine Straßendecke von geringer Höhe, wie **Holzpflaster** (Abb. 202), nötigt zur Verwendung eines verhältnismäßig niedrigen Schienenprofiles (bis 100 mm herab), was angesichts der häufigen und deshalb sehr starren Verbindung der Schienen mit der eisenbewehrten und vollständig erhärteten

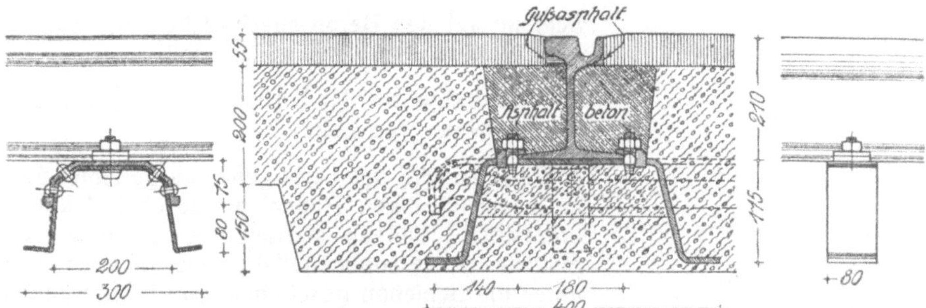

Abb. 201. Verankerung von Straßenbahnschienen auf Querschwellen in Stampfasphaltstraßen (München).

Unterbettung ganz unbedenklich, wegen der geringeren wagerechten Schwingungen niedriger Schienen sogar erwünscht ist und außerdem Ersparnisse an Schienenmaterial zur Folge hat. Der Schienenfuß wird jedoch recht breit gewählt, um ihn unmittelbar mit den Ankerschrauben verbinden und die in ihrer Wirkung nicht so sicheren Klemmplatten entbehren zu können.

Die Holzpflasterklötze sind am Anschluß an die Schiene dem Schienenfuß entsprechend auszuschneiden und, wo sich eine Ankerschraube befindet, auszubohren; die Zwischenräume zwischen Schiene und Pflasterklötzen werden mit Gußasphalt ausgefüllt (Abb. 202).

2. Die angegebene Art der Schienenunterbettung ist natürlich auch in **Steinpflaster** verwendbar; bei niedrigem Schienenprofil müssen jedoch die Eisenbetonplatten wegen der größeren Stärke der Pflasterdecke mit einer Betonleiste von der Breite des Schienenfußes versehen sein.

3. Bei sehr schwacher Straßendecke, in **Asphaltpflaster**, muß dagegen die Eisenbetonplatte einen rinnenförmigen Querschnitt (Abb. 203) erhalten, um durch die Seitenwände, deren Oberkante mit der übrigen Betonunterbettung abschneidet, die Schiene vor dem Anbetonieren zu schützen. Die zu beiden Seite der Schiene verbleibenden Schlitze werden bis etwa 1 cm über Schienenoberkante mit Gußasphalt ausgefüllt, der sich nach Erwärmung leicht wieder herausnehmen läßt, wenn die Schiene ausgewechselt werden soll.

In Krümmungen genügen Platten mit etwas weiterer Rinne; für Weichen und Kreuzungen sind besondere Formstücke erforderlich.

4. Die Eisenbetonplatten bilden eine ununterbrochene Reihe unter den Schienen, deren Stoßfugen mit Zementmörtel vergossen werden. Die Eiseneinlagen läßt man seitlich 65 mm überstehen (Abb. 202, 203),

um einen innigen Zusammenhang mit der übrigen Betonunterbettung zu erzielen. Das Lager des Schienenfußes bildet eine Asphaltschicht von 10 bis 20 mm Stärke (Abb. 203), die etwaige lotrechte Stöße der

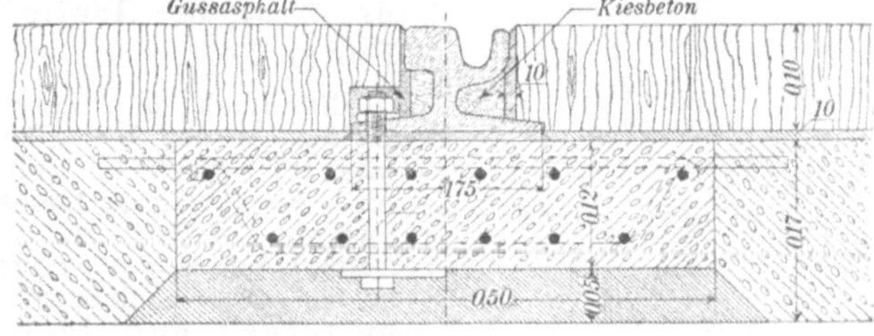

Abb. 202. Auflagerung von Straßenbahnschienen in Holzpflaster auf Eisenbetonplatten.

11*

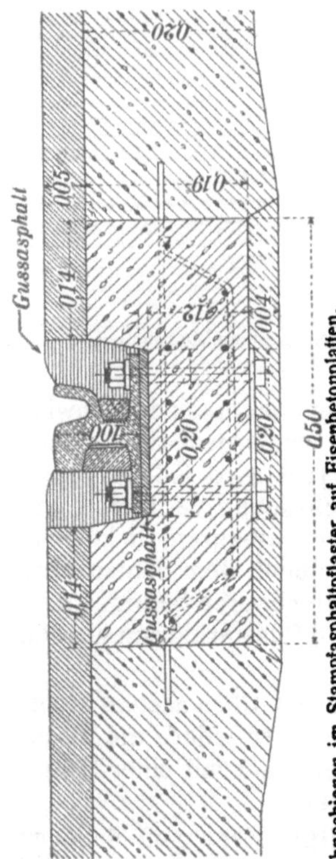
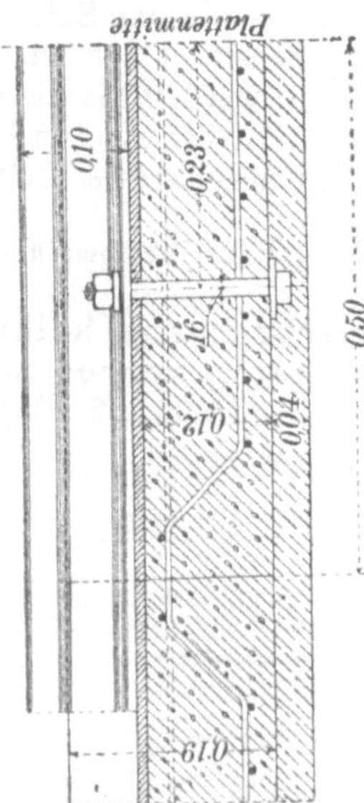

Abb. 203. Auflagerung von Straßenbahnschienen im Stampfasphaltpflaster auf Eisenbetonplatten.

Schiene auf den Beton abschwächen und außerdem geräuschdämpfend wirken soll.

Die **Herstellung der Unterbettung** geht in folgender Weise vor sich:

Zunächst wird das Gleis genau ausgerichtet und in seiner richtigen Höhenlage durch Holzklötze unterstützt. Sodann werden die mit dem Asphaltstreifen versehenen Platten oder Rinnenstücke unter die Schienen geschoben, durch Unterkeilen angehoben, durch Anziehen der Ankerschrauben fest unter die Schienen gepreßt und mit fettem Zementmörtel (1 : 2) 4—8 cm hoch aufs sorgfältigste unterstopft. Nachdem ihre Stoßfugen vergossen sind, wird der übrige Unterbettungsbeton eingebracht.

Ein derart verlegtes Gleis darf schon nach 2—3 Tagen befahren werden.

G. Straßenreinigung.

Der Staub und Schmutz der Stadtstraßen rührt von der Abnutzung der Straßenbefestigung durch den Verkehr, von Bodenteilchen, die von unbefestigten Flächen abgeweht werden, von dem durch Landfuhrwerke und Menschen von außen eingeschleppten Straßenschmutz, von den Abfällen undichter Wagen und von den Ausscheidungen der Pferde und sonstiger Tiere her.

Die Menge des Straßenstaubes und -schmutzes hängt, abgesehen von der mehr oder weniger großen Entfernung der Straßen von der Grenze der eigentlichen Stadt, hauptsächlich von der Verkehrsstärke, von der Güte des Befestigungsmaterials und von der Zahl, der Breite, dem Füllmaterial der Fugen ab.

Die Staub- und Schmutzmenge nimmt im allgemeinen in der Reihenfolge: Asphaltpflaster, Holzpflaster, Steinpflaster mit Fugenverguß, Steinpflaster ohne Fugenverguß, Steinschlagbahn zu. Das wirksamste Mittel zur Bekämpfung des Straßenstaubes und zur Verringerung des Straßenkehrichts besteht also in einer möglichst wenig sich abnutzenden und fugenlosen Straßenbefestigung.

Die Aufgabe der Straßenreinigung zerfällt in die Bekämpfung des durch Wind und Verkehr aufgewirbelten Staubes und in die Beseitigung des Straßenschmutzes.

I. Bekämpfung des Straßenstaubes.

I. Das gewöhnliche Mittel zum Festhalten des Staubes an der Straßenoberfläche ist das **Besprengen** der Straßen **mit Wasser.** Doch ist dies an heißen Sommertagen nur von kurzer Wirkung und muß deshalb häufig

Abb. 204. Vierrädriger Straßensprengwagen mit dreifach verstellbaren Brausekörpern an jeder Wagenseite, von Weygandt & Klein, Spezialfabrik für Gerätschaften zur Straßenreinigung, in Feuerbach-Stuttgart.

wiederholt werden, ist also infolge des hohen Wasserverbrauches nicht billig.

In den Städten von 50000—100000 Einwohnern stellt sich nach einer von Hache mitgeteilten Zusammenstellung der Wasserverbrauch durchschnittlich auf 115 l/m² im Jahr und betragen die jährlichen Kosten der Straßensprengung im Durchschnitt 2,5 ₰/m² ohne die Kosten für die Wasserbeschaffung, die zu 1—1,5 ₰/m² angenommen werden können.

Die heute gebräuchlichsten Sprengwagen tragen am hinteren Ende oder zwischen Vorder- und Hinterrädern eine oder zwei zylindrische Brausen, aus denen das Wasser rechtwinklig zur Fahrrichtung ausstrahlt (Abb. 204, 205). Die Brausen können vom Kutschersitz aus auf feine, mittlere und starke Besprengung eingestellt werden, außerdem meistens auch auf jede Sprengbreite bis 8 m, bei Einbau einer Druckvorrichtung (Weygandt & Klein in Feuerbach-Stuttgart) sogar bis auf 20 m.

II. Um den Wasserverbrauch einzuschränken, namentlich aber um auch bei Frost, bei dem sich Wassersprengungen von selbst verbieten, den Staub

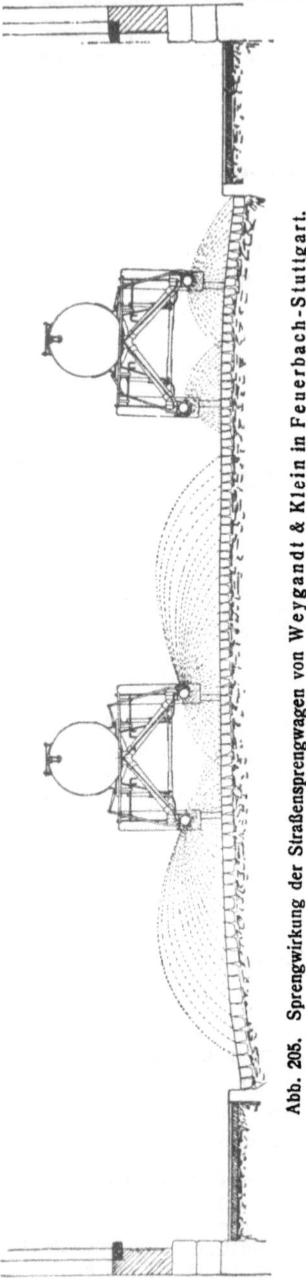

Abb. 205. Sprengwirkung der Straßensprengwagen von Weygandt & Klein in Feuerbach-Stuttgart.

an der Straßenoberfläche festzuhalten, verwendet man neuerdings besondere **staubbindende Mittel.**

1. **In Wasser lösliche Öle,** dem Sprengwasser beigemischt, bilden einen dünnen, den Staub mehrere Wochen bindenden Überzug auf Asphalt- und Holzpflaster.

Am besten hat sich „Westrumit" bewährt. In Berlin werden die Asphalt- und Holzpflasterstraßen im Jahre durchschnittlich $5^{1}/_{2}$ mal mit einer 1-prozentigen Lösung dieses Bindemittels besprengt, im übrigen nur mit Waschmaschinen abgewaschen und nicht mehr wie früher in der Zwischenzeit noch mit Wasser besprengt. Die jährlichen Kosten dieser Westrumitierung stellen sich auf 0,6 ℳ/m², während die Besprengung mit Reinwasser allein ohne die Kosten für die Wasserbeschaffung früher 7 ℳ/m² kostete. Auf Steinpflaster hat sich jedoch Westrumit nicht bewährt.

2. Die **Endlaugen der Kaliwerke,** auf die Straße gesprengt, binden den Staub dadurch, daß die in ihnen enthaltenen Salze, Chlormagnesium, Magnesiumchlorid, Wasser aus der Luft aufnehmen und die Straßendecke feucht erhalten. Ihre Wirkung dauert jedoch nur wenige Tage, auch werden sie durch Regen wieder abgewaschen, haben sich aber als frostbeständiges Sprengmittel bewährt.

In Berlin werden bei Frostwetter 1 Teil Chlormagnesium („Antistaubit") und 2 Teile Wasser schachbrettartig durch Sprengwagen über das Pflaster verteilt. 1 l genügt für 100 m² Fahrdammfläche. Die Kosten dafür stellen sich auf 1,1 ℳ. Mit dem Kehren darf aber erst $^{1}/_{2}$ Stunde nach dem Sprengen begonnen werden. Die Sprengung wird alle 3 — 4 Tage wiederholt.

3. Die **Ablaugen der Sulfitzellulosefabriken** ergeben, auf das Pflaster gesprengt, infolge der in ihnen enthaltenen kolloiden Stoffe, Lignin, Kohlehydrate, einen asphaltartigen, elastischen Überzug, der den Staub bindet und bei trockenem Wetter mehrere Wochen hält. Die Straße muß jedoch vorher gereinigt werden. Bei Regenwetter bildet sich allerdings Schlamm, der sich

aber nach Austrocknung bald wieder in den asphaltartigen Überzug verwandelt.

Als „Dusterit" kommt die Ablauge, nachdem die in ihr enthaltene schweflige Säure unschädlich gemacht ist, fast geruchlos und bis auf 10 % Wasser

konzentriert in den Handel. Es soll genügen, dem Sprengwasser 1—2%
für Asphalt- und Teerstraßen, 5—10% für Steinpflaster, 20% für Steinschlagbahnen zuzusetzen.

4. Zu den Mitteln der Staubbekämpfung ist auch die bereits unter E. II. 2. b)
S. 107—109 beschriebene **Oberflächen- und Innenteerung** zu rechnen.

Das Niederschlagen und Binden des Staubes genügt natürlich allein nicht.
Der sich stetig neu bildende Staub und Schmutz ist vielmehr in regelmäßigen
Zwischenräumen ganz zu beseitigen.

II. Beseitigung des Straßenschmutzes.

Die öffentliche Straßenreinigung erstreckt sich in vielen Städten nur auf
die Reinigung der Fahrdämme und etwaiger Mittelsteige, während die Reinigung der Seitensteige den Anwohnern obliegt. Eine gründliche Reinigung
aller Straßenteile ist jedoch nur durchführbar mit eingearbeiteten Reinigungs-
mannschaften, die von der Stadtverwaltung angestellt und beaufsichtigt werden.

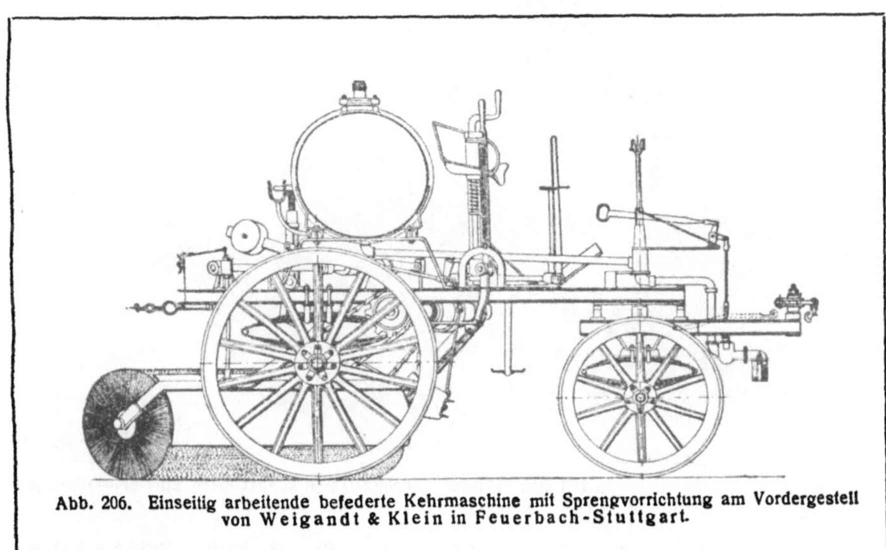

Abb. 206. Einseitig arbeitende befederte Kehrmaschine mit Sprengvorrichtung am Vordergestell
von Weigandt & Klein in Feuerbach-Stuttgart.

Die Reinigung der Stadtstraßen erfolgt je nach der Stärke des Verkehrs 1—7 mal wöchentlich.

Die Hauptreinigung wird bei starkem Verkehr, namentlich in Großstädten, nachts vorgenommen. Sie ist durch eine 1—2 malige Nachreinigung am Tage zu ergänzen. Straßen mit schwachem Verkehr, Nebenstraßen, können tagsüber, am besten in den frühen Morgenstunden,
gereinigt werden.

1. Zur Reinigung der **Steinpflaster- und Schotterstraßen** dienen in
der Hauptsache Kehrmaschinen mit Pferde- oder Kraftbetrieb und Handbesen rechteckiger Form aus Piassavafasern.

Die Kehrmaschinen tragen eine unter 45° gestellte Bürstenwalze aus Piassavafasern, die, vom Kutschersitz aus auf die Straßenfläche gesenkt, durch Zahnrad-

oder Kettentrieb von den Wagenrädern aus in Drehung versetzt wird und den Kehricht in einem seitlichen Kehrkamm aufhäufelt (Abb. 206). Neuere Kehrmaschinen haben eine vom Kutschersitz aus umstellbare Bürstenwalze, wodurch der Straßenkehricht je nach Bedarf rechts oder links abgesetzt werden kann und jeder leere Rückgang vermieden wird.

Die Kehrbreite beträgt rd. 2 m. Das Kehren geht in Streifen von der Straßenmitte nach den Seiten vor sich, so daß zum Schluß der Kehricht längs der Bordschwelle aufgehäuft ist. Er wird mit Schaufeln auf möglichst staubdichte Wagen (Abb. 207) geladen und abgefahren.

Vor dem Kehren muß die Straßenfläche besprengt werden. Es geschieht dies durch vorausfahrende Sprengwagen oder durch eine an der Kehrmaschine angebrachte Sprengvorrichtung.

Weygandt & Klein in Feuerbach-Stuttgart bauen Kehrmaschinen mit Wasserbehälter und Zylinderbrause am Vordergestell (Abb. 206) des Wagens oder an der Deichselspitze. Letztere Anordnung ist vorzuziehen, weil dabei dem Staub vor dem Kehren mehr Zeit bleibt, sich niederzuschlagen und zu binden.

Abb. 207. Kehricht-Abfuhrwagen mit sich selbsttätig öffnenden und schließenden Einschütt-Öffnungen von Weygandt & Klein in Feuerbach-Stuttgart.

Mit einer Kehrmaschine lassen sich in einer Stunde 5000—9000 m² Fahrdammfläche reinigen. Der Vorteil der Kehrmaschinen besteht gegenüber dem Kehren mit Handbesen hauptsächlich in der Schnelligkeit der Reinigung, weniger in Kostenersparnissen.

Bei unebenem Pflaster bleibt die Maschinenreinigung unvollkommen, starker Verkehr wird durch sie erheblich gestört, auf den Fußsteigen ist sie nur mittels Handkehrmaschinen durchführbar. In diesen Fällen wird deshalb das Kehren mit Handbesen, das auch häufig in den tagsüber gekehrten Nebenstraßen Anwendung findet, vorgezogen. Jedenfalls wird die Nachreinigung von Straßen mit starkem Verkehr, die am Tage erfolgt, fast nur mit Handbesen bewirkt. Die Leistung eines Arbeiters beträgt rd. 500 m² in der Stunde.

Der bei der Nachreinigung am Tage gesammelte Straßenkehricht wird in eisernen Sammelkästen (Abb. 208) oder in unterirdischen Sammelgruben aufbewahrt und nachts abgefahren.

2. **Asphalt- und Holzpflasterstraßen** werden nicht gekehrt, sondern abgewaschen.

Dazu dienen bei der Hauptreinigung **Waschmaschinen** mit Walzen aus Gummiplatten, die entweder noch zum Besprengen eingerichtet sind (Abb. 209) oder denen Sprengwagen vorausfahren.

Die Waschmaschinen arbeiten ebenso wie die Kehrmaschinen und schieben den aufgeweichten Straßenschmutz nach der Bordkante. Zur Nachreinigung werden **Hand-Gummischrubber** mit schräg gestellter Gummiplatte (Abb. 210)

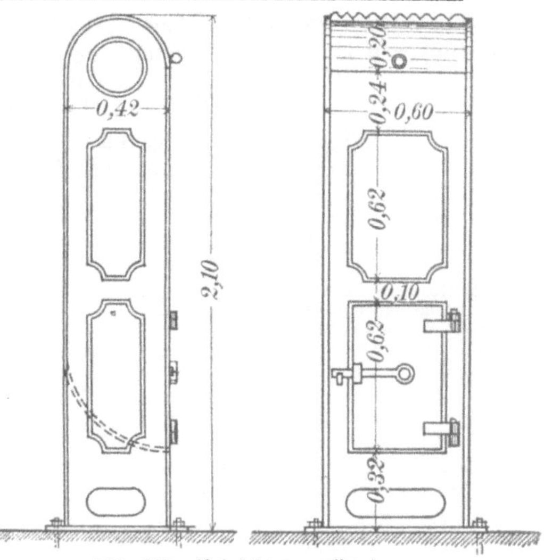

Abb. 208. Kehrichtsammelkasten.

benutzt, mit denen der vorher reichlich angenäßte Straßenschmutz durch eine Reihe Arbeiter, die sich schräg hintereinander folgen, zur Straßenrinne abgeschoben wird.

Kratzen nnd Schlammabzugmaschinen sind in Städten bei regelmäßiger Straßenreinigung entbehrlich, nur zum Reinigen der Spurrinnen der Straßenbahnschienen sind besondere **Handkratzen** (Abb. 211) in Benutzung.

3. Der **Straßenkehricht** wird entweder landwirtschaftlich verwertet oder mit dem Hausmüll zusammen in besonderen Müllverbrennungsanstalten

Abb. 209. Waschmaschine für Asphalt- und Holzpflaster von **Weygandt & Klein** in Feuerbach-Stuttgart.

verbrannt. Im ersten Falle darf er keinesfalls mit dem zur Düngung viel wertloseren Hausmüll vermischt werden.

Die Kehrichtmenge betrug 1910 in Bremen 9 l/m².

4. Die jährlichen **Kosten** der Straßenreinigung betragen nach Hache in den mittelgroßen Städten Deutschlands 7—44 $\mathscr{Pf}$/m², i. M. 21,5 $\mathscr{Pf}$/m².

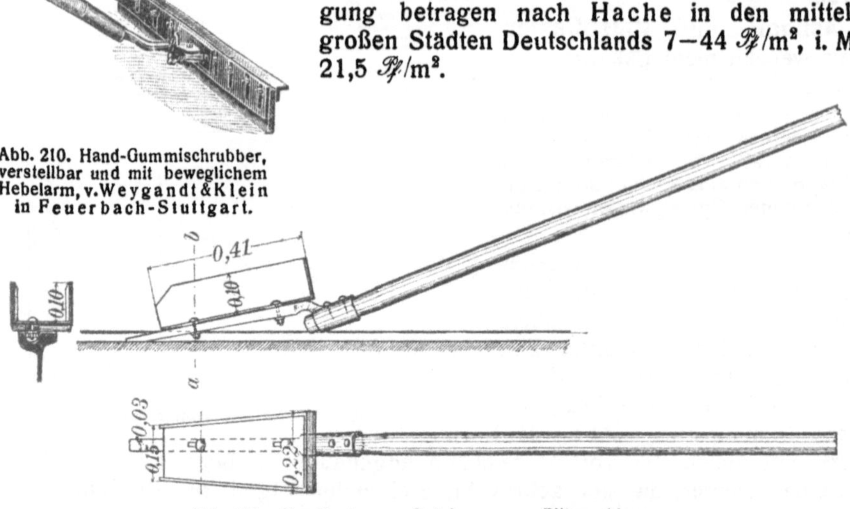

Abb. 210. Hand-Gummischrubber, verstellbar und mit beweglichem Hebelarm, v. Weygandt & Klein in Feuerbach-Stuttgart.

Abb. 211. Handkratze zur Reinigung von Rillenschienen.

In Leipzig kostete die Reinigung von 1 m² Steinschlagbahn rd. 11 $\mathscr{Pf}$, Steinpflaster rd. 22 $\mathscr{Pf}$, Asphalt- und Holzpflaster rd. 53 $\mathscr{Pf}$, in Charlottenburg die von Asphaltpflaster 35 $\mathscr{Pf}$/m² im Jahre. Nach Nier verhalten sich in Dresden die Reinigungskosten von Fußsteig, Steinschlagbahn, Steinpflaster, Asphaltpflaster ungefähr wie 1 : 3 : 6 : 12.

III. Beseitigung von Schnee und Eis.

1. Zum Freimachen des Fahrdammes von Schnee dienen **Schneepflüge** mit schräggestellten Schaufelplatten, die den Schnee nach der Seite schieben (Abb. 212).

2. Der **Schnee** wird am einfachsten in die vorhandenen öffentlichen Gewässer und, wo solche zu weit entfernt sind, in die **Entwässerungskanäle** geworfen, wo er in dem warmen Wasser bald schmilzt.

Um Verstopfungen der Kanäle zu verhüten, dürfen jedoch nicht zu große Schneemassen auf einmal in einen Einsteigeschacht geworfen werden, muß die eingeworfene Schneemenge in einem angemessenen Verhältnis zu der durchfließenden Wassermenge stehen. Pumpwerke und Reinigungsanlagen sind vor einer Störung des Betriebes durch ankommende ungeschmolzene oder gar vereiste Schneemassen durch eine Zone von 350 bis 700 m, innerhalb der kein Schnee in die Kanäle geworfen werden darf, zu schützen, ebenso Düker vor einer Verstopfung durch eine Sicherungsstrecke von 100—200 m.

Auf Plätzen legt man über großen Kanälen auch besondere **Schneeinwürfe** und unterirdische Kanalkammern an, in denen Arbeiter den eingeworfenen Schnee verteilen und durch Besprengen mit Wasserleitungswasser schnell zum Schmelzen und Abschwimmen bringen (vgl. III. Teil „Stadtent-wässerung“: Abb. 59 S. 74).

Die Verunreinigung der Gewässer und des Abwassers durch schmutzigen Schnee ist unbedeutend. Die Verschmutzung des Schnees beträgt nach Berliner Feststellungen im Durchschnitt nur $3\,^0/_0$.

3. Bei **Glatteis** und **Frost** mit Schnee sind die Fußsteige mit Sand oder Asche abzustumpfen, was aber überall den Anwohnern obliegt. Nur Mittelsteige, Straßenübergänge und Parkwege müssen städtischerseits mit Sand bestreut werden.

Zur Ermöglichung des Straßenbahnbetriebes bei Schnee wird Viehsalz zum Auftauen von Schnee und Eis mittels besonderer **Salzstreuwagen** auf die Schienen gestreut. Die Salzlake greift aber die Schuhsohlen an.

Abb. 212. Schneepflug (System Stadt Stuttgart) von Weigandt & Klein in Feuerbach-Stuttgart.

Zum Auftauen vereisten Schnees hat sich in Berlin eine Mischung von gleichen Teilen **Chlormagnesium** und Wasser bewährt, wodurch die Räumungsarbeiten um $^2/_3$ der sonst nötigen Zeit abgekürzt wurden.

Wird das Straßenpflaster im Winter mit Chlormagnesium („Antistaubit“) behandelt (G. I. S. 166), so friert nach Szalla der Schnee nicht an das Pflaster an und läßt sich mit Schneepflügen oder eisernen Handkratzen leicht auf die Seite schieben.

4. Die **Kosten** der Schneebeseitigung betragen nach Angaben von Szalla in einigen Großstädten Deutschlands 0,37—1,13 $\mathscr{M}/\mathrm{m}^3$, sie sanken in Berlin von 1,50 $\mathscr{M}/\mathrm{m}^3$ bei der früher üblichen Abfuhr infolge der Benutzung der Entwässerungskanäle auf 0,65 $\mathscr{M}/\mathrm{m}^3$.

Benutzte und empfehlenswerte Werke.

J. Stübben, „Der Städtebau". Handbuch der Architektur: IV. Teil, 9. Halbband. Leipzig, Alfred Kröner.

E. Genzmer, „Die städtischen Straßen". Der städtische Tiefbau: I. Band. Stuttgart, Arnold Bergsträßer.

Camillo Sitte, „Der Städtebau nach seinen künstlerischen Grundsätzen". Wien, Carl Gräser & Co.

Fritz Schumacher, „Die Kleinwohnung". Band 145 der Sammlung „Wissenschaft und Bildung". Leipzig, Quelle & Meyer.

Alfred Abendroth, „Die Aufstellung und Durchführung von amtlichen Bebauungsplänen". Berlin, Carl Heymanns Verlag.

Raymond Unwin, „Grundlagen des Städtebaues", aus dem Englischen übersetzt von L. Mac Lean. Berlin, Otto Baumgärtel.

R. Baumeister, „Städtisches Straßenwesen und Städtereinigung". Handbuch der Baukunde. Abt. III. 3. Heft. Berlin, Ernst Toeche.

H. Chr. Nußbaum, „Die Hygiene des Städtebaus". Leipzig, G. J. Göschensche Verlagshandlung.

„Städtebauliche Vorträge" aus dem Seminar für Städtebau an der Technischen Hochschule zu Berlin, herausgegeben von den Leitern des Seminars Joseph Brix und Felix Genzmer. Berlin, Wilhelm Ernst & Sohn.

Ferner die Zeitschriften:

„Technisches Gemeindeblatt", herausgegeben von Prof. Dr. H. Albrecht. Berlin, Carl Heymanns Verlag.

„Der Städtebau", begründet von Theodor Göcke und Camillo Sitte. Berlin, Ernst Wasmuth.

„Zeitschrift des Verbandes Deutscher Architekten- und Ingenieur-Vereine", Berlin, Kommissionsverlag von Julius Springer.

Additional material from *Der Städtische Tiefbau,*
ISBN 978-3-662-40721-9 (978-3-663-15579-9_OSFO1),
is available at http//extras.springer.com

I. Allgemeines über Wasserversorgungen.

Die Aufgabe einer guten Wasserversorgung besteht darin, das für den menschlichen Bedarf erforderliche Wasser aus den besten verfügbaren Quellen zu beschaffen, nötigenfalls zu reinigen, in Hochbehälter zu leiten und von da mittels natürlichen Druckes durch ein Rohrnetz den Verbrauchern zuzuführen. Besonders wichtig für die Wohlfahrt der Bevölkerung ist eine gemeinsame, einheitliche und allgemeine Wasserversorgung in dichtbebauten Ortschaften, wo es nur auf diese Weise möglich ist, den Bewohnern jederzeit gutes Wasser bequem und billig in reichlicher Menge zur Verfügung zu stellen.

Nur bei der Abgabe dieses wichtigen menschlichen Lebensmittels von einer Stelle aus ist eine stete sachverständige Untersuchung und Überwachung des Wasserverbrauchs durchführbar, und nur hierdurch können etwaige Verunreinigungen und Krankheitskeime rechtzeitig erkannt, geeignete Maßnahmen gegen drohende Wasserverschlechterungen getroffen und die Einwohner vor Erkrankungen geschützt werden. Es ist daher erklärlich, daß sich nach Einführung einer gemeinsamen Wasserversorgung die Gesundheitsverhältnisse der Bevölkerung erheblich bessern und die Sterblichkeit zurückgeht, wie in zahlreichen Fällen statistisch nachgewiesen werden konnte.

Derartige umfangreiche Wasserversorgungsanlagen sind nun nicht etwa Erscheinungen der neueren Zeit. Schon vor Jahrtausenden sind solche Werke in China, Ägypten, Assyrien, Babylonien, Palästina und besonders im alten Rom angelegt worden, und ihre zahlreichen, bis auf die Gegenwart erhaltenen Reste erregen noch heutzutage unsere Bewunderung. Allerdings blieb es erst der neueren Zeit vorbehalten, die Einrichtungen so zu vervollkommnen, daß jeder auch in den höchstgelegenen Stockwerken jederzeit mühelos gutes Wasser entnehmen kann.

II. Wasserbedarf.

a) Wasserverbrauch im einzelnen.

Die Größe der für eine Ortschaft erforderlichen Wassermenge wird entweder nach dem für einzelne Zwecke erforderlichen Verbrauch oder nach dem auf jeden Einwohner entfallenden Durchschnittsbedarf berechnet. Da letzterer nach den Lebensgewohnheiten, der Wohlhabenheit, der gewerblichen Tätigkeit, der Art der Wasserbezahlung und der Einwohnerzahl sehr verschieden ist, so empfiehlt sich für kleinere Anlagen diese Berechnungsweise nicht. Die genaue Ermittelung des Bedarfs für die verschiedenen Zwecke ergibt dann zuverlässigere Werte, da hierbei die besonderen Bedürfnisse eines Ortes am sichersten berücksichtigt werden können.

Man rechnet dann:

1. Für jeden Einwohner zum Trinken, Kochen, Waschen und Reinigen der Wäsche und der Wohnung einen Tagesverbrauch von . . . . 50 l
2. für ein Stück Großvieh einen Tagesverbrauch von . . . . 50 l
3. für ein Stück Kleinvieh einen Tagesverbrauch von . . . . 15 l
4. für die Schlachtung eines Stückes Großvieh . . . . 400 l
5. für die Schlachtung eines Stückes Kleinvieh . . . . 200 l
6. für ein Wannenbad . . . . 350 l
7. für ein Brausebad . . . . 35 l
8. für eine Abortspülung . . . . 15 l
9. für Feuerlöschzwecke auf einen Hydranten in der Sekunde . . . . . 5 l
10. für Besprengung der Straßen, Höfe und Gärten auf 1 qm . . . . . . 1,5 l

Bei der Berechnung nach dem Durchschnitt nimmt man für jeden Einwohner an:

a) in Dorfschaften und kleinen Landstädten bis zu 5000 Bewohnern einen Tagesverbrauch von . . . . 50— 60 l
b) in mittleren Städten einen Tagesverbrauch von. . . . . 70— 80 l
c) in großen Städten einen Tagesverbrauch von . . . . 100—120 l

Nach der preußischen Anweisung vom 23. April 1907 wird in großen und mittleren Städten ein Bedarf von durchschnittlich täglich 100 l für 1 Einwohner, in Landgemeinden von 50 l für 1 Einwohner, 50 l für 1 Stück Großvieh und 15 l für 1 Stück Kleinvieh gerechnet. Letztere Zahlen sind auch nach dem Fragebogen der preußischen Landesanstalt für Wasserhygiene als ausreichend, d. i. als höchster Tagesbedarf, nicht als Durchschnittsbedarf für Landgemeinden anzunehmen.

Umfangreiche Gewerbebetriebe und sonstige Abnehmer größerer Wassermengen sind außerdem besonders zu berücksichtigen.

b) Verbrauchsschwankungen.

Der Wasserverbrauch findet nicht gleichmäßig statt, sondern er ist starken Schwankungen unterworfen. An heißen Tagen wird mehr Wasser verbraucht als an kalten, an Sonntagen weniger als an Werktagen, in den Vormittagsstunden mehr als in den Abend- und Nachtstunden. Ein klares Bild der Verbrauchsschwankungen geben deren zeichnerische Darstellungen (Abb. 1 bis 3).

Erfahrungsgemäß ist der **stärkste Tagesverbrauch** Q_{max} **gleich dem** $1^{1}/_{2}$**fachen durchschnittlichen Tagesverbrauch** Q, der aus der Wasserabgabe sämtlicher Tage eines Jahres ermittelt wird, also $Q_{max} = 1,5\,Q$; da auch am Tage des stärksten Bedarfs ausreichende Wassermengen vorhanden sein müssen, so ist der stärkste Tagesverbrauch Q_{max} maßgebend für die Leistung der Quelle oder der sonstigen Wasserzuflüsse und für die Bemessung des Pumpwerks und der Zuleitungen von der Schöpfstelle bis zum Hochbehälter.

Auch in den verschiedenen Stunden eines Tages verläuft die Wasserabgabe nicht gleichmäßig. **Der stärkste Stundenverbrauch** q_{max} **beträgt das** $1^{1}/_{2}$**fache des durchschnittlichen Stundenverbrauchs**, der sich ergibt zu $q = \frac{Q}{24}$, mithin

$$q_{max} = 1,5\,q = 1,5\,\frac{Q}{24}.$$

Da dies auch an dem Tage der Fall ist, an welchem der stärkste Tagesverbrauch Q_{max} stattfindet, so wird der stärkste Stundenverbrauch im ganzen Jahre

$$q_{max} = \frac{1,5\ Q_{max}}{24} = \frac{1,5 \cdot 1,5\ Q}{24} = \text{rd.}\ \frac{Q}{10}$$

sich ergeben, d. h. der stärkste Stundenverbrauch ist $= \frac{1}{10}$ des durchschnittlichen Tagesverbrauchs Q anzunehmen. Mithin wird auf den Einwohner ein stärkster Stundenverbrauch zu rechnen sein:

a) in Dorfschaften und kleinen Landstädten bis zu 5000 Bewohnern von . . . 5— 6 l
b) in mittleren Städten von . . . 7— 8 l
c) in großen Städten von . . . 10—12 l

Für diesen Verbrauch ist das Rohrnetz zu berechnen, wenn die Feuerlöschmenge nicht größere Lichtweiten ergibt. Auch innerhalb der einzelnen Stunden finden noch Schwankungen statt, doch sind sie ohne wesentlichen Einfluß auf die Wasserentnahme, da bei plötzlichen Verbrauchssteigerungen lediglich die Zapfzeiten etwas verlängert werden.

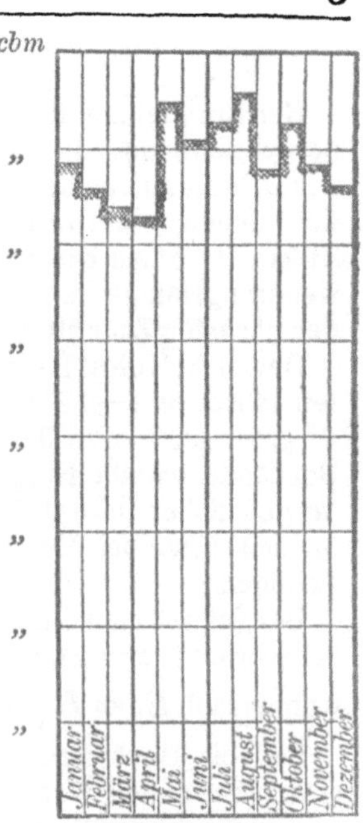

Abb. 1. Wasserverbrauch der Stadt Magdeburg im Jahre 1907.

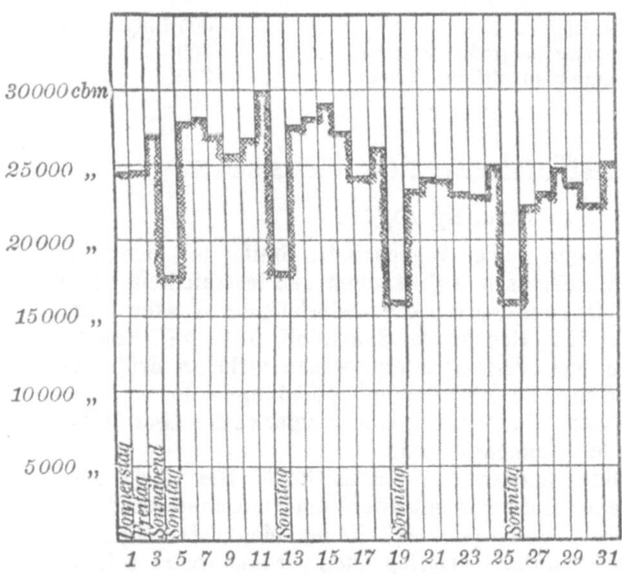

Abb. 2. Wasserverbrauch der Stadt Magdeburg im August 1907.

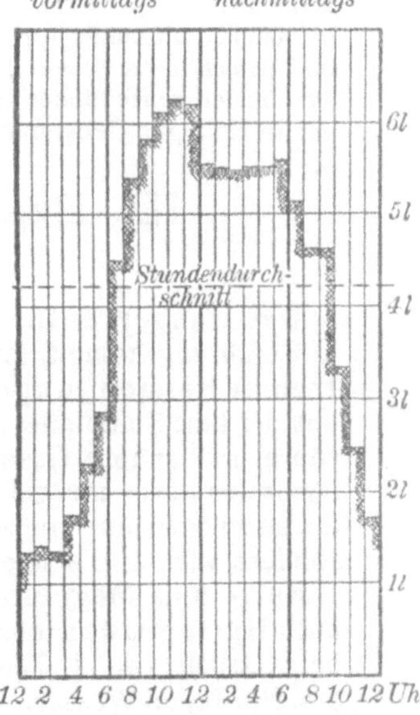

Abb. 3. Wasserverbrauch eines Einwohners in den verschiedenen Tagesstunden.

1*

c) Einwohnerzahl.

Bei Ermittelung der Einwohnerzahl ist die Bevölkerungszunahme zu berücksichtigen, damit das Werk von vornherein für eine längere Reihe von Jahren ausreicht. Anlagen, welche nur mit großen Kosten erweitert werden können, wie Hochbehälter und Zuleitungen, sind auf eine fernere Zukunft, etwa bis zu 25—30—40 Jahren, zu berechnen; leicht erweiterungsfähige Teile, wie Maschinen, Brunnen, Filter u. dgl. sind nur der nächsten Zukunft anzupassen, so daß sie etwa für 15—20 Jahre genügen.

Der jährliche Bevölkerungszuwachs schwankt in deutschen Städten zwischen 1—12%. Er kann im Durchschnitt für kleine Städte zu 1 bis 2%, für größere zu 3—4% angenommen werden. Außerdem sind besondere Umstände, wie die Eingemeindung von Vororten, Gründung gewerblicher und bergbaulicher Unternehmungen, Anlage von Kanälen, Häfen, Straßen, Eisenbahnen usw. bei Vermehrung der Bevölkerung entsprechend zu berücksichtigen.

Bezeichnet man mit E die gegenwärtige Einwohnerzahl, mit p den jährlichen Bevölkerungszuwachs in %, so ergibt sich nach n Jahren eine Einwohnerzahl $E_n = E\left(1,00 + \dfrac{p}{100}\right)^n$.

Soll die Bevölkerung für ein noch ganz oder teilweise unbesiedeltes Gebiet ermittelt werden, wie es für neuherzustellende Straßen in Außenbezirken vorkommt, so wird zunächst die von dem Wasserrohr zu versorgende Fläche berechnet, dann die auf 1 ha anzunehmende Kopfzahl geschätzt und hiernach die Gesamteinwohnerzahl bestimmt. Allgemein nimmt man auf 1 ha an:

bei dichter altstädtischer Bebauung . . . . 400 Einwohner,
bei dichter neuzeitlicher Bebauung in großen Städten . . . . . 300　　„
bei dichter neuzeitlicher Bebauung in kleinen Städten . . . . 200　　„
bei weitläufiger Bebauung . . . . 100　　„

III. Beschaffenheit des Wassers.

a) Verunreinigungen.

Das Wasser enthält wegen seiner Eigenschaft, Stoffe, mit denen es in Berührung kommt, leicht aufzulösen, aufzusaugen und festzuhalten, stets fremde Beimengungen. Das aus den Wolken niederfallende Wasser nimmt aus der Luft Staubteile, Bakterien, Rauchgase, Sauerstoff, Stickstoff, Kohlensäure und andere Gase auf und vermag infolgedessen viele im Erdboden lagernden kalk-, mergel-, eisen- und salzhaltigen Verbindungen um so leichter aufzulösen und mitzuführen. Für Wasserversorgungszwecke sind insbesondere wichtig die folgenden Beimengungen:

Kalk- und Magnesiasalze machen das Wasser **hart.** Die Härte wird nach Härtegraden bestimmt, und zwar entspricht ein deutscher Härtegrad dem Gehalt von 1 Teil Kalk, CaO, oder 0,7 Teilen Magnesia, MgO, in 100 000 Teilen Wasser. Wasser unter 10 Härtegraden wird als weich, solches von mehr als 20 Härtegraden als hart bezeichnet. Unter Umständen verliert das Wasser bei längerem Stehen einen Teil seiner Kalksalze, man spricht dann von vorübergehender Härte im Gegensatz zur bleibenden Härte. Unter Gesamthärte versteht man die Summe beider.

Grundwasser aus Kalk-, Mergel- oder Dolomitschichten ist stets hart. Sehr hartes Wasser ist als Trinkwasser nicht bekömmlich und für viele Gewerbebetriebe, besonders zur Speisung der Dampfkessel ungeeignet. Durch chemische Zusätze, z. B. Ätzkalk (CaO) und Soda (Na_2CO_3), kann der Kalkgehalt vermindert werden, doch ist dieses Verfahren bisher nur für gewerbliche Einzelbetriebe, nicht aber für ganze Wasserwerke durchführbar gewesen.

Stickstoffhaltige Auflösungen sind stets bedenklich, da sie meistens durch Verwesung organischer Abfälle entstanden sind. Treten daher neben Stickstoffverbindungen organische Beimengungen auf, so kann stets auf das Vorhandensein fauliger Zersetzung geschlossen werden. Ammoniak, salpetrige Säure und Salpetersäure würden in geringen Mengen an sich zwar dem menschlichen Körper nichts schaden, wohl aber können die begleitenden, durch Fäulnis entstandenen Giftstoffe Erkrankungen hervorrufen. Deshalb sollte die chemische Untersuchung auf Ammoniak und die übrigen oben genannten Stickstoffverbindungen in größeren Wasserwerken alltäglich, in kleineren wenigstens wöchentlich vorgenommen werden.

Eisen kommt im Grundwasser als gelöstes Eisenoxydul, FeO, in Norddeutschland vielfach vor. Es ist zwar nicht gesundheitsgefährlich, aber für viele gewerbliche Betriebe überaus schädlich. Durch Luftzutritt verwandelt sich das lösliche Oxydul in das unlösliche Oxyd, $2FeO + O = Fe_2O_3$; dieses scheidet sich aus dem Wasser ab, setzt sich in den Rohrleitungen, an den Gefäßen, an der Wäsche usw. fest und ruft häßliche braune Flecke und Überzüge hervor. Auch wird durch Eisenoxydul die Verbreitung gewisser Algen begünstigt, welche die Rohrleitungen mit der Zeit völlig verstopfen können. Da aber die Ausscheidung des Eisens sich auf den Wasserwerken leicht durchführen läßt, so kann eisenhaltiges Wasser unbedenklich für Wasserversorgungen verwendet werden.

Mangan tritt in sehr wechselnden Mengen, bis zu 100 mg im Liter Wasser, als Bikarbonat und Sulfat auf, doch sind die Fälle mit besonders hohem Mangangehalt verhältnismäßig selten. Mangan ist nicht gesundheitsschädlich, verursacht aber ähnliche Mißstände wie das Eisen (Trübungen, Flockenbildungen durch ausgeschiedenes Manganoxyd und Wucherungen von Algen). Die Ausscheidung des Mangans gelingt schwieriger als die des Eisens und hat vereinzelt, z. B. in Breslau, zeitweise erhebliche Mißstände hervorgerufen. Wo durch Belüftung und Filterung des Wassers das Mangan nicht ganz ausgeschieden werden kann, müssen chemische Fällungsmittel verwendet werden, z. B. Permutit in Bernburg und Glogau.

Chlor, Schwefelsäure und freie Kohlensäure kommen auch in gutem Wasser vielfach vor; sie sind jedoch in den geringen Mengen nicht nachteilig. Treten Schwefelverbindungen und Kohlensäure in stärkerem Maße auf, so wird Beton leicht angegriffen, und müssen Schutzmittel angewendet werden, unter denen sich besonders das von den Farbenfabriken Rosenzweig & Baumann in Kassel hergestellte asphaltartige Nigrit gut bewährt hat. Auch auf Blei, Eisen, Kupfer, Zink wirkt freie Kohlensäure auflösend; schon einige mg CO_2 im l können metallangreifend wirken, namentlich bei weichem Wasser.

Besitzt jedoch ein Leitungswasser die Eigenschaft, mit der Zeit an der Innenwandung der Rohre einen feinen Belag von kohlensaurem Kalk zu erzeugen, so schützt dieser Überzug das Metallrohr in praktisch ausreichendem Maße vor der Einwirkung der freien Kohlensäure. Wie Prof. Klut nachgewiesen hat, bildet sich dieser Schutzüberzug bei Wasser mit einer Karbonathärte von 7 deutschen Härtegraden an aufwärts. Zuweilen wird ein solcher Schutzüberzug auch durch andere Bestandteile, z. B. durch organische Stoffe, Eisenocker oder auf biologischem Wege, z. B. durch Gallertbakterien hervorgerufen.

Bakterien sind in zahlreichen Arten überall, in der Luft, im Staube, im Erdboden und im Wasser verbreitet. Sie gehören zu den Spaltpilzen und vermehren sich ungeheuer rasch durch Teilung, die unter günstigen Verhältnissen schon in Zwischenzeiten von 30 Minuten erfolgt, so daß aus einem einzigen Keim nach 10 Stunden bereits 1 Million hervorgegangen sein könnte. Neben vielen unschädlichen Bakterien sind zahlreiche Arten als gesundheitsgefährlich festgestellt worden, wie die bei Ansteckungskrankheiten auftretenden, die sog. pathogenen Bakterien, welche als die eigentlichen Erreger gewisser Krankheiten angesehen werden. Wegen ihrer Kleinheit, die Länge einiger schwankt zwischen 0,02 und 0,0002 mm, ist die Unterscheidung der verschiedenen Arten noch sehr schwierig und zeitraubend. Erst dem Begründer der Bakteriologie, Geheimrat Prof. Koch, gelang es, auf besonders zubereitetem Nährboden Bakterien zu züchten, zu trennen, ihre Form und Gestalt, ihre Lebensbedingungen und ihren Einfluß auf Erkrankungen zu erforschen, so daß heutzutage die bei Cholera, Typhus, Ruhr, Schwindsucht und zahlreichen anderen Krankheiten auftretenden Bakterien unbedingt als die Erreger und nicht etwa als Begleiterscheinungen dieser Krankheiten angesehen werden müssen. Der Form nach unterscheidet man Stäbchenbakterien oder Bazillen, Kugelbakterien oder Mikrokokken und Schraubenbakterien oder Spirillen; s. Girndt, Bautechnische Chemie, Leipzig, Teubner, 1913, S. 52 u. 56.

Besonders groß ist der Bakteriengehalt in verunreinigtem Wasser, namentlich wenn organische Abfallstoffe darin enthalten sind. Diese geben einen äußerst günstigen Nährboden für die Entwickelung der Bakterien ab, so daß aus deren Zahl ohne weiteres auf die Größe der organischen Verunreinigung geschlossen werden kann. Deshalb bietet die laufende Feststellung des Bakteriengehaltes die Möglichkeit, Veränderungen in der Wasserbeschaffenheit zu erkennen, deren Ursachen nachzugehen, Fehler und Versehen im Betriebe der Wasserwerke aufzudecken, Verseuchungen und Verunreinigungen der Zuflüsse zu ermitteln und Maßnahmen dagegen zu treffen. Die bakteriologischen Untersuchungen des Wassers sind daher wichtiger als die chemischen und sollten dauernd auf jedem Wasserwerke angestellt werden.

Die Zählung erfolgt in der Weise, daß 1 ccm Wasser — etwa 14 Tropfen — mit einer keimfreien (sterilisierten), der Bakterienvermehrung günstigen Nährgelatine gut durchmischt, auf einer Glasplatte dünn ausgegossen und der Entwickelung in einem keimfreien Behälter überlassen wird. Nach 2 bis 3 Tagen kann die Zählung der Kolonien stattfinden, welche sich infolge der schnellen Vermehrung um jeden lebensfähigen Keim deutlich sichtbar gebildet haben.

b) Anforderungen an Trinkwasser.

Trinkwasser soll gesund und wohlschmeckend, farblos, geruchlos und klar sein und in ausreichender Menge zur Verfügung stehen. Ist letzteres nicht der Fall, so sind entweder zwei besondere Wasserleitungen anzulegen, die eine für die Versorgung mit Trinkwasser und die andere für die Zuführung von Brauchwasser für gewerbliche Betriebe, zur Straßenreinigung und Besprengung, zur Kanalspülung, zu Feuerlöschzwecken, zur Springbrunnenversorgung usw., oder aber es ist, falls Mangel an gutem Wasser nur ausnahmsweise für kurze Zeit in sehr trockenen Jahren zu befürchten ist, dann weniger gutes Wasser, z. B. solches aus Flüssen, zu Hilfe zu nehmen.

Gesundes Wasser darf weder schädliche Bestandteile noch Krankheitskeime enthalten. Es soll nicht zu hart sein, d. h. nicht über 25 Härtegrade besitzen und höchstens 2—3 Teile Chlor oder 8—10 Teile Schwefelsäure in 100000 Teilen Wasser enthalten. Ammoniak, Schwefelwasserstoff, Blei und Arsen sollen in nachweisbaren Mengen überhaupt nicht vorkommen. Der Bakteriengehalt soll möglichst niedrig sein. Völlig bakterienfreies Wasser gibt es nicht, und es wird Wasser mit 100 Keimen in 1 ccm im frischgeschöpften Zustande als unbedenklich angesehen. ·Krankheitserregende Bakterien darf Trinkwasser überhaupt nicht enthalten, doch ist der Nachweis hierfür zurzeit noch recht schwierig zu erbringen. Man begnügt sich mit der Zählung der gesamten Keime, in der Annahme, daß ein bakterienarmes Wasser stets besser sein wird als ein bakterienreiches.

Endlich soll das Wasser wohlschmeckend sein, d. h. es dar nficht salzig, brackig, moorig, abgestanden oder lau schmecken und muß eine angenehme, erquickende Frische besitzen, die am besten bekommt, wenn sie zwischen 7—12° liegt. Zu kaltes Wasser wirkt gesundheitsschädlich.

Herrschen Zweifel über die Ergiebigkeit und Eignung eines Wassers zur Versorgung einer Ortschaft, so empfiehlt es sich, bei der Staatlichen Landesanstalt für Wasserhygiene Berlin-Dahlem, Post Berlin-Lichterfelde 3, Ehrenbergstraße 38/42, sachverständigen und unparteiischen Rat einzuholen. Die Geschäftätigkeit dieser Behörde umfaßt auf dem Gebiete der Wasserversorgung folgende Angelegenheiten: die wissenschaftliche und technische Prüfung bestehender und neuer Verfahren der Wassergewinnung und Wasserreinigung, die Auskunftserteilung und Beratung auf Antrag von Staats- und Gemeindebehörden sowie von Privaten über bestehende oder geplante Wasserversorgungsanlagen, die wissenschaftlich-technische Prüfung des Betriebes von Wasserwerken und die Untersuchung von Wasserproben.

Geschäftsanweisungen, Gebührenordnungen, Fragebogen und Anweisung zur Entnahme von Wasserproben werden unentgeltlich abgegeben. Der „Fragebogen für die Wasserversorgung" gibt zugleich über alle für die Aufstellung von Wasserversorgungsentwürfen erforderlichen Unterlagen Auskunft, und er genügt ausgefüllt als Erläuterungsbericht. Ländlichen Gemeinden wird durch Erlaß des preußischen Landwirtschaftsministeriums vom 19. April 1905 I Cb 1293 empfohlen, sich wegen Beratung in Wasserversorgungsfragen an die Meliorationsbauämter zu wenden.

IV. Gewinnung des Wassers.

a) Vorkommen.

Das gesamte für Wasserversorgungen in Betracht kommende Wasser ist Niederschlagswasser, das in ewigem Kreislaufe auf und in unserer Erde in Bewegung ist. Die Niederschlagsmenge und die Verteilung der Niederschläge sind an den verschiedenen Orten der Erdoberfläche sehr verschieden. Sie hängen ab von der Temperatur, der Höhenlage, der Oberflächenbeschaffenheit und vom Pflanzenwuchs einer Gegend, ferner vom Untergrunde, von der herrschenden Windrichtung und der Jahreszeit.

Die Niederschlagsmenge wird bestimmt durch die Niederschlagshöhe, d. h. durch die Stärke des in einer bestimmten Zeit auf eine wagerechte Fläche gefallenen Niederschlages und wird gemessen durch Regenmesser oder Ombrometer: s. Fresow, Wasserbau, Leipzig, Teubner 1919.

In Deutschland entfallen von den Gesamtniederschlägen ungefähr 18 % auf den Winter, 22 % auf den Frühling, 36 % auf den Sommer und 24 % auf den Herbst. Im norddeutschen Tieflande beträgt die jährliche Niederschlagshöhe etwa 60 cm, in gebirgigen Gegenden mehr. Wie groß die im Boden durch Verdichtung von abgekühlten Wasserdämpfen entstehenden Niederschläge sind, entzieht sich der Beobachtung.

Von den gefallenen Niederschlägen verdunstet ein Teil, ein Teil versickert in die Erde und bildet dort mit dem im Erdboden niedergeschlagenen Wasser das Grund- und Quellwasser, und ein Teil fließt oberirdisch als Oberflächenwasser den Bächen, Flüssen, Strömen, Seen und Teichen zu. Das Maß der Verdunstung ist sehr verschieden. Es hängt ab von der Bodenart, der Geländegestaltung, dem Pflanzenwuchs, der Regenstärke, der Temperatur und der Luftbewegung.

Der Verlust durch Verdunstung und Aufsaugung durch Pflanzen wird im Durchschnitt etwa auf 30 % der gefallenen Niederschlagsmenge geschätzt. Ebensoviel rechnet man für Versickerung, die gleichfalls nach den Bodenarten und dem Pflanzenwuchs sehr verschieden sein kann.

Für Wasserversorgungen kommt in Betracht das Oberflächenwasser und Grund- und Quellwasser.

b) Gewinnung des Oberflächenwassers.

Das Oberflächenwasser hat schon als Niederschlag in der Luft, noch mehr aber beim Abfluß auf der Erdoberfläche Verunreinigungen aller Art, insbesondere in dichtbebauten Ortschaften aufgenommen und muß stets einer Reinigung unterworfen werden. Die Gewinnung geschieht in der Weise, daß entweder die Niederschläge unmittelbar aufgefangen und in Zisternen angesammelt werden, oder daß das Wasser den natürlichen Wasserläufen, Teichen oder Seen entnommen wird.

1. Zisternen.

Zisternen sind wasserdichte Behälter, die bei uns für Einzelniederlassungen in Betracht kommen. Für größere Versorgungsanlagen sind sie nicht geeignet. Sie werden da angelegt, wo der Boden nur sumpfiges, mooriges, salziges oder brackiges Wasser enthält, oder wo felsiger Untergrund die Anlage von Brunnen unmöglich macht, oder wo das Wasser in zerklüftetem oder Geröllboden in unerreichbare Tiefen versinkt. Die Menge des von den Dächern, gepflasterten Höfen oder sonstigen undurchlässig hergestellten Flächen gesammelten Wassers ist sehr bedeutend und beträgt im Jahre von 1 qm 300—600 l.

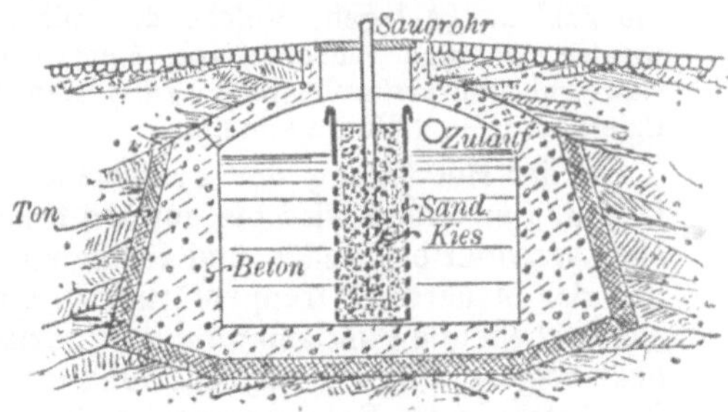

Soll das Wasser als Trinkwasser verwendet werden, so ist eine sorgfältige Reinigung durch Filtration vorzusehen. Das beste Wasser geben Zisternen, die ganz mit Sand oder Kies gefüllt sind, doch ist deren Fassungsraum, der nur dem Porengehalt der Füllmasse entspricht, erheblich geringer, die Anlage also teurer. Diesen Nachteil vermeiden die amerikanischen Zisternen, bei denen das durchbrochene Saugrohr in einem wenig Raum beanspruchenden, auswechselbaren senkrechten Filterkorb, ähnlich dem auf S. 27, Abb. 31 beschriebenen, eingebettet ist, so daß auch hierbei eine Filtration des Wassers stattfindet.

Zisternen werden aus wasserdichtem Mauerwerk oder Beton auf Tonschlag hergestellt und wasserdicht abgedeckt, überwölbt oder bei Abpflasterung mit Fugenverguß gedichtet. Über die Herstellung wasserdichten Mauerwerks s. S. 20. Ihre Größe wird so bemessen, daß der gesamte für die längsten regenlosen Zeiten erforderliche Bedarf aufgesammelt werden kann. Bei Filterzisternen ist der als Fassungsraum verbleibende Porengehalt der Sand- oder Kiesfüllung durch Versuche über die Porosität des Füllmaterials festzustellen. Man wiegt davon eine bestimmte Menge zuerst im erdfeuchten, sodann im nassen Zustande

Abb. 5. Amerikanische Zisterne.

ab und berechnet aus der Differenz beider Gewichte die Größe der Zwischenräume, wobei dem Gewicht von 1 kg der Inhalt von 1 l entspricht.

Werden die Auffangeflächen sauber gehalten, Verunreinigungen sorgsam ausgeschlossen und die Niederschläge filtriert, so vermag das aus gutangelegten, sorgfältig unterhaltenen, sauberen Zisternen geschöpfte Wasser wohl zu befriedigen, wenn es auch den Wohlgeschmack von Grundwasser nicht erreicht.

2. Sammelteiche.

Ähnlich der vorgenannten Versorgung ist die bereits seits Jahrtausenden bekannte Aufspeicherung des Wassers in Sammelteichen. Sie kommt vielfach dort zur Ausführung, wo das Wasser kleiner Bäche oder Flüsse nicht ausreicht, um den Bedarf in trockenen Zeiten sicher zu decken.

Hierbei wird durch Absperrung eines von Wasserläufen durchzogenen Tales mittels einer Talsperre aus Erde oder Mauerwerk ein Sammelbecken geschaffen, in dem die Zuflüsse von oberhalb gesammelt und für regenarme Zeiten aufgespeichert werden. Von der gesamten Niederschlagsmenge können je nach dem Untergrunde, dem Gefälle und der Größe des Niederschlagsgebietes und dessen Bepflanzung 30—90% aufgesammelt werden.

Für Trinkwasserversorgungsanlagen sind am besten geeignet Sammelteiche in unbesiedelter, einsamer, waldiger, bergiger Gegend mit hohen festen Talwänden und undurchlässigem, nicht zerklüftetem Untergrunde. Einzelne unreine Zuflüsse können durch Seitengräben abgefangen, längs des Teichrandes am Talhang entlang nach unterhalb abgeleitet und so vom Sammelteich ferngehalten werden. Für die Talsperre ist eine möglichst enge Stelle des Tales auszuwählen, wo eine sichere Gründung des Bauwerkes ausführbar und der Untergrund geeignet ist, die Pressungen des Wassers und der Sperre auf die Dauer zu ertragen.

Talsperren sind Bauwerke, auf welche gewaltige Kräfte einwirken, und groß ist die Zahl der Anlagen, welche dem nicht standgehalten haben, sondern zerstört wurden, wodurch Tausende von Menschen ihr Leben eingebüßt haben, und viel Hab und Gut verloren ging. Talsperren bedürfen daher sorgsamster Wartung, Unterhaltung und Überwachung.

Bei der Herstellung der Sperrmauer ist mit der größten Sorgfalt zu verfahren. Der Grund wird bis auf den festen, gesunden Fels unter Beseitigung aller verwitterten Stellen und Reinigung aller Klüfte und Spalten freigelegt und das Mauerwerk treppenförmig in die möglichst senkrecht zur Drucklinie auszuarbeitende Fundamentfuge eingeklaut. Das Mauerwerk wird aus wetterbeständigem, festem, möglichst undurchlässigem und schwerem Gestein als Bruchstein- oder Betonmauerwerk in hydraulischem Mörtel ausgeführt. Am besten ist ein gleichmäßig hochgeführtes Mauerwerk in unregelmäßigem Steinverbande ohne durchgehende Schichten aus lagerhaften, möglichst großen Steinen, von denen einzelne Binder bis zu 0,4 cbm Inhalt erwünscht sind. Können die Steine an der Baustelle gewonnen werden, so wird der Steinbruch gewöhnlich oberhalb der Sperre an den Talhängen angelegt. Bei geschichtetem Gestein ist dann ein größerer Abstand von der Mauer einzuhalten, damit nicht ein Durchsickern des Wassers durch das Gestein nach unterhalb der Sperre eintreten kann. Als Mörtel hat sich bei den von Prof. Geheimrat Intze ausgeführten Talsperren bewährt eine Mischung von 1 Teil Zement, $\frac{1}{2}$ Teil Kalkbrei und 5 Teilen Sand sowie von 1 Teil Fettkalkbrei, $1\frac{1}{2}$ Teil Traßmehl und $1\frac{3}{4}$ Teilen Sand, wobei der Kalkbrei min-

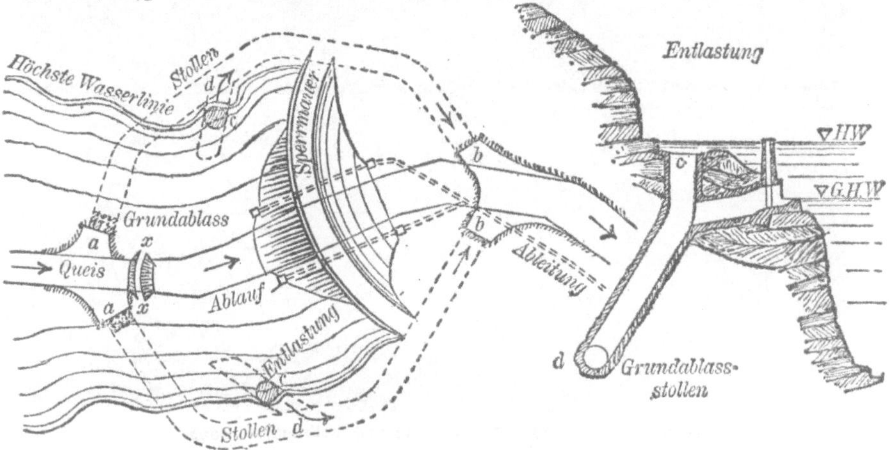

Abb. 6. Queistalsperre bei Marklissa.

destens 6 Wochen gesumpft sein muß. Traßmörtel hat den Vorteil des langsameren Abbindens, aber den Nachteil, daß die volle Festigkeit nur bei andauernder Naßhaltung erreicht wird, wodurch der Mörtel poröser wird. Zur Erzielung größerer Wasserdichtigkeit wird das Mauerwerk an der Wasserseite mit Zementmörtel im Mischungsverhältnis 1 : 1 geputzt und die Putzfläche mit einem Gemisch von Goudron und Holzzement gestrichen. Diese Dichtungsfläche wird unten durch eine Anschüttung fetten Bodens, darüber durch eine Bruchsteinverblendung geschützt, die mit stehender Verzahnung in das Mauerwerk einbindet. Die Grundrißform ist stets bogenförmig, mit der hohlen Seite talwärts gerichtet, so daß etwaige durch Wärmeschwankungen entstandene Risse durch den Wasserdruck wieder geschlossen werden. Die Mauerkrone ist mindestens 1 m über den höchsten Wasserstand hochzuführen.

Ist felsiger Untergrund nicht vorhanden, so müssen Erddämme aufgeführt werden. Jede Talsperre erhält einen selbsttätigen Flutauslaß, der so zu bemessen ist, daß bei gefülltem Becken ein heftiger Niederschlag aus dem gesamten Entwässerungsgebiet vollständig abgeführt werden kann, außerdem noch einen Grundablaß zur Leerung des Beckens und die Abflußleitung.

Bei der Queistalsperre oberhalb von Marklissa findet die Entlastung durch zwei teilweise mit Blechplatten auspepanzerte Stollen statt — Abb. 6, *cdb*, — die im festen Fels der Talhänge die Sperrmauer umgehen und auch als Grundablaß — *adb* — zum völligen Entleeren des Beckens benutzt werden können. Während des Baues der Sperrmauer dienten die Stollen *ab* zum Abfluß des Queiswassers, das durch die kleine Sperre *x* aufgestaut und von der Baustelle ferngehalten wurde.

Abb. 7. Ansicht gegen die Talsperre und Stollenausmündung.

Die Beschaffenheit des durch Talsperren aufgespeicherten Wassers, das aus Grundwasser, Bachwasser und unmittelbar zugelaufenem Wasser besteht, erfährt durch chemische und physikalische Vorgänge sowie durch den Einfluß von Tier- und Pflanzenleben eine wesentliche Verbesserung. Die verschiedenen Wasserarten vermischen sich miteinander, organische Stoffe werden oxydiert oder verzehrt, andere Stoffe sinken unter und schlagen sich nieder, so daß eine Klärung eintritt, die um so besser wird, je größer der Fassungsraum ist. In tiefem Wasser nimmt der Bakteriengehalt nach unten sehr stark ab, das Wasser bleibt frisch und ist klar und wohlschmeckend. Wasser aus gut angelegten, günstig gelegenen, vor Verunreinigungen geschützten, sorgfältig überwachten, tiefen Sammelteichen kann daher ohne weiteres als Trinkwasser verwendet werden. Sind aber Verunreinigungen nicht mit Sicherheit fernzuhalten, so muß das Wasser einer künstlichen Reinigung auf Rieselwiesen oder durch Sandfilter unterzogen werden.

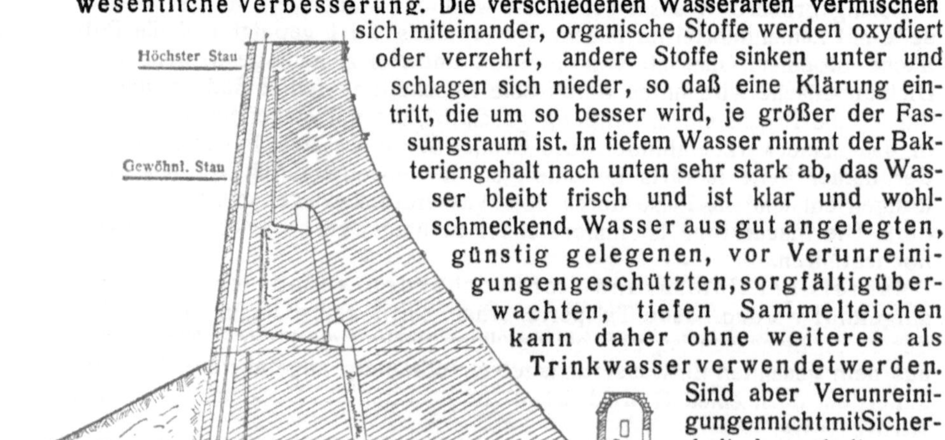

Abb. 8. Querschnitt der Sperrmauer.

3. Natürliche Seen.

Wie in Sammelteichen tritt durch dieselben Ursachen auch in natürlichen Seen eine Verbesserung des Wassers ein, so daß die Abflüsse klar und rein sind und zur Wasserversorgung benutzt werden können, wenn es gelingt, Verunreinigungen fernzuhalten. Besonders wirksam ist die Klärung in tiefen Seen mit großem Inhalt. Sind aber die Ufer und das Niederschlagsgebiet stark besiedelt, so ist eine Verseuchung des Seewassers leicht möglich und dessen Verwendung als Trinkwasser nur nach vorangegangener Reinigung zulässig.

Die Schöpfstelle wird am besten entfernt von den Ufern und den Zu-

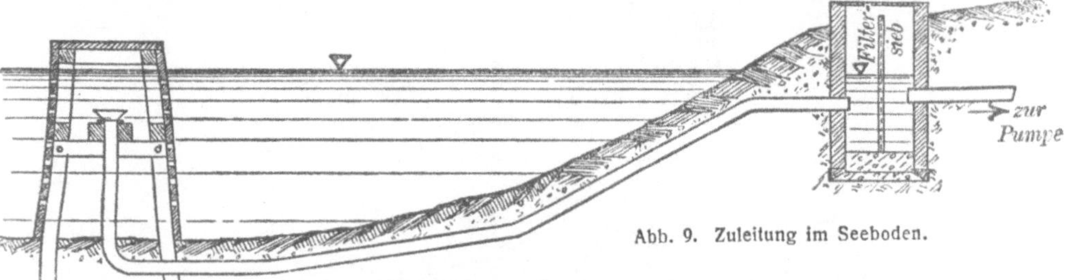

Abb. 9. Zuleitung im Seeboden.

flüssen, in tiefem Wasser nahe dem Abflusse angelegt. Der Einlauf in die Rohrleitung soll möglichst tief, mindestens frostsicher erfolgen, also etwa 0,8 m unter Wasserspiegel und womöglich in 3—4 m Abstand vom Seegrunde entfernt. Um die Schöpfstelle wird ein kastenförmiger Umbau mit Gittern oder Sieben zur Abhaltung von Fremdkörpern angeordnet, der bei Seen mit Schiffahrtsbetrieb durch Signale kenntlich zu machen ist. Die Zuleitung wird aus schmiedeeisernen oder Stahlrohren mit Kugelgelenken hergestellt und in einer ausgebaggerten Rinne des Seebodens oder frostsicher auf Bockgerüsten verlegt. Am Lande endigt sie in einem Schachte, von dem aus das Wasser in Kanälen mittels natürlichen Gefälles oder in Saugleitungen oder Heberleitungen zum Wasserwerk gelangt.

Salziges Wasser, insbesondere Meerwasser, ist zur Wasserversorgung nicht geeignet, da es von den Salzen nur durch Destillation befreit werden kann, was wegen der hohen Kosten nur bei geringem Verbrauche durchführbar wäre.

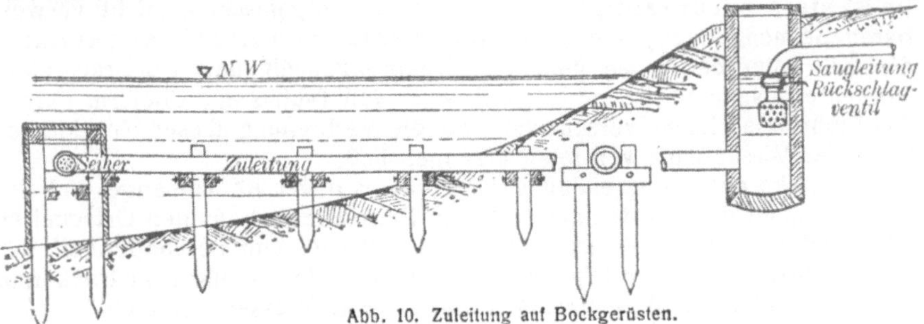

Abb. 10. Zuleitung auf Bockgerüsten.

4. Flußwasserentnahme.

Die Versorgung mit Flußwasser ist die ungünstigste. Sie vermag den Anforderungen der Gesundheitslehre kaum einigermaßen zu entsprechen. Nur dann, wenn keine andere Wasserquelle zu haben ist, darf zur Verwendung von Flußwasser gegriffen werden. Im Winter ist das Wasser zu kalt, und im Sommer, wo ein frischer Trunk am meisten verlangt wird, zu warm.

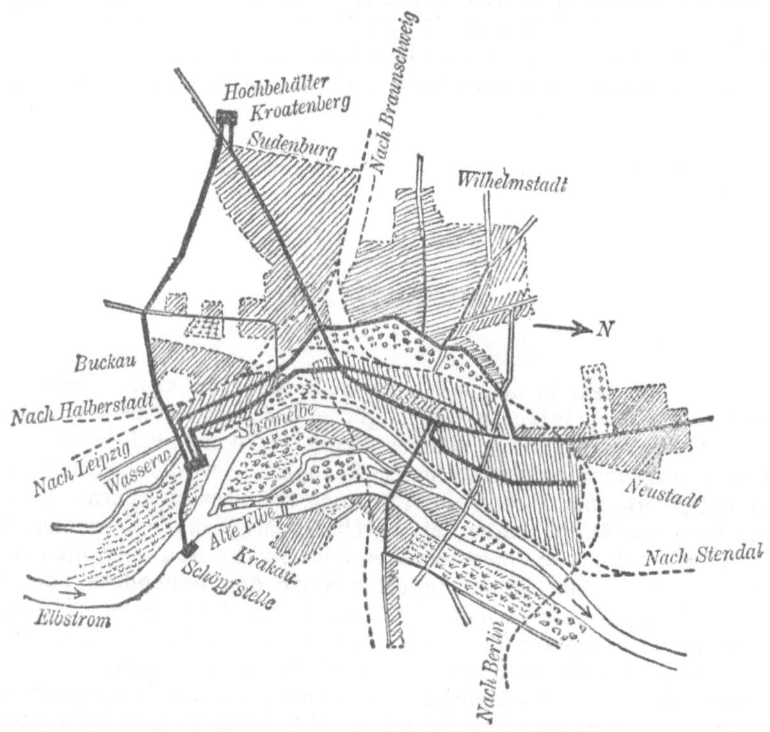

Abb. 11. Versorgung der Stadt Magdeburg mit Elbwasser.

Es ist stets verunreinigt, insbesondere mit organischen, leicht verwesbaren Beimengungen, und häufig durchsetzt von Krankheitskeimen, die sich unter den ihnen günstigen Ernährungsbedingungen überaus stark vermehren. Namentlich sind es die Erreger von Typhus und Cholera, welche das Flußwasser leicht verseuchen, wie die Verbreitung dieser Krankheiten längs der Wasserläufe von jeher erkennen ließ.

Die Stärke der Verunreinigung hängt ab von der Abflußmenge und der Beschaffenheit des aus den gewerblichen Betrieben und aus den Ortschaften zufließenden Schmutzwassers und von der Menge und Beschaffenheit des Flußwassers. Die Verunreinigung ist daher besonders schlimm in trockenen Zeiten mit niedrigen Wasserständen und starkem Wasserverbrauch.

Unter günstigen Verhältnissen sind die Wasserläufe imstande, die Verunreinigungen auszuscheiden oder in unschädliche Verbindungen umzuwandeln und den Bakteriengehalt zu vermindern, so daß das Flußwasser seine ursprüngliche Reinheit wieder erhält. Diese im wesentlichen durch Tier- und Pflanzenleben, sowie durch physikalische und chemische Vorgänge hervorgerufene Selbstreinigung der Flüsse tritt um so schneller und wirkungsvoller ein, je größer die Wassermenge im Verhältnis zu den eingeleiteten Schmutzstoffen und somit deren Verdünnung ist, je reiner das Flußwasser ankommt, je rascher es fließt, je länger die durchströmte Strecke, je günstiger die Beschaffenheit des Flußbettes und je größer die Wassertiefe ist.

Am besten ist das Flußwasser im Oberlauf der Flüsse und in Flußstrecken, deren Niederschlagsgebiet schwach besiedeltes Heide-, Wald- oder Wiesenland ist. In tiefen schnellfließenden Gewässern sind die Verunreinigungen geringer als in seichten langsamfließenden Wasserläufen, auf der konkaven Uferstrecke ist daher das Wasser gewöhnlich besser als auf der konvexen Seite. Auch unter den günstigsten Verhältnissen ist die Verwendung von Flußwasser als Trinkwasser nur nach vorangegangener sorgsamer Reinigung zulässig.

Die Schöpfstelle ist stets oberhalb der Ortschaften und unreiner Zuflüsse zu wählen, und zwar dort, wo das Flußwasser die größte Reinheit und die stärkste Strömung besitzt. Diese Stelle ist auch dann festzuhalten, wenn sie weit im Strom oder am andern Ufer liegen und kostspielige Zuleitungen erfordern sollte, wie dies z. B. bei der Wasserversorgung der Stadt Magdeburg der Fall ist (Abb. 11).

Der größte Teil des Stadtgebietes liegt auf dem linken Ufer des Elbstromes; das Wasser ist aber auf dieser Seite infolge der dichten Besiedelung oberhalb der Schöpfstelle und der starken Verunreinigung des am linken Ufer

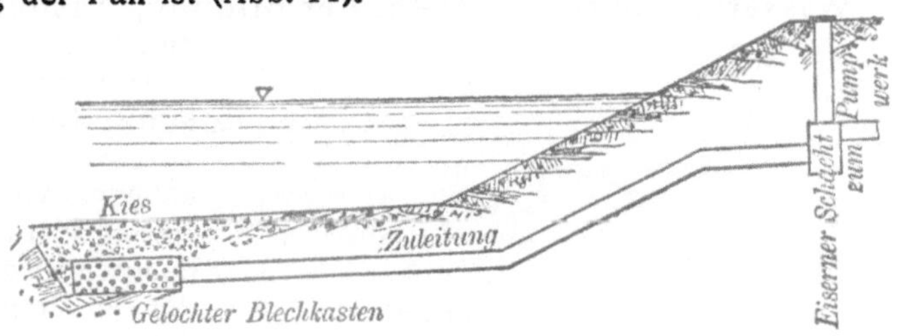

Abb. 12. Zuleitung in der Flußsohle.

zufließenden Saalewassers erheblich schlechter als auf der konkaven, wenig besiedelten rechten Uferseite. Infolgedessen ist nunmehr die Schöpfstelle an das rechte Elbufer verlegt und durch eine schmiedeeiserne Dükerleitung mit dem Wasserwerk auf dem linken Elbufer verbunden worden.

Die Schöpfstelle und die Zuleitung kann ebenso angeordnet werden wie die bei der Entnahme von Seewasser. In Abbildung 10 ist die Lagerung der Zuleitung auf Bockgerüsten und in Abbildung 12 in der Flußsohle dargestellt, wie sie für das Wormser Wasserwerk ausgeführt wurde. Etwaige Verunreinigungen können hier durch Druckwasser vom Pumpwerk her leicht fortgespült werden, weil der Zugangsschacht am Ufer aus Eisen und abdichtbar hergestellt ist.

c) Gewinnung des Grund- und Quellwassers.

1. Bildung, Abfluß und Beschaffenheit des Grundwassers.

Ist das Wasser tiefer als 30—60 cm in den Erdboden eingesickert, so ist es der Verdunstung entzogen. Je durchlässiger die oberen Bodenschichten sind, um so schneller versinkt das Wasser und um so mehr

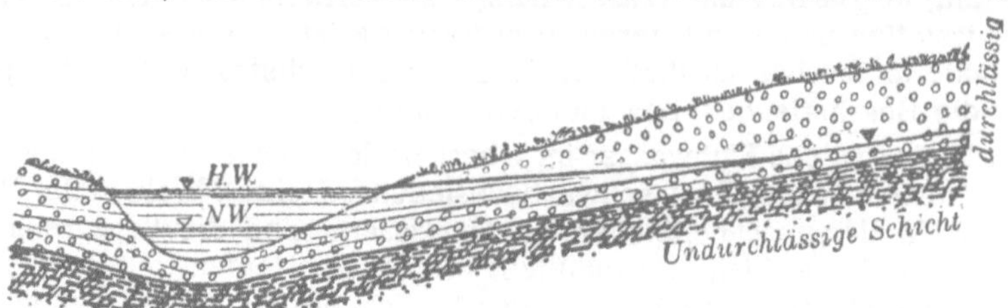

Abb. 13. Abfluß des Grundwassers.

Wasser wird in den Untergrund abgeführt. Erreicht dieses Wasser eine undurchlässige Schicht, so füllt es die Poren der oberen durchlässigen Schichten aus, staut sich auf und bildet eine zusammenhängende Wassermasse, das sog. Grundwasser, das nach tiefergelegenen Stellen abfließt und je nach der Lagerung der undurchlässigen Schichten als Grundwasserstrom oder Grundwasserbecken auftritt.

Der Verlauf des Grundwassers hängt also lediglich von dem Wasserfassungsvermögen, der Bildung, Ausdehnung und Lagerung der durchlässigen und undurchlässigen Bodenschichten ab. Das Wasserfassungsvermögen der Schichten ist abhängig von der Korngröße und Gestalt der Bodenteilchen und dem dadurch bedingten Porengehalt, der bei Granit 0,05—0,09%, bei Sandstein 0,6—40%, bei Kalkstein

Abb. 14. Bildung einer Quelle.

15—32%, bei Kies bis zu 36% und bei Feinsand bis zu 42% des Bodeninhalts betragen kann. Scharfkantiger Kies und Sand hat weniger Zwischenräume als runder. Da an den tiefsten Punkten der Erdoberfläche gewöhnlich Wasserläufe sich hinziehen, so wird diesen dann auch das Grundwasser zufließen (Abb. 13); kommt jedoch die undurchlässige Schicht schon früher an der Erdoberfläche zum Vorschein, so tritt in deren Mulden und Schichtenfalten das Grundwasser geschlossen als Quelle zutage (Abb. 14). Ein Unterschied zwischen Grund- und Quellwasser besteht also nicht, beide Arten sind versickerte oder verdichtete Niederschläge, die Grundwasser genannt werden, solange sie sich in der Erde befinden, und Quellwasser, sobald sie an der Erdoberfläche austreten.

Liegt die durchlässige, wasserführende Schicht geneigt, und wird sie im unteren Teile von einer undurchlässigen oder schwerdurchlässigen Schicht überdeckt und der Abfluß gehemmt, so daß der obere Zufluß stärker ist als der untere Abfluß, so staut sich das Wasser zwischen den beiden undurchlässigen Schichten an und gerät unter Druck. Wird dann in der Niederung die obere undurchlässige Schicht durchbohrt, so steigt das Wasser im Bohrloche auf und unter Umständen so hoch, daß es an der Erdoberfläche frei ausfließt oder gar mit Gewalt in die Höhe sprudelt (Abb. 15). Es entstehen dann die Springquellen oder artesischen Brunnen,

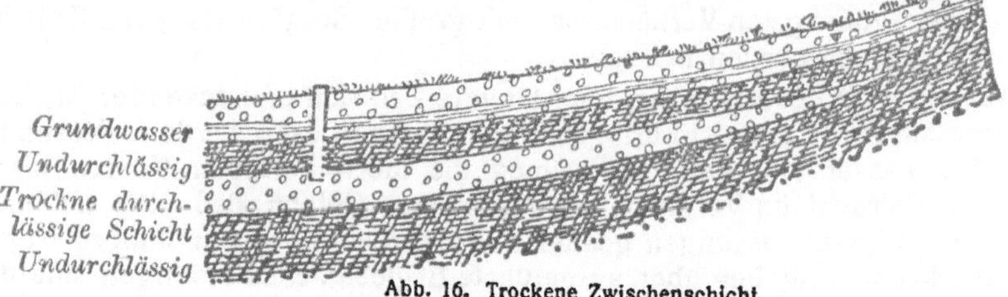

Abb. 15. Springquelle.

so genannt, weil sie in der französischen Landschaft Artois vielfach vorkommen.

Sind mehrere durchlässige und undurchlässige Schichten so übereinander gelagert, daß eine tiefere durchlässige Schicht der Speisung durch Niederschläge entzogen ist, also trocken daliegt, so würde ein in der oberen wasserführenden Schicht stehender Brunnen nach seiner Vertiefung durch die

Abb. 16. Trockene Zwischenschicht.

obere undurchlässige Schicht hindurch versiegen oder an Ergiebigkeit einbüßen (Abb. 16).

Die Schichtungsverhältnisse und die Beschaffenheit der Bodenschichten, insbesondere der Poreninhalt sind also für den Verlauf des Grundwassers, seine Strömung, Geschwindigkeit und Ergiebigkeit von der größten Bedeutung, und deren Kenntnis ist für die Anlage einer Wasserversorgung durchaus notwendig. Die Untersuchung erfolgt durch Bohrlöcher und Versuchsbrunnen.

Die Grundwasserströmung wird ermittelt, indem man die Höhenlage der Wasserspiegel in den verrohrten Bohrlöchern durch Nivellement bestimmt und danach die Höhenschichtenlinien des Grundwassers im Lageplan einträgt. Senkrecht zu diesen Linien steht die Richtung der stärksten Gefälle und somit der Wasserströmung (Abb. 17).

Die Geschwindigkeit der Strömung läßt sich in der Weise ermitteln, daß man in der Stromrichtung zwei oder mehrere Versuchsbrunnen anlegt, in dɜm oberen einen leicht nachweisbaren Stoff wie Kochsalz, Fluoreszin oder dgl. einschüttet und dem unteren Brunnen in gewissen Zeitabständen Proben entnimmt, die, sobald sich die Lösung bemerkbar macht, den Zeitpunkt angeben, an welchem das Grundwasser des oberen Brunnens den unteren erreicht hat. Je nach dem Untergrunde sind Geschwindigkeiten von 4 cm bis 8 m in der Stunde beobachtet worden. Da aber der vom Grundwasser durchströmte Wasserquerschnitt nicht genau bekannt ist, so kann aus der Geschwindigkeit nicht ohne weiteres die Abflußmenge bestimmt werden, auf die es doch allein ankommt. Sicherer ist daher die unmittelbare Messung des Wasserzuflusses durch Probepumpen.

Die Grundwassermengen sind wie die Niederschläge starken Schwankungen unterworfen. In den Flußtälern werden die Grundwasserstände durch die Flußwasserstände beeinflußt, weiter landeinwärts allein durch die Niederschläge. Unter günstigen Verhältnissen kann allerdings auch durch Aufstau von Regenwasser und Überrieselung des Landes mit Flußwasser der Grundwasservorrat verstärkt werden. Da nach anhaltender Trockenheit viele Quellen versiegen, so sind die Untersuchungen über die Ergiebigkeit unterirdischer Zuflüsse am besten gegen Ende regenloser Sommer anzustellen. Den sichersten Anhalt über die Größe des Grundwasservorrats gewähren Pumpversuche, die unter ungünstigsten Verhältnissen mit größter Sorgfalt längere Zeit hindurch angestellt werden müssen.

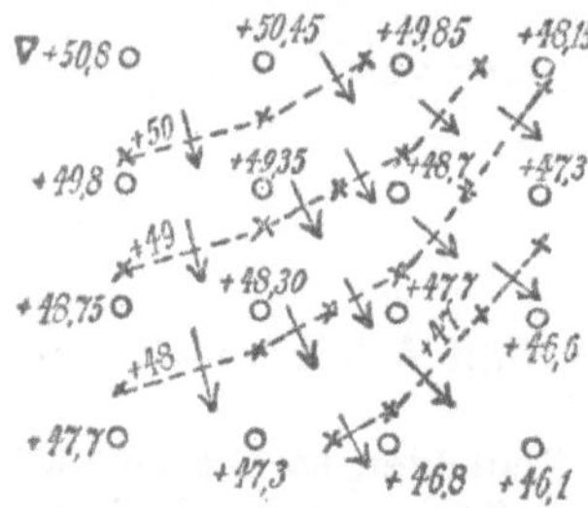
Abb. 17. Ermittelung der Grundwasserströmung.

Auf den Wert zuverlässiger, über längere Zeit sich erstreckender Ergiebigkeitsmessungen kann nicht dringend genug hingewiesen werden. Besonders bei Quellwasserversorgungen kommen die meist geringen Kosten hierfür kaum in Betracht im Vergleich zu der großen Gefahr, daß eine auf unzureichende Wassermessungen gestützte Wasserleitung später nahezu wertlos werden kann. Angaben über ausgeführte Ergiebigkeitsmessungen sind deshalb unerläßlich. Bei größeren Anlagen sind zuverlässige Messungen regelmäßig, etwa 14tägig, vorzunehmen und bei Pumpversuchen neben den Mitteilungen über Datum, Zeitdauer, Absenkung und Wassermenge auch Angaben zu machen, ob sich bei der Ergiebigkeitsbestimmung der Wasserspiegel im Beharrungszustande befunden hat, und in welcher Zeit nach Aufhören des Pumpens der frühere Wasserspiegel sich eingestellt hat.

Die Messung der Wassermengen erfolgt am besten unmittelbar, indem man mit der Uhr in der Hand die Füllzeit eines Behälters von bekanntem Inhalt beobachtet und den sekundlichen Zufluß berechnet, oder dadurch, daß man die abfließende Wassermenge durch einen Überfall schickt und die Überfallhöhe h in 1,5—2 m Entfernung vom Überfall mißt, wie die Abbildung zeigt. Die Berechnung der Abflußmenge erfolgt dann nach der Formel

$$Q = \tfrac{2}{3}\,\mu\,b\,h\sqrt{2gh}.$$

Hierin ist Q die Wassermenge in cbm, b die Überfallbreite in m, h die be-obachtete Überfallhöhe in m, g die Erdbeschleunigung $= 9{,}81$ m und μ ein von Breite und Höhe der Durchflußöffnung abhängiger Erfahrungswert, der bei der nebengezeichneten Anordnung mit zugeschärften Durchflußkanten $= 0{,}62$ gesetzt werden kann.

Erforderlich ist stets eine größere Zahl von Beobach-tungen und eine jedesmalige Beobachtungszeit von min-destens 3—5 Minuten.

Grund- und Quell-wasser, welches durch größere Tiefen hin-durchgesickert ist, hat mancherlei Salze aufgelöst und ist daher gewöhnlich härter als Oberflächenwas-ser. Die mitgeführten Ver-unreinigungen werden aber zurückgehalten und bei feindurchlässigem Boden völlig ausgeschieden, so

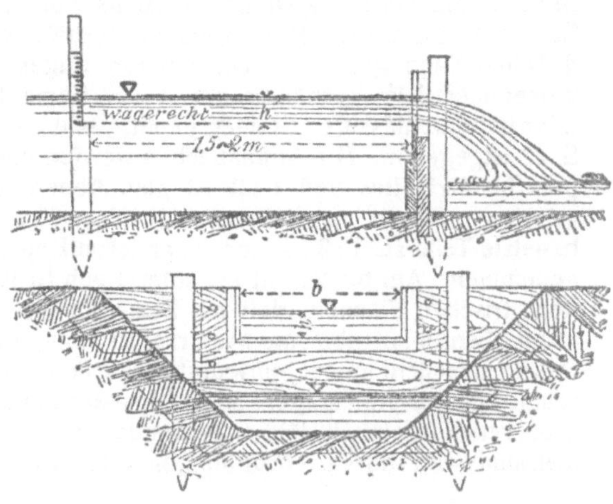

Abb. 18. Überfall zur Wassermessung.

daß Wasser, welches unter 4—5 m starken Deckschichten dahinfließt, klar, frisch und nahezu keimfrei erscheint, einen angenehmen, gleich-bleibenden Wärmegrad von etwa 7—12° besitzt und gewöhnlich von bester Beschaffenheit ist.

Da aber auch hierbei durch ungünstige Umstände, z. B. durch Spalten, Klüfte, Ausschachtungen, Jauchegruben, Sickerbrunnen oder durch Über-schwemmungen Verunreinigungen in den Untergrund eindringen können, so ist auch bei Grund- und Quellwasserversorgungen eine dauernde chemische und bakteriologische Untersuchung des Wassers nicht zu entbehren. Nur dadurch ist es möglich, Veränderungen im unterirdischen Wasserzufluß recht-zeitig aufzudecken und Maßnahmen gegen etwaige Verschlechterung des Wassers zu treffen.

2. Quellfassungen.

Die Entnahme des Quellwassers findet da statt, wo die Quelle zutage tritt. Hier wird die Quellfassung, auch Brunnenstube, Quell-schacht, Brunnenkammer genannt, angelegt, die das Wasser sammeln und vor Verunreinigungen, Frost, Hitze und Sonnenlicht schützen soll. Bei ihrer Herstellung wird zunächst Erde, Schutt und Gerölle sorgsam entfernt und die Quelle womöglich bis auf die undurchlässige Schicht oder bis zu ihrem Austritt aus den natürlichen Spalten freigelegt.

Bricht die Strömung von unten hervor, so wird die Quelle von wasser-dichtem Mauerwerk umschlossen und überwölbt oder überdacht (Abb. 19). Auf die Ausführung des wasserdichten Mauerwerks oder Betons ist größte

Sorgfalt zu verwenden. Steine, Kies, Kleinschlag und Sand müssen frei von Staub und Schmutz sein und vor dem Verarbeiten gut gewässert bzw. gewaschen werden. Wassergierige Steine und Steinschlag, der zu Abblätterungen neigt, sind nicht verwendbar. Der Zementmörtel für das vom Wasser benetzte Mauerwerk wird im Verhältnis von 1 Teil Zement zu 2—3 Teilen Sand, für das übrige Mauerwerk im Verhältnis von 1 Teil Zement zu 3 bis 4 Teilen Sand gemischt. Die inneren Fugen werden ausgekratzt und mit Zementmörtel im Verhältnis von 1 Teil Zement zu 1 Teil Sand glatt gefugt oder bei durchlässigen Steinen geputzt, wie bei Herstellung der Hochbehälter S. 43 angegeben. Die Außenflächen werden mit einem 1 cm starken Zementputz im Verhältnis von 1 : 2—3 glatt überzogen. Bei Beton wird das Mischungsverhältnis von Zement zu Sand zu Kies oder Steinschlag für wasserbenetzte Teile zu 1 : 2 : 4, für die anderen Bauteile zu 1 : 3 : 5 bis 1 : 4 : 6 angenommen. Am besten ist es, sofort nach Erhärten des Betons die inneren, noch frischen Flächen glatt mit Zementmörtel im Mischungsverhältnis 1 : 1 abzureiben, nicht aber sie nachträglich abzuputzen, da dann die Haftung der Putzflächen nicht immer befriedigt. Scharfkantiger Sand hat weniger Zwischenräume und gestattet magere Mischungsverhältnisse als runder Sand mit seinem größeren Poreninhalt. Gewölbe werden stets mit Erde überdeckt. Der Sammelraum wird durch Türöffnungen oder Einsteigeschächte zugänglich ge-

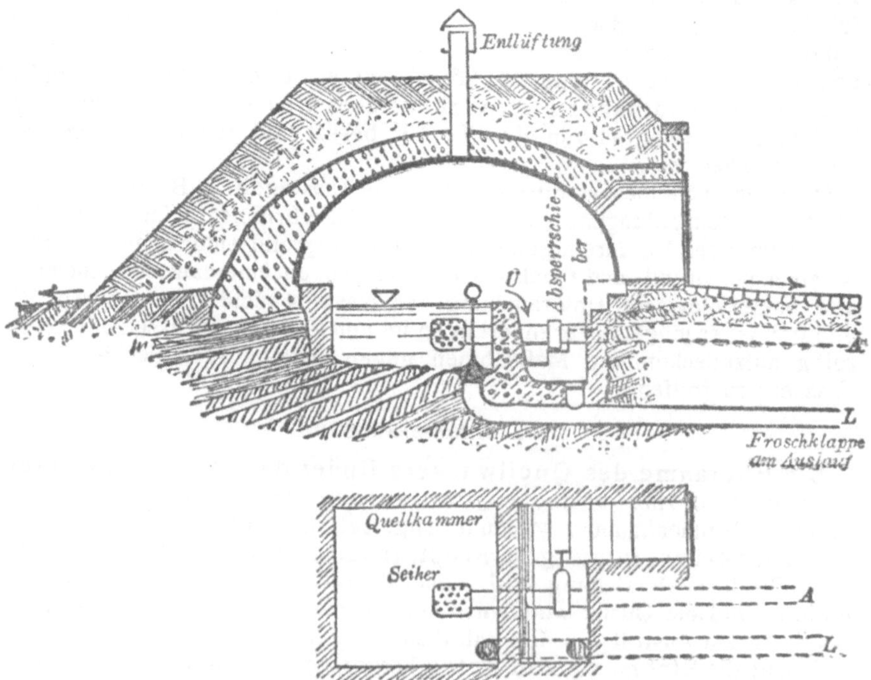

Abb. 19. Quellfassung bei aufsteigendem Wasserzufluß.

macht, die stets **neben** und nicht über den Wasserkammern anzuordnen sind, um Verunreinigungen zu verhüten, und mit Lüftungsrohren versehen.

Tritt die Quelle wie gewöhnlich an Bergabhängen von der Seite heraus, so wird die bergseitige Mauer mit Öffnungen versehen, der Raum zwischen Mauer und undurchlässiger Schicht mit klarem, wetterfestem Steinschlag ausgepackt und diese Packung wasserdicht abgedeckt (Abb. 20). Sind mehrere Quellen vorhanden, so faßt man sie einzeln und leitet das Wasser in einen gemeinsamen Behälter, der bei

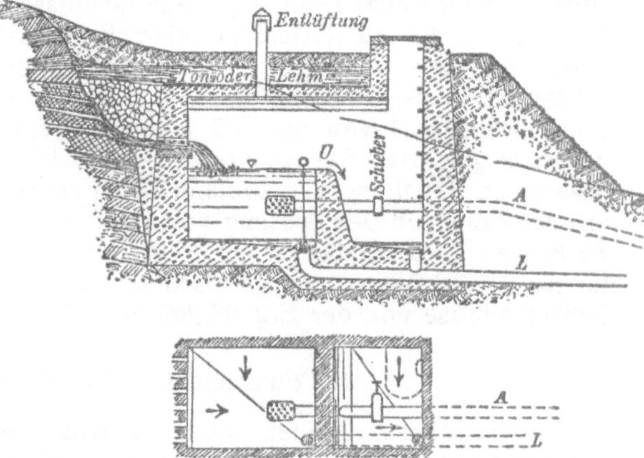

Abb. 20. Quellfassung bei seitlichem Zufluß.

großen Anlagen Wasserschloß genannt wird, oder man legt Sammelstollen an, durch deren zahlreiche Einströmungsöffnungen die Wassermengen der Sammelkammer zugeführt werden. Auch hier wird dieser Raum überwölbt, überschüttet und wie bei der Quellfassung für aufsteigenden Zufluß mit Zugang und Lüftung versehen (Abb. 21).

In dem Fassungsraum setzen sich eingespülte Sand- und Schlammteile

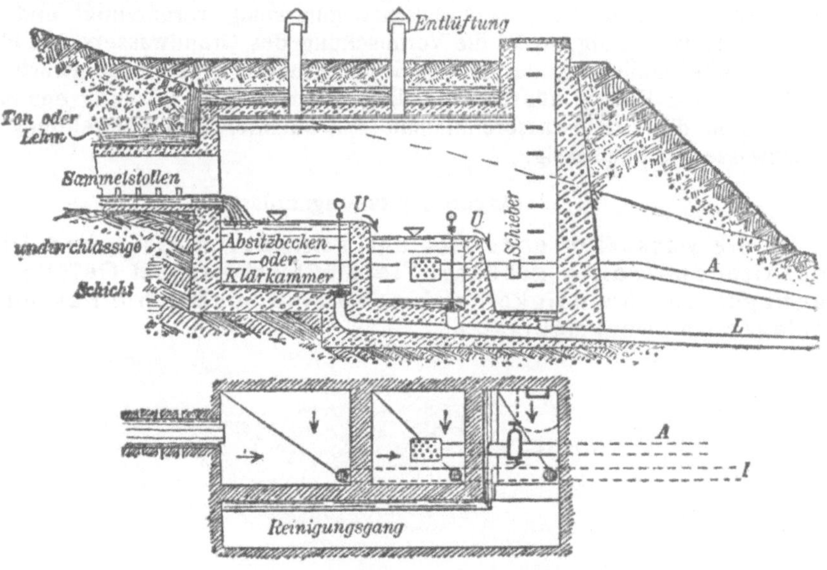

Abb. 21. Quellfassung mit Klärkammer.

ab, von wo sie zeitweise entfernt werden. Treten sie in größerer Menge auf, so wird eine besondere Klärkammer, auch Absitzbecken genannt, mit Überlauf angeordnet (Abb. 21). Jede Quellfassung erhält eine Leitung zum Entleeren *L*, die am Auslauf mit einer Froschklappe zur Abhaltung kleiner Tiere versehen wird, und einen selbsttätigen Überlauf *U* zur Abführung überschüssigen Wassers. Die Abflußleitung in das Versorgungsgebiet bzw. zum Sammelbehälter *A* wird aus Guß- oder Schmiedeeisen, bei schwachem Druck auch aus glasierten Steinzeugrohren hergestellt und am Einlauf mit einem Seiher zur Abhaltung von Fremdkörpern sowie mit einem Absperrschieber in oder außerhalb der Fassung versehen, um die ganze Anlage ausschalten zu können. Zweckmäßig ist die Anordnung selbst anzeigender Meßvorrich= tungen, ähnlich denen der selbstschreibenden Pegel zur Klarstellung der Ab= flußverhältnisse und der Ergiebigkeit des Quellgebiets.

3. Fassung des Grundwassers.

Das Grundwasser bildet, wenn muldenförmig gelagerte undurchlässige Schichten mit durchlässigen Bodenarten gefüllt sind, Grundwasserbecken, und bei geneigter Abdachung der undurchlässigen Schichten Grundwasserströme, die in der Nähe der Talsohle am stärksten fließen, oder bei gewellter Lage dieser Schicht und eingerissenen Spalten Wasseradern. Daher werden die Grundwasserfassungen gewöhnlich in den Flußtälern angelegt, womöglich in Taleinschnürungen, wo in engem Durchflußquerschnitt große Wassermengen abfließen.

Liegt die Fassung zu nahe am Flusse, so kann bei kräftiger Wasserentnahme oder Hochwasser ein Abströmen des Flußwassers zur Schöpfstelle eintreten (Abb. 22). Ist das Flußwasser nur wenig verunreinigt und der Untergrund feinsandig, so ist die Vermischung des Grundwassers mit Flußwasser unbedenklich. Andernfalls muß der Schöpfbrunnen landeinwärts gerückt oder das Wasser künstlich gereinigt werden. Die Einleitung des Flußwassers in die Grundwasserentnahme zur unmittelbaren Verwendung als Trinkwasser ist unzulässig.

α) Senkrechte Fassungsanlagen.

Ist die wasserführende Schicht sehr durchlässig und fließt das Grundwasser in größerer Tiefe mit schwachem Gefälle und geringer Geschwindigkeit dahin, so sind senkrechte Fassungsanlagen am zweckmäßigsten.

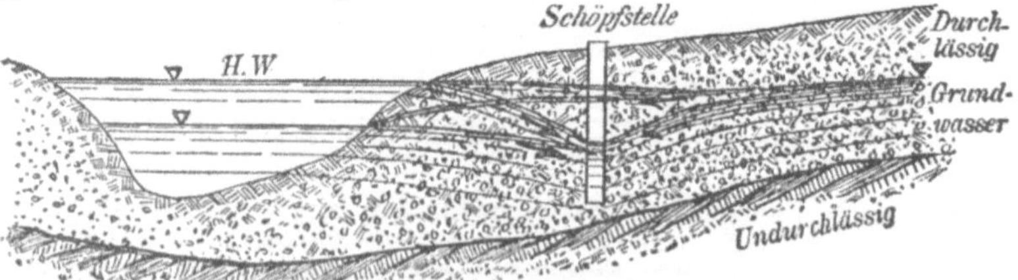

Abb. 22. Brunnen im Bereich des Flußwassers.

Kesselbrunnen.

Am meisten Anwendung findet der Kesselbrunnen. Seine Lage und die erforderliche Tiefe ist durch Probebohrungen festzustellen. Der Wasserspiegel soll mindestens 4—5 m unter der Erdoberfläche liegen. Trifft dies nicht zu, so hat man durch Tieferbohren festzustellen, ob nicht nach Durchbrechung der undurchlässigen Schicht ein anderes tieferes, also keimfreies Wasser vorhanden ist.

Die Grundfläche des Brunnens ist so zu bemessen, daß auch bei stärkster Wasserentnahme in feinem und lehmigem Sande die Durchflußgeschwindigkeit durch die Sohle 1 cm und bei gröberem Sande von 1—2 mm Korngröße

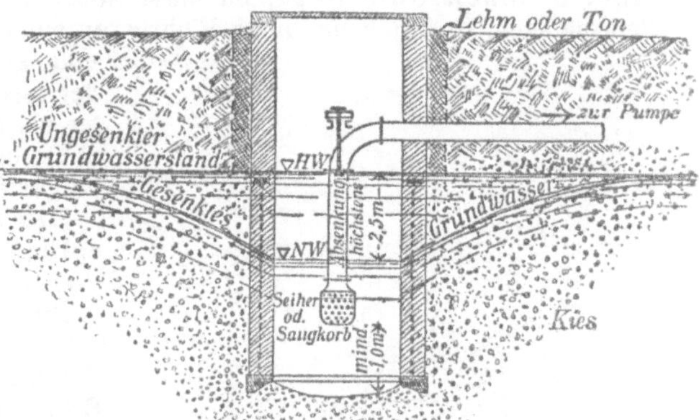

Abb. 23. Kesselbrunnen mit vollem Mantel.

10 cm in der Minute nicht übersteigt. Im Durchschnitt rechnet man auf 1 qm Brunnenfläche eine Ergiebigkeit von $^1/_3$—$^2/_3$ sl. Hausbrunnen erhalten gewöhnlich 1—1,5 m Lichtweite, Brunnen für Feuerlöschzwecke mindestens 1,5 m Weite.

Die Ergiebigkeit hängt aber nicht allein von der Grundfläche ab, sondern auch von der Beschaffenheit der wasserführenden Schicht, der Eintauchtiefe und vor allem von der Absenkungstiefe des Wasserspiegels im Brunnen gegenüber dem freien Grundwasserspiegel. Je mehr Wasser dem Brunnen entnommen wird, um so tiefer sinkt hier der Wasserspiegel, um so stärker wird infolgedessen das Wasserspiegelgefälle des Grundwasserzuflusses und somit auch die Zuflußmenge selbst. Die Absenkungstiefe kann aber nicht beliebig gesteigert werden, sie ist abhängig von der Beschaffenheit der wasserführenden Schicht und darf auch bei grobkörnigem Grunde 2,5 m nicht überschreiten (Abb. 23).

Das Entnahmegebiet eines Brunnens ist durch die Absenkungsweite begrenzt, die von der Bodenbeschaffenheit abhängt und durch Versuche festgestellt werden muß, indem man um den Brunnen herum Bohrlöcher anlegt und die Wasserspiegelsenkung bei anhaltendem Probepumpen aufmißt. Sind mehrere Brunnen notwendig, so ist diese Ermittelung und die der Strömung unbedingt geboten, damit die Brunnen so verteilt werden, daß sie einerseits sich nicht gegenseitig das Wasser entziehen, anderseits nicht größere Wassermengen ungenutzt vorbeilassen. In grobkiesigem Boden ist die Absenkungsweite größer als in feinsandigem. Daher wird bei ersterem eine geringere Zahl tieferer Brunnen in weiten Abständen, und bei feinsandigem Untergrunde eine größere Zahl weniger tiefer, aber näher aneinanderliegender Brunnen auf gegebenem Gelände das Wasser am vollkommensten abzufangen vermögen.

Die Tiefe der Brunnen ist so zu bemessen, daß der Saugkorb oder Seiher der Saugleitung, welche eine Förderhöhe von höchstens 7—8 m bewältigen kann, auch beim tiefsten Wasserspiegel noch mindestens 1 m über Brunnensohle liegt, da diese sonst leicht aufgewühlt wird. Bei feinsandigem Boden kann durch Einbringen einer Kieslage dem mit Erfolg entgegengewirkt werden. Steht der niedrigste Wasserspiegel tiefer als 7 m unter der Pumpe, so muß diese entsprechend tiefer aufgestellt werden.

Die Herstellung der Kesselbrunnen erfolgt in der Weise, daß zunächst die Baugrube möglichst tief mit Böschungen ausgehoben und auf der Sohle ein hölzerner oder eiserner Brunnenkranz oder Schling verlegt wird, auf dem der Brunnenmantel in einzelnen Absätzen, den jeweiligen Absenkungstiefen entsprechend, hochgeführt wird. Der

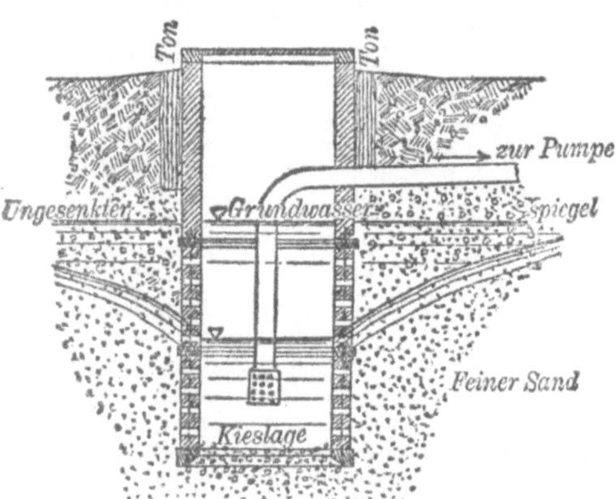

Abb. 24. Kesselbrunnen mit durchbrochenem Mantel.

Brunnenmantel wird aus Keilsteinen in Zementmörtel im Mischungsverhältnis von 1 Teil Zement zu 3—4 Teilen Sand, je nach dessen Beschaffenheit oder aus Betontrommeln oder Eisenringen hergestellt, deren Innenflanschen miteinander verschraubt werden. Bei gemauerten Brunnen wird die Wandstärke nach der Formel bestimmt

$$w = 0{,}1\,d + 0{,}1,$$

wenn w die Wandstärke und d die Lichtweite in m bezeichnet. Das Ergebnis wird auf Ziegelmaß nach oben abgerundet.

Die Senkung des Brunnenmantels erfolgt dadurch, daß der Boden im Brunnenschacht ausgebaggert, der Brunnenmantel kräftig belastet und bei feinsandigem Boden scharf gepumpt oder Druckwasser zur Lockerung der Sohle eingespritzt wird. Der Grundriß ist am besten kreisförmig, weil der Boden dem in der Mitte stehenden Bagger von allen Seiten in gleicher Weise zurutscht und die Senkung dadurch gleichmäßiger erfolgt. Um das Brunnenmauerwerk bei ungleichem Sacken vor dem Zerreißen zu bewahren, werden eiserne Anker oder miteinander verankerte Zwischenkränze in etwa 3 m Abstand eingelegt, die wie der Sohlkranz etwa 3 cm nach außen vorstehen, um zum Schutze des Mauerwerks die Reibung zwischen diesem und dem Erdboden zu verringern (Abb. 24).

Ist die erforderliche Tiefe erreicht, so wird das obere Mauerwerk bis auf 2—3 m Tiefe mit einem 0,3—0,5 m starken Tonschlage umkleidet und der Boden um den Brunnen herum etwas aufgehöht und mit dichtem Pflaster oder Lehmschlag abgedeckt, um das Einsickern von Verunreinigungen zu

verhindern. Der Brunnenmantel wird etwa 30 cm über Erdboden hochgeführt und wasserdicht abgedeckt.

Da bei ungleichem Boden die feineren Teilchen allmählich ausgespült
werden, der Untergrund also poröser wird, der Brunnen dann an Ergiebigkeit zunimmt und klareres Wasser liefert, so muß bei allen neuen Brunnenanlagen möglichst kräftig
gepumpt werden, um die feinen
Sand- und Lehmteilchen aus dem
Untergrunde herauszuziehen.

Ist der Untergrund sehr
feinsandig, so wird der Was-
sereintritt nicht nur durch die
offene Brunnensohle, sondern zur
Erzielung größerer Ergiebigkeit
auch durch den Brunnen-
mantel angeordnet, der dann
durch Vermauern von Lochsteinen
oder Drainrohren oder durch
mörtelfreie, kiesgefüllte Stoßfugen durchlässig hergestellt wird
(Abb. 24).

Bei sehr großen Brunnen werden auf demselben Brunnenkranz
zwei konzentrische, durchbrochen

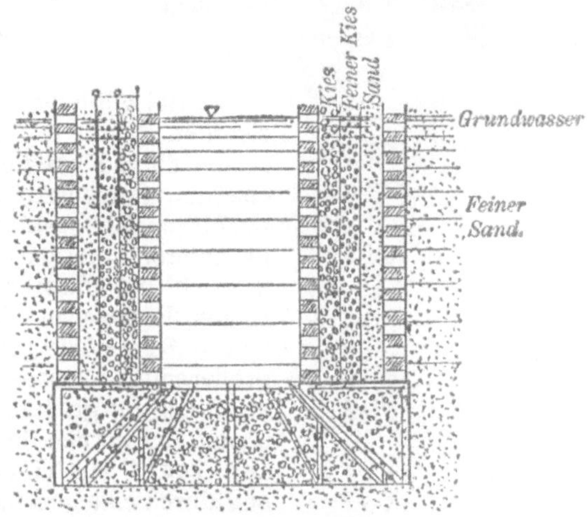

Abb. 25. Filterbrunnen.

hergestellte Brunnenmäntel hochgeführt. Der verbleibende Zwischenraum
wird durch eingesetzte Blechzylinder in mehrere Zwischenringe geteilt, die
mit Kies verschiedener, nach innen zunehmender Korngröße gefüllt werden,
der bei eintretender Verschlammung ausgewechselt werden kann. Die Blechzylinder werden mit fortschreitendem Absenken und Einbringen des Kieses
hochgezogen. Es entstehen dadurch die sog. Filterbrunnen, die in neuerer
Zeit, besonders als Rohrbrunnen zu ausgedehnter Verwendung gelangt sind.

Kesselbrunnen haben den Vorzug, daß die Zuflußstelle zugänglich bleibt, so daß Verschlammungen und Störungen leicht beseitigt
werden können, daß die Herstellung eine einfache ist und stets ein gewisser

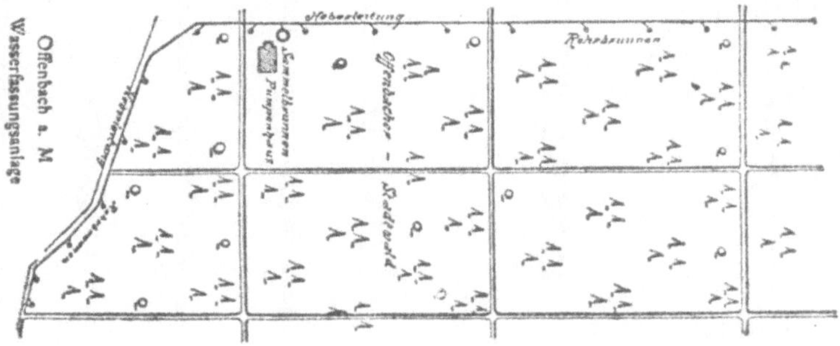

Abb. 26. Rohrbrunnenanlage.

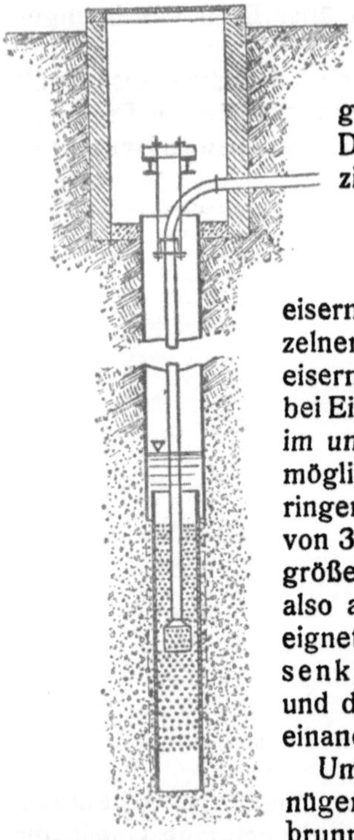

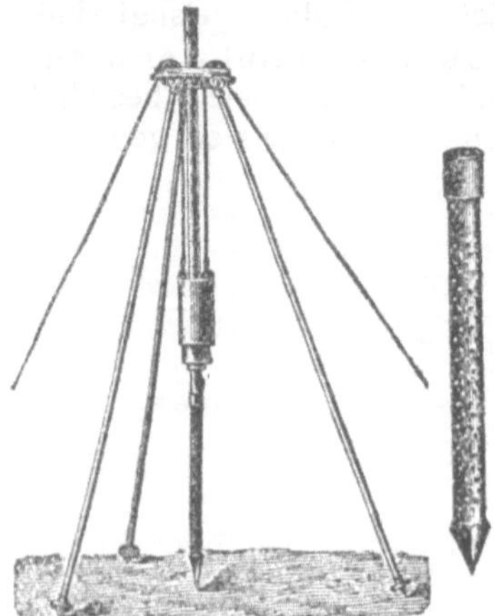

Abb. 27. Rohrbrunnen

Wasservorrat zur Verwendung bereit steht. Da aber die Kosten mit zunehmender Tiefe übermäßig anwachsen, so ist ihre Anwendung nur auf geringere Tiefen, etwa bis zu 25 m beschränkt. Darüber hinaus sind dann **Rohrbrunnen** vorzuziehen.

Rohrbrunnen.

Bei geringeren Weiten werden sie aus schmiedeeisernen Rohren (Abb. 27), bei größeren Weiten aus einzelnen, durch Flanschen miteinander verschraubbaren gußeisernen Ringstücken, sog. Tübbings, hergestellt. Die bei Eisen leicht ausführbare dichte Stellung der Öffnungen im unteren Ende des durchbrochenen Brunnenrohres ermöglicht bei entsprechender Eintauchtiefe selbst bei geringen Rohrweiten einen starken Zufluß. Rohrbrunnen von 3—8 cm Weite geben stündlich bis zu 9 cbm und bei größerem Durchmesser bis zu 40 cbm Wasser, sie sind also auch für größere Wasserversorgungen durchaus geeignet und werden dann in einer oder in mehreren Reihen senkrecht zur Grundwasserströmung angeordnet und durch eine gemeinsame Saug- bzw. Heberleitung miteinander bzw. mit einem Pumpenbrunnen verbunden.

Um auch bei plötzlichen Bedarfssteigerungen genügende Wasservorräte zu haben, verbindet man Kesselbrunnen und Rohrbrunnen in der Weise, daß man in der Sohle eines ins Grundwasser tauchenden Kesselbrunnens mehrere Rohrbrunnen bis zu großer Tiefe herabführt.

Schmiedeeiserne Rohrbrunnen können bis zu 6 m Tiefe eingeschraubt werden, die Rohrspitze erhält dann ein Schraubengewinde gleich dem beim Tellerbohrer verwendeten. Bei größerer Tiefe bis zu 10 m und bei Anwendung von Druckwasser zum Einspritzen bis zu 20 m werden sie eingerammt und bei hartem Boden sowie bei

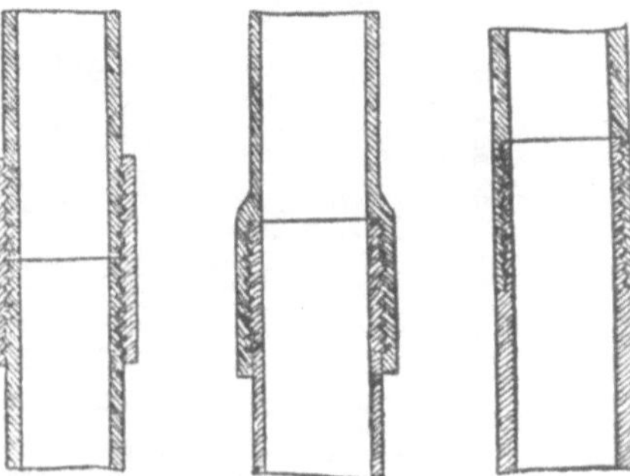

Abb. 28. Rammpumpe.

Abb. 29. Bohrrohrverbindungen.

mehr als 8 cm Weite und größeren Tiefen gebohrt und verrohrt (Abb. 27).

Besonders verbreitet sind die 3—8 cm weiten **Rammpumpen** oder **Abessinierbrunnen**, bei deren Herstellung der Rammbär entweder auf den am Rohrende befestigten Rammkopf oder auf einen im Rohrinnern auf die massive Stahlspitze wirkenden langen Stempel schlägt. Der untere auf der Spitze sitzende Teil des Rohres ist mit 3—6 mm weiten Löchern und Schlitzen versehen und zum Schutz gegen Rosten verzinkt, vernickelt oder aus Kupfer hergestellt.

Beim **Bohren** wird die Lochwandung durch **Futterrohre** gesichert. Ist bei großen Tiefen wegen der starken Reibung zwischen Erdboden und Rohr ein weiteres Eindrehen und Rammen der stark belasteten Futterrohre nicht mehr zu erzielen, so wird eine neue, etwas engere Rohrfahrt, die sich in der ersten gerade noch leicht bewegen läßt, verwendet. Bei **großen Tiefen** entsteht dann eine allmählich sich verengende **fernrohrartige Ausfutterung** des Bohrloches. Sollen die Rohre wieder herausgezogen werden, so läßt man sämtliche Rohrweiten bis oben hinaufgehen (Abb. 30).

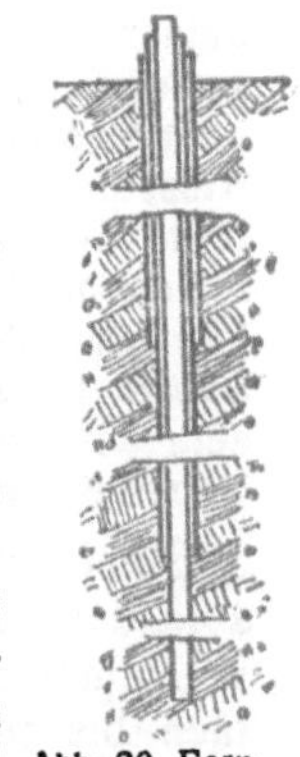

Abb. 30. Fernrohrartige Bohrlochverrohrung.

Ist der Untergrund feinsandig, so wird das durchlochte Rohr zur Abhaltung des Sandes mit einer 2—3fachen Lage kupferner oder messingener Tressengewebe umkleidet. Da sich aber diese Gewebe leicht verstopfen und auch durch Spülung mit Druckwasser von innen aus nicht immer freigemacht werden können, so wendet man zur Zurückhaltung des Sandes am besten Filterschichten aus Kies an. Hierbei wird entweder ein mit Kies gefüllter Korb aus Drahtgewebe bis zur Sohle des durchbrochenen Rohres hinabgesenkt oder der Kies lagenweise in das Bohrloch eingeschüttet oder das Filter stehend angeordnet.

Diese in neuerer Zeit vielfach ausgeführten **Filterrohrbrunnen** werden ähnlich wie die gemauerten Filterbrunnen hergestellt und haben sich gut bewährt (Abb. 31).

Man bohrt zunächst ein Loch von etwa 1,5 m Weite bis auf die volle Tiefe und versenkt dann das mit quadratischer Lochung von 8 mm versehene, 25 cm weite kupferne Filterrohr, welches mit zwei ringförmigen Kiesschichten von 1 cm und 0,5 cm Korngröße umgeben wird, allmählich, mit dem Aufbau der Schichten fortschreitend, bis auf die Sohle hinab. Die äußere Kiesschicht von 0,5 cm starkem Korn wird durch ein verzinktes Drahtgewebe zusammengehalten und die Trennung der

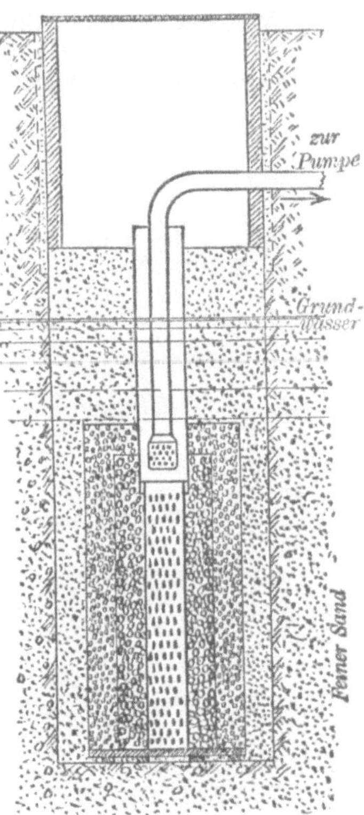

Abb. 31. Filterrohrbrunnen.

beiden Kiesringe dadurch bewirkt, daß ein dünner, 1 m langer Blechzylinder zwischen beiden Kiessorten aufgestellt und mit fortschreitender Füllung entsprechend höher gezogen wird. Hat das Filterrohr mit seiner auf einer Holzplatte stehenden Kiesummantelung die Sohle des verrohrten Bohrloches erreicht, so wird der Zwischenraum zwischen dem Kiesring von 0,5 cm Korn und dem Futterrohr mit feinem Sand von 1—2 mm Korngröße verfüllt und das Bohrrohr hochgezogen. An das kupferne Filterrohr wird unterhalb des tiefsten Grundwasserspiegels das schmiedeeiserne Futterrohr (Abb. 31) oder das Saugrohr unmittelbar angeschlossen, das bei sehr tiefstehendem Grundwasser in einem Kanal zur tiefstehenden Pumpe oder als Heberleitung in den Sammelbrunnen des Pumpwerkes geführt wird.

Steht die angebohrte wasserführende Schicht unter Druck, so nennt man solche Brunnen **artesische Brunnen**. Infolge der heutzutage sehr vervollkommneten Tiefbohrtechnik sind derartige Brunnen in neuerer Zeit mehrfach bis zu großen Tiefen erbohrt und starke Wasservorräte erschlossen worden, doch ist der Zufluß auf die Dauer selten ausreichend und die Beurteilung der Ergiebigkeit sehr unsicher.

β) Wagerechte Fassungsanlagen.

Wagerechte oder schwach geneigte Sammelleitungen sind dann am Platze, wenn der Grundwasserstrom in geringer Tiefe und Stärke dahinfließt. Sie bieten den Vorteil, daß durch die Freilegung des Untergrundes sich die Leitung so verlegen läßt, daß der gesamte Zufluß abgefangen werden kann. Die Sammelleitungen werden nahezu parallel den Höhenschichtenlinien des Grundwasserstromes gezogen und in die undurchlässige Schicht eingeschnitten.

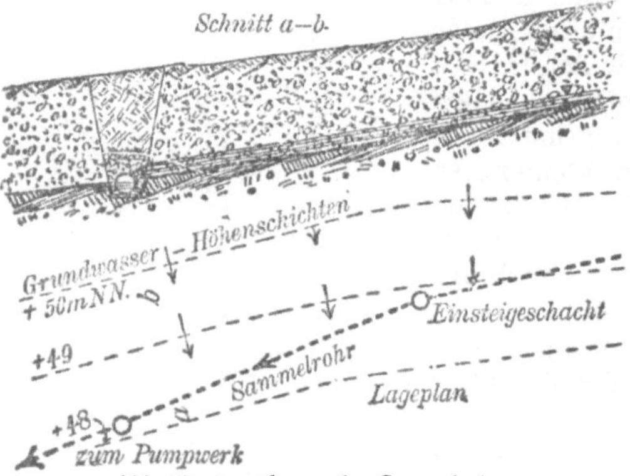

Abb. 32. Anordnung der Sammelrohre.

Bei schwachem Zufluß werden die Leitungen aus 5—8 cm weiten Drainrohren hergestellt, darüber hinaus aus glasierten, mit 8 mm weiten Schlitzen versehenen Steinzeugrohren oder Gußeisenrohren und bei nachgiebigem Untergrunde aus gelochten Schmiedeeisenrohren. Die Löcher und Schlitze sind entweder über den ganzen Umfang oder nur über die Hälfte (Abb. 33) oder sogar nur über ein Drittel desselben verteilt, um das Wasser, falls es nur von einer Seite zufließt, voll-

Abb. 33. Gelochte Sammelrohre.

ständiger abzufassen. Bei sehr starkem Zufluß verwendet man gemauerte oder Betonkanäle, welche an der der Grundwasserströmung zugekehrten Seite mit Einflußöffnungen versehen sind (Abb. 34).

Die Sammelleitungen werden zur Abhaltung des feinen Sandes und Schlammes mit einer mindestens 40 cm starken, an Korngröße nach außen zu abnehmenden Kiesschicht umschüttet und zur Verhütung des Einsickerns unreiner Zuflüsse darüber mit einem Lehm- oder Tonschlage von 30—50 cm Stärke abgedeckt.

An den Vereinigungsstellen mehrerer Leitungen, sowie in den durch Gefäll- und Richtungswechsel der Leitungsstrecken bedingten Knickpunkten nicht begehbarer Sammelkanäle werden Einsteigeschächte aus Beton oder Mauerwerk mit vertiefter Sohle angeordnet, um die Rohrstrecken durchleuchten und Einschwemmungen fortbürsten bzw. ansammeln zu können. Das gesamte Wasser wird in einem größeren Schacht, in dem sich etwaige Sinkstoffe absetzen können, vereinigt und von hier aus zum Pumpwerk oder bei hoher Lage unmittelbar in den Hochbehälter geleitet.

Reichen in trockenen Zeiten die Wassermengen nicht aus, so kann unter

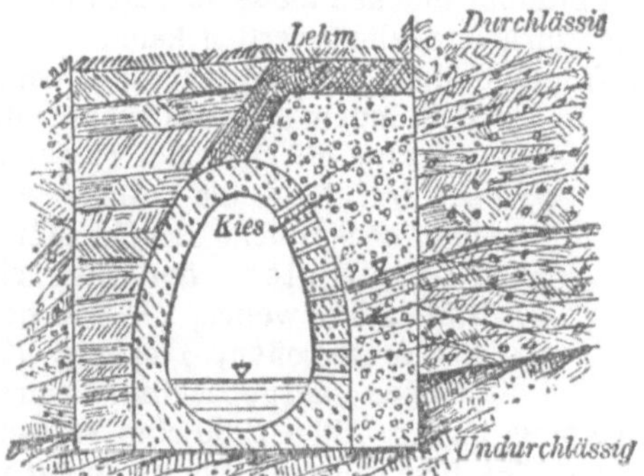

Abb. 34. Sammelkanäle.

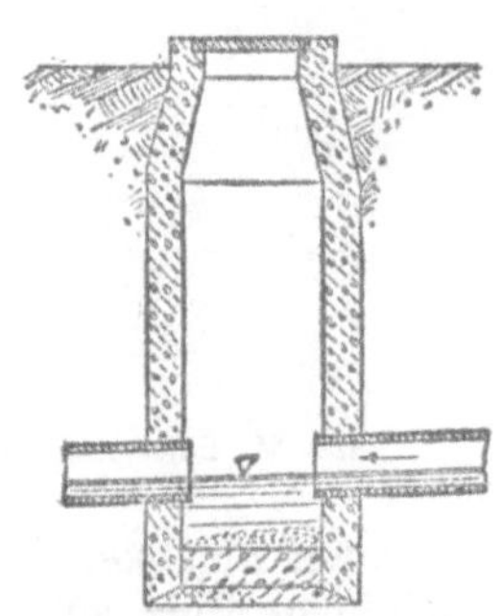

Abb. 35. Einsteigeschacht.

günstigen Umständen eine Verstärkung des Wasservorrates durch Überrieselung des Sammelgebietes mit Flußwasser erzielt werden.

V. Reinigung des Wassers.

Grund- und Quellwasser ist in der Regel, und Wasser aus Seen und Sammelteichen vielfach so rein, daß es ohne weiteres als Trinkwasser verwendet werden kann. Bei Flußwasser ist dies aber nie der Fall, und muß stets eine künstliche Reinigung desselben vorgenommen werden.

Im Wasser aufgelöste Stoffe lassen sich nur durch chemische Vorgänge oder Destillation herausschaffen; Meerwasser kann z. B. nur durch Destillation in Trinkwasser umgewandelt werden. Die Ausscheidung der Kalk-, Magnesia- oder anderer unbequemer und schädlicher Verbindungen ist bisher nur im kleinen, nicht aber im Wasserwerksbetriebe durchführbar gewesen; nur die Beseitigung des Eisens bereitet keine Schwierigkeiten mehr. Die des Mangans wird in ähnlicher Weise bewirkt, gelingt jedoch nicht immer in vollem Umfange und erfordert dann eine Behandlung mit chemischen Fällungsmitteln.

a) Die Enteisenung des Wassers.

Wasser mit mehr als 0,2—0,3 mg Eisen im Liter ist zur unmittelbaren Verwendung nicht geeignet. Da Eisen vielfach als gelöstes Eisenoxydul, FeO, bis zu 2—6 mg im Liter vorkommt, so ist dessen Ausscheidung notwendig.

Sie wird bewirkt, indem man das Wasser in Tropfenform verwandelt und dadurch mit viel Luft in Berührung bringt. Der Luftsauerstoff verwandelt in kaum einer Minute das lösliche Eisenoxydul in das unlösliche Eisenoxyd, das sich in Form brauner Flocken niederschlägt und durch Kiesfilter zurückgehalten werden kann.

Die Tropfenbildung und Durchlüftung wird erzielt, indem man das Wasser durch gelochte Bleche oder Regenbrausen frei durch die Luft fallen oder über Koksstücke rieseln läßt. Ein Koksrieseler, der aus einem 1,5—2,5 m weiten, 2—3 m hohen, mit faustgroßen, zackigen Koksstücken ausgepackten, aufrechtstehenden Blechkessel besteht, vermag täglich 700—1200 cbm Wasser zu enteisenen. Eine völlige Beseitigung des Eisens ist allerdings damit nicht zu erreichen; 0,1—0,3 mg im Liter bleiben meistens zurück, doch ist dieser geringe Gehalt unschädlich.

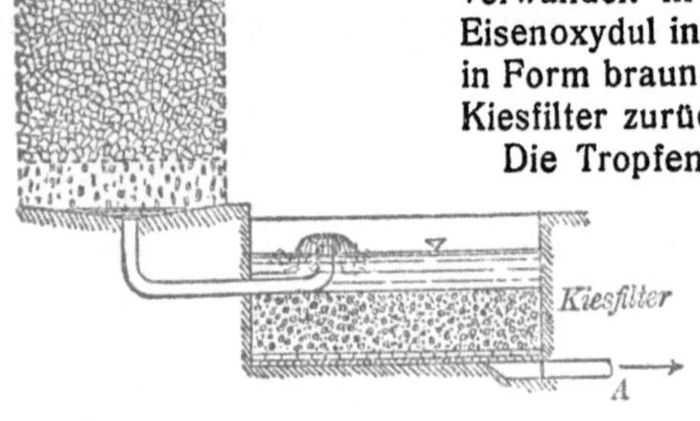

Abb. 36. Enteisenung des Wassers.

b) Die Beseitigung des Mangans aus dem Wasser.

Das Wasser wird zunächst durch Lüftung und Filterung über Kies vom Eisen befreit. Zur Sicherheit geht es noch durch eine Kiesschutzschicht, um keinen Eisenschlamm auf das chemische Fällungsmittel gelangen zu lassen. Als solches hat sich z. B. in Glogau bei einem Mangangehalt von 4,3 mg (MnO) im Liter Rohwasser das von der Firma J. D. Riedel in Berlin in den Handel gebrachte Permutit bewährt. Das Permutit lagert in 50 cm Höhe auf einer Kiesstützschicht, deren Grundrißfläche so bemessen ist, daß für 1 sl Wasser eine Fläche von rd. 0,5 qm zur Verfügung steht. Die Regeneration des Filters erfolgt durch Kaliumpermanganatlösung. Das Verfahren hat sich in Glogau bewährt, ist jedoch sehr empfindlich gegen Eisenschlamm, der daher sorgfältig vom Permutit ferngehalten werden muß.

In Bernburg werden durch zwei Versuchsanlagen stündlich 25 cbm Leitungswasser entmangant, wobei es gelang, den Gehalt an Mangan von 2 bis 3,5 mg im Liter Rohwasser auf 0,1 mg herabzudrücken.

c) Die Sandfiltration.

Von allen Reinigungsanlagen zur Beseitigung von Schmutzstoffen hat sich im Großbetriebe am besten bewährt die Sandfiltration. Für die Reinigung des Wassers aus Talsperren ist mit gutem Erfolge die natürliche Bodenfiltration verwendet worden, indem man das Talsperrenwasser auf abgeschlossene, vor Verunreinigung geschützte Riesel-

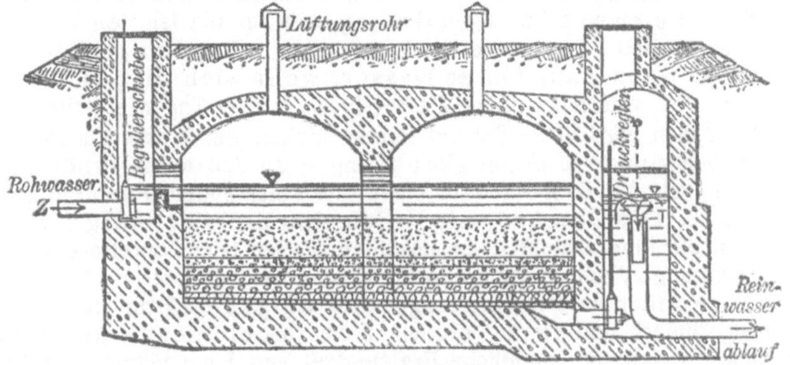

Abb. 37. Sandfilter.

wiesen verteilt und in Drainrohren, die in starker Sandbettung verlegt wurden, wieder gesammelt hat. Für kleinere Versorgungsanlagen werden die Filter auch aus porigen Stoffen wie Holzkohle, Knochenkohle, Koks, Kieselgur, porösen Steinen, gepreßten Sandplatten u. dgl. hergestellt.

Bei der Sandfiltration läßt man das ungereinigte Rohwasser in Ablagerungsbecken 12—36 Stunden ruhig stehen oder diese langsam mit 1 bis 2 mm sekundlicher Geschwindigkeit durchfließen oder nach dem Verfahren von Chabal-Puech über stufenförmig angeordnete Grobfilter strömen, bringt somit die gröberen Stoffe zum Niederschlag und filtriert dann das Wasser langsam durch eine Sandschicht hindurch, in der die feineren Teile und die Bakterien zurückgehalten werden, so daß das Wasser klar und rein und nahezu bakterienfrei aus dem Sande austritt.

Die Filterbecken werden aus Beton oder wasserdichtem Mauerwerk, wie die Hochbehälter, s. S. 43, hergestellt und zum Schutze gegen Frost, Hitze und Verschmutzung überwölbt und mit Erde überschüttet. Auf der Filtersohle wird zunächst eine 25 cm starke Schicht aus 6—20 cm dicken gewaschenen Feldsteinen ausgebreitet und in derselben ein Netz von Kanälen aus flachkantig aufgestellten Ziegelsteinen in 3—5 m Entfernung verlegt, um das Wasser leichter zu sammeln. Hierauf kommen mehrere Lagen von Kieseln und Kies, nach oben zu stetig bis zu 3 mm Korngröße abnehmend. Auf diese etwa 70 cm starken Stützschichten, welche einen filternden Einfluß nicht ausüben, sondern nur einen gleichmäßigen Durchfluß befördern und das Wasser schneller sammeln sollen, kommt die eigentliche Filterschicht aus gleichmäßig feinem, reinem, gewaschenem Sande von 0,5 bis 1 mm Korngröße und 60—120 cm Stärke. Nur bei ganz gleichmäßiger Beschaffenheit dieser Filterlage wird eine gleichmäßige Wirkung erzielt und auf jeder Flächeneinheit bei gleichem Druck gleichartiges Wasser geliefert.

Durch die zwischen den Sandkörnern verbleibenden Poren sickert das Wasser hindurch, die Sink- und Schwebestoffe finden keinen Durchgang und werden, besonders in den oberen Schichten, zum Niederschlag gebracht. Hier bilden sie einen schleimigen Überzug, welcher die feinsten Verunreinigungen zurückhält. **Daher liefert ein frisch in Betrieb genommenes Filter erst dann ganz klares Wasser, wenn sich diese Filterhaut gebildet hat, was bei trübem Wasser in etwa zwei Tagen eintritt.**

Allmählich wird diese Schicht immer dicker, der Wasserdurchfluß daher schwächer und die Ergiebigkeit geringer, so daß durch Erhöhung des Wasserspiegels auf dem Filter für einen gleichbleibenden Durchfluß gesorgt werden muß. **Die Druckhöhe läßt sich aber nicht beliebig steigern,** weil sonst die Filterschichten an einzelnen Stellen leicht durchbrochen und Verunreinigungen mitgerissen werden können. Daher darf nach den amtlichen Vorschriften die **Filtrationsgeschwindigkeit 10 cm und in Zeiten,** in denen Cholera und Typhus drohen, **5 cm in der Stunde nicht überschreiten,** so daß die stündliche Ergiebigkeit von 1 qm Filterfläche 50 bis 100 l beträgt.

Hat die Druckhöhe auf dem Filter 85—80 cm erreicht und läßt der Durchfluß nach, so wird das Filter ausgeschaltet, die Filterhaut mit der angrenzenden Sandschicht etwa 3 cm stark mit breiten Schaufeln abgeschält, der Filtersand 20—30 cm aufgelockert und eingeebnet und das Filter wieder in Betrieb genommen. Durch diese Abschälung, welche beim Magdeburger Wasserwerk in Zwischenzeiten von durchschnittlich 20 Tagen notwendig ist, wird allmählich die Filterstärke vermindert, bis sie auf 30—40 cm angelangt ist. Alsdann muß nach einer mehrtägigen Durchlüftung eine Wiederauffüllung auf die ursprüngliche Sandschichtdicke vorgenommen werden. Der abgeschälte Sand wird gewaschen und wieder verwendet. In Zwischenzeiten von 15—20 Jahren werden die Filter gänzlich abgebaut, die Sohle, die Wände, die Steine und Kiesel der Stützschichten werden gründlich gereinigt, gut durchlüftet, und das Filter wird von frischem aufgebaut.

Bei sorgfältigem Betriebe sind die Reinigungsergebnisse der Sandfiltration ausgezeichnete. Selbst sehr trübes Flußwasser läßt sich ohne Schwierigkeit in völlig reinen, klaren Zustand verwandeln. Im Magdeburger Wasserwerk konnte z. B. im Jahre 1907 der durchschnittliche Bakteriengehalt von 33 518 Keimen in 1 ccm rohen Elbwassers auf 50 Keime in 1 ccm filtrierten Wassers herabgemindert werden, so daß der Forderung des Reichsgesundheitsamtes stets genügt wurde, wonach in 1 ccm reinen Wassers höchstens 100 Keime enthalten sein dürfen.

Da die Feststellung des Bakteriengehaltes das einzige Mittel ist, um die Wirkung der Filtration zu überwachen, so ist die regel-

mäßige, alltägliche Untersuchung des aus den Filtern fließenden Wassers unbedingt geboten.

Um den Bakteriengehalt noch weiter zu vermindern, hat man in neuerer Zeit mehrfach durch Elektrizität erzeugtes Ozon durch das gereinigte Wasser hindurchgepreßt und dieses dadurch nahezu keimfrei gemacht. Gute Erfolge haben dauernd aufzuweisen die Ozonisierungsanstalten in Paderborn und Wiesbaden.

Filter, welche nur grobe Verunreinigungen zurückhalten sollen, wie die in den Enteisenungsanlagen zur Abscheidung der Eisenoxydflocken bestimmten, werden aus grobem Sande von 2 mm Korngröße hergestellt und vertragen eine Filtrationsgeschwindigkeit von 1 m in der Stunde, haben also eine stündliche Ergiebigkeit von 1 cbm auf 1 qm Filterfläche.

VI. Hebung und Aufspeicherung des Wassers.

a) Pumpwerke.

Liegt die Stelle der Wassergewinnung, wie vielfach in gebirgigen Gegenden, so hoch über dem Versorgungsgebiet, daß das Wasser mittels natürlichen Gefälles bis an die höchsten Zapfstellen gelangen kann, so wird es von den Quellen unmittelbar in den Hochbehälter geleitet, andernfalls muß es durch Maschinenkraft künstlich auf die erforderliche Höhe gehoben werden.

1. Anordnung der Pumpwerke.

Der Standort und die Höhenlage der Pumpe ist so zu wählen, daß die Saughöhe möglichst gering und die Saugleitung möglichst kurz wird. Bei größeren Wasserspiegelschwankungen an der Schöpfstelle werden daher die Pumpen in wasserdichten, bis unter H. W. reichenden Räumen aufgestellt.

Das Pumpwerk ist, wenn das Wasser mit natürlichem Gefälle von der Schöpfstelle her zufließen kann, möglichst nahe an das Versorgungsgebiet bzw. den Hochbehälter zu legen, andernfalls zur Vermeidung langer Saugleitungen dicht an die Schöpfstelle heranzurücken.

Der Platz für das Wasserwerk muß so geräumig sein, daß eine nachträgliche Vergrößerung durchführbar ist. Die Größe der Maschinenanlage ist so zu bemessen, daß sie für die nächsten 15—20 Jahre ausreicht und sich ohne kostspielige oder betriebstörende Änderungen nach Bedarf vergrößern läßt. Die Gebäude sind von vornherein so groß zu wählen, daß noch eine weitere Maschine darin untergebracht werden kann.

Ist die Anlage des Pumpwerkes unmittelbar an der Schöpfstelle nicht ausführbar, so wird die Zuleitung als Gefälle- oder Heberleitung ausgeführt.

Saugleitungen müssen zur Vermeidung von Luftansammlungen zur Pumpe stetig ansteigen, Heberleitungen an den höchsten Stellen zur Luftentfernung mit einer Luftpumpe verbunden werden. Die Saugleitung ist so zu bemessen, daß die mittlere Geschwindigkeit 0,5 bis 0,8 m nicht überschreitet; bei größerer Saughöhe wird über dem Saugkorb oder Seiher ein Fußventil angebracht, um das Ablaufen der Wassersäule zu verhindern.

Die zur Wasserhebung erforderliche Maschinenkraft ist stets auf mehrere Einzelmaschinen zu verteilen, deren Stärke so zu bemessen ist, daß jede Maschine möglichst lange mit voller Kraft arbeiten kann, da nur bei einem bestimmten Wirkungsgrade eine günstige Kraftausnutzung und somit ein billiger Betrieb zu erzielen ist. Bei kleinen Anlagen sind mindestens zwei Pumpen und zwei Maschinen anzuordnen, von denen jede im-

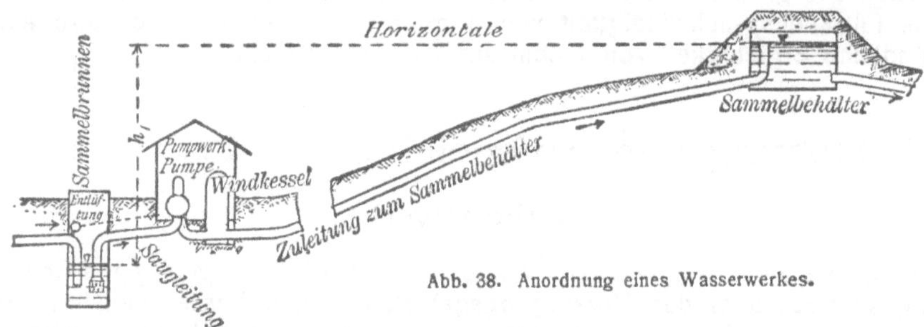

Abb. 38. Anordnung eines Wasserwerkes.

stande ist, den stärksten Bedarf zu fördern, so daß die andere Maschine stets betriebsfertig zur Aushilfe bereit steht.

Ob für ein Pumpwerk ununterbrochener Betrieb oder nur Tagesbetrieb vorteilhafter ist, muß durch Vergleiche zwischen Anlage- und Betriebskosten festgestellt werden. Bei zeitweisem Betriebe werden stärkere Pumpen, Maschinen und Kessel, größere Maschinengebäude und Sammelbehälter und weitere Saug- und Druckleitungen erforderlich, da der Bedarf in kürzerer Zeit gefördert werden muß, also auf die Sekunde eine größere Leistung entfällt. Die Anlagekosten werden somit höher, die Betriebskosten aber entsprechend geringer, da an Bedienungsmannschaft gespart wird und größere Maschinen verhältnismäßig billiger arbeiten als kleinere. Auch kann durch Verlängerung der Betriebszeit eine Verstärkung der Tagesförderung erzielt werden, die sich bei ununterbrochen arbeitenden Werken nur durch Vergrößerung der Maschinenanlage ermöglichen läßt.

2. Einrichtung der Pumpwerke.

Zum Antrieb der Pumpen werden Dampfmaschinen, Gasmotoren, Elektromotoren und seltener Wind- oder Wassermotoren benutzt. Die Wahl der Betriebsmaschine wird bestimmt durch die Höhe der Anlage- und Betriebskosten, die von örtlichen Verhältnissen abhängen.

Dampfmaschinen arbeiten sehr sicher, beanspruchen aber mehr Platz für Maschinen- und Kesselhaus und stärkere Bedienungsmannschaft. 1 P.S. Stunde erfordert bei großen Maschinen von über 100 P.S. Leistung etwa 0,5—1 kg, bei mittleren Maschinen von 25—100 P.S. Leistung 1 bis 2,5 kg und bei kleineren Maschinen 2,5—4 kg guter Steinkohle. Der Gesamtverlust an Arbeit in Maschine und Pumpe wird bei guter Ausführung bis auf 25 % herabgedrückt. Das Maschinen- und Kesselhaus muß hell, trocken, gut lüftbar und geräumig angelegt werden, um eine sorgsame Wartung und ausreichende Betriebssicherheit zu ermöglichen.

Gas- und Elektromotoren sind in kürzester Zeit betriebsfertig und daher für unterbrochenen Betrieb sehr zweckmäßig. Sie erfordern weniger Raum als Dampfmaschinen und niedrigere Anlagekosten.

Wasserkräfte und Wind werden seltener zum Antrieb von Wasserwerkspumpen verwendet, weil gerade in heißen Zeiten mit starkem Wasserverbrauch das erforderliche Betriebswasser mangelt bzw. Windstille herrscht. In jedem Falle sind dann Aushilfsmaschinen vorzusehen, die durch Elektrizität oder Gas, Spiritus, Benzin, Petroleum u. dgl. Kohlenwasserstoffe gespeist werden. Wasserkräfte werden in Wasserrädern, Turbinen und Wassersäulenmaschinen nutzbar gemacht. Für kleinere Anlagen in gebirgigen, wasserreichen Gegenden finden vielfach Verwendung die hydraulischen Widder oder Stoßheber, die das Wasser auf große Höhen fördern, bei reiner Wasserbeschaffenheit fast gar keiner Wartung bedürfen, aber viel Triebwasser verlangen.

Als Pumpen kommen zur Verwendung Kreiselpumpen und Saug- und Druckpumpen. Kreiselpumpen sind billig, leicht, wenig empfindlich, schnell zu reinigen und aufzustellen und gut zugänglich, sie beanspruchen wenig Platz, laufen gleichmäßig und arbeiten bei geringen Saughöhen von 4—6 m und bei Druckhöhen von 8—10 m mit 60—70 % Nutzleistung.

Die Saug- und Druckpumpen sind gewöhnlich mit den Antriebsmaschinen unmittelbar gekuppelt und nehmen viel Platz ein, sie sind entweder einfach wirkende oder einfach saugende und doppelt drückende oder doppelt wirkende mit 85 % und mehr Nutzleistung. Bei kleinen Druckhöhen erhalten die Pumpen Scheibenkolben, bei größeren Tauchkolben (Plunger). Für größere Fördermengen von 15—20 sl an sind schnellaufende Kolbenpumpen mit 40 bis 60 Hub in der Minute zurzeit sehr beliebt.

Im Rheinlande hat sich die Lambachpumpe für kleinere Anlagen sehr bewährt und wird vielfach verwendet. Sie wird von der Maschinenfabrik Lambach in Marienheide, Kreis Gummersbach, hergestellt.

Pulsometer oder Dampfwasserheber sind einfach aufzustellen und wirken sicher; sie verbrauchen aber viel Dampf und erwärmen das Wasser, so daß sie nur bei Probepumpversuchen, zur Versorgung von Eisenbahnstationen, Badeanstalten, gewerblichen Anlagen und zur Entwässerung von Baugruben Verwendung finden.

3. Berechnung der Maschinenstärke.

Die Maschinenstärke hängt ab von der sekundlichen Fördermenge und der Förderhöhe, welche dem senkrechten Höhenabstande zwischen dem niedrigsten Wasserstande an der Saugleitung der Pumpe und dem höchsten Wasserstande am Ausfluß der Druckleitung im Sammelbehälter entspricht. Zu dieser geometrischen Förderhöhe h_1, s. Abb. 38, tritt noch der Druckhöhenverlust h_2 hinzu, den die Maschine zur Überwindung der

Reibungs- und sonstigen Bewegungswiderstände, die das Wasser beim Durchfluß an den Wänden der Rohrleitung erfährt, aufzuwenden hat, und der berechnet wird nach der Formel von Darcy (s. S. 59)

$$h_2 = \left(0{,}01989 + \frac{0{,}0005078}{d}\right) \frac{l}{d} \frac{v^2}{2g}.$$

Hierin bedeutet d die Lichtweite und l die Länge der Leitung, v die Geschwindigkeit $= \frac{Q}{F}$ und g die Erdbeschleunigung $= 9{,}81$, sämtliche Maße auf m bezogen.

Somit berechnet sich die von der Maschine zu bewältigende Gesamthubhöhe, die sog. manometrische Förderhöhe zu $h = h_1 + h_2$ und die von der Maschine zu leistende Arbeit $A = Q \cdot h$ in mkg, wenn die sekundliche Fördermenge Q in l bezeichnet wird. Da nun 75 mkg $= 1$ P. S. ist, so ergibt sich die Anzahl der Pferdestärken $n = \frac{Qh}{75}$. Wird die Nutzleistung der Pumpe und der Antriebsmaschinen zu je 85 % angenommen, so muß die Anzahl der tatsächlich von der Maschine für die Förderung der Wassermenge Q aufzuwendenden Pferdestärken betragen:

$$N = \frac{Qh}{75} \cdot \frac{100}{85} \cdot \frac{100}{85}.$$

4. Die Zuleitung zu den Sammelbehältern.

Die Zuleitung des Wassers von den Quellen oder Schöpfstellen oder Pumpwerken zu den Sammelbehältern wird bei hoher Lage der Entnahmestelle als Gefälleleitung, sonst als Druckleitung angeordnet.

Gefälleleitungen werden aus Mauerwerk, Beton oder Steinzeugrohren hergestellt und in Abständen von 100—500 m mit Einsteigeschächten versehen. Sie müssen, um an Erdarbeiten zu sparen und auf gewachsenem Boden aufzuruhen, sich dem Gelände möglichst anschmiegen. Täler werden auf Aquädukten überschritten oder mittels Dükerung gekreuzt und Höhenrücken in Stollen durchbrochen, oder, falls die Steighöhe 7 m nicht überschreitet, mittels Heberleitung überstiegen.

Druckleitungen werden aus Guß- oder Schmiedeeisen bzw. Stahl, bei geringem Druck auch aus Steinzeug hergestellt und frostsicher, mit stetig ansteigendem Gefälle verlegt, welches sich zur Verminderung der Erdarbeiten möglichst der Bodengestaltung anzuschmiegen hat. Sind Wechsel von Steigung und Gefälle nicht zu vermeiden (Abb. 39), so werden in den Tiefpunkten der Gefällknicke Entleerungsschieber und in den Hochpunkten Lüftungshähne oder Hydranten eingebaut. Bei langen Strecken werden Absperrschieber, Entlüftungs- und Entleerungsvorrichtungen in Entfernungen von etwa 200 m angeordnet, um bei Rohrbrüchen ein schnelles Leerlaufen, Ausbessern und Wiederanfüllen der Leitung mit geringem Wasserverluste zu ermöglichen.

Bei langen Zuleitungen ist die Einschaltung von kleineren Zwischenbehältern und die Anordnung großer Sammelbehälter im Versorgungsgebiet notwendig, um bei Rohrbrüchen oder Betriebsstörungen den Bedarf bis zur Wiederherstellung decken zu können. Noch größere Sicherheit bietet die Anlage zweier getrennter Zuleitungen. Da aber dann die Kosten bei gleicher Leistungsfähigkeit etwa $1\frac{1}{2}$ mal so hoch sind als bei einer einzigen Leitung, so wird diese Maßnahme nur bei gefährdet

liegenden und schwierig wiederherzustellenden Rohrstrecken, Dükern, Eisenbahnkreuzungen usw. durchgeführt.

Abb. 39. Druckleitung mit Gegengefällen.

Liegt die Quelle sehr hoch, so würde der Druck in den unteren Rohrstrecken unnötig stark werden. Man schaltet dann Absturzkammern ein, in denen der Zufluß von oben und der Abfluß nach unten in offenen Wasserbehältern mit freiem Wasserspiegel ausgeglichen und die Druckhöhe somit unten ermäßigt wird. Die Weite der Zuleitung ist bei ununterbrochenem Durchfluß auf den Stundendurchschnitt am Tage des stärksten Verbrauches zu berechnen. Bei unterbrochenem Betriebe muß die gleiche Wassermenge in entsprechend kürzerer Zeit gefördert, also eine größere Weite vorgesehen werden. Bei Berechnung der Weite ist aber zu berücksichtigen, daß sie für eine Reihe von Jahren ausreicht, ohne daß eine zweite Leitung notwendig wird oder zu große Durchflußgeschwindigkeiten eintre-

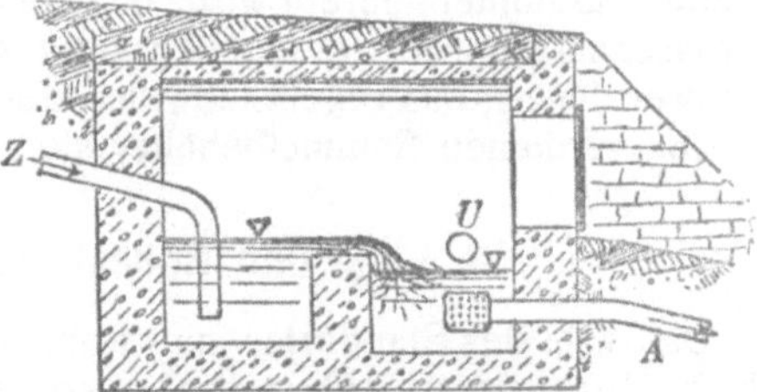

Abb. 40. Absturzkammer.

ten, die nachteilig für Maschinen und Rohrleitungen sind. Bei normalem Bevölkerungszuwachs wird es genügen, den Querschnitt so zu bestimmen, daß er für den in etwa 40 Jahren zu erwartenden stärksten Durchfluß noch ausreicht, ohne daß dabei die Geschwindigkeit 1,25 m übersteigt.

b) Sammelbehälter.

Der Zufluß einer Quelle oder die Arbeit eines Pumpwerkes ist nicht imstande, den jeweiligen Verbrauchsschwankungen zu folgen. Es müssen daher Behälter angelegt werden, in denen zu Zeiten schwachen Verbrauches, z. B. nachts, Wasservorräte angesammelt werden können, aus denen gezehrt wird, wenn der Bedarf stärker ist als der Zufluß, wie z. B. in den Vormittags- und Mittagsstunden oder in Brandfällen.

Diese Sammelbehälter haben außerdem den Vorteil, daß dadurch ein gleichbleibender Zufluß zur Versorgung ausreicht, mithin ein gleichmäßiger Gang des Pumpwerkes, der für den Betrieb sehr vorteilhaft ist, erzielt wird, daß ferner auch dann noch Wasservorräte verfügbar sind, wenn Beschädigungen an der Zuflußleitung oder Störungen im Pumpenbetriebe den Wasserzufluß unterbrechen, und daß endlich die Zuflußleitung und das Pumpwerk nicht auf Lieferung des stärksten, sondern nur des durchschnittlichen Stundenverbrauches am Tage des stärksten Bedarfes zu berechnen sind, also schwächer, mithin billiger ausgeführt werden können.

Fehlt der Sammelbehälter, so müssen die Maschinen sich genau dem fortwährend sich ändernden Verbrauche anschmiegen, wodurch Maschinen und Rohrleitungen leiden; und gerade dann, wenn die Höchstleistung gefordert wird, kann bei Rohrbrüchen oder Maschinenstörungen die gesamte Wasserversorgung in Frage gestellt sein.

Allerdings kann auch ein Ausgleich zwischen den Verbrauchsschwankungen und der Maschinenleistung auf andere Weise geschaffen werden, nämlich durch Standrohre oder Windkessel. Doch ist dann der Maschinenbetrieb so peinlich genau zu regeln, daß diese Anordnung nur bei sehr gleichmäßigem Wasserverbrauch befriedigt. Standrohre sind oben offene, an hohen Gebäuden aufgeführte eiserne Rohre von großem Durchmesser, in denen der Wasserspiegel durch Maschinenkraft möglichst auf gleicher Höhe gehalten werden muß. Windkessel sind geschlossene, mit der Wasserleitung verbundene eiserne Behälter, in denen die Luft durch die Pumpen derart zusammengepreßt wird, daß sie einen gleichbleibenden Druck auf das Wasser im Rohrnetz auszuüben vermag. Da aber der Maschinenbetrieb sich schwer dauernd so regeln läßt, daß der Druck im Rohrnetz annähernd gleich bleibt, verdienen Sammelbehälter stets den Vorzug.

1. Lage und Höhenlage der Sammelbehälter.

Die Wahl des Standortes muß wohl erwogen werden. Liegt der Sammelbehälter **vor** der Ortschaft, so ist die Druckleitung von dort in das Versorgungsgebiet für den stärksten Stundendurchfluß zu berechnen, erfordert also eine größere Weite, und jede Beschädigung an dieser Leitung würde die Wasserzufuhr in das Versorgungsgebiet völlig unterbrechen. Liegt der Sammelbehälter **hinter** der Ortschaft, so erhält das Druckrohr von der Quelle oder dem Pumpwerk zum Sammelbehälter eine geringere Weite, weil es für den durchschnittlichen Stundendurchfluß zu berechnen ist; ein Rohrbruch würde dann die Wasserabgabe nur auf einer kurzen durch Schieber abgesperrten Rohrstrecke unterbinden, weil bis zur Fertigstellung der

Abb. 41. Lage des Sammelbehälters vor der Ortschaft.

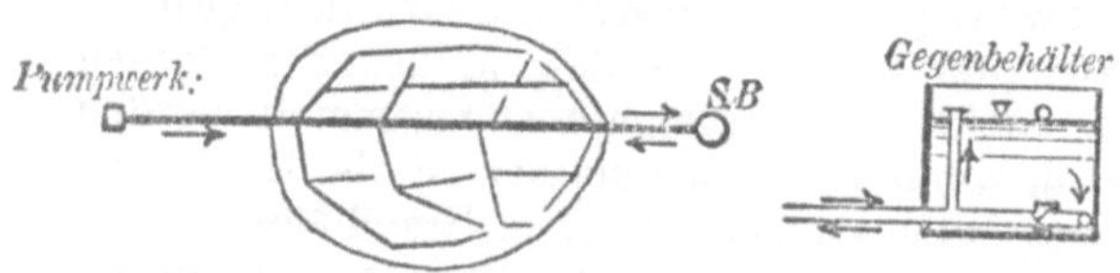

Abb. 42. Lage des Sammelbehälters hinter der Ortschaft.

Ausbesserung der untere Teil des Versorgungsgebietes vom Pumpwerk und der obere Teil vom Sammelbehälter aus versorgt werden könnte. Das Hauptzuleitungsrohr zum Hochbehälter dient dann auf der Strecke durch die Stadt zugleich als Versorgungsleitung, welche bei schwacher Abgabe mit ihrem

Überschuß den Behälter füllt und bei starkem Verbrauche das Wasser unmittelbar abgibt, nötigenfalls
mit einem Zuschuß vom Sammelbehälter her, so daß
es in frischerem Zustande verwendet wird. Die Lage
des Behälters hinter der Stadt bietet demnach erhebliche
Vorteile, die auch durch den Nachteil der wechselnden
Bewegungsrichtung des Wassers im Hauptrohr nicht aufgehoben werden.

Am günstigsten stände der Behälter in der
Mitte des Versorgungsgebietes, weil dann die
Versorgungsleitungen am kürzesten und die Druckhöhenverluste am geringsten ausfallen, die Wasserabgabe mithin am schnellsten erfolgt. Da aber gerade in
Stadtmitte die Bau-
plätze am teuersten
sind, und Schönheits-
rücksichten dem Bau
hoher Sammelbehälter
mitten im Stadtweich-
bild vielfach widerstre-
ben, so finden wir die
meisten derartigen
Bauwerke außerhalb
des eigentlichen Stadt-
gebietes.

Besonders be-
vorzugt werden zum
Bau von Sammelbe-

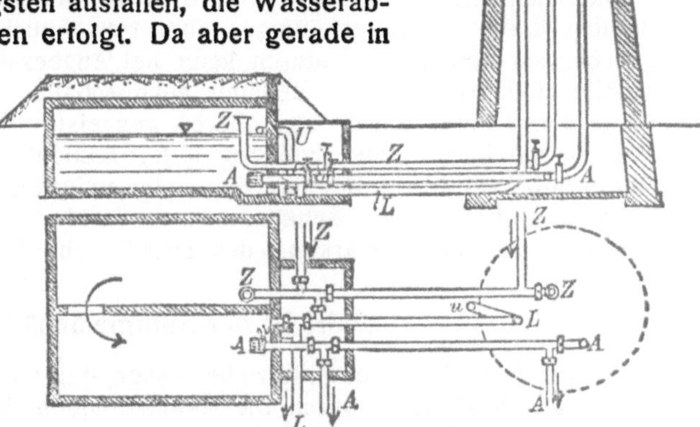

Abb. 43. Sammelbehälter für zwei Druckzonen
(nach der Görlitzer Anordnung).

hältern natürliche Bodenerhebungen in oder nahe der Stadt, weil
sie die Ausführung verbilligen, massive Herstellung und die Einbettung in die Erde mit Bodenüberschüttung gestatten.

Die Höhenlage der Behälter ist so zu bemessen, daß das Wasser
noch mit ausreichender Geschwindigkeit aus den höchsten Zapfstellen ausfließen kann. Infolge der dadurch bedingten Lage gibt man daher den Sammelbehältern auch den Namen Hochbehälter oder Wassertürme.

Mit Rücksicht auf die Gebäudehöhen und die Reibungswiderstände bzw.
Druckhöhenverluste in den Hausleitungen wird in Großstädten ein Druck
von 35 m, in kleinen und mittleren Städten ein solcher von 20 bis 25 m
Wassersäulenhöhe an jeder Stelle des Rohrnetzes verlangt. Soll das Wasser
unmittelbar aus dem Straßenrohr ohne Spritzen zum Feuerlöschen verwendbar sein, so muß, um über 15 m hohe Häuser noch Wasser geben zu können,
eine Druckhöhe von 30 m zur Verfügung stehen, da bei 60 m Schlauch-
länge an Druckhöhe im Hydranten und Schlauch etwa 15 m verbraucht
werden.

Der Hochbehälter muß also so hoch aufgestellt werden, daß an jeder Stelle
des Straßennetzes ein entsprechender Wasserdruck wirksam ist. Die Feststellung des Druckes erfolgt durch Manometerbeobachtung.

Treten in einem Stadtgebiet große Höhenunterschiede auf, so ordnet man zur Vermeidung unnützer Pumpenarbeit und übermäßiger Druckbeanspruchungen in den Rohrleitungen mehrere Hochbehälter verschiedener Höhenlage mit getrennten Rohrnetzen an, so daß das Versorgungsgebiet in mehrere Druckzonen zerfällt und gewissermaßen mehrere getrennte Wasserversorgungen erhält.

Da aber bei getrennten Rohrnetzen, insbesondere bei Straßen mit gemeinsamen Leitungen, leicht Irrtümer im Betriebe vorkommen und für jede Höhenzone besondere Pumpen erforderlich sind, so wird die Anlage teurer und erscheint nur dort angebracht, wo sehr große Höhenunterschiede vorhanden sind.

Die Sammelbehälter und Rohrnetze beider Zonen werden miteinander verbunden, die Verbindungsleitungen aber gewöhnlich durch Absperrschieber geschlossen gehalten. Dadurch kann bei Ausbesserungs- und Reinigungsarbeiten jeder der beiden Behälter ausgeschaltet werden. Der untere Behälter kann dann durch den oberen gespeist werden, wenn er zu wenig Wasser hat oder seine Zuleitung unterbrochen ist, oder wenn der obere Überschuß hat oder entleert werden muß; außerdem kann in Brandfällen der hohe Druck des oberen Behälters durch Verbindung mit dem Rohrnetz der unteren Zone zur Verstärkung des Druckes in dieser Zone herangezogen werden.

2. Größe der Sammelbehälter.

Der Inhalt der Behälter ist so zu bemessen, daß die Schwankungen zwischen Zufluß und Verbrauch durch die aufgesammelte Wassermenge mit Sicherheit ausgeglichen werden können und auch beim stärksten Bedarf oder bei Unterbrechungen im Zufluß immer noch ein ausreichender Wasservorrat verfügbar bleibt.

Bei langen Zuleitungen und gleichbleibendem Zufluß, wie z. B bei Quellwasserverwendung, wird der Fassungsraum reichlich bemessen und mindestens gleich dem durchschnittlichen, jedoch nicht über den stärksten Tagesverbrauch angenommen. Er kann bei reichlichem Quellzuflusse mit natürlichem Gefälle auf $^1/_4$ bis $^1/_3$ des Tagesbedarfs verringert werden. Dazu hat der Brandvorrat zu treten, der bei kleinen Landgemeinden mit weitläufiger Bebauung bis auf 25 cbm herabgehen kann.

Bei der Wasserlieferung durch Pumpwerke, welche durch Verstärkung des Betriebes sich besser dem Verbrauch anschmiegen können, wird der Inhalt mindestens gleich dem halben durchschnittlichen Tagesbedarf bemessen, wenn der Betrieb nachts ruht, und gleich dem dritten Teile des durchschnittlichen Tagesverbrauches bei ununterbrochenem Pumpwerksbetriebe.

Ist durch doppelte Zuleitungen zum Sammelbehälter und durch reichlich bemessene Aushilfsmaschinen jede Störung im Wasserzufluß ausgeschlossen, so kann der Fassungsraum bis auf den doppelten stärksten Stundenverbrauch herabgemindert werden. Unter 80 cbm herunterzugehen, ist auch bei kleinen Anlagen nicht ratsam mit

Rücksicht auf den für Brandfälle stets bereit zu haltenden Wasservorrat, der bei Verwendung von 2 Hydranten mit je 5 sl Leistung während 2 Stunden mindestens $2 \cdot 2 \cdot 5 \cdot 60 \cdot 60 = 72\,000\ l = 72,0$ cbm betragen würde. Selbst bei sehr kleinen Anlagen sollte dieser Löschwasservorrat so bemessen werden, daß er mindestens für eine Wasserabgabe von 5 sl während 2—3 Stunden ausreicht, also 36—54 cbm und bei kleinen Landgemeinden mit weitläufiger Bebauung mindestens 25 cbm umfaßt, oder es muß in anderer Weise, z. B. durch Löschweiher, Dorfteiche, Wasserlöcher usw. für ausreichende Löschwassermengen gesorgt werden.

3. Einrichtung und Ausführung der Sammelbehälter.

Bei größeren Anlagen ist die Zerlegung des Sammelbehälters in zwei getrennte, unabhängig voneinander wirkende Abteilungen zweckmäßig, um Ausbesserungs- und Reinigungsarbeiten ohne Störung vornehmen zu können. Bei kleinen Anlagen mit einer Kammer, die ausschaltbar einzurichten ist, werden diese schnell zu erledigenden Arbeiten zu Zeiten schwachen Verbrauches ausgeführt, während deren sämtliche Hilfsmaschinen betriebsbereit zu halten sind, und die Betriebsmaschine das Wasser durch sorgfältige Anpassung an den Verbrauch zu liefern hat, was für kurze Zeit keine Schwierigkeiten bietet. Soll aber auch hierbei stets ein ausreichender Vorrat für Feuerlöschzwecke sichergestellt bleiben, so teilt man den Behälter in zwei Kammern, von denen die eine mit dem Brandbedarf stets gefüllt gehalten

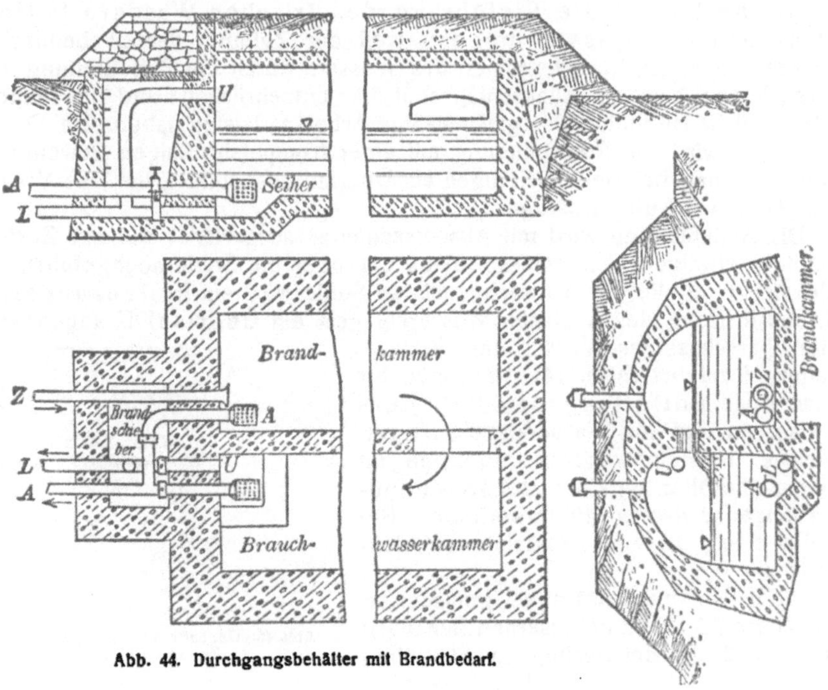

Abb. 44. Durchgangsbehälter mit Brandbedarf.

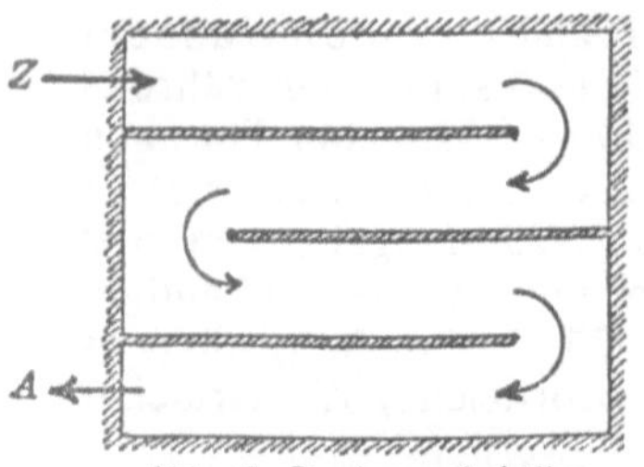

Abb. 45. Durchgangsbehälter mit Zwischenwänden.

wird, um den Inhalt in Brandfällen durch Öffnen des Brandschiebers sofort verwenden zu können. Zur Verhütung des Abstehens des Wassers wird der Zufluß unten und der Abfluß in die Brauchwasserkammer oben angeordnet (Abb. 44).

Als Grundriß eignet sich am besten der Kreis und das Quadrat, weil diese Formen bei kleinstem Umfang, also geringster Wandlänge, die größte Grundfläche und somit die geringsten Kosten ergeben. Bei größeren Anlagen wird zur Erzielung eines besseren Durchströmens die rechteckige Grundrißform, nötigenfalls mit Längszwischenwänden, gewählt, weil dabei das Wasser gleichmäßig in Bewegung bleibt und sich frischer hält (Abb. 45).

Zu dem Zwecke wird stets die Zuleitung Z und die Ableitung A an entgegengesetzten Stellen eingeführt, es entstehen dann die sog. Durchgangsbehälter (s. Abb 41, 43 und 44). Findet die Zu- und Ableitung durch dasselbe Rohr statt, wie es bei der Lage des Behälters hinter der Ortschaft der Fall ist, so entstehen die Gegen- oder Rücklaufbehälter. Durch Gabelung der Zuleitung in zwei an entgegengesetzten Stellen des Behälters einmündende Rohre kann auch hierbei eine Auffrischung des Wassers erzielt werden, wenn das Abflußrohr e n nach oben schließendes, nach unten aufschlagendes Ventil und der zuführende Strang ein umgekehrt wirkendes Ventil oder ein Steigerohr erhält. (Abb. 42.)

Am besten ist die Einführung des frischen Wassers in Höhe des höchsten Wasserspiegels, weil der Zufluß jederzeit beobachtet werden kann, ein Zurückströmen des Wassers durch die Zuflußleitung ausgeschlossen, bzw. ein Rückschlagventil hier entbehrlich ist und die Pumpen stets gleiche Hubhöhe, also gleichmäßige Arbeit zu leisten haben. Bei Druckleitungen wird die Rohrmündung mit einer trompetenförmigen Erweiterung versehen und bei Gefälleleitungen als Überfall ausgebildet, um das Wasser möglichst mit Luft zu sättigen.

Die Abflußleitung wird mit Absperrschieber ausgerüstet und zur Zurückhaltung etwaigen Schlammes 30—60 cm über die Sohle hochgeführt. An der tiefsten Stelle der schwachgeneigten Sohle wird ein Entleerungsrohr L und in Höhe des höchsten Wasserspiegels ein Überlauf U angeord net, der überschüssiges Wasser der Leerlaufleitung L zuführt (Abb. 44). Ferner ist für eine gute Entlüftung des Behälters zu sorgen und für Wasserstandsanzeiger, welche im Pumpwerk die Füllhöhe im Sammelbehälter angeben. Bei großen Entfernungen zwischen Pumpwerk und Behälter erfolgt diese Übermittelung auf elektrischem Wege.

Die Füllhöhe beträgt bei gemauerten Behältern 2,5—8 m, bei eisernen Behältern bis zu 12 m. Bei geringeren Füllhöhen

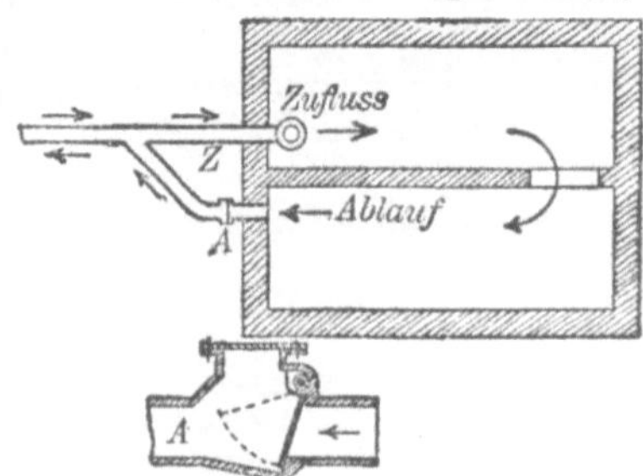

Abb. 46. Gegenbehälter mit getrenntem Zu- und Abfluß.

wirken die Temperatureinflüsse nachteilig, größere Wassertiefen erzeugen zu starke Pressungen.

Gestatten die Höhenverhältnisse eines Ortes den Bau massiver Sammelbehälter auf festem, gewachsenem Boden, so verdient diese Ausführung stets den Vorzug, da durch die Überwölbung und Abdeckung der Behälter mit Erdboden das Wasser und das Mauerwerk gegen größere Temperaturschwankungen und somit das letztere vor Entstehung von Temperaturrissen geschützt wird.

Der Untergrund muß fest und tragfähig sein, da infolge der Überwölbung und Überschüttung ungleiche Bodenpressungen auftreten, die bei nachgiebigem Untergrunde gefährliche Rißbildungen veranlassen können.

Auf die sorgsame wasserdichte Ausführung des Mauerwerks oder Betons ist wie beim Bau der Talsperren, Quellfassungen und Filterbecken der größte Wert zu legen. Da Steine stets durchlässig sind, muß die Wasserdichtigkeit durch Verputz erzielt werden. Gut bewährt hat sich hierfür ein fetter Zementmörtel aus 1 Teil Zement, 2 Teilen Sand und 0,1 Teil Kalkmilch, der in dickbreiigem Zustande, 1—2 cm stark auf die sauber gewaschene Wand aufgetragen und mittels hölzerner Reibscheiben glatt gerieben wird. Nach Erhärtung des Mörtels wird eine dünne Schicht reinen Zements darüber aufgezogen und mit Filzscheiben unter Zusatz von Zementpuder glatt gebügelt. Die Sohle wird in gleicher Weise gedichtet und, falls auf derselben angreifende Arbeiten zu erwarten sind, mit einer etwa 8 cm starken Betonschutzschicht im Mischungsverhältnis 1 : 3 : 5 überzogen. Auch die Gewölbeabdeckung ist durch Bleipappe oder Asphalt wasserdicht herzustellen, um das Durchsickern von Niederschlagswasser zu verhüten.

Sind geeignete Anhöhen im Stadtbereich nicht verfügbar, so müssen hohe Unterbauten aus Mauerwerk oder Beton oder Eisenfachwerk errichtet werden. Es entstehen dann die s o g. W a s s e r t ü r m e (s. Abb. 43). Die Behälter auf diesen Unterbauten werden aus Schmiedeeisen oder Eisenbeton hergestellt. Gußeisen widersteht zwar dem Rosten besser, erfordert aber wegen der geringen Zugfestigkeit stärkere Wandungen, also größere Gewichte und kräftigere Unterbauten. Besonders beliebt ist die vom P r o f. G e h e i m r a t I n t z e eingeführte Form der schmiedeeisernen Behälter (s. Abb. 43), weil sie einen geringeren Turmdurchmesser erfordert und das Auflager fast ausschließlich durch senkrechte Kräfte beansprucht wird.

VII. Verteilung des Wassers in den Straßen.

a) Anordnung des Rohrnetzes.

Von den Sammelbehältern führen H a u p t d r u c k r o h r e in das Versorgungsgebiet, an welche die N e b e n l e i t u n g e n für die Versorgung der einzelnen Straßen angeschlossen werden, so daß ein zusammenhängendes, das ganze Stadtgebiet durchziehendes Rohrnetz entsteht. Dieses Rohrnetz wird entweder nach dem Verästelungssystem ausgebildet, bei welchem von einem starken Hauptrohr sich die Nebenleitungen, allmählich schwächer werdend verzweigen wie die Äste eines Baumes, oder nach dem **Kreislaufsystem,** bei welchem ein möglichst allseitig geschlossenes Netz geschaffen wird, dessen äußerste Ausläufer miteinander durch Ringleitungen verbunden sind.

Das Verästelungssystem ist zwar billiger, aber es hat den Nachteil, daß bei jedem Rohrbruch dem gesamten Versorgungsgebiet

Abb. 47.
Rohrnetz nach dem Verästelungssystem.

Abb. 48.
Rohrnetz nach dem Kreislaufsystem.

hinter der Bruchstelle F das Wasser abgesperrt wird, was besonders bei Brandfällen unheilvoll wirken kann, daß ferner die Ausdehnung des Rohrnetzes durch einfache Verlängerung der Endstrecken nicht möglich ist, und daß endlich in den Ausläufern des Rohrnetzes bei schwachem Verbrauche das Wasser leicht absteht, wenn dem nicht durch kräftige Spülung am Rohrende abgeholfen wird. Die toten Rohrenden sind daher stets mit Entleerungsschiebern oder Hydranten zu versehen.

Das Kreislaufsystem ist zwar teurer, hat aber den großen Vorteil, daß bei einem Rohrbruch F nur die kurze, zwischen den benachbarten Absperrschiebern liegende Rohrstrecke ohne Wasser ist, und daß jede Erweiterung sich leicht ausführen läßt.

Die Hauptrohre werden in Ortschaften mit stärkeren Bodenerhebungen in den hochliegenden Straßen untergebracht und die Nebenleitungen

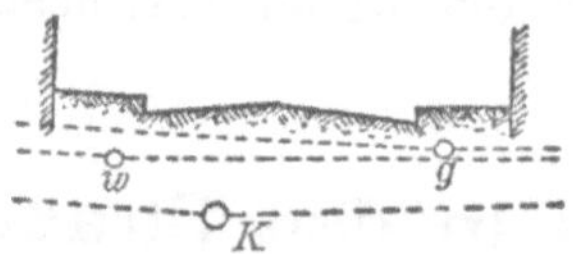

Abb. 49.
Lage der Rohre in engen Straßen.

Abb. 50.
Lage der Rohre in breiten Straßen.

nach den tieferen Straßen zu abgezweigt, um günstige Druckverhältnisse zu erzielen. In ebengelegenen Städten bildet man für die stärkeren Zweigleitungen eine Anzahl möglichst gleichwertiger Versorgungsgebiete, um stärkere Rohrweiten, die weniger betriebssicher sind, zu vermeiden.

In engen Straßen wird, womöglich unter den Fußwegen, auf der einen Seite das Wasserrohr, auf der andern das Gasrohr angeordnet, in breiteren Straßen, etwa von 16 m an, für jede Häuserreihe, gleichfalls in den Fußwegen, ein Wasser- und ein Gasrohr. Bei Straßen mit fester Pflasterunterbettung werden, wenn es irgendwie durchführbar ist, die Versorgungsleitungen in den Fußwegen untergebracht und höchstens Hauptrohre, an denen Anschlüsse bzw. Aufgrabungen seltener vorkommen, im Fahrdamm. Die in Großstädten versuchte Unterbringung sämtlicher Rohrleitungen in begehbaren Kanälen ermöglicht eine sichere Lagerung, eine gute Überwachung, eine stete Zugänglichkeit und leicht ausführbare, nicht störende Ausbesserungsarbeiten, erfordert aber hohe Anlagekosten.

Wasserrohre müssen frostfrei, also mit mindestens 1,2—1,5 m

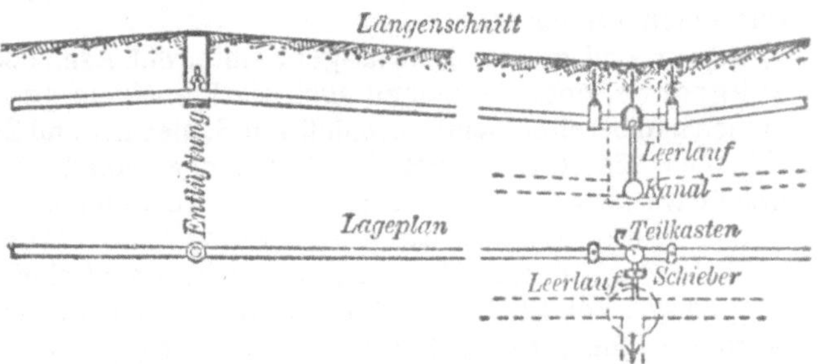

Abb. 51. Lage der Wasserrohre in der Straße.

Bodenüberdeckung und stets mit Gefälle verlegt werden, um die Leitung schnell entleeren zu können. Da die Konstruktion der Absperrschieber und Hydranten allgemein für 1,5 m Bodenüberdeckung berechnet ist, so ist dieses Maß zweckmäßig als Normaltiefe für das Rohrnetz festzusetzen. Das Rohrgefälle hat sich zur Ersparnis an Erdarbeiten dem Straßengefälle möglichst anzuschmiegen.

Um bei Rohrbrüchen die Leitungen schneller entleeren und füllen zu können, werden an allen tiefen Gefällknickpunkten sowie bei längeren Rohrstrecken an weiteren Zwischenpunkten Entleerungsschieber angeordnet, durch die das Wasser nach tieferen Kanälen abgelassen werden kann. An den hochliegenden Gefällknickpunkten werden zur Entfernung der Luft beim Füllen der Leitung und zum Ablassen sonstiger beim Durchfluß ausgeschiedener Luftansammlungen Entlüftungsventile oder Hydranten eingebaut.

Um bei Rohrbrüchen das gesperrte Versorgungsgebiet und die ausgeschalteten Rohrstrecken aufs äußerste einschränken zu können, werden an allen Straßenkreuzungen und nötigenfalls an weiteren Zwischenpunkten Absperrschieber angeordnet (s. Abb. 48). Feuerhähne oder Hydranten werden

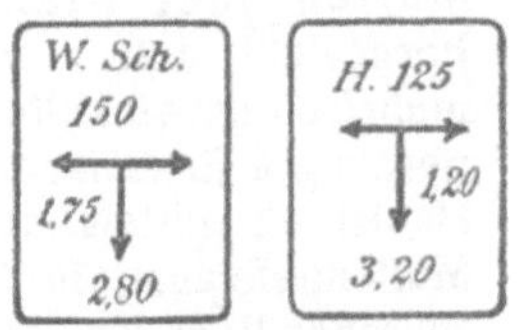

Abb. 52. Schieber- und Hydrantenschilder.

zur Vermeidung übermäßiger Schlauchlängen in Abständen von 50—100 m eingeschaltet. Die Lage der Absperrschieber und Hydranten wird durch gußeiserne oder schmiedeeiserne Schilder bezeichnet, auf denen die Lichtweite der Rohrleitung und die Entfernung der Schieber vom Schilde in seitlicher und rechtwinkliger Richtung angegeben ist.

b) Ausführung der Rohrleitungen.

Die Straßenrohre werden aus Gußeisen, Schmiedeeisen, Stahl, Holz und Steinzeug hergestellt.

Holzrohre aus ausgebohrten und getränkten Fichtenstämmen gefertigt, sind wenig haltbar, da sie in der Umfangsrichtung die geringste Festigkeit besitzen und höchstens einem Druck von 2 Atm. genügen. Da sie außerdem das Gedeihen von Tier- und Pflanzenleben stark begünstigen, so werden sie nur selten verwendet.

Besser sind glasierte, scharfgebrannte, mit Asphaltkitt gedichtete Steinzeugrohre, doch vermögen auch sie nur einem geringen Druck zu widerstehen und bereiten beim Anschluß von Schiebern und Zweigleitungen Schwierigkeiten. Sie werden vielfach als Zuleitungen von den Quellen zu den Sammelbehältern, aber selten als Straßenrohre verwendet.

Die gußeisernen Rohre werden nach deutschen Normaltabellen angefertigt, deren Abmessungen so bestimmt sind, daß die Rohre einem Probedruck von 20 Atm. und einem Betriebsdruck von 10 Atm. unterworfen werden können. Für die verschiedenen häufig vorkommenden Formstücke sind besondere Bezeichnungen nach großen lateinischen Buchstaben und feststehende Abmessungen eingeführt.

Gußeisen ist billiger und rostet weniger, besitzt aber eine geringere Zugfestigkeit und erfordert stärkere Wandungen als Schmiedeeisen und Stahl. Rohrbrüche an gußeisernen Rohren kommen häufig vor und erfordern einen reichen Vorrat an Ersatzrohren und Formstücken. Bei Längsrissen werden die beschädigten Rohre oder Formstücke durch neue ersetzt, bei Querrissen genügt meistens die Dichtung der Bruchstelle durch Überschieber — U-Stücke oder Rohrschellen.

Als Rostschutzmittel hat sich für Guß- und Schmiedeeisen am besten ein Überzug von Asphalt bewährt, der dadurch hergestellt wird, daß die auf 150—180⁰ erhitzten Rohre 15—20 Minuten lang in die heiße Masse eingetaucht werden.

Die Verbindung der Gußeisenrohre erfolgt entweder durch Muffen oder Flanschen. Die Muffenverbindung wird in der Weise hergestellt, daß man das mit einem gefetteten oder geteerten Hanfstrick mehrfach umwickelte Schwanzende des zu verlegenden Rohres in die sauber gereinigte Erweiterung — Muffe — des verlegten Rohres hineinschiebt, den Hanfstrick mittels des Strickeisens tief eintreibt, so daß nahezu die halbe Muffentiefe ausgefüllt ist, und den verbleibenden ringförmigen Zwischenraum zwischen Rohr und Muffe mit geschmolzenem Weichblei ausgießt. Der äußere Muffenkopf wird deshalb ringsherum mit weichem Ton verklebt und oben eine trichterförmige Erweiterung zum Eingießen aufgesetzt. Nachdem das Blei erkaltet ist, wird der Ton abgenommen und das Metall mittels Meißels fest in die Muffe hineingestemmt.

Die Dichtung der Flanschen erfolgt dadurch, daß auf die vorstehenden, abgedrehten Dichtungsleisten Ringe aus Gummi, Weichblei oder geölter Pappe aufgelegt und durch kräftiges Anziehen der Flanschenschrauben zum dichten Schluß gebracht werden.

Muffenrohre sind billiger, ihre Verbindung ist nicht so starr wie die der Flanschenrohre und ermöglicht geringe Richtungsabweichungen ohne Formstücke, doch reicht die Bleidichtung bei Rohrweiten von mehr als 500 mm für höheren Druck als 8 Atm. nicht mehr aus. Auch bereitet bei Rohrverlegungen im Grundwasser der Bleiverguß Schwierigkeiten, und ist dann die Flanschenverbindung vorzuziehen. Flanschenrohre lassen sich leicht verlegen und auseinandernehmen, und ist daher deren Verwendung zu vorübergehenden Zwecken sehr gebräuchlich. Wegen der leichten Löslichkeit der Flanschenverbindung und der dadurch bedingten schnellen Auswechselung be-

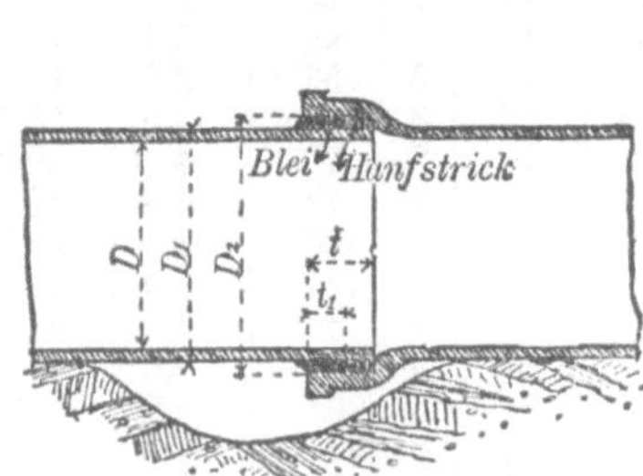

Abb. 53. Muffendichtung.

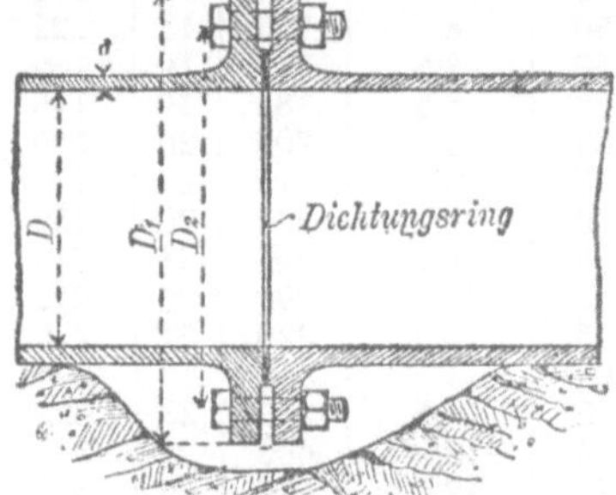

Abb. 54. Flanschenverbindung.

schädigter Teile sind Flanschenschieber auch in Muffenleitungen allgemein gebräuchlich, obgleich sie wegen der zu verwendenden Formstücke — E- oder F-Stücke — teurer werden als Muffenschieber.

Der Abschluß einer Endleitung wird bei Flanschenrohren durch aufgeschraubte Blechdeckel — Blindflanschen —, bei Muffenrohren durch eingedichtete Spunde oder Stopfen bewirkt, die an den unterhalb gelegenen Muffen mit Spannschrauben verankert werden müssen.

Deutsche Rohrnormalien.

Von dem Verein deutscher Ingenieure und von dem Verein der Gas- und Wasserfachmänner Deutschlands ist nachstehende Normaltabelle für gußeiserne Flanschen- (S. 48) und Muffenrohre (S. 49) aufgestellt worden.

Die Formstücke werden mit großen Buchstaben bezeichnet, und zwar bedeutet:

Ein A-Stück ein Muffenrohr mit rechtwinkeligem Flanschenabzweig,
  „ B- „ „ „ „ „ Muffenabzweig,
  „ C- „ „ „ „ spitzwinkeligem „
  „ E- „ „ „ „ Flansch am Schwanzende,
  „ F- „ „ Flanschen-Schwanzstück,
  „ I- „ „ Muffenrohr mit scharf gebogenem Muffenende,
  „ K- „ „ schlankes Bogenmuffenrohr für $R = 10\,D$,
  „ L- „ „ „ „ „ $R = 5\,D$,
  „ R- „ „ Muffenübergangsrohr,
  „ T- „ „ Flanschenrohr mit rechtwinkeligem Flanschenabzweig,
  „ U- „ einen Überschieber.

Lichter Durchmesser	Normalwandstärke für 6–7 Atmosph.	Flanschenrohre			Schrauben					Gewicht eines Flansches nebst Anschluß (rund)	Gewicht von 1 m Rohr ausschl. Flansch.
		Flanschendurchmesser	Flanschendicke	Schraubenlochkreisdurchmesser	Anzahl	Stärke in Millimetern	Durchmesser der Schraubenlöcher	Baulänge	Gewicht eines Rohres (rund)		
D	δ	D^1	f	D^2							
mm	mm	mm	mm	mm			mm	m	kg	kg	kg
40	8	140	18	110	4	13	15	2	21,3	2	8,75
50	8	160	18	125	4	15,5	17	2	26	2,2	10,58
60	8,5	175	19	135	4	15,5	17	3	45	2,7	13,26
70	8,5	185	19	145	4	15,5	17	3	52	2,9	15,20
80	9	200	20	160	4	15,5	17	3	62,4	3,5	18,25
90	9	215	20	170	4	15,5	17	3	70	4	20,30
100	9	230	20	180	4	19	21	3	77	4,4	22,32
125	9,5	260	21	210	4	19	21	3	100	5,6	28,94
150	10	290	22	240	6	19	21	3	125	6,9	36,45
175	10,5	320	22	270	6	19	21	3	151	8	44,38
200	11	350	23	300	6	19	21	3	180	9,6	52,91
225	11,5	370	23	320	6	19	21	3	203	9,9	61,96
250	12	400	24	350	8	19	21	3	241	11,6	71,61
275	12,5	425	25	375	8	19	21	3	274	12,9	82,30
300	13	450	25	400	8	19	21	3	309	13,7	93,00
325	13,5	490	26	435	10	22,5	25	3	351	17,2	102,87
350	14	520	26	465	10	22,5	25	3	391	18,9	112,75
375	14	550	27	495	10	22,5	25	3	421	21,5	124,04
400	14,5	575	27	520	10	22,5	25	3	462	22,6	136,85
425	14,5	600	28	545	12	22,5	25	3	491	24,5	145,16
450	15	630	28	570	12	22,5	25	3	537	26.5	162,00
475	15,5	655	29	600	12	22,5	25	3	582	28,6	178,80
500	16	680	30	625	12	22,5	25	3	634	30,7	187,68

Sämtliche Formstücke über 750 mm Durchmesser gelten **nicht** als **normale** Formstücke.

Die **speziellen Bezeichnungen** sind den einzelnen Formstücken als Beispiel beigeschrieben. Bei den Krümmern bezeichnet die römische Ziffer unter dem Striche die Anzahl der auf einen Quadranten entfallenden Stücke. Bei den **Gewichtsberechnungen** von **Formstücken** ist dem Gewichte, welches sich nach den normalen Abmessungen ergibt, ein Zuschlag von 15 %, bei Krümmern ein solcher von 20 % zu geben. **Größere Abzweigstücke**, d. h. solche, deren Abzweigdurchmesser 400 mm und mehr beträgt, sind von 2 Atm. Betriebsdruck an sowohl in ihren Wandungen als auch gegebenenfalls durch Rippen zu verstärken.

Für die Anordnung der **Schraubenlöcher** bei den Flanschenrohren gilt die Regel, daß die Vertikalebene durch die Achse des Rohres die Entfernung zwischen zwei Schraubenlöchern halbiert.

Gußeiserne Rohre müssen stehend, mit der Muffe nach unten, gegossen werden. Bei der Druckprobe sollen die Rohre auf den zwei- bis dreifachen Betriebsdruck geprüft werden. Rohre, welche 3 % weniger an Gewicht und eine durch Exzentrizität hervorgerufene Verschwächung der Wand-

Muffenrohre							
Innerer Durch-messer D	Äußerer Durch-messer D^1	Innere Muffen-weite D^2	Spielraum für Dichtung f	Tiefe der Muffe t	Tiefe der Dichtung t^1	Nutz-länge L	Gewicht von 1 m rund
mm	mm	mm	mm	mm	mm	m	kg
40	56	70	7,0	74	62	2 oder 2 $^1/_2$	10,09
50	66	81	7,5	77	65	2 $^1/_2$	12,14
60	77	92	7,5	80	67	2 $^1/_2$	15,21
70	87	102	7,5	82	69	3	16,65
80	98	113	7,5	84	70	3	19,94
90	108	123	7,5	86	72	3 oder 3 $^1/_2$	22,19
100	118	133	7,5	88	74	3 oder 3 $^1/_2$	24,41
125	144	159	7,5	91	77		31,65
150	170	185	7,5	94	79		39,74
175	196	211	7,5	97	81		48,36
200	222	238	8,0	100	83		57,66
225	248	264	8,0	100	83		67,57
250	274	291	8,5	103	84		76,51
275	300	317	8,5	103	84		87,48
300	326	343	8,5	105	85		99,13
325	352	369	8,5	105	85	4	111,29
350	378	395	8,5	107	86		124,13
375	403	421	9,0	107	86		132,61
400	429	448	9,5	110	88		146,68
425	454	473	9,5	110	88		155,46
450	480	499	9,5	112	89		170,10
475	506	525	9,5	112	89		185,41
500	532	552	10,0	115	91		201,66

stärke um 10 % gegenüber den Normen aufweisen, sind nicht mehr zu ver-wenden.

Verbrauch an Dichtungsmaterial.

Die zum Dichten erforderlichen Bleiringe erhalten

bei 40— 50 mm Weite 35 mm Tiefe,
„ 75—120 „ „ 40 „ „
„ 150—200 „ „ 45 „ „
„ 220—450 „ „ 50 „ „
„ 500—600 „ „ 55 „ „

Der Verbrauch an Blei bzw. an Teerstricken beträgt:

		an Blei	an Teerstricken
bei 40 mm Weite		0,5 kg	0,05 kg,
„ 50 „ „		0,7 kg	0,07 kg,
„ 75 „ „		1,0 kg	0,09 kg,
„ 100 „ „		1,3 kg	0,14 kg,
„ 150 „ „		2,1 kg	0,20 kg,
„ 200 „ „		3,0 kg	0,32 kg,
„ 250 „ „		4,3 kg	0,39 kg,

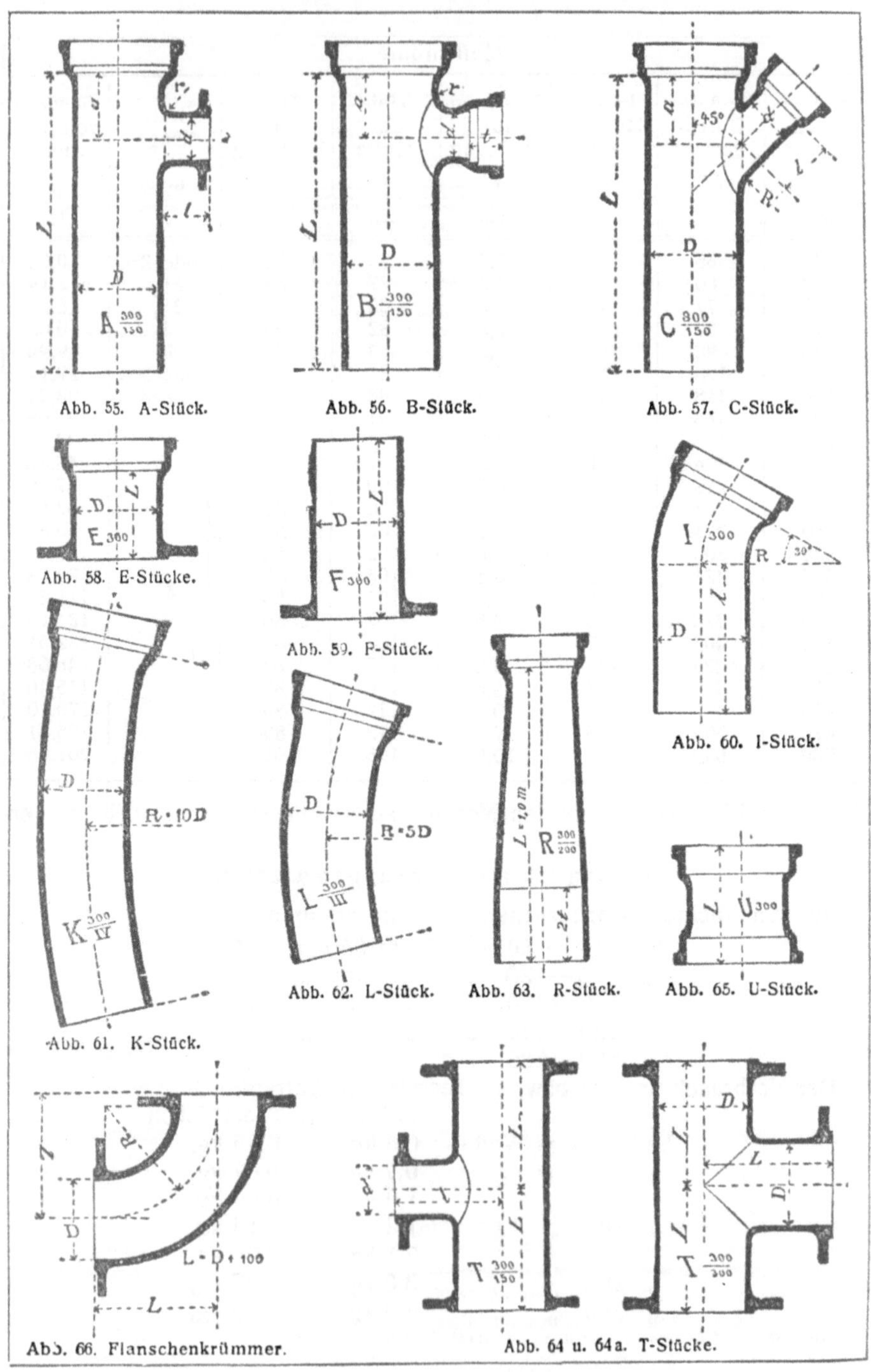

Abb. 55. A-Stück. Abb. 56. B-Stück. Abb. 57. C-Stück.

Abb. 58. E-Stücke. Abb. 59. F-Stück. Abb. 60. I-Stück.

Abb. 61. K-Stück. Abb. 62. L-Stück. Abb. 63. R-Stück. Abb. 65. U-Stück.

Abb. 66. Flanschenkrümmer. Abb. 64 u. 64a. T-Stücke.

(Aus dem Preisverzeichnis der Gröditzer Werke Lauchhammer.)

D mm	A-Stücke $d=D$	80	100	150	200	300	B-Stücke $d=D$	80	100	150	200	300
	Gewicht in kg						Gewicht in kg					
40	14	—	—	—	—	—	14	—	—	—	—	—
50	19	—	—	—	—	—	19	—	—	—	—	—
60	22	—	—	—	—	—	22	—	—	—	—	—
70	27	—	—	—	—	—	27	—	—	—	—	—
80	30	30	—	—	—	—	31	31	—	—	—	—
90	33	32	—	—	—	—	34	33	—	—	—	—
100	37	35	37	—	—	—	38	36	38	—	—	—
125	54	49	51	—	—	—	55	50	52	—	—	—
150	68	59	63	68	—	—	70	60	64	70	—	—
175	88	79	81	84	—	—	90	80	82	86	—	—
200	97	88	90	91	97	—	100	89	91	94	100	—
225	106	95	97	100	104	—	110	96	98	102	107	—
250	125	111	113	116	121	—	130	112	114	118	124	—
275	144	126	128	131	136	—	150	127	129	133	139	—
300	162	146	148	152	155	162	170	147	149	154	158	170
350	241	174	178	182	187	199	250	175	179	184	190	207
400	299	210	212	216	222	234	310	211	213	218	225	242

D mm	C-Stücke $d=D$	80	100	150	200	300	E-Stücke kg	F-Stücke kg	U-Stücke kg	K-Stücke $R=10D$ Grad	kg	Krümmer 90° $R=300+\frac{D}{2}$ kg
	Gewicht in kg											
40	16	—	—	—	—	—	8	9	7	45	9	10
50	21	—	—	—	—	—	10	10	8	45	10	11
60	25	—	—	—	—	—	12	11	10	45	14	14
70	31	—	—	—	—	—	15	14	12	45	18	18
80	37	37	—	—	—	—	17	16	14	45	23	21
90	40	39	—	—	—	—	19	18	15	45	28	23
100	45	42	45	—	—	—	21	20	17	45	34	28
125	65	57	60	—	—	—	26	25	22	45	44	33
150	82	69	72	82	—	—	33	32	26	45	53	45
175	106	88	91	101	—	—	40	39	34	45	68	50
200	119	95	98	108	119	—	47	46	41	30	87	66
225	132	102	105	115	126	—	55	54	46	30	108	75
250	152	115	118	128	139	—	62	61	55	30	136	100
275	178	133	136	146	157	—	71	70	63	30	168	115
300	229	149	152	162	173	229	82	80	75	22,5	178	130
350	282	179	192	192	203	261	102	100	98	22,5	215	165
400	354	218	221	231	242	309	123	120	120	22,5	262	210

bei	300 mm Weite	5,2 kg	0,48 kg,
„	350 „ „	5,6 kg	0,55 kg,
„	400 „ „	7,5 kg	0,80 kg,
„	450 „ „	8,4 kg	0,90 kg,
„	500 „ „	10,2 kg	1,00 kg.

4*

Rohre aus Schmiedeeisen oder Stahl erhalten wegen der größeren Festigkeit geringere Wandstärken und größere Baulängen, sie haben also ein geringeres Gewicht und weniger Verbindungsstellen, so daß sie trotz des höheren Materialpreises in neuerer Zeit vielfach verwendet wurden, besonders seitdem sich herausgestellt hat, daß sie dem Rosten gut widerstehen und sich auch unter schwierigen Verhältnissen, z. B. als Dükerrohre jahrzehntelang tadellos gehalten haben.

Bei Rohrleitungen, die starken Erschütterungen und Schwankungen ausgesetzt sind, oder die in nachgiebigem oder ungleichem Boden verlegt werden müssen, sind stets schmiedeeiserne oder Stahlrohre zu verwenden.

Abb. 67.
Verbindung von Mannesmannrohren.

Die Rohre größerer Weiten werden geschweißt oder genietet, die engeren gezogen oder gewalzt. Die Verbindung enger Rohre erfolgt durch Verschraubung, die weiteren Rohre werden durch Flanschenverschraubung und die nach dem Mannesmann-Walzverfahren hergestellten Stahlrohre durch Muffendichtung verbunden.

Als besondere Baugegenstände finden sich im Rohrnetz Absperr- und Entleerungsschieber, Teilkasten, Luftventile, Hydranten oder Feuerhähne und Straßenbrunnen.

Die Schieber und das zugehörige Gehäuse werden aus Gußeisen hergestellt, die zum besseren Abschluß in keilförmigen Nuten angeordneten Dichtungsleisten, Schieberrahmen, die Schraubenspindel, die Schraubenmutter, die Stopfbüchse und die Stopfbüchsenmutter aus Rotguß bzw. Messing. Die Schraubenspindelführung der Schieber, Ventile und Hähne ist notwendig, um zur Verhütung der betriebsgefährlichen Wasserschläge Öffnen und Schließen der Absperrvorrichtungen allmählich stattfinden zu lassen.

Die Schraubenspindeln haben stets Linksgewinde, so daß die Drehung im Sinne des Uhrzeigers den Schluß des Schiebers hervorruft. Bei Rohrweiten bis zu 150 mm werden die Schieber gewöhnlich verfüllt und mit einer sog. Einbaugarnitur, bestehend aus Schutzrohr mit Deckel, Spindelverlängerung mit Schoner und Straßenkappen ausgerüstet (Abb. 69). Bei größeren Rohrweiten werden besondere Schieberschächte angelegt, und die Drehung wird mittels Handrades und nicht mit Aufsteckschlüssel bewirkt. Die Grundrißform der Straßenkappe und Schachtabdeckungen ist zum besseren Anschluß an die Fahrbahn bei Steinpflaster rechteckig zu gestalten.

Luftventile werden an den Höchstpunkten und bei langen Rohrstrecken an Zwischenstellen angeordnet, um die Luft beim Anlassen der Leitung und sonstige Luftabscheidungen beseitigen zu können. Sie bestehen aus einem Ventil oder einer Schraube oder aber bei den selbsttätigen Luftventilen aus einer Gehäusekammer, in der eine kupferne oder gläserne Hohlkugel auf dem Wasser schwimmt und durch ihren Auftrieb den Luftausgang verschließt. Bei Luftansammlungen sinkt der Wasserspiegel und somit die Kugel und gibt die feine Luftöffnung frei (Abb. 70).

Teilkasten sind Formstücke, welche an Straßenkreuzungen des Kreislaufsystems in Schächten eingebaut werden, sobald Rohrweiten von über 150 mm zur Verwendung kommen. Sie sind meistens mit Lufthahn und Entleerungsventil ausgestattet. In allen übrigen Fällen wird der Anschluß der Nebenleitungen an Hauptrohre durch Abzweige bewirkt.

Hydranten oder Wasserpfosten oder Feuerhähne sind Wasserauslässe, die durch Öffnung eines Ventiles zu Feuerlöschzwecken, zur Kanalspülung und zur Straßenbesprengung in Tätigkeit gesetzt werden. Entweder bringt man sie verdeckt als sog. Unterflurhydranten im Stra-

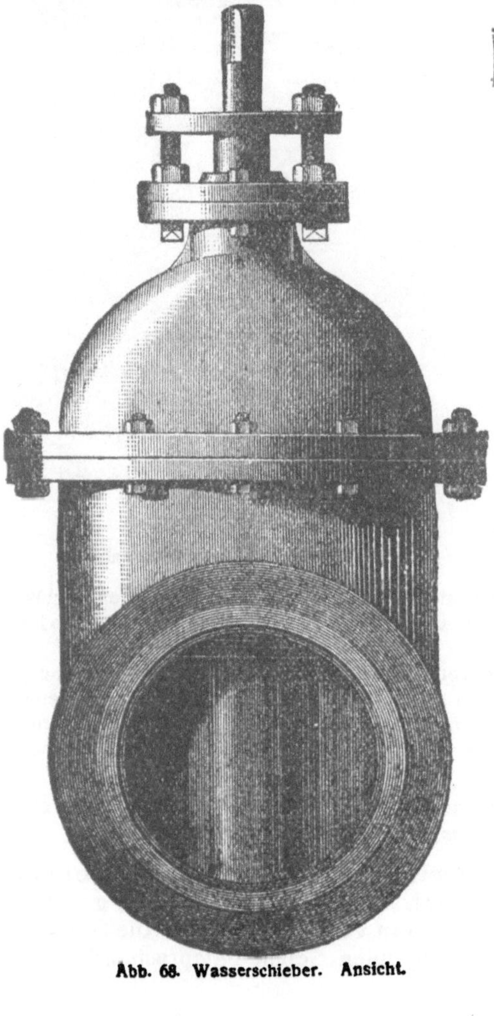

Abb. 68. Wasserschieber. Ansicht.

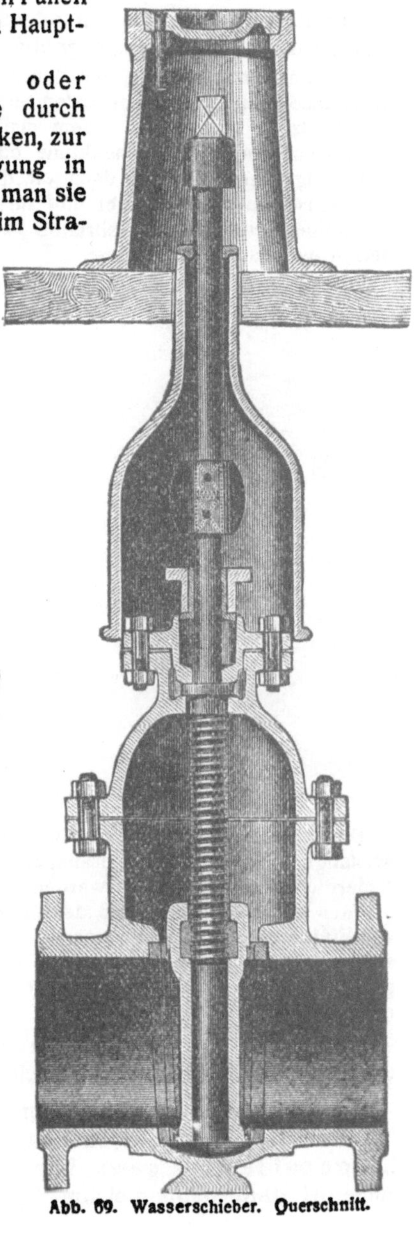

Abb. 69. Wasserschieber. Querschnitt.

ßenkörper unter, oder man führt sie als gußeiserne Pfosten hoch, dann nennt man sie Überflurhydranten. Letztere sind betriebssicherer, da sie leicht zu finden und zu bedienen sind; sie hindern aber den Verkehr.

Bei den Überflurhydranten wird die Kuppelung des Spritzenschlauches unmittelbar an den Pfosten angeschraubt und durch Drehen des Pfostenkopfes das Ventil langsam geöffnet.

Die Unterflurhydranten, bei denen das Auffinden und Öffnen der Straßenkappe in schnee- und schmutzbedeckten Straßen leicht Verzögerungen verursacht, werden in Benutzung genommen, indem man zunächst ein Standrohr aus Schmiedeeisen oder Kupfer mittels Bajonettklaue oder Gewindenippel am Steigerohr befestigt, dann an das Standrohr den Spritzenschlauch anschraubt und zuletzt das an einer Schraubenspindelführung sitzende Verschlußventil mittels Aufsteckschlüssels öffnet.

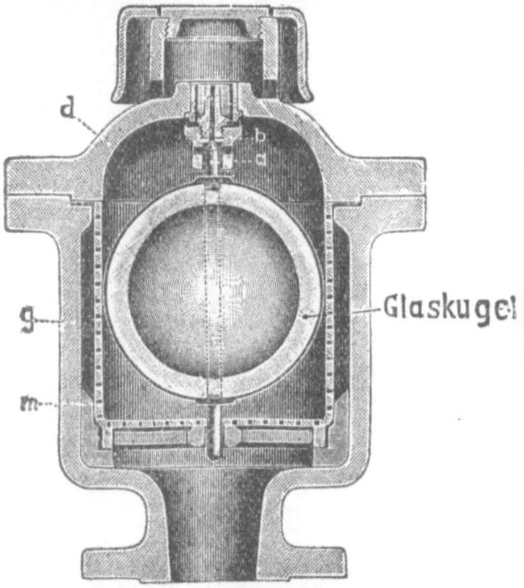

Abb. 70. Luftventil.

Abb. 71. Teilkasten mit Luftbahn.

Durch Lösen des Stopfbüchsendeckels am Kopfe des Aufsatzrohres können Schlüsselstange und Ventil leicht herausgehoben und nachgesehen bzw. neue Gummi- oder Lederdichtungen eingesetzt werden.

Nach der Benutzung muß das über dem Ventil stehende Wasser zur Verhütung des Einfrierens abgelassen werden. Dies geschieht entweder selbsttätig durch eine seitliche Öffnung, die beim Heben des Ventils gesperrt und bei Ventilschluß freigelegt wird, oder durch ein besonderes Entleerungsventil oder durch Auspumpen mit einer Handspritze.

Straßen- oder Hydrantenbrunnen zur Entnahme des Wassers auf der Straße sind ähnlich eingerichtet wie Überflurhydranten.

Die Verlegung von Rohrleitungen wird stets von unten nach oben, mit der Muffe nach vorn ausgeführt. Die Rohre müssen in ganzer Länge auf festem, gewachsenem Boden verlegt werden. Die Grabensohle ist dem stetig gleichmäßig ansteigenden Gefälle entsprechend sorgsam auszuheben und an der Schnur nachzuarbeiten, das Auflegen der Rohre auf einzelne untergeschobene Steine zum bequemeren Ausrichten der Leitung ist zu verwerfen, weil dadurch leicht Rohrbrüche veranlaßt werden. Nur an den Rohrenden werden die sog. Muffenlöcher ausgehoben, um die Dichtungsarbeit ausführen zu können (s. Abb. 53). Beim Durchgang durch Mauerwerk ist eine geringe Vertiefung des Ausbruches zweckmäßig, um ein mäßiges Nachgeben der Leitung zu ermöglichen, falls ein Setzen derselben im Rohrgraben eintreten sollte.

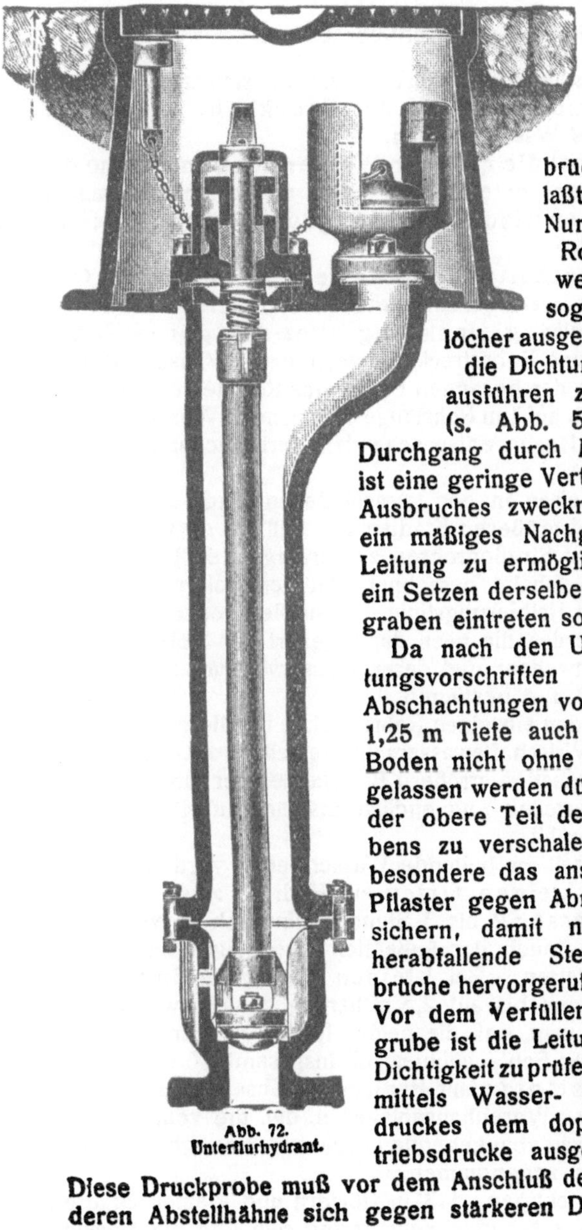

Da nach den Unfallverhütungsvorschriften senkrechte Abschachtungen von mehr als 1,25 m Tiefe auch bei gutem Boden nicht ohne Absteifung gelassen werden dürfen, so ist der obere Teil des Rohrgrabens zu verschalen und insbesondere das anschließende Pflaster gegen Abrutschen zu sichern, damit nicht durch herabfallende Steine Rohrbrüche hervorgerufen werden. Vor dem Verfüllen der Baugrube ist die Leitung auf ihre Dichtigkeit zu prüfen, indem sie mittels Wasser- oder Luftdruckes dem doppelten Betriebsdrucke ausgesetzt wird.

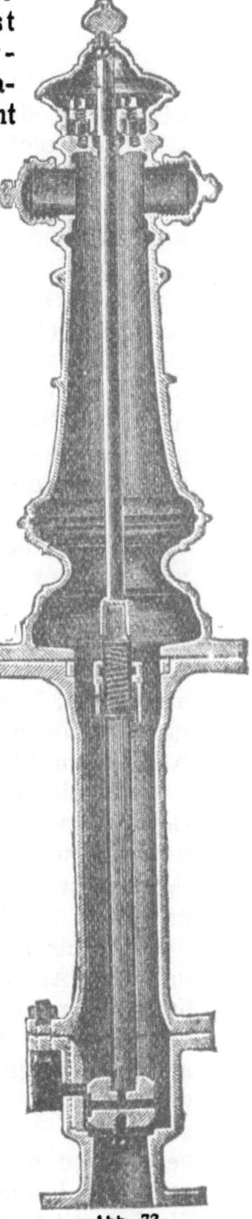
Abb. 72.
Unterflurhydrant.

Abb. 73.
Oberflurhydrant.

Diese Druckprobe muß vor dem Anschluß der Hausleitungen erfolgen, weil deren Abstellhähne sich gegen stärkeren Druck nicht genügend dicht erweisen.

c) Berechnung der Rohrleitungen.

1. Ermittelung der Durchflußmengen.

Die Berechnung von Wasserleitungsrohren erstreckt sich auf die Bestimmung der Rohrquerschnitte und der Druckhöhen, welche in den Straßenleitungen auf das Wasser wirken.

In beiden Fällen sind zuerst die größten Wassermengen, welche die Rohrstrecken zu liefern haben, zu ermitteln. Diese setzen sich zusammen aus dem Bedarf für die Hauswirtschaften, für gewerbliche Betriebe und für Feuerlöschzwecke.

Der Verbrauch an Wirtschaftswasser verteilt sich in kleinen Ortschaften und solchen Städten, welche keine erheblichen Unterschiede in der Bebauungsart aufweisen, ziemlich gleichmäßig über das ganze Rohrnetz. Daher wird die auf eine Rohrstrecke zu rechnende Wassermasse in der Weise bestimmt, daß aus der gesamten Länge des Rohrnetzes und dem stärksten Gesamtverbrauch die auf 1 m Rohrlänge entfallenden Wassermengen und daraus die den Streckenlängen entsprechenden Verbrauchsmengen ermittelt werden.

Weichen die Bebauungsweisen in den verschiedenen Stadtvierteln sehr von einander ab, wie es bei größeren Städten der Fall ist, so werden zunächst die von den einzelnen Straßenrohren zu versorgenden Bebauungsflächen abgegrenzt und ihre Inhalte berechnet. An den Eckgrundstücken nimmt man als Grenzlinie die Halbierungslinie des Straßenkreuzungswinkels an (s. Abb. 81). Alsdann werden die nach der Eigenart der Bebauung auf diese Fläche entfallenden Einwohner und deren Wasserverbrauch nach den Angaben in Abschnitt II, S. 2 u. 4 bestimmt.

Ist so die Menge des von den einzelnen Rohrstrecken für die anwohnende Bevölkerung zu liefernden Wirtschaftswassers festgestellt, so wird das an gewerbliche Betriebe oder sonstige größere Einzelabnehmer abzugebende Wasser an den Abzweigungsstellen und endlich das für Feuerlöschzwecke erforderliche Wasser hinzugezählt.

Die für Brandfälle bereit zu haltende Wassermenge wird berechnet unter der Annahme, daß in kleinen Orten ein Hydrant zwei Schlauchlinien mit zusammen 5 sl Wasser 2 bis 3 Stunden hindurch zu versorgen vermag. Die Durchflußmenge auch der äußersten Zweigleitungen ist also auf mindestens 5 sl festzusetzen. Bei kleinen Landgemeinden mit weitläufiger Bebauung kann bis auf 2,5 sl herabgegangen werden. In größeren Städten fordert man, daß die beiden letzten Hydranten der zu berechnenden Rohrstrecke vier Schlauchlinien mit insgesamt 10 sl Wasser versorgen können. In Großstädten mit Berufsfeuerwehren wird sogar in Straßen mit Speicher-, Fabrik-, Warenhausanlagen u. dgl. die vom Wasserrohr an Dampf- und Autospritzen abzugebende Löschwassermenge auf 1000 l in der Minute = rund 17 sl angenommen.

Hierbei ist aber zu berücksichtigen, daß in Dörfern und kleinen Städten bei Brandfällen der übrige Wasserbedarf sehr gering sein und die stärkste

Beanspruchung der Straßenleitungen dann nur durch die Wasserabgabe zum Feuerlöschen hervorgerufen werden wird. Bei größeren gewerblichen Betrieben und in größeren Städten ist auf eine Verminderung des Wasserverbrauches während eines Brandes aber nicht zu rechnen; es sind vielmehr die zu Feuerlöschzwecken erforderlichen Wassermengen denen des stärksten Stundenverbrauches hinzuzuzählen.

Nach diesen Regeln lassen sich die auf die einzelnen Rohrstrecken entfallenden stärksten Durchflußmengen beim Verästelungssystem leicht ermitteln, weil hierbei das Wasser stets in bestimmter Richtung zur Verbrauchsstelle fließt.

Beim Kreislaufsystem ist das aber nicht der Fall. Um hier verwickelte Rechnungen für alle denkbaren Abflußmöglichkeiten, die bei dem steten Wechsel der Durchflußverhältnisse doch keinen praktischen Wert haben, zu vermeiden, berechnet man die auf die einzelnen Rohrstrecken entfallenden Wassermengen wie beim Verästelungssystem, indem man zunächst die Endverbindungen der Rohrstrecken mit den benachbarten Leitungen als nicht vorhanden ansieht, und den Zufluß in der Richtung des kürzesten Weges von den hochliegenden Hauptleitungen nach den tieferen Nebenleitungen zu annimmt, sodann aber nachprüft, ob nicht bei Ausschaltung einer zwischen zwei Schiebern liegenden Rohrstrecke für die benachbarten Stränge, welche die Versorgung des übrigen Gebietes dann mit zu übernehmen haben, stärkere Durchflußmengen als die nach dem Verästelungssystem anzunehmen sind.

2. Berechnung der Rohrquerschnitte.

Sind für eine Rohrstrecke die größten zu erwartenden Durchflußmengen ermittelt, so wird deren Querschnitt berechnet aus der Formel

$$Q = F \cdot v \quad \text{oder} \quad F = \frac{Q}{v}.$$

Hierin ist F der Rohrquerschnitt in qm; Q die stärkste Durchflußmenge in cbm und v die Geschwindigkeit von Q in m.

Da Wasserleitungsrohre stets kreisförmigen Querschnitt erhalten, so ist:

$$F = \frac{d^2 \pi}{4} = \frac{Q}{v} \quad \text{oder} \quad d = \sqrt{\frac{4 \cdot Q}{v \cdot \pi}}.$$

Der hiernach in m ausgerechnete Rohrdurchmesser wird alsdann auf die in der Normaltabelle angegebene nächststehende Weite abgestuft. Auch werden kürzere Strecken, um möglichst viele Rohre gleicher Weite zu erhalten, in stärkerem Durchmesser ausgeführt, als es die Berechnung erfordert, weil sich bei weniger Sorten die Einheitspreise niedriger stellen und weniger Rohre auf Vorrat zum Ersatz bei Rohrbrüchen bereit zu halten sind.

Die zunächst überschläglich anzunehmende, in die Formel einzusetzende Geschwindigkeit v der Durchflußmenge soll nicht zu gering, jedenfalls nicht unter 0,25 m gewählt werden, weil sonst die Krustenbildung in den Rohren sehr befördert wird, aber auch nicht zu groß, weil sonst die Rohrleitungen

angegriffen werden. Als höchst zulässige Geschwindigkeit ist etwa 1 m anzunehmen, und wird dieses Maß in der Regel den Berechnungen zugrunde
gelegt.

Bei schwachem Druck in den Leitungen wird diese Geschwindigkeit aber
nicht immer erreicht. Es müssen daher nach der ersten Querschnittsbestimmung mindestens für die ungünstigsten Rohrstrecken die Druckhöhen
bzw. die wirklich vorhandenen Geschwindigkeiten berechnet und daraufhin
nötigenfalls die Rohrquerschnitte verstärkt werden.

3. Bestimmung der Druckhöhen.

Bei Berechnung der in den Rohrleitungen auf das Wasser wirkenden
Druckhöhen geht man von den ungünstigsten Stellen aus, d. h. von den Enden
der längsten und höchstgelegenen Rohrstrecken, da in den tieferliegenden Rohrsträngen die dem Geländegefälle entsprechende Wassersäulenhöhe als
Druckhöhe hinzutritt, bei höherliegenden Rohren die Steigung aber in Abzug
kommt.

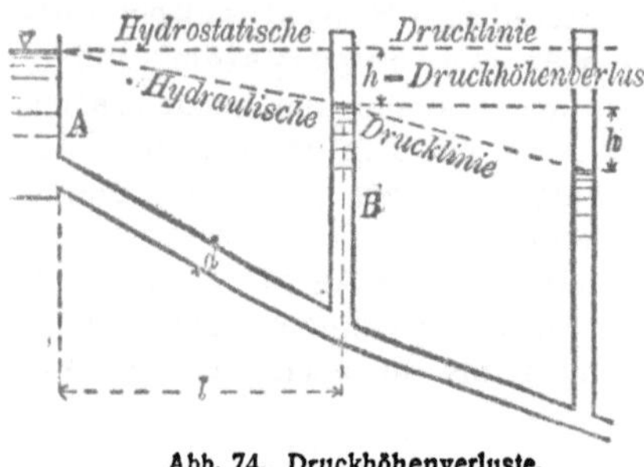

Abb. 74. Druckhöhenverluste.

Die Beziehungen zwischen Geschwindigkeit und Druckhöhe
einer in einer Rohrleitung abfließenden Wassermenge ergeben sich
aus folgenden Betrachtungen:

In kommunizierenden Gefäßen stehen im Ruhezustande die
Flüssigkeitsspiegel in gleicher Höhe, und die Verbindungsleitung ist
einem inneren Wasserdruck unterworfen, der dem Abstande der Rohrwandung
von der horizontalen hydrostatischen Drucklinie entspricht.

Findet aber ein Durchfluß durch die Verbindungsleitung z. B.
von A nach B statt, so befinden sich die Wasserspiegel an den Enden der
durchflossenen Leitung in den Steigerohren nicht mehr in gleicher Höhe,
sondern der Wasserspiegel steht am Ausfluß tiefer als am Einlauf,
und zwar wird der Höhenunterschied der beiden Wasserspiegel h um so
größer, je enger und länger die Verbindungsleitung ist, und je größer die
Durchflußmenge und somit die Geschwindigkeit wird.

Den Höhenabstand h der Wasserspiegel nennt man das absolute Gefälle und das Verhältnis des Höhenabstandes zur Länge der Verbindungsleitung $\frac{h}{l}$ das relative Gefälle des Wasserspiegels oder kurz das Wasserspiegelgefälle. Es ist also in unserm Falle der Durchfluß abhängig vom
Wasserspiegelgefälle und nicht vom Sohlengefälle der Verbindungsleitung.
Die Wirkung der Druckhöhe h wird aufgezehrt durch die Widerstände, welche
das Wasser bei seiner Bewegung durch die Rohrleitung erfährt. Dieser Druckhöhenverlust zur Überwindung der Reibungs- und sonstigen Bewegungswiderstände wächst mit der Länge der Leitung und der Durchflußmenge bzw.
deren Geschwindigkeit und wird geringer mit zunehmender Rohrweite.

Von den zahlreichen Formeln, welche die Beziehungen zwischen der Druckhöhe bzw. dem Wasserspiegelgefälle und der Geschwindigkeit bzw. der Durchflußmenge angeben, haben die nachfolgenden die besten Ergebnisse geliefert und werden am meisten angewendet:

1. Für offene Gefälleleitungen, insbesondere für Gräben, Bäche, Flüsse und sonstige offene Wasserläufe die Formel von Ganguillet und Kutter:

$$v = \frac{23 + \dfrac{1}{n} + \dfrac{0{,}00155}{h/l}}{1 + \left(23 + \dfrac{0{,}00155}{\frac{h}{l}}\right) \dfrac{n}{\sqrt{\frac{F}{p}}}} \cdot \sqrt{\frac{F}{p}\frac{h}{l}},$$

woraus dann $Q = F \cdot v$ berechnet wird.

Hierin ist v die Geschwindigkeit der Durchflußmenge in m, F der durchflossene Wasserquerschnitt in Streckenmitte in qm, p der benetzte Umfang dieses Querschnittes in m, $\dfrac{h}{l}$ das Wasserspiegelgefälle der Graben- oder Bachstrecke und n ein Erfahrungswert, der von der Rauhigkeit des Bettes abhängt und für kiesigen Boden und bewachsene Böschungen zu 0,03 zu setzen ist. Näheres hierüber siehe Fresow, Der Wasserbau I, Teubner 1912, S. 28 u. 29.

2. Für geschlossene Gefälleleitungen, insbesondere für gemauerte Kanäle, Betonkanäle und Steinzeugrohre wird vielfach benutzt die Formel von Kutter:

$$v = \frac{100 \sqrt{\frac{F}{p}}}{b + \sqrt{\frac{F}{p}}} \sqrt{\frac{F}{p}\frac{h}{l}},$$

woraus wie oben $Q = F \cdot v$ berechnet wird.

Hierin haben v, F, p und $\dfrac{h}{l}$ die gleiche Bedeutung wie oben und b ist ein Erfahrungswert, der für Steinzeug und Betonkanäle $= 0{,}35$ und für eiserne Rohrleitungen $= 0{,}25$ gesetzt wird.

Zweckmäßig ist für derartige Berechnungen die Benutzung von Tabellen, wie sie in Teil III des Leitfadens für Kanalleitungen mit dem Wert $b = 0{,}35$ aufgestellt sind. In gleicher Weise können auch Tabellen für den Wert $b = 0{,}25$ berechnet und zur Bestimmung von Wasserleitungsrohren benutzt werden, doch weisen zutreffendere Ergebnisse auf und werden daher am meisten angewendet die Berechnungsarten unter 3 und 4. Auch für diese empfiehlt sich die Aufstellung bzw. die Benutzung von Tabellen.

3. Für Druckleitungen, wie sie im Rohrnetz von Wasserversorgungen ausschließlich verwendet werden, wird in Norddeutschland am meisten gerechnet nach der Formel von Darcy:

$$h = \left(0{,}01989 + \frac{0{,}0005078}{d}\right) \frac{l}{d} \cdot \frac{v^2}{2g}.$$

Hierin bedeutet h den auf der berechneten Rohrstrecke eintretenden Druckhöhenverlust, l die Länge und d den Durchmesser der Rohrstrecke in m, g die Erdbeschleunigung $= 9{,}81$ m und v die Geschwindigkeit, die auf Grund der stärksten Durchflußmenge Q in cbm und des gewählten Querschnittes F in qm berechnet wird zu

$$v = \frac{Q}{F} \text{ in m.}$$

Wird nach dem Vorschlage des Baurats Drescher in die Darcysche Formel $2g = 2 \cdot 9{,}81 = 19{,}62$ eingesetzt und der Klammerausdruck mit $\frac{1000}{1000}$ multipliziert, so entsteht die für den Gebrauch bequemere Formel:

$$h = \left(\frac{19{,}89}{1000 \cdot 19{,}62} + \frac{0{,}5078}{1000 \cdot 19{,}62 \cdot d}\right) \frac{l \cdot v^2}{d}, \qquad h = \left(1 + \frac{0{,}026}{d}\right) \frac{l v^2}{1000\, d}$$

oder

$$h = (d + 0{,}026) \frac{l \cdot v^2}{1000\, d^2}.$$

Die hiernach ermittelten Druckhöhenverluste gelten jedoch nur für neue Leitungen. Da aber das Rohrinnere sich mit der Zeit je nach der Wasserbeschaffenheit bald schneller, bald langsamer mit Krusten überzieht, die den Querschnitt verengen und die Innenwandungen rauher machen, so werden die Druckhöhen allmählich größer, um die gleiche Wassermenge durch die Rohrstrecke hindurch zum Abfluß zu bringen, sofern nicht, wie es vielfach geschieht, öfter eine Reinigung mittels Durchziehens von Drahtbürsten vorgenommen wird.

Soll die Krustenbildung bei der Berechnung nach der Darcyschen Formel berücksichtigt werden, so multipliziert man die berechneten Druckhöhenverluste h mit Erfahrungswerten σ, die nach den Untersuchungen Sonnes wie folgt angenommen werden können:

F. Rohrweiten v.	0,05	0,06	0,07	0,08	0,09	0,10	0,15	0,20	0,30	0,40	0,50	0,60	0,7 0	0,80	1,0 m
ist σ zu setzen =	2,60	2,40	2,30	2,20	2,10	2,0	1,9	1,8	1,7	1,6	1,5	1,4	1,3	1,2	1,1

Werden, wie vielfach, diese Krustenbildungen bei der Berechnung nicht berücksichtigt, so müssen bei Abnahme des Leitungsdruckes bzw. der Durchflußmenge Ergänzungsleitungen gelegt oder Auswechselungen von Rohrstrecken vorgenommen werden.

4. In Süddeutschland rechnet man am meisten nach der Formel:

$$h = c\, Q^2 \frac{l}{d^5}, \quad \text{bzw.} \quad Q = \sqrt{\frac{d^5}{c} \cdot \frac{h}{l}} \quad \text{bzw.} \quad d = \sqrt[5]{c\, Q^2 \frac{l}{h}}.$$

Hierin ist h der Druckhöhenverlust in m, Q die Durchflußmenge in cbm, l die Länge und d die Lichtweite der Rohrstrecke in m und c ein Erfahrungswert, der in Reihe I für neue Rohre und in Reihe II für alte, innen überkrustete Rohre angegeben ist:

Rohrweite in m	0,025	0,05	0,10	0,20	0,30	0,40	0,50	0,60	0,70	0,80	0,90	1,00
I $\quad c =$	0,0033	0,0025	0,0021	0,0020	0,0019	0,0018	0,0017	0,0016	0,0015	0,0014	0,0013	0,0013
II $\quad c =$	0,0112	0,0068	0,0043	0,0029	0,0024	0,0021	0,0019	0,0018	0,0017	0,0016	0,0015	0,0015

VIII. Verteilung des Wassers in den Grundstücken.

An die Straßenrohre werden die Zuleitungen zu den Grundstücken, die sog. Privatleitungen mittels besonders geformter Abzweigrohre, *A*- oder

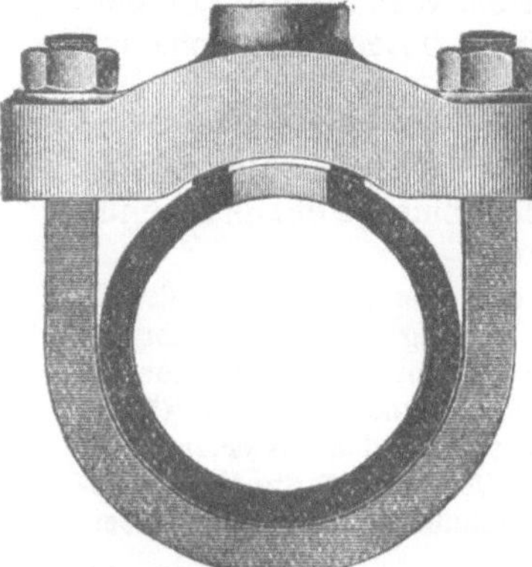

Abb. 75. Anbohrung.

B-Stücke, oder mittels Anbohrungen angeschlossen. Die Anbohrung wird hergestellt, indem man ein gußeisernes Sattelstück mit einer Gummischeibe auf das Straßenrohr auflegt und mit schmiedeeisernen Rohrschellen fest aufschraubt. Die Anbohrung des Rohres kann bei entleertem oder gefülltem, unter Druck stehendem Straßenrohr ausgeführt und im Scheitel oder an der Seite angebracht werden. In das Sattelstück wird entweder ein Absperrhahn oder ein messingenes Anschlußrohr, Sauger genannt, eingeschraubt und daran die Leitung angeschlossen.

Wird der **Abstellhahn** nicht unmittelbar neben dem Straßenrohr angeordnet, so schaltet man ihn vor Eintritt der Zuleitung in das Grundstück ein. Der **Abstellhahn** wird mit einer **Einbaugarnitur**, bestehend aus Schutzrohr, Schlüsselstange und Straßenkappe versehen, um jederzeit den Wasserzufluß absperren zu können.

Die Zuleitungen werden bei Weiten von mehr als 3 cm aus Guß- oder Schmiedeeisen oder Stahl und bei geringeren Stärken meistens aus Blei hergestellt. Bleirohre lassen sich leicht verlegen, biegen und verbinden. Die Verbindung von Bleirohren mit Bleirohren erfolgt durch Löten oder durch Verschraubung, die von Bleirohren mit anderen Rohren durch Flanschen oder Verschraubungen.

Beim Durchgang durch frisches Mauerwerk ist das Blei gegen die Angriffe des Mörtels durch Umhüllung mit Pappe, Asphalt, Lehm oder durch Einlegen in Eisen- oder Steinzeugrohre zu schützen. Sind bei weichem, sauerstoff- oder kohlensäurereichem Wasser Bleiauflösungen und somit Bleivergiftungen zu befürchten, so verwendet man sog.

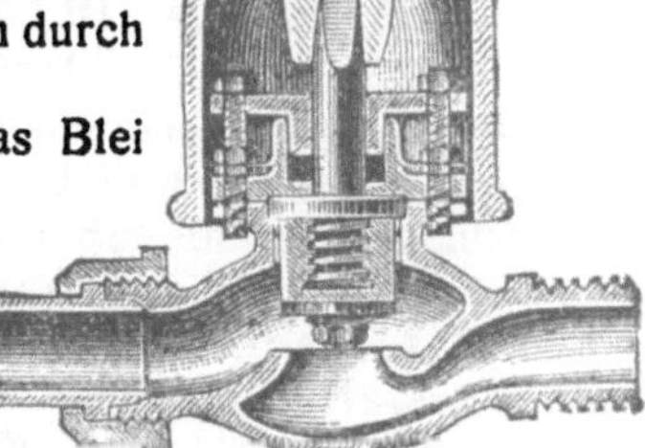

Abb. 76. Abstellhahn.

Mantelrohre, d. s. Bleirohre mit einem inneren, mindestens $^1/_2$ mm starken Zinnüberzug. Auch kann durch geeignete Zusätze zum Wasser eine dünne haltbare Schutzschicht im Rohrinnern erzeugt und die weitere Löslichkeit des Bleies aufgehoben werden.

Rohre für die Ableitung warmer Wässer werden aus Kupfer hergestellt.

Nach dem Eintritt der Zuleitung in das Privatgrundstück wird ein Absperrhahn, der sog. Haupthahn, und dahinter der Wassermesser eingeschaltet und frostsicher im Keller oder in einem besonderen Schachte untergebracht.

Wassermesser sind Apparate, bei denen gewöhnlich ein leichtbewegliches Flügelrad aus Hartgummi durch die Bewegung des fließenden Wassers in Umdrehung versetzt und die einer bestimmten Durchflußmenge entsprechende Umdrehungszahl auf ein Zählwerk übertragen wird.

Die Bezahlung des entnommenen Wassers erfolgt entweder nach dem tatsächlichen Verbrauch, der durch Wassermesser oder durch Füllung von Zwischenbehältern festgestellt wird, oder aber nach Schätzung, die nach dem Mietpreise oder der Zahl der Zimmer oder der Zimmergröße oder der Verwendung der einzelnen Räume durchgeführt wird. Bei der Bezahlung nach Wassermessern wird an Wasser oft in unzulässiger Weise gespart, bei Abgabe nach Füllbehältern leidet die Wasserbeschaffenheit und bei Schätzung des Verbrauchs tritt gewöhnlich eine große Wasservergeudung ein.

Die Verteilungsleitungen werden auf kürzestem Wege durch frostsichere Räume zu den Zapfstellen geführt und die Gefälle so angeordnet, daß sie nach dem am tiefsten Punkte aufgestellten, mit einer Entleerungsvorrichtung versehenen Haupthahn oder nach einzelnen Zapfstellen entwässern, damit bei starkem Frost das Wasser zeitweise, z. B. nachts, abgelassen werden kann.

Teilt sich die Leitung in mehrere Hauptstränge, so wird jeder einzelne mit Absperrhahn und Entleerung versehen und im Keller möglichst so verzweigt, daß man mit senkrechten Steigeleitungen und in den Geschossen mit kurzen Stichleitungen zu den Zapfstellen auskommt. Die Rohre werden mit Rohrhaken an den Wänden und Decken befestigt oder besser in Mauerschlitzen untergebracht, die mit Blechstreifen oder Brettern zu verkleiden sind.

Die Rohrweite richtet sich nach der Durchflußmenge, die von der Anzahl der Zapfstellen abhängt. Für mittlere Druckverhältnisse von etwa 25—30 m Wassersäulenhöhe am Haupthahn erhält die Zuleitung

bei   2— 5 Zapfstellen 20 mm Lichtweite,
 „   5—10   „   25 „   „
 „   10—20   „   30 „   „
 „   20—40   „   40 „   „

Die von den Steigeleitungen zu den einzelnen Zapfstellen führenden Stichrohre erhalten 15 mm Lichtweite, die Zuleitung zu Waschküchen 20 mm, Gartenleitungen 20—25 mm.

Die Entnahme des Wassers aus der Leitung findet zur Verhütung von Wasserschlägen durch allmählich schließende Niederschraubhähne statt, bei denen der Verschluß durch eine Gummiplatte oder ein Tellerventil bewirkt wird. Kükenhähne setzen sich leicht fest und sind wegen der Wasserschläge nur dann zulässig, wenn sie selten benutzt werden, z. B. als Absperrhähne. Hähne und Ventile werden gewöhnlich aus Messing hergestellt. Unter jedem Zapfhahn muß ein Ausguß mit Ablaufleitung angebracht werden.

Die Zuleitung zu Spülaborten darf nicht unmittelbar in das Becken geführt werden, damit bei starker Wasserentnahme in den unteren Geschossen oder im Straßenrohr nicht eine Saugwirkung im Steigerohr und somit eine Verunreinigung des Zuflußrohres eintreten kann. Am besten ist die Anordnung von Spülkästen, welche ihren Inhalt von etwa $10-15 l$ auf einmal entleeren und eine ausgiebige Spülung erzeugen. Die Füllung der Spülkästen findet durch ein schwaches Rohr von 10 mm Weite allmählich, der Abfluß mittels eines Glockenhebers durch das 30 mm weite Fallrohr in geschlossener Masse auf einmal statt. Bei unmittelbarer Spülung ist die Einschaltung eines Rohrunterbrechers zur Verhinderung der Saugwirkung erforderlich.

Bei Badeeinrichtungen wird die Zuleitung gewöhnlich unmittelbar in vielen Windungen durch den Badeofen geführt und die Erwärmung durch Misch- und Stellhähne verschiedenster Anordnungen geregelt.

In öffentlichen Gebäuden, Werkstätten und Fabriken finden sich vielfach besondere Leitungen für Feuerlöschzwecke, die mindestens 5 cm Weite und zahlreiche Anschlußstellen zum Anschrauben der Spritzenschläuche erhalten. Schläuche, Strahlrohr und Hydrantenverschluß sind meistens in Wandnischen mit Glasverkleidung untergebracht.

Zapfstellen im Freien sind schwer gegen Einfrieren zu sichern. Gartenleitungen werden nur im Sommer benutzt und im Winter entleert; man verlegt sie daher in geringer Tiefe, und zwar mit Gefälle zu dem mit einer Entleerungsvorrichtung versehenen Absperrhahn. Die Zapfstellen, sog. Gartenhähne, sind ähnlich den Unterflurhydranten oder dadurch gebildet, daß das Zuleitungsrohr an einem Holzpfosten hochgeführt und mit einem Niederschraubhahn versehen wird.

Zapfstellen in den Höfen werden entweder wie Straßenbrunnen hergestellt oder von einem höher gelegenen, frostsicheren Raume so abgezweigt, daß das Ausflußrohr stets von selbst leerläuft, sobald die Wasserentnahme beendigt ist. Wenn diese Anordnung nicht möglich ist, so muß die Leitung bei starker Kälte und schwachem Abfluß abgesperrt und entleert werden.

IX. Berechnungsbeispiele.

a) Berechnung einer Quellwasserleitung für ein Dorf.

Das Dorf A hat zurzeit 400 Einwohner, 180 Stück Großvieh und 100 Stück Kleinvieh. Gewerbebetriebe sind nicht vorhanden. Nach den örtlichen Verhältnissen kann auf einen Bevölkerungszuwachs von höchstens 200 Einwohnern und auf eine Verstärkung des Viehbestandes um 80 Stück Großvieh und 100 Stück Kleinvieh gerechnet werden. Besondere Sicherheit soll gegen Brandfälle geschaffen werden, und zwar soll stets soviel Wasser aufgesammelt bleiben, daß daraus ein Hydrant mit 2 Schlauchlinien 2 Stunden lang versorgt werden kann. Zur Verfügung steht eine hochgelegene Quelle mit bestem Trinkwasser.

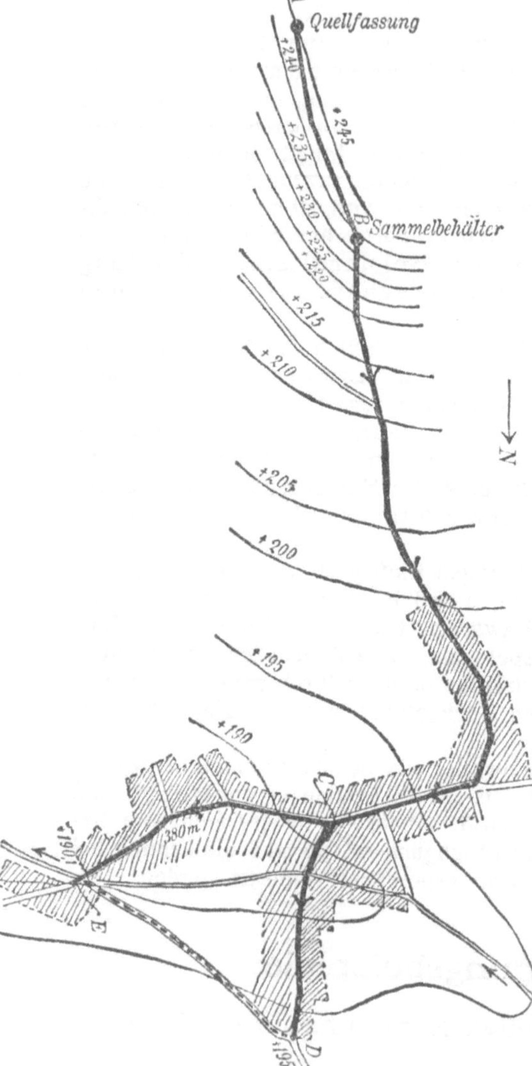

Abb. 77. Quellwasserversorgung eines Dorfes. Lageplan.

1. Ermittelung des Wasserbedarfs.

Zur Versorgung der Hauswirtschaften soll die Wasserleitung bis in die spätesten Zeiten ausreichen, also Wasser für $400 + 200 = 600$ Einwohner, $180 + 80 = 260$ Stück Großvieh und $100 + 100 = 200$ Stück Kleinvieh liefern.

Der tägliche Wasserverbrauch ergibt sich also zu:

$$600 \cdot 50 + 260 \cdot 50 + 200 \cdot 15 = 46000\ l$$

der auch nach dem Fragebogen der Preußischen Landesanstalt für Wasserhygiene als ausreichend, d. h. als höchster Tagesbedarf für Landgemeinden anzunehmen ist.

Für Feuerlöschzwecke soll stets ein eiserner Bestand als Brandreserve vorrätig gehalten werden, der bei 5 sl Hydrantenlieferung in 2 Stunden

$$2 \cdot 60 \cdot 60 \cdot 5 = 36000\ l$$

beträgt.

2. Leistung der Quelle.

Zahlreiche nach längerer Trockenheit vorgenommene Messungen ergaben 1,3 sl Quellwasserzufluß. Es wurde nämlich das Quellwasser durch eine Schieberinne in ein Faß von 494 l Inhalt geleitet und die mit der Uhr in der Hand beobachtete Füllzeit aus 12 nahezu übereinstimmenden Versuchen zu je 6 Minuten und 20 Sekunden ermittelt; d. h. in 380 Sekunden betrug der Wasserzufluß 494 l, mithin in 1 Sekunde 1,3 l.

Die Quelle vermag also in 24 Stunden $24 \cdot 60 \cdot 60 \cdot 1,3 = 112320\ l$ zu liefern, sie genügt demnach für den täglichen Höchstbedarf der Hauswirtschaften mit 46 000 l und für die einmalige Füllung der Brandkammer mit 36 000 reichlich.

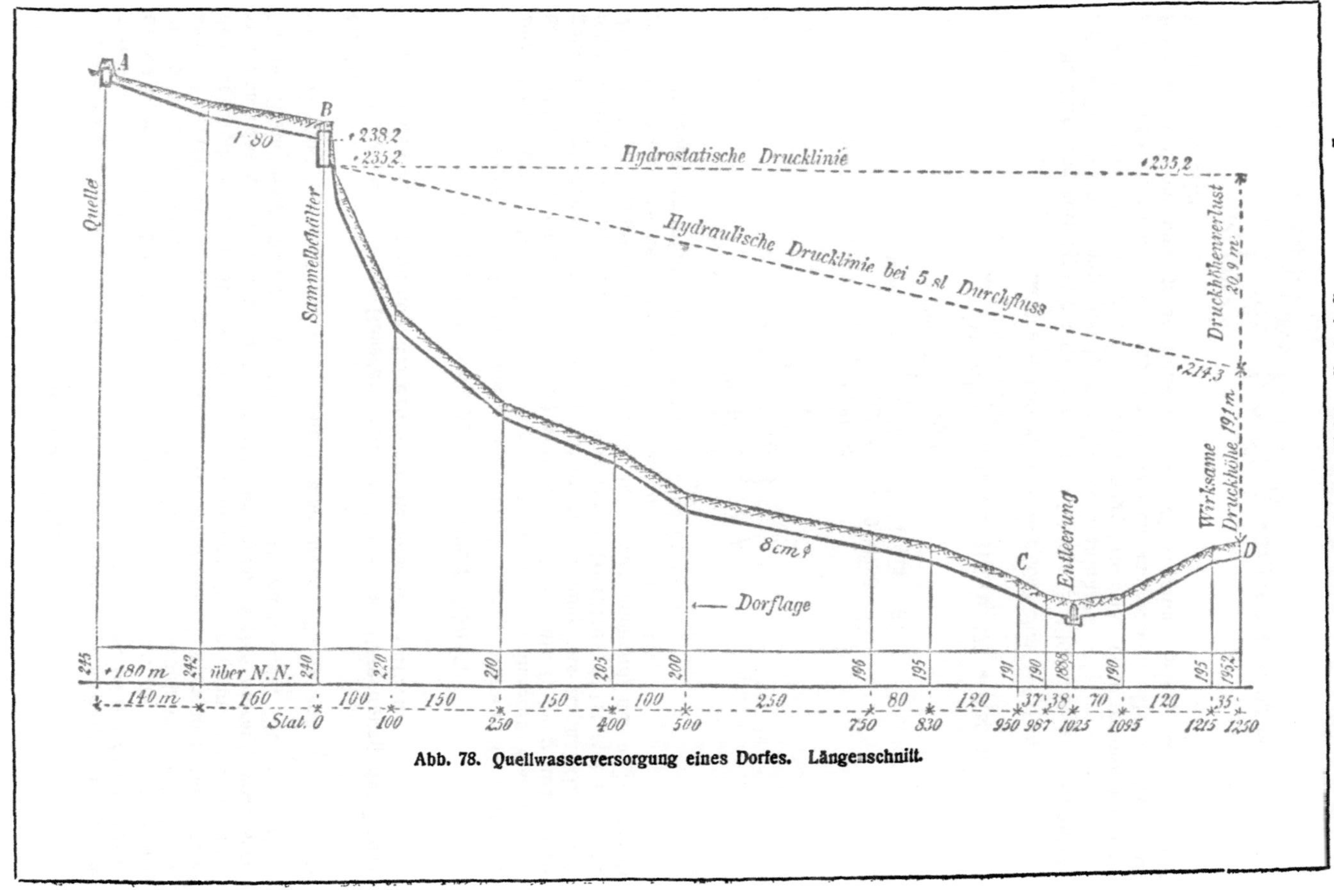

Abb. 78. Quellwasserversorgung eines Dorfes. Längenschnitt.

3. Hochbehälter.

Da die Quelle in der Sekunde nur 1,3 l liefern kann, für Feuerlöschzwecke allein aber schon 5 sl Wasser verfügbar sein müssen, so ist die Anordnung eines Sammelbehälters nicht zu umgehen. Mit Rücksicht auf die für Feuerlöschzwecke stets bereit zu haltende Brandreserve von 36 cbm soll der Hochbehälter aus 2 Kammern bestehen, von denen die Brandkammer 36 cbm und die andere den Tagesbedarf für die Hauswirtschaften mit 46 cbm fassen kann. Unter Berücksichtigung des Quellzuflusses, der in 3 Stunden schon 14 cbm beträgt, wird auch für die Brauchwasserkammer ein Inhalt von 36 cbm ausreichen. Bei 3,0 m Füllhöhe des Behälters muß also jede Kammer eine Grundrißfläche von $\frac{36}{3} = 12,0$ qm erhalten.

Über die Höhenlage des Behälters wird am Schluß der Berechnung der Druckhöhen für das Straßenrohrnetz das Erforderliche mitgeteilt werden.

4. Die Zuleitung zum Sammelbehälter.

Bei der günstigen Lage der Quelle kann die Zuleitung von der Quellfassung zum Hochbehälter als Gefälleleitung ohne erheblichen inneren Wasserdruck hergestellt werden. Da guter Baugrund vorhanden ist, soll die Leitung aus scharfgebrannten glasierten Steinzeugrohren mit Muffendichtung aus Asphaltkitt ausgeführt werden. Die Strecke des schwächsten Gefälles fällt mit 1:80, die Weite wird bei Steinzeugrohren nicht unter 0,1 m angenommen, deren Querschnitt $F = 0{,}00785$ qm und deren benetzter Umfang $p = 0{,}314$ m ist.

Die Berechnung erfolgt nach der Kutterschen Formel:

$$v = \frac{100\sqrt{\dfrac{F}{p}}}{b + \sqrt{\dfrac{F}{p}}} \sqrt{\frac{F}{p}\frac{h}{l}},$$

$$v = \frac{100\sqrt{\dfrac{0{,}00785}{0{,}314}}}{0{,}35 + \sqrt{\dfrac{0{,}00785}{0{,}314}}} \sqrt{\frac{0{,}00785}{0{,}314}\cdot\frac{1}{80}}$$

$$= \frac{100\cdot 0{,}158}{0{,}35 + 0{,}158}\cdot 0{,}0177 = 31{,}1\cdot 0{,}0177 = 0{,}55 \text{ m}$$

$$Q = F\cdot v = 0{,}00785\cdot 0{,}55 = 0{,}0043 \text{ cbm} = 4{,}3 \text{ sl.}$$

Die Zuleitung vermag also auch in der schwächsten Gefällstrecke die rechnungsmäßige Quellwassermenge von 1,3 sl reichlich abzuführen.

Anmerkung. Sollen anstatt der Steinzeugrohre guß- oder schmiedeeiserne Rohre gewählt werden, so ist eine Weite von 7 cm ausreichend. Deren Querschnitt F ist $= 0{,}0038$ qm und deren Umfang $p = 0{,}22$ m, mithin wird, da für eiserne Rohre $b = 0{,}25$ ist,

$$v = \frac{100\sqrt{\dfrac{0{,}0038}{0{,}22}}}{0{,}25 + \sqrt{\dfrac{0{,}0038}{0{,}22}}} \sqrt{\frac{0{,}0038}{0{,}22}\cdot\frac{1}{80}} = 34{,}4\cdot 0{,}0147 = 0{,}5 \text{ m}$$

und $\qquad Q = 0,0038 \cdot 0,5 = 0,0019$ cbm $= 1,9$ sl,

der Querschnitt reicht also aus.

Ist eine Verkrustung des Rohres zu befürchten, so verstärkt man die Weite um 1—2 cm.

5. Berechnung des Rohrnetzes.

Querschnittsbestimmung.

Da in kleinen Orten bei Brandfällen die übrige Wasserabgabe gewöhnlich ruht, so ist zunächst zu ermitteln, ob der stärkste Bedarf durch Brauchwasser oder Löschwasser hervorgerufen wird.

Der tägliche Durchschnittsverbrauch an Wirtschaftswasser ist $= 46000$ l, der stärkste Stundenverbrauch nach S. 3 daher $\frac{1}{10} \cdot 46000 = 4600$ l, also entfällt auf 1 Sekunde $\frac{4600}{60 \cdot 60} = 1,3$ l. Für Löschzwecke aber werden 5 sl gerechnet, mithin ist diese Durchflußmenge der Berechnung zugrunde zu legen.

Der Querschnitt wird berechnet nach der Formel: $F = \dfrac{Q}{v}$ oder $d = \sqrt{\dfrac{4Q}{v \cdot \pi}}$ s. S. 57. Wird die höchst zulässige Geschwindigkeit v zu 1 m angenommen, so ergibt sich für $Q = 5$ sl $= 0,005$ cbm:

$$d = \sqrt{\frac{4 \cdot 0,005}{1,0 \cdot 3,14}} = 0,08 \text{ m.}$$

Es genügt also für das Hauptdruckrohr die Weite von 8 cm, und sie ist auch für sämtliche Nebenleitungen erforderlich, da auch durch die äußersten Hydranten 5 sl Löschwasser abgegeben werden müssen.

Für die Berechnung der Rohrweiten empfiehlt sich die Benutzung von Tabellen.

Anmerkung. Soll auch während eines Brandes die sonstige Wasserabgabe aufrechterhalten werden, so ist die größte Durchflußmenge zu $5 + 1,3 = 6,3$ sl anzunehmen und somit

$$d = \sqrt{\frac{4 \cdot 0,0063}{1,0 \cdot 3,14}} = 0,09 \text{ m.}$$

Druckhöhenberechnung.

Nunmehr sind die Druckhöhenverluste bzw. die im Rohr wirkenden Druckhöhen zu ermitteln, um festzustellen, ob die Höhenlage des Sammelbehälters ausreicht, der Durchflußmenge die Geschwindigkeit von 1 m zu verleihen und eine ausreichende Druckhöhe für Feuerlöschzwecke im Straßenrohrnetz zu erzielen. Nach Abb. 77 sind die Punkte D und E des Rohrnetzes am weitesten vom Hochbehälter entfernt, hier werden also die größten Druckhöhenverluste auftreten und infolgedessen die wirkenden Druckhöhen im Rohr am kleinsten ausfallen, wenn der Hydrant in D bzw. E 5 sl Wasser abgibt.

Der Druckhöhenverlust berechnet sich nach der Formel auf S. 59 zu:

$$h = \left(0,01989 + \frac{0,0005078}{d}\right) \frac{l}{d} \cdot \frac{v^2}{2g}.$$

Hierin ist $d = 0,08$ m, l die Rohrlänge $BCD = 1250$ m, $g = 9,81$ m, $Q = 0,005$ cbm und $F = 0,005$ qm, also $v = \dfrac{0,005}{0,005} = 1$ m, mithin wird:

$$h = \left(0{,}01989 + \frac{0{,}0005078}{0{,}08}\right) \frac{1250}{0{,}08} \cdot \frac{1{,}0^2}{2 \cdot 9{,}81} = 20{,}9 \text{ m};$$

zieht man nun von der bei leerem Behälter sich ergebenden niedrigsten hydrostatischen Drucklinie auf $+ 235{,}2$ m N. N. den Druckhöhenverlust auf der Rohrstrecke $BCD = 20{,}9$ m ab, so ergibt sich die im Punkte D verbleibende wirksame hydraulische Drucklinie zu $235{,}2 - 20{,}9 = + 214{,}3$ m N. N. Da die Straßenkrone in D auf $+ 195{,}2$ m N. N. liegt, so beträgt hier die vorhandene Steigehöhe der Wassersäule

$$214{,}3 - 195{,}2 = 19{,}1 \text{ m,}$$

die für die Versorgung eines Dorfes ausreichend erscheint.

In gleicher Weise berechnet sich der Druckhöhenverlust auf der $950 + 380 = 1330$ m langen Rohrstrecke BCE zu:

$$h = \left(0{,}01989 + \frac{0{,}0005078}{0{,}08}\right) \frac{1330}{0{,}08} \cdot \frac{1{,}0^2}{2 \cdot 9{,}81} = 22{,}2 \text{ m.}$$

Die hydraulische Drucklinie im Punkte E befindet sich also auf $235{,}2 - 22{,}2 = + 213{,}0$ m N. N., und es steht daher, da die Straßenkrone in E auf $+ 190{,}1$ m liegt, hier eine wirksame Druckhöhe von $213{,}0 - 190{,}1 = 22{,}9$ zur Verfügung, die ebenfalls genügt. An den übrigen Punkten des Rohrnetzes werden die Druckhöhen noch größer.

Anmerkung. Ist wegen der Beschaffenheit des Wassers eine stärkere Verkrustung des Rohrinnern zu befürchten, so sind die berechneten Druckhöhenverluste nach S. 60 mit $\sigma = 2{,}2$ zu multiplizieren. Die verfügbaren Druckhöhen reichen dann nicht mehr aus, und es muß daher entweder der Sammelbehälter um etwa 25 m höher gelegt oder die Rohrleitung in größerer Weite ausgeführt werden.

Wird z. B. der Durchmesser auf 10 cm verstärkt, so ergibt sich der Rohrquerschnitt $F = 0{,}00785$ qm, mithin

$$v = \frac{Q}{F} = \frac{0{,}005}{0{,}00785} = 0{,}64 \text{ m}$$

und für den ungünstigsten Punkt D der 1250 m langen Rohrstrecke BCD

$$h = \left(0{,}01989 + \frac{0{,}0005078}{0{,}1}\right) \frac{1250}{0{,}1} \cdot \frac{0{,}64^2}{2 \cdot 9{,}81} = 6{,}5 \text{ m.}$$

Unter Berücksichtigung der Krustenbildung wird $h = 6{,}5\,\sigma = 6{,}5 \cdot 2 = 13{,}0$ m, mithin dann die hydraulische Druckhöhe in D auf $+ 235{,}2 - 13{,}0 = + 222{,}2$ m N. N. liegen und eine verfügbare Druckhöhe über der auf $+ 195{,}2$ m N. N. befindlichen Straßenkrone $= 222{,}2 - 195{,}2 = 27$ m verbleiben, also bei weitem ausreichend sein.

b) Berechnung einer Grundwasserversorgung für eine Kleinstadt.

Die Stadt B mit gegenwärtig 3000 Einwohnern soll mit Grundwasser versorgt werden. Der bisherige jährliche Bevölkerungszuwachs belief sich auf höchstens 1 % und der tägliche durchschnittliche Wasserverbrauch in der benachbarten, unter ähnlichen Verhältnissen lebenden Stadt C auf 54 l für den Einwohner. Für Feuerlöschzwecke soll jederzeit so viel Löschwasser zur Verfügung stehen, daß aus dem Rohrnetz ein beliebiger Hydrant zwei Stunden hindurch zwei Schlauchlinien mit zusammen 5 sl Wasser versorgen kann, ohne daß die sonstige Wasserabgabe gestört wird. Das Pumpwerk soll nur am Tage betrieben und wie der Brunnen so groß angelegt werden, daß es für 20 Jahre sicher ausreicht, ohne erweitert zu werden. Hochbehälter und Rohrleitungen sollen auch in 40 Jahren noch genügen.

1. Ermittelung des Wasserbedarfs.

Der durchschnittliche Tagesverbrauch werde zur Sicherheit auf 60 l für den Einwohner angenommen. Die Einwohnerzahl berechnet sich nach S. 4 nach der Formel:

$$E_n = E\left(1 + \frac{p}{100}\right)^n.$$

Mithin wird die Einwohnerzahl gestiegen sein:

$$\text{nach 20 Jahren auf } E = 3000\left(1 + \frac{1}{100}\right)^{20} = 3000 \cdot 1{,}22 = 3660$$

und

$$\text{nach 40 Jahren auf } E = 3000\left(1 + \frac{1}{100}\right)^{40} = 3000 \cdot 1{,}49 = 4470$$

Köpfe, der durchschnittliche Tagesverbrauch wird sich mithin ergeben:

$$\text{in 20 Jahren zu } 3660 \cdot 60 = 219\,600 \text{ l,}$$
$$\text{in 40 Jahren zu } 4470 \cdot 60 = 268\,200 \text{ l.}$$

2. Berechnung des Schöpfbrunnens.

Die wasserführende Schicht besteht aus grobem Sande und Kies, und der Wasserspiegel liegt 4—5 m unter Erdoberfläche, es wird daher ein Kesselbrunnen mit vollem Mantel aus Keilsteinen in Zementmörtel am Platze sein. Der lichte Brunnenquerschnitt muß so bemessen werden, daß die Eintrittsgeschwindigkeit durch die Durchgangsfläche des Brunnenkranzes 10 cm in der Minute nicht übersteigt. Die Berechnung erfolgt nach der Formel $F = \dfrac{Q}{v}$.

Zunächst ist die in der Minute zu erwartende stärkste Zuflußmenge zu ermitteln. Der Brunnen soll in 20 Jahren noch ausreichen, die durchschnittliche tägliche Verbrauchsmenge beträgt also 219 600 l, mithin der dann zu erwartende stärkste Tagesbedarf $1{,}5 \cdot 219\,600 = 329\,400$ l.

Da das Pumpwerk nur am Tage betrieben werden soll, und zwar 10 Stunden, so entfällt auf 1 Minute eine Fördermenge von

$$\frac{329400}{10 \cdot 60} = 549 \text{ l} = 0{,}549 \text{ cbm.}$$

Ferner ist auf die Minute berechnet $v = 0{,}1$ m, mithin

$$F = \frac{0{,}549}{0{,}1} = 5{,}49 \text{ qm.}$$

Wird der Brunnen mit kreisförmigem Grundriß ausgeführt, so entspricht $F = 5{,}49$ qm ein lichter Durchmesser $d = 2{,}65$ m.

Die Wandstärke des Brunnenmantels wird berechnet nach der Formel auf S. 24

$$w = 0{,}1\,d + 0{,}1 = 0{,}1 \cdot 2{,}65 + 0{,}1 = 0{,}365 \text{ m,}$$

d. h. sie wird $1\frac{1}{2}$ Stein stark gemacht.

3. Berechnung der Saugleitung.

Der Querschnitt wird berechnet nach der Formel $F = \dfrac{Q}{v}$.

Die Geschwindigkeit des Wassers in der Saugleitung soll 0,6 m in der Sekunde nicht überschreiten (s. S. 33). Die Fördermenge betrug in der Minute 0,549 cbm, mithin in einer Sekunde $\dfrac{0,549}{60} = 0,00915$ cbm. Daher wird

$$F = \frac{0,00915}{0,6} = 0,01525 \text{ qm.}$$

Der Rohrquerschnitt ist kreisförmig, also

$$\frac{d^2 \pi}{4} = 0,01525;$$

$$d = \sqrt{\frac{4 \cdot 0,01525}{3,14}} = 0,14 \text{ m.}$$

Hierfür wird die in der Normaltabelle vorkommende nächst stärkere Rohrweite von 0,15 m gewählt, deren Querschnitt $F = 0,01767$ qm enthält, so daß die Geschwindigkeit sich auf

$$v = \frac{0,00915}{0,01767} = 0,52 \text{ m}$$

ermäßigt.

4. Berechnung der Zuleitungen vom Pumpwerk zum Hochbehälter.

Die Berechnung des Rohrquerschnitts erfolgt nach der Formel $F = \dfrac{Q}{v}$.

Die Zuleitung soll so bemessen werden, daß sie auch noch in 40 Jahren genügt. Der durchschnittliche Tagesverbrauch beträgt dann 268 200 l, mithin der stärkste Tagesbedarf $= 1{,}5 \cdot 268\,200 = 402\,300$ l.

Bei 10stündigem Pumpbetriebe entfällt auf 1 Sekunde

$$\frac{402\,300}{10 \cdot 60 \cdot 60} = 11{,}2 \text{ l} = 0{,}0112 \text{ cbm.}$$

Soll die Geschwindigkeit des Wassers 0,8 m in der Sekunde nicht überschreiten so muß die Querschnittfläche sich ergeben zu

$$F = \frac{Q}{v} = \frac{0,0112}{0,8} = 0,014 \text{ qm.}$$

Bei kreisförmigem Querschnitt ergibt sich die lichte Weite des Rohres aus der Formel:

$$\frac{d^2 \pi}{4} = 0,014 \text{ qm};$$

$$d = \sqrt{\frac{0,014 \cdot 4}{3,14}} = 0,134 \text{ m.}$$

Hierfür wird die in der Normaltabelle vorkommende nächst höhere Weite von 0,15 m gewählt, deren Querschnitt $F = 0,01767$ qm ist, so daß die tatsächliche Geschwindigkeit sich auf

$$v = \frac{0,0112}{0,01767} = 0,63 \text{ m}$$

ermäßigt.

5. Berechnung der Querschnitte und Druckhöhen des Rohrnetzes.

Die Berechnung soll im folgenden nur für einen Rohrstrang, und zwar für den längsten mit den Strecken I bis VII durchgeführt werden, da dieser den stärksten Druckhöhenverlust aufweisen wird und die übrigen Strecken in gleicher Weise berechnet werden.

Um die Rohrquerschnitte zu bestimmen, müssen zuerst die stärksten Durchfluß-mengen ermittelt werden, und zwar unter der Annahme, daß außer dem stärksten Hauswasserbedarf gleichzeitig durch den letzten Hydranten 5 sl Löschwasser abzugeben sind. Die Verteilung der Zuflüsse soll so erfolgen, als ob das Rohrnetz nach dem Verästelungssystem angelegt sei, wie die Abb. 79 andeutet, während in Wirklichkeit die Streckenenden der Zweigleitungen mit den benachbarten Hauptsträngen verbunden sind, so daß ein Kreislauf entsteht.

Die auf die einzelnen Rohrstrecken entfallenden Wassermengen werden entweder nach den anteiligen versorgten Flächen, entsprechend der Verschiedenartigkeit der Bebauungsweise und der Bevölkerungsdichtigkeit, oder nach dem Verhältnis der Rohrstreckenlängen ermittelt. Die letztere Berechnungsweise wird zweckmäßig in kleineren Städten, wo große Unterschiede im Wasser-

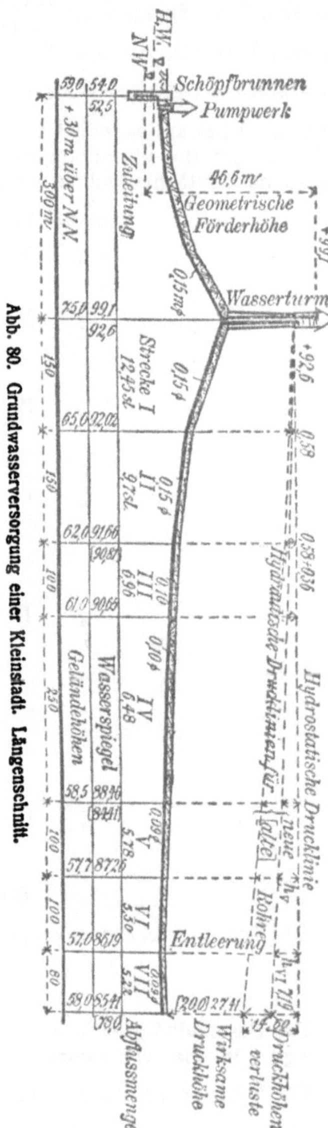

Abb. 80. Grundwasserversorgung einer Kleinstadt. Längenschnitt.

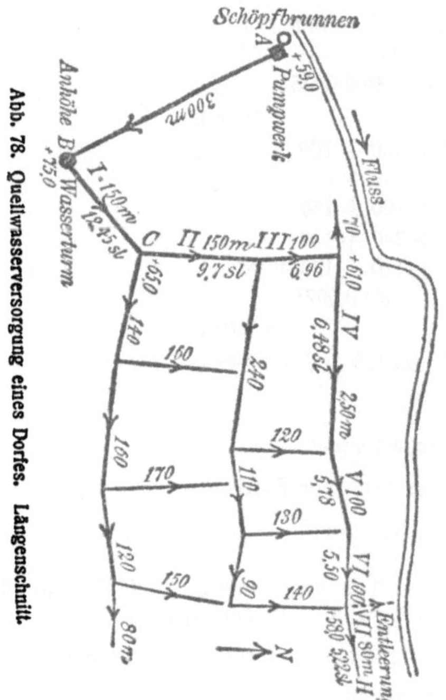

Abb. 78. Quellwasserversorgung eines Dorfes. Längenschnitt.

verbrauch der Bewohner kaum vorkommen, angewendet, und soll daher auch hier angenommen werden, daß der stärkste Bedarf gleichmäßig über das gesamte Rohrnetz sich verteilt.

Der durchschnittliche Tagesverbrauch in 40 Jahren war berechnet worden zu 268 200 l, daraus ergibt sich der stärkste Stundenverbrauch zu $\frac{1}{10} \cdot 268\,200$ l $= 26\,820$ l oder auf die Sekunde zu $\frac{26\,820}{60 \cdot 60} = 7{,}45$ l. Dieser Verbrauch verteilt sich auf das ganze Rohrnetz, das vom Punkt C der Abb. 79 eine Länge von 2660 m hat, so daß zur Zeit der stärksten Wasserabgabe auf 1 m Straßenrohr $\frac{7{,}45}{2660} = 0{,}0028$ sl entfällt. Strecke I hat anliegende Grundstücke nicht zu versorgen. Außerdem tritt in jeder Straße noch die Wasserabgabe durch den letzten Hydranten H mit 5 sl hinzu. Mithin sind die Rohrstrecken wie folgt belastet:

$$
\begin{aligned}
\text{Strecke VII mit } &80 \cdot 0{,}0028 + 5 &&= 5{,}22 \text{ sl}\\
\text{„ VI „ } &(80 + 100)0{,}0028 &&\\
&+ 5 &&= 5{,}50 \text{ „}\\
\text{„ V „ } &(80 + 100 &&\\
&+ 100)\,0{,}0028 &&\\
&+ 5 &&= 5{,}78 \text{ „}\\
\text{„ IV „ } &(80 + 100 + 100 &&\\
&+ 250)\,0{,}0028 &&\\
&+ 5 &&= 6{,}48 \text{ „}\\
\text{„ III „ } &(80 + 100 + 100 &&\\
&+ 250 + 70 &&\\
&+ 100)\,0{,}0028 &&\\
&+ 5 &&= 6{,}96 \text{ „}\\
\text{„ II „ } &(80 + 100 + 100 &&\\
&+ 250 + 70 &&\\
&+ 100 + 150 &&\\
&+ 240 + 120 &&\\
&+ 110 + 130 + 90 &&\\
&+ 140)\,0{,}0028 &&\\
&+ 5 &&= 9{,}70 \text{ „}\\
\text{„ I „ } &2660 \cdot 0{,}0028 + 5 &&= 12{,}45 \text{ „}
\end{aligned}
$$

Querschnittsbestimmung.

Die Rohrquerschnitte werden berechnet nach der Formel:

$$F = \frac{Q}{v}.$$

Die Geschwindigkeit v wird zunächst zu 1 m angenommen und die Durchflußmenge Q in cbm eingesetzt, so daß die Fläche sich in qm ergibt.

Für Rohrstrecke I ist $Q_I = 12{,}45$ sl $= 0{,}01245$ cbm, $v = 1{,}0$ m, mithin $F_I = \frac{0{,}01245}{1{,}0} = 0{,}01245$ qm. Für kreisförmige Rohrquerschnitte wird

$$\frac{d_{\mathrm{I}}{}^2\pi}{4} = F_{\mathrm{I}} = 0{,}01245 \text{ qm},$$

$$d_{\mathrm{I}} = \sqrt{\frac{0{,}01245 \cdot 4}{3{,}14}} = 0{,}126 \text{ m}.$$

In gleicher Weise berechnen sich die Querschnitte für die übrigen Rohrstrecken zu:

$$F_{\mathrm{II}} = 0{,}0097 \text{ qm} \quad \text{und} \quad d_{\mathrm{II}} = 0{,}111 \text{ m}$$
$$F_{\mathrm{III}} = 0{,}00696 \text{ „} \qquad \text{„} \quad d_{\mathrm{III}} = 0{,}094 \text{ „}$$
$$F_{\mathrm{IV}} = 0{,}00648 \text{ „} \qquad \text{„} \quad d_{\mathrm{IV}} = 0{,}091 \text{ „}$$
$$F_{\mathrm{V}} = 0{,}00578 \text{ „} \qquad \text{„} \quad d_{\mathrm{V}} = 0{,}086 \text{ „}$$
$$F_{\mathrm{VI}} = 0{,}00550 \text{ „} \qquad \text{„} \quad d_{\mathrm{VI}} = 0{,}084 \text{ „}$$
$$F_{\mathrm{VII}} = 0{,}00522 \text{ „} \qquad \text{„} \quad d_{\mathrm{VII}} = 0{,}082 \text{ „}$$

Mit Rücksicht auf die Verwendung von möglichst wenig verschiedenen Rohrsorten und auf die wegen der flachen Lage des Stadtgebietes zu erstrebende Verminderung der Druckhöhenverluste werden die Querschnitte etwas stärker gewählt, und zwar soll

$$d_{\mathrm{I}} = d_{\mathrm{II}} = 0{,}15 \text{ m},$$
$$d_{\mathrm{III}} = d_{\mathrm{IV}} = 0{,}10 \text{ m},$$
$$d_{\mathrm{V}} = d_{\mathrm{VI}} = d_{\mathrm{VII}} = 0{,}09 \text{ m} \quad \text{Weite erhalten.}$$

Druckhöhenberechnung.

Die Druckhöhenverluste werden berechnet nach der Formel auf S. 59:

$$h = \left(0{,}01989 + \frac{0{,}0005078}{d}\right)\frac{l}{d} \cdot \frac{v^2}{2g};$$

hierin ist d der Rohrdurchmesser und l die Streckenlänge in m, $g = 9{,}81$ und $v = \dfrac{Q}{F}$, wobei Q die Durchflußmenge in cbm und F der Rohrquerschnitt in qm.

Für Strecke I ist $d_{\mathrm{I}} = 0{,}15$ m; $F_{\mathrm{I}} = 0{,}01767$ qm; $l_{\mathrm{I}} = 150$ m; $Q_{\mathrm{I}} = 0{,}01245$ cbm; also $v = \dfrac{0{,}01245}{0{,}01767} = 0{,}7$ m und

$$h_{\mathrm{I}} = \left(0{,}01989 = \frac{0{,}0005078}{0{,}15}\right)\frac{150}{0{,}15} \cdot \frac{0{,}7^2}{2 \cdot 9{,}81} = 0{,}0079 \cdot 150 \cdot 0{,}7^2 = 0{,}58 \text{ m}.$$

Für Strecke II ist $d_{\mathrm{II}} = 0{,}15$ m; $F_{\mathrm{II}} = 0{,}01767$ qm; $l_{\mathrm{II}} = 150$ m; $Q_{\mathrm{II}} = 0{,}0097$ cbm; also $v = \dfrac{0{,}0097}{0{,}01767} = 0{,}55$ m und

$$h_{\mathrm{II}} = \left(0{,}01989 + \frac{0{,}0005078}{0{,}15}\right)\frac{150}{0{,}15} \cdot \frac{0{,}55^2}{2 \cdot 9{,}81} = 0{,}0079 \cdot 150 \cdot 0{,}55^2 = 0{,}36 \text{ m}.$$

Für Strecke III ist $d_{\mathrm{III}} = 0{,}10$ m; $F_{\mathrm{III}} = 0{,}00785$ qm; $l_{\mathrm{III}} = 100$ m; $Q_{\mathrm{III}} = 0{,}00696$ cbm; also $v = \dfrac{0{,}00696}{0{,}00785} = 0{,}89$ m und

$$h_{\mathrm{III}} = \left(0{,}01989 + \frac{0{,}0005078}{0{,}10}\right)\frac{100}{0{,}10} \cdot \frac{0{,}89^2}{2 \cdot 9{,}81} = 0{,}0127 \cdot 100 \cdot 0{,}89^2 = 1{,}01 \text{ m}.$$

Für Strecke IV ist $d_{IV} = 0,1$ m; $l_{IV} = 250$ m; $F_{IV} = 0,00785$ qm; $Q_{IV} = 0,00648$ cbm;

also $v = \dfrac{0,00648}{0,00785} = 0,83$ m und

$$h_{IV} = 0,0127 \cdot 250 \cdot 0,83^2 = 2,19 \text{ m.}$$

Für Strecke V ist $d_V = 0,09$ m; $l_V = 100$ m; $F_V = 0,00636$ qm; $Q_V = 0,00578$ cbm;

also $v = \dfrac{0,00578}{0,00636} = 0,91$ m und

$$h_V = \left(0,01989 + \frac{0,0005078}{0,09}\right) \frac{100}{0,09} \cdot \frac{0,91^2}{2 \cdot 9,81} = 0,0145 \cdot 100 \cdot 0,91^2 = 1,2 \text{ m.}$$

Für Strecke VI ist $d_{VI} = 0,09$ m; $l_{VI} = 100$ m; $F_{VI} = 0,00636$ qm; $Q_{VI} = 0,0055$ cbm;

also $v = \dfrac{0,0055}{0,00636} = 0,86$ m und

$$h_{VI} = 0,0145 \cdot 100 \cdot 0,86^2 = 1,07 \text{ m.}$$

Für Strecke VII ist $d_{VII} = 0,09$ m; $l_{VII} = 80$ m; $F_{VII} = 0,00636$ qm; $Q_{VII} = 0,0052$ cbm;

also $v = \dfrac{0,00522}{0,00636} = 0,82$ m und

$$h_{VII} = 0,0145 \cdot 80 \cdot 0,82^2 = 0,78 \text{ m.}$$

Der gesamte Druckhöhenverlust in den Rohrstrecken I bis VII beträgt mithin

$$H = 0,58 + 0,36 + 1,01 + 2,19 + 1,20 + 1,07 + 0,78 = 7,19 \text{ m.}$$

Anm. Soll die Verkrustung der Rohre berücksichtigt werden, so sind die Druckhöhenverluste der 15 cm weiten Rohre mit $\sigma = 1,9$, die der 10 cm weiten Rohre mit $\sigma = 2,0$ und die der 9 cm weiten Rohre mit $\sigma = 2,1$ zu multiplizieren; es wird mithin dann der gesamte Druckhöhenverlust bis zum Endpunkt H des Rohrnetzes

$$= (0,58 + 0,36)\, 1,9 + (1,01 + 2,19)\, 2,0 + (1,2 + 1,07 + 0,78)\, 2,1 = 14,6 \text{ m.}$$

6. Berechnung des Sammelbehälters.

Der Sammelbehälter soll auch noch in 40 Jahren genügen. Der durchschnittliche Tagesbedarf beträgt dann 268 200 l. Nach S. 40 hat der Sammelbehälter, wenn für das Pumpwerk nur Tagesbetrieb vorgesehen werden soll, einen Fassungsraum zu erhalten, der dem halben durchschnittlichen Tagesverbrauch entspricht, also

$$\frac{268\,200}{2} = 134\,100 \text{ l} = 134,1 \text{ cbm.}$$

Nach den örtlichen Verhältnissen erscheint am zweckmäßigsten ein eiserner Behälter nach System Intze (s. Abb. 43) auf gemauertem, auf einer Anhöhe zu errichtendem Unterbau.

Wird die Füllhöhe zu 6,5 m angenommen und nur der Inhalt des kreisförmigen Zylinders berücksichtigt, so berechnet sich die Grundrißfläche des Behälters nach der Formel

$$Q = F \cdot h \quad \text{zu} \quad F = \frac{Q}{h} = \frac{134,1}{6,5} = 20,6 \text{ qm,}$$

mithin $\qquad \dfrac{d^2 \pi}{4} = 20,6$ und $d = \sqrt{\dfrac{20,6 \cdot 4}{3,14}} = 5,12$ m.

Die Lichtweite des Intzebehälters muß also mindestens 5,12 m erhalten.

Die Brandreserve beträgt, wenn ein Hydrant 2 Stunden lang 5 sl Wasser abgeben soll, $2 \cdot 60 \cdot 60 \cdot 5 = 36\,000$ l $= 36$ cbm, entspricht also einer Füllhöhe des

Behälters von $\dfrac{36}{20,6} = 1,75$ m. Sobald dieses Maß erreicht ist, muß der Maschinist durch eine Warnvorrichtung zum Antrieb der Pumpe veranlaßt werden. Bei elektrischem Pumpbetriebe kann dann das Anlassen und Abstellen der Pumpe auch selbsttätig bewirkt werden.

Die Höhenlage des Sammelbehälters ergibt sich aus der Berechnung der Druckhöhenverluste im Straßenrohrnetz. Der gesamte Druckhöhenverlust bis zum Endpunkte H war unter Berücksichtigung der Verkrustung zu 14,6 m ermittelt worden. Soll im Rohrnetz auch an der ungünstigsten Stelle, also bei H, selbst bei leerem Behälter ein Wasserdruck von 20 m Wassersäule wirksam sein, so muß die Behältersohle mindestens $20 + 14,6$ m höher liegen als die Straßenkrone im Punkte H. Es muß also, da die Straßenkrone auf $+58,0$ m N. N. sich befindet, der Wasserturm so hoch aufgeführt werden, daß die Behältersohle auf $58,0 + 20 + 14,6 = +92,6$ m N. N. zu liegen kommt. Da in der Nähe eine geeignete Anhöhe mit $+75$ m N. N. Gipfelhöhe sich vorfindet, so soll hier der Wasserturm errichtet werden, dessen Unterbau eine Höhe von mindestens $92,6 - 75,0 = 17,6$ m über dem Scheitel der Anhöhe erhalten muß.

7. Berechnung des Pumpwerks.

Das Pumpwerk soll für mindestens 20 Jahre ausreichen. Der durchschnittliche Tagesverbrauch beträgt dann 219 600 l, der stärkste Tagesverbrauch also $1,5 \cdot 219\,600 = 329\,400$ l. Bei zehnstündigem Pumpenbetrieb entfällt mithin auf 1 Sekunde $\dfrac{329\,400}{10 \cdot 60 \cdot 60} = 9,15$ sl.

Das Zuleitungsrohr vom Pumpwerk zum Sammelbehälter soll in Höhe der vollen Füllung ausmünden. Die Behältersohle liegt auf $+92,6$ m N. N., die Füllhöhe beträgt 6,5 m, mithin steht der Wasserspiegel bei gefülltem Behälter auf $+92,6 + 6,5 = +99,1$ m N. N.

Der niedrigste ungesenkte Wasserspiegel liegt im Schöpfbrunnen 5 m unter dem auf $+59,0$ m N. N. befindlichen Pflaster des Pumpwerks, also auf $+54,0$ m N. N. Bei schärfstem Betriebe wurde während des Probepumpens eine stärkste Spiegelsenkung von 1,5 m erzielt, so daß der niedrigste Wasserstand im Schöpfbrunnen auf $+54,0 - 1,5 = 52,5$ m N. N. angenommen werden kann.

Die geometrische Förderhöhe, welche dem Abstande zwischen dem höchsten Spiegel im Behälter und dem niedrigsten Wasserstande im Schöpfbrunnen entspricht, beträgt also
$$h_1 = 99,1 - 52,5 = 46,6 \text{ m.}$$

Hierzu treten noch die von der Maschine zu überwindenden Bewegungswiderstände, die das Wasser beim Durchfluß durch die 300 m lange und 0,15 m weite Zuleitung erleidet, und die als Druckhöhenverluste berechnet werden nach der Formel:
$$h_2 = \left(0,01989 + \frac{0,0005078}{d}\right) \frac{l}{d} \cdot \frac{v^2}{2g}.$$

Hierin ist $d = 0,15$ m; $l = 300$ m; $g = 9,81$ m; der Rohrquerschnitt $F = 0,01767$ qm und die Durchflußmenge $Q = 0,00915$ cbm, so daß $v = \dfrac{0,00915}{0,01767} = 0,52$ m wird und danach
$$h_2 = \left(0,01989 + \frac{0,0005078}{0,15}\right) \frac{300}{0,15} \cdot \frac{0,52^2}{2 \cdot 9,81} = 0,0079 \cdot 300 \cdot 0,52^2 = 0,64 \text{ m.}$$

Die gesamte von der Maschine zu leistende Förderhöhe ergibt sich demnach zu

$$h = h_1 + h_2 = 46,6 + 0,64 = 47,24 \text{ m}$$

und somit die Anzahl der von der Maschine aufzuwendenden Pferdestärken mit Berücksichtigung des Nutzeffekts von Pumpe und Maschine nach S. 36 zu

$$N = \frac{hQ}{75} \cdot \frac{100}{85} \cdot \frac{100}{85} = \frac{47,24 \cdot 9,15}{75} \cdot \frac{100}{85} \cdot \frac{100}{85} = 8 \text{ P. S.}$$

Es sind also 2 Maschinen aufzustellen von je 8 P. S. Leistung, damit bei Maschinenschäden die andere stets betriebsbereit zu haltende Maschine jeder-

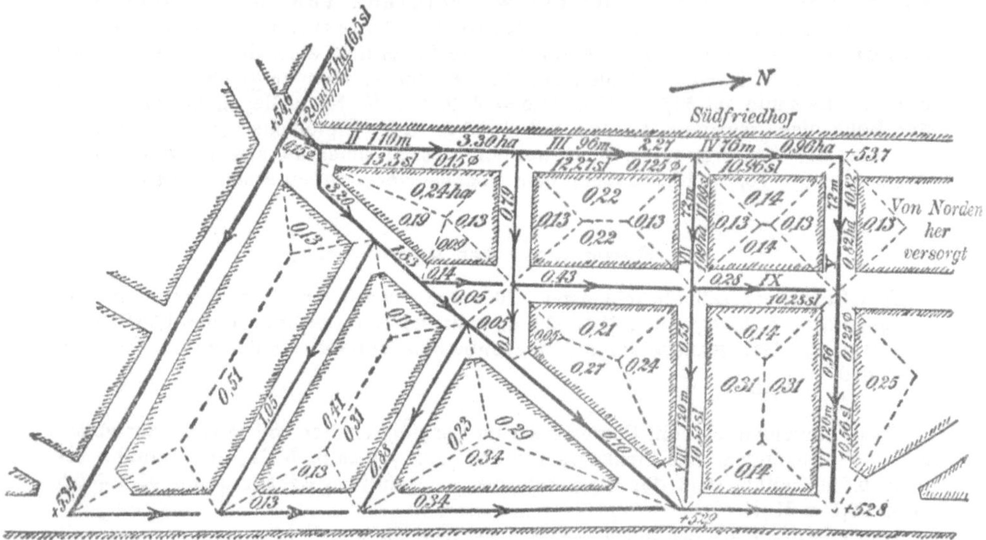

Abb. 81. Wasserversorgung eines Großstadtviertels.

zeit zur Aushilfe in Gang gesetzt werden kann. Als Betriebskraft kann bei der verhältnismäß;g geringen Maschinenstärke und dem unterbrochenen Betrieb Elektrizität oder Gas in Vorschlag gebracht werden. Sollten die geförderten Wassermengen nicht ausreichen, so kann dem Mangel durch Verlängerung der Betriebszeit leicht abgeholfen werden.

c) Berechnung der Wasserversorgung für ein Großstadtviertel.

Das an ein Fabrikviertel einer Großstadt anstoßende Gelände, für welches der in Abb. 81 dargestellte Bebauungsplan aufgestellt ist, soll dicht bebaut und an das vorbeiführende Hauptrohr der städtischen Wasserversorgung angeschlossen werden. Der an der Anschlußstelle mittels Manometers beobachtete Druck des Wassers im Hauptrohr zeigte zur Zeit der stärksten Wasserentnahme 3,2 Atm. = 32 m Wassersäule. Für Feuerlöschzwecke soll jederzeit der Bedarf für vier Schlauchlinien mit 10 sl Wasser gedeckt werden. Zu berechnen sind die Querschnitte und die Druckhöhenverluste im Rohrzuge

I bis IX. Die übrigen Strecken werden ebenso berechnet, können also hier außer Betracht bleiben.

Für die Berechnungen wird das nach dem Kreislaufsystem auszuführende Rohrnetz, wie in Abb. 81 angedeutet ist, als nach dem Verästelungssystem angeordnet angesehen. Eine Verkrustung der Rohre soll nicht berücksichtigt werden.

1. Ermittelung des Wasserbedarfs.

Nach S. 2 und 4 ist auf 1 ha eine Bevölkerung von 300 Seelen und auf den Einwohner ein täglicher durchschnittlicher Wasserverbrauch von 120 l zu rechnen. Der stärkste Stundenverbrauch, für den das Rohrnetz zu bemessen ist, beträgt $\frac{1}{10}$ hiervon, also 12 l oder in der Sekunde $\frac{12}{60 \cdot 60} = 0{,}00333$ l; mithin kommt auf 1 ha mit 300 Einwohnern $300 \cdot 0{,}00333 = 1$ sl Wasserverbrauch. Hierzu tritt der Bedarf für die letzten Hydranten mit 10 sl.

Rohrstrecke I hat zu versorgen 6,5 ha Fläche; der Wirtschaftsverbrauch beträgt also $6{,}5 \cdot 1 = 6{,}5$ sl, hierzu treten für Feuerlöschzwecke 10 sl, so daß sich die stärkste Durchflußmenge durch Strecke I ergibt zu:

$$Q_I = 6{,}5 + 10 = 16{,}5 \ \text{sl} = 0{,}0165 \ \text{cbm.}$$

In gleicher Weise wird weiter:

$$Q_{II} = 3{,}3 + 10 = 13{,}3 \ \text{sl} = 0{,}0133 \ \text{cbm}$$
$$Q_{III} = 2{,}27 + 10 = 12{,}27 \ \text{„} = 0{,}01227 \ \text{„}$$
$$Q_{IV} = 0{,}96 + 10 = 10{,}96 \ \text{„} = 0{,}01096 \ \text{„}$$
$$Q_V = 0{,}82 + 10 = 10{,}82 \ \text{„} = 0{,}01082 \ \text{„}$$
$$Q_{VI} = 0{,}56 + 10 = 10{,}56 \ \text{„} = 0{,}01056 \ \text{„}$$
$$Q_{VII} = 1{,}09 + 10 = 11{,}09 \ \text{„} = 0{,}01109 \ \text{„}$$
$$Q_{VIII} = 0{,}55 + 10 = 10{,}55 \ \text{„} = 0{,}01055 \ \text{„}$$
$$Q_{IX} = 0{,}28 + 10 = 10{,}28 \ \text{„} = 0{,}01028 \ \text{„}$$

2. Berechnung der Rohrquerschnitte.

Der Rohrquerschnitt wird berechnet nach der Formel $F = \frac{Q}{v}$. Hierin ist F in qm, Q in cbm und v in m einzusetzen. Die Geschwindigkeit wird zunächst zu 1 m angenommen, daher ergibt sich für Strecke I:

$$F_I = \frac{0{,}0165}{1} = 0{,}0165 \ \text{qm}$$

und der Durchmesser $\quad \dfrac{d_I{}^2 \pi}{4} = 0{,}0165 \ \text{qm};$

$$d_I = \sqrt{\frac{4 \cdot 0{,}0165}{3{,}14}} = 0{,}145 \ \text{m.}$$

In gleicher Weise berechnen sich:

$$F_{II} = 0{,}0133 \text{ qm und } d_{II} = 0{,}130 \text{ m}$$
$$F_{III} = 0{,}01227 \text{ „ „ } d_{III} = 0{,}125 \text{ „}$$
$$F_{IV} = 0{,}01096 \text{ „ „ } d_{IV} = 0{,}118 \text{ „}$$
$$F_{V} = 0{,}01082 \text{ „ „ } d_{V} = 0{,}117 \text{ „}$$
$$F_{VI} = 0{,}01056 \text{ „ „ } d_{VI} = 0{,}116 \text{ „}$$
$$F_{VII} = 0{,}01109 \text{ „ „ } d_{VII} = 0{,}119 \text{ „}$$
$$F_{VIII} = 0{,}01055 \text{ „ „ } d_{VIII} = 0{,}116 \text{ „}$$
$$F_{IX} = 0{,}01028 \text{ „ „ } d_{IX} = 0{,}114 \text{ „}$$

Mit Rücksicht auf die Abmessungen der Normaltabelle und auf die Verwendung von möglichst wenig verschiedenen Rohrsorten werden die Lichtweiten von Rohrstrecke I und II mit 0,15 m, sämtliche übrigen mit 0,125 m ausgeführt.

3. Berechnung der Druckhöhen.

Die Druckhöhenverluste werden berechnet nach der Formel:

$$h = \left(0{,}01989 + \frac{0{,}0005078}{d} \right) \frac{l}{d} \cdot \frac{v^2}{2g}.$$

Hierin ist der Durchmesser d, die Länge der Strecke l, die Geschwindigkeit v und g in m einzusetzen.

Die Geschwindigkeiten sind nun nicht $= 1$ m anzunehmen, sondern aus der Formel $v = \dfrac{Q}{F}$, den wirklichen Rohrweiten 0,15 und 0,125 entsprechend zu be-berechnen.

$$\text{Für Strecke I } \quad \text{wird } v_{I} = \frac{0{,}0165}{0{,}01767} = 0{,}93 \text{ m}$$
$$\text{„ „ II „ } v_{II} = \frac{0{,}0133}{0{,}01767} = 0{,}75 \text{ „}$$
$$\text{„ „ III „ } v_{III} = \frac{0{,}01227}{0{,}01227} = 1{,}0 \text{ „}$$
$$\text{„ „ IV „ } v_{IV} = \frac{0{,}01096}{0{,}01227} = 0{,}89 \text{ „}$$
$$\text{„ „ V „ } v_{V} = \frac{0{,}01082}{0{,}01227} = 0{,}88 \text{ „}$$
$$\text{„ „ VI „ } v_{VI} = \frac{0{,}01056}{0{,}01227} = 0{,}86 \text{ „}$$
$$\text{„ „ VII „ } v_{VII} = \frac{0{,}01109}{0{,}01227} = 0{,}90 \text{ „}$$
$$\text{„ „ VIII „ } v_{VIII} = \frac{0{,}01055}{0{,}01227} = 0{,}86 \text{ „}$$
$$\text{„ „ IX „ } v_{IX} = \frac{0{,}01028}{0{,}01227} = 0{,}84 \text{ „}$$

Für Strecke I von 20 m Länge und 0,15 m Durchmesser wird also:

$$h_{I} = \left(0{,}01989 + \frac{0{,}0005078}{0{,}15} \right) \frac{20}{0{,}15} \cdot \frac{0{,}93^2}{2 \cdot 9{,}81} = 0{,}0079 \cdot 20 \cdot 0{,}93^2 = 0{,}14 \text{ m}.$$

Für Strecke II:

$$h_{\mathrm{II}} = \left(0{,}01989 + \frac{0{,}0005078}{0{,}15}\right) \frac{110}{0{,}15} \cdot \frac{0{,}75^2}{2 \cdot 9{,}81} = 0{,}0079 \cdot 110 \cdot 0{,}75^2 = 0{,}49 \ \mathrm{m}.$$

Für Strecke III von 0,125 m Durchmesser wird:

$$h_{\mathrm{III}} = \left(0{,}01989 + \frac{0{,}0005078}{0{,}125}\right) \frac{96}{0{,}125} \cdot \frac{1{,}0^2}{2 \cdot 9{,}81} = 0{,}0098 \cdot 96 \cdot 1{,}0 = 0{,}94 \ \mathrm{m}.$$

Für die übrigen gleichfalls 0,125 m weiten Rohrstrecken wird in gleicher Weise:

$$h_{\mathrm{IV}} = 0{,}0098 \cdot \ 76 \cdot 0{,}89^2 = 0{,}59 \ \mathrm{m}$$

$$h_{\mathrm{V}} = 0{,}0098 \cdot \ 72 \cdot 0{,}88^2 = 0{,}55 \ \text{„}$$

$$h_{\mathrm{VI}} = 0{,}0098 \cdot 120 \cdot 0{,}86^2 = 0{,}87 \ \text{„}$$

$$h_{\mathrm{VII}} = 0{,}0098 \cdot \ 72 \cdot 0{,}90^2 = 0{,}57 \ \text{„}$$

$$h_{\mathrm{VIII}} = 0{,}0098 \cdot 120 \cdot 0{,}86^2 = 0{,}87 \ \text{„}$$

$$h_{\mathrm{IX}} = 0{,}0098 \cdot \ 76 \cdot 0{,}84^2 = 0{,}53 \ \text{„}$$

Aus diesen Druckhöhenverlusten werden die an den verschiedenen. Punkten des Rohrnetzes wirkenden Druckhöhen ermittelt, indem man unter Berücksichtigung des Geländegefälles die Druckhöhenverluste der einzelnen Rohrstrecken von der Anschlußstelle des Hauptrohres bis zum Ende der zu bestimmenden Strecke zusammenzählt und die Summe von der Druckhöhe im Hauptrohre abzieht.

Die Druckhöhe am Endpunkte der Strecke VI berechnet sich z. B. wie folgt:

Die Straßenkrone am Anschluß an das Hauptrohr liegt auf	+ 54,6 m N. N.
die hier vorhandene manometrisch gemessene Druckhöhe beträgt	32,0 m
mithin würde hier die hydraulische Drucklinie stehen auf	+ 86,6 m N. N.

Auf der Rohrstrecke I bis VI geht an Druckhöhe verloren

$$0{,}14 + 0{,}49 + 0{,}94 + 0{,}59 + 0{,}55 + 0{,}87 = 3{,}58 \ \mathrm{m},$$

so daß am Endpunkt der Strecke VI der Wasserspiegel der hydraulischen Drucklinie auf 86,6 — 3,58 = 83,02 m N. N. steht. Da hier die Straßenkrone auf + 52,8 m N. N. sich befindet, so bleiben an wirksamer Druckhöhe verfügbar 83,02 — 52,8 = 30,22 m. In gleicher Weise ergibt sich für den Endpunkt der Strecke VIII die verfügbare Druckhöhe zu

$$86{,}6 - (0{,}14 + 0{,}49 + 0{,}94 + 0{,}57 + 0{,}87) - 52{,}9 = 30{,}69 \ \mathrm{m}.$$

In Wirklichkeit werden die Druckhöhen noch geringe Änderungen erfahren, da das Rohrnetz nach dem Kreislaufsystem angeordnet ist und das Wasser daher nicht nur auf dem einen der Berechnung zugrunde gelegten Wege, sondern auch von Nebenleitungen her zufließen wird, so daß sich teilweise geringere Durchflußmengen, mithin geringere Geschwindigkeiten und schwächere Druckhöhenverluste ergeben werden.

Nachdem auf diese Weise sämtliche Rohrstrecken bestimmt sind, muß noch untersucht werden, ob nicht durch Ausschaltung einzelner Strecken, wie sie bei Rohrbrüchen vorkommt, durch die Umleitung des Wassers eine stärkere Beanspruchung anderer Strecken eintritt. Diese Strecken sind dann für die größere Fördermenge in gleicher Weise, wie oben gezeigt, nochmals zu berechnen und die Querschnitte nötigenfalls zu verstärken.

d) Berechnung der Zuflußleitung für eine Fabrik.

Eine Fabrik verbraucht bei gleichmäßigem Zufluß täglich in neun Arbeits-
stunden 48 cbm Wasser. Die größte zu erwartende Betriebssteigerung wird
auf 30% veranschlagt. Zu berechnen ist die Rohrweite und der Druckhöhenverlust der 70 m langen Zuleitung nach der in Süddeutschland verwendeten
Formel.

Durchflußmenge.

Der stärkste zu erwartende Durchfluß beträgt in neun Stunden

$$48 + \frac{48 \cdot 30}{100} = 62,4 \text{ cbm.}$$

Auf die Sekunde entfällt mithin:

$$Q = \frac{62,4}{9 \cdot 60 \cdot 60} = 0,00193 \text{ cbm.}$$

Querschnittsberechnung.

Der Querschnitt wird berechnet nach der Formel: $F = \dfrac{Q}{v}$. Hierin erscheint F in
qm, wenn die Durchflußmenge Q in cbm und die Geschwindigkeit v in m eingesetzt werden. Wird die zulässige Geschwindigkeit $= 1$ m angenommen, so wird:

$$F = \frac{0,00193}{1,0} = 0,00193 \text{ qm}$$

und für kreisförmige Rohre

$$\frac{d^2 \pi}{4} = 0,00193;$$

$$d = \sqrt{\frac{4 \cdot 0,00193}{3,14}} = 0,0496 \text{ m,}$$

d. h. der Durchmesser muß mindestens 5 cm stark gewählt werden.

Druckhöhenberechnung.

Der Druckhöhenverlust wird nach S. 60 in Süddeutschland berechnet nach der
Formel

$$h = c Q^2 \frac{l}{d^5},$$

hierin ist c ein Erfahrungswert, der bei 5 cm Weite für neue Rohre $= 0,0025$ und
für alte Rohre $= 0,0068$ zu setzen ist, Q ist die Durchflußmenge in cbm, l die
Rohrlänge und d der Durchmesser in m. Mithin wird

$$\text{für neue Rohre: } h = 0,0025 \cdot 0,00193^2 \cdot \frac{70}{0,05^5} = 2,09 \text{ m}$$

und $\text{für alte Rohre: } h = 0,0068 \cdot 0,00193^2 \cdot \frac{70}{0,05^5} = 5,67 \text{ m.}$

Nach den in Norddeutschland gebräuchlichen, in den früheren Beispielen verwendeten Formeln würde sich h zu 2,06 m bzw. 5,36 m berechnen.

Beträgt z. B. die Steighöhe des Wassers im Straßenrohr an der Anschlußstelle
20 m über Straßenkrone, so darf die Ausströmungsöffnung der Fabrikleitung am
Endpunkte höchstens $20 - 5,67 = 14,33$ m über Straßenpflaster liegen.

X. Kosten von Wasserversorgungsanlagen.

Die Anlagekosten der Wasserversorgungen schwanken nach den örtlichen Verhältnissen in weiten Grenzen, und sind daher auch für Kostenüberschläge genaue Vorberechnungen aufzustellen. Hierbei behandelt man zweckmäßig die einzelnen Baugegenstände für sich, etwa in folgender Reihenfolge:

1. Quellfassungen, Brunnenanlagen, Sammelleitungen, Schöpfstellen;
2. Pumpwerke mit Zuleitung;
3. Reinigungsanlagen;
4. Zuleitungen zum Hochbehälter;
5. Sammelbehälter;
6. Rohrnetz mit Schiebern, Hydranten, Straßenbrunnen usw.

Bei den besonderen Bauwerken veranschlagt man die einzelnen Arbeiten in der Reihenfolge ihrer Ausführung, und zwar die Arbeiten getrennt von der Materialienlieferung.

Überaus wichtig ist die Preisbestimmung für die Erd-, Bagger- und Rammarbeiten, die nur auf Grund sorgfältiger Bodenuntersuchungen und reicher Erfahrungen zutreffend geschätzt werden können. Der Preis hängt ab von der Beschaffenheit des Bodens, dem Auftreten von Hindernissen, wie Mauerresten, Baumstämmen, Faschinen, Felskuppen usw., ferner von der Tiefe der Rohrgräben bzw. Baugruben, der Ausführung im Trocknen oder im Wasser und vom Lohnsatz und der Gewandtheit der Arbeiter. Die Unterschätzung der Schwierigkeiten gerade bei Ausführung von Erdarbeiten hat, weil es sich hierbei gewöhnlich um große Massen handelt, schon vielfach den Unternehmern schwere Verluste zugefügt, daher ist bei der Preisermittelung hierbei ganz besondere Vorsicht geboten. Die Preise für Maurer- und Betonarbeiten, Rohrverlegungen und Materiallieferungen sind weniger schwankend und einfacher zu ermitteln.

Für sehr überschlägliche Schätzungen kann man die Anlagekosten von Wasserversorgungsbauten nach den Verhältnissen des Jahres 1913 wie folgt annehmen:

Bei Talsperren kostet 1 cbm Fassungsraum des Sammelteiches unter sehr günstigen Verhältnissen 0,06 bis 0,20 $\mathcal{M}$, i. M. 0,4 bis 0,6 $\mathcal{M}$. Bei Kesselbrunnen kostet 1 qm Brunnenfläche für 1 m Brunnentiefe in Mark:

    a) über Wasser bei Sand, Kies und Ton 6 bis 9 + h,
        bei Fels oder Geröll 9 bis 18 + h,
    b) unter Wasser bei Sand, Kies und Ton 10,5 bis 16,5 + h,
        bei Fels oder Geröll 12 + h bis 24 + 2 h,

wenn h die Brunnentiefe in ganzen m eingesetzt wird.

Bei gebohrten Brunnen betragen die Kosten für 1 m Bohrlochtiefe von 20—30 cm Weite etwa 30—40 $\mathcal{M}$, wenn die Gesamttiefe 50—60 m nicht übersteigt.

Überwölbte Filter kosten 60—80 $\mathcal{M}$ und offene 40—50 $\mathcal{M}$ für 1 qm Filterfläche, Hochbehälter 25—45 $\mathcal{M}$ für 1 cbm Fassungsraum. Das Straßenrohrnetz einschl. Zubehör erfordert etwa $\frac{1}{3}$—$\frac{1}{4}$ der gesamten übrigen Anlagekosten, und zwar entfallen auf 1 m Rohrlänge etwa 12—14 $\mathcal{M}$. Auf den Kopf der Bevölkerung kann man an Anlagekosten unter günstigen Verhältnissen etwa 12—15 $\mathcal{M}$ und im Durchschnitt

18—24 *M* rechnen. In Landgemeinden sind sie wesentlich höher. Sie liegen z. B. für diese im Rheinlande zwischen 35 und 270 *M* und betragen hier in dem aus 100 Kostenanschlägen berechneten Durchschnitt 85 *M* auf den Kopf der Bevölkerung.

Die Selbstkosten für 1 cbm Wasser stellen sich, gleichfalls nach den Verhältnissen des Jahres 1913, auf 5—15 Pf. einschl. der Zuschläge für Verzinsung, Tilgung, Erneuerung, Unterhaltung und Wartung der Anlagen, und zwar erfordert die Gewinnung 0,1—5 Pf. bei Quellfassungen, 0,25—1,5 Pf. bei Brunnen und 0,5—2 Pf. bei Talsperren, die Reinigung auf Sandfiltern 0,5—1,2 Pf., die Enteisenung 0,1 bis 0,3 Pf., die Förderung durch Pumpwerke 0,5—1,0 Pf., die Zuleitung 0,5—1,5 Pf., die Aufsammelung in Hochbehältern 0,5—0,7 Pf., das Rohrnetz 2 Pf. und die Verwaltung 0,7—2 Pf. Unter Berücksichtigung des für öffentliche Zwecke abgegebenen und durch Betriebsstörungen verlorenen Wassers wird auf die Selbstkosten ein Aufschlag von 10—25% und zur Schaffung eines für die spätere Erneuerung der Anlagen bestimmten Geldvorrates ein weiterer Zuschlag gemacht, so daß sich der Verkaufspreis für 1 cbm Wasser auf 10—25 Pf. stellt.

Benutzte und empfehlenswerte Werke:

Frühling, die Wasserversorgung der Städte. Verlag von Engelmann, Leipzig.

König, Anlage und Ausführung von Wasserleitungen und Wasserwerken. Verlag von Wigand, Leipzig.

Lueger, die Wasserversorgung der Städte. Verlag von Kröner, Leipzig.

Wasser und Abwasser, die Hygiene der Wasserversorgung und Abwasserreinigung von Kolkwitz, Reichle, Schmidtmann, Spitta und Thumm. Verlag von S. Hirzel, Leipzig.

Quellenverzeichnis der Abbildungen.

Abb. 4 nach Lueger, die Wasserversorgung der Städte.

Tabelle auf S. 60 unten aus Lueger, die Wasserversorgung der Städte.

Abb. 6 nach Bachmann, die Talsperrenanlage bei Marklissa a. Q. Verlag von Trenkler & Komp., Leipzig.

Abb. 7 u. 8 aus dem Heftchen, die Talsperrenanlage bei Marklissa a. Q. Verlag von M. Rieß, Beerberg bei Marklissa.

Abb. 10 nach König, Anlage und Ausführung von Wasserleitungen.

Abb. 12 und 45 nach Frühling, die Wasserversorgung der Städte.

Abb. 68, 69, 73 und 76 aus dem Preisverzeichnis der Firma Breuer & Komp., Höchst a. M.

Abb. 26, 28, 70, 71, 72 u. 75 aus dem Preisverzeichnis der Firma Bopp & Reuther, Mannheim.

Abb. 55—66 aus dem Preisverzeichnis der Gießerei Lauchhammer, Gröditz i. S.

A. Aufgabe und Art der Stadtentwässerung.

I. Die Aufgabe der Stadtentwässerung

besteht

1. in der **unterirdischen Ableitung**
    a) **der Schmutzwässer,** der Koch-, Spül-, Wasch-, Badewässer, des Urins und der Fäkalien, aus Küchen, Waschküchen, Baderäumen, Aborten und der Abwässer aus Gewerbebetrieben,
    b) **der Niederschläge** von Dächern, Straßen, Höfen, Gärten
    aus dem Gebiete geschlossener Ortschaften,
2. in dem **Unschädlichmachen** der gesundheitswidrigen Bestandteile der **Abwässer.**

II. Die Art der Stadtentwässerung,

welche heute fast ausschließlich zur Anwendung kommt, wird als „**Schwemmkanalisation**" bezeichnet.

Es werden die Abwässer einschl. der Fäkalien, letztere unter Zugabe von Spülwasser (Spülaborte, Abb. 96), in unterirdischen Gefälleitungen aus dem Stadtgebiet fortgeschwemmt.

Die Leitungen folgen den Straßenzügen annähernd parallel deren Gefälle und vereinigen sich zu Sammelkanälen, welche das Abwasser talab einem Wasserlauf, doch gewöhnlich erst nach vorangegangener Reinigung, zuführen.

Ein Pumpwerk für das Abwasser ist erforderlich, wenn für die Reinigungsanlage nur in einer Lage Platz ist, die höher als der tiefste Punkt des Leitungsnetzes liegt, oder wenn der Wasserspiegel der Vorflut immer oder auch nur zeitweise, bei Hochwasser, über dem der Reinigungsanlage steht.

Je nachdem das Schmutzwasser und die Niederschläge gemischt in einer gemeinsamen Leitung oder getrennt in zwei verschiedenen Leitungen abgeführt werden, unterscheidet man das **Mischverfahren** und das **Trennverfahren.**

Gesundheitlich ist beiden Verfahren gleicher Wert beizumessen. Ausschlaggebend für die Wahl des Verfahrens sind nur die Kosten der Entwässerungsanlage und ihres Betriebes.

1. Das Mischverfahren

ist in den meisten Fällen das billigere.

Vor allem ist das Leitungsnetz billiger, weil einfache Leitungen sowohl in der Erstherstellung als in der Unterhaltung billiger sind als Doppelleitungen von zusammen gleichem Fassungsvermögen. Es ist einfacher und übersichtlicher und daher auch billiger im Spülbetrieb.

Mehr Kosten verursacht dagegen die Reinigung des Abwassers, weil die Reinigungsanlage außer dem Schmutzwasser noch Regenwasser (im Jahresdurchschnitt etwa ein Drittel der Schmutzwassermenge) aufzunehmen hat, deshalb größer anzulegen ist und höhere Betriebskosten fordert. Zudem ist das ihr zufließende Abwasser einem starken Wechsel in Menge und Zusammensetzung unterworfen, so daß ihr Betrieb sich weniger wirtschaftlich gestaltet als bei dem Trennverfahren.

Muß das Abwasser, wie es in vielen Fällen erforderlich ist, zur Reinigungsanlage oder zur Vorflut gehoben werden, so ist auch der Betrieb des Pumpwerks infolge der größeren und stark wechselnden Wassermenge teurer und weniger wirtschaftlich als bei dem Trennverfahren.

Die Mischwasserleitungen werden mit ihrem Scheitel 2—3 m unter Straßenkrone gelegt, damit sie auch die Keller (Waschküchen) entwässern können (vgl. Abb. 14, 103, Taf. IX). Ihre Abmessungen sind vornehmlich durch die Sturzregen bedingt, da diese eine 50—200mal größere Abflußmenge bringen als die Schmutzwässer.

Bei dem Mischverfahren wechselt das abzuführende Wasser in Menge und Verunreinigung außerordentlich stark, je nachdem trockenes Wetter ist oder Regen von geringster bis größter Stärke fällt. Um nun die Reinigungsanlage und das etwa erforderliche Pumpwerk bei Starkregen zu entlasten und nicht nach der größten Wassermenge, die nur wenige Male im Jahre zum Abfluß kommt, bemessen zu müssen, läßt man, sobald die Abflußmenge eines Kanals infolge starken Regens ein Mehrfaches der abzuführenden Schmutzwassermenge beträgt, das infolgedessen weniger unreine Abwasser zum Teil ungeklärt in die offenen Gewässer ab.

Der Grad der **Verdünnung**, d. i. das Verhältnis der Gesamtabwassermenge zur Schmutzwassermenge, welche für die unmittelbare Einleitung des Kanalwassers in offenes Wasser nötig erscheint, wird von der Staatsbehörde je nach dem Zustande des Vorfluters, in der Hauptsache nach dessen Wassermenge bei niedrigstem Wasserstande zwischen 2 und 9 festgesetzt, wovon die untere Grenze nur für große Stromgeschwindigkeit, kiesiges Flußbett und schwache Besiedelung der Ufer bei entsprechend großer Wassermenge in Betracht kommt. Am häufigsten wird eine 5fache Verdünnung vorgeschrieben.

Zum Ablassen des Kanalwassers bei starkem Regen werden im Leitungsnetz, gewöhnlich in den größere Wassermengen abführenden Sammelkanälen, in möglichster Nähe der vorhandenen Wasserläufe und Teiche oder auch da, wo alte, zur Schmutzwasserableitung untaugliche Kanäle gekreuzt werden, **Regenauslässe** in der Art angeordnet, daß nach Überschreitung der dem vorgeschriebenen Verdünnungsgrad entsprechenden Füllhöhe im Kanal das Wasser über eine Überfallschwelle in der Kanalwand — Regenüberfall (Abb. 40—43, 48, 51, 54) — in einen abzweigenden Kanal — Notauslaß — und durch diesen auf kürzestem Wege im Gefälle zur Vorflut fließt.

Außer der Verringerung der Bau- und Betriebskosten der Reinigungsanlage und des etwa erforderlichen Pumpwerkes wird durch den Einbau von Regenauslässen eine weitere Ersparnis dadurch erzielt, daß die Abmessungen des Sammelkanals unterhalb eines Regenüberfalls entsprechend der erheblichen Abnahme der weiterzuführenden Wassermenge verkleinert werden können (Abb. 41).

In welchem Maße diese Profilverkleinerung erfolgen kann, hängt davon ab, ob der Wasserstand der Vorflut zu jeder Zeit oder nur im Sommer, April bis September, wo Sturzregen zu erwarten sind, erlaubt, das Kanalwasser über den Regenüberfall abzulassen.

Bleibt der Wasserstand der Vorflut immer unter der Überfallschwelle, so ist ohne weiteres die Wirksamkeit des Regenüberfalles zu jeder Zeit gewährleistet.

Steigt die Vorflut zeitweise höher, so muß der Regenüberfall vorübergehend erhöht werden, um das Leitungsnetz vor einer Überflutung zu schützen (Abb. 43, 51, 54).

Steigt sie höchstens bis etwa 20 cm unter den Scheitel des Sammelkanals am Regenüberfall, so ist auch dann noch jederzeit eine Entlastung möglich.

In diesen Fällen braucht der weitergeführte Sammler nur das Schmutzwasser und die zu seiner Verdünnung erforderliche Regenmenge zu bewältigen. Kommt mehr Wasser infolge stärkeren Regens, so staut es sich auf und fließt über den Überfall ab.

Steigt die Vorflut zeitweise noch über das vorher angegebene Maß unter Kanalscheitel, so ist der Einbau von Regenüberfällen und mithin das Mischverfahren noch nicht ausgeschlossen. Voraussetzung für das Mischverfahren ist nur, daß in der Zeit der Sturzregen, April bis September, das Sommerhochwasser der Vorflut so weit, wie oben angegeben, unter dem Scheitel des Sammelkanals bleibt.

Doch geht in diesem Falle der Vorteil der Regenüberfälle — Einschränkung der Sammlerabmessungen unterhalb, der Reinigungsanlage und des etwa erforderlichen Pumpwerks — zum Teil verloren. Denn es muß bei höheren Hochwasserständen im Winter der Regen mit dem Schmutzwasser zusammen ganz der Reinigungsanlage zugeführt oder gar dahin gepumpt werden. Doch dürfte es, falls keine Statistik der Winterregen vorliegt, genügen, für diesen Fall nur die Hälfte der Größtdurchflußmenge am Überfall (im Sommer) für den Sammelkanal unterhalb, für die Reinigungsanlage und das Pumpwerk in Rechnung zu stellen.

Da nun der Sammelkanal unterhalb des Regenüberfalles infolge seiner größeren Abmessungen eine Wassermenge, welche über die vorschriftsmäßig verdünnte Schmutzwassermenge hinausgeht, abführen kann, wird auch im Sommer ein Teil der Starkregen nicht über den Überfall, sondern unter dem Druck des Wasserspiegels durch die Sammelleitung weiterfließen und Pumpwerk und Reinigungsanlage belasten. Dies wird in um so stärkerem Maße eintreten, je höher das Sommerhochwasser über die Überfallschwelle steigt, je mehr also diese bei Hochwasser im Sommer erhöht werden muß.

Es sollte daher der Sammelkanal und damit die Überfallschwelle möglichst so hoch gelegt werden, daß das Sommerhochwasser letztere nie übersteigt.

2. Das Trennverfahren.

Für die Ableitung des Schmutzwassers gilt im allgemeinen dasselbe wie für die des Abwassers des Mischverfahrens, nur fallen Regenüberfälle und Notauslässe fort. Die Abmessungen der Schmutzwasserleitungen sind, weil diese nicht die verhältnismäßig viel größeren Regenmengen aufzunehmen haben, ganz erheblich kleiner als die der Mischwasserleitungen.

Die Regenwasserleitungen erhalten fast die gleichen Abmessungen wie letztere, werden aber höher gelegt, da sie nur die Geländeoberfläche zu entwässern haben, doch mit dem Scheitel nicht höher als 1,50 m unter Straßenkrone, um eine gegenseitige Behinderung des Wasserleitungs- und Kanalnetzes zu vermeiden. Sie führen das Regenwasser im Gefälle auf kürzestem Wege, also an möglichst vielen Stellen, in die offenen Gewässer.

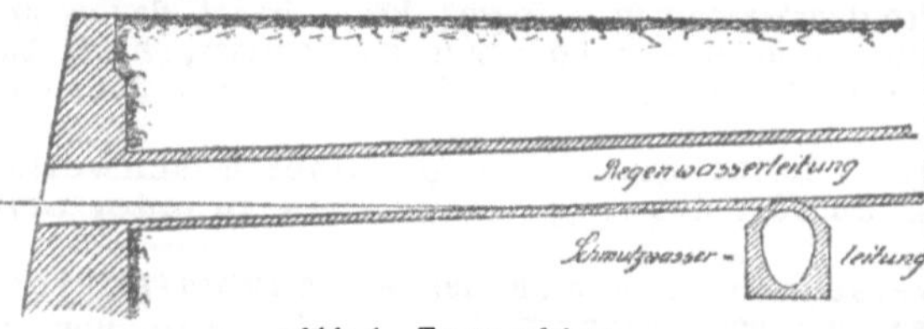

Abb. 1. Trennverfahren.
Entlastung der Schmutzwasserleitung bei S. H. W. unmöglich.

Ein zeitweiliger Rückstau der Vorflut in das Leitungsnetz ist ohne Bedenken, solange nicht das Flußwasser durch die Regeneinläufe und Einsteigeschächte über das Gelände treten kann. Die rechnungsmäßige Wassermenge wird nämlich auch abgeführt, wenn der Wasserspiegel in den Schächten über dem Leitungsscheitel steht, die Leitung also vollgefüllt wie ein Wasserleitungsrohr unter Druck arbeitet (vgl. Abb. 16, 19, 40, 42).

Das Trennverfahren ist daher am Platze:

1. Vor allem dort, wo zeitweise bei Sommerhochwasser die Entlastung einer tiefliegenden Mischkanalisation von den zu erwartenden Sturzregen nicht möglich ist (Abb. 1), wenn also ein Mischleitungsnetz bis zur Reinigungsanlage, sowie letztere selbst und auch das etwa erforderliche Pumpwerk nach dem stärksten Regen bemessen werden müßten.

2. Wenn die oberirdische Ableitung der Niederschläge durch Rinnsteine zulässig erscheint, wie in kleineren Ortschaften, wo sich bisher Unzuträglichkeiten hieraus nicht ergeben haben (Teilkanalisation), oder wenn alte Leitungen vorhanden sind, welche unbedenklich zur Ableitung des Regenwassers, aber nicht des Schmutzwassers benutzt werden können.

An Regenwasserleitungen brauchen nämlich nicht gleich hohe Anforderungen bezüglich der Regelmäßigkeit des Sohlengefälles, der Glätte und Undurchlässigkeit der Kanalwände gestellt zu werden wie an Schmutzwasser führende Leitungen.

Auch wenn sich in dem einen oder dem anderen Falle noch der Bau einiger neuer Regenwasserleitungen als notwendig erweisen sollte, dürfte das Trennverfahren immer noch billiger sein als das Mischverfahren.

3. Bei langgestreckter Lage einer Stadt an einem Flusse, welche es ermöglicht, die Niederschläge durch kurze Leitungen von verhältnismäßig kleinen Abmessungen an vielen Punkten unmittelbar in den Fluß zu leiten.

4. Bei hohen Kosten der Hebung und Reinigung des Abwassers. In diesem Falle können die höheren Betriebskosten des Mischverfahrens den durch ein doppeltes Leitungsnetz bedingten Mehraufwand für Verzinsung und Tilgung des Anlagekapitals überwiegen.

5. In Gebieten, welche zeitweise der Überflutung durch Hochwasser ausgesetzt sind, um ein Einströmen des Flußwassers durch die Sinkkasten in die Schmutzwasser führenden Leitungen und eine Überschwemmung oder eine Überlastung des Leitungsnetzes, der Pump- und Reinigungsanlage zu verhüten.

In diesem Falle müssen tiefliegende Öffnungen des Leitungsnetzes für Schmutzwasser wie Einsteigeschächte (Abb. 2), Einläufe im Kellergeschoß (Abb. 102, 110) wasserdicht verschlossen wer-

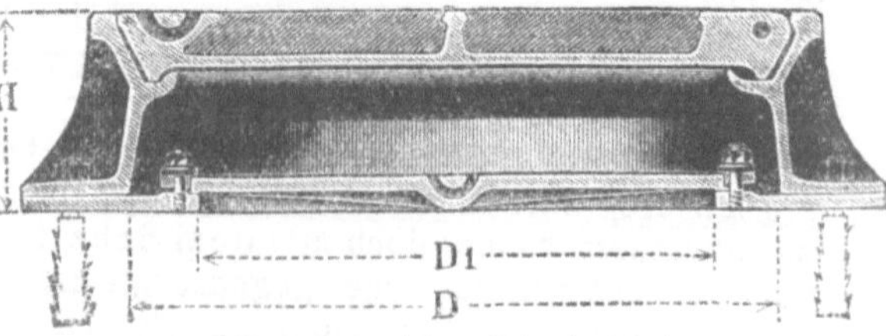

Abb. 2. Hochwassersichere Schachtabdeckung.

den können, damit ein Eindringen des Hochwassers durch diese verhindert wird.

Wird das Schmutzwasser im Gefälle und ohne vorherige Klärung der Vorflut zugeführt, so ist für Überschwemmungsgebiete das Trennverfahren nicht erforderlich, doch müssen in diesem Fall Ausgüsse im Keller einen Rückstauverschluß (Abb. 102, 104—111) erhalten.

Ausgeschlossen ist das Trennverfahren in Gebieten, welche zeitweise unter Hochwasser liegen, aber durch Deiche vor Überflutungen geschützt sind, weil das Hochwasser durch die Regenwasserleitungen und Sinkkasten über das Gelände treten könnte. Dauern solche Hochwasser erfahrungsgemäß nur kurze Zeit, wie im Ebbe- und Flutgebiet, so wird man, um nicht alles Wasser pumpen zu müssen, während des Hochwassers die Notauslässe an ihrer Mündung abschließen und die Niederschläge in größeren Becken — Aufhaltebecken — aufspeichern, um sie nach dem Fallen des Hochwassers in die Vorflut abzulassen.

Das Shoneverfahren
ist eine besondere Art des Trennverfahrens, bei welchem das Schmutzwasser der einzelnen nur kleinen Entwässerungsgebiete im Gefälle einem Behälter zufließt und, sobald dieser gefüllt ist, selbsttätig durch Preßluft in einen hochliegenden Sammelkanal gedrückt wird.

Die Aufnahme der Niederschläge in das Shoneverfahren verbietet sich wegen der Kostspieligkeit der Anlage und wegen des zu starken Wechsels der Zuflußmenge in diesem Falle. — Die Ableitung der Niederschläge erfolgt vielmehr oberirdisch oder mittels wenig tiefliegender besonderer Leitungen.

Das Shoneverfahren ist empfehlenswert für sehr tiefliegende Gebiete, besonders für Mulden, welche bei Anwendung durchlaufender Gefällleitungen eine außerordentliche Tiefe der weiter unterhalb gelegenen Kanalstrecken bedingen würden.

Es ist selbstverständlich, daß die Entscheidung, ob Misch- oder Trennverfahren, nicht einheitlich für das ganze zu entwässernde Gebiet getroffen werden muß, sondern daß je nach den örtlichen Verhältnissen bald das eine, bald das andere für die einzelnen Stadtgebiete vorzuziehen ist.

So kommt es nicht selten vor, daß zwar die hochgelegenen Gebiete eines Ortes nach dem Mischverfahren entwässert werden können, in den tiefgelegenen aber Regenüberfälle ausgeschlossen sind. In diesem Falle sind die Regenüberfälle des oberen, des Mischgebietes, am Hang zwischen Hoch- und Tiefgebiet so anzulegen, daß ihre Überfallschwelle noch über das höchste Hochwasser der Vorflut reicht, und die anschließenden Notauslässe als Hauptregenwasserkanäle durch das Tiefgebiet der Vorflut zuzuführen (Entwässerungsplan Taf. VII).

B. Material und Querschnittsformen der Entwässerungsleitungen.

I. Material.

1. **Steinzeug(Ton)rohre**, bis zur Sinterung gebrannt und mit Salzglasur versehen (Abb. 22), bilden wegen ihrer Säurebeständigkeit, Undurchlässigkeit und Glätte das beste Material für schmutzwasserführende Leitungen. Sie werden gewöhnlich nur in Größen bis **50 cm** Φ verlegt,

weil weitere Rohre sich nicht widerstandsfähig genug gegen Erddruck erwiesen haben.

Doch werden mitunter auch noch Rohre von 55, 60 cm und mehr Durchmesser eingebaut, die aber zur Sicherung gegen Zerdrücktwerden mit Magerbeton umstampft werden.

2. **Kanäle aus Klinkermauerwerk** in Zementmörtel 1 : 3 (Abb. 3, 4, 23, 25, 34, 58, 64) dienen zur Ableitung größerer Wassermengen. Sie erhalten zweckmäßig eine Sohlschale aus glasiertem Steinzeug (Abb. 23, 58) als Schutz gegen die Säuren des unverdünnten Schmutzwassers bei Trockenwetter und gegen die schleifende Wirkung von mitgeführtem Sand, Steinchen, Ziegel- und Schieferstückchen. Als geringste Höhe gemauerter Kanäle ist 0,90 m anzusehen, weil das Gewölbe niedrigerer Profile kaum noch sauber ausgefugt werden kann. Doch dürfen Notauslässe und Regenwasserkanäle eine geringere Höhe erhalten, da deren Gewölbeleibung nicht unbedingt glattgefugt werden muß (vgl. Abb. 43, 53).

3. **Betonleitungen,** aus fertigen Rohren (Abb. 67—68) oder in der Baugrube gestampft (Abb. 69), eignen sich wenig zur Abführung von Schmutzwasser, da dessen Gehalt an Säuren, Alkalien, Salzen den Zement angreift. Doch werden sie ihrer Billigkeit wegen recht häufig auch im Mischverfahren zur Ableitung hauswirtschaftlicher Abwässer verwendet, sollten aber dann immer mit einem Schutzanstrich aus Goudron (Dr. Roths Inertol) oder noch besser, aber viel teurer, bis zur Höhe des Trockenwetterabflusses mit einer Verkleidung von Sohlschalen und kleinen Platten aus glasiertem Steinzeug (Abb. 68), oberhalb wieder mit einem Goudronanstrich versehen sein.

Unbedingt sind Betonleitungen zu verwerfen, wenn saure oder alkalische gewerbliche Abwässer zum Abfluß gelangen. Aber auch in Orten, welche vorläufig keine Betriebe, die derartige Abwässer erzeugen, aufweisen, ist man vor einer späteren Änderung in dieser Beziehung nie sicher. Außerdem ist zu beachten, daß Betonleitungen in schwefelkieshaltigem Moorboden schnell zerfressen werden.

Einen weiteren Nachteil der Betonleitungen, aber nur der aus fertigen Rohren, bilden noch die gewöhnlich nur mit Zementmörtel ausgefugten Stöße, welche bei nicht ganz sorgfältiger Verlegung oder bei unsicherem Baugrunde leicht undicht werden und so eine Verseuchung des Untergrundes hervorrufen können. Doch läßt sich diesem Nachteil durch Umstampfen der Stöße mit Beton und Eisenbewehrung dieser Betonringe begegnen, wodurch sich die Kosten für Verlegen und Dichten der Betonrohre um etwa $^2/_3$ erhöhen.

Die erwähnten Nachteile fallen für Notauslässe, die nur zeitweise stark verdünntes Schmutzwasser abzuführen haben, und für die Regenwasserleitungen des Trennverfahrens, die nur Oberflächenwasser ableiten, nicht ins Gewicht. Als Material für solche Leitungen ist daher Zementbeton unbedenklich.

Die Festigkeit der Betonrohre ist je nach dem verwendeten Material, dem Mischungsverhältnis und der Herstellungsweise sehr verschieden. Zur Erzielung vergleichbarer Prüfungsergebnisse schreibt der Deutsche Beton-Verein ein einheitliches Prüfungsverfahren vor.

Die Prüfung erfolgt mit der hydraulischen Rohrprüfungspresse, System „Koenen" [Grether & Cie., Freiburg i. B.]. Das Rohr ist auf ein erdfeuchtes,

wagerecht abgeglichenes Sandbett von 2—3 cm Stärke in einem Lattenrahmen zu
legen. Der 5 mm breite Preßholm muß genau im Scheitel auf die ganze Rohrlänge
angreifen. Etwaige Zwischenräume zwischen Schneide und Rohrscheitel sind durch
dünne Hartholzkeile auszufüllen. Der Preßkolben, welcher auf den Preßholm wirkt,
wird durch eine hydraulische Preßpumpe niedergedrückt. Das mit dieser in Verbindung stehende Manometer gibt den Druck von je 100 kg mit 1 Atmosphäre an.
Die Belastung soll bis 1000 kg in zwei Laststufen von
500 kg in je 1 Minute, darüber hinaus in Laststufen von
200 kg in je $\frac{1}{2}$ Minute erfolgen; nach jeder Laststufe ist
die Last $\frac{1}{2}$ Minute zu halten.

Betonrohre mit Fuß sollen auf 1,00 m Länge mindestens folgende Festigkeit (Bruchlast) aufweisen:

Kreisförmige Rohre		Eiförmige Rohre	
Lichtweite mm	Bruchlast kg/m	Lichtweite mm	Bruchlast kg/m
200	2000	200/300	3000
250	2200	250/375	3000
300	2500	300/450	3000
350	2800	350/525	3200
400	2800	400/600	3400
450	2900	500/750	3400
500	3000	600/900	3800
600	3000	700/1050	3800
700	3000	800/1200	4200
800	3000	900/1350	4400
1000	3000	1000/1500	4400

Abb. 2a. Hydraulische Rohrprüfungspresse System „Koenen“.
[Grether & Cie, Freiburg i. B.]

Da nur die größten Zementwarenwerke eine Rohrprüfungspresse besitzen, empfiehlt
Verfasser beim Fehlen einer Presse, wenigstens für kleinere Rohre, folgende an-
nähernde, selbst erprobte Prüfung, die sich auch noch auf der Baustelle vornehmen läßt.

Zwei Rohre werden in 3,00 m Abstand parallel auf ein Sandbett gelegt, eine
schmale Latte auf ihren Scheitel und darüber ein 4,50 m langer, 1,00 m breiter
Kasten aus Bohlen. In diesen wird Erde in möglichst gleichmäßiger Verteilung
geschaufelt, bis die nach dem Gewicht des Kastens, dem spez. Gewicht der Erde
und der Bruchlast für 2 Rohre rechnungsmäßig festgestellte Füllhöhe erreicht ist.

II. Querschnittsformen.

1. Die **günstigste Querschnittsform** der geschlossenen Leitungen für
die **Wasserabführung bei voller Füllung** ist der **Kreis**, weil bei ihm der hydraulische Radius, das ist das Verhältnis des Wasserquerschnitts zum benetzten
Umfang, einen Kleinstwert erlangt, der Reibungswiderstand also am geringsten
sten ist. Dies trifft **jedoch nicht zu** für Füllhöhen, welche unter der Mitte
des Kreisprofils bleiben (vgl. Taf. VIa). Außerdem haben die im Vergleich
mit der vollen Füllung recht kleinen Wassermengen des Trockenwetterabflusses infolge der flachen Sohle des Kreisprofiles nur eine **geringe**
Schwimmtiefe, wodurch Ablagerungen begünstigt werden.

2. **In dieser Hinsicht** ist dem Kreis die sehr gebräuchliche **Eiform**
(Taf. VIb) überlegen und ferner infolge ihrer größeren Höhe bei gleichem
Fassungsvermögen durch die **leichtere Begehbarkeit** und daraus folgende
bequemere Reinigung größerer Profile. Dagegen hat die Eiform für **Stein-**
zeugrohre, welche sich beim Brennen mehr oder weniger verziehen, den
Nachteil, daß sich Eirohre beim Aneinanderpassen nicht wie Kreisrohre beliebig drehen lassen, bis wenigstens die Sohle glatt durchgeht, und daß infolgedessen kleine **Absätze in der Sohle nicht immer zu vermeiden**
sind.

Die verhältnismäßig große Höhe der Eiform ist für Leitungen, welche nur wenig verunreinigtes Wasser abzuführen haben und deshalb kaum von Ablage-

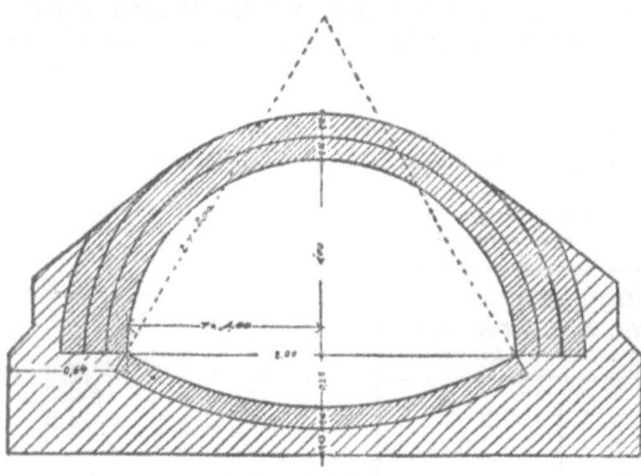

Abb. 3. Maulprofil.

rungen zu säubern sind, wie Notauslässe und Regenwasserleitungen, sowie für schmutzwasserabführende Kanäle über Mannshöhe (1,80 m) ohne Wert und wird zum Nachteil, da sie eine tiefere Ausschachtung bedingt und die Bauausführung, besonders im Grundwasser, erschwert und verteuert.

3. Für solche Leitungen sind elliptische (Taf. VIc), Kreis- oder sogenannte gedrückte Profile, wie das **Hauben**- (Taf. VId) und **Maulprofil** (Abb. 3), vorzuziehen. Letztere erhalten im Mischverfahren öfters eine Schmutzwasserrinne (Abb. 4), um bei

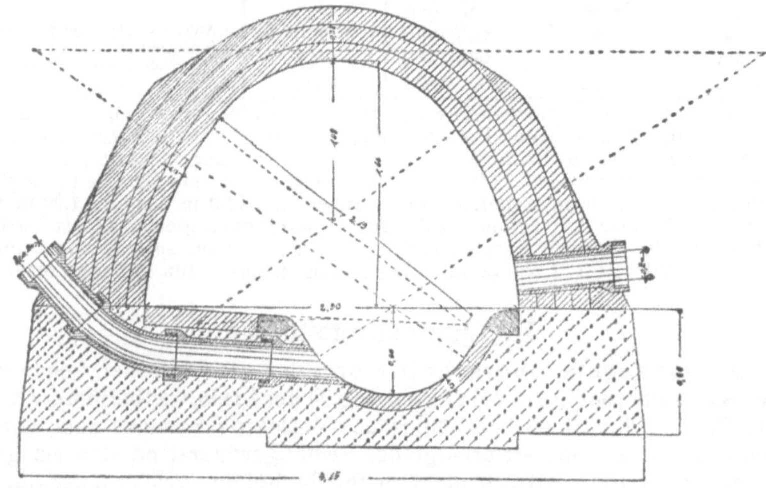

Abb. 4. Kanalprofil mit Schmutzwasserrinne.

Trockenwetter das Begehen der Kanäle auf dem seitlichen Absatz zu erleichtern.

Es kommen demnach in Betracht:

Für Schmutzwasserleitungen des Trennverfahrens und für Mischwasserleitungen:

Steinzeugrohre von Kreisform: 0,20, 0,25, 0,30 . . . 0,50 m Φ,

„   „   „   betonumstampft: 0,55, 0,60 . . . 0,80 m Φ,

gemauerte Kanäle von Eiform: $^{0,60}/_{0,90}$ $^{0,70}/_{1,05}$ $^{0,80}/_{1,20}$ . . . $^{1,20}/_{1,80}$ m,

„   „   „   ellipt., Kreis- oder Haubenform von 1,80 m Höhe an.

Für Mischwasserleitungen weniger empfehlenswert:
Betonrohre mit Goudronanstrich von Eiform: $^{0,20}/_{0,30}$, $^{0,25}/_{0,375}$ . . . $^{0,40}/_{0,60}$, $^{0,50}/_{0,75}$ . . . $^{1,00}/_{1,50}$ m,

Stampfbetonkanäle mit „   „   „ $^{0,80}/_{1,20}$, $^{0,90}/_{1,35}$ . . . $^{1,20}/_{1,80}$ m,

„   „   „   „ ellipt., Kreis- oder Haubenform von 1,80 m Höhe an.

Für Regenwasserleitungen des Trennverfahrens und für Notauslässe des Mischverfahrens:

Betonrohre von Kreisform: 0,25 . . . 1,50 m Φ,

Stampfbetonkanäle } von Kreis-, Hauben- oder Maulform von
gemauerte   „   } 1,20 m Höhe an.

C. Abwassermenge.

I. Schmutzwasser.

1. Abwasser aus Hauswirtschaften

ist das Spül- und Waschwasser der Hauswirtschaften, einschließlich der flüssigen und festen Auswurfstoffe der Menschen und Tiere. Seine von der Flächeneinheit abzuführende Menge hängt von dem **Wasserverbrauch** auf den Kopf der Bevölkerung und von der **Wohndichte** ab.

Der **Wasserverbrauch** und seine Schwankungen sind für einen Ort, der ein Wasserwerk besitzt, aus den Wasserständen des Ausgleichbehälters und den Pumpleistungen leicht festzustellen. Doch läßt er sich auch genügend genau schätzen. Er beträgt nämlich erfahrungsgemäß im Durchschnitt

in Landorten u. Kleinstädten bis 5000 Einwohner 50—60 l auf 1 Kopf u. 1 Tag,
„ Mittelstädten von   5000—100000   „   70—80 l „ 1 „ „ 1 „ ,
„ Großstädten über   100000   „   100—120 l „ 1 „ „ 1 „ .

Er steigt im Sommer auf das $1^1/_2$ fache des durchschnittlichen Tagesverbrauchs und kurz vor Mittag auf das $1^1/_2$ fache des durchschnittlichen Stundenverbrauchs.

Da $\dfrac{1,5 \cdot 1,5}{24} = \dfrac{1}{9,4} \sim \dfrac{1}{10}$ ist, berechnet man den höchsten Stundenverbrauch auch mit $^1/_{10}$ des durchschnittlichen Tagesverbrauchs.

Die **Wohndichte** der vollbebauten Fläche läßt sich durch Zählung der zugehörigen Hausbewohner ermitteln. Sie beträgt im Mittel

bei dichter altstädtischer Bebauung in Großstädten 400 Einwohner auf 1 ha,
„ „ „ „ „ Mittel „ 300 „ „ 1 „ ,
„ „ „ „ „ Klein „ 200 „ „ 1 „ ,
„ „ „ „ „ Landorten 150 „ „ 1 „ .

Auf den noch nicht ganz bebauten und noch anbaufreien Flächen kann sie angenommen werden

für dichte neuzeitliche Bebauung in Großstädten zu 300 Einwohner auf 1 ha,
„ „ „ „ „ Mittel „ „ 200 „ „ 1 „ ,
„ Kleinstädte   „ 150 „ „ 1 „ ,
„ offene Bebauung und Landorte „ 120 „ „ 1 „ ,

Beispiel 1: Die von 1 ha in 1 Sekunde abzuführende Größtmenge des Hauswirtschaftswassers ergibt sich demnach in den neuen Vierteln einer Mittelstadt bei dichter Bebauung

$$\text{zu } \frac{80 \cdot 200}{10 \cdot 60 \cdot 60} = 0{,}445 \sim \frac{1}{2} \text{ sl/ha.}$$

Im Trennverfahren

wird die berechnete Abwassermenge aus Hauswirtschaften häufig verdoppelt, um einerseits einer etwaigen unerwarteten Zunahme infolge wachsender Wohndichte oder stärkeren Wasserverbrauchs zu begegnen, anderseits die Durchlüftung des Leitungsnetzes sicherzustellen.

2. Abwasser aus Gewerbebetrieben.

Die Menge des Abwassers aus bestehenden gewerblichen Betrieben, Färbereien, Gerbereien, Badeanstalten usw. ist im einzelnen unschwierig zu ermitteln, dagegen nur sehr unsicher die mit dem Wachsen der Betriebe zu erwartende Zunahme der gewerblichen Abwässer. Man wird die aus den bestehenden größeren Betrieben abzuführenden Wassermengen an der Einmündung der betreffenden Anschlußleitungen in die Straßenleitung besonders in Rechnung stellen und sich gegen eine Zunahme der gewerblichen Abwässer durch einen Zuschlag in Höhe der $^{1}/_{2}$—2fachen Abwassermenge aus den Hauswirtschaften, je nach der Bedeutung der in Frage stehenden Stadt als Industrie- oder Badestadt, sichern.

Auszuschließen von den Entwässerungsleitungen sind solche Abwässer, welche feuergefährlich sind (Benzin), einen schädlichen Säure-, Alkali- oder Salzgehalt oder eine Temperatur über 35°C haben. Derartige Abwässer sind vor der Einleitung in den Betrieben selbst unschädlich zu machen.

II. Niederschläge.

1. Versickerung des Regens.

Der Regen fließt nicht ganz durch die Leitungen ab, sondern versickert zu einem Teil, der um so größer ist, je rauher und durchlässiger die vom Regen getroffene Fläche, je dichter ihr Pflanzenbestand und je geringer ihr Gefälle ist. Die auf 1 Hektar in 1 Sekunde fallende Regenmenge in Litern ist daher noch mit dem **Versickerungswert** φ zu multiplizieren, um die Abflußmenge in sl/ha zu erhalten.

Für Dächer	$\varphi = 0{,}8$	$-0{,}9$
„ fugendichtes Pflaster	$\varphi = 0{,}7$	$-0{,}9$
„ Steinpflaster ohne Fugenverguß	$\varphi = 0{,}4$	$-0{,}7$
„ Steinschlagbahn	$\varphi = 0{,}3$	$-0{,}5$
„ Kieswege und unbefestigte Flächen ohne Pflanzenwuchs	$\varphi = 0{,}1$	$-0{,}3$
„ Gärten und Parkanlagen	$\varphi = 0{,}05$	$-0{,}15$
„ Äcker, Wiesen, Wald	$\varphi = 0$	$-0{,}1$

Um den durchschnittlichen Versickerungswert für einen Ort oder für seine einzelnen Bauzonen zu erhalten, werden mehrere Blöcke mit normaler Bebauung bis zur Mitte der umgebenden Straßen, sowie die zugehörigen Einzelflächen mit verschiedenartiger Oberfläche ausgemessen, letztere mit dem passenden Versickerungswert multipliziert und die Summe dieser Produkte durch den ganzen Flächeninhalt dividiert.

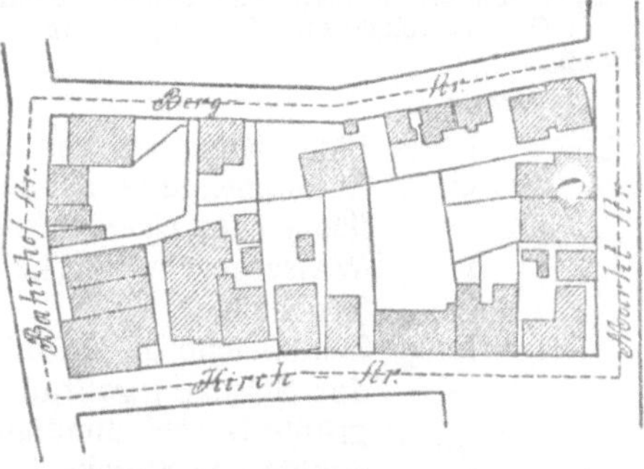

Abb. 5. Baublock zur Ermittelung des durchschnittlichen Versickerungswertes.

Beispiel 2 (Abb. 5):

$$Dachflächen \quad 0,350 \cdot 0,9 = 0,315$$
$$Pflaster \quad „ \quad 0,245 \cdot 0,4 = 0,098$$
$$Garten \quad „ \quad 0,395 \cdot 0,1 = 0,040$$

$$\overline{0,990 \text{ ha} \quad 0,453}$$

$$\varphi = \frac{0,453}{0,99} = 0,46.$$

Im Durchschnitt kann gesetzt werden

für geschlossene altstädtische Bebauung $\varphi = 0,7 \; -0,9$, i. M. 0,8,

   „   „   neuzeitliche   „ $\varphi = 0,5 \; -0,7$, „ „ 0,6,

   „ Industrieviertel, offene   „

                 und Landorte $\varphi = 0,3 \; -0,5$, „ „ 0,4,

   „ kahle Flächen, Bahngelände $\varphi = 0,1 \; -0,3$, „ „ 0,2,

   „ öffentliche Gartenanlagen $\varphi = 0,05 - 0,15,$ „ „ 0,1.

Ist q_r die Regenmenge   in sl/ha,
q „ Abfluß   „   „   „ ,
F der Flächeninhalt eines
Entwässerungsgebietes   „ ha,

so ist die Gesamtregenabflußmenge des Gebietes in sl

$$Q = q_r \cdot \varphi \cdot F = q \cdot F$$

Beispiel 3: $Q = 120 \cdot 0,46 \cdot 0,99 = 55 \cdot 0,99 = 55 \, sl.$

2. Verzögerung des Regenabflusses.

Einem bestimmten Punkt des Leitungsnetzes fließt mit Beginn eines Regenfalles zunächst nur Regen aus der nächsten Umgebung zu. Allmählich dehnt sich die Fläche, von welcher dem Punkte gleichzeitig Regen zufließt, immer mehr aus, bis schließlich bei genügend langer Dauer des Regens das ganze nach dem Punkte entwässernde Gebiet diesem zu gleicher Zeit Regen liefert. In diesem Falle ergibt sich die größte Durchflußmenge in sl für die Leitung an dem betrachteten Punkte zu

$$Q_{max} = Q = q_r \cdot \varphi \cdot F.$$

Dauert aber der Regen nicht so lange Zeit, wie das Wasser gebraucht, um von dem äußersten Punkte des Leitungsnetzes bis zu dem angenommenen Punkte zu gelangen, so ist der Regen aus dessen nächster Umgebung bereits abgeflossen, wenn der Regen von dem äußersten Rande des Entwässerungsgebietes ankommt, und infolgedessen nur ein Teil von Q an dem fraglichen Punkte — zu gleicher Zeit — durch die Leitung zu führen. Es hat sich der Abfluß des auf das ganze Gebiet gefallenen Regens für den betrachteten Punkt, wie man sagt, verzögert.

I. Der geschilderte Vorgang wird durch die **Flutflächen** für die einzelnen Punkte des Leitungsnetzes verdeutlicht.

Beim Auftragen der Flutflächen wird der Vereinfachung halber angenommen, daß einer Straßenleitungsstrecke zwischen zwei Querstraßen der Regen von den angrenzenden Straßen- und Grundstücksflächen durch die Sinkkasten-, Regenrohr- und Grundstücksanschlußleitungen auf die ganze Strecke gleichmäßig verteilt zufließt.

1. Wenn

l die Länge einer solchen Leitungsstrecke in m,

Q „ Abflußmenge der zugehörigen Entwässerungsflächen für einen bestimmten Regen „ sl,

v „ Wassergeschwindigkeit in der Leitung „ m/sec,

t_r „ Regendauer „ sec,

t_l „ Zeit, welche das Wasser zum Durchfließen der Strecke l gebraucht, „ sec,

Q_{max} „ größte Durchflußmenge am unteren Endpunkte der Strecke l „ sl

ist, so ist

$$t_l = \frac{l}{v},$$

und wenn $t_r \gtreqqless t_l$ (Abb. 6),

$$Q_{max} = Q.$$

Beispiel 4 (Abb. 6):

$$t_l = \frac{218}{0,91} = 240 \; sec.$$

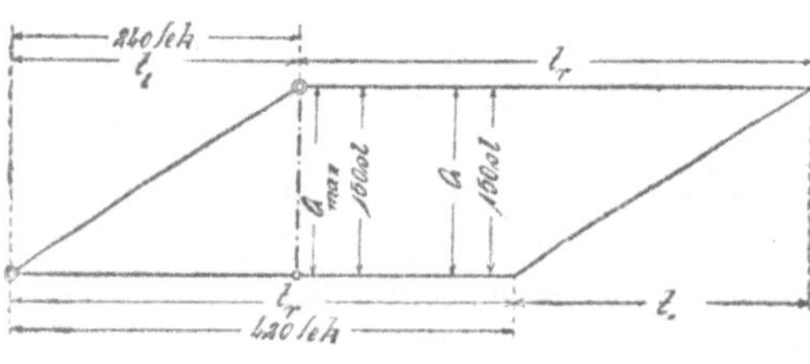

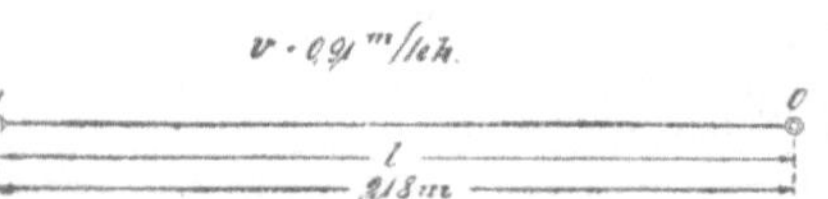

Abb. 6. Flutfläche für Punkt 1 ohne Verzögerung des Regenabflusses.

Werden nun $t_l = 240 \; sec$ und $t_r = 420 \; sec$ als Abszissen, $Q = 150 \; sl$ als Ordinate in einem bestimmten Maßstabe aufgetragen, so erkennt man, daß die Durchflußmenge am unteren Ende der Leitung in t_l Sekunden von 0 bis Q Sekundenliter gleichmäßig zunimmt, dann $(t_r - t_l) = (420 - 240) = 180 \; sec$, also bis zum Aufhören des Regens gleichbleibt und nun wieder in t_l Sekunden gleichmäßig auf Null fällt, bis auch das letzte am oberen Leitungsende eingeströmte Regenwasser die Strecke l durchflossen hat, also bis im ganzen $(t_r + t_l) = (420 + 240) = 660 \; sec$ verstrichen sind.

Die zur Wagerechten geneigten Linien, welche das Wachsen und Abnehmen der Durchflußmenge angeben, werden mit Anlauf- und Ablauflinie bezeichnet.

2. Ist $t_r < t_l$ (Abb. 7), so ist

$$\frac{Q_{max}}{Q} = \frac{t_r}{t_l},$$

die größte Durchflußmenge

$$Q_{max} = \frac{Q t_r}{t_l},$$

und zwar um so kleiner, je kleiner $\frac{t_r}{t_l}$.

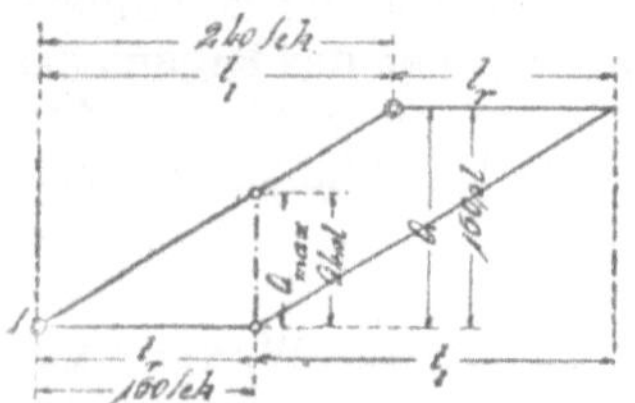

Abb. 7. Flutfläche für Punkt 1 mit Verzögerung des Regenabflusses.

Beispiel 5 (Abb. 7):

$$Q_{max} = \frac{150 \cdot 150}{240} = 94 \; sl$$

nach $t_r = 150 \; sec$ und während $(t_l - t_r) = (240 - 150) = 90 \; sec$.

Die größte Ordinate der Flutfläche gibt den Größtwert der Durchflußmenge an.

3. Ist die Wassergeschwindigkeit in den einzelnen Strecken einer Leitung verschieden, so sind die Flutflächen für die unteren Endpunkte der Teilstrecken einzeln aufzutragen und zu einem Flutplan aneinander zu reihen (Abb. 8).

Aus den Ordinaten der Flutfläche ist die Größe der Durchflußmenge an allen unteren Teilstreckenpunkten zu jedem beliebigen Zeitpunkt nach Beginn des Regens zu entnehmen. Die größte Durchflußmenge an jedem der Punkte ergibt sich aus der größten Ordinate der Gesamtflutfläche oberhalb des Punktes.

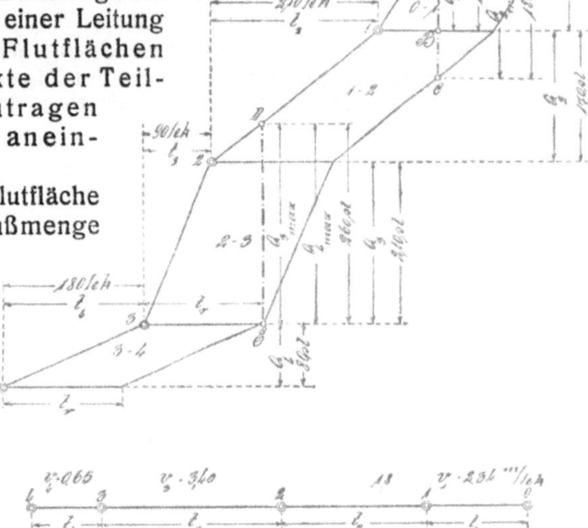

Abb. 8. Flutflächen für die Punkte 1, 2, 3 und 4 einer Leitung mit wechselnder Wassergeschwindigkeit (Flutplan).

Beispiel 6 (Abb. 8):

An Punkt 1: $Q_{1max} = AB = Q_1 = 120\ sl$ nach $t_1 = 75\ sec$
„ „ 2: $Q_{2max} = AC = 180$ „ „ $(t_1 + t_2) = 75 + 210 = 285$ „
„ „ 3: $Q_{3max} = DE = 260$ „ „ $t_r = 150$ „
„ „ 4: $Q_{4max} = DE = 260$ „ „ $(t_r + t_4) = 150 + 180 = 330$ „

4. Für den Vereinigungspunkt zweier Leitungen sind die Flutflächen der beiden Leitungen so übereinander zu tragen, daß ihre Anlaufpunkte in eine Lotrechte fallen (Abb. 9).

Die in ein und dieselbe Lotrechte fallenden Ordinaten der beiden Flutflächen ergeben dann die im gleichen Zeitpunkt aus beiden Leitungen ankommenden Wassermengen d. i. die Gesamtdurchflußmenge an dem Vereinigungspunkt.

Zum leichten Auffinden der größten Flutflächenordinate werden die vorspringenden Flächen zwischen lotrechten Parallelen, links nach unten, rechts nach oben, so angeschoben, daß eine geschlossene Gesamtflutfläche mit gleichen Ordinaten und von gleichem Flächeninhalt entsteht (Abb. 9). Denn es braucht nun nur ein Q-Maßstab in lotrechter Lage mit dem Nullpunkt auf der Ablauflinie so weit verschoben zu werden, bis sich die größte Ablesung an dem Maßstab ergibt.

Beispiel 7 (Abb. 9):

An Punkt 4: $Q = AB + CD = 45 + 95 = 140\ sl = ED$ nach $t = 250\ sec$
„ „ 4: $Q_{max} = FG = 317$ „ „ $t_z = 490$ „

Die zeichnerische Arbeit wird erheblich verringert, wenn die Regendauer und die Ablauflinie nicht in den Flutplan eingetragen, sondern die Regendauer t_r ($= 350\ sec$) als Abszisse und der Q-Maßstab als Ordinate ein für allemal auf Pauspapier aufgetragen werden und nun die Abszisse

t_r mit dem Nullpunkt auf der Anlauflinie in wagerechter Lage so verschoben wird, bis der Schnittpunkt von Anlauflinie und Ordinate die größte Ablesung (in sl) an dieser ergibt (Abb. 9). Denn der Nullpunkt des Q-Maßstabes folgt hierbei, da die wagerechte Entfernung der parallelen An- und Ablauflinie gleich der Regendauer t_r ist, der Ablauflinie ebenso wie bei dem vorher beschriebenen Verfahren.

Zudem ist es bei den vielen wagerechten Linien des Flutplanes leichter, die Abszisse t_r in wagerechter als den Q-Maßstab in lotrechter Lage zu verschieben.

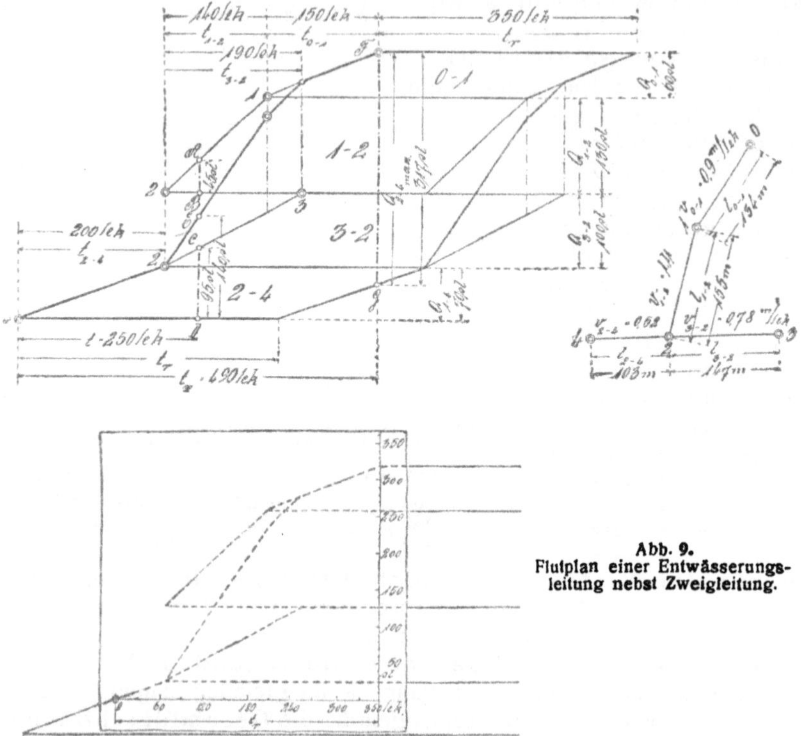

Abb. 9.
Flutplan einer Entwässerungsleitung nebst Zweigleitung.

5. Die Regenstatistik zeigt, daß die Regendauer mit Abnahme der Regenstärke in steigendem Verhältnis wächst, daß also Qt_r d. i. die Gesamtabflußmenge eines Regenfalles mit abnehmender Regenstärke immer größer wird.

Da nach 2. auf S. 12

$$Q_{max} = \frac{Qt_r}{t_l},$$

wird Q_{max} mit wachsendem Qt_r, also mit zunehmendem t_r immer größer, bis $t_r = t_l$ und $Q_{max} = Q$ ist.

Wird $t_r > t_l$, so gilt nach 1. auf S. 12: $Q_{max} = Q$. Da Q mit wachsendem t_r immer kleiner wird, so wird auch Q_{max} immer kleiner.

Es liefert daher die größte Durchflußmenge an einem Leitungspunkte derjenige Regen, dessen Dauer $t_r = t_l$ gleich der Zeit ist, welche das Wasser zum Durchfließen der Leitung bis zu dem Punkte gebraucht.

Da die Durchflußzeit t_l mit der Länge der Leitung zunimmt, so sind zur Bestimmung der Durchflußmengen an den einzelnen Punkten des Leitungsnetzes im allgemeinen um so länger dauernde, also um so schwächere Regen maßgebend, je länger die durchflossene Leitungsstrecke ist.

Hiernach genügt es nicht, der Ermittelung der größten Durchflußmenge an den verschiedenen Punkten des Leitungsnetzes nur einen Regenfall, etwa den stärksten, zugrunde zu legen.

Um nun nicht für alle Regen von verschiedener Stärke und Dauer besondere Flutpläne zur Feststellung der größten der Größtdurchflußmengen auftragen zu müssen, denkt man sich nach dem Vorgehen von Hauff die Flutpläne für die einzelnen Regen in gleichem Zeitmaßstabe, aber in Q-Maßstäben, die in umgekehrtem Verhältnis zu den Regenstärken stehen, gezeichnet. Dadurch erhält man für alle Regen dieselbe Anlauflinie und zu ihr parallel die einzelnen Ablauflinien in der wagerechten Entfernung t_{r_1}, t_{r_2} usw.

Beispiel 8: Es sei

$$l = 210 \text{ m}; \quad v = 1{,}20 \text{ m/sec}; \quad F = 1{,}85 \text{ ha}; \quad \varphi = 0{,}4;$$
$$t_{r_1} = 300 \text{ sec.}; \quad t_{r_2} = 600 \text{ sec};$$
$$q_{r_1} = 135 \text{ sl/ha}; \quad q_{r_2} = 90 \text{ sl/ha}.$$

Dann ist $t_l = \dfrac{210}{1{,}20} = 175$ sec; $Q_1 = 135 \cdot 0{,}4 \cdot 1{,}85 = 100$ sl; $Q_2 = 90 \cdot 0{,}4 \cdot 1{,}85 = 66{,}7$ sl.

Wenn der Maßstab für

$$t_l : 60 \text{ sec} = 12 \text{ mm}; \quad \text{für } Q_1 : 100 \text{ sl} = 20 \text{ mm}; \quad \text{für } Q_2 : 100 \text{ sl} = \frac{135}{90} \cdot 20 = 30 \text{ mm},$$

so ist

$$t_l = \frac{175}{60} \cdot 12 = 35 \text{ mm}; \quad Q_1 = \frac{100}{100} \cdot 20 = 20 \text{ mm}; \quad Q_2 = \frac{66{,}7}{100} \cdot 30 = 20 \text{ mm}.$$

Für beide Regenfälle von 135 bzw. 90 sl/ha ist also bei den Maßstäben 100 sl = 20 bzw 30 mm die Höhe der Flutfläche dieselbe, nämlich 20 mm, und hat auch, da in beiden Fällen $t_l = 35$ mm ist, die Anlauflinie die gleiche Neigung, nämlich 20:35.

Die Ablauflinien laufen der Anlauflinie parallel in der wagerechten Entfernung

$$t_{r_1} = \frac{300}{60} \cdot 12 = 60 \text{ mm}; \quad t_{r_2} = \frac{600}{60} \cdot 12 = 120 \text{ mm}.$$

Es brauchen also die Flutflächen nur für den stärksten Regen zu einem Flutplan aneinandergereiht, die Ablauflinie parallel zur Anlauflinie in der wagerechten Entfernung t_{r_1}, t_{r_2} usw. gezogen und die Größtordinaten nacheinander von den einzelnen Ablauflinien ab mit den zugehörigen Q-Maßstäben gemessen zu werden, um die größte derselben als die maßgebende festzustellen.

Das Verfahren wird nach Hauff dadurch sehr vereinfacht, daß die Ablauflinien nicht in den Flutplan eingetragen, sondern die Größtdurchflußmengen für die einzelnen Punkte mittels eines **Regenbildes** auf Pauspapier, welches die einzelnen Q-Maßstäbe als Ordinaten am Ende der zugehörigen Regendauer-Abszisse enthält, abgelesen werden, indem die Abszisse mit dem Nullpunkt auf der Auflauflinie in wagerechter Lage so weit verschoben wird, bis sich die größte Ablesung an den Kurven, welche die gleichwertigen Teilpunkte der Ordinaten verbinden, ergibt (Entwässerungsplan Tafel VII).

II. Liegt eine mehrere Jahre umfassende Statistik über Stärke und Dauer der Regenfälle an einem Orte oder in seiner Nachbarschaft noch nicht vor, so kann der Verzögerung des Regenabflusses nur ungenau durch Multiplikation der Abflußmengen mit dem **Verzögerungswert**

$$\psi = \frac{1}{\sqrt[n]{F}},$$

worin F das Entwässerungsgebiet in ha bedeutet, Rechnung getragen werden.

Nach Imhoff empfiehlt sich:

$n = 8$ für starkes Gefälle und mehr kreisförmige Gebiete,

$n = 6$ für mittlere Verhältnisse,

$n = 5$ für schwaches Gefälle und mehr längliche Gebiete,

$n = 4$ für sehr schwaches Gefälle und langgestreckte Gebiete.

Die Formel berücksichtigt also die Wassergeschwindigkeit in den Leitungen und die Art der Kanalverzweigungen nur roh.

Aus Tafel I (entnommen dem „Taschenbuch für Kanalisations-Ingenieure" von Dr.-Ing. K. Imhoff) können für die genannten 4 Fälle die Verzögerungswerte der einzelnen Gebietsgrößen abgegriffen werden.

Doch sollte eine Verringerung der Abflußmengen durch Multiplikation mit dem Verzögerungswert ψ erst bei Gebietsgrößen von über 2 ha vorgenommen werden.[1]

3. Stärke, Dauer und Häufigkeit der Regenfälle.

I. Die für die Entwässerung eines Ortes maßgebenden Regen werden am sichersten durch selbstaufzeichnende **Regenmesser** während mehrerer Jahre ermittelt.

Die Regenmesser sind von Mauern, Bäumen mindestens um die Höhe dieser entfernt aufzustellen, damit schrägfallender Regen nicht zum Teil durch solche Hindernisse von der Auffangfläche abgehalten wird. Aber auch eine dem Wind zu stark ausgesetzte Aufstellung auf Dächern, Türmen, kahlen Bergkuppen ist zu vermeiden, um den durch Regenböen hervorgerufenen Unregelmäßigkeiten in der Aufzeichnung zu entgehen.

Der gebräuchlichste Regenmesser ist der von Hellmann.

Der Regen gelangt von der kreisrunden Auffangfläche (200 cm²) eines zylindrischen Blechgehäuses durch eine Röhre in ein geschlossenes zylindrisches Gefäß mit seitlich angesetztem Heberrohr, hebt einen Schwimmer und überträgt diese Bewegung mittels des durch den Gefäßdeckel geführten Schwimmerstabes und eines daran befestigten Schreibarmes auf einen Papierstreifen mit Teilung, der um eine durch ein Uhrwerk gedrehte Trommel gelegt ist. Ist das Wasser bis zum Scheitel des Hebers gestiegen (200 cm³ = 10 mm Regenhöhe), so fließt es durch diesen schnell in eine Sammelkanne ab, der Schreibstift fällt lotrecht auf Null zurück und kann nun von neuem ansteigen (Abb. 10).

---

1) Die Verwertung von ψ auf noch größere Gebiete zu beschränken, hält Verfasser auf Grund von Vergleichsrechnungen, die er an Hand eines größeren, nach dem Verzögerungsverfahren aufgestellten Entwurfs vorgenommen hat, nicht für nötig. Auch ist es nicht er-

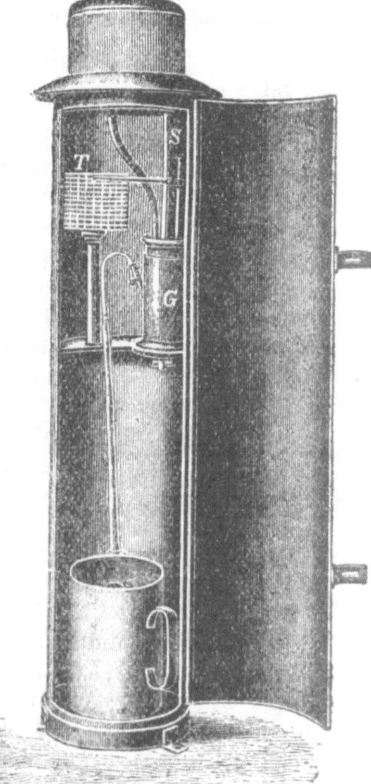

Abb. 10. Regenmesser von Hellmann.

Auf dem Papierstreifen, der nach einer Umdrehung (24 Stunden) erneuert werden muß, ist die Regenhöhe durch wagerechte Linien (1 mm Regenhöhe = 8,2 mm) in Zehntelmillimeter, die Zeit durch lotrechte Linien (1 Stunde = 15,9 mm) in 10 Minuten geteilt.

Bei trockenem Wetter verläuft die aufgezeichnete Linie wagerecht, bei Regen um so steiler, je stärker der Regen ist. Die lotrechte Linie, welche nur die Gefäßentleerung anzeigt, bleibt außer Betracht. Die Höhe eines Regens geteilt durch den wagerechten Abstand des Anfangs- und Endpunktes, die Dauer, ergibt

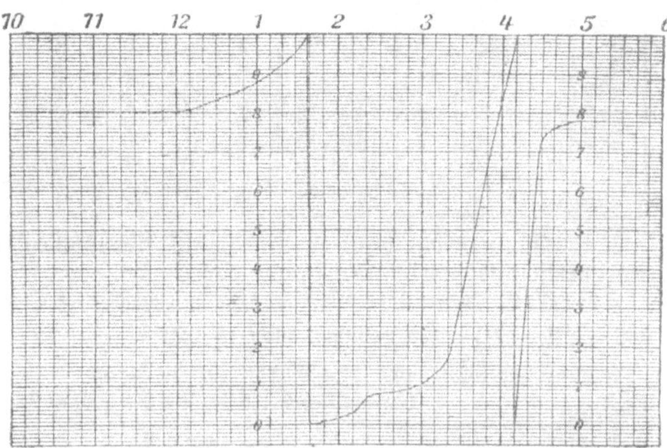

Abb. 11. Papierstreifen des Hellmannschen Regenmessers mit Regenlinie.

die Regenhöhe in mm für 1 Minute. Multipliziert man die Zahl mit $\frac{10000 \cdot 100}{100 \cdot 60}$ = 166,7, so erhält man die Regenstärke in sl/ha.

Beispiel 9 (Abb. 11): Von 3^{20} Uhr bis 4^{10} Uhr sind (10—1,6) = 8,4 mm Regen gefallen, also in 1 Minute $\frac{8,4}{50}$ = 0,17 mm oder $0,17 \cdot 166,7$ = 28,4 sl/ha.

Von 4^{10} Uhr bis 4^{30} Uhr 7,4 mm Regenhöhe, demnach in 1 Minute $\frac{7,4}{20}$ = 0,37 mm oder $0,37 \cdot 166,7 \sim 62$ sl/ha Regenstärke.

1. Die ermittelten Regenstärken werden einschl. der zugehörigen Regendauer unter Beifügung des Datums, ev. auch der Tageszeit, hintereinander aufgeschrieben.

2. Um eine klare Übersicht über Zahl, Stärke und Dauer der vorkommenden Regenfälle zu bekommen, sind die Regen mehrerer Jahre nach Stärken von 10 zu 10 sl/ha und nach der Dauer möglichst von Minute zu Minute zu ordnen.

Von Hannover teilt Bock folgende Regentafel aus den Jahren 1887 bis 1900 mit.

---

forderlich, für den Sammelkanal zweier Nebensammler die Summe der für jeden festgestellten Durchflußmengen so lange beizubehalten, bis das Niederschlagsgebiet des Sammelkanals selbst eine größere Durchflußmenge ergibt, wie vielfach empfohlen wird.

Die mittelst ψ berechneten Durchflußmengen übersteigen im allgemeinen die aus genauen Flutplänen ermittelten mit wachsender Gebietsgröße immer mehr. Wenn keine örtliche Regenstatistik vorliegt, ist daher die Anwendung der Verzögerungsformel unbedenklich, wenn nur die Regenstärke von vornherein groß genug, je nach Bedeutung des Ortes zu 150, 120, 100 sl/ha (vgl. S. 20), angenommen wird. Dagegen kann die mit Hilfe von ψ berechnete Entwässerungsanlage keinen Anspruch auf größtmögliche Wirtschaftlichkeit erheben (vgl. Tab. I und II zum Entwässerungsplan auf Taf. VII).

Regen-dauer Minuten	Anzahl der Regen in 14 Jahren von sl/ha											Summe
	40—50	50—60	60—70	70—80	80—90	90—100	100—125	125—150	150—175	175—200	> 200	
1—2	133	33	30	9	14	1	4	2	1	0	2	229
2—5	31	10	11	4	3	2	2	3	0	1	4	71
5—10	22	6	7	10	3	6	6	0	2	1	3	66
10—15	6	5	4	1	0	1	2	2	1	1	3	26
15—20	6	3	1	0	2	0	1	2	1	1	0	17
20—30	4	2	0	2	0	2	1	1	0	0	0	12
30—45	3	2	0	0	0	1	0	1	2	0	0	9
45—60	2	0	2	0	0	1	0	0	0	0	0	5
60—120	0	0	0	0	0	0	1	0	0	0	0	1
Summe	207	61	55	26	22	14	17	11	7	4	12	436

3. Hieraus gewinnt Bock die Anzahl der Regenfälle eines Jahres, welche eine bestimmte Stärke und Dauer übertreffen.

Beispiel 10: Regen über 5 Minuten Dauer und 40 sl/ha Stärke sind in 14 Jahren $436 - (229 + 71) = 136$ gefallen, also in 1 Jahr $\dfrac{136}{14} = 9{,}7$ mal zu erwarten.

Regen über 5 Min. und über 50 sl/ha in 14 Jahren:
$$136 - (22 + 6 + 6 + 4 + 3 + 2 + 0) = 93,$$

in 1 Jahr: $\qquad \dfrac{93}{14} = 6{,}6$ mal.

Regen über 10 Min. und über 40 sl/ha in 14 Jahren:
$$136 - 66 = 70,$$

in 1 Jahr: $\qquad \dfrac{70}{14} = 5$ mal.

Dauer über Minuten	Anzahl der Regen Hannovers in 1 Jahr von einer Stärke über sl/ha										
	40	50	60	70	80	90	100	125	150	175	200
5	9,7	6,6	5,4	4,4	3,4	3,1	2,3	1,5	1,1	0,7	0,4
10	5	3,5	2,6	2,1	1,9	1,7	1,4	1,1	0,7	0,4	0,2
15	3,1	2	1,6	1,4	1,2	1,1	0,7	0,6	0,3	0,1	—
20	1,9	1,3	1	0,9	0,7	0,7	0,4	0,3	0,1	—	—
30	1,1	0,7	0,6	0,4	0,4	0,4	0,3	0,2	0,1	—	—
45	0,4	0,3	0,3	0,1	0,1	0,1	0,1	—	—	—	—

4. Aus einer solchen Tafel werden nun die **wirtschaftlich gleichwertigen Regen,** welche im Jahr 1, 2 oder 3 mal überschritten werden, je nach der Bedeutung eines Ortes als maßgebend für die Entwässerung festgestellt.

Beispiel 11: Aus der ersten Reihe (Regendauer über 5 Minuten) ergibt sich der Regen, welcher im Jahr einmal überschritten wird, wie folgt:

$$\frac{q_{r_1} - 150}{1{,}1 - 1} = \frac{175 - 150}{1{,}1 - 0{,}7}$$

$$q_{r_1} - 150 = \frac{2{,}5}{0{,}4}$$

$$q_{r_1} = 156 \text{ sl/ha und von 5 Minuten Dauer.}$$

Zweimal im Jahr wird überschritten:

$$\frac{q_{r_2} - 100}{2{,}3 - 2} = \frac{125 - 100}{2{,}3 - 1{,}5}$$

$$q_{r_2} - 100 = \frac{7{,}5}{0{,}8}$$

$$q_{r_2} = 109 \text{ sl/ha und von 5 Minuten Dauer.}$$

Dauer in Minuten	In Hannover wird überschritten im Jahr		
	1 mal	2 mal	3 mal
	ein Regen von der		
	Stärke in sl/ha		
5	156	109	91
10	131	75	55
15	93	50	41
20	60	—	—
30	43	—	—

Vorstehende Werte können in Ermangelung einer örtlichen Regenstatistik im mittleren Teile des nördlichen Deutschlands für Entwässerungsentwürfe benutzt werden, und zwar die 1 mal überschrittenen Regen für Städte über 30000 Einwohner, die 2 mal überschrittenen für Städte bis 30000 Einwohner und die letzte Reihe für Landorte.

Für andere Gegenden Deutschlands gibt **Meier** in der „Hütte" die **Regen**, welche im Jahr 1mal übertroffen werden, an:

Ort	Regendauer in Minuten						
	5	10	15	20	25	30	
Berlin	172	125	100	83	70	63	in sl/ha
Darmstadt	123	107	46	33	33	—	
Karlsruhe	125	87	55	42	33	—	
Stuttgart	110	95	60	46	32	30	

5. Die wirtschaftlich gleichwertigen Regen einer Reihe werden zur Ermittelung der Durchflußmengen im Entwurf nach dem **Hauffschen Verfahren** zu einem **Regenbild** zusammengestellt.

Beispiel 12 (Abb. 12): Wird der Maßstab für den stärksten Regen der Hannoverschen Regenreihe, welche 1 mal im Jahr überschritten wird, zu 100 sl = 20 mm gewählt, so sind

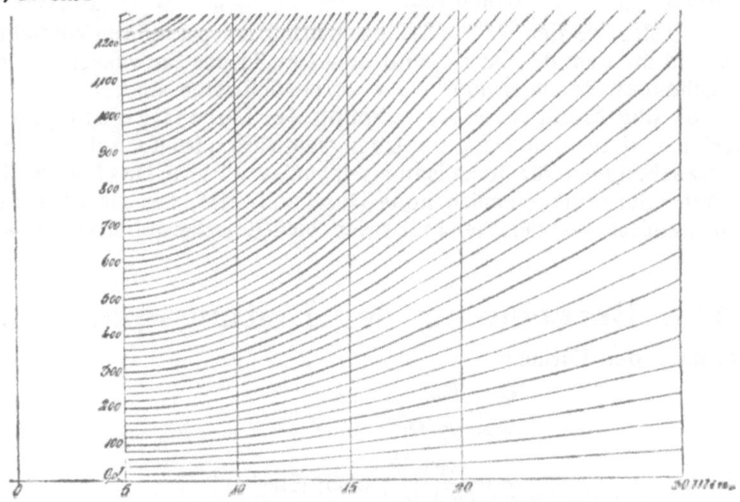

Abb. 12. Regenbild der wirtschaftlich gleichwertigen Regen Hannovers, welche im Jahr 1mal überschritten werden.

$$\text{für den Regen von 10 Minuten Dauer } 100 \text{ sl} = \frac{156}{131} \cdot 20 = 23{,}8 \text{ mm}$$

$$\text{„ „ „ „ 15 „ „ } 100 \text{ sl} = \frac{156}{93} \cdot 20 = 33{,}5 \text{ „}$$

$$\text{„ „ „ „ 20 „ „ } 100 \text{ sl} = \frac{156}{60} \cdot 20 = 52 \text{ „}$$

$$\text{„ „ „ „ 30 „ „ } 100 \text{ sl} = \frac{156}{43} \cdot 20 = 72{,}6 \text{ „}$$

Der Zeitmaßstab sei 1 Minute = 12 mm. Am Ende der Abszissen gleich 5, 10, 15, 20, 30 Minuten Regendauer werden je 100 sl in den angegebenen Maßstäben als Ordinaten aufgetragen und die Endpunkte durch eine Kurve verbunden. Sollte letztere nicht ohne weiteres stetig verlaufen, so sind die Verbiegungen der Kurve auszugleichen. Die Kurven für 200, 300 usw. sl erhält man durch wiederholtes Abtragen der Einheit auf den einzelnen Ordinaten, die Zwischenkurven durch Teilung.

Bei dem Übertragen des Regenbildes in Abb. 12 auf Pauspapier zwecks praktischer Benutzung empfiehlt es sich, um die in gleichem Maßstabe zu zeichnenden Flutpläne klar und deutlich zu erhalten, sowohl die Regenstärken- wie die Zeitmaße zu vervierfachen.

Auf Tafel VII sind noch auf Grund einer vom Verfasser aufgestellten Regenstatistik des nördlichen Westfalens (Münsterlandes) die Regenreihe und das Regenbild (in der halben praktisch brauchbaren Größe) wiedergegeben, welche die wirtschaftlich gleichwertigen Regen, die im Jahre 2 mal übertroffen werden, umfassen

II. Liegen Regenbeobachtungen an einem zu kanalisierenden Orte noch nicht vor, so kann die Regenstatistik eines benachbarten und ähnlich (an der gleichen Gebirgsseite) gelegenen Ortes als Unterlage für die Entwurfsbearbeitung dienen.

III. Fehlt es aber auch in Nachbarorten an derartigen Beobachtungen, so kann in Anlehnung an die Regenfälle, welche im Jahre 1 mal, 2 mal, 3 mal überschritten werden, in Deutschland der Kanalberechnung

in Großstädten und mittleren Gebirgsstädten ein Regen von 150 sl/ha
„ Mittel „ „ kleineren „ „ „ „ 120 „
„ Klein „ „ Landorten „ „ „ 100 „

zugrunde gelegt werden, welche Zahlen noch mit dem passenden Versickerungswert φ und mit dem der Gestalt und dem Gefälle des Entwässerungsgebietes entsprechenden Verzögerungswert ψ zu multiplizieren sind.

IV. Zur überschläglichen Berechnung der Durchflußmengen in Vorentwürfen und zur Benutzung bei Übungsentwürfen ist noch die Tafel II aus dem „Taschenbuch für Kanalisations-Ingenieure" von Dr.-Ing. K. Imhoff beigefügt. Sie ergibt ziemlich hohe Durchflußwerte, wie sie dem dicht bebauten rheinisch-westfälischen Industriegebiet (Emschergebiet) angepaßt sind.

D. Die Berechnung der Leitungsquerschnitte

erfolgt nach den Formeln:

$$Q = Fv,$$

$$v = c\sqrt{Ri},$$

$$c = \frac{100\sqrt{R}}{b + \sqrt{R}} \text{ nach Kutter,}$$

worin

Q die durchfließende **Wassermenge** in m³/sec,

F den **Wasserquerschnitt** in m²,

v die **Durchflußgeschwindigkeit** in m/sec,

$$R = \frac{F}{p} = \frac{\text{Wasserquerschnitt in m}^2}{\text{benetzter Umfang in m}} \quad \text{den } \mathbf{hydraulischen\ Radius} \text{ in m,}$$

$$i = \frac{h}{l} = \frac{\text{absolutes Wasserspiegelgefälle in m}}{\text{Länge der Leitung in m}} \quad \text{das relative } \mathbf{Wasserspiegel\text{-}}$$
$$\mathbf{gefälle,}$$

c einen **Erfahrungswert** bedeutet.

b **ist abhängig von der Rauhigkeit der Kanalwandungen** und kann für Stadtentwässerungsanlagen aus glasiertem Steinzeug, gefugtem Klinkermauerwerk, Beton und Gußeisen im **Mittel zu 0,35** angenommen werden.

Die **Formeln** gelten sowohl für teilweise, gefüllte Gefälleitungen als für vollgefüllte Druckleitungen; für den Abfluß der rechnungsmäßigen Größtwassermenge sind alle Entwässerungsleitungen als vollgefüllt und demnach, wie Düker- und Heberleitungen in jedem Falle, als Druckleitungen anzusehen.

Beispiel 13: Kreisprofil 0,50 m Φ

$$F = \frac{\pi \cdot 0{,}50^2}{4} = 0{,}196 \text{ m}^2,$$

$$p = \pi \cdot 0{,}50 = 1{,}57 \text{ m},$$

$$R = \frac{0{,}196}{1{,}57} = 0{,}125 \text{ m},$$

$$\sqrt{R} = \sqrt{0{,}125} = 0{,}354,$$

$$c = \frac{100 \cdot 0{,}354}{0{,}35 + 0{,}354} = 50{,}3,$$

Wasserspiegelgefälle $1 : 100 = 0{,}010$ (10 ‰)

$$v = 50{,}3 \cdot 0{,}354 \sqrt{0{,}010} = 1{,}78 \text{ m/sec},$$

$$Q = 0{,}196 \cdot 1{,}78 = 0{,}349 \text{ m}^3/\text{sec} = 349 \text{ sl}.$$

Auf vorstehende Art sind die beigefügten 5 Tabellen für **Kreis-, Ei-, ellipt., Maul- und Haubenprofile (Tafel III, IV, V)** berechnet.

Sie werden folgendermaßen benutzt:

Beispiel 14 (Tabelle I zum Flutplan auf Tafel VII):

Strecke 101—104 der Konradstr., St. 9 + 75 bis St. 8 + 79, hat ohne **Berück**sichtigung der Verzögerung in der Strecke selbst 143 sl bei 2 ‰ Wasserspiegelgefälle abzuführen. Aus Tafel III ergibt sich unter 2 ‰ das kleinste Rohr, welches diese Wassermenge abführt, zu 0,50 Φ. Dasselbe führt vollgefüllt 156 sl mit einer Geschwindigkeit von 0,80 m/sec ab.

Nach dem Flutplan beträgt die Durchflußmenge nur mehr 116 sl. Hierfür ist bei 2 ‰ Wasserspiegelgefälle nur ein Rohr 0,45 Φ erforderlich, welches bei voller Füllung gerade 116 sl mit 0,72 m sec Geschwindigkeit abführt.

Aus Tafel VI sind die Füllhöhen des **Kreis-, Ei-, ellipt. und Hauben**querschnitts für die verschiedensten Durchflußmengen und die Durchflußmenge und Geschwindigkeit bei einer beliebigen Füllhöhe zu entnehmen.

Beispiel 15: Ein Eiprofil 0,80/1,20 hat bei 3 ‰ Wasserspiegelgefälle 1035 sl abzuführen. Nach Tafel IV führt es gefüllt 1120 sl mit einer Geschwindigkeit von 1,62 m/sec ab. 1035 sl sind rd. 92 % von 1120 sl. Geht man in Tafel VI b von 92 der Abszisse lotrecht nach oben, so wird die Q-Kurve auf einer Wagerechten geschnitten, welche durch 80 der Ordinate geht. Die von 1035 sl hervorgerufene Füllhöhe beträgt demnach 80 % der ganzen Profilhöhe, mithin $\frac{1{,}20}{100} \cdot 80 = 0{,}96$ m.

Die Geschwindigkeit bei dieser Füllhöhe wird gefunden, indem der Schnittpunkt der Wagerechten durch 80 und der v-Kurve auf die Abszisse gelotet wird. Dies ergibt rd. 112 % der Geschwindigkeit von 1,62 m/sec bei voller Füllung, also

$$\frac{1{,}62}{100} \cdot 112 = 1{,}81 \text{ m/sec}.$$

E. Entwurf einer Stadtentwässerung.

I. Umfang des Entwurfs.

Der Entwurf einer Stadtentwässerung hat sich auf ein Gebiet zu erstrecken, welches auch den voraussichtlichen Bevölkerungszuwachs der nächsten 30—40 Jahre aufnehmen kann. Es ist daher an Hand der Volkszählungen die bisherige jährliche Bevölkerungszunahme festzustellen, welche i. M. zu 2%₀ angenommen werden kann, in Industrieorten aber bis 10 % und mehr steigt.

Die künftige Einwohnerzahl wird berechnet aus

$$E_n = E \left(1 + \frac{p}{100}\right)^n,$$

worin p der Vomhundertsatz der jährlichen Zunahme,
     n die Anzahl der in Rechnung gestellten Jahre,
     E die jetzige Einwohnerzahl,
     E_n die Einwohnerzahl nach n Jahren.

Die in den Entwurf einzubeziehende Flächengröße ergibt sich aus der jetzt bebauten und der von dem Bevölkerungszuwachs $(E_n - E)$ künftig eingenommenen Fläche. In Anbetracht der heutigen, auf weiträumigeres Wohnen gerichteten Bestrebungen dürfte

für Städte über 20000 Einwohner eine Wohndichte von i. M. 200 Einw./ha,
   „   „ unter 20000   „   „   „   „   „ 120   „
in den noch zu erschließenden Gebieten anzusetzen sein.

Beispiel 16: In einer Stadt von 500⁰ Einwohnern beträgt die jährliche Bevölkerungszunahme 2 %. In 40 Jahren ist die Einwohnerzahl

$$E_{40} = 5000 \left(1 + \frac{2}{100}\right)^{40}$$

$$\log E_{40} = \log 5000 + 40 \cdot \log 1{,}02$$
$$= 3{,}69897 + 40 \cdot 0{,}00860$$
$$= 4{,}04297$$
$$E_{40} = 11\,040 \text{ Einwohner.}$$

Die Bevölkerungszunahme beträgt demnach in 40 Jahren
$$E_{40} - E = 11\,040 - 5000$$
$$= 6040 \text{ Einwohner.}$$

Diese finden bei einer Wohndichte von 125 Einw./ha auf $\frac{6040}{125} \sim 50$ ha Unterkunft

Die zurzeit bebaute Fläche umfaßt 25 ha. Der Entwässerungsentwurf hat sich infolgedessen auf eine Fläche von $25 + 50 = 75$ ha zu erstrecken.

Gewöhnlich ist jedoch die Ermittelung der in den Entwurf aufzunehmenden Fläche infolge zerstreuter Ortslage und infolge der Ungewißheit, nach welchen Richtungen vornehmlich der Anbau fortschreiten wird, nicht so einfach. Man wird vielmehr als Grenzen des Entwässerungsgebietes teils die natürlichen Wasserscheiden, teils den am weitesten vorgeschobenen Anbau annehmen müssen, sodann feststellen, ob die eingeschlossene Fläche auch dem auf obige Art berechneten Bevölkerungszuwachs entspricht, und großen Abweichungen durch Änderung der angenommenen Grenzen Rechnung tragen.

Liegt ein **Bebauungsplan** vor, bei dessen Aufstellung immer schon vorstehende Fragen geklärt werden sollten, so ergibt sich die Größe des Entwässerungsgebietes aus dessen Grenzen.

Doch ist immer noch zu untersuchen, ob die weiteren Flächen des die Stadt einschließenden Niederschlagsgebietes, welche vorläufig für den Entwurf noch nicht in Betracht kommen, im Bedarfsfalle unabhängig von der jetzt zu entwerfenden Anlage entwässert werden können, oder ob ihr Abwasser zum Teil oder ganz von dieser aufgenommen werden muß. In letzterem Falle ist in dem Entwurf des Leitungsnetzes, insbesondere bei der Berechnung der Abmessungen der Sammelkanäle gebührende Rücksicht hierauf zu nehmen. Auch muß für diesen Fall die Möglichkeit einer späteren Erweiterung der Reinigungsanlage und des erforderlichen Pumpwerks ins Auge gefaßt werden.

II. Unterlagen des Entwurfs.

Der Entwurf einer Stadtentwässerung erfordert zunächst einen **Lageplan** des zu entwässernden Gebietes im Maßstabe 1:2000 bis 1:5000, welcher die Straßenfluchtlinien und alle Gewässer enthält.

Ist für die zurzeit unbebaute Fläche noch kein Bebauungsplan aufgestellt, so muß dies nachgeholt werden, oder 'müssen wenigstens die Straßenzüge, welche zweckmäßig die Sammelkanäle dieses Gebietes aufnehmen und in der Regel den Sohlen der Geländefalten folgen werden, festgelegt werden.

Zur Beurteilung der Entwässerungsmöglichkeit der übrigen Flächen des in Betracht kommenden Niederschlagsgebietes genügen die Meßtischblätter 1:25000.

Falls die **Straßenhöhen** nicht aus dem Bebauungsplan entnommen werden können, sind alle Straßenkreuzungen, sowie etwa dazwischenliegende Gefällbrechpunkte der Straßenkrone einzunivellieren und die ermittelten Höhen über N. N. in den Lageplan einzuschreiben. Ist der Bebauungsplan nicht vollständig, so erhalten die nicht aufgeteilten Flächen zweckmäßig eine Darstellung ihrer Oberflächengestalt durch Höhenlinien im Höchstabstande von 1 m.

Zur Aufnahme der Höhen ist ein Festpunktnetz erforderlich, welches von jedem Geländepunkt aus das unmittelbare Annivellieren möglichst zweier Festpunkte gestattet.

Etwa vorhandene Entwässerungsleitungen und -gräben sind nach Lage, Höhe, Gefälle, Größe und Beschaffenheit aufzunehmen, um eine Unterlage dafür zu erhalten, ob sie in die neue Entwässerungsanlage, wenigstens als Notauslässe oder Regenwasserleitungen, einbezogen werden können oder nicht.

Im Hinblick auf die Bauausführung werden nach Möglichkeit die Grundwasserstände (aus den vorhandenen Brunnen) und die Bodenbeschaffenheit ermittelt, zu welchem Zweck auch Probebohrungen erwünscht sind.

Von größtem Einfluß auf die Ausgestaltung einer Entwässerungsanlage, auf die Entscheidung zwischen Misch- und Trennverfahren, auf die Wahl eines Pumpwerks und auf dessen dauernden oder zeitweiligen Betrieb sind die verschiedenen Wasserstände der **Vorflut**, der vorhandenen Flüsse, Bäche, Teiche. Es sind daher für mehrere Punkte der höchste Wasserstand — H. W. —, der höchste Sommerwasserstand (April bis September) — S. H. W. —, der gewöhnliche Wasserstand, der im Jahresdurchschnitt ebensooft überschritten wie nicht erreicht wird — G. W. —, der Mittelniedrigwasserstand d. i. das Mittel der Niedrigwasserstände einer längeren Reihe von Jahren — M. N. W. — und der niedrigste Wasserstand — N. W. — zu ermitteln.

Liegen Beobachtungen des zuständigen Wasserbau- oder Meliorationsbauamtes nicht vor, so sind wenigstens H.W., S.H.W. und N.W. mit Hilfe älterer Einwohner so genau als möglich festzustellen und nach Einbau von Pegeln die täglichen Beobachtungen, soweit noch die Zeit reicht, nachzuholen.

Für die Art der Reinigung des Abwassers vor seinem Eintritt in die Vorflut und für den Grad der Verdünnung des durch Notauslässe in offene Wasserläufe zu leitenden Schmutzwassers sind noch die Stromgeschwindigkeit und die Wassermenge des Vorfluters bei M.N.W. und namentlich bei NW. von Wichtigkeit. Es sind daher die diesbezüglichen Messungen, wenn noch keine vorliegen, oberhalb, bei und unterhalb der Ortschaft bis auf eine Entfernung von etwa 15 km vorzunehmen, sowie das benetzte Profil, die Bebauung der Ufer, etwaige Strömungshindernisse, die Benutzung des Wassers, die Möglichkeit einer Verbindung des Wassers mit nahen Brunnen, die Größe etwaigen Schiffs- und Floßverkehrs festzustellen (preuß. Ministerialerlaß v. 30. März 1896).

Zur Darstellung der Vorflutverhältnisse werden die Meßtischblätter 1 : 25 000 benutzt und in sie die Grenzlinien der verschiedenen Wasserstände, sowie etwaige Stauanlagen und Schöpfstellen für Trinkwasserversorgung eingezeichnet.

III. Allgemeine Anordnung der Entwässerung.

I. 1. Zunächst wird man sich schlüssig werden müssen über Art und Ort der **Reinigungsanlage.**

Nach dem kurz vorher erwähnten preuß. Ministerialerlaß ist in dem Erläuterungsbericht die Frage einer Reinigung der Kanalwässer durch Bodenberieselung jedesmal eingehend zu erörtern.

Der große Landbedarf für Rieselfelder (1 ha auf 200 — 400 Einwohner) nötigt, um die Kosten für die Anlage nicht zu hoch anwachsen zu lassen, zum Erwerb billigen Landes, Heide- oder Brachlandes, das fast immer erst in größerer Entfernung zu haben ist, wohin das Abwasser selten im Gefälle, sondern meistens durch Pumpen befördert werden muß.

Biologische und mechanische Kläranlagen beanspruchen eine erheblich kleinere Fläche (1 ha auf 20000—100000 Einwohner) und lassen sich daher in der Regel nicht allzuweit unterhalb der Stadt unterbringen. Sie erfordern hochwasserfreies Gelände in möglichster Nähe des Vorfluters, damit einerseits Betriebsstörungen infolge von Überschwemmungen ausgeschlossen sind, und anderseits die Abflußleitung für das gereinigte Wasser nicht zu lang und zu teuer wird. Die Lage der Reinigungsanlage wird außerdem noch durch die Forderung beeinflußt, daß die Einmündung der Abflußleitung in die Vorflut nie oberhalb einer Stauanlage, sondern möglichst in einer Konkaven des Flußbettes, und zwar in schräger Richtung erfolgen soll, damit durch die dort herrschende größere Stromgeschwindigkeit eine möglichst schnelle Vermischung und Verdünnung des nie ganz reinen Abwassers mit dem Flußwasser gewährleistet ist (vgl. Abb. 113).

Die Kläranlage selbst ist zwecks Ersparung eines Pumpwerks möglichst so hoch zu legen, daß das gereinigte Wasser jederzeit, auch bei Hochwasser der Vorflut noch Gefälle zu dieser hat. Ist dieses bei tiefer Lage der Stadt und bei geringem Gefälle des Flusses auch nicht durch einen längeren Vorflutkanal mit schwachem Gefälle zu erreichen, so wird man den Höhenunterschied zwischen dem Wasserspiegel des aus der Reinigungsanlage austretenden Wassers und dem Hochwasserstand der Vorflut tunlichst einzuschränken suchen, um an Förderhöhe und Pumpkosten zu sparen, sowie bei niedrigeren Wasserständen die Pumpen womöglich abstellen und das Wasser im Gefälle ablassen zu können.

2. Die Einrichtung hierzu wird zweckmäßig so getroffen, daß das **Pumpwerk** hinter der Reinigungsanlage aufgestellt, bei Hochwasser die Gefälleitung zur Vorflut durch einen Schieber am Pumpwerk verschlossen und das Wasser durch eine kurze Druckleitung in sie übergepumpt wird.

Ist aber der gewöhnliche Wasserstand der Vorflut so hoch, daß eine zeitweilige Unterbrechung des Pumpbetriebes von vornherein ausgeschlossen ist, so wird besser auf den Vorteil einer etwas geringeren Förderhöhe zugunsten einer für die Kellerentwässerung sicher ausreichenden Kanaltiefe und eines der Selbstspülung günstigeren stärkeren Gefälles des Leitungsnetzes verzichtet werden. Das Pumpwerk wird in diesem Falle zweckmäßig vor der Reinigungsanlage angeordnet und letztere so hoch gelegt, daß sie jederzeit Vorflut hat, wodurch an Erdarbeit und Baukosten für die Reinigungsanlage gespart wird.

Liegt die Reinigungsanlage außerdem von der Stadt weit ab, was namentlich für Rieselfelder zutreffen wird, so kommt das Pumpwerk an den tiefsten Punkt des Straßenleitungsnetzes, um das Abwasser in eine flachliegende, zur Reinigungsanlage führende Gefälleitung zu heben oder mittels einer Druckleitung dahin zu befördern. Eine abgelegenere Lage des Pumpwerks würde einen tiefliegenden Vorflutkanal bis zu ihm und damit höhere Baukosten bedingen.

3. Es kann als Regel gelten, das gesamte Abwasser eines Ortes am tiefsten Punkte zu vereinigen und durch einen kürzeren oder längeren Vorflutkanal der Reinigungsanlage zuzuführen oder erforderlichenfalls dahin zu pumpen. Denn sowohl die Baukosten als auch die Betriebskosten stellen sich bei dieser Anordnung in der Regel niedriger, als wenn das Abwasser der einzelnen Stadtteile getrennt abgeführt und womöglich getrennt gereinigt wird.

Um vorstehenden Grundsatz durchführen zu können, wird man öfters zu besonderen Anlagen genötigt sein. Flüsse müssen mittels Düker- (Abb. 49) oder Heberleitungen (Abb. 52) gekreuzt, Höhenrücken bei Höhenunterschieden unter 8—9 m mit Heberleitungen überschritten, sonst im Stollenbau durchquert oder mit längeren Ringkanälen umgangen, Mulden durch Zwischenpumpwerke (Shoneverfahren) entwässert werden.

Wenn bei größeren Höhenunterschieden im Gelände die hochgelegenen Gebiete ihr Abwasser der Reinigungsanlage im Gefälle zuführen können, während das Abwasser des Tiefgebiets dahin gepumpt werden muß, empfiehlt es sich, den Sammelkanal des Hochgebietes als Randkanal am Hang zwischen beiden Gebieten entlang zu führen und das Wasser des Tiefgebietes am Austritt aus der Stadt in ihn zu pumpen.

Auch in Orten, welche, auf der Wasserscheide zweier Niederschlagsgebiete gelegen, sich in beide hinein erstrecken, läßt sich eine Teilung der Entwässerung nur durch ein besonderes Pumpwerk vermeiden; die **Teilung der Entwässerung und Reinigungsanlage** ist nur dann vorzuziehen, wenn dem keine besonderen Schwierigkeiten und Kosten entgegenstehen und sich dadurch eine künstliche Hebung des Abwassers überhaupt erübrigt.

4. **Kurz vor der Reinigungsanlage** oder, falls dieser ein Pumpwerk vorgeschaltet ist, kurz vor diesem ist das gesammelte Abwasser in einem sog. **Sandfang** von gröberen Verunreinigungen zu befreien. Schwimmstoffe, wie Holzstücke, Blätter, Stroh, Papier werden durch einen Rechen aus Eisenstäben zurückgehalten, Sinkstoffe, wie Sand, Ziegel- und Schieferstückchen, Kaffeesatz werden durch Verringerung des Gefälles bei gleichzeitiger Vergrößerung des Querschnitts, mithin durch Verringerung der Stromgeschwindigkeit zum Sinken gebracht (Abb. 63, 127). Hierdurch werden Erschwerungen und Störungen im Betriebe der Reinigungsanlage und des Pumpwerks vermieden.

Der Sandfang muß selbstverständlich ebenso wie das etwa erforderliche Pumpwerk in **hochwasserfreiem Gelände** liegen, damit Betriebsstörungen durch Überflutungen ausgeschlossen sind.

5. **Kurz vor dem Rechen des Sandfangs** zweigt eine gewöhnlich durch einen Spindelschieber (Abb. 44) verschlossene **Notleitung** ab, um bei Betriebsstörungen der Reinigungsanlage oder des Pumpwerks das Abwasser ausnahmsweise ungereinigt in die Vorflut ablassen zu können.

Vor gröberen Verunreinigungen (Kotballen) ist der Vorfluter durch einen Schwimmbalken mit Tauchplatte vor der Auslaßöffnung zu schützen.

Befindet sich der Sandfang vor der Reinigungsanlage, das Pumpwerk dahinter, ist also kein oder nur zeitweiliger Pumpbetrieb (bei Hochwasser) vorgesehen, so wird die Notleitung um die Reinigungsanlage herum in deren Abflußleitung eingeführt. Doch muß die Reinigungsanlage sowohl am Einlauf wie am Ablauf durch Schieber gegen den Stau des umgeleiteten Wassers abgeschlossen werden können. Hat die Abflußleitung bei Hochwasser keine Vorflut, so ist das Wasser der Umleitung ebenso wie das sonst durch die Reinigungsanlage geleitete durch einen zweiten Schieber gegen die Vorflut abzuschließen und überzupumpen.

Liegt das Pumpwerk vor der Reinigungsanlage, der Sandfang also vor jenem, so wird die Notleitung auf nächstem Wege zur Vorflut geführt. Um sie möglichst kurz zu halten, ist deshalb für den **Sandfang und das mit ihm verbundene Pumpwerk eine Lage nahe dem Flusse** erwünscht (Abb. 112). Für die Einmündung der Notleitung in die Vorflut gilt die auf S. 24 für die Einleitung des geklärten Abwassers erhobene Forderung, Einmündung in der Konkaven in schräger Richtung, natürlich in erhöhtem Maße (Abb. 47, 113).

Steht der Sandfang bei geöffnetem Schieber der Notleitung auch nur zeitweise (bei Hochwasser) **unter dem Rückstau der Vorflut**, so ist noch ein kurzes **Notdruckrohr** von dem Pumpwerk nach der Notleitung vorzusehen, um im Notfalle bei geschlossenem Schieber das Wasser in diese überpumpen zu können, wozu eine Ersatzpumpe bereitstehen muß, wenn nicht das Pumpwerk schon sowieso mehrere voneinander unabhängige Pumpen besitzt.

Immerhin wird man auch in dem Falle, daß schon am Pumpwerk eine Notleitung vorhanden ist, noch eine Umleitung der Reinigungsanlage anlegen, um diese im Bedarfsfalle ausschalten zu können.

II. Im Mischverfahren

dient die besprochene Notleitung gleichzeitig als **Hauptnotauslaß** für Sturzregen. Sobald die vorgeschriebene Verdünnung des Schmutzwassers durch

Regenwasser erreicht ist, was an der Überspülung einer im Sandfang angebrachten Höhenmarke zu erkennen ist, wird der Abschlußschieber aufgezogen und das Wasser, soweit es nicht zur Reinigungsanlage weiterfließt oder durch die Pumpen gehoben wird, in die Vorflut abgelassen.

Da der Hauptnotauslaß bei Betriebsstörungen dem gesamten Abwasser Vorflut ohne erheblichen Aufstau geben soll, zweigt er nur wenig über Sohle des Hauptsammelkanals ab. Infolgedessen wird durch Aufziehen des Schiebers bei Sturzregen eine Öffnung freigelegt, welche mehr oder weniger unter die dem Verdünnungsgrade entsprechende Füllhöhe des Sammelkanals reicht. Doch ist dies unbedenklich, da sich im Gegensatz zu den in der ganzen Stadt zerstreuten übrigen Regenauslässen in nächster Nähe auf dem Pumpwerk oder an der Reinigungsanlage immer Aufsichtspersonal befindet, welches das rechtzeitige Öffnen und Schließen des Schiebers überwachen kann.

Soll der Hauptnotauslaß selbsttätig wirken, so ist dies durch einen Schieberverschluß des unteren Teiles der Öffnung von einer dem Verdünnungsgrad entsprechenden Höhe, der in Notfällen aufgezogen werden kann, zu erreichen. Muß die Überfallschwelle bei Hochwasser der Vorflut erhöht werden, so sind zwei Schützentafeln hintereinander anzubringen, welche dicht aneinanderschließen und sich gegeneinander verschieben lassen. Ist zeitweise (bei höchstem Hochwasser) ein vollständiger Abschluß erforderlich, so muß dafür noch ein zweiter Schieber in den Hauptnotauslaß eingebaut werden.

III. Zum Durchspülen

des Leitungsnetzes zwecks Beseitigung von Ablagerungen, wie es namentlich bei schwachem Gefälle von Zeit zu Zeit notwendig ist, werden etwa vorhandene **hochgelegene Gewässer**, insbesondere Mühlenteiche, Mühlengräben, **durch Spülleitungen**, die für gewöhnlich durch Schieber abgeschlossen sind, mit dem Leitungsnetz verbunden, um den Verbrauch des teuren Wasserleitungswassers zu diesem Zweck möglichst einzuschränken.

Im Trennverfahren wird man Verbindungen der Schmutzwasserleitungen mit den in der Regel höher gelegenen Regenwasserleitungen vorsehen, um bei Regenfällen erstere ohne besondere Kosten spülen zu können.

IV. Leitungsnetz.

I. Der Entwurf des Leitungsnetzes wird zweckmäßig mit dem Eintragen der Straßenleitungen und der Einsteigeschächte in den Lageplan (vorläufig mit Bleistift) begonnen.

1. Gewöhnlich erhält jede Straße nur eine Leitung in der Mitte (Taf. VIII). Doch sind in Straßen von 20 m und mehr Breite zwischen den Straßenfluchtlinien auch zwei Leitungen, an jeder Straßenseite eine, angebracht, um an Länge der Anschlußleitungen zu sparen. Die Leitung der einen Seite wird dann als Hauptleitung durchgeführt, während die der anderen Straßenseite als Nebenleitung ausgebildet und daher öfters (an den Querstraßen) an die erstere mittels Querleitungen angeschlossen wird.

Größere Plätze werden aus dem gleichen Grunde an allen vier Seiten mit Leitungen versehen. Sind die Platzseiten nur kurz oder durch Straßenmündungen unterbrochen, womöglich nur mit Eckhäusern besetzt, die auch nach den abgehenden Straßen entwässert werden können, so dürfte häufig eine Entwässerungsleitung in der Platzmitte oder an einer Seite genügen. Er-

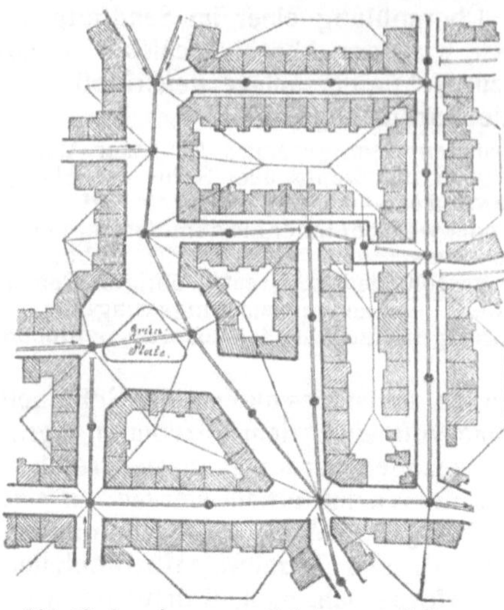

Abb. 13. Anordnung von Entwässerungsleitungen und Einsteigeschächten an Straßenkreuzungen und auf Plätzen.

scheint die Kreuzung von Grünflächen vorteilhaft, so ist dies ohne Bedenken (Abb. 13).

2. An allen Straßenkreuzungen werden die Leitungen durch **Einsteigeschächte**, die zur Besichtigung, Spülung und Reinigung der Leitungen erforderlich sind, verbunden und außerdem dazwischen durch Schächte in Haltungen von 31—60 m Länge zerlegt. Die Leitung zwischen zwei Schächten wird im generellen Entwurf (Taf. VII) durchweg als gerade Linie gezeichnet. Am Zusammenstoß mehrerer Straßen, an Plätzen muß man mit möglichst wenig Schächten auszukommen suchen, wozu auch Leitungen, die der Bauflucht nicht parallel laufen, ins Auge zu fassen sind (Abb. 13).

Jeder Schacht hat mindestens zwei Leitungen miteinander zu verbinden, d. h. keine Leitung soll tot endigen. Es wird dadurch ein gewisser Ausgleich der Wassermengen zwischen den einzelnen Leitungen und Entwässerungsgebieten bei Strichregen, sowie eine kräftige Durchlüftung des Leitungsnetzes gewährleistet, besonders aber an Einsteigeschächten gespart.

II. Nachdem die Leitungen und Schächte eingetragen sind, werden zweckmäßig auf Pauspapier über dem Lageplan die **Leitungen dem Straßengefälle folgend** mit einem Buntstift nachgezogen, mit Gefällpfeilen versehen und die Hochpunkte der einzelnen Leitungsstränge durch einen Abschlußstrich kurz vor dem Endschacht gekennzeichnet.

Dabei werden die Leitungen **auf kürzestem Wege zu einem Sammler**, der im allgemeinen den Geländefalten folgen wird, **vereinigt**, und wird das Entwässerungsgebiet nur soweit in einzelne Sammlergebiete zerlegt, wie es die Gefällverhältnisse des Geländes und natürliche oder künstliche Hindernisse, wie größere Gewässer, Bahnanlagen, Umwallungen, verlangen, weil mehrere kleine Sammler in der Regel teurer sind als ein großer von gleichem Fassungsvermögen. Stehen daher an einer Straßenkreuzung zwei oder mehr Wege mit natürlichem Gefälle zur Verfügung, so wird der kürzeste zum Sammler und für diesen der kürzeste zur Vorflut und zur Reinigungsanlage, deren Lage im allgemeinen festgelegt sein wird, gewählt.

Zur Vereinigung des gesamten Abwassers sind Hindernisse wie die vorher erwähnten zu kreuzen, Wasserläufe, Bahneinschnitte, Festungsgräben vielfach mit Dükern (Abb. 49), seltener mit Heberleitungen (Abb. 52), welche Bauwerke wegen ihrer Kostspieligkeit jedoch auf die unbedingt nötige Zahl einzuschränken sind.

Auf der Pause erhält man somit ein Bild der natürlichen Entwässerungsgebiete, deren Grenzen (Wasserscheiden) noch mit einer farbigen Linie nachgezogen werden mögen, sowie ihres Leitungsnetzes.

Zeigt sich, daß infolge eines nach verschiedenen Niederschlagsgebieten fallenden Geländes das Wasser nicht ohne weiteres einem einzigen Punkte im Gefälle zugeführt werden kann, so muß untersucht werden, ob nicht mit Durchstechung des hinderlichen Höhenrückens oder mit dessen Umgehung außerhalb des geschlossenen Ortes oder mit Anlage einer Heberleitung sich das gesamte Abwasser an einem Punkte vereinigen läßt. Sind die genannten Maßnahmen nicht oder nur mit sehr großen Kosten durchführbar, so wird ein besonderes Pumpwerk erforderlich, wenn nicht auf die Zusammenführung des gesamten Abwassers verzichtet wird.

Die Notwendigkeit, kleine Bodenwellen zu durchbrechen, die Leitung also streckenweise tiefer zu legen, als es die Kellerentwässerung fordert, stellt sich übrigens fast bei jeder größeren Entwässerungsanlage ein. Hierbei sind Tiefen von 6 und 8 m, die in offener Baugrube erreicht werden können, noch annehmbar, wenn sie sich nicht auf mehrere hundert Meter erstrecken. Für größere Tiefen auf kurze Strecken kommt auch der Stollenbau zur Ausführung der Leitungen in Betracht.

Der Umstand, daß das Gefälle der Zweigleitungen solcher Sammler, welche tiefer, als es für die Hausentwässerung erforderlich ist, liegen, nicht mehr an das Straßengefälle gebunden ist, wird öfters zweckmäßig dahin ausgenutzt, daß von dem Grundsatz, dem Geländegefälle zu folgen, abgewichen und statt dessen für das abfließende Wasser der kürzeste Weg zum Sammler gewählt wird.

In beschränktem Maße wird in vorstehendem Falle sogar eine Verschiebung der natürlichen Grenzen der Entwässerungsgebiete, eine Verringerung der einem Sammler zufließenden Wassermenge möglich sein, was erwünscht sein kann, wenn der Sammler sonst so große Abmessungen erhält, daß sein Bau bei schlechtem Baugrund, hohem Grundwasserstand und engen Straßen besonders große Schwierigkeiten macht.

Letzteres kann auch der Grund sein, ein in sich geschlossenes Entwässerungsgebiet in zwei Sammlergebiete zu zerlegen.

III. Nachdem die Sammlergebiete abgegrenzt sind, ist zu untersuchen, ob sich an den Stellen, wo sich die Sammler einem Wasserlauf oder auch einem größeren Teiche nähern, eine **Entlastung durch** einen **Regenüberfall und Notauslaß** vornehmen läßt, oder ob wegen hohen Sommerhochwassers der Regenüberfall nach einem höheren Punkte des Leitungsnetzes verlegt und der Notauslaß eine größere Länge erhalten muß. Mitunter ist auch bei starkem Gefälle des Vorfluters eine sonst nicht mögliche Entlastung dadurch zu erzielen, daß der Notauslaß weiter unterhalb in den Fluß geführt wird. Dies gilt namentlich, wenn in den Vorfluter Stauwerke eingebaut sind.

Zu diesen Untersuchungen ist es notwendig, die Sammlergebiete, am besten mit dem Planimeter, auszumessen, die Durchflußmengen der Sammler, am schnellsten nach der Imhoffschen Tafel (Taf. II), zu berechnen und die Abmessungen der Sammelkanäle an den fraglichen Punkten nach dem Straßengefälle zu bestimmen. Der Scheitel des ermittelten Kanalprofils kann 2,00 m in Landorten, 2,50 m in Mittel- und Kleinstädten, 3,00 m in großstädtischen Straßen unter Gelände angenommen werden, worauf die Überfallhöhe nach F. IV. S. 56—58 bestimmt wird.

Es ist nun nach A. II. 1. S. 3 am vorteilhaftesten, wenn H. W. unter dem Überfall oder doch wenigstens etwa 20 cm unter dem Scheitel des Sammelkanals und S. H W. unter der Überfallschwelle bleibt (Beisp. 20, Abb. 40). Doch ist eine Entlastung des Sammelkanals von Sturzregen im Sommer immer noch möglich, wenn S. H. W. 20—40 cm unter dem Kanalscheitel bleibt (Beisp. 21, Abb. 42).

Ist aber auch letzteres infolge hohen Wasserstandes der Vorflut nicht zu erzielen, so muß der Überfall nach einem höheren Punkte des Leitungsnetzes verlegt und bei größerer Ausdehnung des nicht zu entlastenden Leitungsnetzes für die tiefliegenden Gebietsteile das Trennverfahren gewählt werden.

Die Ableitung des Regenwassers einer Trennkanalisation macht auch bei hohen Wasserständen keine Schwierigkeiten, da die Regenwasserleitungen nur die Geländeoberfläche zu entwässern haben.

Wenn alle vorstehend angeschnittenen Fragen überschläglich geklärt sind, kann an den endgültigen Entwurf des Leitungsnetzes herangetreten werden.

Zunächst werden im Lageplan die Leitungsenden abgegrenzt und die Art der Verästelung des Leitungsnetzes festgelegt.

IV. Die **Doppelleitungen** des Trennverfahrens werden, um die Übersicht über das Leitungsnetz und damit den Spülbetrieb zu erleichtern, soweit als möglich in der Gefällrichtung parallel geführt.

V. Sodann werden alle Leitungen, von der Reinigungsanlage oder dem Pumpwerk beginnend und gegen das Gefälle fortschreitend, mit 100 m-**Stationen** in Gestalt kleiner Kreise versehen.

Die Notauslässe und Regenwasserleitungen werden an dem Punkt, an welchem sie von der Misch- oder Schmutzwasserleitung zur Vorflut abzweigen, an die Station dieser Leitungen angeschlossen und bis zur Mündung abwärts stationiert. Soweit die Regenwasserleitungen mit den Schmutzwasserleitungen in der Gefällrichtung gleichlaufen, erhalten sie trotz der Längenverschiebung an den Straßenkreuzungen gleiche Stationen. Liegen die beiden Leitungsarten im Gegengefälle, so wird natürlich die Stationierung der Regenwasserleitung an die ihrer Vorflutleitung angeschlossen (Taf. VII).

VI. Hierauf werden die **Flächen zwischen** den einzelnen **Leitungen** (Baublöcke, Plätze) nach diesen hin gleichsam **abgewalmt,** um die nach den einzelnen Leitungen entwässernden Flächen zu erhalten.

Eine peinliche Halbierung der Eckwinkel zu diesem Zwecke ist nicht nötig. Es genügt, dies freihändig zu machen, um möglichst einfache Teilflächen (Dreiecke, Trapeze, Vierecke) zu bekommen. Wo nur von einer Seite eine Nebenleitung einmündet, ist die gegenüberliegende Entwässerungsfläche rechtwinklig oder durch eine nur wenig schräge Gerade nach einem bequemliegenden Anfallspunkt zu teilen. Wo eine Endleitung anstößt, ist dies nicht notwendig (Abb. 13).

Sind die Grundstücke an der einen Langseite eines Blocks wesentlich tiefer als an der anderen, so ist die mittlere Teilungslinie (Firstlinie) entsprechend zu verschieben. Dasselbe gilt für Freiflächen, Plätze mit starkem Quergefälle, welche infolgedessen den Regen hauptsächlich der Leitung an der tiefliegenden Seite zuschicken.

Die Teilungslinien werden ganz dünn schwarz oder grau ausgezogen, die einzelnen Flächen ausgemessen und berechnet oder planimetriert und schließlich der Hektarinhalt, bis auf zwei Dezimalen genau, in schwarzer Zahl (ohne ha) eingeschrieben (Taf. VII).

VII. Schließlich werden die Längenprofile der Straßen im Zuge der Leitungen im Längenmaßstabe des Lageplans und im 10 — 20 fachen Höhenmaßstabe so aufgetragen, daß sich die **Längenprofile** der Leitungen, welche von rechts einmünden über, die von links unter dem Profil der zugehörigen Sammelleitung, als welche immer der längste im Gefälle zusammenhängende Leitungsstrang gilt, befinden und mit den Anschlußpunkten durch kräftige schwarze lotrechte oder rechtwinklig gebrochene Linien in Verbindung stehen (Taf. VII).

Wasserläufe, Gräben, Eisenbahneinschnitte und -dämme, Wälle, welche gekreuzt werden, sind im Querprofile darzustellen, Wasserläufe, welche als Vorflut dienen, auch an der Mündung von Notauslässen und Regenwasserkanälen und immer mit den verschiedenen Wasserständen in Preußischblau zu versehen.

Um die Blätter mit den Längenprofilen nicht zu unübersichtlicher Größe anwachsen zu lassen, sind die Längenprofile der einzelnen Sammlergebiete auf besonderen Blättern aufzutragen, unter Umständen aber auch noch diese in Nebensammler zu zerlegen und der Hauptsammler nur mit seinen kleinen Nebenleitungen auf einem besonderen Blatt darzustellen. Ist ein längerer Vorflutkanal zum Pumpwerk oder zur Reinigungsanlage erforderlich, so wird dessen Längenprofil von dem des Hauptsammlers abgetrennt und bei großer Länge auf mehreren Blättern, die klappenartig aneinander zu kleben sind, dargestellt.

Die Längenprofile der Notauslässe werden mit ihrem oberen Ende an das Profil der Leitung, von welcher sie abzweigen, angereiht. Durchzieht ein Notauslaß mehrere Straßen, die bereits als Nebenprofile des Hauptsammlers erscheinen, so wird sein Längenprofil besser noch einmal im Zusammenhang dargestellt.

Auch bei dem Trennverfahren müssen häufig die Längenprofile einer Reihe von Straßen doppelt aufgetragen werden, um eine Übersicht über den Zusammenhang sowohl der Schmutzwasserleitungen als auch der Regenwasserleitungen bis zur Einmündung in die Vorflut zu gewinnen.

Doch sind später in alle Längenprofile mit Doppelleitungen immer beide Leitungen einzutragen, um die Möglichkeit des Anschlusses der Grundstücksentwässerung an beide Leitungen, über oder unter der Parallelleitung durch, klarzustellen.

Die Zusammenstellung der Längenprofile wird am besten vorerst mit Buntstiftstrichen von der Länge der einzelnen Profile auf einem Konzeptbogen vorgenommen, wonach sich die Ineinanderschachtelung der Profile zwecks Einschränkung der Blattgröße leicht vornehmen läßt. Als Mindesthöhe der Längenprofile einschl. der Zwischenräume kann bei dem Höhenmaßstabe 1 : 250 für Mischleitungen 7 cm, für Trennleitungen 9 cm gelten, wonach die Horizontalen der Profile, welche auf einem Blatt möglichst beizubehalten sind, gewählt werden können.

Die Längenprofile werden alsbald nach dem Lageplan stationiert und schwarz ausgezogen, die Straßenordinaten darüber, die Straßennamen von—bis darunter oder auch über die Horizontale geschrieben. An allen Straßenkreuzungen werden die Ordinaten vorläufig nur mit Bleistift gezogen, nach Fertigstellung bis unter die Leitungssohle schwarz ausgezogen, doch die Station und der Name der Seitenstraße gleich in schwarzer Tusche angeschrieben. Auch die Zwischenschächte werden vorläufig nur durch eine kurze Bleistiftordinate angegeben, die später, falls sich ein Profil- oder Gefällwechsel an dem Schacht ergibt, rot auszuziehen, sonst fortzulassen ist, wogegen die Schächte selbst alle in der Farbe ihrer Leitung auszuziehen sind.

V. Tiefe und Gefälle des Leitungswasserspiegels.

Maßgebend für die Entwässerung ist immer die Tiefe und das Gefälle der in die Längenprofile einzutragenden Wasserspiegellinien. Denn nur der Stand des Wasserspiegels zeigt an, ob ein Rückstau der in Rechnung gestellten Abflußmenge aus der Straßenleitung in die Keller eintreten kann oder nicht. Nur wenn sich der Wasserspiegel einer Leitung mit Gefälle an den einer anderen Leitung und schließlich an den der Vorflut anschließt, ist eine Gewähr dafür vorhanden, daß die nach dem Wasserspiegelgefälle zu dimensionierenden Leitungen die rechnungsmäßige Wassermenge abführen.

Von vornherein sei bemerkt, daß die Leitungen unter dem Wasserspiegel, zum mindesten mit dem Scheitel in der Wasserspiegellinie liegen müssen, damit sich nicht der Wasserspiegel bei Vollauf der Leitungen, wofür diese bemessen werden, höher als eingezeichnet einstellt, in die Keller zurückstaut und dort Überschwemmungen hervorruft (Abb. 15 16, Taf. VII).

Die Entwässerungsleitungen arbeiten also bei Abfluß der in Rechnung gestellten Größtwassermenge als Druckleitungen, bei geringeren Abflußmengen, welche die Leitungen nicht bis zum Scheitel füllen, als Gefälleitungen. Der Wasserspiegel stellt sich in Wirklichkeit in den Schächten entsprechend ein.

I. 1. Da die Anschlußleitungen der Grundstücke mindestens $10^0/_{00}$, gewöhnlich $20^0/_{00}$ Gefälle haben sollen, muß der Wasserspiegel der Straßenleitung

30—50 cm unter Kellersohle liegen (vgl. Abb. 103). In großstädtischen Geschäftsstraßen mit Läden, die höchstens eine Stufe über der Straße und häufig über Lagerkellern liegen, ist mit Kellertiefen bis 2,50 m und mehr unter Straßenkrone zu rechnen. In Wohnstraßen, sowie in Mittel- und Kleinstädten liegen die Erdgeschosse höher und sind die Keller niedriger, so daß die Annahme einer Kellertiefe von 2,0 m ausreichen dürfte. In Landorten und Kleinhausgebieten wird die Voraussetzung einer Kellertiefe von 1,50 m unter Straßenkrone genügen.

Es kann daher die **Tiefe der Wasserspiegellinie** unter Straßenkrone im Mittel angenommen werden

für großstädtische Geschäftsstraßen zu 3,00 m

„ Wohnstraßen und Kleinstädte „ 2,50 „

„ Landorte und Kleinhausgebiete „ 2,00 „

Doch empfiehlt es sich immer, bevor man sich über die Normaltiefe des Wasserspiegels schlüssig wird, an Ort und Stelle die vorhandenen und üblichen Kellertiefen festzustellen.

Außerdem sind besonders tiefe Keller aufzunehmen und in die betreffenden Längenprofile einzutragen, um untersuchen zu können, ob sich die erforderliche Tieferlegung der Wasserspiegellinie ohne erheblichere Mehrkosten für den Kanalbau ermöglichen läßt, oder ob nicht besser den Hausbesitzern die Beseitigung ihrer Kellerabwässer mittels Wasserstrahlpumpe zu überlassen ist, wobei auch zu bedenken ist, daß nicht alle Keller, sondern nur solche, in denen sich eine Waschküche, Küche, ein Baderaum oder ein Schmutzwasser ablassender Gewerbebetrieb (Wurstlerei, Färberei usw) befindet, entwässert zu werden brauchen.

Eine größere als die durchschnittliche Tiefe des Leitungswasserspiegels fordern ferner noch große Grundstückstiefen wegen des Mehrverbrauchs an Gefälle für die Anschlußleitungen und namentlich von der Straße abfallendes Gelände an Hangstraßen. Es ist daher immer in solchen Straßen die zur Entwässerung der tiefsten Punkte der angrenzenden Grundstücke erforderliche Tiefe des Wasserspiegels besonders festzustellen, wobei vor allem die Keller etwaiger Hinterhäuser, aber auch die Höfe, jedoch nicht die Gärten, in welchen die Niederschläge zum größten Teil versickern, in Rücksicht zu ziehen sind (Abb. 14).

Die Tieferlegung des Wasserspiegels in Hangstraßen ist fast immer durchführbar, da diese infolge ihrer meist hohen Lage in der Regel mehr als ausreichende Vorflut haben.

Hin und wieder ist auch eine Tieferlegung des Wasserspiegels, namentlich am oberen Ende eines Leitungsstranges, angebracht, um diesem Spülwasser aus einem Teich, Graben oder Bach im Gefälle zuführen zu können.

Öfters wird es erwünscht sein, wegen mangelnder Vorflut, wegen übergroßer Tiefe des Leitungswasserspiegels unterhalb infolge schwachen oder gar streckenweisen Gegengefälles des Geländes den Wasserspiegel höher

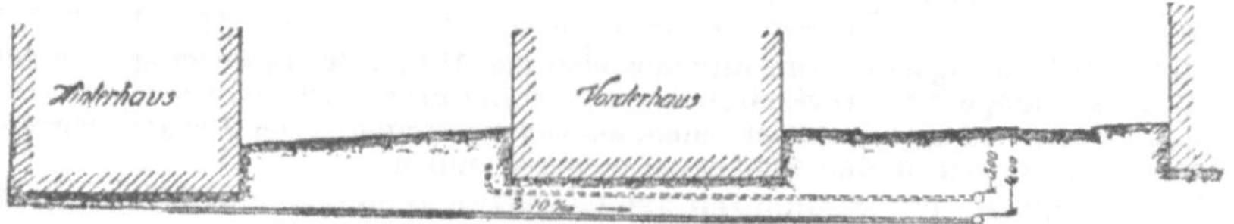

Abb. 14. Entwässerung eines von der Straße abfallenden Grundstückes.

zu legen, als im Durchschnitt zu verlangen ist. Doch dürfte eine Ermäßigung der oben angegebenen drei Zahlen auf 2,50, 2,00, 1,75 m das knappeste Maß für die Wasserspiegeltiefe auf eine längere Strecke sein, während für einzelne Tiefpunkte des Geländes und Leitungsenden auch wohl noch 2,25, 1,75, 1,50 m als zulässig angesehen werden können.

2. Für die Regenwasserleitungen des Trennverfahrens, welche ja nur die Geländeoberfläche zu entwässern haben, genügt eine Wasserspiegeltiefe von nur wenigen Zentimetern unter der Straßenrinne, von 15 bis 20 cm unter Straßenkrone. Doch ist den Regenwasserleitungen selbst eine Scheiteldeckung von 1,50 m zu geben, damit sie und die Wasserleitungsrohre, welche in frostfreier Tiefe liegen müssen, sich nicht gegenseitig im Wege sind, und damit auch die Regeneinläufe, deren Abflußstutzen zur Verhütung des Einfrierens des Schlammfanges (Abb. 55—56) oder zum Unterbringen eines Laub- und Sandeimers (Abb. 57) eine Tiefe von 1,00—1,50 m unter Straßenrinne verlangt, mit gutem Gefälle an sie angeschlossen werden können. Wenn es der Wasserstand der Vorflut zuläßt, legt man daher den **Wasserspiegel der Regenwasserkanäle für Betonrohre 1,60 m, für gemauerte und Stampfbetonkanäle 1,75 m unter Straßenkrone**, um die Leitungen bei Sturzregen keinem Innendruck auszusetzen. Aber auch diese Tiefe reicht in **Hangstraßen** oft nicht aus, um die Tiefpunkte der Höfe an der Talseite zu entwässern. Es ist deshalb in solchen Straßen die Wasserspiegeltiefe der Regenwasserleitungen besonders zu ermitteln, indem der **Wasserspiegel der Anschlußleitungen zu 1,00 m unter den tiefsten Punkten der Höfe** und sein Gefälle nach der Straßenleitung zu mindestens $10\,^0/_{00}$ angesetzt wird.

Tiefen des Leitungswasserspiegels, welche die festgestellte Durchschnittstiefe überschreiten, aber zur Entwässerung tiefer Keller und Höfe oder zur Spülung der Leitungen aus offenen Wasserläufen erwünscht sind, werden an den betreffenden Stellen in die Längenprofile eingetragen und mit ihrer Ordinate versehen.

Ferner sind sowohl die Ordinaten des Wasserspiegels, welche nach E IV, S. 29 zur Entlastung des Sammelkanals erwünscht sind, als auch die, welche zu diesem Zweck unbedingt eingehalten werden müssen, an den betreffenden Stellen einzutragen.

II. 1. Nachdem die Längenprofile auf die angegebene Weise vorbereitet sind, beginnt man mit dem Eintragen der Wasserspiegellinie des Hauptsammlers, ohne den etwa nötigen Vorflutkanal zur Reinigungsanlage vorläufig zu berücksichtigen. Das Gefälle der Wasserspiegellinie wird man der Geländelinie nicht peinlich anpassen. Zeigt sich beim Anlegen der Reißschiene an die Geländelinie an einzelnen Punkten eine Überschreitung des Geländes um 25 bis höchstens 50 cm oder eine Unterschreitung um 0,50 bis höchstens 1,00 m, so wird man deshalb keinen Gefällbruch einlegen. Sind die Abweichungen größer, so werden Gefällbrechpunkte möglichst an Straßenkreuzungen, jedenfalls immer nur an Schächten angeordnet, um die Durchschnittstiefe des Wasserspiegels vom Gelände aus abgetragen und durch gerade Linien verbunden.

Bleibt einer oder mehrere der eingetragenen außergewöhnlichen Tiefpunkte unter der Linie, so ist diese, nötigenfalls unter Einfügung neuer Brechpunkte, entsprechend tiefer und flacher zu legen. Doch soll das **Wasserspiegelgefälle des Hauptsammlers möglichst noch** $1\,^0/_{00}$, im Notfall noch $0,5\,^0/_{00}$, **ausnahmsweise noch** $0,3\,^0/_{00}$ **betragen.**

Soll das Abwasser der Reinigungsanlage durch einen Vorflutkanal im Gefälle zugeführt werden, so muß natürlich vom tiefsten Punkt der Wasserspiegellinie im Entwässerungs(Stadt)gebiet selbst noch so viel Gefälle zur Reinigungsanlage vorhanden sein, wie vorher für den Hauptsammler verlangt wurde. Trifft dies nicht zu, so ist zu erwägen, ob besser der Wasserspiegel des Sammelkanals gehoben oder der der Reinigungsanlage gesenkt wird, ob vielleicht letztere, falls der Vorfluter ein stärkeres Gefälle hat, besser weiter flußabwärts zu legen ist, um an Gefälle zu ihr und zu der Vorflut zu gewinnen, oder ob die Einschaltung eines Pumpwerks vor oder hinter der Reinigungsanlage vorzuziehen ist.

Liegt der Wasserspiegel des Hauptsammlers fest, so werden an ihn die Wasserspiegellinien der Nebensammler, an diese die der Zweigleitungen nach gleichen Gesichtspunkten angeschlossen. Doch ist zu beachten, daß die Wasserspiegellinien der Längenprofile ein um so stärkeres Mindestgefälle haben müssen, je weniger Profile sich an sie anschließen, je weniger Wasser also ihre Leitungen abzuführen haben, je kleiner diese werden. Als geringstes Wasserspiegelgefälle kann gelten

für Nebensammler I. Ordnung 0,5 $^0/_{00}$
„			„		II.	„	1	„
„			„		III.	„	2	„
„	Endleitungen				3	„

2. Am Anschluß eines Längenprofils an ein anderes braucht der Wasserspiegel der Nebenleitung nicht unmittelbar an den der Hauptleitung anzuschließen, sondern kann auch höher liegen, so daß ein **Absturz im Wasserspiegel** entsteht. Dies wird namentlich ins Auge zu fassen sein, wenn der Wasserspiegel der Hauptleitung aus besonderen Gründen ausnahmsweise tief liegt, während für die Seitenstraße als Wohnstraße eine wesentlich geringere Wasserspiegeltiefe erforderlich ist, weil dadurch an Erdarbeiten für die Nebenleitung, die ja gewöhnlich unmittelbar unter ihrer Wasserspiegellinie liegt, gespart wird. Kann jedoch der Höhenunterschied der beiden Wasserspiegel höchstens 50 cm betragen, so wird man auf den Absturz verzichten und das Mehrgefälle zur Vergrößerung der Abflußgeschwindigkeit und zur Verringerung des Querschnitts der Nebenleitung ausnutzen. Dies kommt auch für größere Höhenunterschiede der Wasserspiegel in Betracht, wenn das Gefälle der Seitenstraße nur gering ist und in der dem Straßengefälle parallelen Leitung infolgedessen Ablagerungen zu befürchten sind.

3. **Am oberen Ende** eines Längenprofils soll der **Wasserspiegel** möglichst ebenso hoch oder auch höher liegen als der durchlaufende Wasserspiegel der Querstraße, damit nicht das Wasser aus dieser in die Endleitung überfließen kann und sie stärker belastet als ihr Querschnitt rechnungsmäßig zuläßt (Abb. 18). Um die Lage der Wasserspiegel zueinander zu übersehen, sind an den oberen Enden der einzelnen Längenprofile die Wasserspiegel der Querstraßen durch einen wagerechten Strich anzugeben und ihre Ordinaten anzuschreiben.

Die erhobene Forderung wird sich nicht immer, namentlich in einem Regenwasserleitungsnetz bei flachem Gelände und hohem Wasserstand der Vorflut erfüllen lassen. Es muß dann durch Verschluß des Leitungsendes, welcher noch ein besonderes Entlüftungsrohr erfordert, der Eintritt des Wassers aus der durchlaufenden Querleitung verhindert werden (Abb. 19).

An einem Hochpunkt des Geländes, von welchem aus die Wasserspiegellinien nach allen Seiten abfallen, wird man diese gleichhoch legen, doch sind etwaige Unterschiede in der Höhenlage der einzelnen Wasserspiegel ohne Bedenken.

III. Die **Wasserspiegellinie eines Notauslasses** wird meistens an S.H.W. der Vorflut angeschlossen und, wenn irgend möglich, mit Steigung zur Überfallschwelle am Sammelkanal geführt. Ist letzteres infolge höheren Sommerhochwasserstandes ausnahmsweise nicht möglich, so erhält der Wasserspiegel des Notauslasses tunlichst schwaches Gefälle ($\overline{\leq} 0{,}5\ ^0/_{00}$), um eine möglichst ausgiebige Entlastung des Sammelkanals, der Reinigungsanlage und des Pumpwerks bei Starkregen im Sommer zu erzielen.

Ist das Gefälle zur Vorflut und die Uferhöhe groß, so wird der Wasserspiegel des Notauslasses an der Einmündung in die Vorflut auf H.W. oder noch höher gehoben, um an Erdarbeiten zu sparen und den unter der Wasserspiegellinie liegenden Notauslaß bei Wasserständen über S. H. W. keinem Innendruck auszusetzen. Doch wird man die Wasserspiegellinie eines Notauslasses entsprechend dem auf S. 33 von den Regenwasserkanälen Gesagten nicht höher als 1,60 — 1,75 m unter Gelände legen, falls nicht der Sommerhochwasserstand der Vorflut eine höhere Lage verlangt. In freiem Gelände, wo ein Wasserleitungsnetz und Regeneinläufe nicht vorhanden sind, genügt dagegen eine Tiefe von 0,60 — 0,75 m.

IV. Für den Anschluß der **Wasserspiegellinie der Regenwasserleitungen** des Trennverfahrens an die Vorflut gelten die gleichen Grundsätze wie für Notauslässe. Bei flachem Gelände und hohem Sommerhochwasser wird die Wasserspiegellinie an letzteres angeschlossen, mit schwacher Steigung so weit geführt, bis eine Tiefe von 1,60—1,75 m unter Gelände erreicht ist, und von da ab dem Geländegefälle angepaßt.

Werden die Wasserspiegel der Notauslässe und Regenwasserkanäle an das Sommerhochwasser angeschlossen und die Leitungen für das Gefälle dieser Wasserspiegel berechnet, so stellt sich bei höherem Hochwasser im Winter auch die Leitungswasserspiegellinie entsprechend höher ein. Da aber in dieser Zeit nur schwächere Regen abzuführen sind, so wird auch das bei Regen sich wirklich einstellende Wasserspiegelgefälle schwächer sein als das eingezeichnete und an das Sommerhochwasser angeschlossene. Es wird daher nur selten ein Ansteigen der Wasserspiegellinie bis über Gelände und eine daraus folgende Überschwemmung der Straßen bei höchstem Hochwasser zu befürchten sein.

Es empfiehlt sich aber, wenn das Hochwasser bis auf wenige Zentimeter unter den tiefsten Punkt des Entwässerungsgebietes steigen kann, die Wasserspiegellinien der Regenwasserkanäle gewählter Abmessung für die halbe Größtdurchflußmenge (im Sommer) zu bestimmen und, falls sie an einem oder mehreren Punkten über das Gelände steigen, die Kanalabmessungen so zu vergrößern, daß die Wasserspiegellinie bei den angenommenen Durchflußmengen unter dem Gelände bleibt.

Ein Überstau aus Notauslässen ist von vornherein ausgeschlossen, da diese gegen das Leitungsnetz abzuschließen sind, sobald das Hochwasser über die Kanalwasserspiegellinie am Überfall steigt, und dann nur mehr unter dem hydrostatischen Druck der Vorflut stehen.

V. Die **Wasserspiegellinien der Schmutzwasserleitungen** des Trennverfahrens werden zweckmäßig erst in die Längenprofile eingezeichnet, wenn das Regenwasserleitungsnetz vollständig berechnet und eingetragen ist.

Sie werden am vorteilhaftesten 20 cm unter die Sohle von Rohrleitungen, 40 cm unter die von gemauerten oder Stampfbetonkanälen des Regenwasserleitungsnetzes und mit diesen parallel gelegt, um die Anschlußleitungen für die Keller- und Hausentwässerung unter jenen durchführen zu können (Abb. 24—25). Bei dieser Anordnung entstehen an den Profilwechseln der Regenwasserleitung kleine Abstürze im Schmutzwasserspiegel, die bei schwachen Gefällen besser durch ein stärkeres Gefälle der Wasserspiegellinie der Schmutzwasserleitung ausgeglichen werden, um Ablagerungen möglichst zu verhindern. Reicht die erhaltene Tiefe für die Kellerentwässerung nicht aus, so muß der Abstand zwischen Schmutz- und Regenwasserleitung größer gewählt oder letztere tiefer gelegt werden.

Die Wasserspiegellinien sind vorläufig nicht auszuziehen und die Gefälle und Ordinaten an den Kreuzungs- und Brechpunkten nur mit Bleistift einzuschreiben, da Änderungen mit dem Fortschreiten der Entwurfsarbeit nicht immer zu vermeiden sind. So werden die Wasserspiegellinien nach dem oberen Ende zu öfters noch mehrmals in konkaver Linie zu brechen sein, um den kleineren Leitungen eine größere Abflußgeschwindigkeit zur Verhütung von Ablagerungen zu erteilen.

VI. Die Entwässerungsleitungen sollen sich nämlich möglichst selbst reinspülen. Dazu bedarf es aber einer **Wassergeschwindigkeit** von mindestens 0,6 $m/sec.$, während bei regelmäßigem Spülbetrieb noch eine Geschwindigkeit von 0,4 $m/sec.$ zulässig ist. Man wird also eine Abflußgeschwindigkeit von 0,6 $m/sec.$ nur notgedrungen unterschreiten.

Danach ergibt sich ein **Mindestgefälle des Wasserspiegels**

für Kreisrohre   0,20 Φ: 5 $^0/_{00}$,   ausnahmsweise 3 $^0/_{00}$
„   „   0,25—0,35 Φ: 3 $^0/_{00}$,   „   2 $^0/_{00}$
„   „   0,40—0,50 Φ: 2 $^0/_{00}$,   „   1 $^0/_{00}$
„   „   0,55—1,00 Φ
   u. Eikanäle bis 1,00 m Höhe: 1 $^0/_{00}$,   „   0,5 $^0/_{00}$
„   Eikan. v. 1,00—1,80 „   „   : 0,5 $^0/_{00}$,   „   0,3 $^0/_{00}$
„   größere Kanäle: 0,3 $^0/_{00}$,   „   0,2 $^0/_{00}$.

Zeigt sich demnach bei der späteren Dimensionierung der Leitungen, daß einzelne Profile, besonders die Leitungen gegen das obere Ende zu, nicht das nötige Wasserspiegelgefälle haben, so ist dieses zu verstärken und nach unten zu mit wachsender Profilgröße wieder so weit zu verringern, daß der Anschluß an den Wasserspiegel des Sammelkanals erreicht wird.

Wenn der Entwurf fertig ist, wird alles auf die Wasserspiegel Bezügliche mit Preußischblau ausgezogen und beschrieben.

VI. Durchflußmengen und Abmessungen der Leitungen.

Bei dem **Mischverfahren** erübrigt es sich meistens, wenn nicht etwa das Entwässerungsgebiet sehr groß ist, oberhalb der Regenüberfälle die gegenüber der Regenmenge unerhebliche Menge des Schmutzwassers aus Hauswirtschaften besonders zu berücksichtigen. Unterhalb der Regenüberfälle muß dagegen das weiterfließende Schmutzwasser und das zu seiner Verdünnung erforderliche Regenwasser eingesetzt und den weiterhin zufließenden Wassermengen zugeschlagen werden. Kann der Regenüberfall im Winter bei Wasserständen der Vorflut über S. H. W. nicht benutzt werden, so muß sogar im Sammelkanal unterhalb mit der Hälfte der Größtdurchflußmenge am Überfall (im Sommer) gerechnet werden, falls nicht die Regenstatistik der Wintermonate Oktober bis März nur schwächere Regenfälle zeigt.

Immer sind die Schmutzwassermengen aus Gewerbebetrieben an den Einflußstellen besonders in Rechnung zu stellen.

Bei dem **Trennverfahren** sind natürlich die Regenwasser- und Schmutzwassermengen gesondert zu berechnen.

Liegt eine Tafel der wirtschaftlich gleichwertigen Regen vor, so wird der stärkste Regen der für den betreffenden Ort in Betracht kommenden Regenreihe nach Multiplikation mit dem passenden Versickerungswert der Berechnung der Regenabflußmengen der Einzelflächen zugrunde gelegt.

Zur Übersicht über den aufzutragenden **Flutplan** ist von dem Leitungsnetz eine Pause (**Leitungsstreckenplan** auf Tafel VII) anzufertigen. An den Schächten wird die Station vermerkt. Außerdem erhalten diese mit dem Fortschreiten des Flutplanes fortlaufende Nummern.

Um den Flutplan auftragen und die Ablesungen auf ihm übersichtlich zusammenstellen zu können, wird die beigefügte **Tabelle I** zum Flutplan auf Tafel VII benutzt.

Als zusammenhängendes Sammelgebiet ist dasjenige aufzufassen, welches durch einen Notauslaß oder einen Regenwasserkanal nach ein und demselben Punkte des Flusses Vorflut hat. Die Flutpläne werden für jedes derartige Gebiet gesondert aufgezeichnet.

Mit der Berechnung der Tabelle und mit dem Auftragen des Flutplanes beginnt man an der obersten Strecke des Leitungsstreckenplanes.

Beispiel 17 aus dem Entwässerungsplan Tafel VII:

Leitungsstrecke 41—32 in Str. 22 von St. 12 + 59 bis St. 12 + 25 ist 34 m lang und hat (0,07 + 0,06) = 0,13 ha zu entwässern. Die Abflußmenge beträgt 116.0,4 = 47 sl/ha, also auf 0,13 ha: 47 0,13 = 6 sl. Das Wasserspiegelgefälle ist 4 %₀₀. Nach Tafel III würde ein Kreisrohr 0,15 Φ genügen. Doch wird als kleinstes Profil für Straßenleitungen des Mischverfahrens ein Rohr 0,25 Φ mit einer Leistungsfähigkeit von 32 sl und einer Geschwindigkeit von 0,66 m/sec bei Vollauf gewählt. Die Durchflußzeit ergibt sich zu $t = \dfrac{l}{v} = \dfrac{34}{0,66} = 52$ Sekunden.

Nun wird im Maßstabe des stärksten Regens von 180 sec Dauer des Regenbildes (100 sl = 20 mm, in der um die Hälfte verkleinerten Tafel = 10 mm) die Abflußmenge von 6 sl zu $\dfrac{20}{100} \cdot 6 = 1$ mm (= 0,5 mm) vom Anfangspunkt einer Wagerechten lotrecht nach unten abgestochen, durch den Fußpunkt eine Wagerechte gezogen und auf dieser vom Fußpunkt aus die Durchflußzeit im Zeitmaßstabe des Regenbildes (60 sec = 12 mm bzw. 6 mm) zu $\dfrac{12}{60} \cdot 52 = 10$ mm (5 mm) nach links abgetragen. Durch Verbindung der Anfangspunkte der beiden Wagerechten im Abstande 6 sl = 1 mm (= 0,5 mm) erhält man die Anlauflinie. Da die Dauer des stärksten Regens von 180 sec größer als die Durchflußzeit von 52 sec ist, tritt natürlich noch keine Verzögerung an Punkt 32 ein.

An die so erhaltene Flutfläche der Strecke 41—32 reiht sich die der Strecke 32—97 in gleicher Weise an, doch ist immer die Summe der aufeinander folgenden Abflußmengen zu bilden und von der obersten Wagerechten abzutragen, damit sich nicht die Ungenauigkeiten beim Abtragen fortlaufend addieren und die Ablesungen mit wachsendem Flutplan immer ungenauer werden.

Die Durchflußzeit der Strecke 41—32—97 beträgt (52 + 136) = 188 sec. Eine Verzögerung des stärksten Regens von 180 sec Dauer tritt also für Punkt 97 ein. Doch liefert der nächst schwächere Regen von 240 sec Dauer die gleiche Durchflußmenge von (6 + 18) = 24 sl, wie die aufgelegte und mit dem Nullpunkt auf der Anlauflinie wagerecht verschobene Regenbild-Pause zeigt. Es darf also, abgesehen davon, daß das gewählte Kreisrohr 0,25 Φ als das zulässig kleinste gilt, eine Profilverkleinerung nicht vorgenommen werden.

An Punkt 97 schließt sich die Strecke 98—97 der Konradstr. an die Sammelleitung an. Es ist daher deren Flutfläche so anzutragen, daß ihre Spitze lotrecht unter der Spitze der bisher gezeichneten Flutfläche liegt.

Umfaßt eine Nebenleitung mehrere Strecken, deren Gesamtdurchflußzeit mehr als 180 sec beträgt, so ist ihr Flutplan zunächst auf Pauspapier aufzutragen und erst dann, wenn die Gesamtdurchflußzeit der Nebenleitung festgestellt ist, mittels Durchstechens an die Flutflächen der Sammelleitung anzureihen. Die Durchflußmengen der Nebenleitung müssen von der Pause nach Auflegen und Verschieben des Regenbildes abgelesen werden. Z. B. Nebensammler Kaiserstr.—Ibbenbürner Str. — Str. 1 a [43—109].

Die Vorflut der Strecken 41—32—97 und 98—97 bildet die Strecke 97—99. Nachdem ihre Flutfläche angereiht ist, wird die Summenlinie der erstgenannten Strecken gezeichnet, indem lotrechte Bleistiftlinien in Abständen von $^{1}/_{2}$—I cm gezogen, die einzelnen Flutflächenordinaten einer solchen Linie an einem Papierstreifen aneinandergereiht, von der unteren Wagerechten abgetragen und die erhaltenen Endpunkte durch Gerade verbunden werden (vgl. auch Abb. 9). Nach Auflegen und Verschieben des Regenbildes ergibt sich eine Durchflußmenge von 54 sl gegenüber einer Gesamtabflußmenge von 61 sl. Das Kreisrohr von 0,35 Φ muß aber beibehalten werden, da das nächst kleinere Rohr 0,30 Φ bei 3 ‰ Gefälle nur 46 sl abführt.

Doch wird als Zufluß aus der Strecke 97—99 nur die abgelesene Durchflußmenge von 94 sl für die nächste Vorflutstrecke 99—100 in Rechnung gestellt, so daß sich deren Abflußmenge auf (54 + 16 + 12) = 82 sl gegenüber der Gesamtabflußmenge von (61 + 16 + 12) = 89 sl stellt. Dadurch ergibt sich eine Querschnittsersparnis, da bei 2 ‰ Gefälle für 89 sl ein Kreisrohr 0,45 Φ, für 82 sl aber nur ein Rohr 0,40 Φ erforderlich ist. Der Flutplan zeigt eine weitere Herabsetzung der abzuführenden Wassermenge auf 70 sl, die aber für die Strecke 99—100 bedeutungslos ist, weil zur Abführung von 70 sl immer noch ein Rohr von 0,40 Φ nötig ist.

Die erste unmittelbare Profilverringerung auf Grund der Ablesung erfolgt in Strecke 101—104. Die Summe der Abflußmenge und der Zuflüsse aus den Strecken 100—101 und 103—101 ist (23 + 75 + 45) = 143 sl, das entsprechende Rohr bei 2 ‰ Gefälle 0,50 Φ, die Durchflußmenge nach dem Flutplan nur 116 sl, also der wirklich erforderliche Leitungsquerschnitt nur 0,45 Φ.

An der Stelle, wo das Wasser die Mischleitung über den Regenüberfall verläßt und in die Regenwasserleitung des Tiefgebietes tritt, ist bei der angenommenen 5 fachen Verdünnung des Schmutzwassers eine Regenwassermenge gleich der 4 fachen Schmutzwassermenge in Spalte 8 in Abzug zu bringen. Die Größe des Entwässerungsgebietes bis zu dem Regenüberfall an Punkt 110 ist 9,26 ha. Die Schmutzwassermenge beträgt $\frac{80 \cdot 150}{10 \cdot 60 \cdot 60} = 0{,}33$ sl/ha, an Punkt 110 also 9,26 · 0,33 ∼ 3 sl und die zur Verdünnung erforderliche Regenwassermenge 4 · 3 = 12 sl. Für Strecke 110—110a ist demnach der Zufluß aus Strecke 109—110 nicht 230 sl, wie vorher an dem Flutplan abgelesen, sondern (230—12) = 218 sl.

Der gleiche Abzug ist von allen Ablesungen für die Strecken des Sammlers unterhalb des Regenüberfalles zu machen. So sind in Strecke 110—110a von den abgelesenen 230 sl noch 12 sl abzuziehen, um die wirkliche Durchflußmenge von 218 sl zu erhalten, in Strecke 110a—112a: (235 − 12) = 223 sl.

Die Flutfläche der letzten Strecke zur Vorflut, die keinen unmittelbaren Zufluß mehr erhält, wird nicht aufgetragen, da ja die zuletzt ermittelte Durchflußmenge weder zu- noch abnimmt.

[Die Numerierung der Schächte des vorliegenden Entwässerungsplanes entspricht deshalb nicht der Reihenfolge der Strecken in der Tabelle, weil der Entwurf aus einem größeren herausgeschnitten ist.]

Unterhalb des Regenüberfalles sind die **Durchflußmengen der Schmutzwasserleitungen**, wie folgt, berechnet: Strecke 110—110a hat einen Zufluß aus Strecke 109—110 von 3 sl Schmutzwasser und 4 · 3 = 12 sl Regenwasser und eine Abflußmenge von den angrenzenden Entwässerungsflächen von $\frac{0{,}14 + 0{,}05}{2} \cdot 0{,}33 = 0{,}03$ sl, im ganzen also eine Durchflußmenge von 15,3 sl, welche der Schmutzwassersammler in Str. 28 aufnimmt.

Die Leitung der Kaiserstr. zwischen Str. 28 und Emsstr. hat (0,12 + 0,09) · 0,33 = 0,07 sl abzuführen. Hierzu kommen an der Ecke der Kaiserstr. und Emsstr. noch 4,19 sl und bis zur Abzweigung des Regenwasserkanals nach der Ems (0,08 + 0,05) · 0,33 = 0,04 sl hinzu, so daß die Leitung in der Emsstr. 4,3 sl weiterzuführen hat.

Die erforderlichen Leitungsquerschnitte werden nach dem Gefälle des Wasserspiegels, der im vorliegenden Falle im Scheitel der Leitungen liegt, bestimmt. Für die angegebenen geringen Wassermengen genügen durchweg die für Straßenleitungen zulässig kleinsten Rohre von 0,20 Φ.

Beispiel 18: Tabelle II. 1. zum Entwässerungsplan auf Tafel VII enthält die Berechnung der Durchflußmengen mit Hilfe der **Imhoffschen Tafel der Verzögerungswerte (Taf. I).** Wegen des durchschnittlich schwachen Gefälles und wegen des mehr länglichen Entwässerungsgebietes ist die Linie für $n = 5$ zugrunde gelegt. Die Abflußmengen von Gebieten unter 2 ha wurden nicht mittels ψ verkleinert, um eine Sicherheit für die Ableitung der stärksten, aber nur kurzen Regen zu haben.

Die ermittelten Leitungsabmessungen weichen im vorliegenden Falle nicht viel von den genauer berechneten der ersten Tabelle ab.

Beispiel 19: Der Tabelle II. zum Entwässerungsplan auf Tafel VII sind noch **vier weitere Spalten (Tab. II. 2.)** angefügt, welche die **nach der Tafel von Imhoff (Taf. II) für schwache Bebauung und schwaches Gefälle berechneten Durchflußmengen** und die hiernach bestimmten Leitungsabmessungen enthalten.

Ist der Versickerungswert für die einzelnen Teile des Niederschlagsgebietes verschieden, so sind in Tab. I die Spalten 5 und 6 etwa folgendermaßen zu teilen:

Niederschlagsgebiet in ha				Abflußmenge in sl				
bebaut		offen	An-lagen	[Regenstärke 116 sl/ha]				Summe
geschlossen				$\varphi = 0{,}8$	0,6	0,4	0,1	
eng	weit							
I.	II.	III.	IV.	I.	II.	III.	IV.	

Werden die Durchflußmengen mit Hilfe von ψ ermittelt (Tab. II. 1.), so werden im gleichen Falle Spalte 3 und 4, wie folgt erweitert:

Niederschlagsgebiet in ha						Abflußmenge in sl					
der Zuflüsse		der letzten Strecke				der Zu-fluß-strecken ohne Ver-zögerung	[Regenstärke 120 sl/ha]				Sum-me
		bebaut		offen	An-lagen		$\varphi = 0{,}8$	0,6	0,4	0,1	
		ge-schlossen									
Str.	ha	eng	weit								
		I.	II.	III.	IV.	sl	I.	II.	III.	IV.	

Zur überschläglichen Berechnung der Durchflußmengen nach **Imhoff** (Tab. II. 2.) bedarf es einer weiteren Unterteilung in keinem Falle.

In die Längenprofile werden die, gleichgültig auf welche Art, ermittelten Durchflußmengen unmittelbar über der Horizontalen blau, die Schmutzwassermengen des Trennverfahrens rot eingeschrieben, sowie die gefundenen Abmessungen nebst der zugehörigen Leitungslänge rot, für Regenwasserleitungen blau eingesetzt.

Auf Grund der berechneten Leitungsabmessungen wird man hin und wieder die auf dem Lageplan vorgenommene Einteilung in Haltungen etwas abändern. Es empfiehlt sich nämlich, in kleineren Rohrleitungen von 0,20 und 0,25 Φ den Größtabstand der Einsteigeschächte in Rücksicht auf den Spülbetrieb auf 50 m zu beschränken, in bequem begehbaren Kanälen ihn aber auf 80—100 m zwecks Kostenersparnis auszudehnen.

VII. Tiefe und Gefälle der Leitungen.

I. 1. Wie schon unter E. V. S. 31 bemerkt, muß sich das **lichte Profil** der Leitungen **unter** der **Wasserspiegellinie** befinden, weil sich sonst, wenn die ermittelte Durchflußmenge abzuführen ist, der Wasserspiegel der für Vollauf berechneten Leitungen höher einstellt.

Dem wird dadurch genügt, daß der Scheitel der Leitungen in die Wasserspiegellinie gelegt wird (Abb. 15).

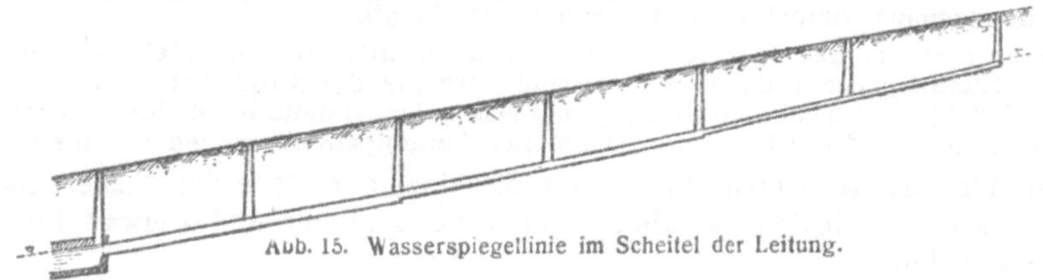

Abb. 15. Wasserspiegellinie im Scheitel der Leitung.

Doch weicht man von dieser Anordnung bei schwachen Wasserspiegelgefällen ($< 10-20^0{}_{00}$) kleiner Mischwasserleitungen, welche nur wenig Schmutzwasser führen, ab und gibt den Leitungen selbst ein stärkeres Gefälle, um die Geschwindigkeit der kleinen Wassermengen bei Trockenwetter zu erhöhen und dadurch Ablagerungen möglichst zu verhindern (Abb. 16).

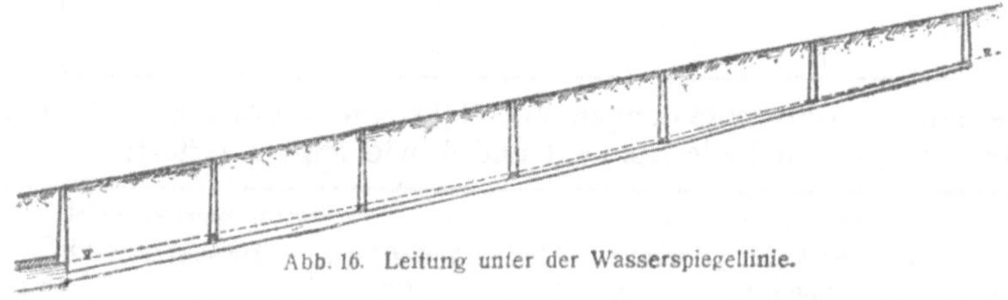

Abb. 16. Leitung unter der Wasserspiegellinie.

Bei höheren Profilen (Eiform) ist dies nicht so nötig, weil deren größere Schmutzwassermenge meistens schon eine ausreichende Geschwindigkeit besitzt, und auch weniger empfehlenswert, weil die Baukosten solcher schon sowieso tiefreichender Kanäle mit tieferer Ausschachtung in steigendem Verhältnis, namentlich bei schlechtem Baugrund, hohem Grundwasserstand, engen Straßen, wachsen.

Auch für die Schmutzwasser- und Regenwasserleitungen des Trennverfahrens, welche in der Regel eine größere Füllhöhe, also auch eine größere Wassergeschwindigkeit aufweisen, ist ein Sohlengefälle, das stärker als das Wasserspiegelgefälle ist, von geringerer Bedeutung.

Auch Regenwasserkanälen muß man öfters bei flachem Gelände und hohem Sommerhochwasser der Vorflut, an welches ja die Wasserspiegellinie anzuschließen ist, ohne Rücksicht auf letztere streckenweise ein stärkeres Sohlengefälle geben, damit sie 1,60 — 1,75 m Scheiteldeckung erhalten und dem Wasserleitungsnetz nicht im Wege sind.

Der Höhenunterschied zwischen Kanalscheitel und Wasserspiegel, der sich bei stärkerem Gefälle der Leitungssohle ergibt, zeigt den **Innendruck** an, welchem die Leitungen zeitweise, bei Sturzregen oder bei Hochwasser der Vorflut, ausgesetzt sind. Solange dieser 1,50 m nicht überschreitet, kann er für gut eingebaute Entwässerungsleitungen als unbedenklich angesehen werden. Doch empfiehlt es sich, die Stöße von Betonrohren, falls der Druck 0,50 m übersteigen oder längere Zeit (in Regenwasserleitungen bei Hochwasser) anhalten kann, durch Umstampfen eines eisenbewehrten Betonringes zu dichten (Abb. 68).

Jedenfalls ist, wenn irgend möglich, zu **vermeiden, daß** das **Sohlengefälle** einer Leitung **schwächer als** das **Wasserspiegelgefälle** ist, da sich bei freier Vorflut die Füllhöhe einer solchen Leitung zunächst nach dem schwächeren Sohlengefälle einstellen und deshalb die Leitung, welche nach dem Wasserspiegelgefälle bemessen ist, schon bei Durchflußmengen, welche erheblich unter der rechnungsmäßigen bleiben, unter Druck kommen würde. Ist dies ausnahmsweise nicht möglich, so ist der Leitungsquerschnitt nach dem schwächeren Sohlengefälle zu berechnen.

2. Bei der Vereinigung von Leitungen, welche zeitweise einem Innendruck ausgesetzt sind, wird verlangt, daß ein größeres Kreisrohr in ein Eiprofil mit kleinerem Krümmungshalbmesser der Sohle so hoch eingeführt wird, daß seine Leibung nicht über die des Eiprofils vortritt, damit nicht bei kleinen Wassermengen ein Rückstau entsteht (Abb. 17).

Abb 17. Einmündung eines breiteren in ein schmäleres Profil.

Für die zeitweilig unter Druck stehenden Mischwasserleitungen gilt nämlich insbesondere, daß, solange sie nur Schmutzwasser (bei Trockenwetter) abführen, nirgends ein Aufstau eintritt und Ablagerungen infolge verringerter Geschwindigkeit hervorgerufen werden. Eine **Zweigleitung** soll deshalb nicht in Sohlenhöhe der Hauptleitung, sondern so hoch einmünden, daß sich die Schmutzwasserspiegel beider Leitungen in gleicher Höhe befinden.

In kleineren Rohren (bis 0,50 Φ) ist der Unterschied in der Schmutzwasserfüllhöhe meistens so gering, daß man deren Sohle an den Profilwechseln und Vereinigungsstellen ohne Absatz durchgehen läßt (Abb. 16, 26). Mündet aber ein kleineres Rohr in einen begehbaren Kanal (Eiprofil), so wird es 15—20 cm über Kanalsohle eingeführt (Abb. 38). Von größeren Kanälen, die eine erhebliche Schmutzwassermenge abzuführen haben, ist die Füllhöhe des Schmutzwassers nach D. Beisp. 15, S. 21 zu berechnen und hiernach die Einmündungshöhe der Seitenleitungen zu bestimmen (Abb. 35).

3. Die Sohle der **Endhaltungen** wird am oberen Ende, wo die abzuführende Wassermenge gleich Null ist, in den Wasserspiegel gelegt, damit ein Abfluß nach rückwärts in die durchgehende Leitung nicht erfolgen kann (Abb. 18). Doch ist das Sohlengefälle so stark zu wählen, daß sich der Rohrquerschnitt am unteren Ende der Endhaltung, sowie der aller folgenden Haltungen unter dem Wasserspiegel befindet (Taf. VII).

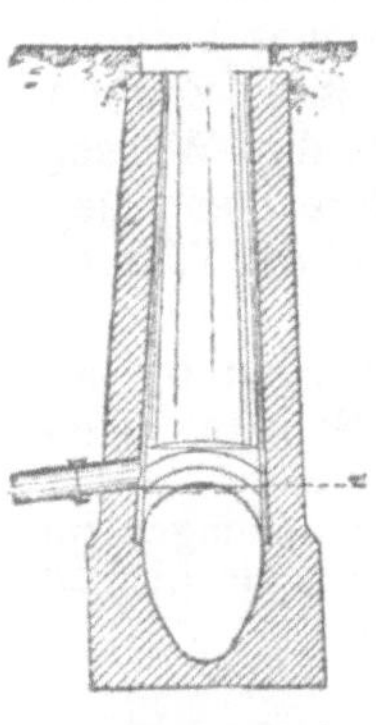

Abb. 18 Ausmündung einer Endleitung.

Liegt der Wasserspiegel am oberen Ende eines Regenwasserleitungsstranges infolge hohen Sommerhochwasserstandes der Vorflut und schwachen Geländegefälles der Erdoberfläche näher als 1,60 m, so wird das Leitungsende höchstens auf 1,60 m unter Straßenkrone gehoben, mit einer Klappe oder auch nur mit einem Holzpfropfen verschlossen und durch eine kurze Abzweigleitung nach dem Schachte in Höhe des Wasserspiegels entlüftet. Der Verschluß wird

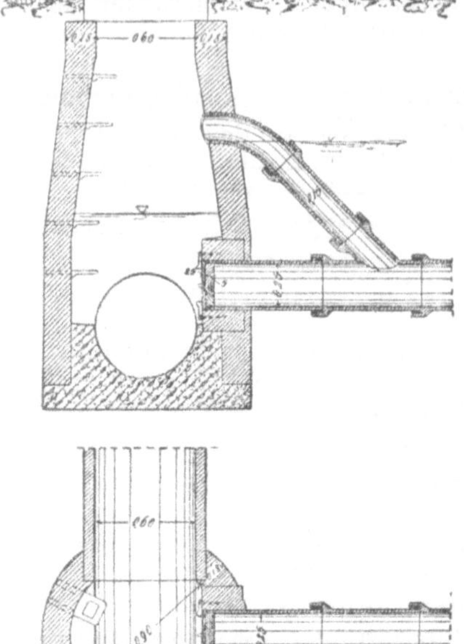

Abb. 19. Verschluß und Entlüftung einer Endleitung, welche unter ihrem Wasserspiegel oder dem der durchgehenden Leitung liegt.

nur zu Spül- und Reinigungszwecken bei Bedarf geöffnet (Abb. 19).

II. 1. Vom unteren Ende des Leitungsnetzes ausgehend werden zunächst die **Sammelkanäle** in die Längenprofile eingetragen, und zwar gewöhnlich so, daß ihr Scheitel in die Wasserspiegellinie fällt. Die dadurch an den Profilwechseln entstehenden Absätze in der Sohle werden beim Bau durch trompetenartige Übergangsstücke mit stärkerem Sohlengefälle ausgeglichen (vgl. Abb. 39). Die kleineren Rohrleitungen schließen sich im Mischverfahren bei starkem Wasserspiegelgefälle in gleicher Weise (Scheitel in der Wasserspiegellinie) an. Nur die Endhaltungen erhalten ein stärkeres Sohlengefälle, so daß sie mit der Sohle in Wasserspiegelhöhe endigen. Bei dem Bau werden größere Absätze in der Sohle, besonders an der Einmündung in Sammelkanäle, durch Absturzkammern mit S-förmig gekrümmter Sohle (Abb. 37, 38), kleinere Absätze durch stärkeres Sohlengefälle in den Schächten (Abb. 31) vermittelt.

2. Bei schwachem Wasserspiegelgefälle der **Rohrleitungen** wird deren Sohle an die Sammelkanäle in Höhe des Schmutzwasserspiegels (gewöhnlich 15—20 cm über Sohle des Sammelkanals) angeschlossen und vielfach in gerader Linie bis zum Wasserspiegel des oberen Endpunktes durchgeführt. Ist der Gefällunterschied der Leitungssohle und des Wasserspiegels nur gering, so ist unter Umständen das Sohlengefälle in konkaver Linie an einigen Schächten zu brechen, damit alle Leitungen bis auf die Endhaltung ganz unter der Wasserspiegellinie bleiben. Aus dem gleichen Grunde erweist sich ein Bruch des Sohlengefälles gewöhnlich an den Punkten als notwendig, wo sich ein Brechpunkt des Wasserspiegelgefälles befindet.

3. **Notauslässe** und **Regenwasserleitungen** erhalten von ihrer Einmündung in die Vorflut aus eine Deckung von 1,60—1,75 m, falls ihre Wasserspiegellinie höher liegt, und zwar bis zu dem Punkte, wo letztere diese Tiefe unter Gelände erreicht, und folgen von da ab mit ihrem Scheitel der Wasserspiegellinie.

4. Die **Schmutzwasserleitungen des Trennverfahrens** werden bis auf die wie vor anzulegende Endhaltung in der Regel mit dem Scheitel in die Wasserspiegellinie gelegt.

Die Leitungen werden rot, im Trennverfahren die Schmutzwasserleitungen rot, die Regenwasserleitungen blau, ausgezogen und die Sohlenordinaten, die Längen, Abmessungen und Gefälle in den gleichen Farben eingeschrieben.

F. Einzelheiten der Entwässerungsanlagen.

I. Dem Entwurf einer Entwässerungsanlage sind die Querschnitte der vorkommenden gemauerten und in der Baugrube gestampften Kanäle im Maßstabe 1:10—1:25 beizufügen.

Von den sich wiederholenden Bauwerken, wie Einsteigeschächten, Spülschächten, Regeneinläufen, deren Maße nicht oder nur wenig voneinander abweichen, sind Normalien in 1:10—1:25 aufzustellen.

Leitungen und Bauwerke, welche nur einmal vorkommen oder infolge der örtlichen Verhältnisse größere Abweichungen voneinander aufweisen, wie Düker, Heberleitungen, Vereinigungen begehbarer Kanäle, schwierigere Kreuzungen von Kanälen, Regenüberfälle, Kanalmündungen in die Vorflut, Sandfänge usw. sind für jeden Einzelfall zur Darstellung zu bringen, Düker und Heberleitungen in 1:100—1:200, Bauwerke in 1:25—1:50, Eisenteile in 1:5—1:10.

II. Hinsichtlich der Bauwerke aus Mauerwerk oder Beton sei vorab allgemein bemerkt:

Geschlossene Hohlräume werden gewöhnlich halbkreisförmig zwecks Verringerung des Gewölbeschubes und der Widerlagsstärke überwölbt.

Man macht sie, wenn nicht andere Gründe dagegen sprechen, 1,80 m hoch, um bequem darin stehen zu können, doch ist eine geringere Überdeckung als 50 cm über Scheitel zu vermeiden, um eine ausreichende Verteilung der Radlasten auf das Gewölbe zu erzielen.

Hohlräume, in welchen sich die Kanalluft staut, Luftsäcke, sind zu vermeiden. Es geschieht das am einfachsten dadurch, daß auf den Scheitel des höchsten Gewölbes ein Einsteigeschacht aufgesetzt wird. Ist das nicht angängig, so ist die höchste Stelle durch eine senkrecht eingemauerte, kurze Steinzeugrohrleitung nach einem kleinen gemauerten, in der Straßenoberfläche mit einer durchlöcherten Abdeckung versehenen Kasten zu entlüften (Abb. 39).

Der Einbau von Eisenteilen ist möglichst zu beschränken, da sie stark dem Rosten ausgesetzt sind.

I. Straßenleitungen.

Steinzeugrohre haben eine Wandstärke von annähernd $\left(\frac{d}{20}+1\right)$ cm. Ihre Verbindung erfolgt durch 6—7 cm tiefe Muffen, deren Weite ungefähr 4 cm größer ist als der äußere Rohrdurchmesser, und welche mit einem Teerstrick und Asphaltkitt ausgefüllt werden. Zum besseren Haften des letzteren ist das Muffeninnere ebenso wie das Schwanzende des Rohres außen mit Rillen versehen. Das Muffenende wird immer gegen die Stromrichtung gelegt (Abb. 22, 66).

Steinzeugrohre über 0,50 m Φ werden mit Magerbeton (1:12 bis 1:15), im Kämpfer 15—20 cm, im Scheitel 10 cm stark, umstampft.

Die Baulänge der Steinzeugrohre beträgt 0,50 0,60, 0,75, 1,00 m, die der Abzweigrohre 0,60 und 0,75 m.

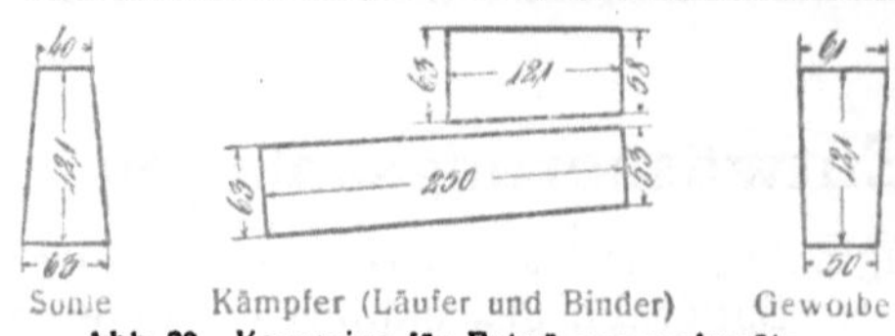

Abb. 20. Keilsteine für Entwässerungskanäle.

Gemauerte Kanäle sind bis 0,90 m Weite im Scheitel $^1/_2$ Stein, im Kämpfer 1 Stein, bis 1,20 m Weite 1 und $1^1/_2$ Stein stark. Sie werden in einzelnen Ringen aus Keilsteinen (Klinkern) (Abb. 20) hergestellt und mit Hartbrandsteinen von Normalform hintermauert (Abb. 25, 64). Außen erhalten sie einen 2 cm starken Rapputz.

Als Unterlage dienen gewöhnlich dem Kanalquerschnitt angepaßte, mindestens 3 Monate alte Betonsohlstücke (1:3:4 bis 1:4:8) von nicht über 200 kg Gewicht (Abb. 34).

Sohlschalen aus Steinzeug an Stelle einer gemauerten Sohlrolle, werden entweder als einfache, an der Unterseite geriffelte Schalen in die Mittelsohlstücke einbetoniert (Abb. 23, 65) oder in der Form von Steinzeugsohlstücken, deren Hohlräume ausbetoniert werden, verwendet (Abb. 21).

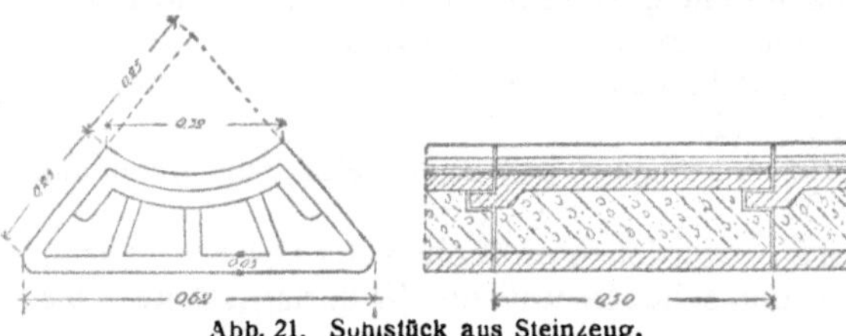

Abb. 21. Sohlstück aus Steinzeug.

Betonleitungen bis 1,50 m Höhe werden aus fertigen Rohren zusammengesetzt, von 1,20 m ab bis zu den größten Abmessungen in der Baugrube gestampft.

Die 1 m langen Betonrohre haben eine Wandstärke von rd. $^1/_5$ der kleinsten bis rd. $^1/_{10}$ der größten Weite (Abb. 67—68).

Sie erhalten zur Verbindung Falze, welche mit Zementmörtel verstrichen werden. Um Betonrohre, welche zeitweise unter Druck stehen, werden zwecks Sicherung der Stoßdichtung Betonringe gestampft, in welche womöglich ein Drahtnetz, mehrere Bandeisen oder schwache Rundeisen eingebettet werden (Abb. 68).

Die Achse **nicht-begehbarer Leitungen** aus Steinzeug oder Beton muß zwischen zwei Einsteigeschächten eine schnurgerade Linie bilden, um die Leitungen von den Schächten aus bequem und sicher auf Beschädigungen und Ablagerungen hin besichtigen (abspiegeln) und reinigen zu können (Abb. 140, 142).

„In einer Haltung darf weder die Richtung, noch das Gefälle, noch der Querschnitt wechseln.“

In **begehbare Kanäle** aus Mauerwerk oder Beton ($\geqq$ 0,90 m hoch) und allenfalls noch in Regenwasserleitungen von mindestens 0,60 m Höhe werden zur Vermittlung von Richtungswechseln Bogenstücke, auch mitten zwischen zwei Schächten, eingelegt, deren Krümmungshalbmesser mindestens gleich der 5fachen lichten Weite des Profils, gewöhnlich 10 m, ist (vgl. Abb 39, 43 und Taf. VIII).

Die Bogenstücke von Betonkanälen sind, wenn sie nicht unmittelbar in der Baugrube eingestampft werden, aus Mauerwerk herzustellen.

Profilwechsel werden durch 2—3 m lange kegelförmige Übergangsstücke vermittelt, deren Sohle, wenn die Scheitellinie, wie gewöhnlich, durchlaufen soll, ein entsprechend stärkeres Sohlengefälle erhält (Abb. 41).

Zur Einleitung des Abwassers in Steinzeugrohrleitungen und kleine Betonleitungen dienen Abzweigrohre (Abb. 22, 67), in größere Betonkanäle und gemauerte Kanäle eingemauerte Rohrstutzen (Abb. 23, 68), zur Einleitung in letztere auch Einlaßstücke aus Steinzeug (Abb. 23). Die Einlässe bilden gewöhnlich einen Winkel von 45° mit der Hauptleitung.

Rohrstutzen werden deshalb auch, um sie nicht bei schräger Einmauerung behauen zu müssen, unter 45° zur Achse abgeschnitten, von den Fabriken geliefert. Die Einmauerung der Rohrstutzen in gemauerte Kanäle erfordert viel Verhau. In dieser Beziehung sind die außen rechteckigen Einlaßstücke vorzuziehen, die aber wesentlich teurer sind; ihre Hohlräume sind vor dem Vermauern mit Beton auszufüllen.

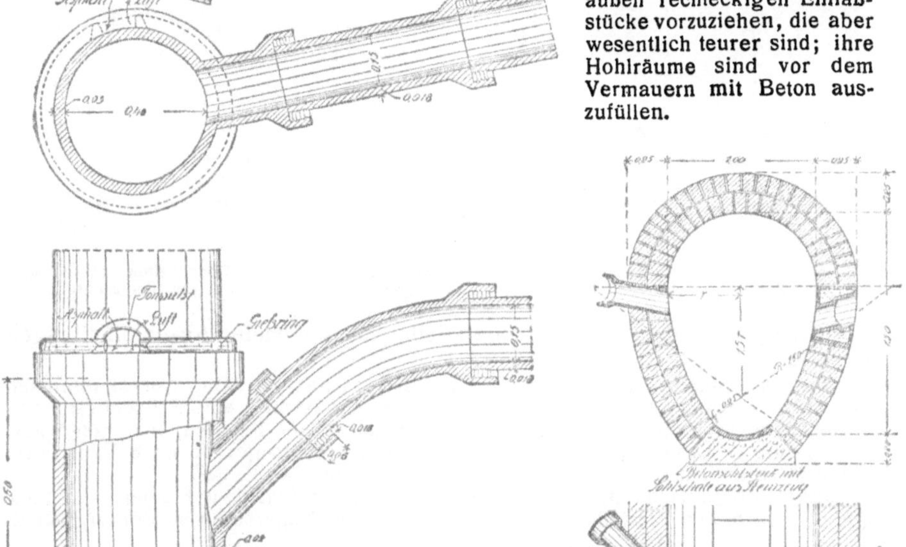

Abb. 22.
Abzweigrohr aus Steinzeug (Asphaltdichtung).

Abb. 23.
Gemauerter Kanal (Eiprofil) mit Einlässen.

Die Einlässe sind mit Gefälle ($\leqq$ 20 °/₀₀) so hoch in die Straßenleitung einzulegen, daß bei dem Trockenwetterabfluß wenigstens ein Teil der Einlaßmündung frei bleibt, damit die Entlüftung des Leitungsnetzes durch die Anschlußleitungen genügend gewahrt bleibt. Gewöhnlich mauert man sie so ein, daß ihr Scheitel mit dem Kämpfer zusammenfällt, doch sollte ihre Höhe über Kanalsohle in Rücksicht auf die den Kanal begehenden Arbeiter höchstens 0,80 m betragen.

Die Einlässe sind entsprechend der Weite der Regeneinlauf- und Grundstücksanschlußleitungen 12,5 oder besser 15 cm weit. Ausnahmsweise kommt ein Durchmesser von 20 cm in Betracht für die Entwässerung sehr großer Grundstücke und viel Wasser abführender Gewerbebetriebe.

II. Die Doppelleitungen des Trennverfahrens.

Behufs Verringerung der durch die Doppelleitungen bedingten hohen Kosten des Trennverfahrens empfiehlt es sich, beide Leitungen gleichzeitig in einer Baugrube herzustellen. Die einzelnen Leitungen müssen jedoch, um sie ohne Schwierigkeiten prüfen, spülen, reinigen zu können, nebeneinander angeordnet werden, ferner aber in Rücksicht auf die unvermeidlichen Kreuzungen beider Leitungsarten an den

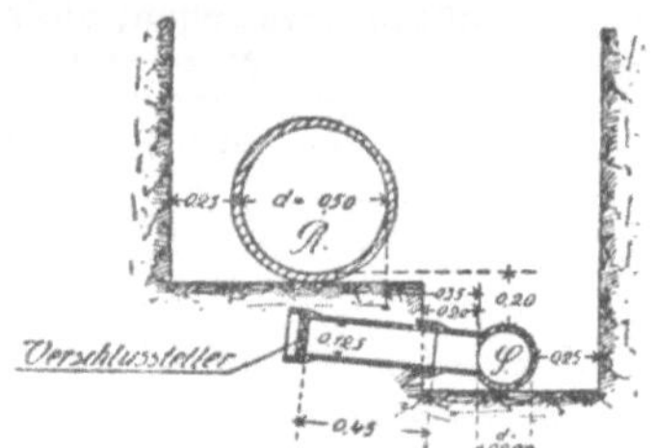

Abb. 24. Trennverfahren-Doppelsteinzeugrohrleitung.

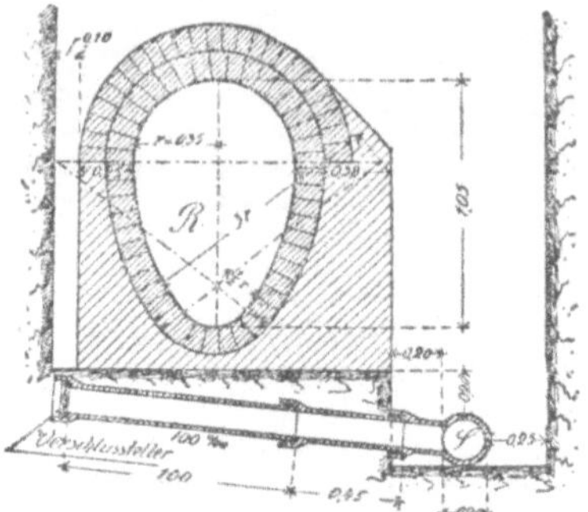

Abb. 25. Trennverfahren-Doppelleitung aus einem gemauerten Kanal und einem Steinzeugrohr.

Straßenecken und auf die von beiden Seiten einmündenden Anschlußleitungen auch in verschiedener Höhe.

Diese Anordnung ist bei der Barmer Kanalisation dahin vervollkommnet, daß sich zwischen zwei Steinzeugrohrleitungen gerade noch eine Schachtwand von 1 Stein Stärke mit je 5 cm Spielraum bis zu den lichten Profilen beiderseits aufführen läßt und daß in der Höhe zwischen zwei Profilen gerade noch Raum verbleibt für die Schachtsohle des oberen Profiles (Abb. 24—25, 38).

Stürzt infolge losen Bodens die Bankettecke beim Einbau der unteren Leitung ein, so wird sie vor Verfüllung des unteren Rohres in Magerbeton wiederhergestellt.

III. Einsteigeschächte und Vereinigung von Straßenleitungen.

I. 1. **Einsteigeschächte** erhalten mit Rücksicht auf den Erddruck möglichst eine runde Form, unten 0,80—1,00 m weit, nach oben auf 0,50—0,60 m Weite zusammengezogen. Es empfiehlt sich, mit dem Ziehen erst 1,00 bis 1,50 m über der Leitungssohle zu beginnen, damit man bei Reinigungsarbeiten nicht zu sehr beengt ist. Die drei obersten Schichten werden nicht mehr gezogen, sondern zur Aufnahme der Abdeckung lotrecht aufgemauert (Abb. 31).

Als Wandstärke genügt 1 Stein, für die Kreisform und für Tiefen bis 3,00 m auch schon ½ Stein. Zur Verwendung kommen meistens Radialsteine (Abb. 32). Vielfach werden auch die über der Leitung liegenden Teile, welche bei den einzelnen Schächten in gleicher Form wiederkehren, aus Beton-Brunnenringen, welche mit Falz ineinandergreifen, hergestellt (Abb. 26).

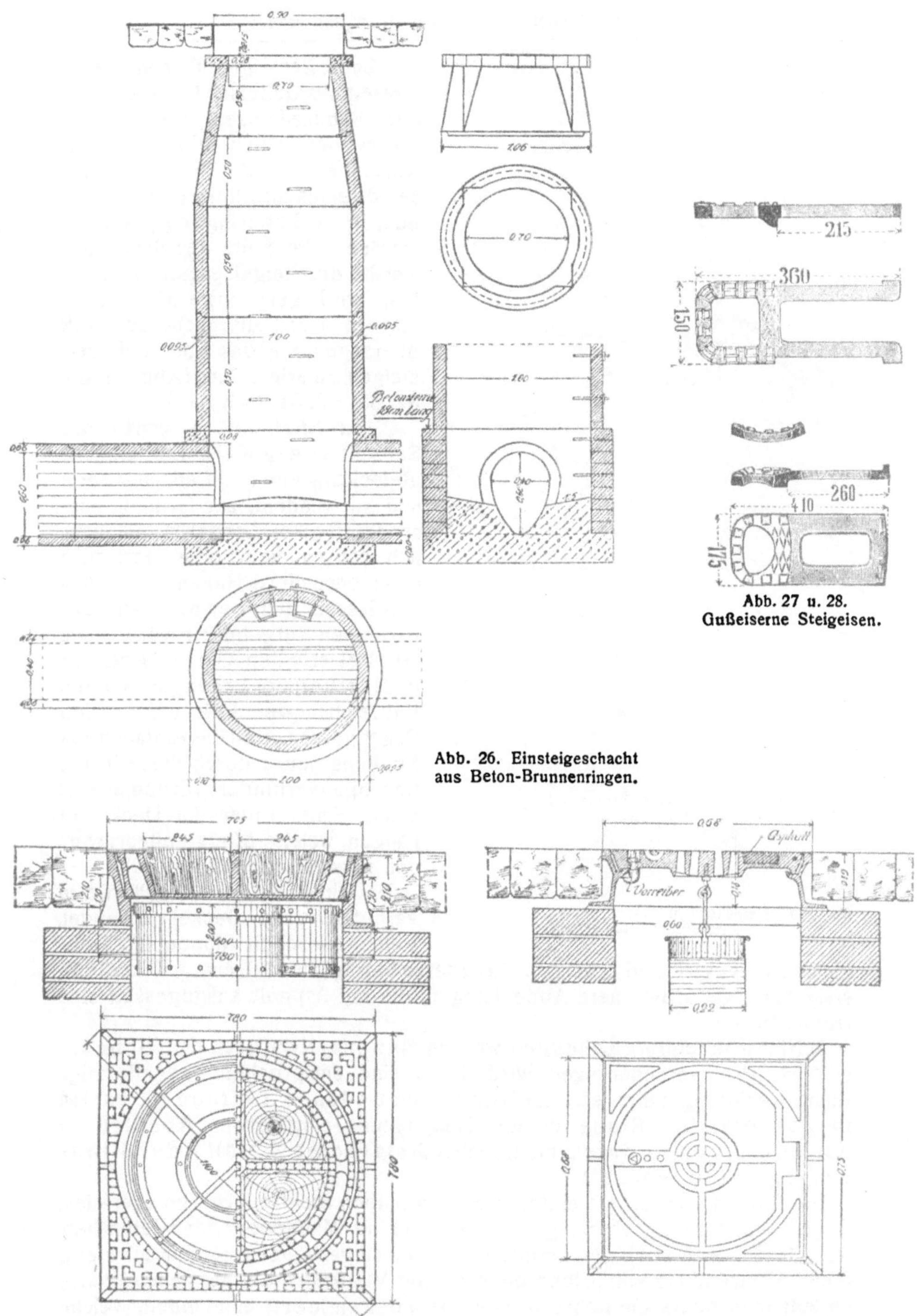

Abb. 27 u. 28.
Gußeiserne Steigeisen.

Abb. 26. Einsteigeschacht
aus Beton-Brunnenringen.

Abb. 29. Schachtabdeckung mit Holzklotzfüllung.

Abb. 30. Schachtabdeckung mit Asphaltfüllung.

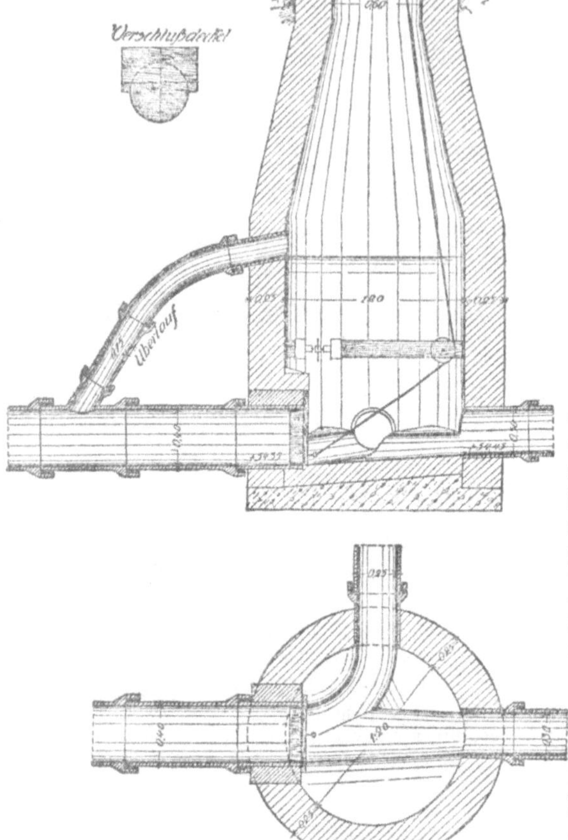

Ab. 31. Einsteigescha⌐ht einer Steinzeugrohrleitung mit Spüleinrichtung und Überlauf.

Zum Besteigen dienen **Steigeisen** aus Gußeisen (Abb. 27—28) oder Schmiedeeisen, welche alle 30 cm (vier Schichten) und in einem Abstande von 13—25 cm abwechselnd rechts und links eingemauert oder in die Betonringe eingestemmt werden. Die Seite des Schachtes, welche die Steigeisen aufzunehmen hat, wird gern lotrecht hochgemauert, jedenfalls nicht zu stark überzogen, um das Ein- und Aussteigen zu erleichtern (Abb. 34, 35, 37, 38, 43, 51, 54).

2. In Straßenhöhe erhält der Schacht eine gußeiserne **Schachtabdeckung** von quadratischer Form und mit rundem, zur Öffnung passendem Deckel. Letzterer muß ziemlich schwer sein oder darf sich ohne besondere Haken nicht öffnen lassen, damit er nicht von Unberufenen aufgehoben wird. Die Deckel erhalten Öffnungen zur Entlüftung der Leitungen und zum Entweichen der Luft bei starken Regengüssen. Soll das Einfallen von Straßenschmutz durch diese in die Leitungen verhindert werden, so sind kleine Eimer unter die Deckel zu hängen, welche öfters entleert werden müssen (Abb. 29 u. 30).

Um ein Ausgleiten der Pferde zu verhüten, werden Deckel verwendet, welche zwischen Rippen mit Holzklötzen ausgekeilt sind (Abb. 29). Ihre Stärke beträgt 18—20 cm. Auf dem Fußsteig genügen schwächere Abdeckungen, die mit Asphalt ausgegossen sind (Abb. 30).

3. **Nicht-begehbare Leitungen** werden rinnenartig durch den Schacht geführt, Profilveränderungen wird durch eine entsprechend kegelförmige Rinne Rechnung getragen. Seitlich einmündende Leitungen werden in gekrümmter Rinne in die Hauptleitung eingeführt. Absätze in der Sohle werden durch entsprechend stärkeres Gefälle der Rinne ausgeglichen (Abb. 31).

Die Rinnen werden am einfachsten aus halben Steinzeugrohren (geraden, Bogen- und Abzweigrohren), gekrümmte auch aus Mauerwerk oder Beton hergestellt. Da sich stark gekrümmte Rinnen in Ziegelmauerwerk nur schwierig (unter Verwendung von halben oder gar nur Viertelsteinen) herstellen lassen, so läßt man öfters die Rohre in niedrige **Vorkammern** einmünden, welche gestatten, eine Rinne von größerem Halbmesser einzulegen (Abb. 38). Dieses gilt besonders für die Einmündung von Leitungen, welche gegen die Stromrichtung der Hauptleitung gerichtet sind. Es wird dadurch die sonst nicht zu umgehende Erweiterung des ganzen Schachtes erspart.

II. 1. **Begehbare Kanäle** gehen in den Einsteigeschächten bis zum Kämpfer glatt durch. Im Gewölbe wird eine Lücke von 1,00 m Länge ausgespart. Die verbleibenden Stirnwände werden wagerecht abgeglichen. Auf diese und die Kämpfer zwischen ihnen werden die Schachtwände, gern mit 8—10 cm Stich, aufgesetzt und allmählich zum Kreis zusammengezogen. Kämpfer und Stirnwände erhalten eine Stärke von $1\,^1/_2$ Stein, wenn die 1 Stein starken Schachtwände mit Stich nach außen angesetzt werden sollen. Die wagerechten Vorsprünge in den Leibungen werden mit Zementmörtel schräg abgeglichen, damit kein Schmutz auf ihnen sitzen bleibt. Die Wand, in welche die Steigeisen eingemauert

Abb. 32. Radialstein

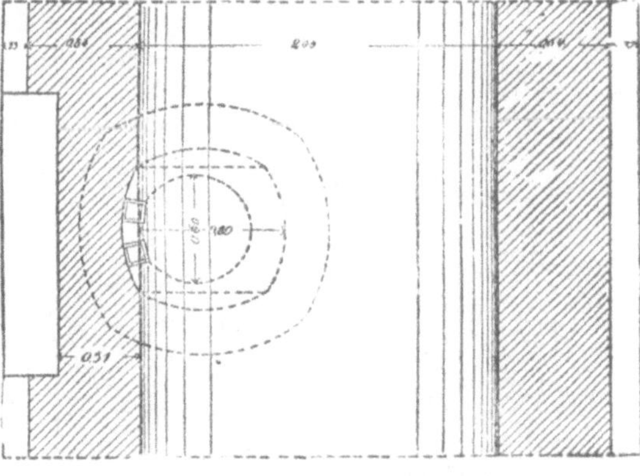
Abb. 33. Steigkasten.

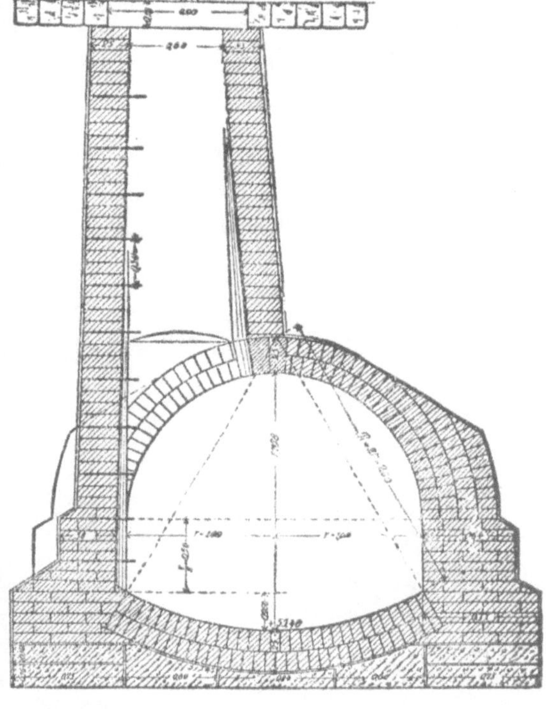
Abb. 34 Einsteigeschacht eines größeren gemauerten Kanals (Haubenprofil).

werden, wird aus dem früher genannten Grunde gern lotrecht aufgemauert und die gegenüberliegende Schachtwand desto stärker gezogen. Die auf die Stirnwände gesetzten Schachtwandungen werden gleichmäßig gezogen, weil dadurch das Besteigen des Schachtes erleichtert wird; die Öffnung kommt also in die Mitte zwischen die beiden Stirnwände (Abb. 37, 39).

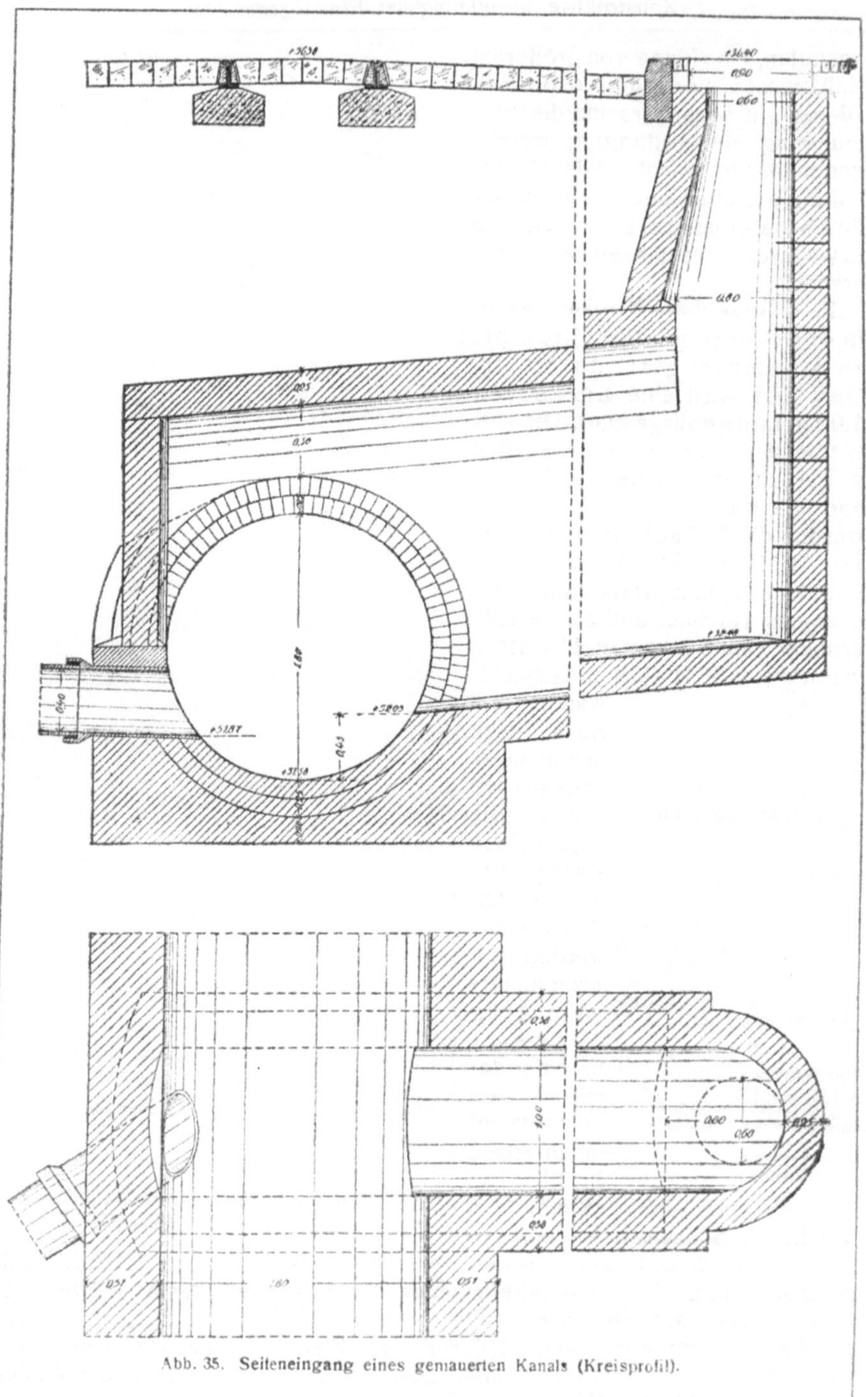

Abb. 35. Seiteneingang eines gemauerten Kanals (Kreisprofil).

Bis zur Höhe des Wasserspiegels werden auch wohl Steigkasten statt der Steigeisen eingemauert, um den Leitungsquerschnitt durch die vorstehenden Steigeisen nicht zu verringern (Abb. 33). Doch sammelt sich anderseits in den Steigkasten leichter Schmutz an als an den Steigeisen.

2. In breiteren Kanälen, welche ein überstarkes Ziehen der auf die Kämpfer gesetzten Schachtwände verlangen würden, wird nur ein Teil des Gewölbes ausgespart, der stehenbleibende Teil durch einen Stichbogen zwischen den Stirnwänden abgefangen und auf diesen die eine Schachtwand aufgesetzt (Abb. 34, 43, 51).

3. Mitunter verlangt starker Wagenverkehr oder die Lage des Kanals unter Straßenbahngleisen die Verlegung des **Kanalzuganges auf den Fußsteig.** Es wird dann der unter diesem angelegte Einsteigeschacht durch einen begehbaren Kanal mit flacher Sohle und senkrechten Wänden, 0,80 m breit und 1,80 m hoch, mit dem Entwässerungskanal unter dem Fahrdamm verbunden. Die Sohle des Zuganges ist mindestens so hoch zu legen, daß bei Trockenwetterabfluß kein Kanalwasser in ihn eintreten kann. Damit bei größeren Abflußmengen etwa eingedrungenes Wasser wieder leicht abfließt, erhält die Sohle ein Gefälle von 20–40°/₀₀ (Abb. 35).

4. Hin und wieder legt man auch **Treppeneingänge** zu Besichtigungsbauwerken, besonderen Spülkammern oder größeren Arbeitsräumen, z. B. für die Schneebeseitigung, an (Abb. 59). Infolge der größeren Längenentwick-

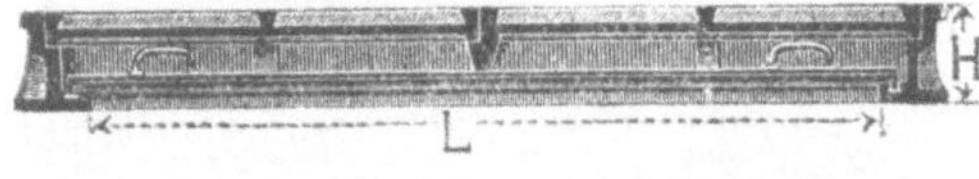
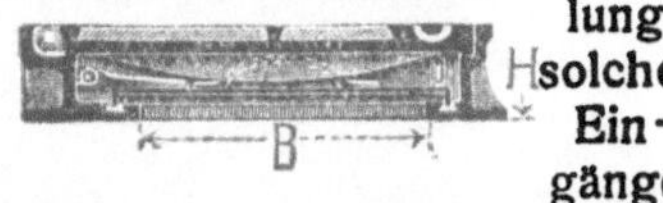

lung solcher Eingänge bleiben in der Straßenfläche größere Öffnungen als gewöhnlich zu verschließen. Es geschieht dieses durch rechteckige Abdeckungen (Abb. 36), welche bei größerer Länge aus 2 bis 3 Teilen bestehen.

Um den Fuhrverkehr durch die Freilegung solch großer Öffnungen nicht zu belästigen und ihn sowie die Ein- und Aussteigenden nicht zu gefährden, verlegt man den Eingang auf den Fußsteig (Abb. 59).

Abb. 36.
Rechteckige Doppelscharnier-Schachtabdeckung.

III. **Die Einmündung nicht-begehbarer Leitungen in begehbare** hat so hoch über der Sohle zu erfolgen, daß bei Trockenwetter kein Rückstau eintritt. Mündet das Rohr unter einem Winkel von 45° und weniger in den Kanal, so wird es einfach in die Kanalwand eingemauert und nach der Leibung behauen (Abb. 35). Bildet das einmündende Rohr einen größeren Winkel mit der Stromrichtung, so wird eine niedrige Vorkammer an den Kanal angebaut, in welche eine gekrümmte Rinne vom halben Rohrprofil zwecks tangentialer Einführung des seitlichen Zuflusses eingelegt wird. Dabei ist zu beachten, daß bei Trockenwetter das Wasser des Hauptkanals nicht über den Rand der Rinne tritt (Abb. 38).

Mündet die Seitenleitung über dem Wasserspiegel des Trockenwetterabflusses ein, so ist die Rinne in der Vorkammer in stärkerem Gefälle mit

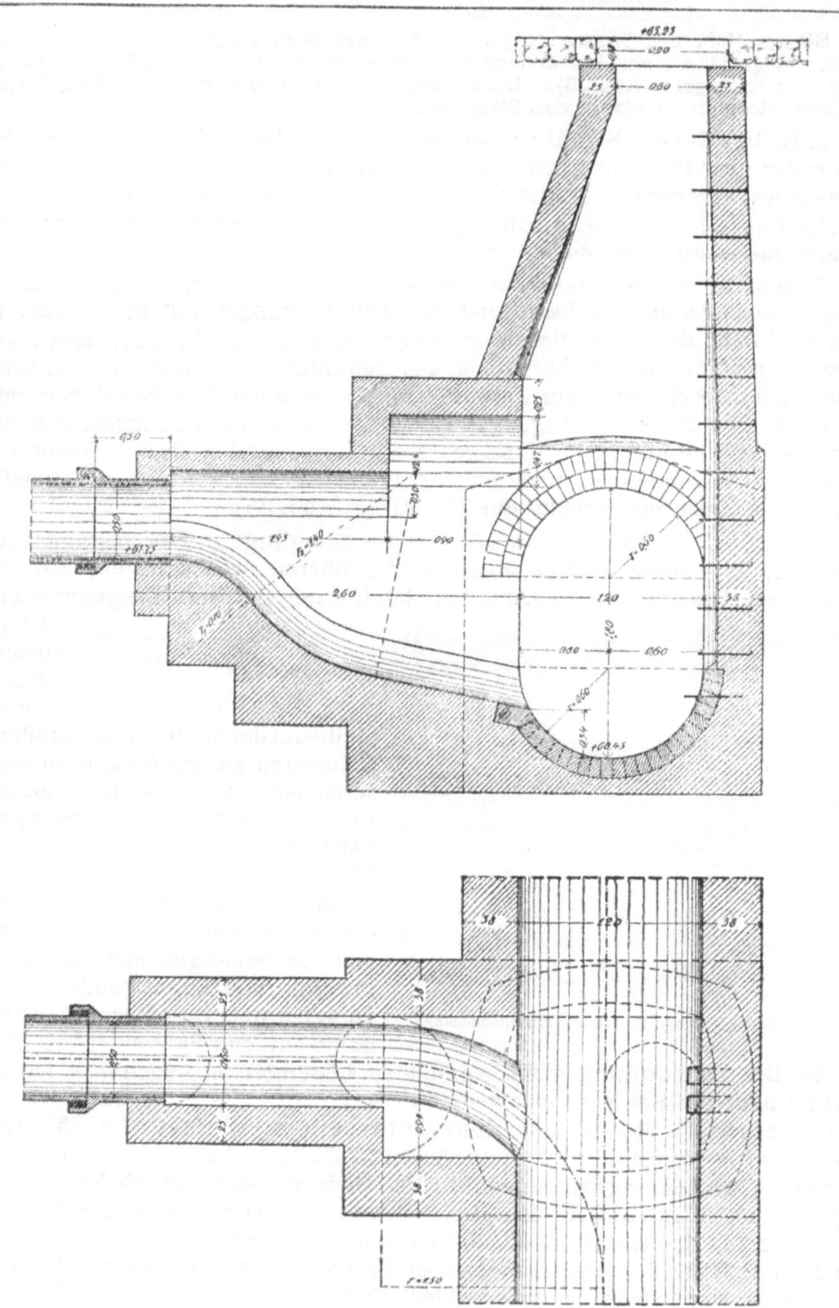

Abb. 37. Einmündung einer Steinzeugrohrleitung mit Absturz in einen gemauerten Kanal (elliptisches Profil.)

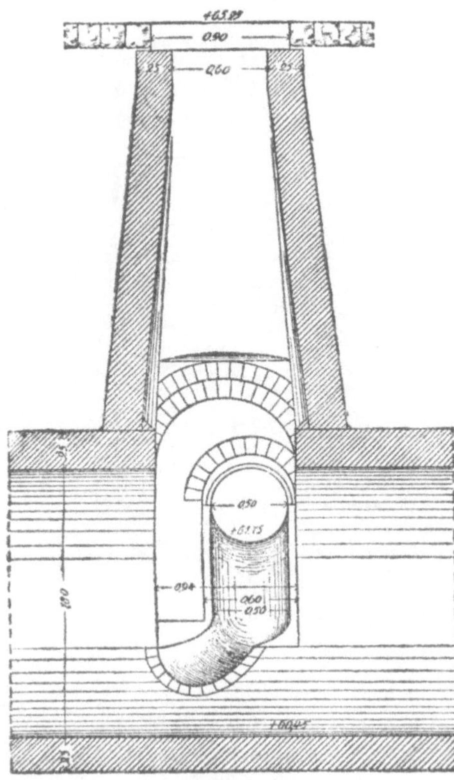

Zu Abb. 37.

ihrer Sohle bis unter diesen Wasserspiegel zu senken, um den freien Fall des Wassers, unter welchem die Kanalwand leiden würde, zu verhüten. Ist der Höhenunterschied sehr groß, so ist die Rinne im Längsschnitt S-förmig zu krümmen (sog. Schwanenhals) (Abb. 37, 38).

An der Einmündung von Seitenleitungen ist immer ein Einsteigschacht anzuordnen, welcher ein Durchleuchten der nicht begehbaren Leitungen und das Durchziehen von Bürsten durch sie gestattet.

Im Trennverfahren wird die Vereinigung der Leitungen ziemlich verwickelt (Abb. 38).

IV. Die **Vereinigung begehbarer Kanäle** erfolgt immer im Bogen. Der Hauptkanal geht gewöhnlich gerade durch, der Seitenkanal schließt an ihn im Bogen tangential an.

Die Gewölbe beider Kanäle endigen in zwei Stirnwänden, welche einen Winkel miteinander bilden. Diese sind so anzuordnen, daß das innere Widerlager der beiden Kanäle in der Stirn gerade noch $^1/_2$ Stein stark ist. Das Übergangsprofil, welches sich an die beiden Stirnwände anschließt, endigt in einer Stirn am Berührungspunkte der beiden Kanalachsen. Die äußeren Widerlager zwischen den Stirnen sind der Profilerweiterung entsprechend kegelförmig zu gestalten und die oberen Schichten zu dem Zweck in der Kämpferlinie auslaufen zu lassen. Für die gebogene Kämpferlinie ist dazu ein stärker als die mittlere Bogenlinie gekrümmter Bogen zwischen die beiden Stirnen behufs Überleitung des schmäleren in das breitere Profil einzulegen. Die inneren Widerlager der zu vereinigenden Kanäle laufen von den Stirnen in dem ursprünglichen Profil weiter und verschneiden sich in einem zum Berührungspunkte der Achsen auslaufenden Grate. Die schwierige Herstellung des letzteren in Ziegelmauerwerk ist vielfach die Veranlassung, ihn und die anschließenden Teile der Sohle in Haustein auszuführen. Das Bauwerk wird durch ein halbkreisförmiges, sich allmählich erweiterndes Gewölbe mit ansteigendem Scheitel, ein sog. Trompetengewölbe, geschlossen.

Da sich an dessen höchster Stelle, an dem Punkte, wo die beiden Kanäle in das Bauwerk münden, Steigeisen bis unten hin nicht bequem anbringen lassen, so wird der Einsteigeschacht gern an das untere Ende des Bauwerks verlegt und jene Stelle besonders entlüftet (Abb. 39).

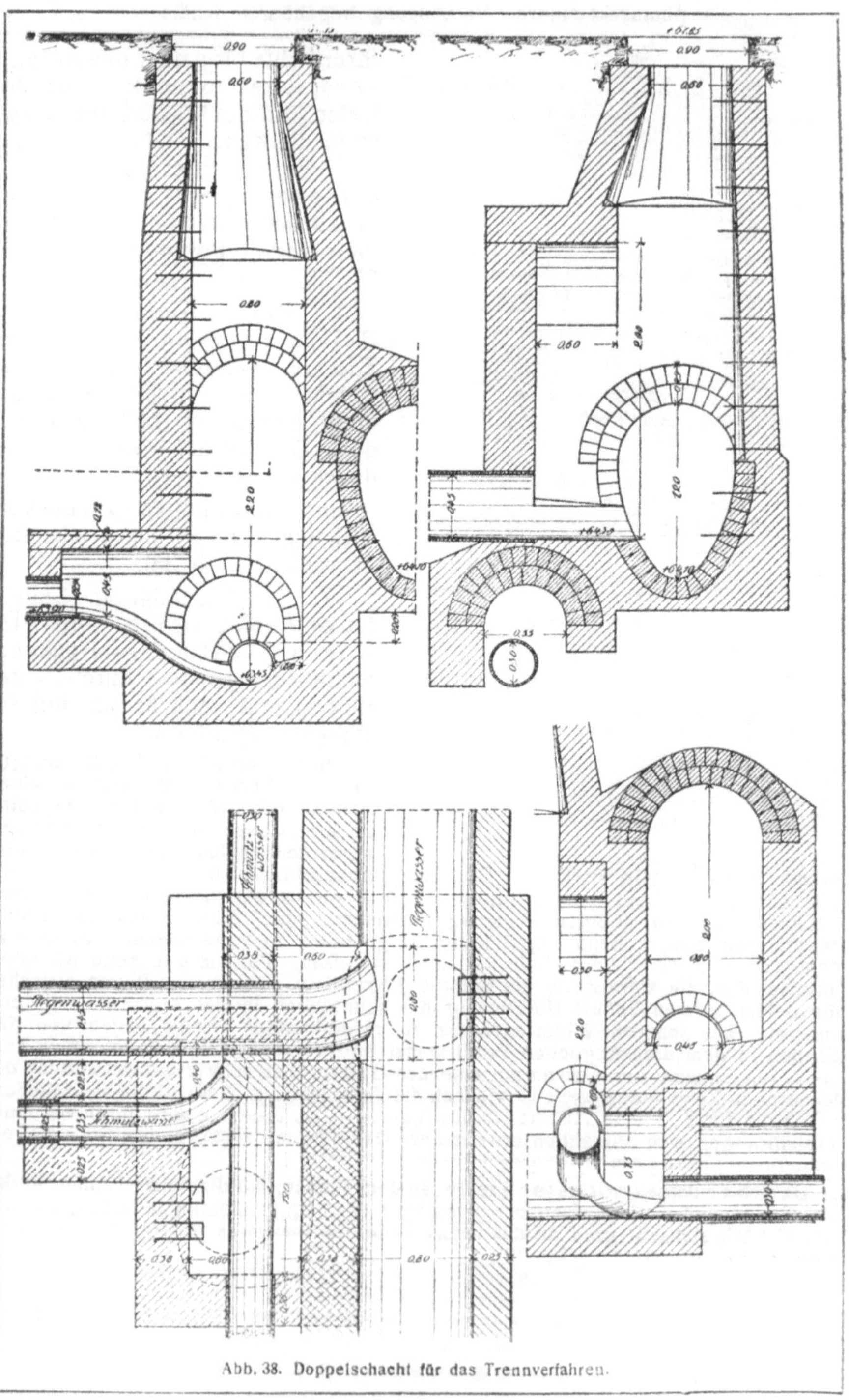

Abb. 38. Doppelschacht für das Trennverfahren.

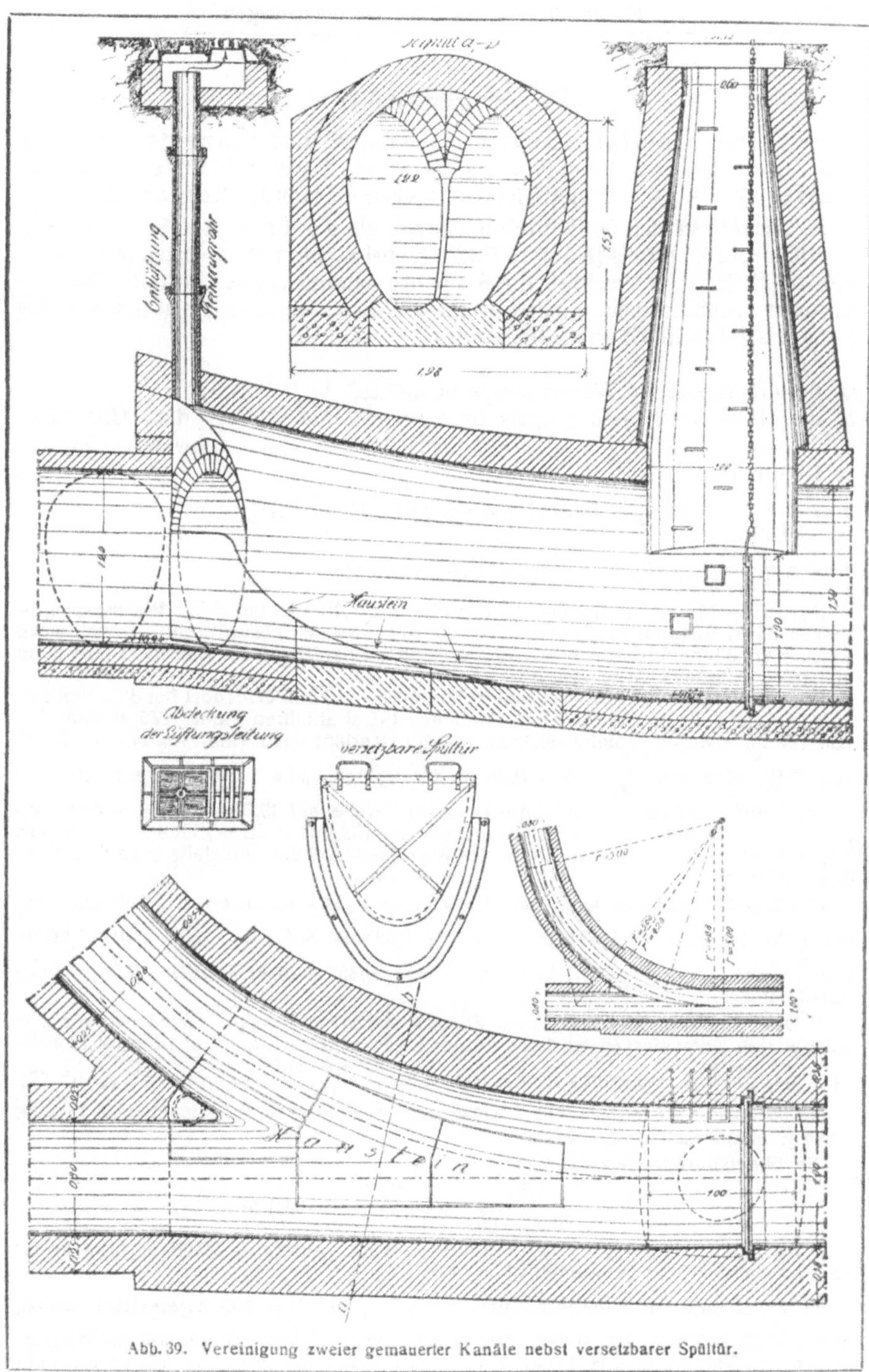

Abb. 39. Vereinigung zweier gemauerter Kanäle nebst versetzbarer Spültür.

IV. Regenauslässe.

I. 1. **Die Überfallschwelle am Sammelkanal schneidet mit der Füllhöhe ab, welche das vorschriftsmäßig verdünnte Schmutzwasser in der weitergeführten Sammelleitung hervorruft.**

Ist letztere in der Sohle breiter (Kreis) als das Profil des Sammelkanals oberhalb des Überfalls (Ei), ihre Füllhöhe bei geringer Wassermenge also kleiner, so ist ihrem Querschnitt die Sohle des Sammelkanals längs der Überfallschwelle nachzuformen, damit nicht das Wasser, bevor es die nötige Verdünnung besitzt, den Überfall überspült.

Ist

Q die überzuleitende Wassermenge in m³/sec,

h_1 die Höhe des Wasserspiegels im Sammelkanal ⎱ über der Überfall-
h_2 „   „   „   „   „ Notauslaß ⎰   schwelle in m,

so ist die Überfallbreite

$$b = \frac{Q}{2h_1\sqrt{h_1}} \quad \text{für } h_2 \lessgtr 0 \text{ [vollkommener Überfall]},$$

$$b = \frac{Q}{2h_1\sqrt{h_1-h_2}} \quad \text{„ } h_2 > 0 \text{ [unvollkommener „].}$$

Beispiel 20: Ein Sammelkanal Eiprofil 0,80/1,20 hat bei 3‰ Wasserspiegelgefälle 35 sl Schmutzwasser und 1000 sl Regenwasser abzuführen. Er soll nach 5facher Verdünnung des Schmutzwassers durch einen Regenüberfall nach dem 20 m entfernten Flusse entlastet werden.

Die weiterzuführende Wassermenge von 5·35 = 175 sl erfordert bei 3‰ Wasserspiegelgefälle ein Kreisrohr 0,50Φ, welches 191 sl abführen kann. 175 sl sind 92% von 191 sl. Diesem Vomhundertsatz von Q entspricht nach Tafel VIa eine Füllhöhe von 75%, also von $\frac{0,50}{100} \cdot 75 \sim 0,38$ m des Rohres 0,50Φ. Da die Kanalsohle am Überfall auf + 30,26 liegt, wird die Überfallschwelle auf 30,26 + 0,38 = + 30,64 angelegt und, da der Krümmungshalbmesser der Eisohle (0,20 m) kleiner als der des Kreisrohres (0,25 m) ist, die Sohle des Eiprofils längs des Überfalls nach dem Rohr 0,50Φ geformt.

Das Eiprofil 0,80/1,20 kann bei 3‰ Gefälle 1120 sl abführen. 1035 sl sind 92% von 1120 sl. Nach Tafel VIb ist dann die Füllhöhe 80%, d. i. $\frac{1,20}{100} \cdot 80 = 0,96$ m.

Der Überfall wird also bei dem Abfluß von 1035 sl (0,96 − 0,38) = 0,58 m hoch überflutet.

1. Das Sommerhochwasser des Flusses steigt bis + 30,14. Wird der Wasserspiegel des Notauslasses an diese Ordinate angeschlossen und zur uberfallschwelle (+ 30,64) geführt, so ergibt sich sein Gefälle zu $\frac{30,64 - 30,14}{20,00} = 0,025 = 25‰$ (Abb 40).

Der Notauslaß hat (1035—175) = 860 sl abzuführen und erhält demnach nach Tafel III einen Kreisquerschnitt 0,60Φ.

Die Überfallbreite berechnet sich zu

$$b = \frac{0,86}{2 \cdot 0,58\sqrt{0,58}} = \frac{0,86}{1,16 \cdot 0,76} = 0,98 \text{ m.}$$

2. Steigt das Hochwasser des Flusses im Winter nur auf + 30,60, so braucht der Überfall nicht erhöht zu werden (Abb. 40).

Im Winter muß mit einer Abflußmenge von $\left(\frac{1000}{2} + 35\right)$ = 535 sl gerechnet werden, wovon (535 — 175) = 360 sl über den Überfall zu leiten sind. Verbindet der Wasserspiegel des Notauslasses H. W. (+ 30,60) und Überfallschwelle (+ 30,64), so verbleibt nur ein Gefälle von $\dfrac{30,64 - 30,60}{20,00} = 0,002 = 2\,^0/_{00}$. Zur Abführung von 360 sl ist also nach Tafel III ein Kreisrohr $0,70\,\Phi$ erforderlich

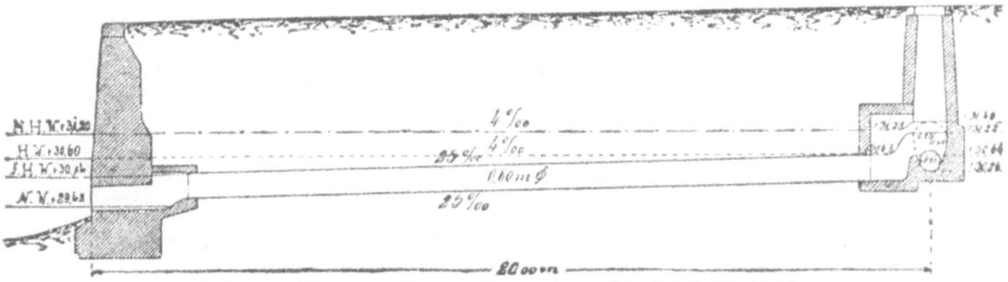

Abb. 40. Regenauslaß mit vollkommenem Überfall bei S. H W.

535 sl, d. s. 48% von 1120 sl, füllen nach Tafel VIb das Eiprofil 0,80/1,20 zu 54%, der ganzen Höhe, mithin $\dfrac{1,20}{100} \cdot 54 = 0,65$ m hoch.

Der Überfall wird also (0,65 — 0,38) = 0,27 m hoch überflutet. Die Überfallbreite muß demnach betragen

$$b = \frac{0,36}{2 \cdot 0,27\sqrt{0,27}} = \frac{0,36}{0,54 \cdot 0,52} = 1,28 \text{ m.}$$

Will man für den Notauslaß das Rohr $0,60\,\Phi$ beibehalten, so muß das Wasserspiegelgefälle $4\,^0/_{00}$ betragen. Dies ergibt am Überfall eine Wasserspiegelhöhe des Notauslasses von (30,60 + 20 · 0,04) = + 30,68, also 4 cm über der Überfallschwelle [Unvollkommener Überfall, vgl. Abb. 41]. Die Überfallbreite berechnet sich dann zu

$$b = \frac{0,36}{2 \cdot 0,27\sqrt{0,27 - 0,04}} = \frac{0,36}{0,54 \cdot 0,48} = 1,39 \text{ m.}$$

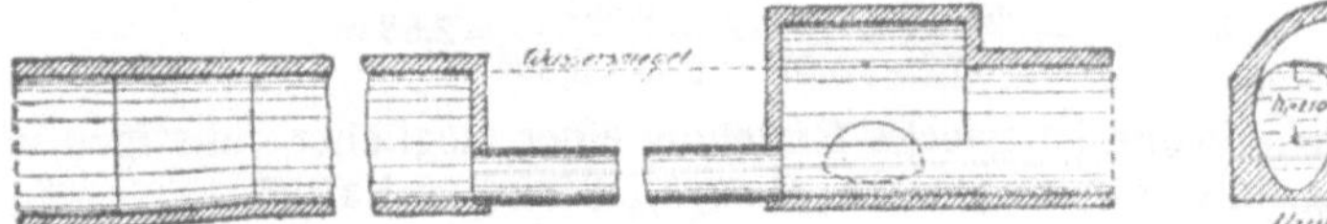

Abb. 41 Verringerung des Leitungsquerschnittes unterhalb eines Regenüberfalles

3. Steigt das höchste Hochwasser des Flusses im Winter über die Überfallschwelle, so muß diese erhöht werden. Bleibt aber H. H. W. unter dem Wasserspiegel (Scheitel) des Sammelkanals, so ist noch jederzeit eine Entlastung möglich (Abb. 40). Die Sammelleitung $0,50\,\Phi$ führt dann 191 sl ab. Das übrige Wasser (535 — 191) = 344 sl staut sich, bis es über den Überfall fließt.

H. H W. steige bis + 31,20, der Wasserspiegel des Notauslasses bei $4\,^0/_{00}$ Gefälle also auf + 31,28. Der Überfall werde zur Sicherheit auf + 31,25 erhöht. Das Wasser im Sammelkanal darf höchstens bis zum Scheitel, auf (30,26 + 1,20) = + 31,46 steigen. Dann ergibt sich die Überfallbreite zu

$$b = \frac{0,344}{2 \cdot 0,21\sqrt{0,21 - 0,03}} = \frac{0,344}{0,42 \cdot 0,42} = 1,95 \text{ m.}$$

Die Sammelleitung $0,50\,\Phi$ steht natürlich bei Wasserständen im Kanal über 0,50 m unter Druck, im vorliegenden Fall höchstens (1,20 — 0,50) = 0,70 m. Doch ist dies unbedenklich, da sich höhere Wasserstände nur bei Starkregen, also nur selten und nur kurze Zeit einstellen (vgl. Abb. 41).

Beispiel 21: Steigt die Vorflut im Winter zeitweise so hoch, daß kein Gefälle vom Kanalwasserspiegel nach dem Hochwasserstand des Flusses verbleibt, so muß

die im Winter zu erwartende Kanalwassermenge von 535 sl weiter- und der Reinigungsanlage oder vorher dem Pumpwerk zugeführt werden. Dazu ist bei 3‰ Wasserspiegelgefälle ein Eiprofil 0,70/1,05 erforderlich, welches 780 sl abführen kann
(Abb. 42).

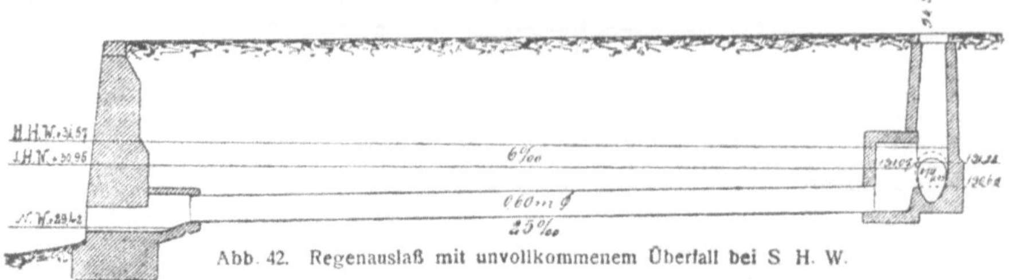

Abb. 42. Regenauslaß mit unvollkommenem Überfall bei S. H. W.

Die Überfallhöhe ergibt sich nun aus der Füllhöhe des Eiquerschnitts 0,70/1,05
bei einem Abfluß von 175 sl. 175 sl sind 23% von 780 sl. Die Füllhöhe wird nach
Tafel VIb 37% von 1,05 m, also $\frac{1,05}{100} \cdot 37 = 0,39$ m. Die Überfallschwelle kommt
auf (30,26 + 0,39) = + 30,65.

Wird angenommen, daß das Sommerhochwasser nicht, wie in Beisp. 20, auf
+ 30,14, sondern auf + 30,95 steigt (Abb. 42), so muß der Überfall zur Sicherheit
auf + 31,00, also 74 cm über Kanalsohle erhöht werden. 0,74 m sind 71% von
1,05 m. Bei dieser Füllhöhe führt der Eiquerschnitt nach Tafel VIb 76% der Abflußmenge bei ganzer Füllung, also das Eiprofil 0,70/1,05: $\frac{780}{100} \cdot 76 = 594$ sl. Es
bleiben demnach über den Überfall zu leiten (1035 — 594) = 441 sl (Abb. 42).

Der Notauslaß 0,60⌀ kann 441 sl nach Tafel III bei 6‰ Wasserspiegelgefälle
abführen. Sein Wasserspiegel stellt sich also am Überfall auf (30,95 + 20·0,006)
= + 31,07 oder 7 cm über der erhöhten Schwelle ein. Der Eikanal 0,80/1,20 wird
nach früherem von 1035 sl 0,96 m hoch, bis (30,26 + 0,96) = + 31,22 oder 22 cm
über der erhöhten Überfallschwelle gefüllt. Danach wird die Überfallbreite berechnet zu
$$b = \frac{0,441}{2 \cdot 0,22 \sqrt{0,22 - 0,07}} = \frac{0,441}{0,44 \cdot 0,39} = 2,58 \text{ m}.$$

2. Die **Überfallkrone** ist zwecks Erzielung einer möglichst günstigen Wirkung des Überfalles tunlichst schmal ($\leq \frac{1}{2}$ Stein) zu halten.

II. Gewöhnlich geht der Notauslaß rechtwinklig von dem dem
Flusse parallel laufenden Sammelkanale ab. Der Übergang von dem
Überfall zu dem meistens schmäleren Notauslaß ist durch eine dazwischen geschaltete Kammer (Abb. 51) mit kegelförmig zulaufender Sohle zu
bewirken.

Bei großer Überfallbreite empfiehlt es sich, Notauslaß und Sammelkanal, nur durch die Überfallschwelle getrennt, nebeneinander zu
legen, sie auf die Breite des Überfalles mit einem einzigen Gewölbe zu über-
wölben und unterhalb den Notauslaßkanal im Bogen von dem Sammelkanal abzuschwenken (Abb. 43).

III. 1. Steigt die Vorflut zeitweise über die Überfallschwelle, so sind
Dammbalken vorzusehen. Es sind das sorgfältig abgeschliffene Flacheisen
von 30 mm Stärke und 100 mm Höhe, welche von oben zwischen lotrechte
Führungseisen (eingemauerte Flacheisen oder mit Steinschrauben befestigte
Winkeleisen) eingeschoben werden

Die Führungseisen haben eine Schneide und die Dammbalken einen genau auf
diese passenden schwalbenschwanzförmigen Einschnitt (Abb. 43).

Ist der Überfall
ehr breit, so daßn
sinfolge der große
Spannweite die Dammbal-
ken dem Wasserdruck nicht
mehr standhalten, so wird er
durch senkrechte, in der
Überfallmauer und im Ge-
wölbe eingemauerte Kreuz-
eisen oder Winkel-
stützen aus 2⊥- oder 4L-
Eisen geteilt (Abb. 43).

Um die Dammbalken
zwischen zwei Kreuzeisen
einschieben zu können,
ist in dem einen über
H. W. ein kleiner Aus-
schnitt von der Höhe eines
Dammbalkens anzu-
bringen.

Die Dammbalken wer-
den zu jederzeitiger Be-
nutzung an Ort und Stelle
auf eingemauerten Eisen-
stäben aufbewahrt (Abb.
51).

2. Kann das Hoch-
wasser der Vorflut so
nahe unter Gelände
steigen, daß die Über-
fallkammer mit einem
entsprechend hohen
Dammbalkenver-
schluß nicht mehr über-
wölbt werden könnte,
so muß in den Not-
auslaß ein Spindel-
schieber zwecks voll-
ständigen Abschlusses
der Vorflut bei solch
hohen Wasserständen
eingebaut werden (vgl.
Abb. 44).

3. Gegen plötzlich
eintretendes Hoch-
wasser sichert man
sich häufig noch durch
selbsttätige Ver-
schlüsse in Form von
Rückstauklappen od.
Stemmtoren an der
Mündung des Not-

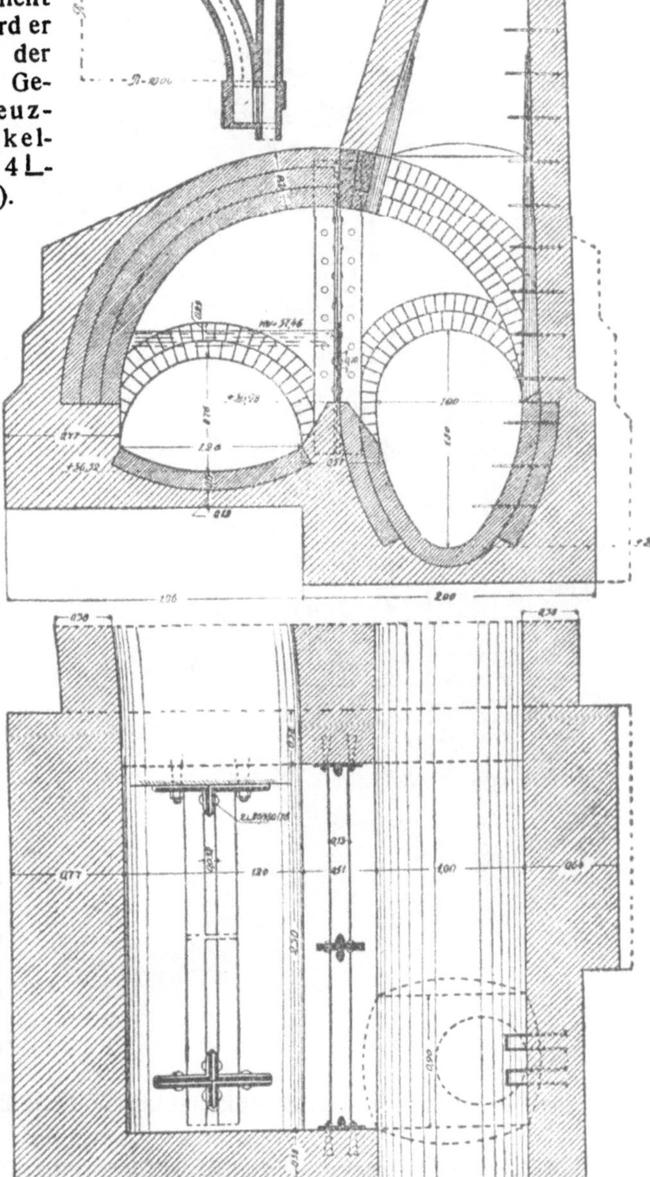

Abb. 43. Regenüberfall mit Dammbalkenverschluß.

auslasses in die Vorflut. Doch sind diese unsicher in ihrer Wirkung und machen von Hand zu bedienende Verschlüsse nie entbehrlich. Hängeklappen erhalten einen schrägen Anschlag mit Dichtungsring aus Hartblei oder Messing, oder auch aus Paragummi. Zwecks leichter Beweglichkeit werden sie möglichst leicht aus gebuckelten Blechen (4—8 mm stark) hergestellt (Abb. 45) oder mit einem Gegengewicht versehen. Letzteres wird auch umklappbar eingerichtet, um die Klappe nach Eintritt des Hochwassers in ihrer Abschlußstellung zu sichern (Abb. 46).

IV. Die **Einmündung der Notauslässe** in die Vorflut erfolgt schräg zur Stromrichtung und möglichst in der Konkaven. Ihre Sohle muß unter N.W. austreten, damit nicht das ausströmende Wasser die Uferböschung beschädigt oder die Ufermauer beschmutzt. Liegt der Notauslaß über N. W., so wird deshalb von dem Punkt aus, wo der Notauslaßkanal in die Uferböschung einschneidet, das Wasser in einem offenen Gerinne die Böschung hinabgeleitet (Abb. 47). Ist eine Ufermauer vorhanden, so wird im gleichen

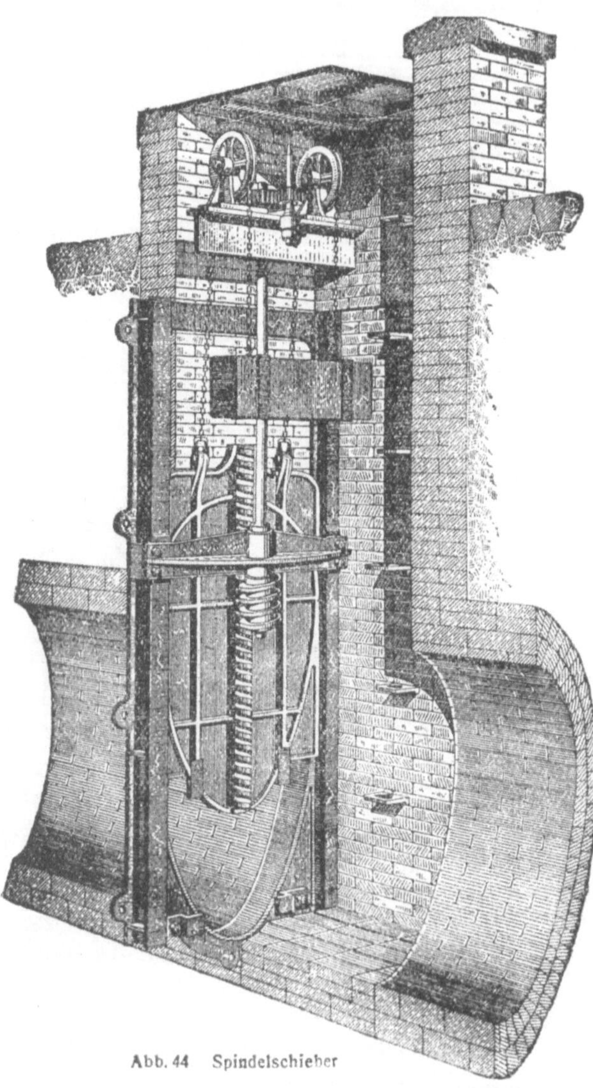

Abb. 44   Spindelschieber

Falle ein Absturz im Notauslaßkanal kurz vor der Einmündung angeordnet (Abb. 48).

Bei geringer Stromgeschwindigkeit am Ufer wird auch der Notauslaßkanal durch ein Rohr bis zum Stromstrich verlängert, welches wenigstens die weniger verdünnten Wassermengen mäßig starker Regenfälle bis zur Strommitte leiten kann (Abb. 113).

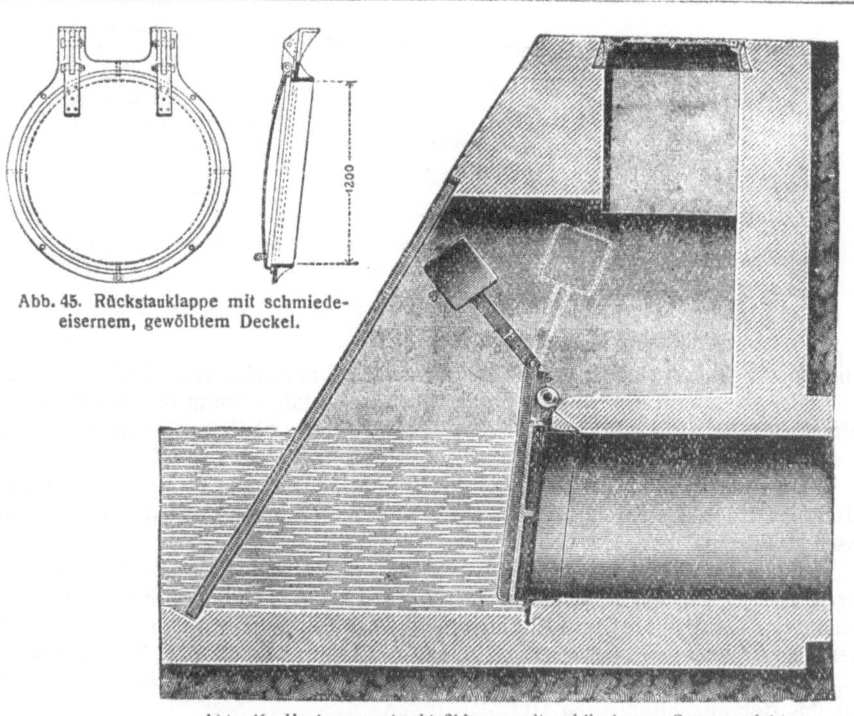

Abb. 45. Rückstauklappe mit schmiede-
eisernem, gewölbtem Deckel.

Abb. 46. Hochwasserabschlußklappe mit unklippbarem Gegengewicht.

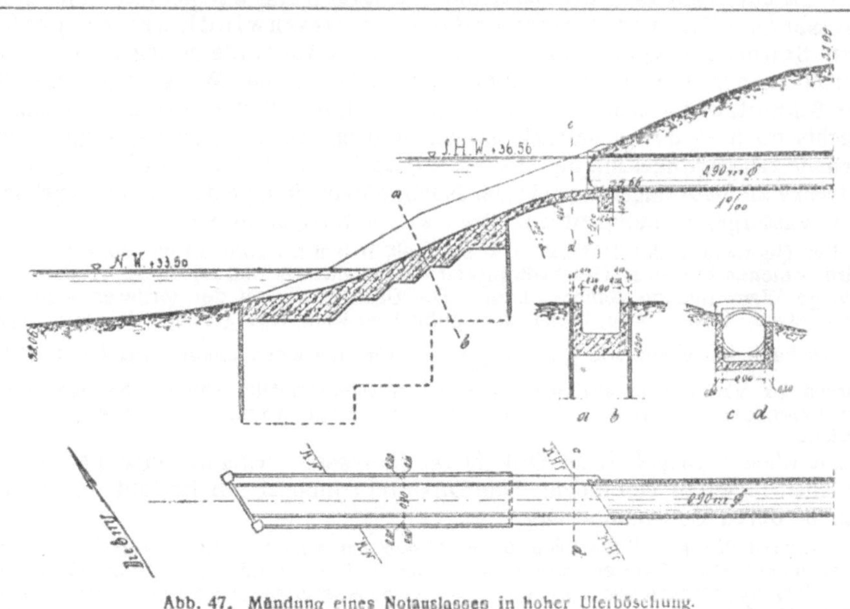

Abb. 47. Mündung eines Notauslasses in hoher Uferböschung.

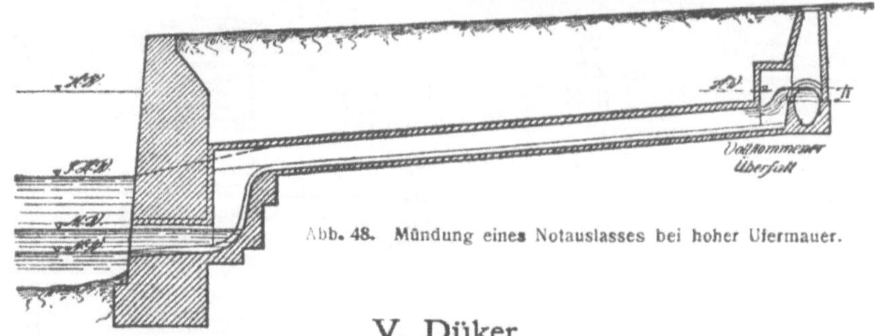

Abb. 48. Mündung eines Notauslasses bei hoher Ufermauer.

V. Düker

dienen zur Unterführung von Wasserläufen, Bahneinschnitten, Unterpflaster-
tunnels, großen zu kreuzenden Entwässerungskanälen, wenn die Durchlegung
einer Gefälleitung eine Tiefe der Vorflutleitung bedingen würde, welche
wesentlich über die für die Kellerentwässerung notwendige Tiefe hinausginge.

I. Da Düker einen Sack der Gefälleitung bilden (Abb. 49), also stets gefüllt
sind, ist für sie der Kreisquerschnitt wegen seines günstigen hydraulischen Radius der vorteilhafteste.

Sie sind Druckleitungen und werden am einfachsten nach den unter D.
Seite 20—21 angegebenen Formeln und nach Tafel III für das Kreisprofil berechnet.   Damit in ihnen Ablagerungen, welche sich nur mit Schwierigkeiten
beseitigen lassen, möglichst ausgeschlossen sind, muß ihre Durchflußgeschwindigkeit und damit auch ihr Wasserspiegelgefälle im allgemeinen größer sein
als das der anschließenden Gefälleitungen.

1. Es empfiehlt sich, der Berechnung eines **Dükers**, welcher **nur Schmutzwasser abzuführen** hat (Trennverfahren), eine Geschwindigkeit der größten Schmutzwassermenge von 1,50 m/sec zugrunde zu legen. Da entsprechend dem Wasserverbrauch (vgl. Abb. 3 im II. Teil „Wasserversorgung")
die Schmutzwassermenge im Stundendurchschnitt etwa $^2/_3$ der Größtmenge,
nachts noch $^1/_6$ davon beträgt, so würde demnach die Geschwindigkeit im
Schmutzwasserdüker mindestens 0,25 m/sec, im Durchschnitt 1,00 m/sec sein.
Etwaige kleine Ablagerungen in der Nacht dürften infolge der erheblich größeren Wassergeschwindigkeit am Tage wieder fortgespült werden.

Der Querschnitt des Dükers wird ermittelt, indem auf Tafel III ein Rohr gesucht
wird, welches bei einer Geschwindigkeit von mindestens 1,50 m/sec die rechnungsmäßige Wassermenge abführen kann. Die Geschwindigkeit der letzteren wird jedoch etwas kleiner sein, wenn das gefundene Rohr eine größere Wassermenge

fassen kann, da v nur von $\dfrac{Q}{F}$ abhängig ist. Um nun einen unnötig großen Gefäll-

verlust zu vermeiden, wird man das Wasserspiegelgefälle wählen, bei welchem
der gefundene Rohrquerschnitt die rechnungsmäßige Wassermenge soeben noch
abführt.

Die Wasserspiegellinie des Dükers hat die Wasserspiegel der anschließenden
Gefälleitungen zu verbinden. Das Dükerrohr mündet am Einlauf und Auslauf in deren Sohlenhöhe aus.

Beispiel 22: Ein Düker von 60 m Länge hat eine Schmutzwassermenge von
90 sl abzuführen. Dem entspricht nach Tafel III ein Rohr 0,30Φ, welches 107 sl mit
einer Geschwindigkeit von 1,51 m/sec bei einem Wasserspiegelgefälle von 16°/₀₀ abführt. Als Gefälle genügt jedoch 12°/₀₀, bei welchem ein Rohr 0,30Φ noch 93 sl
ableitet.

Die Geschwindigkeit ergibt sich

$$\text{für} \qquad 90 \text{ sl: } v = \frac{Q}{F} = \frac{0,09}{0,0707} = 1,27 \text{ m/sec}$$

$$\text{„} \quad \frac{2}{3} \, 90 = 60 \text{ „ : } \qquad = \frac{0,06}{0,0707} = 0,85 \quad \text{„}$$

$$\text{„} \quad \frac{1}{6} \, 90 = 15 \text{ „ : } \qquad = \frac{0,015}{0,0707} = 0,21 \quad \text{„}$$

Das absolute Wasserspiegelgefälle ist
$$h = 60 \cdot 0,012 = 0,72 \text{ m.}$$

2. **Regenwasserdüker** (Trennverfahren) werden ähnlich, aber besser für eine Geschwindigkeit des Größtabflusses von 3,00 m/sec berechnet, damit nicht infolge des großen Unterschiedes der vorkommenden Durchflußmengen die Geschwindigkeit bei schwachen Regenfällen allzu klein wird und etwa mitgeführter Sand im Düker abgesetzt wird.

Eine Geschwindigkeit von 3,00 m/sec ist unbedenklich, besonders da sie sich nur äußerst selten und nur auf kurze Zeit (bei Sturzregen) einstellen wird.

Beispiel 23: Größte Durchflußmenge 1000 sl. Nach Tafel III führt ein Rohr 0,70 Φ 1171 sl mit 3,04 m/sec Geschwindigkeit bei einem Wasserspiegelgefälle von 18‰ ab. Doch reicht 14‰ Gefälle für 1000 sl aus.

$$\text{Für } 1000 \text{ sl: } v = \frac{1}{0,385} = 2,60 \text{ m/sec}$$

$$\text{„} \quad 500 \text{ „ : } \quad = \frac{0,5}{0,385} = 1,30 \quad \text{„}$$

$$\text{„} \quad 200 \text{ „ : } \quad = \frac{0,2}{0,385} = 0,52 \quad \text{„}$$

$$\text{„} \quad 100 \text{ „ : } \quad = \frac{0,1}{0,385} = 0,26 \quad \text{„} \; .$$

3. Hat ein Düker außer Schmutzwasser noch Regenwasser abzuführen, so wird für letzteres zweckmäßig ein zweites Rohr vorgesehen, welches von dem Schmutzwasserrohr durch eine Überlaufschwelle in Höhe von dessen Scheitel getrennt ist, so daß es erst zur Wirkung kommt, wenn bei Regen die ankommende Wassermenge nicht mehr von dem nur für die Schmutzwassermenge berechneten ersten Rohr aufgenommen werden kann, sich infolgedessen aufstaut und in das Regenwasserrohr überfließt.

Das für das Schmutzwasserrohr gewählte Wasserspiegelgefälle gilt auch für das Regenwasserrohr. Letzteres kann über der Sohle der Zuflußleitung vom Einlaufschacht abgehen, doch muß es selbstverständlich auf seine ganze Länge unter der Wasserspiegellinie bleiben.

Beispiel 24: Ein Düker hat außer 90 sl Schmutzwasser noch 1000 sl Regenwasser abzuführen. Für die Schmutzwassermenge ist nach Beispiel 22 ein Rohr 0,30 Φ bei 12‰ Wasserspiegelgefälle erforderlich, für die Regenwassermenge bei gleichem Gefälle ein Rohr 0,80 Φ.

Es ist jedoch in diesem Falle 14‰ Gefälle vorzuziehen, um für den Regenwasserdüker nur 0,70 Φ zu erhalten.

4. a) Zweigt von dem Einlaufschacht des Dükers ein **Notauslaß** ab, wie es vor der Unterdükerung eines Wasserlaufes die Regel ist, so genügt, falls der Notauslaß jederzeit in Tätigkeit treten kann, öfters ein Rohr, welches das Schmutzwasser und das zu seiner Verdünnung erforderliche Regenwasser mit einer Geschwindigkeit von 3,00 m/sec abführt. Am Einlaufschacht ist der Wasserspiegel des Dükers an die Regenüberfallschwelle anzuschließen

und das Dükerrohr ganz unter diese zu legen, seine Sohle also bei geringer Überfallhöhe und großem Dükerdurchmesser unter Umständen tiefer als die Sohle des Zubringerkanals.

Beispiel 25: Vor dem Dücker in Beispiel 24 befinde sich ein Regenüberfall, über den jederzeit die Starkregen zur Vorflut gelangen können. Der Sammelkanal bringt im Höchstfalle 1090 sl und erhält infolgedessen bei 2 ‰ Wasserspiegelgefälle einen Eiquerschnitt 0,90/1,35, welcher 1260 sl abführt. Der erforderliche Verdünnungsgrad ist zu 5 angenommen. $5 \cdot 90 = 450$ sl sind 36 % von 1260 sl. Diesem Vomhundertsatz entspricht nach Taf. VIb eine Füllhöhe von 46 % des Ei-profils, also von $\frac{1,35}{100} \cdot 46 = 0,62$ m, womit die Höhe der Regenüberfallschwelle über Kanalsohle gegeben ist.

Der größten Durchflußmenge des Dükers von 450 sl entspricht bei 3,00 m/sec Geschwindigkeit ein Rohr 0,45 Φ und ein Wasserspiegelgefälle von 34 ‰. Es wird jedoch 31 ‰ Gefälle gewählt, bei welchem noch 456 sl durch den Düker 0,45 Φ fließen können.

$$\text{Für} \qquad 450 \text{ sl} : v = \frac{0,45}{0,159} = 2,83 \text{ m/sec}$$

$$\text{„} \qquad \frac{440}{5} = 90 \text{ „} \qquad = \frac{0,09}{0,159} = 0,56 \quad \text{„}$$

$$\text{„} \qquad \frac{2}{3}90 = 60 \text{ „} \qquad = \frac{0,06}{0,159} = 0,38 \quad \text{„}$$

$$\text{„} \qquad \frac{1}{6}90 = 15 \text{ „} \qquad = \frac{0,015}{0,159} = 0,09 \quad \text{„}$$

Absolutes Gefälle $h = 60 \cdot 0,031 = 1,86$ m.

b) Da nach vorstehendem Beispiel die Geschwindigkeit bei Trockenwetter recht klein ausfällt und außerdem bei längeren Dükern viel Gefälle verbraucht wird, ist meistens die **Anlage zweier Dükerrohre, eins für Schmutz-wasser und eins für Regenwasser, vorzuziehen,** welche, durch eine Überlaufschwelle getrennt, beide unter der Schwelle des Regenüberfalls vom Einlaufschacht abgehen müssen.

Beispiel 26: Für die Schmutzwassermenge von 90 sl des Dükers in Beispiel 25 genügt nach früherem ein Rohr 0,30 Φ bei einem Wasserspiegelgefälle von 12 ‰, für $(450 - 90) = 360$ sl Regenwasser bei gleichem Gefälle ein Rohr 0,50 Φ

Das Schmutzwasserrohr 0,30 Φ kann in Sohlenhöhe des Sammelkanals abgehen, da sich dann sein Scheitel noch $(0,62 - 0,30) = 0,32$ m unter der Schwelle des Regenüberfalls befindet, der Überlauf zum Regenwasserdüker wird demnach von den überlaufenden 360 sl 0,32 m hoch überflutet.

Setzt man für den Regenwasserdüker nur ein Wasserspiegelgefälle von 11 ‰, welches noch zur Abführung von 360 sl durch das Rohr 0,50 Φ ausreicht, an, so ergibt sich bei 60 m Dükerlänge ein Höhenunterschied der beiden Wasserspiegel-linien am Einlaufschacht von $60 (0,012 - 0,011) = 0,06$ m und eine Höhe des Wasser-spiegels des Regendükers über der Überlaufschwelle von

$$(0,32 - 0,06) = 0,26 \text{ m.}$$

Danach berechnet sich die Überlaufbreite zu

$$b = \frac{0,36}{2 \cdot 0,32 \sqrt{0,32 - 0,26}} = \frac{0,36}{064 \cdot 0,24} = 2,34 \text{ m.}$$

Das Regenwasserrohr darf mit seinem Scheitel höchstens in den berechneten Wasserspiegel, also mit seiner Sohle höchstens

$$(0,62 - 0,06 - 0,50) = 0,06 \text{ m}$$

über Kanalsohle gelegt werden.

c) Ist eine Entlastung des Sammelkanals im Winter bei Wasserständen der Vorflut über S. H. W. ausgeschlossen, so muß der Regendüker die Hälfte der größten Regenwassermenge (im Sommer) am Überfall bewältigen können. Der Wasserspiegel des Dükers ist für diesen Fall an die Füllhöhe des Sammelkanals, welche die Schmutzwassermenge und die halbe Regenwassermenge hervorruft, anzuschließen, sein Gefälle bleibt jedoch dasselbe, da sich auch der Wasserspiegel des Vorflutkanals entsprechend erhöht.

Beispiel 27: $\left(\dfrac{1000}{2}+90\right) = 590$ sl sind 47 % von 1250 sl, der ganzen Wassermenge, welche das Eiprofil 0,90/1,35 bei 2 ⁰/₀₀ Gefälle abführen kann. Diesem Vomhundertsatz entspricht nach Taf. VIb eine Füllhöhe von 53 % der ganzen Profilhöhe, also von 0,53 · 1,35 = 0,72 m.

Bei 12 ⁰/₀₀ Gefälle führt das Rohr 0,30 Φ 93 sl ab. Es verbleiben demnach für den Regenwasserdüker (590 − 93) = 497 sl, wofür bei 12 ⁰/₀₀ Gefälle ein Rohr 0,60 Φ erforderlich ist. Doch kann ein so großes Rohr schon bei 8 ⁰/₀₀ Gefälle 517 sl abführen. Daraus ergibt sich bei 60 m Dükerlänge ein Höhenunterschied der Wasserspiegel beider Dükerrohre am Einlauf von 60 (0,012 − 0,008) = 0,24 m. Der 0,30 m hohe Überlauf zwischen beiden Rohren liegt also (0,72 − 0,30) = 0,42 unter dem Wasserspiegel des Schmutzwasserdükers, (0,42 − 0,24) = 0,18 m unter dem des Regenwasserdükers.

Die Überlaufbreite berechnet sich demnach für diesen Fall zu

$$b = \frac{0,497}{2 \cdot 0,42 \sqrt{0,42 - 0,18}} = \frac{0,497}{0,84 \cdot 0,49} = 1,21 \text{ m.}$$

Da aber die für die Abflußverhältnisse im Sommer berechnete Überlaufbreite größer ist, muß diese mit 2,34 m beibehalten werden.

Ebenso bleibt die Lage der Rohre am Einlaufschacht dieselbe.

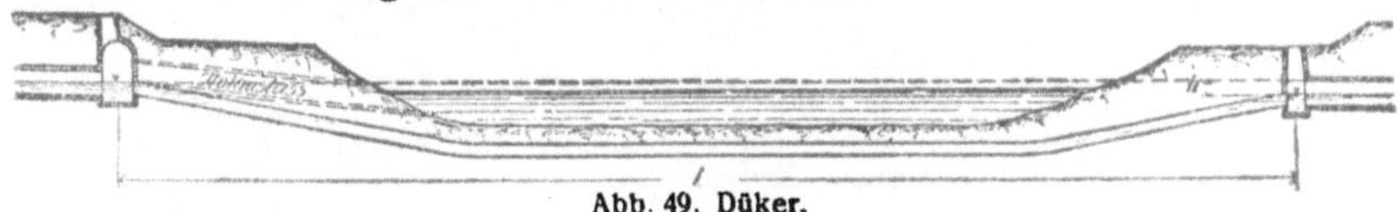

Abb. 49. Düker.

II. Düker werden im Längenschnitt gewöhnlich in schlanker Krümmung dem Querprofil des zu kreuzenden Flußbettes oder Einschnittes angepaßt (Abb. 49) und erhalten am tiefsten Punkte eine Deckung von mindestens 0,50 m. Sie werden aus geschweißten Rohren oder aus nahtlosen Mannesmannrohren von 4—10 m Länge zusammengesetzt. Ihre Verbindung erfolgt durch aufgeschweißte oder aufgenietete Flansche, welche miteinander vernietet oder unter Einlage eines Ringes aus Kautschuk, Blei oder weichem Eisen miteinander verschraubt werden (Abb. 50).

Richtungs- und Gefällwechsel der Dükerleitungen sind durch Bogenstücke zu vermitteln.

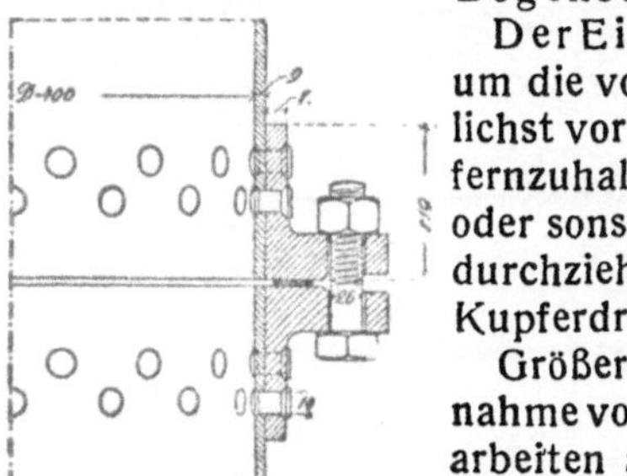

Abb. 50. Flanschenverbindung eines schmiedeeisernen Rohres.

Der Einlaufschacht erhält einen Schlammfang, um die von dem Wasser mitgeführten Sinkstoffe möglichst vor dem Einlauf abzusetzen und von dem Düker fernzuhalten (Abb. 51). Um erforderlichenfalls Bürsten oder sonstige Geräte zur Entfernung von Ablagerungen durchziehen zu können, wird schon beim Einbau ein Kupferdrahtseil lang durch das Dükerrohr gelegt.

Größere Dükerrohre müssen, um sie zwecks Vornahme von Ausbesserungen (Anstrich) oder Räumungsarbeiten auspumpen zu können, am Einlauf und am Auslauf mit Spindelschiebern abgeschlossen werden können. Der Schieber im Auslaufschacht muß aber, um zum Düker gelangen zu können, die

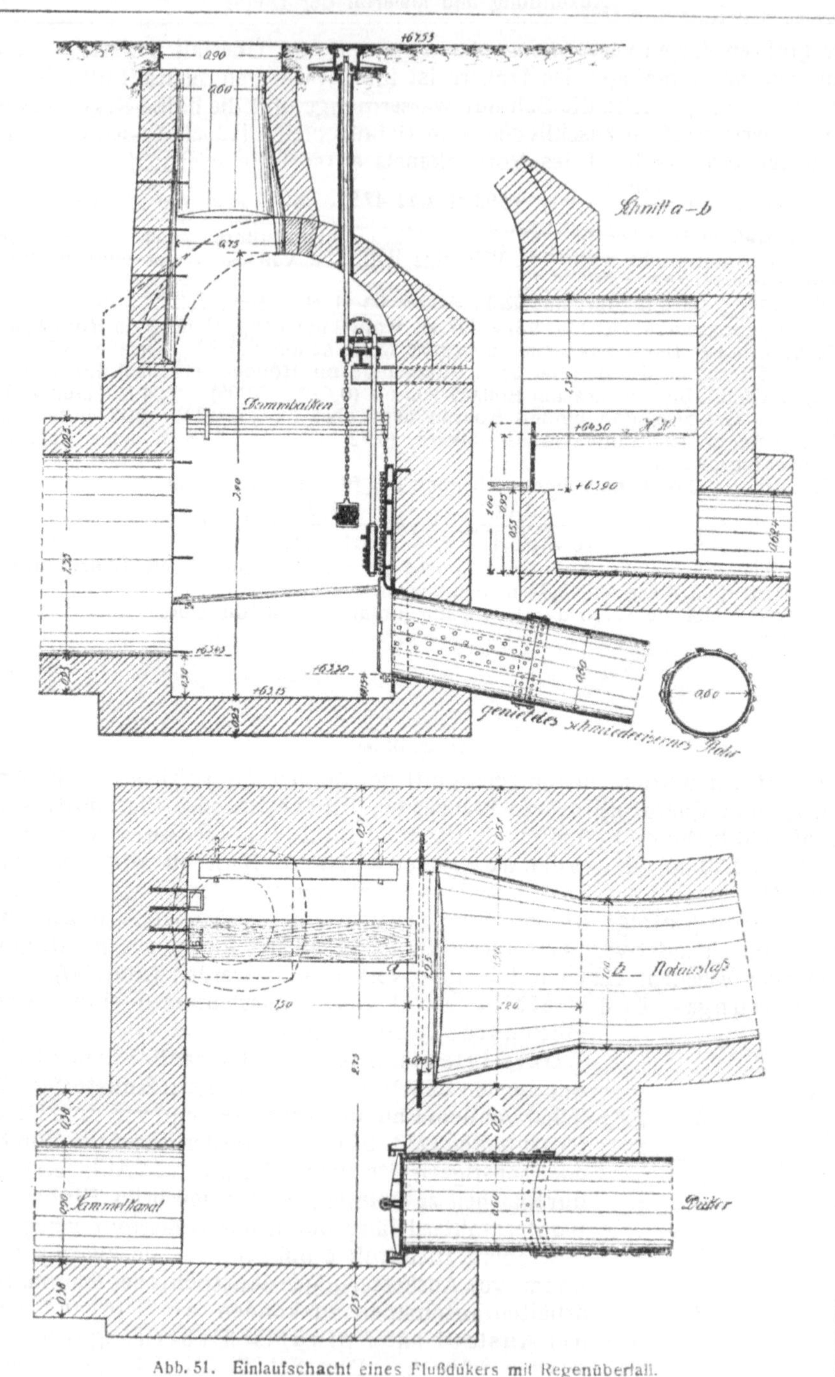

Abb. 51. Einlaufschacht eines Flußdükers mit Regenüberfall.

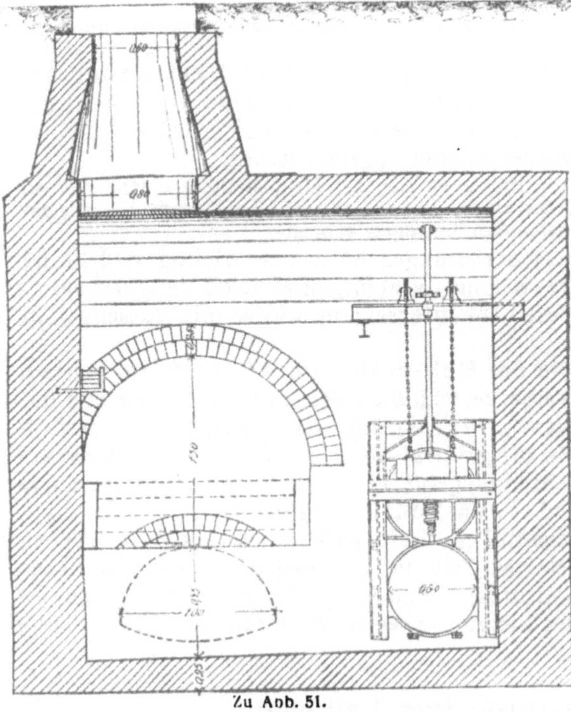

Zu Aob. 51.

Dükeröffnung freilassen und ist deshalb vor der Leitung, welche die Vorflut des Dükers bildet, anzubringen.

VI. Heberleitungen.

I. Querschnitt und Wasserspiegelgefälle von Heberleitungen werden ähnlich wie von Dükern berechnet, nur braucht die Durchflußgeschwindigkeit nicht größer zu sein als in Gefälleitungen ($v = 0,6 — 0,8$ m/sec), da infolge der aufwärts gerichteten Bewegung des Wassers in dem ansteigenden Leitungsast die meisten Sinkstoffe in dem Schlammfang des Einlaufschachts zurückbleiben.

Die Anwendung von Heberleitungen ist beschränkt, da ihre Hubhöhe durch den Luftdruck begrenzt ist. Letzterem entspricht bekanntlich eine Wassersäule von 10,33 m. Es gilt nun für die Hubhöhe

$$H < 10,33 — h,$$

worin h das absolute Wasserspiegelgefälle der Heberleitung bedeutet (Abb. 52). Um die Tätigkeit des Hebers möglichst sicherzustellen, bleibt man gewöhnlich noch 1—2 m unter obiger Grenze von H.

Abb. 52. Heberleitung.

II. 1. Für Heberleitungen, welche vollständig in der Erde verlegt werden können, z. B. bei Überschreitung von Höhenrücken, genügen gußeiserne Rohre mit Muffen- oder Flanschenverbindung. Sie werden rd. 1,50 m tief verlegt und möglichst der Geländegestaltung angeschmiegt (Abb. 52).

2. Heberleitungen, welche an Stelle von Dükern zur Kreuzung von Wasserläufen dienen, werden auf Brücken verlegt oder an ihnen aufgehängt. Weil sie in ihrer freien Lage leicht beschädigt werden können, macht man sie aus Schmiedeeisen oder ummantelt die gußeiserne Leitung noch mit einem weiteren schmiedeeisernen Rohre.

Letztere Anordnung bietet zugleich einen Schutz gegen Einfrieren im Winter, obwohl dies bei der verhältnismäßig hohen Temperatur des Abwassers kaum zu befürchten ist.

In freiliegende Leitungen muß eine bewegliche Verbindung eingebaut werden, welche in der Art einer Stopfbüchse kleine Verschiebungen der beiden Leitungshälften zueinander gestattet, wenn sich das Material infolge Temperaturänderung ausdehnt oder zusammenzieht.

Aus dem gleichen Grunde empfiehlt es sich bei Ummantelung eines eisernen Rohres durch ein anderes eisernes Rohr, das innere auf Rollen zu lagern, damit sich beide unabhängig voneinander bewegen können.

III. Für den Betrieb der Heberleitungen ist es sehr wichtig, daß keine Luft in den Heber eintreten kann, weil hierdurch seine Tätigkeit unterbrochen wird und er zur erneuten Inbetriebsetzung wieder mit Wasser gefüllt werden muß.

Um dieses zu verhüten, wird das Heberrohr am Auslauf nach oben gekrümmt, worduch ein Wasserverschluß an diesem Ende erzielt und das Eindringen von Luft verhindert wird (Abb. 52). Am Einlauf wird zu dem gleichen Zwecke das Heberrohr möglichst so tief wie der Unterwasserspiegel (im aufgebogenen Rohrende) geführt oder, wenn dies nicht angängig ist, mit einem selbstschließenden Ventil versehen.

Um die in dem Abwasser befindliche Luft, welche sich an der höchsten Stelle sammelt und nach einiger Zeit die Wirkung des Hebers aufheben würde, zu entfernen, werden an dieser Stelle Entlüftungseinrichtungen getroffen (Abb. 52). Es werden hierzu verwendet Wasserstrahlpumpen, Saugwindkessel, Luftpumpen.

VII. Kreuzung von Leitungen.

Die Kreuzung neuer Entwässerungsleitungen mit alten, von Schmutzwasserleitungen mit Regenwasserleitungen oder Notauslässen erfordert besondere Bauwerke, wenn die Leitungen sich bei gerader Durchführung durchdringen würden. Es ist dabei Grundsatz, daß die Schmutzwasser führende Leitung, wenn irgend möglich, gerade durchgeführt wird, die andere gedükert wird.

1. Bei nur geringem Einschneiden des oberen Profiles in das untere kann man die Verringerung der Höhe des letzteren durch eine entsprechende Verbreiterung ausgleichen. Der Übergang ist allmählich, auf eine Länge von mindestens 2,00 m, vorzunehmen. Es ist dieses auch zulässig, wenn die untere Leitung Schmutzwasser führt. Zur Verringerung der Zwischenkonstruktion wird die untere Leitung mit einer Eisenbetonkonstruktion überbrückt (Abb. 53).

2. Bei geringeren Höhenunterschieden der beiden Kanäle muß die Regenwasserleitung oder der Notauslaß unter der Schmutzwasserleitung gedükert werden. Im Mischverfahren wird an solchen Stellen zweckmäßig ein Regenüberfall eingebaut (Abb. 54).

Es ist selbstverständlich, daß an derartigen Kreuzungen ein Einsteigeschacht, erforderlichenfalls auch zu beiden Seiten der Kreuzung, angeordnet wird. Man wird diesen zweckmäßig so gestalten, daß von ihm beide Leitungen bestiegen werden können (Abb. 54).

VIII. Regeneinläufe und Schneeinwürfe.

I. **Regeneinläufe** zur Einleitung des Regenwassers in die Entwässerungsleitungen werden entweder mit einem Rost (Abb. 55) abgedeckt oder erhalten einen Seiteneinlauf unter der Bordschwelle und sind dann in den

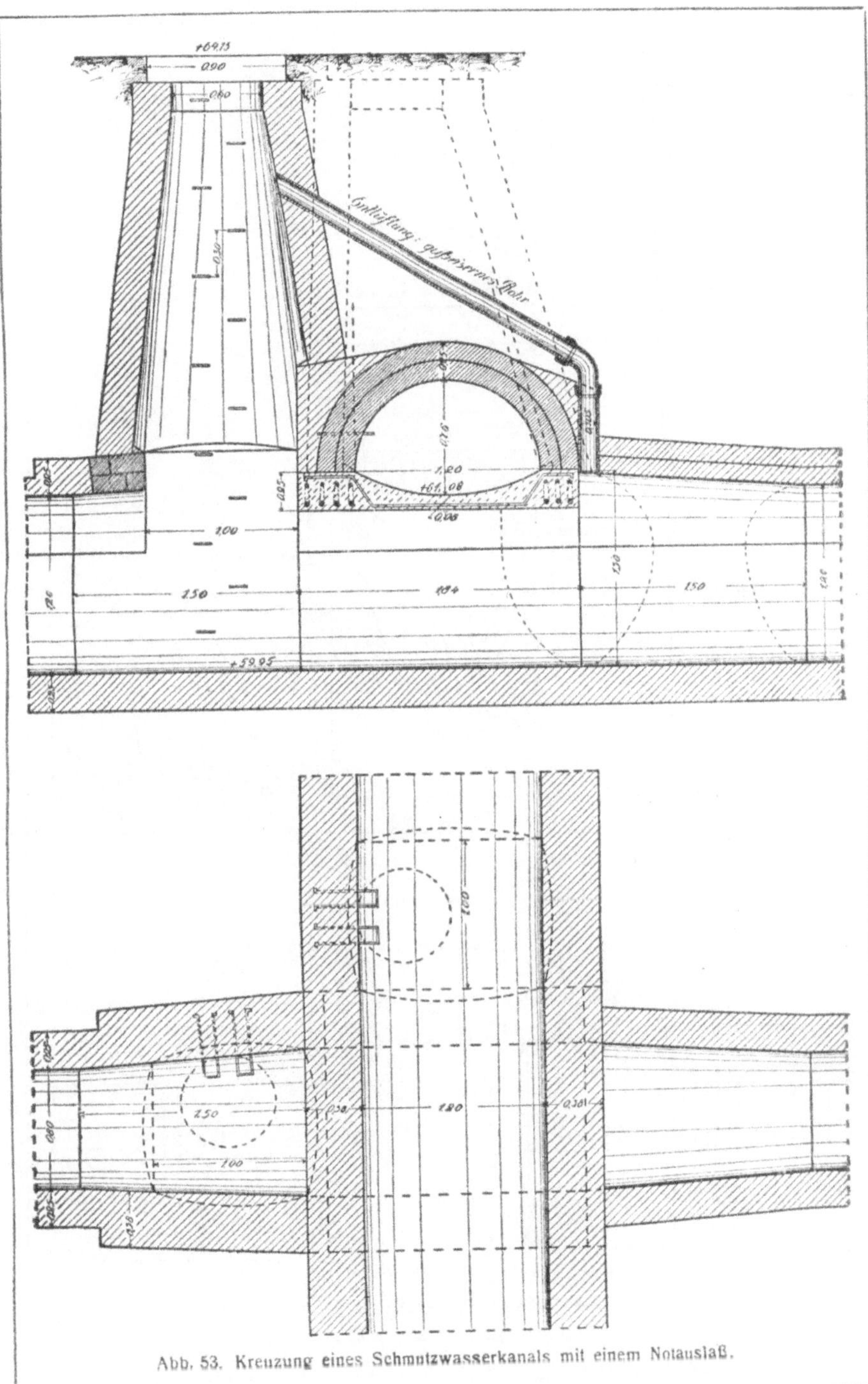

Abb. 53. Kreuzung eines Schmutzwasserkanals mit einem Notauslaß.

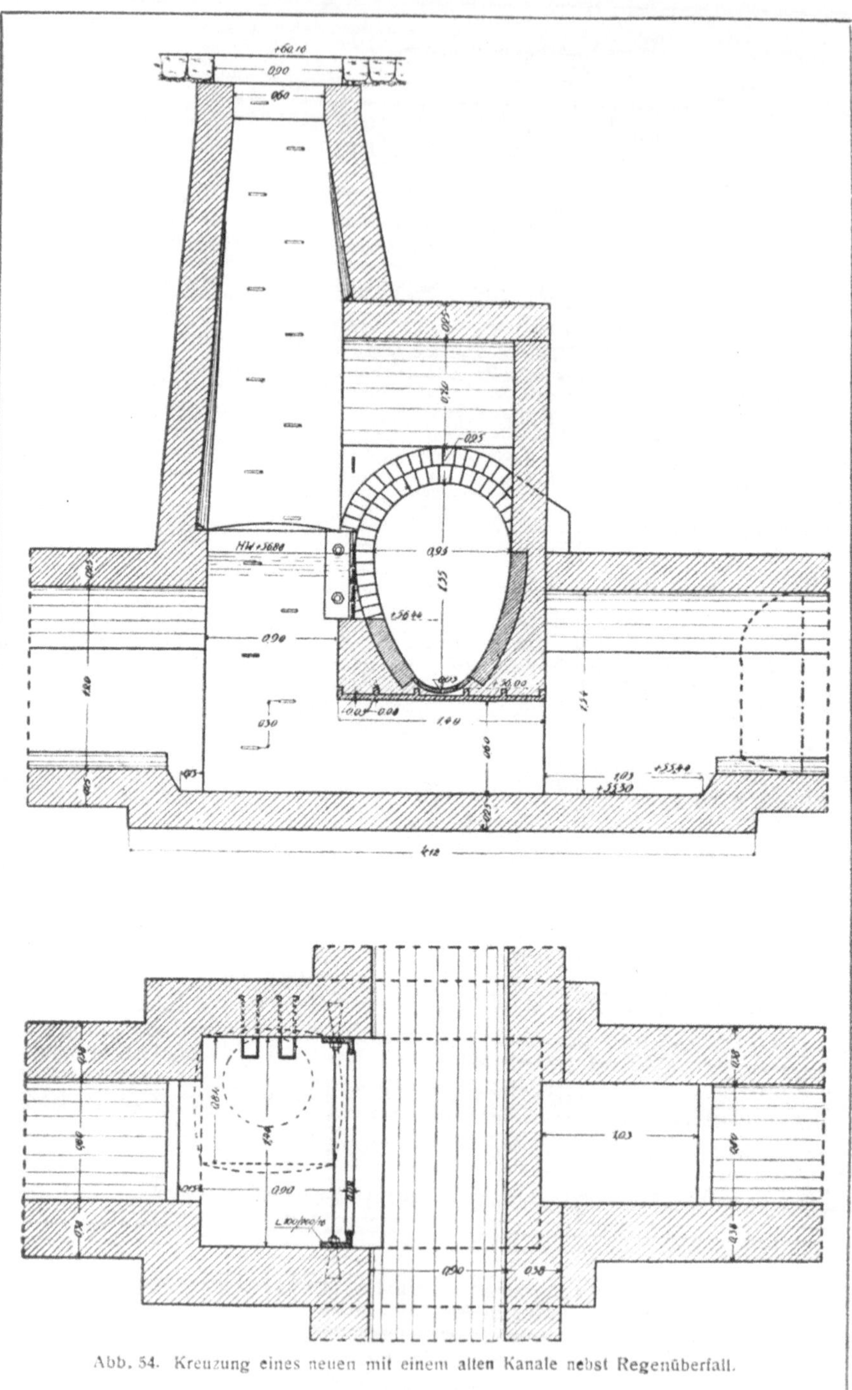

Abb. 54. Kreuzung eines neuen mit einem alten Kanale nebst Regenüberfall.

Fußsteig einzubauen und dicht abzudecken (Abb. 56) oder bestehen aus einer Vereinigung von Rost und Seiteneinlauf (Abb. 57).

a. Die Rostschlitze laufen winkelrecht (Abb. 55) oder parallel (Abb. 58) zur Bordschwelle. Bei der ersten, gewöhnlicheren Anordnung werden Laub, Stroh usw. nicht so leicht durch die Rostschlitze geschwemmt und Verstopfungen der Abflußleitung sicherer verhütet, doch setzen sich Querschlitze eher mit derlei Sperrgut ganz zu, was an Tiefpunkten des Straßennetzes zu Überschwemmungen führt; auch schießt in steileren Straßen bei Starkregen das Wasser über Querschlitze zum Teil hinweg. Es sind daher dort, wo Laub, Stroh usw. abgeschwemmt wird, in Park- und Promenadenstraßen, in Landorten, aber auch in steileren Straßen Längsschlitze vorzuziehen.

b. Doch sind längsgeschlitzten Rosten in genannter Hinsicht Seiteneinläufe (Abb. 56) noch überlegen, unter denen allerdings freihängende Laubeimer

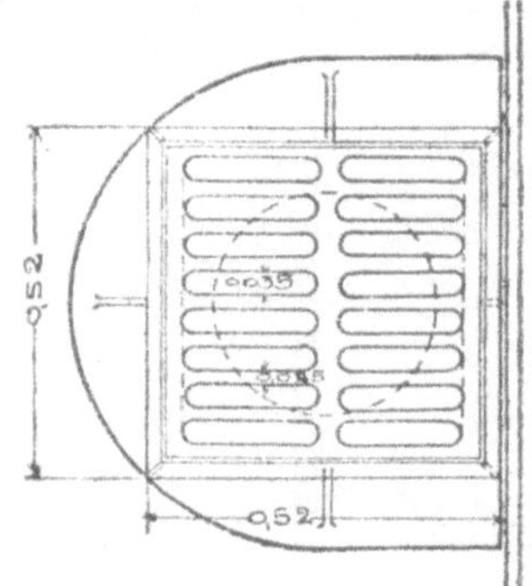

(Abb. 57) erwünscht sind, um das unbehindert eindringende Laub, Stroh usw. aufzufangen. Bei steileren Straßen ist die Straßenrinne an Seiteneinläufen muldenartig zu vertiefen, um das ganze Wasser sicher in sie einzuleiten (Abb. 56).

c. Die Vereinigung von Rost und Seiteneinlauf in Verbindung mit einem untergehängten Laubeimer (Abb. 57) ist wohl der beste Regeneinlauf für seltener gereinigte Straßen in Landorten. Der Seiteneinlauf dient zur Sicherung der Regenwasserableitung in Notfällen, wenn sich die Rostschlitze zugesetzt haben oder wenn besonders große Wassermengen zu bewältigen sind.

Roste und Abdeckungen sind so schwer zu halten, daß sie nicht leicht von Unbefugten aufgehoben werden können, oder so zu verschließen, daß sie nur mittels besonderen Schlüssels geöffnet werden können.

Betreffs der **Verteilung** der Regeneinläufe in den Straßen wird auf den I Teil „Bebauungspläne und Stadtstraßenbau" E. III., Heft 34 dieser Sammlung, verwiesen.

Die Regeneinläufe werden mit der Straßenleitung durch 15 cm weite Steinzeugrohrleitungen unter Zuhilfenahme von Bogenrohren verbunden.

1. Sie erhalten gewöhnlich die Form von **Sinkkasten**, so genannt, weil sie mit einem Schlammfang zum Zurück-

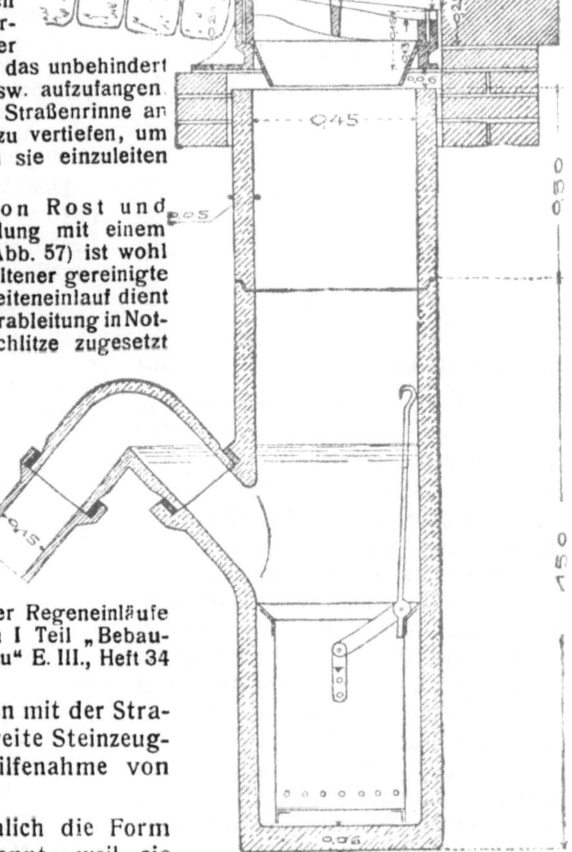

Abb. 55. Sinkkasten aus Beton mit Rost.

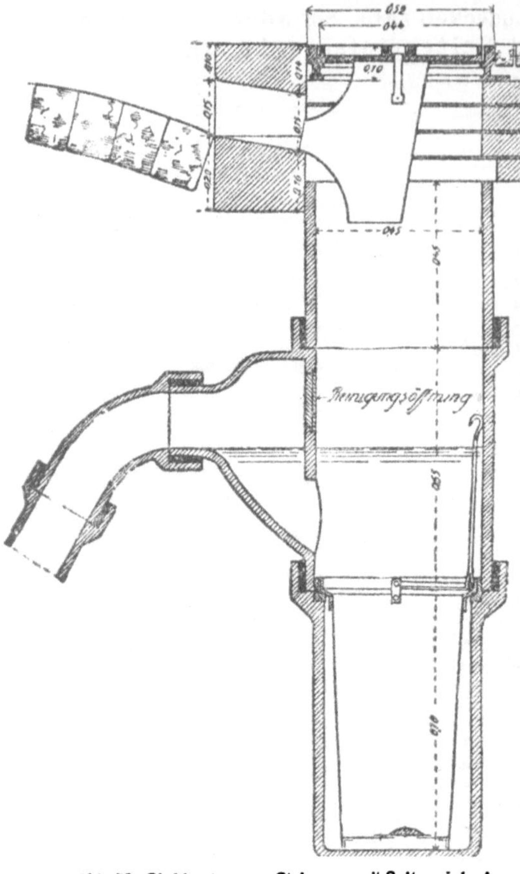

Abb. 56. Sinkkasten aus Steinzeug mit Seiteneinlauf.

Die Sinkkasten sind meistens von kreisrundem Querschnitt und werden aus glasiertem Steinzeug (2—3 rohrartig aufeinander gesetzte Stücke, Abb. 56) oder aus Beton (Abb. 55), seltener aus Gußeisen hergestellt.

Auf Sinkkasten aus Steinzeug werden die Abdeckungen nicht unmittelbar aufgesetzt, um eine Beschädigung durch darüberfahrendes Fuhrwerk zu verhüten, sondern mit etwas Spielraum um das Rohr 3 Schichten hoch untermauert. Damit nicht das einströmende Wasser dieses Fundament unterspült, wird es durch einen Trichter zusammengehalten und über die Mitte des Sinkkastens geführt (Abb. 56).

halten der Sinkstoffe versehen sind. Letzterer ist etwa 1,00 m tief und enthält zweckmäßig einen dicht an die Wandungen schließenden verzinkten Eimer, um den angesammelten Schlamm bequem herausheben zu können.

Der Schlammeimer hat im unteren Teile der Wandung eine Reihe Löcher (Abb. 55) oder am Boden ein nach oben schlagendes Klappventil (Abb. 56), um ihn nach Entleerung wieder in das im Schlammfang stehenbleibende Wasser einsetzen zu können.

Zur Zurückhaltung der Schwimmstoffe erhält der Sinkkasten einen Wasserverschluß, bestehend in einem nach oben gebogenen Ansatz (Abb. 55, 56).

Die den Wasserverschluß bewirkende Zunge hat hin und wieder noch eine gewöhnlich verschlossene Reinigungsöffnung, welche gestattet, ein Rundeisen in das Abflußrohr zwecks Beseitigung von Verstopfungen einzuführen (Abb. 56.)

Der Wasserspiegel im Sinkkasten soll in frostfreier Tiefe liegen, also 1,00—1,50 m unter der Straßenoberfläche.

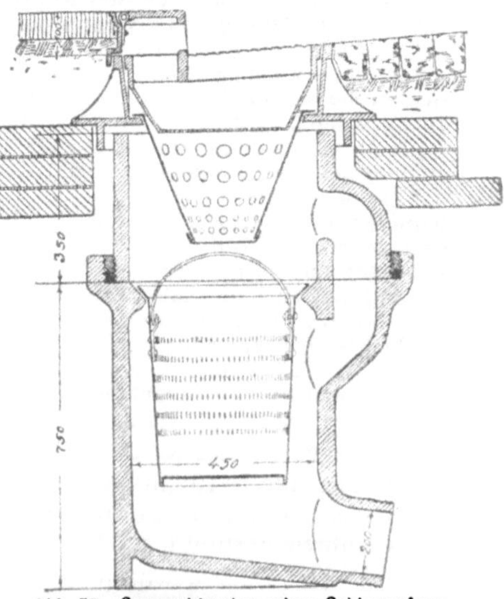

Abb. 57 Sparsinkkasten (ohne Schlammfang und ohne Wasserverschluß) mit Laubeimer und Sandeimer.

Eine gleiche Anordnung ist auch für Sinkkasten aus Beton (Abb. 55) und Gußeisen wünschenswert, welche Materialien durch die Stöße von darüberfahrenden Fuhrwerken leicht Sprünge bekommen

2. Die durch die Abfuhr des Wassers aus den Schlammeimern hervorgerufenen hohen Kosten der Sinkkastenreinigung ist die Veranlassung, daß auch **Regeneinläufe ohne Schlammfang** (Sparsinkkasten) zur Verwendung kommen. Der Schlammfang ist durch einen freihängenden, geschlitzten Eimer ersetzt, welcher Sinkstoffe wie Sand zurückhält, das Wasser aber abfließen läßt.

Auch ein Wasserverschluß erübrigt sich meistens, da auf den Abschluß der etwa aus den Sinkkasten austretenden Kanalluft in Straßen, in welchen sich durchlochte Schachtdeckel befinden, kein Wert gelegt zu werden braucht, ist jedenfalls im Trennverfahren immer entbehrlich. Zum Zurückhalten von Sperrstoffen, wie Laub, Stroh, Reisern, dient ein zweiter großlöcheriger Laubeimer unmittelbar unter dem Rost (Abb. 57).

Bei starken Gefällen und begehbaren Kanälen, welche sich leicht reinigen lassen, genügt es auch wohl, namentlich im Trennverfahren, die Abflußleitung senkrecht bis unter den Rost zu verlängern (Abb. 58).

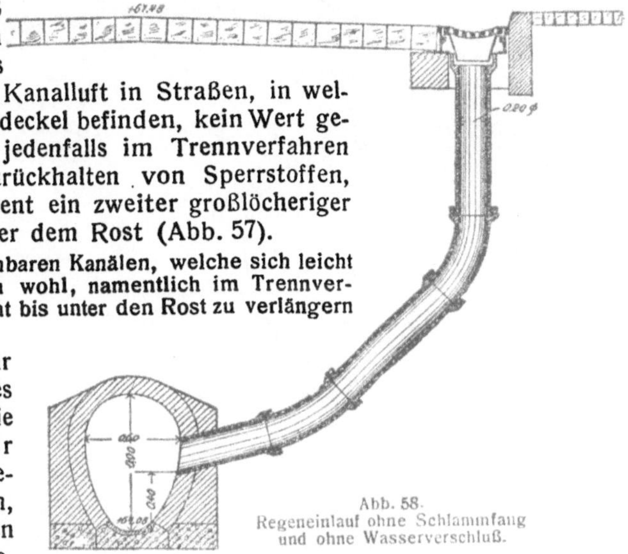

II. Schneeinwürfe dienen zur schnellen Entfernung des Schnees von der Straße; sie dürfen nur über viel Wasser führenden Kanälen, mindestens 100—200 m vor Dükern, 350—700 m vor Pumpwerken und Reinigungsanlagen, angeordnet werden, um Verstopfungen und Störungen des Betriebes durch ungeschmolzene und vereiste Schneemassen zu verhüten. Den Kanal selbst erweitert man, um einen Absatz zu schaffen, von welchem aus Arbeiter die Schneemassen verteilen und durch Besprengen mit Wasserleitungswasser schnell zum Schmelzen und Abschwimmen bringen. Der Zugang zu dieser Stelle ist von dem Schneeeinwurf zu trennen (Abb. 59).

Es können auch Einsteigschächte dazu benutzt werden, wenn die eingeworfenen Schneemassen im Verhältnis zu der durchfließenden Wassermenge stehen.

Abb. 58.
Regeneinlauf ohne Schlammfang
und ohne Wasserverschluß.

IX. Spüleinrichtungen.

Schmutzwasser führende Leitungen verlangen besonders bei schwachen Gefällen zwecks Reinigung öfters eine kräftige Durchspülung. Es geschieht das dadurch, daß die von einem Schachte abgehende Leitung verschlossen wird, so daß sich das Abwasser anstaut. Gleichzeitig läßt man noch reines Wasser aus der Wasserleitung oder aus einem hochgelegenen Gewässer zulaufen, um den Aufstau zu beschleunigen und durch die Verdünnung des Abwassers eine bessere Reinigung zu erzielen. Nach einem ausreichenden Stau wird der Verschluß plötzlich geöffnet, wodurch die aufgestaute Wassermasse mit großer Gewalt durch die bisher verschlossene Leitung stürzt. Mit der Zunahme des Leitungsquerschnittes in der Gefällrichtung nimmt

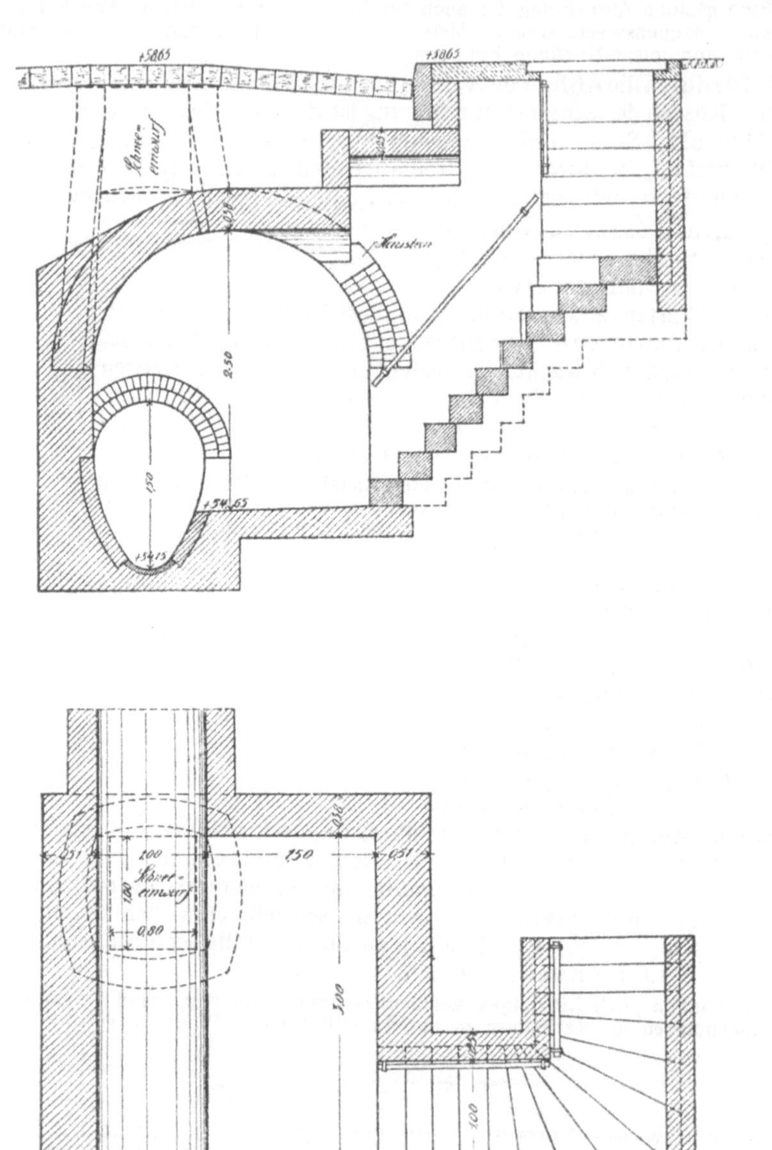

Abb. 59. Schneeinwurf mit Treppeneingang.

natürlich die Spülwirkung mehr und mehr ab. Infolgedessen sind in Abständen von 100—200 m immer neue Spülungen notwendig.

Es ist zu beachten, daß durch den Stau keine Kellerüberflutungen hervorgerufen werden. Um dies zu verhüten, wird in kleinere Leitungen kurz vor dem oberen Schacht eine Überlaufleitung mittels aufrechtgestellten Abzweiges eingeführt (Abb. 31). Größere Kanäle werden der Sicherheit halber nicht ganz verschlossen, damit das Wasser durch die Lücke zwischen Abschluß und Scheitel überfließen kann (Abb. 39, 62).

Einrichtungen zu Spülzwecken werden vorteilhaft in allen Einsteigeschächten der nicht begehbaren Leitungen vorgesehen, um jede Leitungsstrecke kräftig durchspülen zu können. In begehbaren Kanälen sind Spülvorrichtungen weniger nötig, da sich diese bequem durch Arbeiter mit Schaufel und Bürste reinigen und unter Zuhilfenahme fahrbarer Spülwagen (Abb. 143) auch ohne feste Einrichtungen spülen lassen.

Der zum Spülen notwendige Verschluß der Leitungen ist so einfach und billig wie möglich zu gestalten. Es empfehlen sich daher fest eingebaute eiserne Klappen-, Schieber- und Türverschlüsse im allgemeinen wenig. Sie sind teuer, rosten leicht, sind daher sorgfältig zu unterhalten und erfordern meistens Nischen, Schlitze in den Kanalwandungen, in welchen sich Schmutz ansammelt.

Es sei noch bemerkt, daß ein vollständig wasserdichter Abschluß der Profile, der auch kleinste Wassermengen nicht mehr durchsickern läßt, für Spülzwecke nicht erforderlich ist.

I. Kleinere Leitungen, wie Steinzeugrohrleitungen, werden am einfachsten durch kurze **Holzstöpsel,** welche mit Filz oder Gummi abgedichtet sind, verschlossen. Sie sind mit einer Holzscheibe benagelt, welche über die obere Rohrhälfte übersteht und sich gegen den Spiegel, in welchen das Rohr eingemauert ist, legt. Unten ist eine Öse eingeschraubt, an welcher eine Leine befestigt ist, um nach ausreichendem Aufstau des Wassers den Stöpsel von der Straße aus mit einem plötzlichen Ruck herausziehen zu können.

Letzteres wird wesentlich erleichtert, wenn die Leine zunächst mehr oder weniger wagerecht zur gegenüberliegenden Schachtwand und dort über eine Rolle senkrecht nach oben geführt wird. Die Rolle wird in dem Schlitz einer Schraubsteife befestigt und diese zwischen den Schachtwänden eingeklemmt. Es empfiehlt sich noch, die auf den Stöpsel genagelte Scheibe oben wagerecht abzuschneiden, diese Kante abzurunden und eine Schicht des Spiegels in entsprechender Höhe etwas vorstehen zu lassen, so daß sie als Drehkante bei dem Herausziehen des Stöpsels zur Wirkung kommt (Abb. 31).

Für jede Rohrweite werden natürlich besondere Stöpsel von der Spülmannschaft mitgeführt.

II. 1. Für begehbare Kanäle eignen sich als einfachste Verschlüsse **versetzbare Spültüren.** Sie bestehen aus einem eisernen Rahmen mit Schlitz, welcher genau der Profilform entspricht und in die Kanalleibung eingemauert wird, und einem dazu passenden Schieber aus versteiftem Blech, welcher von der Spülmannschaft mitgeführt wird und überall da eingesetzt werden kann, wo Rahmen gleichen Profils eingemauert sind (Abb. 39). Das Aufziehen der Schieber, besonders größerer Profile, verlangt jedoch meistens die Aufstellung einer Winde über der Schachtöffnung.

2. Fest eingebaute Spülverschlüsse sind nur an solchen Stellen angebracht, wo sich häufig Ablagerungen zeigen und deshalb regelmäßig Spülungen vorgenommen werden müssen, wie an unvermeidlichen starken Gefällsbrechpunkten (an der Einmündung steiler Straßen in Talstraßen).

Sie bestehen je nach Größe und Art des Profils aus eisernen Klappen, Handzugschiebern, Kettenrollenzugschiebern oder Spültüren. Die Dichtungsflächen werden meistens mit einer Messingeinlage versehen, um ihr Rosten auszuschließen und die leichte Bewegbarkeit und den dichten Schluß nicht in Frage zu stellen.

Spindelschieber empfehlen sich nicht, da sie sich nicht schnell genug öffnen und deshalb das Wasser nicht zur vollen Spülwirkung kommen lassen.

Klappen und **Handzugschieber** (ohne Übersetzung) (Abb. 60) eignen sich nur für kleine Profile. Für größere Profile kommen **Kettenrollenzugschieber** mit Übersetzung (Abb. 61) in Betracht, ihr Eigengewicht wird durch ein Gegengewicht ausgeglichen, so daß bei dem Aufziehen nur die Reibungswiderstände zu überwinden sind.

Vorgenannte Verschlüsse legen sich in der Stromrichtung gegen ihre Dichtungsflächen, so daß der Druck des aufgestauten Wassers noch zur Abdichtung beiträgt.

Fest eingebaute Spültüren finden Verwendung in größeren begehbaren Kanälen. Sie sind um eine senkrechte Achse drehbar gelagert und so eingerichtet, daß sie sich bei einer bestimmten Stauhöhe selbsttätig öffnen. Sie werden deshalb gegen den Strom geschlossen und in dieser Stellung durch einen am Rahmen drehbar gelagerten Hebel mit Sperrklaue, welche über eine an der Tür angebrachte Rolle greift, gehalten. Bei genügendem Wasserdruck gleitet die Rolle aus der Sperrklaue, die Tür schlägt auf und läßt das aufgestaute Wasser plötzlich ab (Abb. 62).

III. Verschiedentlich finden auch **selbsttätig wirkende Kanalspüler** Verwendung. Es sind dies Behälter von 1—5 m³ Inhalt aus Mauerwerk oder Beton, welche aus der Wasserleitung oder einem hochgelegenen Gewässer (auch aus Springbrunnen, Laufbrunnen) gespeist werden und sich bei einer bestimmten Füllhöhe, meistens infolge Heberwirkung, plötzlich selbsttätig in die benachbarte Entwässerungsleitung entleeren.

Sie sind angebracht am oberen Ende der häufiger trocken laufenden Endleitungen, doch reicht ihre Spülwirkung infolge der allmählichen Verflachung der Spül-

Abb 60. Handzugschieber.

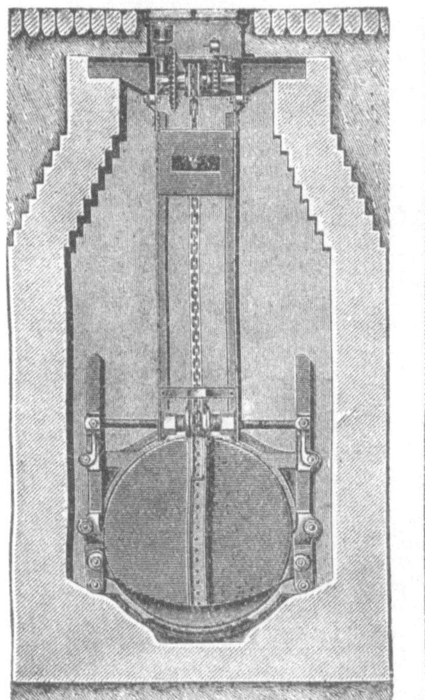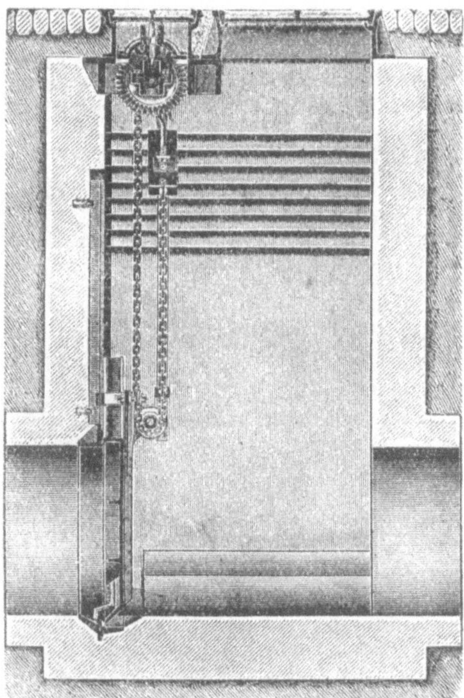

Abb. 61. Kettenrollenzugschieber.

welle nicht allzu weit. Ihre häufigere Anwendung verbietet ihre Kostspieligkeit und ihr dem verschiedenartigen Wetter nur bei aufmerksamster Bedienung anzupassender, verhältnismäßig großer Wasserverbrauch.

X. Sandfang.

Der Sandfang vor der Reinigungsanlage oder vor dem Pumpwerk dient zum Zurückhalten der gröberen Sink- und Schwimmstoffe.

Sein Querschnitt wird neuerdings meistens rechteckig gestaltet, und zwar so groß, daß die Wassergeschwindigkeit nur 0,25—0,30 m sec beträgt und die Sinkstoffe wie Sand, Kaffeesatz sich infolgedessen absetzen.

1. Der Sandfang erhält gewöhnlich eine trichterartige Vertiefung, aus welcher die Sinkstoffe von Zeit zu Zeit mittels Bagger entfernt werden (Abb. 127, 131). Statt dessen empfiehlt es sich auch, namentlich für kleinere Anlagen, in den Trichter einen Eimer mit dicht anschließendem Rand zur Aufnahme der Sinkstoffe einzusetzen, der nach Bedarf herausgehoben und entleert wird. Damit während dieser Zeit keine Sinkstoffe in den Trichter gelangen, teilt man zweckmäßig den Sandfang durch eine Zwischenwand und schließt den Teil, welcher geleert werden soll, durch Schieber ab (Abb. 63).

Imhoff macht die Sandfangsohle flach und entwässert sie durch eine gewöhnlich verschlossene Drainage, um den Sand trocken herauswerfen zu können, wozu

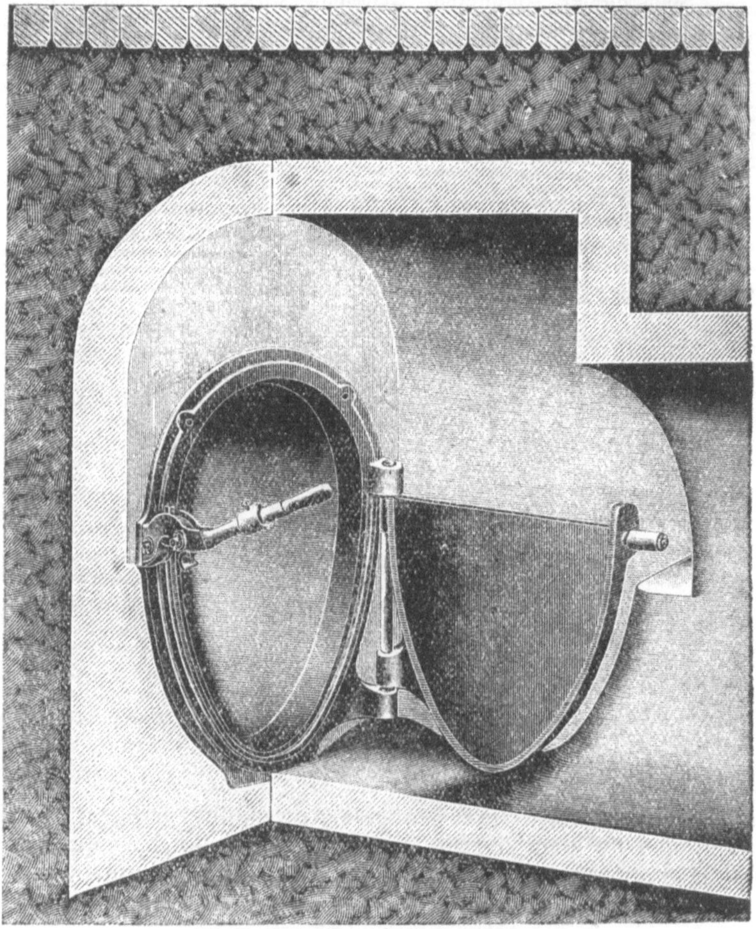

Abb. 62. Selbsttätig sich öffnende Spültür.

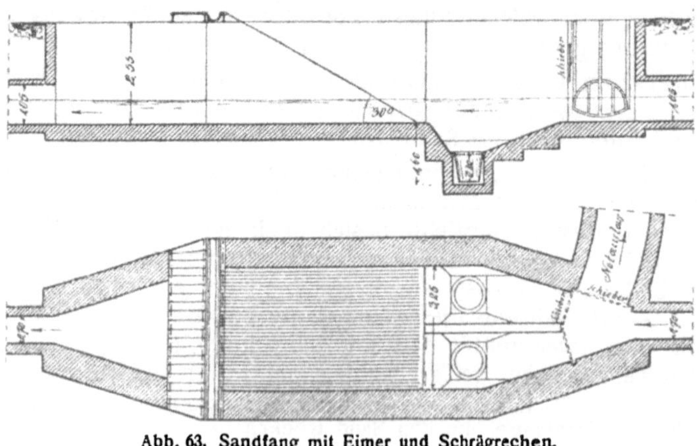

Abb. 63. Sandfang mit Eimer und Schrägrechen.

natürlich zwei Kammern zwecks Auswechselung erforderlich sind. Er hält einen Sandfang nur für große Anlagen und für das Mischverfahren nötig.

2. Zum Zurückhalten der Schwimmstoffe gelten heutzutage Grobrechen, Stabrechen mit 5—10 cm Zwischenraum, als ausreichend. Sie werden vorteilhaft unter rund 30° zur Wagerechten angeordnet, um die angeschwemmten Holzstücke, größeren Stoff- und Papierfetzen, Stroh mit einem Handrechen an langer Stange nach oben in eine dort angebrachte Querrinne ziehen zu können (Abb. 63).

3. Muß das Abwasser zur Reinigungsanlage gehoben werden, so werden die Saugköpfe der Pumpenleitungen hinter dem Rechen in einer Vertiefung angeordnet, um zeitweise das Wasser zwecks Reinigung des Sandfangs möglichst tief absenken zu können.

Der Hauptnotauslaß zweigt vor dem Rechen vom Sandfang ab; um die Schwimmstoffe bei starken Regenfällen nicht in die Vorflut gelangen zu lassen, werden vor dem Auslaß Schwimmbalken mit Tauchplatten angebracht.

G. Kosten[1] der Entwässerungsanlagen.

Zwecks Berechnung der Kosten für Entwässerungsanlagen empfiehlt es sich, von vornherein für die verschiedenen Profile und Materialien der Leitungen die Gesamtkosten für 1 m einschließlich des Anteiles an Einlässen, Einsteigeschächten, Regeneinläufen bei verschiedenen Tiefen zu ermitteln und übersichtlich zusammenzustellen. Für Abweichungen von den gewöhnlichen Verhältnissen, wie sie nur mit der Hacke oder gar nur durch Sprengen (Fels) lösbare Bodenarten, Grundwasserandrang, schlechter Baugrund darstellen, sind entsprechende Zuschläge zu den normalen Kosten für 1 m in die Zusammenstellung aufzunehmen.

Allgemein gültige Zahlen lassen sich für vorgenannte Einheiten nicht angeben, da die Kosten für Entwässerungsanlagen nach Ort und Zeit in zu weiten Grenzen schwanken. Einen ungefähren Anhalt mögen die auf Seite 80 zusammengestellten, größtenteils von Frühling im „Handbuch der Ingenieurwissenschaften" mitgeteilten Preise für 1 m Entwässerungsleitung geben.

Große Kanäle mit schwieriger Bauausführung, namentlich bei starkem Grundwasserandrang und schlechtem Baugrund, bei Ausführung im unterirdischen Stollenbau, ferner Düker- und Heberleitungen, besondere und größere Bauwerke, wie Vereinigungen begehbarer Kanäle, Regenüberfälle, Notauslaßmündungen, schwierigere Kreuzungen, Sandfänge, sind einzeln zu veranschlagen.

Für ganz rohe Kostenüberschläge, wie sie für Gemeinden, an welche die Notwendigkeit einer regelrechten Stadtentwässerung neu herantritt, in Betracht kommen, seien nachfolgende Zahlen, welche auf Angaben von Heyd in „Die Wirtschaftlichkeit bei den Städteentwässerungsverfahren" fußen, genannt. Die mitgeteilten Preise sind natürlich stark beeinflußt durch die Größe und die Wohndichte des zu entwässernden Gebietes, durch die mehr oder weniger guten Bodenverhältnisse und durch die Lage des Gebietes zur Vor-

---

1) Die mitgeteilten Zahlen haben natürlich heute nur mehr einen Vergleichswert, da die Kosten für Bauten auf das 10—12fache der Kosten vor dem Kriege gestiegen sind. Eine Umrechnung der Zahlen erschien jedoch vorläufig zwecklos, weil die Preisbildung zurzeit (Frühjahr 1921) noch nicht zu einem einigermaßen sicheren Abschluß gekommen ist.

1. Steinzeugrohrleitungen.

Durchmesser in m		0,20	0,25	0,30	0,35	0,40	0,45	0,50	0,55	
Berlin	Kosten in ℳ/m	14	15	18	21	25	29	36	—	ausschließlich Einsteigeschächte, Sinkkasten, Vorhalten von Geräten, Bauleitung.
Hannover.		—	23	34	35	38	47	51	—	
Stuttgart		—	—	30	—	—	45	—	—	einschließlich Einsteigeschächte, Sinkkasten, Vorhalten von Geräten, Bauleitung.
Magdeburg [Gürschner]. .		—	—	21	23	27	29	—	—	
Bunzlau [Gürschner] 1905		—	20	22	24	26	29	33	37	

3,00 m tief.

2. Kanäle aus Ziegelmauerwerk in Eiform.

Weite in m		0,60/0,90	0,70/1,05	0,80/1,20	0,90/1,35	1,00/1,50	1,10/1,65	1,20/1,80	
Berlin, im Trockenen . .	Kosten in ℳ/m	60	75	90	105	120	130	140	ausschließlich Einsteigeschächte, Sinkkasten, Vorhalten von Geräten, Bauleitung.
„ „ Grundwasser .		105	120	135	150	165	185	215	
Stuttgart		45	57	70	—	90	—	102	einschließlich Einsteigeschächte, Sinkkasten, Vorhalten von Geräten, Bauleitung.
Magdeburg [Gürschner]. .		—	—	65	—	76	—	—	
Bunzlau [Gürschner] 1905		52	59	64	—	75	—	92	

3,50—4,00 m tief.

3. Betonkanäle in Eiform, in der Baugrube gestampft.

Weite in m		0,70/1,05	0,80/1,20	0,90/1,35	1,00/1,50	1,10/1,65	1,20/1,80	4,00 m tief
Wien	Kosten in ℳ/m	32	37	43	49	54	62	ausschließlich Wiederherstellung der Straßenbefestigung.

4. Zementrohrleitungen in Eiform.

Weite in m		0,25/0,375	0,30/0,45	0,35/0,525	0,40/0,60	0,50/0,75	0,60/0,90	0,70/1,05	0,80/1,20	0,90/1,35	1,00/1,50	
Dresden . . .	Kosten in ℳ m	—	19	21	24	24	41	52	59	68	76	einschl. Regeneinläufe, Bauleitung usw., aber ausschl. Wiederherstellung der Straßenbefestigung.
Greven / Ems [Benzel] 1913		17	19	21	23	—	31	—	—	—	—	

3,00 m tief.   4,00 m tief.

5. Regeneinläufe.

Betonsinkkasten 60—100 ℳ.
Steinzeugsinkkasten, im Mittel 120 ℳ.

flut und sind deshalb nur mit großer Vorsicht zu benutzen. Doch kann im allgemeinen angenommen werden, daß die Einheitspreise mit der Größe des Entwässerungsgebietes, mit der Einwohnerzahl wachsen.

Kosten für 1 m Straßenleitung . . . . .20—75 M.
    „   des Leitungsnetzes von 1 ha . . . . . .5000—12000 „
    „   „   „   auf 1 Einwohner. . . 20—75   „
    „   für Unterhaltung und Betrieb . . . . . .0,10—0,90 M./Kopf

Desgl. einschließlich Verzinsung und Tilgung des
    Anlagekapitals . . . . 1—3   „   „

Es sei an dieser Stelle noch erwähnt:

Es betragen im Mittel für	die Baukosten in M. auf 1 Kopf	die jährlichen Kosten für Betrieb, Verzinsung und Tilgung in M. auf 1 Kopf
Pumpanlage und Hauptdruckleitung	3—6	0,20—1,50
Mechanische Klärung	2—3	0,30—0,50
Reinigung der Abwässer durch Berieselung. . .	5—10	0,40—1,00
Biologische Reinigung	4—10	0,50—1,10

H. Bau der Entwässerungsanlagen.

I. Reihenfolge der Ausführung.

Der Bau des Leitungsnetzes geht im allgemeinen vom tiefsten Punkte, dem Sandfang, nach oben vor sich, damit die Leitungen, sobald sie fertig sind, Vorflut haben und in Betrieb genommen werden können.

Gleichzeitig ist durch diese Baufolge die Möglichkeit gegeben, beim Bauen im Grundwasser dieses durch die fertige Leitung abzuführen. Da das Grundwasser während des Baues bis Unterkante Leitung zu senken ist, sein Abfluß in die fertige Leitung aber nur in Sohlenhöhe möglich ist, so muß es meistens in diese übergepumpt werden. Nur wenn die fertige Leitung tiefer als die zu bauende liegt oder ein starkes Gefälle hat, so daß durch eine verhältnismäßig kurze Stichleitung ein genügend tiefer Punkt der ersteren erreicht werden kann, sind Pumpen entbehrlich.

Um an mehreren Stellen des Stadtgebietes gleichzeitig mit dem Bau der Entwässerungsleitungen beginnen zu können, ohne im einzelnen die Vorteile, welche sich an den Beginn vom Sandfang aus knüpfen, aufgeben zu müssen, empfiehlt es sich, zuerst die Notauslässe und im Anschluß an sie die Leitungen, welche durch sie entlastet werden sollen, zu bauen. Die Entwässerung findet dann vorläufig durch die Notauslässe unmittelbar zur Vorflut statt. Die Überfallrücken dürfen daher erst in die Kanäle eingebaut werden, wenn mit dem weiteren Ausbau des Leitungsnetzes die Entwässerungsleitungen mit dem Sandfang verbunden sind.

Hin und wieder bieten auch alte vorhandene Leitungen Gelegenheit, an sie einen Teil des neuen Leitungsnetzes vorübergehend anzuschließen und ihm so vorläufig Vorflut zu verschaffen.

II. Bauzeichnungen.

Für die Ausführung genügen die Pläne, welche auf die unter E. beschriebene Weise entstanden sind, nicht. Auf Grund dieser sind vielmehr Bauzeichnungen, Lagepläne im Maßstabe 1:500 bis 1:1000 anzufertigen, welche die Baufluchtlinien, Vorgartenlinien, Bordsteinkanten, vorhandene Wasser-, Gas- und andere Leitungen, die zu bauende Entwässerungsleitung mit den Ordinaten und dem Gefälle der Sohle, die zu ihr gehörigen Einsteigeschächte und Sinkkasten, die Grundstücksgrenzen und womöglich die Austrittsstellen der Grundstücksentwässerungsleitungen enthalten (Taf. VIII).

Letztere werden durch Nachfrage bei den Besitzern festgestellt.

Ist eine bestimmte Auskunft auf diese Weise nicht zu erhalten, so werden selbstverständlich Einlässe für etwa vorhandene Regenfallrohre, im übrigen aber für die Grundstücksentwässerung ein Einlaß in der Nähe der unteren Grenze und, falls das Grundstück nicht bebaut ist, noch je ein Einlaß für Regenfallrohre an beiden Grenzen, für schmale Grundstücke auch nur einer an der unteren Grenze, vorgesehen.

Der Einbau der Einlässe an der unteren Grenze erfolgt, um Anschlüsse an oberhalb gelegene Einlässe und damit doppelt gekrümmte Anschlußleitungen zu vermeiden und dafür lieber etwas längere Anschlußleitungen in Kauf zu nehmen.

Ist ein größeres Grundstück noch nicht in Baustellen zerlegt, so sieht man hierfür alle 7 m einen Einlaß vor.

Hierzu kommen noch die Einlässe für die Regeneinläufe der Straße.

Da die Anschlußleitungen im großen und ganzen rechtwinklig auf die Straßenleitung zulaufen, so erfolgt ihre Verbindung mit den schrägen Einlässen durch ein Bogenrohr (Abb. 22, Taf. IX). Die Einlässe sind deshalb etwa 0,50 m unterhalb der festgestellten oder angenommenen Austrittsstellen einzulegen.

Größere Kanäle werden mit den an Straßenecken oder zur Umgehung von Hindernissen erforderlichen Krümmungen in die Bauzeichnung eingetragen (Taf. VIII).

III. Kostenanschlag und Verdingungsunterlage.

Um die Art und Weise des Veranschlagens einer Entwässerungsleitung ohne die unter G. empfohlene Vorermittelung der Einheitspreise für 1 m Länge zu zeigen, ist der Kostenanschlag, welcher gleichzeitig als Verdingungsunterlage dienen kann, für die Entwässerung der „Sedanstraße" gemäß der beiliegenden Bauzeichnung (Taf. VIII) nachstehend aufgestellt.

Zu dem Anschlag wird bemerkt:

1. Das Eiprofil 0,60/0,90 wird aus Ziegelmauerwerk in Zementmörtel 1:3 hergestellt, die Ringe aus Klinker-Keilsteinen, im übrigen aus Hartbrand-Hintermauerungssteinen.

Die Sohle ist 20 cm, das Widerlager im Kämpfer 1 Stein, das Gewölbe $\frac{1}{2}$ Stein stark, die Hintermauerung ist in der Neigung von 30° abgeglichen (Abb. 64).

Der Inhalt des lichten Profiles ist nach der Formel $F = 4,59 r^2$ in Rechnung gestellt.

Das Profil reicht 0,75 m über die Mitte des Endschachtes

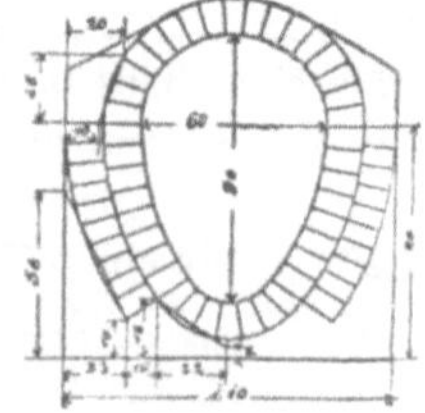

Abb. 64 Eiprofil 0,60/0,90 des Kostenanschlages.

hinaus und wird durch eine Stirnmauer von 25 cm abgeschlossen. Es ist an den Einsteigeschächten durchgehend angenommen.

2. Die Einsteigeschächte werden aus Radialsteinen hergestellt; sie sind unten 1,00 m, oben 0,60 m weit, ihre Wandungen sind 25 cm, ihre Sohle 20 cm stark, die Abdeckungen 20 cm hoch.

Die Einsteigeschächte der Steinzeugrohrleitungen erhalten eine gemauerte Rinne bis zur halben Rohrhöhe. Seitlich der Rinne wird die Schachtsohle annähernd wagerecht abgeglichen.

Die Einsteigeschächte des gemauerten Kanals sind vom Scheitel an in Rechnung gestellt.

Die Steigeisen werden in Abständen von 30 cm eingemauert.

3. Die Untermauerung der Sinkkastenroste erfolgt in Hintermauerungssteinen; sie ist im Lichten 0,50 m weit, 1 Stein stark und 3 Schichten hoch.

4. Die erforderlichen Mauermaterialien sind, wie folgt, ermittelt:

400 Steine auf 1 m³,
0,7 m³ Mörtel auf 1000 Steine,
Rapputz der Außenflächen 2 cm stark,
Rauminhalt des Mauersandes gleich dem Rauminhalte des erforderlichen Zementmörtels,
Rauminhalt des Zementes gleich ein Drittel des Rauminhaltes des Mörtels,
Spezifisches Gewicht des losen Zementes 1,4.

5. Die Steinzeugrohre sind nur bis 0,50 m von Schachtmitte in Rechnung gestellt.

Die Zahl der 0,60 m langen Abzweige ist der Bauzeichnung entnommen. Bei fehlenden Angaben wurden zwei Abzweige (Regenrohr- und Hausanschluß) für ein Grundstück angenommen.

6. Der Bedarf an Dichtungsmaterial für die Rohrmuffen und Verschlußteller wurde angenommen zu

Durchmesser in m	0,125	0,15	0,20	0,25	0,30	0,35	0,40	0,45	0,50	Verschluß-teller 0,15 Φ
Teerstrick in kg	0,2	0,25	0,3	0,5	0,6	0,7	0,8	0,9	1,0	0,1
Asphaltkitt in kg	0,8	1,5	2,0	3,0	4,0	3,5	5,0	6,5	8,5	0,4

7. Die Baugrube wurde 0,50—0,60 m breiter als die Leitungen und Bauwerke bemessen.

Die Baugrubenlänge für die Einsteigeschächte der Steinzeugrohrleitungen ist von der Baugrube der Leitungen in Abzug gebracht. Die Baugruben der Einsteigeschächte sind besonders in Rechnung gestellt.

An den 4 Straßenkreuzungen, vom tiefsten Punkt beginnend, betragen
die Geländeordinaten: 46,81 — 46,92 — 47,56 — 48,21
„ Sohlen „ 42,90 — 43,01; 43,33 — 44,17 — 45,30
„ Höhenunterschiede 3,91 — 3,91; 3,59 — 3,39 — 2,91 m.

8. Die wiederherzustellenden Pflasterflächen sind rd. 0,40 m breiter als die Baugrube in Rechnung gestellt.

Die Baugruben der Sinkkasten fallen zum Teil in den Fußsteig.

9. Die eingesetzten Preise erheben natürlich keinen Anspruch auf allgemeine Gültigkeit.[1]

Die Preise für die Steinzeugwaren sind der Preisliste der „Deutschen Steinzeugwarenfabrik, Friedrichsfeld (Baden)" entnommen und um einen Betrag für die Beförderung mit der Bahn und von dem Bahnhof zur Baustelle erhöht.

[1] Sie gelten noch für die Zeit vor dem Kriege. Die derzeitigen (Frühjahr 1921) Preise betragen das 10–12fache.

Die genannte Fabrik lieferte ab Friedrichsfeld:

Lichte Weite des Rohres in m	Gerade Rohre		Abzw. 0,60 m lg		Bogenrohre		Verschlußteller
	Gewicht	Preis	Gewicht	Preis	Gewicht	Preis	Preis für 1 Stück
	für 1 m		für 1 Stück		für 1 m		
	kg	M.	kg	M.	kg	M.	M.
0,125	20	1,10	17	1,50	10	1,10	0,35
0,15	25	1,35	21	1,80	12,5	1,35	0,40
0,20	34	2,00	28	2,65			
0,25	53	2,70	47	3,60			
0,30	66	4,00	56	5,35			
0,35	85	5,00	65	6,65			
0,40	108	6,35	78	8,45			
0,45	137	8,35	90	11,15			
0,55	150	10,65	115	14,20			

Steinzeugsinkkasten mit Schlammeimer und Rost, 0,45 Φ, 480 kg schwer, das Stück 105 M.

Die Preise für Schachtabdeckungen und Steigeisen sind dem Musterbuch Abt. IV der „Halbergerhütte bei Saarbrücken" entnommen und mit einem Zuschlag für Bahnbeförderung usw. versehen.

Die Preise für Schachtabdeckungen sind natürlich je nach Ausbildung sehr verschieden.

10. Die Ausrechnung erfolgte mit dem Rechenschieber, die erhaltenen Zahlen wurden im allgemeinen nach oben abgerundet.

Kostenanschlag

für die Entwässerung der Sedanstraße
von St. 10 + 84,30 bis St. 14 + 23,80.

| Nr. | Anzahl | Gegenstand | Preis | | Betrag | |
			$\mathscr{M}$	$\mathscr{Pf}$	$\mathscr{M}$	$\mathscr{Pf}$
		I. Erdarbeiten.				
		St. 10 + 84,00 bis St. 11 + 90,50:				
		$106,50 \cdot 1.70 \cdot 4,11 =$ rd. 745 m³				
		St. 11 + 90,50 bis St. 13 + 29,75:				
		$(139,25 - 5,00) \cdot 1,00 \cdot \dfrac{3,59 + 3,39}{2} =$ „ 469 „				
		Einsteigeschächte:				
		$5,00 \cdot 2,00 \cdot \dfrac{3,68 + 3,62 + 3,59}{3} =$ „ 37 „				
		St. 13 + 29,75 bis St. 14 + 23,20:				
		$(93,45 - 3,00)\, 0,80 \cdot \dfrac{3,39 + 2,91}{2} =$ „ 228 „				
		Einsteigeschächte:				
		$3,00 \cdot 2,00 \cdot \dfrac{3,59 + 3,35}{2} =$ „ 21 „				
		Sinkkasten: $\qquad 18 \cdot 1,40^2 \cdot 2,50 =$ „ 89 „				
		Sinkkastenanschlüsse:				
		$18 \cdot 6,00 \cdot 0,80 \cdot \dfrac{3,20 + 1,00}{2} =$ „ 183 „				
1	1772	m³ Boden auszuschachten, das Straßenbefestigungsmaterial gesondert seitlich zu lagern, die Baugrube nach Fertigstellung der Leitung wieder ordnungsmäßig zu verfüllen, den übrigbleibenden Boden abzufahren und die Straße zu reinigen.				

Nr.	An-zahl	Gegenstand	Preis $\mathscr{M}$	Preis $\mathscr{Pf}$	Betrag $\mathscr{M}$	Betrag $\mathscr{Pf}$

einschließlich Absteifen der Baugrube, Überbrücken an Übergängen, Sicherung etwaiger die Baugrube kreuzenden Leitungen und Vorhalten der erforderlichen Hölzer, Ketten, Geräte usw. — **Preis 3 —**, **Betrag 5 316 —**

II. Maurerarbeiten.

$$\text{St. } 10 + 84,30 \text{ bis St. } 11 + 90,25 : 105,95 \cdot \left(1,10 \cdot 0,80\right.$$
$$+ \tfrac{1}{2}\frac{0,85^2\,\pi}{4} + 2\,\frac{0,20 + 0,10}{2}\,0,25 - 4,95 \cdot 0,30^2\left.\right) = \text{rd.}$$

2 — 89 — m³ Ziegelmauerwerk des eiförmigen Kanals 0,60/0,90 m aus Keil- und Hintermauerungssteinen in Zementmörtel 1 : 3 herzustellen, außen 2 cm stark zu berappen, innen glatt zu fugen, die Anschlußrohre sauber einzumauern, mit Steinzeugtellern zu verschließen und den Verschluß mit Teerstrick und Asphaltkitt abzudichten einschließlich Vorhalten der erforderlichen Gerüste, Geräte usw. und ausschließlich Materiallieferung — **Preis 12 —**, **Betrag 1 068 —**

$$\frac{\pi}{4} \cdot \frac{1,50^2 - 1,00^2 + 1,10^2 - 0,60^2}{2}\,(2,80 + 2,80 + 3,68 + 3,62$$
$$+ 3,59 + 3,55) = \text{rd.}$$

3 — 16,5 — m³ Ziegelmauerwerk der Einsteigeschächte aus Radialsteinen in Zementmörtel 1 : 3 herzustellen, außen 2 cm stark zu berappen, innen glatt zu fugen, die einmündenden Rohre sauber einzumauern und erforderlichenfalls mit Holztellern dicht zu verschließen, die Steigeisen einzumauern und die Abdeckung ordnungsmäßig zu verlegen einschließlich Vorhalten der erforderlichen Gerüste, Geräte usw. und ausschließlich Materiallieferung — **Preis 10 —**, **Betrag 165 —**

$$\frac{\pi}{4}\,1,00^2\left(4 \cdot 0,20 + 2 \cdot \frac{0,45}{2} + \frac{0,40}{2} + \frac{0,25}{2}\right)$$
$$- \frac{1,00}{2}\,\frac{\pi}{4}\,(2 \cdot 0,45^2 + 0,40^2 + 0,25^2) = \text{rd.}$$

4 — 1 — m³ Ziegelmauerwerk der Sohlen der Steinzeugrohrschächte aus Keil- und Normalsteinen in Zementmörtel 1 : 3 herzustellen und die sichtbaren Flächen glatt zu fugen einschließlich Vorhalten der erforderlichen Gerüste, Geräte usw. und ausschließlich Materiallieferung — **Preis 10 —**, **Betrag 10 —**

III. Rohrlegerarbeiten.

5 — Steinzeugrohre zu verlegen und die Muffen mit Teerstrick und Asphaltkitt zu dichten, die erforderlichen Abzweige einzulegen, mit Steinzeugtellern zu verschließen und den Verschluß mit Teerstrick und Asphaltkitt abzudichten einschließlich der erforderlichen Gerüste, Geräte usw. und ausschließlich Materiallieferung, und zwar

a — 99 — St. 11 + 90,50 bis St. 12 + 90,75 : 100,25 — 1,50 = rd. m Steinzeugrohre 0,45 Φ — **Preis — 95**, **Betrag 94 05**

b — 38 — St. 12 + 90,75 bis St. 13 + 29,75 : 39,00 — 1,00 = rd. m Steinzeugrohre 0,40 Φ — **Preis — 90**, **Betrag 34 20**

c — 92 — St. 13 + 29,75 bis St. 14 + 23,80 : 94,05 — 2,00 = rd. m Steinzeugrohre 0,25 Φ — **Preis — 75**, **Betrag 69 —**

d — 126 — Anschlußleitungen der Sinkkasten: 18 · 7,00 = rd. m Steinzeugrohre 0,15 Φ — **Preis — 60**, **Betrag 75 60**

zu übertragen — **6831 85**

Nr.	An-zahl	Gegenstand	Preis $\mathcal{M}$ | $\mathcal{Pf}$	Betrag $\mathcal{M}$ | $\mathcal{Pf}$
		Übertrag		6 831 | 85
6	18	**IV. Versetzen der Sinkkasten.** Stück Sinkkasten aus Steinzeug zu versetzen, die Stöße mit Teerstrick und Asphaltkitt zu dichten, den Eimer einzusetzen und die Abdeckung ordnungsmäßig zu untermauern und zu verlegen einschließlich Vorhalten der erforderlichen Gerüste, Geräte usw. und ausschließlich Materiallieferung	5 | —	90 | —
		V. Pflasterarbeiten. St. 10 + 83,50 bis St. 11 + 91,00: $107,50 \cdot 2,10 = $ rd. 226 m² St. 11 + 91,00 bis St. 13 + 29,75: $(138,75 - 6,25) \cdot 1,40 = $ „ 186 „ Einsteigeschächte: $6,25 \cdot 2,40 = $ „ 15 „ St. 13 + 29,75 bis St. 14 + 23,70: $(93,95 - 3,75) \cdot 1,20 = $ „ 109 „ Einsteigeschächte: $3,75 \cdot 2,40 = $ „ 9 „ Sinkkasten: $18 \cdot 1,80 \cdot 1,30 = $ „ 42 „ Sinkkastenanschlüsse: $18 \cdot 5,70 \cdot 1,20 = $ „ 122 „		
7	710	m² Kopfsteinpflaster in Sandunterbettung über der verfüllten Baugrube aus dem vorhandenen Pflaster- und Unterbettungsmaterial regelrecht wieder herzustellen einschließlich Nachlieferung fehlenden Pflastersandes	1 | 10	781 | —
		An den Sinkkasten: $18 \cdot 2,50 = $		
8	45,00	m Bordschwellen einschließlich Untermauerung wieder zu verlegen $18 \cdot 2,50 \cdot 0,30 = $	— | 85	38 | 25
9	13,50	m² Mosaikpflaster wieder herzustellen einschließlich Nachlieferung fehlenden Pflastersandes	1 | 10	14 | 85
10		**VI. Materiallieferung frei Baustelle.** Klinkersteine von vorgeschriebener Form anzuliefern, abzuladen und regelrecht aufzusetzen, und zwar Schächte $(89,00 - 105,95 \cdot 0,30 + \overbrace{1,00 \cdot 0,4}) \, 0,4 + $ Abfall durch Verhau $= $ rd.		
a	24	Tausend Keilsteine $16,5 \cdot 0,4 + $ Abfall durch Verhau $= $ rd.	50 | —	1 200 | —
b	7	Tausend Radialsteine $\left[105,95 \cdot 0,3 + \overbrace{1,00 \cdot 0,6} + 18 \left(\dfrac{1,00^2\,\pi}{4} - \dfrac{0,50^2\,\pi}{4} \right) 0,23 \right] 0,4$ $+ $ Abfall durch Verhau $= $ rd.	50 | —	350 | —
11	16	Tausend gut gebrannte Hintermauerungssteine von Normalformat anzuliefern, abzuladen und regelrecht aufzusetzen $47 \cdot 0,7 + \overbrace{105,95 \cdot 3,20 \cdot 0,02} + \left(\dfrac{\pi \cdot 1,51 + \pi \cdot 11,1}{2}\, 0,02 \right)$ $(2,80 + 2,80 + 3,48 + 3,42 + 3,39 + 3,15) = $ rd. 42 m³ Zementmörtel $\dfrac{42}{3} \cdot 1400 = $ rd.	28 | —	448 | —
		zu übertragen		9 753,95

Nr.	Anzahl	Gegenstand	Preis $\mathcal{M}$	Preis $\mathcal{Pf}$	Betrag $\mathcal{M}$	Betrag $\mathcal{Pf}$
		Übertrag			9 753	95
12	19720	kg Portlandzement anzuliefern und abzuladen, je 100 kg	5	—	986	—
13	42	m³ scharfen Mauersand anzuliefern und abzuladen	2	—	84	—
14		Steinzeugrohre anzuliefern und abzuladen, und zwar				
a	82	$99 - 29 \cdot 0{,}60 =$ rd. m gerade Steinzeugrohre 0,45 Φ	10	—	820	—
b	32	$38 - 11 \cdot 0{,}60 =$ rd. m „ „ 0,40 Φ	7	70	246	40
c	1	$2 \cdot 0{,}50 =$ m „ „ 0,35 Φ	6	10	6	10
d	78	$92 - 25 \cdot 0{,}60 =$ rd. m „ „ 0,25 Φ	3	40	265	20
e	118	$126 - 36 \cdot 0{,}30 =$ rd. m „ „ 0,15 Φ	1	70	200	60
f	36	Stück Bogenrohre 0,15 Φ, je 18 zu 60° und 30°	1	60	57	60
g	27	„ schräg abgeschnittene Rohrstutzen 0,15 Φ, 0,50 m lang	1	—	27	—
h	29	„ Abzweige 0,45/0,15 Φ, 0,60 m lang	12	30	356	70
i	11	„ „ 0,40/0,15 „ 0,60 „ „	9	50	104	50
k	25	„ „ 0,25/0,15 „ 0,60 „ „	4	20	105	—
l	95	$27 + 29 + 11 + 25 =$ rd. Stück Verschlußteller aus Steinzeug 0,15 Φ	—	40	38	—
15	18	„ Steinzeugsinkkasten mit Schlammeimer und Rost, 0,45 Φ, anzuliefern und abzuladen	110	50	1 989	—
		Rohrmuffen: $\quad (82 + 29) \cdot 6{,}5 =$ rd. 725 kg $(32 + 11) \cdot 5{,}0 =$ „ 216 „ $2 \cdot 4{,}0 =$ „ 8 „ $(78 + 25) \cdot 2{,}0 =$ „ 206 „ $(118 + 36) \cdot 1{,}0 =$ „ 154 „ Verschlußteller: $95 \cdot 0{,}4 =$ „ 38 „ Sinkkasten: $18 \cdot 3 \cdot 6{,}5 =$ „ 353 „				
16	1700	kg Asphaltkitt anzuliefern, je 100 kg	8	25	140	25
		Rohrmuffen: $\quad (82 + 29) \cdot 0{,}9 =$ rd. 101 kg $(32 + 11) \cdot 0{,}8 =$ „ 36 „ $2 \cdot 0{,}7 =$ „ 2 „ $(78 + 25) \cdot 0{,}5 =$ „ 53 „ $(118 + 36) \cdot 0{,}25 =$ „ 38 „ Verschlußteller: $95 \cdot 0{,}1 =$ „ 10 „ Sinkkasten: $18 \cdot 3 \cdot 0{,}9 =$ „ 49 „				
17	290	kg Teerstrick anzuliefern, je 100 kg $\dfrac{2 \cdot (2{,}80 + 1{,}03) + 3{,}28 + 3{,}22 + 3{,}19 + 2{,}95}{0{,}30} =$ rd.	38	—	110	20
18	68	Stück gußeiserne Steigeisen anzuliefern	1	35	91	80
19	6	„ gußeiserne Abdeckungen für Einsteigeschächte einschließlich Schmutzeimer anzuliefern	80	—	480	—
20		Für unvorhergesehene Fälle und Bauleitung (rd. 10 %) und zur Abrundung			1 637	70
		Sa.			17 500	—

IV. Festsetzung der Leitungtrasse.

Die Leitungtrasse wird an Hand der Bauzeichnung und auf Grund des örtlichen Befundes bestimmt.

Die Eintragung der Fluchtlinien, Bordkanten, Wasser- und Gasrohre usw. in die Bauzeichnung bezweckt, einen Überblick über die für die Entwässerungsleitung noch freien Straßenflächen zu geben. Man wird selbstverständlich anderen Leitungen möglichst fernbleiben, um die Ausführung nicht zu erschweren und um Rohrbrüchen während des Baues aus dem Wege zu gehen.

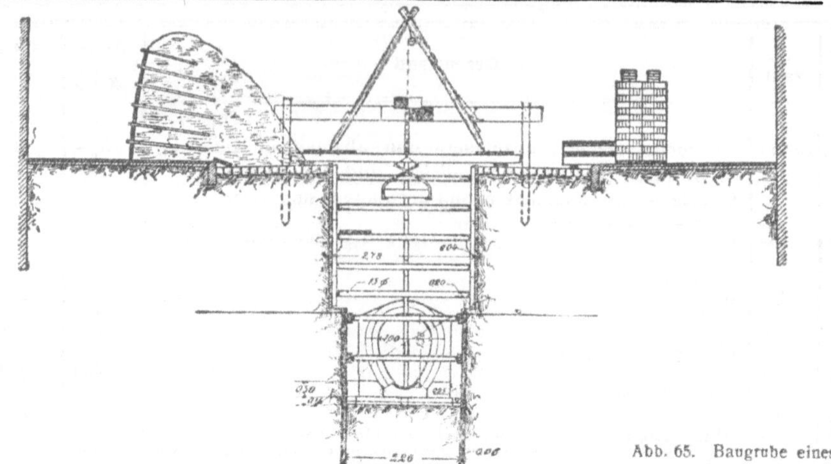

Abb. 65. Baugrube eines

1. Gestattet es die Lage der vorhandenen Leitungen, so legt man die Entwässerungsleitung in die Straßenmitte, um gleichlange Anschlußleitungen für die Grundstücke beider Straßenseiten zu erhalten (Taf. VIII).

Sind Leitungen zu beiden Seiten der Straße vorgesehen, so werden sie bei genügender Fußsteigbreite unter den Seitensteigen angeordnet, um die Anschlußleitungen kurz zu halten, den Fuhrverkehr während des Baues möglichst wenig zu behelligen und nicht die teuerere Fahrbahnbefestigung aufreißen und wiederherstellen zu müssen.

Kommt eine Führung der Entwässerungsleitung nahe und parallel der Bordkante in Frage, so ist darauf zu sehen, daß die Sinkkasten noch neben der Leitung Platz haben, und daß die Abdeckungen der Einsteigeschächte ganz in der Fahrbahn oder ganz im Fußsteig hinter der Bordschwelle Platz finden.

2. Es empfiehlt sich immer, an den Stellen, wo Einsteigeschächte geplant sind, vor der endgültigen Festsetzung der Leitungsachse **Probelöcher** quer zur Achse auszuheben, um Aufschluß über etwaige, den Bau der Schächte an diesen Punkten beeinträchtigende Hindernisse zu erhalten und dementsprechend die Trasse bestimmen zu können.

Vorhandene Leitungen, welche die Entwässerungsleitung kreuzen, sind ebenfalls, aber in der Richtung der Kanalachse, aufzugraben, um festzustellen, ob sie der Durchführung der Entwässerungsleitung nicht etwa hinderlich sind und umgelegt werden müssen oder eine Dükerung der zu bauenden Leitung nötig machen.

Es wird bemerkt, daß eine Unterbrechung der Schmutzwasser führenden Gefällleitungen durch Düker oder Heberleitungen möglichst zu vermeiden und die Umlegung von Wasser- und Gasrohren oder die Dükerung alter oder nur Regenwasser führender Entwässerungsleitungen vorzuziehen ist.

3. Erst wenn alle auf die Durchführung der Leitung bezüglichen Verhältnisse an Ort und Stelle klargestellt sind, werden die Mittelpunkte der Einsteigeschächte und die sonstigen Knickpunkte der Leitungsachse durch Pfähle, Spitzbolzen oder in das Pflaster eingemeißelte Kreuze festgelegt, die etwa (in größere Kanäle) einzulegenden Bogen nach Halbmesser und Bogenlänge bestimmt und die Längen gemessen.

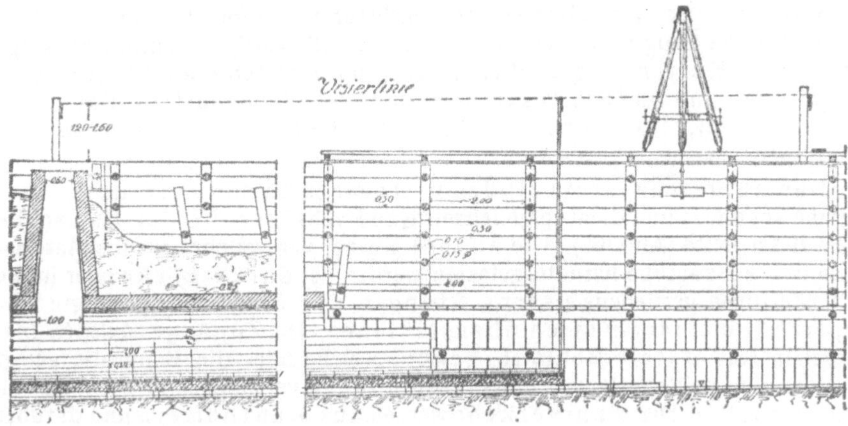

gemauerten Kanales im Grundwasser.

Die Bauzeichnung wird den etwaigen Änderungen entsprechend verbessert oder, was bei erheblichen Verschiebungen der Leitungsachse vorzuziehen ist, eine neue Bauzeichnung angefertigt. In die Bauzeichnung werden nach dem allgemeinen Entwurf die Stationen der Leitung und die Sohlenordinaten der Stationen, Einsteigeschächte und sonstigen Gefällbrechpunkte eingerechnet.

V. Vorbereitende Arbeiten.

Die mit dem Bau von Entwässerungsleitungen in Stadtstraßen verknüpfte starke Beeinträchtigung des Verkehrs fordert eine sorgfältige Überlegung des Bauvorganges, damit der Fortschritt der Arbeiten keine Störungen erleidet.

Die Enge der Straßen verlangt meistens die Anfuhr und zweckmäßige Verteilung der Baumaterialien vor der Ausschachtung der Baugrube, um einerseits den durch die ausgehobene Erde beengten Verkehr durch die Baufuhren nicht noch mehr zu behindern, anderseits die Materialien nicht unnötig weit mit der Schiebkarre oder mit der Hand zur Verwendungsstelle befördern zu müssen.

Vor der Ausschachtung der Baugrube sind die vermarkten Punkte der Leitungsachse auf Marken, welche sich außerhalb der Baugrube befinden, einzumessen, so daß sie jederzeit wieder genau festgestellt werden können.

Bezüglich der Herstellung der Baugrube und der Bewältigung des Grundwassers wird auf Heft 18 dieser Sammlung: Benzel, „Grundbau" verwiesen.

Die Baugrubenbreite ist so zu bemessen, daß zwischen der Leitung und der Verschalung der Baugrube zu beiden Seiten noch 25—30 cm verbleiben.

Alles Straßenbefestigungsmaterial ist beim Aufbruch gesondert beiseite zu setzen und sorgfältig aufzustapeln.

Es empfiehlt sich, die Baugrube durch die Erdarbeiter nicht bis zur vollen Tiefe, für Rohrleitungen beispielsweise nur bis zur Rohrsohle, ausschachten und die letzten 3–5 cm durch die Sohlstück- und Rohrleger beseitigen zu lassen, um einen zu tiefen Aushub möglichst zu verhüten.

Vorhandene Rohrleitungen, insbesondere Wasser- und Gasrohre, welche in die Baugrube fallen, sind, bevor sie vollständig freigelegt sind, sorgfältig mit Ketten an quer über die Baugrube gelegten Kanthölzern aufzuhängen und zum Schutz gegen herabfallende Steine mit Bohlstücken abzudecken, Kabel mit Sackleinwand oder Dachpappe zu umwickeln.

Der ausgeschachtete Boden wird gewöhnlich an einer Seite der Baugrube abgesetzt und dient so gleichzeitig zur Absperrung der Baugrube auf dieser Seite (Abb. 65). Die andere Seite, von welcher aus die Materialien in die Baugrube heruntergelassen werden, ist durch Böcke oder in die Pflasterfugen getriebene eiserne Stangen und dazwischen gehängte Absperrbäume oder Ketten abzuschließen. Die Zugänge zu den Grundstücken sind durch Bohlenbrücken, welche über die Baugrube gelegt werden und beiderseits mit einem Geländer zu versehen sind, offen zu halten. Brücken für Fuhrverkehr werden aus Kanthölzern und darüber gelegten Bohlen hergestellt.

Einbauten anderer Leitungen, insbesondere Absperrschieber und Feuerhähne der Wasserleitung, dürfen durch den ausgeschachteten Boden nicht verschüttet werden, um bei Rohrbrüchen, Bränden jederzeit zu ihnen gelangen zu können.

Da ein Teil des Bodens durch die zu bauende Leitung verdrängt wird, so ist dieser von vornherein rechnerisch festzustellen und nach Beginn der Ausschachtung hintereinander abzufahren. Die Verfüllung der ersten Strecke erfolgt dann nach Fertigstellung der Leitung mit dem weiterhin ausgeschachteten und in Kippwagen angefahrenen Boden.

Doch ist zu beachten, daß vorkommendenfalls der schlechteste, nicht zur Verfüllung geeignete Boden, wie Fels, Steine, Schlamm, zur Abfuhr gelangt. Auch ist darauf zu achten, daß etwa ausgeschachteter Mauersand der unmittelbaren Verwendung auf der Baustelle vorbehalten bleibt.

Um in engen Straßen den Verkehr möglichst wenig zu beengen, wird der für die Verfüllung liegenbleibende Boden an der Außenseite durch steile Bohlenwände gestützt, welche ihren Halt an angenagelten, wagerechten, 1,50—2,00 m in die Erdhaufen reichenden Bohlen finden (Abb. 65).

In sehr engen Straßen wird man aus demselben Grunde den zur Verfüllung nötigen Boden in Kippwagen laden und nach Seitenstraßen abfahren, um ihn dort bis zur Wiederverfüllung zu lagern.

Bei großer Tiefe der Leitungen und bei großem, nicht umzuleitendem Verkehr in engen Straßen kommt noch die Ausführung im unterirdischen Stollenbau (siehe Heft 18 „Grundbau" B. I. 2. c) in Betracht. Doch sind die Kosten und die Schwierigkeiten dieser Bauweise gewöhnlich erheblich größer als beim Tagebau, so daß man sie, wenn irgend angängig, vermeiden wird.

Liegt die zu bauende Leitung im Grundwasser, so sind die Stellen, wo die Pumpen aufgestellt werden sollen, so auszuwählen, daß die Abführung des gepumpten Wassers keine langen Leitungen erfordert und ein häufiges Umsetzen der Pumpen vermieden wird.

Erhält der Kanal eine Betonsohle, so ist die Baugrube durch Querspundwände in Abschnitte von ungefähr 50 m zu zerlegen, um mit dem Auspumpen des Wassers, dem Mauern und Verfüllen nicht warten zu müssen, bis die ganze Strecke betoniert ist.

VI. Einbau der Leitungen und Bauwerke.

Der Einbau der Leitungen erfolgt, wenn die Baugrube auf wenigstens 10 m Länge bis zur vorgeschriebenen Tiefe ausgeschachtet und abgesteift ist. Zuvor wird die Achse der Leitung in Abständen von ungefähr 10 m auf den obersten Steifen eingefluchtet und durch eingeschlagene Drahtstifte gekennzeichnet. Eine zwischen letzteren ausgespannte Schnur gestattet, die Achse auf die Baugrubensohle bequem herunterzuloten (Abb. 66). Für Bogen gemauerter Kanäle wird eine Schablone aus Holz zugeschnitten und in der Achse auf die obersten Steifen genagelt, welche so in gleicher Weise ein Herunterloten der Achse ermöglicht.

Die Stationen werden an der obersten Absteifbohle eingemessen und angeschrieben, ferner die einzulegenden Einlässe durch Kreise mit roter Kreide angegeben. Da die Einlässe, besonders der Steinzeugrohrleitungen, nicht immer genau an den bezeichneten Stellen eingebaut werden können, sind sie nach Verlegung an der Baugrubenwand hochzuloten und an der obersten Bohle mit blauer Farbe zu vermerken, um sie nach Fertigstellung einer längeren Strecke zwecks Eintragung in die Ausführungszeichnung aufmessen zu können.

Die Tiefe und das Gefälle der Leitung wird mittels wagerechter **Visierbretter**, welche ungefähr 1,50 m über der Erdoberfläche und in einem bestimmten, auf ganze oder halbe Meter abgerundeten Abstande von der Leitungssohle einnivelliert und an zwei seitlich der Baugrube eingerammte Pfosten angenagelt werden, angegeben. Die Visierbretter werden über den Mittelpunkten der Einsteigeschächte, sowie am Anfang und Ende etwaiger Bogen und selbstverständlich an etwa dazwischenliegenden Gefällbrechpunkten rechtwinklig zur Kanalachse angebracht und mit einem zweifarbigen Anstrich zur Kennzeichnung der Achse versehen. Eine kleine Visiertafel an einer Latte von der Länge des Abstandes zwischen den Visierbrettern und der Leitungssohle ermöglicht dann das Einvisieren der Sohlenhöhe an jeder Stelle der Leitungsachse zwischen zwei Visierbrettern. Jede einzelne Gefällinie ist durch mindestens drei Visierbretter festzulegen, um Versackungen einzelner Bretter durch Visieren feststellen zu können (Abb. 65).

Die Ungenauigkeit des Einvisierens macht es ratsam, bei Gefällen unter 5 $^o/_{oo}$ die Höhen für die Sohle der Leitungen alle 5 m, an den ganzen und halben Stationen, in der Baugrube selbst einzunivellieren, indem kleine Pfähle, auf welche die Nivellierlatte gestellt wird, so tief in den Boden geschlagen werden, bis die vorher berechnete Soll-Tiefe unter der Visierebene des Nivellierinstrumentes abgelesen wird (Abb. 66).

1. Steinzeugrohrleitungen.

Steinzeugrohre sind vor ihrer Verwendung durch leichtes Anschlagen auf Risse zu prüfen. Haben sie dabei einen hellen, klaren Klang, so sind sie heil. Sie müssen innen vollständig rein sein.

Ihre **Verlegung** erfolgt von unten nach oben.

Das erste Rohr, gewöhnlich nur 0,50 m lang, wird in die Wand des unteren Einsteigeschachtes eingemauert (Abb. 66).

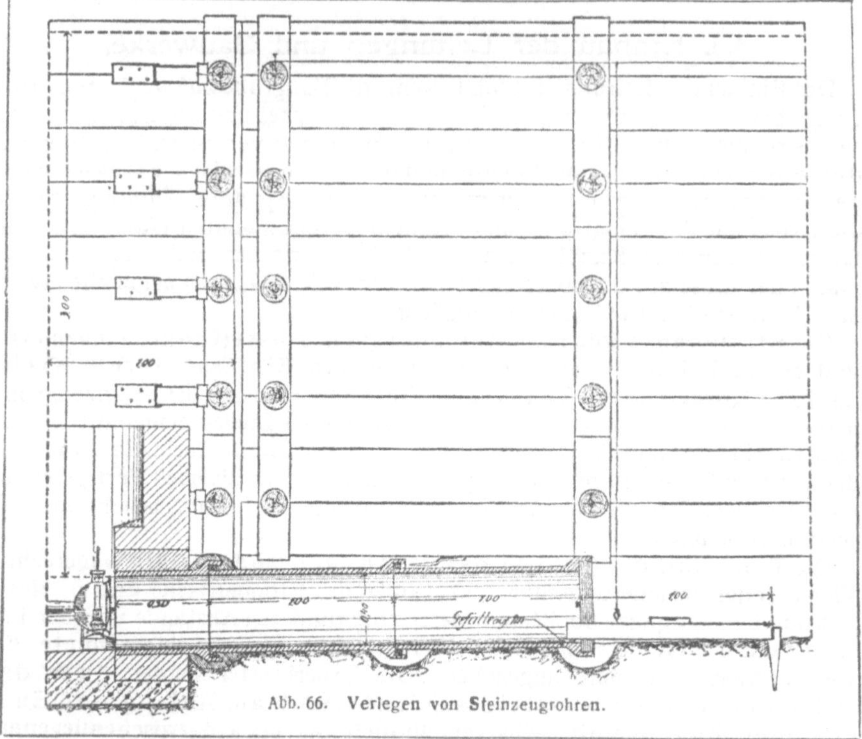

Abb. 66. Verlegen von Steinzeugrohren.

Es soll nur wenig aus der Schachtwand herausragen, damit es bei kleinen Versackungen der Rohrleitung nicht so leicht abbricht.

Die folgenden, gewöhnlich 1,00 m langen Rohre werden am Schwanzende dreimal mit einem Teerstrick umwickelt und in die Muffe des vorhergehenden Rohres von dem Rohrleger und seinem Gehilfen eingeschoben. Es ist darauf zu achten, daß jedes Rohr an das vorhergehende glatt anschließt, daß besonders in der Sohle kein Absatz entsteht. Um dies gut beurteilen zu können, wird in den unteren Schacht vor den Rohrstrang eine Lampe mit Reflektor (Lokomotivlampe) gestellt (Abb. 66). Sollte ein Rohr etwas unrund sein, so ist es so weit zu drehen, bis wenigstens die Sohle glatt durchgeht.

Die richtige Achslage jedes Rohres wird dadurch bestimmt, daß in das Rohr ein Stäbchen von der Länge des Rohrdurchmessers und mit einem Kerb in der Mitte wagerecht eingelegt, ein Lot vor das Rohr an die Achsschnur gehängt und das Muffenende des Rohres so weit nach links oder rechts verschoben wird, bis Kerb und Lot übereinstimmen (Abb. 66).

Die richtige Höhen'age wird geprüft, indem der wagerechte Schenkel des an dem unteren Ende der Visiertafel angebrachten rechten Winkels auf die Sohle jedes Rohrendes gesetzt und festgestellt wird, ob sich die Oberkante der Tafel in der Visierlinie der beiden benachbarten Visierbretter befindet (vgl. Abb. 65).

Bei schwächeren Gefällen werden von dem Rohrleger zwischen den alle

5 m in Sohlenhöhe einnivellierten Pfählen Zwischenpfähle mit Richtscheit und Wasserwage so eingewogen, daß der letzte immer 1 m vom Rohrende entfernt ist. In das Rohr wird ein Klötzchen von der Höhe des Gefälles auf 1 m gelegt, über dieses und den nächsten Pfahl die Wasserwage und geprüft, ob die Luftblase einspielt (Abb. 66). Ist dieses nicht der Fall, so muß das Rohrende entsprechend gesenkt werden.

Das Rohr ist von vornherein so zu verlegen, daß ein Anheben nicht notwendig ist, um seine Lagerung auf gewachsenem Boden sicherzustellen.

Liegt das Rohr gut, so wird der Teerstrick in der Muffe mit dem Strickeisen (Abb. 66) fest verstemmt und das Rohr unter Freihalten der Muffen auf $^3/_4$ seiner Länge bis etwa zur halben Höhe mit dem Stopfholz gut unterstopft.

Die Dichtung der Muffen erfolgt mit flüssig gemachtem Asphaltkitt, einer Mischung von 1 Teil Goudron und 2—4 Teilen Mastix. Um nicht den ganzen Tag ein Feuer unterhalten zu müssen, wird die Dichtung der verlegten Rohre nur zweimal am Tage, kurz vor der Mittagspause und kurz vor Feierabend, vorgenommen. Die Muffen müssen zu dem Zweck mit Dichtungsringen abgeschlossen werden, welche oben eine Öffnung zum Eingießen des Asphaltes freilassen.

Diese Ringe sind aus Gummi oder bestehen aus einem starken Tau oder zusammengedrehten Leinwandsack. Gummiringe sind einzufetten, damit sie nicht an dem erkalteten Asphaltkitt haften bleiben. Taue und Leinwandwürste sind mit plastischem Ton zu bekleiden, damit sie die Muffenöffnung überall dicht abschließen und sich von dem erkalteten Asphalt leicht ablösen lassen.

Die Gießöffnung wird zweckmäßig etwas nach der Seite gelegt, damit der Asphalt nur nach einer Seite in die Muffe fließt und von der andern Seite die Luft entweichen kann, sie wird nach vorn durch ein Tonnest geschlossen (Abb. 22). Nach kurzer Zeit (10—15 Minuten) ist der Asphaltkitt so weit erkaltet und wieder fest geworden, daß die Ringe entfernt werden können, ohne daß ein Ausfließen des Asphalts zu befürchten ist, worauf auch die Muffen gut unterstopft werden.

Die **Abzweigrohre,** gewöhnlich 0,60 m lang, sind so zu verlegen, daß die Abzweigstutzen Gefälle zur Hauptleitung haben (Abb. 22). Die Abzweige werden durch Teller aus Steinzeug, die mit Teerstrick umwickelt und mit Asphaltkitt vergossen oder mit Ton verschmiert werden, verschlossen (Abb. 24, 25).

Mit Ton abgedichtete Verschlußteller lassen sich beim Anschluß der Zweigleitungen leichter herausnehmen. Asphaltkitt muß zu dem Zwecke mit einer Lötlampe herausgeschmolzen werden

Zum Anschluß an den oberen Schacht muß in der Regel ein muffenloses Paßstück zugehauen werden, da die üblichen Rohrlängen nur selten als Schlußstück passen (Abb. 19, 31).

Nachdem die **Rohre** gedichtet und unterstopft sind, werden sie verfüllt. Es ist jedoch streng darauf zu achten, daß sich in der die Rohre umhüllenden Erde keine Steine befinden, durch welche die Rohre beschädigt werden könnten. Ebensowenig dürfen die Rohre auf steinigem Boden gelagert werden, es ist vielmehr bei steinigem Untergrunde die Baugrube 15—20 cm tiefer auszuheben und eine Sandschüttung einzubringen, welche aber vor dem Verlegen der Rohre gehörig einzuschlämmen ist. Die eingefüllte Erde darf zunächst nur seitlich des Rohrstranges vorsichtig gestampft werden. Erst wenn die Rohre ungefähr 80 cm überdeckt sind, ist die Füllerde kräftig zu stampfen und schichtenweise gehörig einzuschlämmen.

Will man die fertige Leitung einer **Dichtigkeitsprobe** unterwerfen, so darf sie vorher nicht verfüllt werden. Zu dem Zwecke werden die Leitungsenden durch hölzerne, mit Filz abgedichtete Pfropfen oder Scheiben, welche gehörig abzuspreizen sind, verschlossen. Auf einen Abzweig werden unter Einschaltung eines Bogenrohres mehrere Meterrohre senkrecht aufgesetzt. Durch diese wird sodann die zu prüfende Leitungsstrecke 2–3 m über den Scheitel mit Wasser gefüllt. Sickert hierbei an keiner Muffe Wasser durch, so ist die Leitung genügend dicht.

Anschlußleitungen, welche fast immer wenigstens einen Bogen (am Einlaß) aufweisen (Abb. 22, Taf. IX), lassen sich nicht so genau verlegen, da ein Durchblicken nicht möglich ist. Es ist dieses bei ihnen auch nicht so notwendig, da sie meistens starkes Gefälle haben.

Schwierigkeiten macht bei ihrer Verlegung hauptsächlich das Einpassen der erforderlichen Bogenrohre.

Es ist scharf darauf zu achten, daß die einzelnen Rohre vollständig dicht aneinanderschließen und keine Knicke bilden (Abb. 58).

2. Gemauerte Kanäle.

Die **Betonsohlstücke** werden an Winden in die Baugrube heruntergelassen und auf der Baugrubensohle nach Visierbrettern oder Höhenpfählen, ähnlich wie Steinzeugrohre, verlegt (Abb. 65). Die Fugen zwischen den einzelnen Stücken werden mit Zementmörtel 1:3 vergossen.

Von dem Mauerwerk wird Wasserdichtigkeit verlangt. Die Steine sind daher vor dem Vermauern gehörig mit Wasser zu tränken und durch Bürsten von etwa anhaftendem Schmutz zu säubern. Auf volle Fugen ist strengstens zu achten. Abgestandener Zementmörtel ist unter keinen Umständen zu verwenden.

Kommen keine Sohlschalen aus Steinzeug zur Verwendung, so wird auf den Mittelsohlstücken zunächst die Mittelrippe der **Sohle** angesetzt. Ihre richtige Höhenlage erhält sie, indem alle 5 m ein in Mörtel versetzter Stein einnivelliert wird und die übrigen Steine nach der Schnur dazwischen gesetzt werden. Sodann werden auf der Mittelrippe Lehrbogen mit Fugenteilung aufgestellt und durch Vernageln mit der Versteifung in ihrer richtigen Stellung festgehalten, um die Mauerschnur an ihnen befestigen zu können. Hierauf werden die übrigen Schichten der Sohle nach der Schnur im Verband vermauert.

Erfordert das **Widerlager** wie gewöhnlich eine Hintermauerung, so wird diese stückweise zuerst aufgemauert und das Widerlager in 1 oder 2 Rollen dagegen gesetzt, wobei die innere Leibung genau nach der Schnur herzustellen und auf die Außenfläche ein 2 cm starker Rapputz aufzubringen ist.

Ist der Boden so standfest, daß er nach dem Kanalprofil ausgehoben werden kann, so wird das Widerlager unmittelbar gegen die Erde gemauert (Abb. 23). Doch erfordert in diesem Falle das Widerlager eine Stärke von mindestens zwei Rollen schon deshalb, um zwischen ihnen eine durchgehende Mörtelfuge an Stelle des nur mangelhaft herstellbaren Außenputzes anbringen zu können.

In Bogen empfiehlt es sich, den Maurern etwa 1,00 m lange ausgeschnittene Brettstücke als Lehren für die Krümmung einzelner Schichten, besonders der Kämpferschicht, zu geben.

Nach Fertigstellung des Widerlagers wird der Kanal über Wölbtrommeln von 2 m Länge, welche auf Lehrbogen von Kämpferhöhe ruhen, und auf denen die Fugen mit Kreide abgeschnürt werden, in einzelnen Rollen zugewölbt. Das **Gewölbe** ist außen mit einem 2 cm starken Rapputz zu versehen, welcher aber nicht der Sonne ausgesetzt werden soll, sondern mit Säcken abzudecken und öfters anzunässen ist.

Um die Trommeln ohne Erschütterung leicht lösen zu können, werden zwischen sie und ihre Unterstützung gehobelte Keile eingesetzt. Bei kleineren Profilen (bis 1,20 m Weite) und bei gutem Wetter können die Trommeln schon nach einer Nacht herausgezogen werden, unter weiter gespannten Gewölben und bei Regenwetter müssen sie entsprechend länger stehenbleiben.

Bogenstücke des Kanals werden eingeschalt, indem auf die im Abstande von 1,00 m aufgestellten Lehrbogen lange biegsame Schallatten aufgenagelt werden.

Sobald die Verschalung des Gewölbes entfernt ist, wird seine innere Leibung von anhaftendem Mörtel gereinigt. Darauf werden die Fugen 1 bis 1½ cm tief ausgekratzt und mit Zementmörtel 1:1 glatt verstrichen.

Traßmörtel empfiehlt sich für Entwässerungskanäle weniger, weil sein langsames Abbinden den Fortgang der Arbeiten behindert und so die lästigen Verkehrsstörungen, welche der Bau von Kanälen in Stadtstraßen mit sich bringt, in die Länge zieht.

Entsprechend dem Aufmauern des Kanals muß natürlich die Absteifung und Verschalung der Baugrube entfernt und das fertiggestellte Mauerwerk hinterfüllt werden (Abb. 65). Die Füllerde seitlich des Kanals ist nur vorsichtig zu stampfen.

Diese Arbeiten werden am bes'en nach Feierabend oder in den Arbeitspausen ausgeführt, damit die Maurerarbeiten keinen Aufenthalt erleiden. Dabei sind die Steifen so hoch herauszunehmen, wie das Mauerwerk in der nächsten Arbeitsschicht voraussichtlich emporwachsen wird.

Mit der **Verfüllung** des Gewölbes muß je nach Spannweite und Wetter 1—3 Tage gewartet werden, um Risse im Gewölbe zu vermeiden.

Das Stampfen und Einschlämmen des Füllbodens darf in der ganzen Baugrubenbreite erst 80 cm über dem Scheitel geschehen.

3. Betonleitungen.

I. Die Verlegung **fertiger Betonrohre** erfolgt auf gleiche Weise wie die der Steinzeugrohre. Die Dichtung der mit Falz versehenen Rohre geschieht in der Art, daß auf die Stoßflächen reichlich Zementmörtel aufgetragen wird und das letzte Rohr kräftig gegen das vorhergehende geschoben wird, so daß der Zementmörtel herausquillt. Im Innern ist der ausgetretene Mörtel zu entfernen und die Fuge glatt zu verstreichen.

Bei engen, 1 m langen Rohren ist dieses kaum auszuführen. Es empfiehlt sich daher, einen mit Filz bekleideten Holzpfropfen von dem Querschnitt der Leitung in das vorletzte Rohr bis zur Hälfte einzuschieben und das letzte Rohr darüber zu schieben. Dadurch wird ein stärkeres Austreten von Mörtel nach innen verhindert, kleinere Mengen werden aber beim Herausziehen des Pfropfens glatt verrieben (Abb. 67).

Bei nicht ganz sicherm Baugrund, namentlich wenn die Leitungen Schmutzwasser führen, und ferner wenn die Leitungen (Notauslässe, Regenwasserleitungen) zeitweise, bei Hochwasser der Vorflut, einem länger anhaltenden In-

nendruck ausgesetzt sind, werden die **Rohrstöße** außen noch mit 1—2 Zie-
gelschichten umrollt oder mit **Beton umstampft** (Abb. 68). Das Einlegen eines Drahtnetzes, mehrerer Bandeisen oder dünner Rundeisen zwischen die Rollschichten oder in den Be-
tonring erhöht die Festigkeit und Dichtigkeit des Stoßes noch bedeutend.

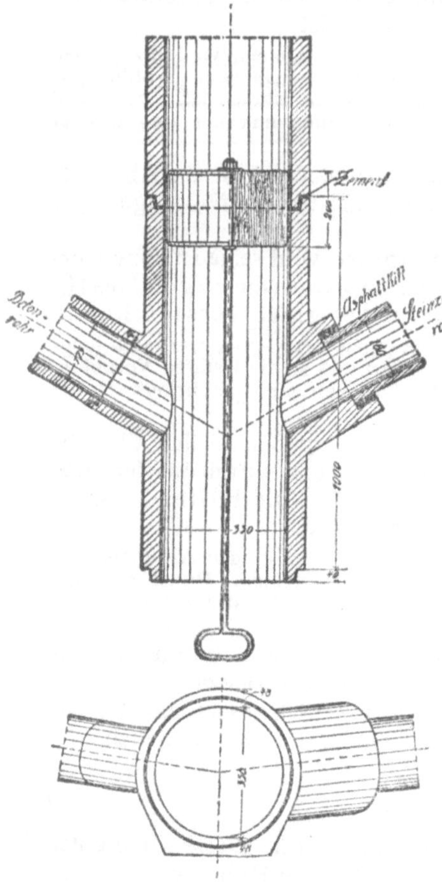

Abzweigrohre (Abb. 67) werden nur
in kleineren Betonleitungen, in größeren seltener verwendet, weil ihre Herstellung schwierig und kostspielig ist,
und weil die Ansätze leicht abbrechen.
Um Grundstücks- und Sinkkasten-
leitungen anzuschließen, werden daher
meistens Löcher in die Wandungen
der Betonleitungen eingestemmt und
kurze Rohre in sie eingemauert.
Dabei ist darauf zu achten, daß der Anschlußstutzen nicht in das Ka-
nalinnere vorsteht, daß die Fuge
zwischen Rohr und Lochleibung
wieder vollständig gedichtet wird
und daß das vorstehende Rohrende
außen ummauert und bis zur Sohle
des Rohrgrabens untermauert wird,
um ein Abbrechen oder ein Ausbre-
chen aus der verhältnismäßig dünnen
Kanalwandung zu verhüten (Abb. 68).

**II. In der Baugrube gestampfte Be-
tonkanäle** verlangen größte Sorgfalt
beim Mischen und Einstampfen
des Betons und daher scharfe Beaufsichtigung der Arbeiter.

Sehr vorteilhaft für diese Ausführungs-
weise ist es, wenn der Boden nach dem
Kanalprofil ausgehoben werden kann, da
dann die Baugrubenwand als äußere Lehre
dient und eine Verschalung außen bis
zum Kämpfer erspart. Als Lehre für die
innere Leibung werden 2—4 m lange mit Blech beschlagene Trommeln vom Querschnitt des Kanales benutzt, welche nach Fertigstellung eines Stückes entsprechend
vorgezogen, aber immer noch eine genügend lange Führung in dem fertiggestellten
Teile behalten müssen. Das Einstampfen erfolgt am bequemsten und wirksamsten
in senkrechter Richtung. Um aber hierbei die unter der Trommelleibung liegenden
Teile der Kanalwand erreichen zu können, ist die Trommel in Absätzen von nach
vorn abnehmender Breite und Höhe herzustellen Andernfalls muß der unterste Teil
der Wandungen in wagerechter Richtung eingestampft werden. Die Grundplatte
wird natürlich vorher ohne besondere Einschalung in senkrechter Richtung eingestampft. Die Herstellung des Gewölbes erfordert eine länger stehenbleibende
Einschalung mit zwei Schalwänden (Abb. 69) und erfolgt deshalb bequemer in
Mauerwerk.

Abb. 67.   Verlegen von Betonrohren.

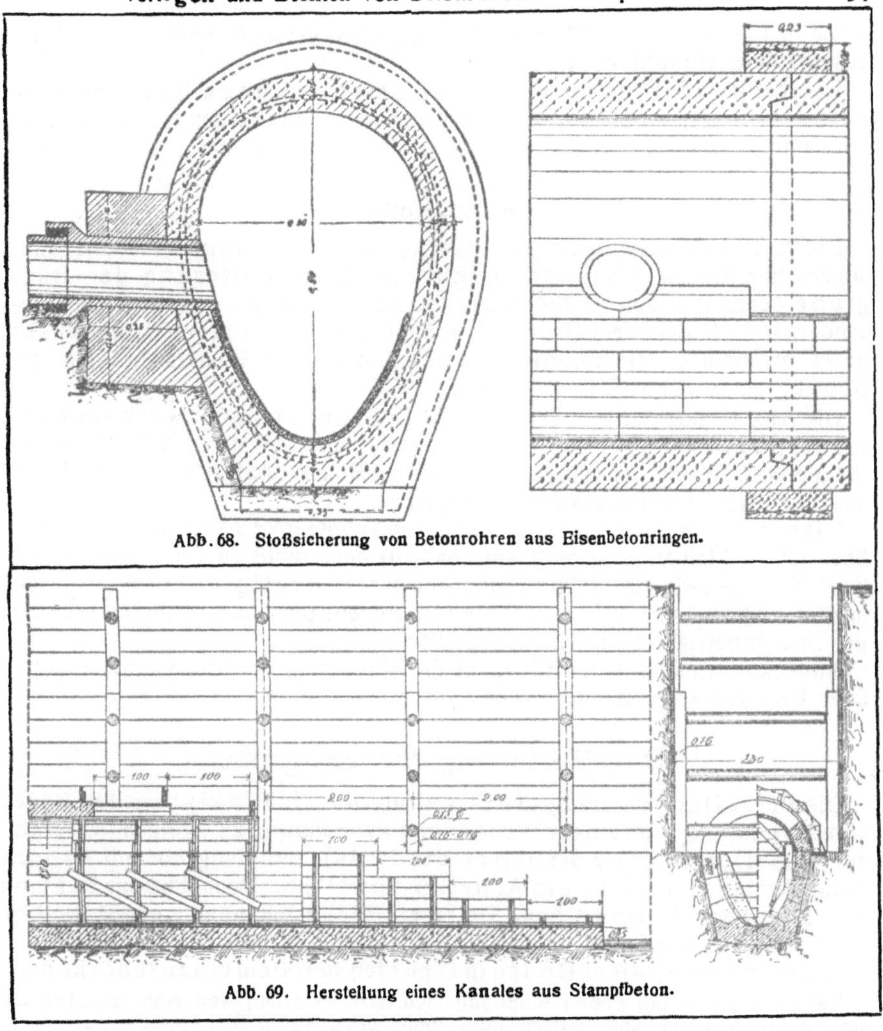

Abb. 68. Stoßsicherung von Betonrohren aus Eisenbetonringen.

Abb. 69. Herstellung eines Kanales aus Stampfbeton.

4. Eiserne Leitungen,

Bezüglich der Verlegung und Dichtung gußeiserner und schmiedeeiserner Rohre wird auf den II. Teil „Die Wasserversorgung von Ortschaften" VII. b), Heft 35 dieser Sammlung, verwiesen (vgl. auch F.V.—VI. S. 65—68).

Düker unter Wasserläufen werden in einer vorher ausgebaggerten Rinne verlegt, welche so tief sein muß, daß die Leitung wenigstens 0,50 m unter die Flußsohle zu liegen kommt. Bei starker Strömung ist die Rinne zwischen Spundwänden auszubaggern, damit sie nicht vorzeitig zugeschwemmt wird.

Das Dükerrohr wird tunlichst im ganzen von festen oder schwimmenden Gerüsten aus an Schraubenspindeln gleichmäßig versenkt.

Macht reger Schiffsverkehr dieses unmöglich, so muß das Dükerrohr stückweise in Längen von 8—10 m mit Endflanschen versenkt und von Tauchern zusammengeschraubt werden.

In starker Strömung ist es durch Steinpackung oder durch Einbetonieren gegen Unterspülung zu sichern. Sonst genügt es, das Zuschwemmen des Rohres und der Baggerrinne der Strömung zu überlassen.

5. Bauwerke.

Die bei Entwässerungsanlagen vorkommenden Einzelbauwerke wie Einsteigeschächte usw. verlangen gewöhnlich eine Erweiterung der Baugrube gegenüber den Leitungsstrecken zwischen ihnen. Es ist dabei, besonders bei verwickeltem Grundriß, auf eine sichere und bequeme Absteifung unter möglichster Einschränkung des Aushubs zu achten (siehe Heft 18: Benzel, „Grundbau", B. I. 2. a) α).

Die Ausführung der Bauwerke erfolgt in Klinkermauerwerk und Zementmörtel 1:3 oder in Stampfbeton, und gilt dafür das gleiche wie für die Ausführung der gemauerten und der Betonkanäle. Stücke aus Haustein werden mit Zementmörtel vergossen.

Eisenteile sind vor dem Einbau zum Schutz gegen Rost mit Asphalt zu überziehen, kleinere Stücke (Dammbalken) auch wohl zu verzinken, bewegliche Teile gehörig einzufetten, sodann betriebsfertig aufzustellen und in dieser Stellung zu sichern, bis sie fest eingemauert oder einbetoniert sind, um ihre Inbetriebsetzung sicherzustellen.

Abdeckungen sind im Hinblick auf die Abnutzung des Straßenpflasters mit ihrer Oberfläche etwas unter dieses zu legen.

VII. Verfüllung der Baugrube.

Die Verfüllung der Baugrube darf nicht durch Einkippen der Erde, sondern hat in einzelnen Würfen mit der Schaufel zu erfolgen. Gleichzeitig sollen so viele Arbeiter die Erde in der Baugrube mit eisernen Stampfen einstampfen, als Arbeiter zuwerfen. Doch darf das Stampfen über der Leitung erst in 80 cm Höhe beginnen, und ist seitlich der Leitung so vorsichtig vorzunehmen, daß diese nicht beschädigt wird.

Außerdem ist sandiger Boden in Schichten von 30 cm einzuschlämmen.

Bei stark lehmigem Boden empfiehlt sich letzteres nicht, weil man zu lange auf die völlige Austrocknung warten muß und vorher keine Sicherheit gegen nachträgliche Versackungen vorhanden ist.

Besondere Sorgfalt ist der Unterstopfung in die Baugrube fallender Wasser- und Gasleitungen zuzuwenden. Ihre Aufhängung ist erst, nachdem sie halb verfüllt sind, zu lösen. Das gleiche gilt für Steinzeugrohrleitungen. Gemauerte und Betonkanäle, welche die Baugrube kreuzen, sind durch Pfeiler, welche bis auf die Baugrubensohle reichen, und dazwischen gespannte Gewölbe abzufangen.

Die Wiederherstellung der Straßenbefestigung erfolgt erst einige Tage nach der vollständigen Verfüllung, um dem Boden Zeit zu geben, sich zu setzen.

J. Grundstücksentwässerung.

I. Leitungen und Entlüftung.

Die **Ab(Erd)leitungen** sind auf dem möglichst kürzesten Wege zur Straßenleitung zu führen und möglichst geradlinig zu verlegen. Richtungsänderungen sind durch Knie- oder Bogenrohre (Abb. 70—71), Verzweigungen durch Verbindungen unter 45^0-70^0 (Abb. 72—73) zu bewirken. Gefällsbrüche sind nur bei einem Gefälle der Hauptableitung von über $40\,^0/_{00}$ zulässig.

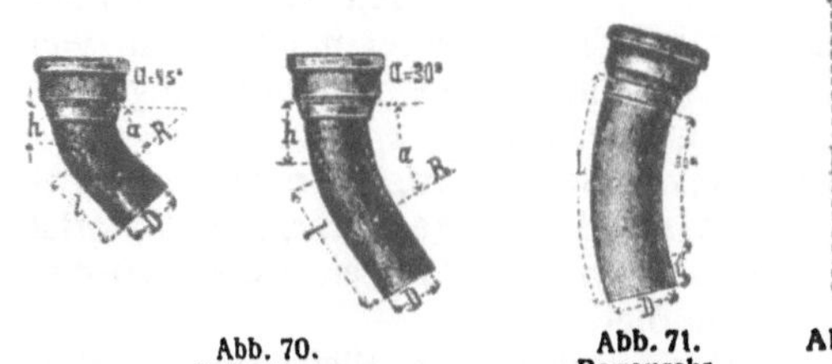

Abb. 70.
Knieröhren.

Abb. 71.
Bogenrohr.

Abb. 72. Einfache
Verbindung.

Abb. 73. Doppelverbindung.

Bei der Kreuzung von Mauern sind die Leitungen in Umfassungswände dicht einzumauern, in Zwischenwänden mit 10 cm Spielraum in Sand einzubetten.

Das Gefälle der Ableitungen soll mindestens $10\,^0/_{00}$ und höchstens $333\,^0/_{00}$ betragen.

Ihre Mindesttiefe wird durch ihre frostfreie Lage bedingt, im Freien also durch eine Überdeckung von 0,80—1,50 m.

Die Weite der Hauptableitung ist nicht unter 150 mm, die der Nebenableitungen nicht unter 100 mm anzunehmen. Ein Wechsel des Durchmessers ist durch Übergangsröhren zu vermitteln (Abb. 74).

Abb. 74. Übergangsrohr

Als Material für die Ableitungen kommen im Freien und bei genügender Überdeckung glasierte Steinzeugrohre mit Asphaltdichtung, sonst gußeiserne, innen und außen asphaltierte Rohre mit Bleidichtung nach den vom preußischen Minister der öffentlichen Arbeiten durch Erlaß vom 28. Juli 1912 bekannt gegebenen Normalien für Deutsche Normal-Abflußröhren (N. A.) in Betracht (Abb. 75). Der Anschluß eines gußeisernen Rohres an ein Steinzeugrohr und umgekehrt hat mit besonderem Paßstück (Abb. 76 bis 77) und Asphaltdichtung zu geschehen.

Abb. 75.
Muffenprofil N. A. 1912.

Abb. 76. Anschlußstück
für Eisen an Steinzeugrohre.

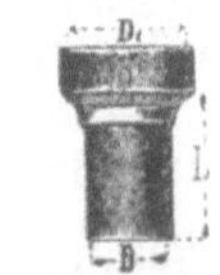

Abb. 77. Anschlußstück
für Steinzeug an Eisenröhren.

7*

Die **Fallröhren** sind möglichst senkrecht zu führen, sie sind an die Ableitung mittels Fußbogen (Abb. 78) anzuschließen. Unvermeidbare Schrägleitungen erhalten eine Steigung von mindestens 200 °/₀₀. An Mauerabsätzen sind Sprungröhren einzuschalten (Abb. 79).

Fallröhren für Schmutzwasser sind frei an der Innenwand, solche für Regenwasser frei an der Außenwand herunterzuführen, nicht einzumauern. Eine Verbindung der beiden Arten von Fall-

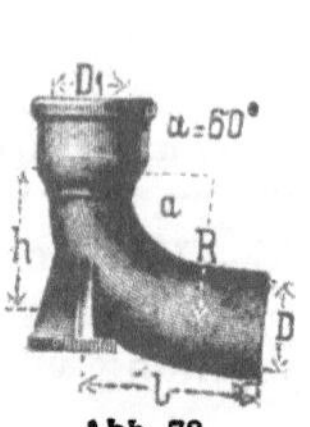
Abb. 78
Fußbogen.

Abb. 79.
Sprungrohr.

Abb. 80. Bleirohranschluß mit Messingstutzen.

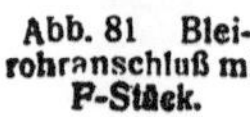
Abb. 81 Bleirohranschluß mit P-Stück.

röhren ist ebenso wie die Ableitung von Schmutzwasser nach außen, von Regenwasser nach innen, unzulässig, ausgenommen die Entwässerung kleiner Balkone nach dem Fallrohr für Schmutzwasser.

Die Weite der Fallröhren für Spülaborte ist 100 mm, für mehrere Eingüsse, Waschbecken 70 mm, für einzelne Eingüsse 50 mm, ihr Material Gußeisen, bei Weiten unter 70 mm auch Blei.

Der Anschluß von Bleiröhren an gußeiserne hat mit Hilfe von Messingstutzen (Abb. 80) oder von gußeisernen Flanschenstücken (Abb. 81) zu erfolgen.

Regenfallröhren sind 100—150 mm weit und aus Zinkblech Nr. 13, bis 2 m über der Erde aus Gußeisen.

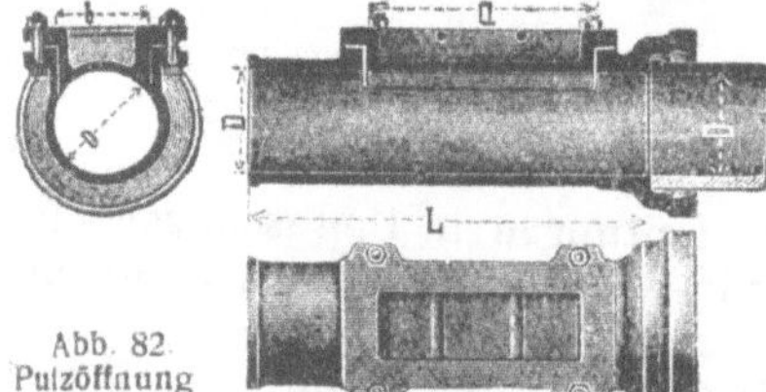
Abb. 82
Putzöffnung

In der Hauptableitung ist höchstens 2 m hinter der Bauflucht eine luftdicht verschließbare **Putzöffnung** (Abb. 82) anzubringen zwecks Ermittlung und Beseitigung von Verstopfungen. Liegt die Leitung nicht frei im Keller, sondern in der Erde, so ist die Öffnung durch einen Schacht von 1,00 · 0,70 Weite oder 0,90 m Durchmesser zugänglich zu machen.

Alle Leitungen sind ohne Einschaltung eines Geruchverschlusses mit der Straßenleitung zu verbinden und bis über Dach zu führen. Eine Ausnahme davon darf nur in einem Regenfallrohr gemacht werden, welches in nächster Nähe eines Fensters eines dauernd bewohnten (Dach-) Geschosses endet. Der Geruchverschluß muß jedoch frostsicher in die Erde eingebaut werden und zugänglich sein (Abb. 83).

Zum Abschluß der Kanalluft genügt auch eine Klappe (Abb. 84), wenn die Abdeckung in der Straßenoberfläche mit einem Schlitz versehen ist und dadurch den Abzug der Luft nach der Straße ge-

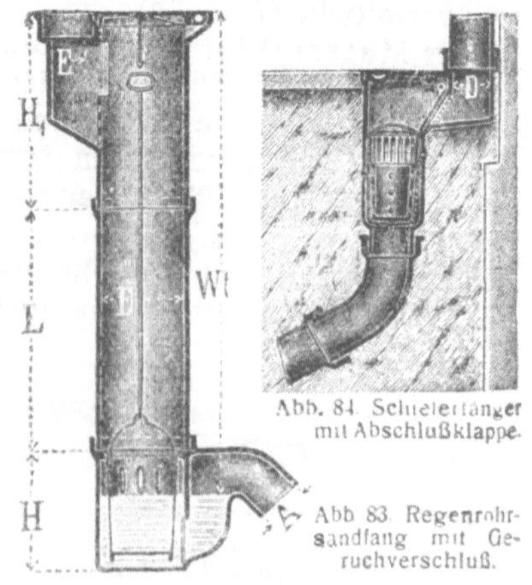
Abb. 84. Schieberfänger mit Abschlußklappe.

Abb. 83. Regenrohrsandfang mit Geruchverschluß.

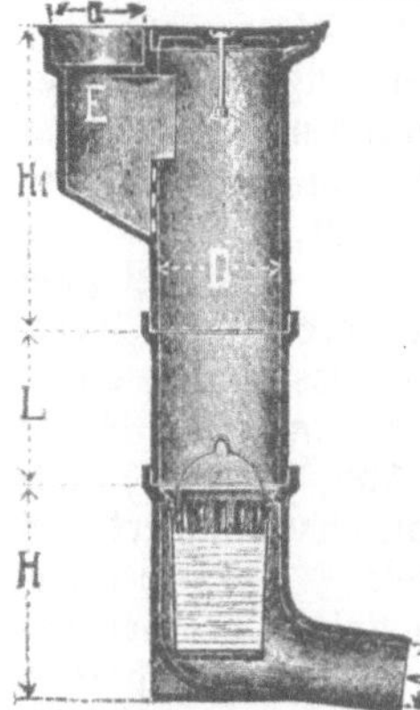

Abb. 85.
Regenrohrsandfang
ohne Geruchverschluß
(Modell Erfurt).

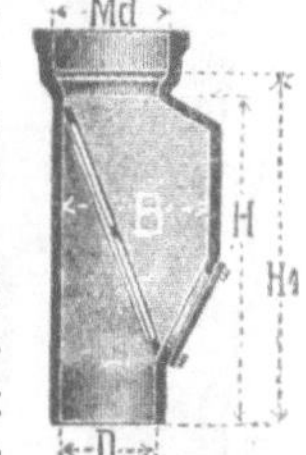

Abb 86.
Schieferfänger
mit Rost, ober-
irdisch (Modell
München).

stattet. Ein Schlitz in der Abdeckung ist auch schon deshalb erwünscht, um die von dem Regenwasser mitgerissene Luft am Fuße des Fallrohres abzuscheiden.

Im übrigen werden in die Regenfallröhren vielfach Eimer, Körbe oder Roste eingebaut, um Schmutz, Blätter, Schiefer- oder Ziegelstückchen zurückzuhalten. Diese Behälter sind so anzuordnen, daß sie sich leicht entleeren und säubern lassen (Abb. 83—86).

Zwecks **Entlüftung** der Straßen- und Grundstücksleitungen werden alle Fallröhren im Innern möglichst senkrecht bis mindestens 0,50 m über die Dachfläche und mindestens 1 m über etwaige, weniger als 3 m entfernte Fenster in der ursprünglichen Weite verlängert. Die Ausmündung erhält eine Schutzhaube, welche' ringsum einen Schlitz von dem doppelten Querschnitt des Rohres freiläßt.

Für die Lüftungsleitungen kommen gußeiserne, schmiedeeiserne, Kupferoder Bleiröhren in Betracht.

II. Eingüsse und Geruchverschlüsse.

Alle **Eingüsse,** Spültische, Waschbecken, Badewannen sind mit festen Sieben zu versehen, deren Löcher höchstens 10 mm weit sind und zusammen den halben Querschnitt des Abflußrohres nicht übersteigen.

Über ihnen muß zwecks Sicherung einer ausreichenden Spülung der Abflußleitung ein Hahn der Wasserleitung angebracht sein. Die Hahnmündung soll sich mindestens 2 cm über dem Rande des Beckens befinden, damit ein Rückstau des das Becken füllenden Abwassers in die Wasserleitung vollständig ausgeschlossen ist.

Die Eingüsse usw. sind in möglichste Nähe der Fallröhren zu legen, damit ihre Verbindung mit diesen möglichst kurz wird.

In die Verbindung, und zwar tunlichst unmittelbar unter die Abflußöffnung des Beckens ist ein **Geruchverschluß** (Syphon), in dem das Wasser mindestens 70 mm hoch steht, einzuschalten, um das Eindringen der Kanalluft in die Wohnungen zu verhindern. Der Geruchverschluß besteht meistens aus einer

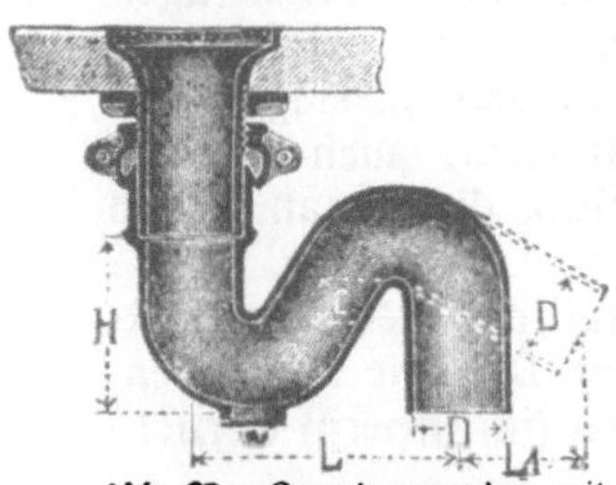

Abb. 87. Geruchverschluß mit
Befestigungsschelle für Küchen-
ausgüsse aus Stein.

S-förmig gebogenen gußeisernen oder Blei-, Kupfer-, Messingröhre von 40 bis 50 mm Weite, die an ihrer tiefsten Stelle mit einer Putzöffnung versehen ist (Abb. 87). Empfehlenswerter ist ein andersartiger Geruchverschluß der Halbergerhütte bei Saarbrücken (Abb. 88—89), welcher beim Abschrauben der Schlammschale seinen Inhalt in diese entleert, das Unterstellen eines besonderen Gefäßes beim Reinigen also entbehrlich macht.

Bei längerer Verbindungsleitung des Eingußbeckens mit dem Fallrohr besteht die Gefahr, daß durch

Wasser, welches von oben durch das Fallrohr stürzt, das Wasser aus dem Geruchverschluß abgesaugt wird und die Kanalluft bei längerer Nichtbenutzung des Eingusses in die Wohnung dringt.

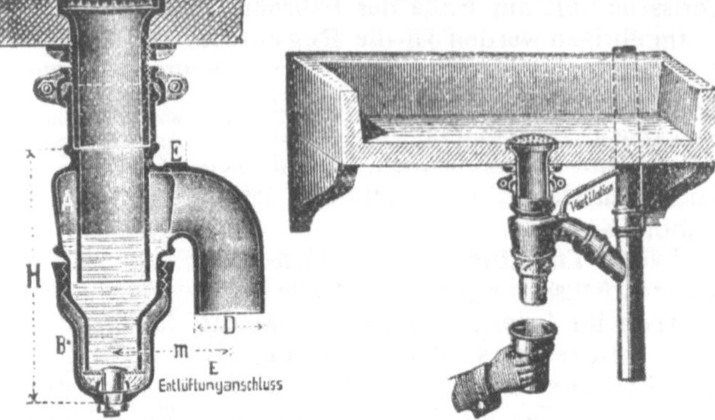

Das wird bei zwei anderen Geruchverschlüssen der ebengenannten Hütte (Abb. 90—91) dadurch verhindert, daß der Wasserquerschnitt im Geruchverschluß doppelt so groß ist als der der Abflußleitung.

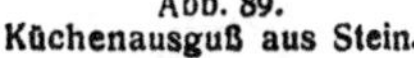

Abb. 88. Geruchverschluß mit abschraubbarer Schlammschale.

Abb. 89. Küchenausguß aus Stein.

Am sichersten wird ein Leersaugen des Geruchverschlusses verhindert durch Entlüftung seiner höchsten Stelle nach einer Hilfsluftleitung, welche über dem obersten Einguß in das auf das Fallrohr aufgesetzte Lüftungsrohr mündet (vgl. den beigefügten Entwurf einer Grundstücksentwässerung auf Taf. IX).

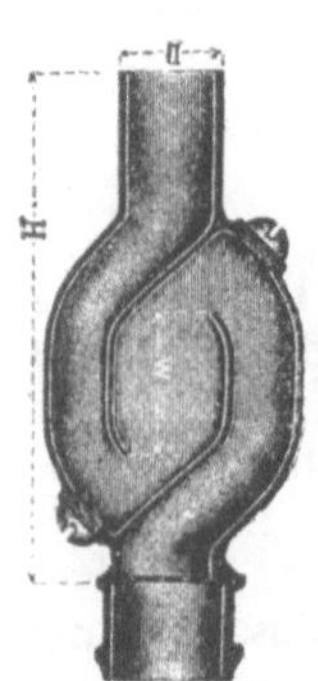

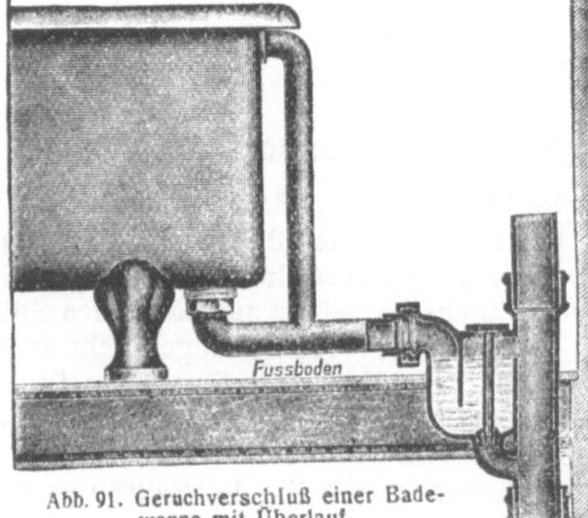

Abb. 90. Flaschenförmiger Geruchverschluß mit zentralem Auslauf.

Abb. 91. Geruchverschluß einer Badewanne mit Überlauf, System Wendlinger-Halbergerhütte.

Doch bleibt immer noch der Übelstand bestehen, daß in unbewohnten Wohnungen das Wasser im Geruchverschluß verdunstet und nun die Kanalgase in das Hausinnere dringen. Dem begegnet ein Geruchverschluß mit Glaskugelschwimmer (Abb. 92), welch letzterer sich nur beim Ablauf von Wasser von seinem eingeschliffenen Sitz hebt und sonst stets, auch bei leergedunstetem Geruchverschluß, die Kanalluft von der Wohnung absperrt.

In das Schmutzwasserfallrohr geführte Entwässerungsleitungen kleiner Balkone sind ebenfalls mit einem frostsicheren (im Innern) Geruchverschluß zu versehen.

Sicherheitsüberläufe von Waschbecken, Bade-

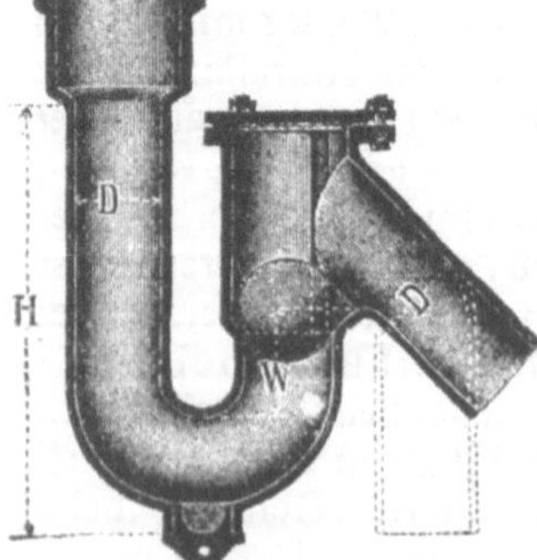

Abb. 92. Geruchverschluß mit Glaskugelschwimmer, System Bens-Halbergerhütte.

wannen (Abb. 91), Pissoiren sind in den Geruchverschluß oberhalb des inneren Wasserspiegels einzuführen.

Hofeinläufe und Fußbodeneinläufe[1]) in Waschküchen, Baderäumen und Gewerbebetrieben sind mit einem eisernen Rost, dessen Schlitze höchstens 15 mm breit sind, abzudecken und mit einem Geruchverschluß zu versehen. Entwässern sie unbefestigte Flächen, so erhalten sie einen Schlammfang von wenigstens 50 cm Tiefe, der sich im Freien in frostfreier Tiefe befinden muß.

Hofeinläufe bestehen aus glasiertem Steinzeug, Beton (Abb. 93) oder Gußeisen (Abb. 94); sie werden in ähnlicher Weise, nur kleiner, ausgebildet wie Regeneinläufe auf der Straße. Ihr Wasserverschluß soll 100 oder 125 mm weit und wenigstens 100 mm hoch sein (Abb. 93). Führen sie nur Regenwasser ab, so kann im Trennverfahren der Geruchverschluß entbehrt werden (Abb. 94).

Fußbodeneinläufe sind aus Gußeisen mit 50, 70 oder 100 mm weitem und mindestens 70 mm hohem Geruchverschluß herzustellen (Abb. 99, 102, 106, 109—111).

Pissoire werden mit Becken oder Rinnen mit Fußbodeneinlauf ausgestattet. Pissoirbecken (aus Porzellan, Steinzeug oder emailliertem Gußeisen) sind mit Sicherheitsüberlauf zu versehen. Der Fußboden von Massenpissoiren ist wasserdicht und mit Gefälle nach einem Einlauf mit Geruchverschluß anzulegen (Abb. 95).

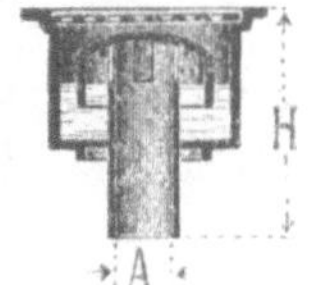

Einzelne Pissoirbecken bedürfen nur eines Geruchverschlusses von 30 mm Weite und zur Spülung eines genügend hochangebrachten Hahnes der Wasserleitung. Massenpissoire erhalten gewöhnlich nur einen Geruchverschluß in der gemeinsamen Ableitung

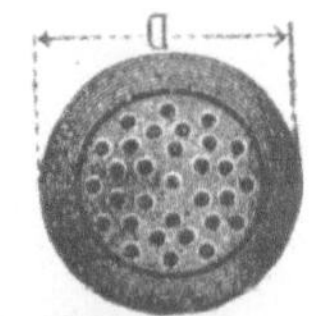

Abb. 95.
Pissoirsinkkasten
mit Glockenwasserverschluß.

Abb. 93 Hofsinkkasten aus Beton. Abb. 94. Spar-Hofsinkkasten aus Gußeisen.

von mindestens 50 mm Weite. Ihre Spülung erfolgt selbsttätig ununterbrochen oder mit regelmäßigen Unterbrechungen.

Spülaborte bestehen aus Porzellan, hell glasiertem Steinzeug oder emailliertem Gußeisen. Die Becken werden freistehend, der Sitz aufklappbar angeordnet. Sie erhalten zweckmäßig eine immer mit Wasser gefüllte Schale, wodurch verhindert wird, daß nach dem Ausspülen der Schale Kotreste kleben bleiben (Abb. 96).

Der Geruchverschluß wird durch eine feste Zunge des entsprechend gestalteten Beckens gebildet, er wird 70—100 mm weit und wenigstens 50 mm hoch gewählt.

Die Spülung darf nicht unmittelbar durch die Wasserleitung erfolgen, um ein Zurücktreten von Abwasser in diese sicher auszuschließen, sondern hat mittels hoch angebrachten Spülkastens von 8—12 l Inhalt zu geschehen. Die Einmündung der Wasserleitung in diesen Behälter wird, sobald er gefüllt

---

1) Der Normenausschuß der Deutschen Industrie, Berlin NW 7, Sommerstr. 4a, hat Normen für Keller- und Deckensinkkasten aufgestellt, die aber noch nicht endgültig angenommen sind.

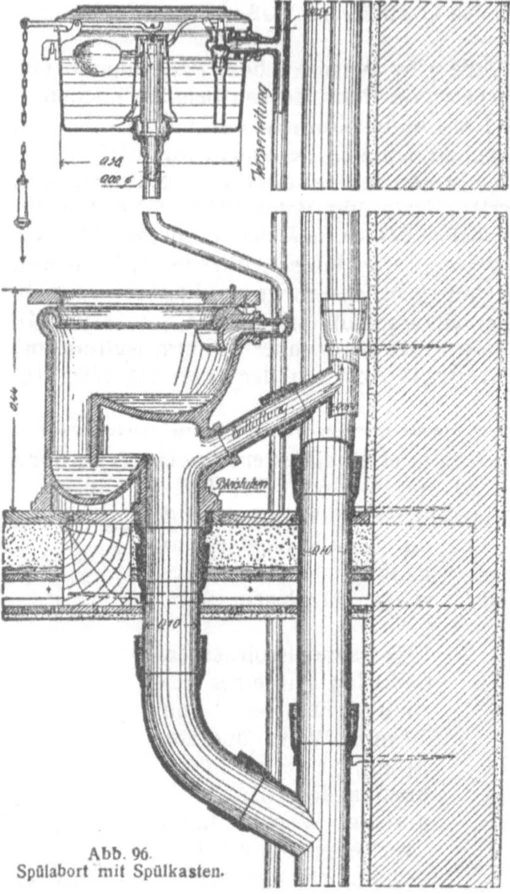
Abb. 96.
Spülabort mit Spülkasten.

ist, selbsttätig durch einen Schwimmkugelhahn geschlossen. Die zur Spülwirkung nötige plötzliche Entleerung des Spülkastens wird dadurch bewirkt, daß durch Ziehen an einer Kette ein Heber in Tätigkeit gesetzt wird.

Bei der in Abb. 96 dargestellten Anordnung wird durch Anheben der Glocke dem Wasser der Zutritt zu der Abflußleitung durch die unteren Öffnungen des inneren Zylinders ermöglicht. Nach dem Fallenlassen der Glocke wird dem Wasser dieser Weg durch die sich an den Abflußstutzen anpressende Gummidichtung versperrt. Das bereits abfließende Wasser übt dagegen auf die Luft im Innern des Zylinders und über dem Wasserspiegel in der Glocke eine saugende Wirkung aus. Infolgedessen steigt das Wasser in der Glocke und fließt durch die oberen Öffnungen des inneren Zylinders in diesen über, womit das Spiel des Hebers beginnt. Der Behälter entleert sich nun schnell bis zum Rande des Abflußstutzens. Dadurch sinkt die Schwimmkugel, hebt sich das Zuflußventil, und der Kasten füllt sich wieder so hoch mit Wasser aus der Wasserleitung, bis die Schwimmkugel das Ventil auf seinen Sitz niedergedrückt hat.

III. Fettfänge und Benzinabscheider.

In Leitungen, welche größere (Gasthaus-) Küchen, Schlächtereien entwässern, sind nahe den Eingußstellen **Fettfänge** zum Abfangen der Fettstoffe einzuschalten, um Verstopfungen der Leitungen durch geronnenes Fett zu verhüten. Es sind dies eiserne Kästen, welche einen größeren Querschnitt als die Leitung haben, um die Wassergeschwindigkeit zu verringern und das Fett bald zum Gerinnen zu bringen, und welche mit Zwischenwänden versehen sind, um das Wasser zu mehrmaligem Auf- und Absteigen zu zwingen und hierbei das geronnene Fett an der Oberfläche abzusetzen (Abb. 97—99). Sie sind von Zeit zu Zeit von dem anhaftenden Fett zu reinigen.

Befinden sich mehrere große Küchen übereinander, so wird der Fettfang am Fuße des Küchenfallrohres eingebaut. Doch ist die Durchleitung anderer Abwässer, besonders von Spülaborten, durch Fettfänge durchaus zu vermeiden.

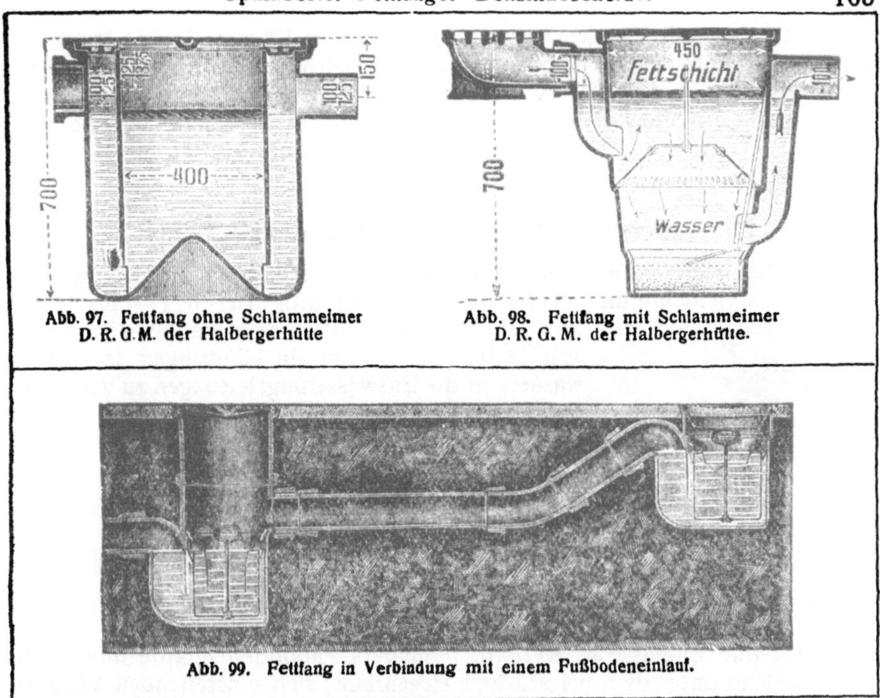

Abb. 97. Fettfang ohne Schlammeimer
D. R. G. M. der Halbergerhütte

Abb. 98. Fettfang mit Schlammeimer
D. R. G. M. der Halbergerhütte.

Abb. 99. Fettfang in Verbindung mit einem Fußbodeneinlauf.

Für sehr viel Fett abführende Betriebe, wie Wurstküchen, empfiehlt es sich, mehrere Fettfänge hintereinander zu schalten oder auch zugleich den Fußbodeneinlauf als Fettfang auszubilden, um größtmögliche Gewähr für das Zurückhalten des Fettes zu haben (Abb. 99).

Benzinabscheider dienen zum Zurückhalten des aus Wäschereien und Kraft-

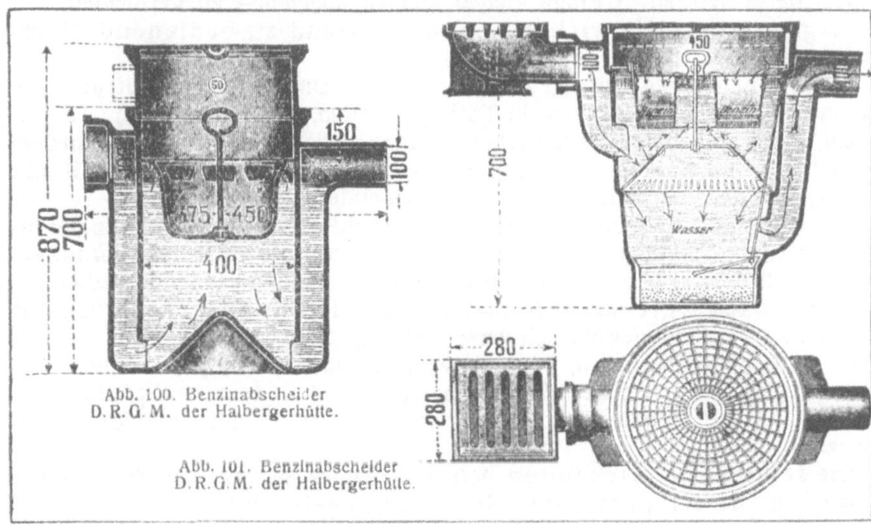

Abb. 100. Benzinabscheider
D. R. G. M. der Halbergerhütte.

Abb. 101. Benzinabscheider
D. R. G. M. der Halbergerhütte.

wagenständen abfließenden Benzins, durch. dessen Dämpfe in den Kanälen, falls sie mit offenem Licht betreten werden, leicht gefährliche Explosionen hervorgerufen werden. Sie sind ähnlich wie die Fettfänge eingerichtet, nur erhalten sie noch nahe dem Wasserspiegel ein Gefäß, in welches das aufsteigende Benzin überfließt (Abb. 100—101).

IV. Hochwasser- und Rückstauverschlüsse.

Einläufe, insbesondere Fußbodeneinläufe und auch Fettfange in Kellern, welche hin und wieder der Überflutung durch Hochwasser ausgesetzt sind, müssen sich wasserdicht abschließen lassen, um ein Eindringen des Hochwassers in die Entwässerungsleitungen zu verhüten (Abb. 102).

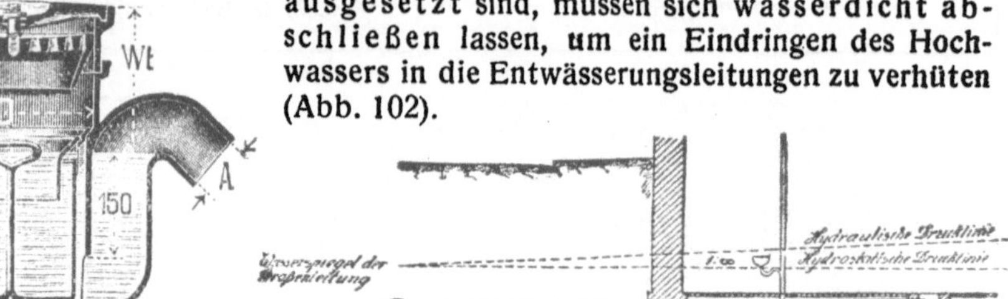

Abb. 102. Fußbodeneinlauf mit Hochwasserverschluß.   Abb. .03. Rückstau aus der Straßenleitung.

Tiefliegende Eingüsse in Kellern, besonders Fußbodeneinläufe und Fettfänge, welche unter dem bei starken Regenfällen sich einstellenden Wasserspiegel der Straßenleitung liegen (Abb. 103), sind vorkommendenfalls durch **Rückstauverschlüsse** gegen die Straßenleitung abzuschließen, damit das Wasser aus der Straßenleitung nicht durch sie in die Keller eintreten kann. Rückstauverschlüsse dürfen jedoch nur in die gefährdeten Nebenableitungen, nicht in die Hauptableitung eingebaut werden, um möglichst wenig Wasser durch die Stauvorrichtungen zu führen und so Ablagerungen in ihnen, welche ihr sicheres Wirken in Frage stellen können, möglichst zu vermeiden.

Es gibt selbsttätig wirkende und von Hand zu bedienende Rückstauverschlüsse.

Erstere haben den Vorzug, daß sie auch bei Unaufmerksamkeit und Abwesenheit der Hausbewohner in Tätigkeit treten, aber den Fehler, daß sie nicht immer unbedingt sicher wirken, letztere schließen sicher dicht, erfordern aber bei jedem starken Regenfall rechtzeitige Bedienung. Es empfiehlt sich daher, je einen von beiden Arten hintereinander einzubauen.

Als von Hand zu bedienende Rückstauverschlüsse können auch die bereits genannten, auf Sinkkasten und Fettfänge aufzuschraubenden Hochwasserabschlußdeckel benutzt werden (Abb. 102). Bequemer in der Bedienung sind Handzugschieber (Abb. 104) und Spindelschieber (Abb. 105). Sie werden zweckmäßig gewöhnlich verschlossen gehalten, wenn die Einläufe seltener, wie in Waschküchen, benutzt werden, und nur zum jedesmaligen Gebrauche geöffnet. Ist dieses nicht angängig, so sind die teureren Spindelschieber, weil sie sicherer bewegbar bleiben, den billigeren Handzugschiebern vorzuziehen.

Die selbsttätig wirkenden Rückstauverschlüsse bestehen im wesentlichen aus Klappen oder Schwimmkugeln, welche sich unter dem

Rückstau von der Straßenleitung her gegen Dichtungsflächen der Ableitung legen und so diese abschließen (Abb. 106—110). Ihre sichere Wirkung wird durch Ablagerungen an den Dichtungsflächen und den Klappen oder Kugeln gefährdet. Es ist daher wichtig, daß die Rückstauvorrichtung für gewöhnlich möglichst wenig in das lichte Profil der Ableitung hineinreicht und diese ganz glatt durchgeht. Dies wird bei dem Kanalrückstauverschluß „Rohrfrei", Patent Liese, von Bopp und Reuther, Mannheim-Waldhof, dadurch erreicht, daß eine Schwimmkugel über der Ableitung die Rückstauklappe in Bewegung setzt (Abb. 107).

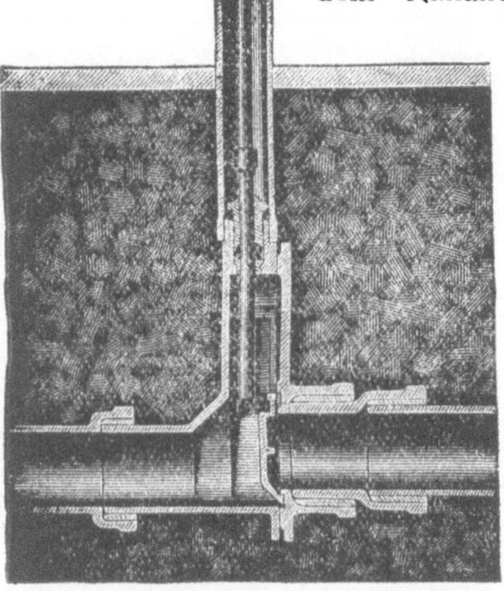

Abb. 104. Absperrschieber mit Handzug.

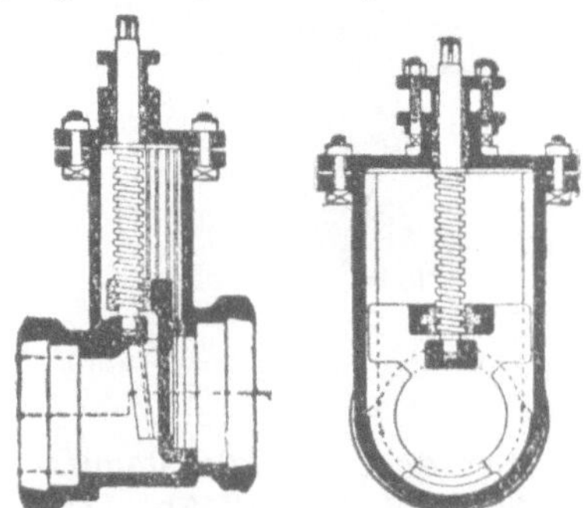

Abb. 105. Spindelschieber (System Lindley)

Eine Vereinigung beider Arten von Rückstauverschlüssen zeigt eine Rückstauklappe mit Feststellvorrichtung (Abb. 108). Sicherer in seiner Wirkung ist der an einem Fußbodeneinlauf angebrachte doppelte Rückstauverschluß, System Oestreicher, der Halbergerhütte (Abb. 109—110). Der selbsttätige Verschluß wird durch eine Schwimmkugel betätigt, der Handverschluß durch Niederschrauben der den Wasserverschluß bildenden Glocke bis auf den Abflußstutzen, wobei die Abdichtung durch eine Lederscheibe bewirkt wird.

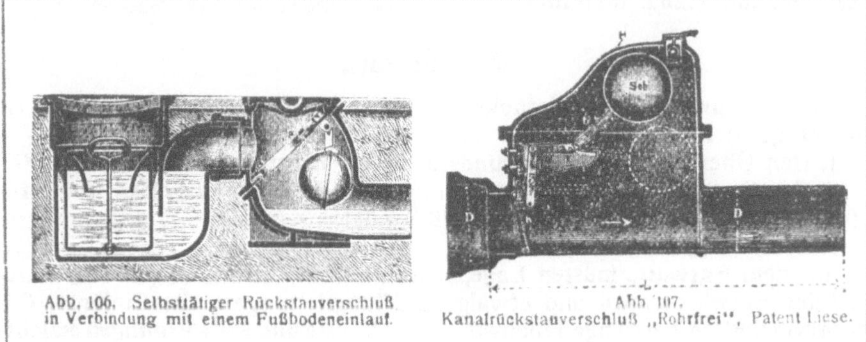

Abb. 106. Selbsttätiger Rückstauverschluß in Verbindung mit einem Fußbodeneinlauf.

Abb. 107. Kanalrückstauverschluß „Rohrfrei", Patent Liese.

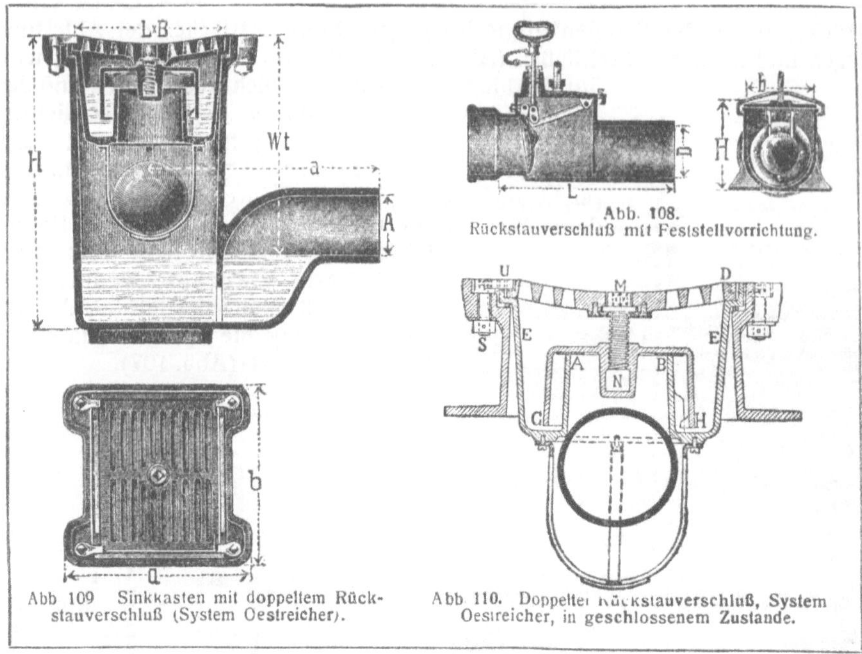

Abb 109 Sinkkasten mit doppeltem Rückstauverschluß (System Oestreicher).

Abb 110. Doppeltei Rückstauverschluß, System
Oestreicher, in geschlossenem Zustande.

Abb. 108.
Rückstauverschluß mit Feststellvorrichtung.

Der doppelte Rückstauver-
schluß „Wächter"(Abb.111),
System Linnmann, der Esse-
ner Eisenwerke, Schnuten-
haus & Linnmann G. m. b. H.,
Katernberg bei Essen-Ruhr,
will Kellerüberschwemmungen
auch bei gröbster Unaufmerksamkeit dadurch verhindern,
daß sein selbsttätiger Verschluß
stets geschlossen ist und sich nur
unter dem Druck ablaufenden
Wassers zum Kanal hin öffnet.

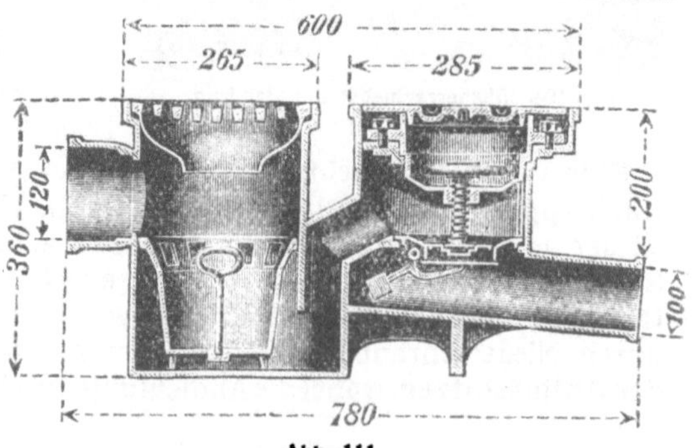

Abb. 111.
Doppelter Rückstauverschluß „Wächter".

V. Entwurf.

Der Entwurf einer Grundstücksentwässerungsanlage (vgl. den auf Taf. IX
beigefügten) hat zu enthalten:

1. Den Übersichtsplan des Grundstückes im Maßstabe nicht unter 1:1000.

2. Die Grundrisse der in Frage kommenden Stockwerke 1:100, wobei für
gleichartige Stockwerke ein Grundriß genügt.

3. Die nötigen Schnitte 1:100.

Aus dem Entwurfe müssen Lage, Länge, Gefälle, Abmessungen und Material der Entwässerungs- und etwaiger Lüftungsleitungen, alle Einläufe, Geruchverschlüsse, Fettfänge, Hochwasserverschlüsse und Putzöffnungen ersicht-
lich sein.

Alle Höhenangaben sind auf einen bekannten Nullpunkt zu beziehen.

Steinzeugröhren sind braun, Eisenröhren blau, Bleiröhren gelb, Zinkröhren grau und alles Bestehende schwarz auszuziehen. Wegfallende Leitungen sind rot zu durchkreuzen.

Die Zeichnungen sind mit Maßstab und mit den Unterschriften des Eigentümers und des Unternehmers zu versehen.

VI. Kosten.

Die Kosten einer Grundstücksentwässerung lassen sich genau nur durch einen Kostenanschlag an Hand der Entwurfszeichnung ermitteln.

Überschläglich rechnet man wohl einschl. aller Nebenanlagen nach der Kopfzahl der Hausbewohner 50 M. auf 1 Kopf[1]), nach der Gesamtlänge der Ableitung und des Fallrohres 15 M./m[1]) oder von der Baukostensumme des Hauses $2^0/_0$ für die Entwässerungsanlage.

K. Abwasserreinigung.
I. Allgemeines.
1. Verunreinigung der Vorflutgewässer.

Die Einleitung der ungereinigten städtischen Abwässer in die öffentlichen Wasserläufe kann große Schädigungen in gesundheitlicher und wirtschaftlicher Beziehung hervorrufen, indem durch die im Abwasser enthaltenen Schwimm-, Schwebe- und Sinkstoffe sowie durch gelöste Bestandteile und Bakterien das Vorflutwasser verdorben wird. Bakterien sind zu den Spaltpilzen gehörige allerkleinste Pflanzengebilde, die sich unter günstigen Bedingungen überaus rasch vermehren. Neben vielen unschädlichen können sich darunter aber auch sehr gefährliche Arten befinden, die sogenannten pathogenen Bakterien, welche als die Erreger zahlreicher ansteckender Krankheiten nachgewiesen sind.

Enthalten die städtischen Abwässer solche Ansteckungskeime, von denen namentlich die Erreger von Typhus, Cholera und anderen Darmkrankheiten in Betracht kommen, oder aber Gifte und andere, durch ihre chemischen Bestandteile nachteilig wirkenden Stoffe, so können durch deren Einleitung in die Vorflutgewässer unter der an den Ufern wohnenden oder unter der Schiffahrt treibenden Bevölkerung ansteckende Krankheiten oder sonstige gesundheitliche Schädigungen hervorgerufen werden. Vielfach werden dadurch und durch die zugeführten Schmutzstoffe auch die auf die Benutzung des Wassers angewiesenen landwirtschaftlichen und gewerblichen Betriebe benachteiligt, die Fischzucht wird geschädigt und der Verkehr an den Ufern und in den Badeanstalten arg belästigt.

Deshalb werden im allgemeinen gesundheitlichen und wirtschaftlichen Interesse seitens der Staatsbehörden sämtliche Vorflutgewässer sorgfältig überwacht, und zwar ohne Unterschied, ob es sich um öffentliche oder Privatflüsse, um stehende oder fließende, unterirdische oder oberirdische, geschlossene oder nicht geschlossene Gewässer handelt. Es dürfen umfänglichere, zur Abführung von unreinen Abgängen bestimmte Kanalisationsanlagen erst dann zur Ausführung gebracht werden, wenn die Entwürfe seitens der Staats-

---

1) Die Kosten betragen zurzeit (Frühjahr 1921) das 10—12fache.

behörden genehmigt sind. Hierbei werden, wenigstens in Preußen, in der Regel Anlagen zur Reinigung der Abwässer gefordert.

2. Selbstreinigung der Vorflutgewässer.

Unter günstigen Verhältnissen werden die in die Vorflutgewässer eingeführten Schmutzstoffe und Abfälle sehr schnell in unschädliche Verbindungen umgewandelt und die Bakterien vermindert, so daß das Wasser des Vorfluters die Verunreinigungen verliert und seine ursprüngliche Beschaffenheit wieder annimmt.

Diese im wesentlichen durch den Einfluß des Lichtes, der Wärme, des Sauerstoffs und zahlreicher Bakterien, sowie durch Tier- und Pflanzenleben hervorgerufene sogenannte „Selbstreinigung der Flüsse" hängt ab einerseits von der Menge und Beschaffenheit der Abwässer, anderseits von der Wasserführung und Beschaffenheit des Vorfluters. Infolge ihres Gehalts an Eiweiß, Kohlehydraten, Phosphaten, Kaliverbindungen usw. bilden die städtischen Abwässer einen guten Nährboden für Tiere und Pflanzen. Der Gehalt an Nährstoffen begünstigt die Vermehrung der Bakterien, bei Verdünnung des Nährbodens vermindert sich ihre Zahl. Die Bakterien sind gegen Wasserbewegung, Temperaturänderungen, Belichtung und Belüftung sehr empfindlich. Im Vorfluter sind daher drei Abschnitte zu unterscheiden, die Abwasserzone, die Übergangszone und die Reinwasserzone. Die Reinigung tritt um so eher und wirkungsvoller ein, je größer die Wassermenge des Vorfluters im Verhältnis zu der größten Schmutzwassermenge und somit die dadurch bewirkte Verdünnung der letzteren ist, je reiner das Abwasser und das Wasser des Vorfluters ist, je rascher das letztere fließt, je länger die durchflossene Strecke und je günstiger das Flußbett gestaltet ist, je schneller und gleichmäßiger sich die Abwässer mit dem Vorflutgewässer vermischen und je mehr dabei die Wassermassen durcheinander kommen und mit Luftblasen gesättigt werden.

3. Anforderungen an die Reinigungsanlagen.

Die Ansprüche, welche man an den Reinigungsgrad des dem Vorfluter zugeführten Abwassers und somit an die auszuführenden Reinigungsanlagen zu stellen hat, werden wegen der Verschiedenartigkeit der Abwässer und der Vorflutverhältnisse sehr verschieden ausfallen; sie können nicht durch allgemeine Vorschriften festgelegt, sondern müssen von Fall zu Fall nach den örtlichen Verhältnissen bestimmt werden. Die richtigen Maßnahmen zu treffen ist schwer, und die Entscheidung hierüber erfordert eingehende Sachkenntnis und jahrelange Erfahrungen, so daß der Entwurf von Reinigungsanlagen am besten Spezialingenieuren vorbehalten bleibt. Die Stelle, an der man sich am besten über die auf diesem Gebiete herrschenden Schwierigkeiten unterrichten und sachverständigen unparteiischen Rat erhalten kann, ist die Staatliche Landesanstalt für Wasserhygiene in Berlin-Dahlem, Ehrenbergstraße 38/42. Hier werden auf dem Gebiete der Abwasserreinigung alle Fortschritte und Neuerungen geprüft, die gemachten Erfahrungen gesammelt und auf Antrag von Behörden und Privaten gegen Gebühren Untersuchungen ausgeführt, Gutachten erstattet und Ratschläge erteilt. Die Geschäftsanweisung, die Gebührenordnung und die sonstigen Druckschriften werden unentgeltlich abgegeben.

Hohe Anforderungen werden an die Abwasserreinigung gestellt werden müssen, wenn große Städte mit erheblichen, stark verunreinigten Abwässern und kleine Wasserläufe mit geringen und schmutzigen Abflußmengen, mit schwacher oder wechselnder Strömung, mit seichtem, schlammigem Bett und flachen, weit ausgebuchteten, stark besiedelten Ufern in Frage kommen, deren Anwohner auf den Gebrauch des Wassers für gewerbliche oder landwirtschaftliche Betriebe angewiesen sind.

Mäßige Ansprüche wird man an die Abwasserreinigung stellen, wenn es sich um kleinere Gemeinden mit geringen oder wenig verunreinigten Abwässern und um große Vorflutgewässer mit hoher Stromgeschwindigkeit und starken, reinen Zuflüssen mit festem, kiesigem oder felsigem Bett und schwachbesiedelten Ufern handelt.

Bei ungünstigen Vorflutverhältnissen ist zu untersuchen, ob nicht durch Uferverbesserungen, Flußregulierungen, Ausführung von Durchstichen, Beseitigung von Stauanlagen und Abflußhemmnissen und Anordnung von Sammelteichen zur Zurückhaltung des Hochwassers und Verstärkung des Niedrigwassers eine dauernde Verbesserung der Vorflut geschaffen werden kann.

4. Allgemeine Anordnung der Reinigungsanlagen.

In erster Linie ist die Zusammenführung sämtlicher Abwässer eines Ortes an einem einzigen Punkte zu erstreben, da dann der Betrieb vereinfacht, verbilligt und besser überwacht werden kann. So werden z. B. bei der Kanalisation der Stadt Magdeburg (Abb. 112) die Abwässer sämtlicher, durch mehrere Stromarme getrennter Stadtteile an einem einzigen Punkte P zusammengeführt und von hier fortgepumpt.

Am besten geeignet ist hierfür eine außerhalb der städtischen Bebauung, stromab und nicht weit vom Vorfluter, aber hochwasserfrei gelegene, wenig besiedelte Gegend und womöglich eine solche Stelle, an welcher der Vorfluter mit starker Strömung und zwischen festen Ufern dahinfließt, und wo er, falls Stromspaltungen vorkommen, seine gesamte Wassermasse wieder vereinigt abführt. Das Abwasser soll nicht in stillstehendes Wasser, also nicht in Uferbuchten, Teiche, Hafenbecken und oberhalb von Stauanlagen eingeleitet werden, sondern in fließendes Wasser und möglichst in die stärkste Strömung, also vom Ufer ab und an tiefer Stelle, so daß eine schnelle und gleichmäßige Vermischung des Abwassers mit dem Vorflutwasser gesichert ist (Abb. 113).

Die Größe des Platzes muß so bemessen sein, daß sie auch für die fernsten Zeiten ausreicht und jede Erweiterung leicht ausgeführt werden kann.

Auch durch das beste Reinigungsverfahren können etwaige Krankheitskeime nicht völlig vernichtet werden. Dies ist nur möglich durch die Vermischung der Abwässer mit Desinfektionsmitteln, von denen sich am besten Chlorkalk bewährt hat. Auf 1 cbm Abwasser rechnet man bei zweistündiger Einwirkungszeit etwa 200 g Chlorkalk. Überschüssiges Chlor würde der Fischzucht schaden und muß unschädlich gemacht werden, was am besten durch Zusatz von Eisenvitriol geschieht.

Jede Reinigungsanlage muß daher so eingerichtet werden, daß beim Ausbruch ansteckender Krankheiten eine Vernichtung der Krankheitskeime möglich ist. Da die Desinfektion von Abwässern, aus welchen die Schwimm- und

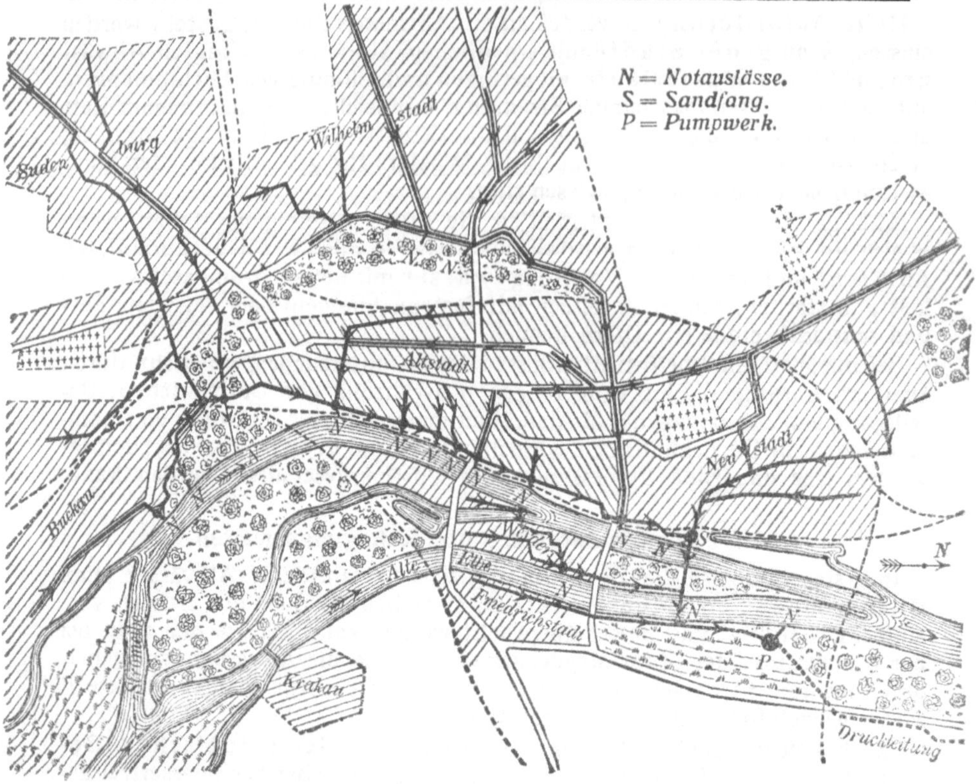

Abb. 112.　Hauptkanäle der Stadt Magdeburg.

Schwebestoffe bereits entfernt sind, mit kleineren Mengen von Desinfektionsmitteln
und sicherer Wirkung vorgenommen und der Erfolg leichter überwacht werden kann,
so ist die Desinfektionsstelle
in den Ablauf des gereinigten
oder vorgeklärten Wassers
zu legen (Abb. 127).

Abwässer mit giftigen oder
schädlichen salzigen, oder
sauren oder heißen Abflüssen
aus einzelnen größeren gewerblichen Betrieben werden
am besten an der Erzeu-
gungsstelle unschädlich gemacht und erst dann in das
Kanalnetz eingeleitet.

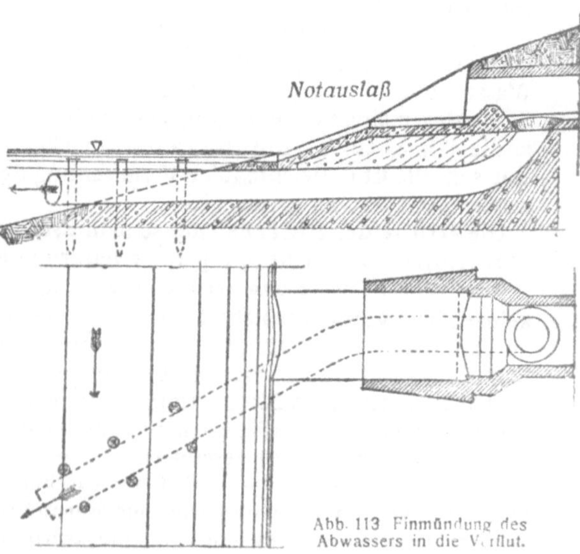

Abb. 113　Einmündung des
Abwassers in die Vorflut.

II. Hebung der Abwässer.

1. Anordnung des Pumpwerkes.

Ermöglicht die Höhenlage des Stadtgebietes die Zuleitung der Abwässer auf die Kläranlagen mittels natürlichen Gefälles, so ist diese Anordnung immer die beste. Sie ist auch dann in Aussicht zu nehmen, wenn dadurch eine längere Zuleitung oder die Durchquerung eines Höhenzuges zur Gewinnung eines tieferen Nebentales notwendig werden sollte, weil die Betriebskosten für die Hebung der Abwässer in der Regel erheblich höher sind als die Zinsen und Unterhaltungskosten der längeren Zuleitung. Eine Gegenüberstellung der Kosten wird hierüber zu entscheiden haben.

In den meisten Fällen, besonders im Flachlande, wird aber die mit beträchtlichen dauernden Unkosten verknüpfte künstliche Hebung der Abwässer nicht zu umgehen sein.

Die Größe der Maschinenanlage ist so zu bemessen, daß sie etwa für die ersten 10 Jahre ausreicht, daß sie aber ohne kostspielige Änderungen nach Bedarf vergrößert werden kann. Die Gebäude sind von vornherein so groß anzulegen, daß noch eine weitere Maschine darin Platz findet.

Da der Zufluß der Abwässer fortwährenden Schwankungen unterliegt, so kann durch Aufstau des Wassers im Sandfang und in der unteren Strecke des Sammelkanals oder in besonderen Sammelbecken ein Ausgleich zur Erzielung eines gleichmäßigen Pumpenbetriebs geschaffen werden. Die zur Förderung des Abwasserzuflusses erforderliche Maschinenkraft ist auf mehrere verschieden starke Einzelmaschinen zu verteilen, damit durch geschickte Gruppierung der arbeitenden Pumpen stets eine, den jeweiligen Fördermengen sich anschmiegende volle Kraftausnutzung jeder Maschine und somit ein billiger Betrieb erzielt wird. Selbst bei kleineren Anlagen sollte die erforderliche Gesamtleistung auf mindestens zwei Maschinen verteilt werden, um wenigstens eine immer sicher zur Verfügung zu haben.

2. Einrichtung des Pumpwerkes.

Zum Antrieb der Pumpen werden Dampfmaschinen, Gaskraftmaschinen und Elektromotoren benutzt. Welche dieser Maschinen vorzuziehen ist, hängt von den Betriebskosten ab, die nach den örtlichen Verhältnissen sehr verschieden sein können.

Dampfmaschinen beanspruchen einen größeren Raum für Maschinen- und Kesselanlage und längere Zeit zum Anlassen der Pumpen. Leuchtgasmaschinen und Elektromotoren sind in wenigen Sekunden betriebsfertig, so daß sie bei Anlagen mit unterbrochenem oder infolge von Regengüssen plötzlich zu verstärkendem Betriebe große Vorzüge aufweisen. Sehr billig arbeiten Sauggasmaschinen, die zweckmäßig auch mit der Leuchtgasleitung verbunden werden, so daß sie im Bedarfsfalle sofort mit Leuchtgas angelassen und so lange betrieben werden können, bis die Generatoren das billigere Sauggas herzugeben vermögen. Die Umschaltung wird in wenigen Minuten bewirkt. Elektromotoren erfordern den geringsten Raum und wenig Beaufsichtigung, sie sind stets betriebsfertig und arbeiten bei niedrigem Elektrizitätspreise sehr vorteilhaft.

Als Abwasserpumpen werden bei geringen Hubhöhen von 4—6 m Saughöhe und 8—10 m Druckhöhe Kreiselpumpen mit 60—70 % Nutzleistung, bei größeren Förderhöhen Saug- und Druckpumpen mit 85 % und mehr Nutzleistung verwendet. Kreiselpumpen sind billig, wenig empfindlich, gut zugänglich, schnell zu reinigen, in Ordnung zu bringen und aufzustellen und nehmen wenig Platz ein. Für größere Fördermengen von etwa 15—20 sl an sind schnellaufende Kolbenpumpen mit 40—60 Hub in der Minute zurzeit sehr beliebt.

3. Berechnung der Maschinenstärke.

Die Maschinenstärke hängt ab von der sekundlichen Fördermenge und der Förderhöhe. Die Fördermenge wird aus dem sekundlichen Wasserverbrauch der Bevölkerung und der Einwohnerzahl berechnet, die Förderhöhe aus dem senkrechten Abstand zwischen dem niedrigsten Wasserspiegel im Pumpensumpf und dem höchsten Wasserstand am Auslauf der Druckleitung. Bei Rieselfeldern würde dies der höchste Wasserspiegel im Standrohr sein (s. Abb. 114). Zu dieser geometrischen Förderhöhe h_1 tritt noch der Druckhöhenverlust, den die Maschine zur Überwindung der Reibungs- und sonstigen Bewegungswiderstände in der Abflußleitung aufzuwenden hat $= h_2$ hinzu, so daß die tatsächlich von der Maschine zu leistende Gesamthubhöhe, die sogenannte manometrische Förderhöhe, sich ergibt zu $h = h_1 + h_2$. Der Druckhöhenverlust berechnet sich nach der Formel von Darcy zu

$$h_2 = \left(0,01989 + \frac{0,0005078}{d}\right)\frac{l}{d}\cdot\frac{v^2}{2g};$$

hierin ist d der Durchmesser und l die Länge der Leitung, v die Geschwindig-

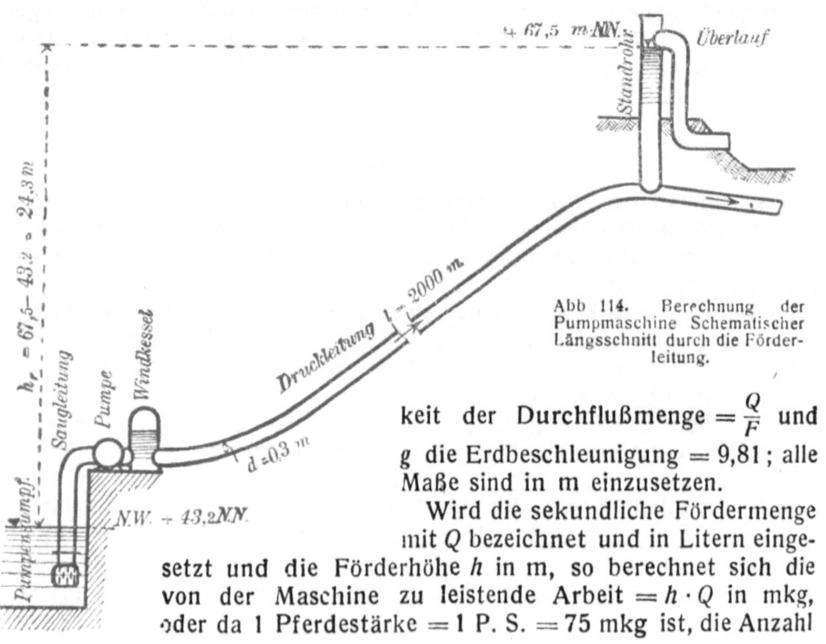

Abb 114. Berechnung der Pumpmaschine Schematischer Längsschnitt durch die Förderleitung.

keit der Durchflußmenge $= \dfrac{Q}{F}$ und g die Erdbeschleunigung $= 9,81$; alle Maße sind in m einzusetzen.

Wird die sekundliche Fördermenge mit Q bezeichnet und in Litern eingesetzt und die Förderhöhe h in m, so berechnet sich die von der Maschine zu leistende Arbeit $= h \cdot Q$ in mkg, oder da 1 Pferdestärke $= 1$ P. S. $= 75$ mkg ist, die Anzahl der erforderlichen Pferdestärken zu $N = \dfrac{h \cdot Q}{75}$. Wird die Nutzleistung der Pumpe und der Antriebsmaschine zu je 85% angenommen, so ergibt sich die Anzahl der von der Antriebsmaschine tatsächlich aufzuwendenden Pferdestärken zu

$$N = \frac{h \cdot Q}{75} \cdot \frac{100}{85} \cdot \frac{100}{85}.$$

Beispiel 28: Eine Stadt von 10000 Einwohnern, einem jährlichen Bevölkerungszuwachs von 2 "/$_0$ und einem durchschnittlichen täglichen Wasserverbrauch von 72 l, somit einem stärksten Stundenverbrauch von $\dfrac{1}{10} \cdot 72 = 7{,}2$ l oder in der Sekunde $= \dfrac{7{,}2}{60} = \dfrac{1}{60} = \dfrac{1}{500}$ sl auf den Kopf ist nach dem Mischsystem kanalisiert. Das Regenwasser darf erst dann durch die Notauslässe in den Fluß treten, wenn das Hauswasser mit der doppelten Regenwassermenge verdünnt ist, also das Dreifache des stärksten Trockenwetterabflusses auf die Reinigungsanlagen, z. B. Rieselfelder, gepumpt wird. Der niedrigste Wasserspiegel im Pumpensumpf stehe auf $+ 43{,}2$ m N. N. und der höchste Wasserspiegel im Standrohr auf dem Rieselfelde auf $+ 67{,}5$ m N. N. Wieviel Pferdestärken muß die Maschinenanlage erhalten, wenn sie für die nächsten 10 Jahre ausreichen soll und das Druckrohr vom Pumpwerk bis zum Standrohr eine Länge von 2000 m und eine Lichtweite von 30 cm besitzt? (Abb. 114.)

a) Berechnung der Fördermenge Q.

Der gegenwärtigen Einwohnerzahl E entspricht bei einem jährlichen Zuwachs von $p\%$ nach n Jahren eine Einwohnerzahl $E_n = E \left(1 + \dfrac{p}{100}\right)^n$, also in unserem Falle $E_n = 10000 \left(1 + \dfrac{2}{100}\right)^{10} = 12190$ und die sekundliche Hauswassermenge $= 12190 \cdot \dfrac{1}{500} = 24$ sl. Bei Regenwetter ergibt sich infolge der vorgeschriebenen doppelten Verdünnung sonach die auf die Rieselfelder zu pumpende größte Fördermenge zu $3 \cdot 24 = 72$ sl, oder in cbm $Q = 0{,}072$

b) Berechnung der Förderhöhe h.

Die geometrische Hubhöhe ist $h_1 = 67{,}5 - 43{,}2 = 24{,}3$ m. Der Druckhöhenverlust berechnet sich nach der Formel

$$h_2 = \left(0{,}01989 + \frac{0{,}0005078}{d}\right) \frac{l}{d} \frac{v^2}{2g};$$

hierin ist $d = 0{,}3$ m und $l = 2000$ m; $g = 9{,}81$ m und $v = \dfrac{Q}{F}$; da $Q = 0{,}072$ cbm und $d = 0{,}3$, so ist $F = 0{,}0707$ qm, also

$$v = \frac{0{,}072}{0{,}0707} = 1{,}02 \text{ m,}$$

mithin

$$h_2 = \left(0{,}01989 + \frac{0{,}0005078}{0{,}3}\right) \frac{2000}{0{,}3} \cdot \frac{1{,}02^2}{2 \cdot 9{,}81} = 7{,}63 \text{ m.}$$

Die von den Maschinen zu bewältigende größte Förderhöhe ergibt sich demnach zu $h = h_1 + h_2 = 24{,}3 + 7{,}63 = $ rd. 32 m.

c) Berechnung der Maschinenstärke.

Die Anzahl der erforderlichen Pferdekräfte berechnet sich nach der Formel

$$N = \frac{h \cdot Q}{75} \cdot \frac{100}{85} \cdot \frac{100}{85} = \frac{32 \cdot 72}{75} \cdot \frac{100}{85} \cdot \frac{100}{85} = \text{rd. 42 P. S.}$$

Die Maschinenanlage muß also nach S. 113 Z. 24 entweder zwei gleichstarke Einzelmaschinen von je rd. 21 P. S., oder aber, um auch bei dem Trockenwetterabfluß von 24 sl mit voller Maschinenkraft arbeiten zu können, mit einer Maschine zu 14 P. S. und einer zweiten zu 28 P. S. ausgestattet werden.

8*

4. Druckleitungen.

Die von dem Pumpwerk zu den Reinigungsanlagen führende Druckleitung ist so zu bemessen, daß sie für eine Reihe von Jahren ausreicht, ohne daß man eine zweite Leitung zu legen hat oder übergroße Durchflußgeschwindigkeiten erhält, welche Rohre und Maschinenanlage nachteilig beeinflussen. Anderseits darf die Rohrweite nicht zu groß genommen werden, damit nicht ungenügende Durchflußgeschwindigkeiten eintreten, die zu Schlammablagerungen und Krustenbildung Veranlassung geben. Am besten ist es, die Weite so zu wählen, daß die Rohrleitung auch noch für die in etwa 20 Jahren zu erwartende stärkste Abflußmenge genügt, ohne daß die Geschwindigkeit 1,25 bis 1,5 m übersteigt, daß ferner in der Gegenwart beim Trockenwetterabfluß eine Geschwindigkeit von 25—30 cm nicht unterschritten und beim stärksten Regenabfluß eine solche von 70—80 cm erreicht wird, um die abgesetzten Schlammteile wenigstens zeitweise fortzuspülen.

Beispiel 29: Welche Weite muß die Druckleitung im Beispiel 28 erhalten?

Die gegenwärtige Bevölkerung weist 10000 Einwohner auf, der Trockenwetterabfluß bei $\frac{1}{500}$ sl auf den Kopf beträgt also $10000 \cdot \frac{1}{500} = 20$ sl, und der stärkste Abfluß bei Regenwetter und doppelter Verdünnung $3 \cdot 20 = 60$ sl.

Soll die Rohrleitung noch in 20 Jahren ausreichen, so ist die Einwohnerzahl gewachsen auf

$$E_n = E\left(1 + \frac{p}{100}\right)^n = 10000\left(1 + \frac{2}{100}\right)^{20} = 14860 = \text{rd. } 15000,$$

es beträgt also dann der Trockenwetterabfluß $15000 \cdot \frac{1}{500} = 30$ sl, und der stärkste Abfluß bei Regen und doppelter Verdünnung $3 \cdot 30 = 90$ sl.

Wird für die Druckleitung eine Weite von 0,30 m ,gewählt mit einem Querschnitt $F = 0,0707$ qm, so ist die Geschwindigkeit $v = \frac{Q}{F}$ entsprechend den vorbezeichneten Fällen,

1. in der Gegenwart:

 a) bei Trockenwetter $v_1 = \dfrac{0,020}{0,0707} = 0,28$ m,

 b) bei Regenwetter $v_2 = \dfrac{0,060}{0,0707} = 0,85$ m;

2. in 20 Jahren:

 a) bei Trockenwetter $v_3 = \dfrac{0,030}{0,0707} = 0,42$ m,

 b) bei Regenwetter $v_4 = \dfrac{0,090}{0,0707} = 1,27$ m.

Die Werte für v halten sich in den zulässigen Grenzen, so daß die Weite von 0,30 m zweckmäßig erscheint.

Würde man 0,25 m Weite nehmen, so ergeben sich in gleicher Weise folgende Werte: $v_1 = 0,41$ m, $v_2 = 1,22$ m, $v_3 = 0,61$ m und $v_4 = 1,83$, d. h. die Geschwindigkeit v_4 ist zu groß. Bei 0,35 m Weite ergeben sich folgende Werte: $v_1 = 0,21$ m, $v_2 = 0,62$ m, $v_3 = 0,31$ m, $v_4 = 0,94$ m, d. h. v_1 und v_2, die Geschwindigkeiten in der Gegenwart, sind zu klein.

Die Druckleitungen werden gewöhnlich aus gußeisernen Muffenrohren mit Bleidichtung, und nur bei hohem Grundwasserstande, wegen des schwierigen Bleivergusses aus den weniger nachgiebigen Flanschenrohren hergestellt, deren Flanschen mit Dichtungsringen aus Gummi auch im Wasser fest miteinander verschraubt werden können. Auf schlechtem, nachgiebigem Boden, auf schwankenden Überbrückungen oder an Stellen, die starken Erschütterungen ausgesetzt sind, werden schmiedeeiserne Rohre vorgezogen, da sie Senkungen und Schwankungen besser widerstehen, ohne zu brechen.

Über Muffen- und Flanschenrohre siehe Näheres bei Teil II Wasserversorgung.

Die Rohre sind frostfrei, also mit 1,2—1,5 m Bodenüberdeckung und mit Längsgefälle zu verlegen. In den tiefsten Knickpunkten des dem Gelände möglichst anzuschmiegenden Längenprofils werden Auslaßschieber angeordnet, um bei Ausbesserungen die Leitung leicht entleeren zu können, und an den höchsten Knickpunkten Lufthähne oder Hydranten zum Ablassen von Luft- und Gasansammlungen, da diese sonst den Wasserdurchfluß hindern würden. Wie bei Geländeknickungen Wechsel in der Gefällerichtung der Rohre und somit Lufthähne und Auslässe durch Gefälleänderungen vermieden werden können, ist aus Abb. 115 zwischen Stat. 330 und 466 zu ersehen.

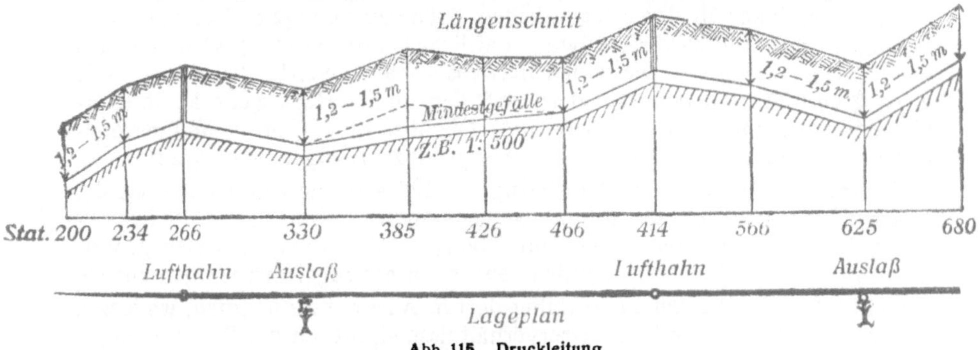

Abb. 115. Druckleitung.

Die Verlegungs- und Dichtungsarbeiten müssen sehr sorgfältig ausgeführt werden. Ratsam ist die Anordnung einer Dichtigkeitsprobe vor dem Verfüllen der Baugrube, wobei der mittels einer Kesselprobierpumpe erzeugte Wasserdruck, der dem doppelten normalen Betriebsdruck zu entsprechen hat, mindestens eine Viertelstunde von der Rohrleitung ausgehalten werden muß, ohne daß der Zeiger des Probiermanometers zurückgehen darf.

III. Reinigungsanlagen.

1. Übersicht über die verschiedenen Arten der Abwasserreinigung.

Zurzeit kommen für die Reinigung städtischer Abwässer in Betracht das Rieselverfahren, die biologische Reinigung, die mechanische Klärung und die chemische Reinigung.

Von wesentlichem Einfluß auf die Wahl des Reinigungsverfahrens ist die Beschaffenheit des Vorfluters und des Abwassers sowie das Kanalisationssystem. Je reiner ein Kanalnetz gehalten und je häufiger es durchspült wird, je stärker die Kanalgefälle sind, und je schneller das Wasser zum Abfluß kommt, um so reiner, frischer und weniger faulig ist das Abwasser. Stark verdünntes, frisches Wasser ist leichter zu reinigen als dickes, fauliges Wasser. Die Abwässer des Mischsystems sind schwerer zu behandeln als die des Trennsystems, weil letztere bezüglich ihrer Menge und Zusammensetzung wegen des Ausschlusses der Niederschläge gleichartiger sind. Beim Mischsystem n.uß auch ein Teil des Regenwassers gereinigt werden, wodurch eine erheblicl.e Vergrößerung der Reinigungsanlagen erforderlich und deren Betrieb erschwert wird.

Nach den Anforderungen, welche man mit Rücksicht auf den Vorfluter und die Beschaffenheit der Abwässer an die Reinigung der letzteren stellen muß, ist das Reinigungsverfahren zu bestimmen.

Das vollkommenste, wirksamste und beste Verfahren ist die **Berieselung.** Hierbei können die Sink-, Schwebe- und Schwimmstoffe sowie die Bakterien gänzlich und die gelösten Bestandteile nahezu aus dem Abwasser zurückgehalten werden. Daher ist das Rieselverfahren stets in erster Linie und namentlicl da in Aussicht zu nehmen, wo ein wasserarmer, träge fließender Vorfluter mit besiedelten, flachen Ufern stark verunreinigte Abwässer aufnehmen muß. Stehen geeignete Landflächen in erreichbarer Nähe in der erforderlichen Größe zu mäßigem Preise zur Verfügung, so ist es infolge der landwirtschaftlichen Ausnutzung gewöhn.ich auch das billigste Verfahren. Die reinen Betriebsausgaben werden bei zweckmäßig angelegten und bewirtschafteten Rieselfeldern in der Regel gedeckt, ja es ergibt sich sogar meistens ein Überschuß. Die übrigen Verfahren sind gewöhnlich um so teurer, je besser sie die Abwässer zu reinigen vermögen.

Der Berieselung kommt in bezug auf die Wirkung am nächsten das **biologische Verfahren,** das deshalb so genannt wird, weil durch die Lebenstätigkeit gewisser Bakterien die Fäulnisfähigkeit der Abwässer beseitigt wer den kann, so daß diese unbedenklich den Vorflutern zugeführt werden dürfen

Das biologische Verfahren ist daher dort in Aussicht zu nehmen, wo wegen ungünstiger Vorflut- und Abwasserverhältnisse eigentlich die Berieselung gewählt werden müßte, aber wegen Fehlens geeigneter Bodenflächen nicht anwendbar ist. Die Betriebskosten stellen sich gegenüber den anderen Verfahren am höchsten. Eine Vernichtung der krankheitserregenden Bakterien ist hierbei aber nicht zu erzielen; es kann dies nur durch eine anzuschließende Desinfektion des geklärten Wassers erreicht werden.

Die **mechanische Klärung** beschränkt sich auf die Entfernung der gröbsten Verunreinigungen, und werden hierbei lediglich die Schwimmstoffe und die gröberen Sinkstoffe zurückgehalten. Die feineren Verunreinigungen, die Bakterien und die gelösten Stoffe gelangen unvermindert in den Vorfluter. Daher kann dieses Verfahren nur dort angewendet werden, wo stark verdünntes Abwasser in einen wasserreichen, schnellfließenden Vorfluter mit günstig gestalteten, schwach besiedelten Ufern eingeleitet wird. Die Betriebskosten sind dem erzielten geringen Reinigungserfolge entsprechend niedriger als beim biologischen Verfahren.

Die **chemische Reinigung,** bei welcher dem Abwasser nach einer gründlichen Vorklärung chemische Fällungsmittel zugesetzt werden, ist die teuerste. Die aufgewendeten Kosten stehen nicht im richtigen Verhältnisse zu der erzielten Wirkung, und die Anwendung dieses Verfahrens ist nur da berechtigt, wo giftige oder schädliche Stoffe aus gewerblichen Betrieben unschädlich gemacht werden sollen, was beim biologischen und mechanischen Verfahren nicht zu erzielen ist.

2. Die Berieselung.

a) Einfluß des Untergrundes.

Die Abwässer werden hierbei auf eingeebnete Ackerflächen gebracht und gleichmäßig verteilt; nach Durchsickern der Bodenschichten werden sie entweder in Drainleitungen wieder gesammelt und den öffentlichen Wasserläufen zugeführt, oder sie versinken unmittelbar in das Grundwasser. Beim Durchgang durch die Bodenschichten werden die Sink- und Schwebestoffe vollständig zurückgehalten. Die Bakterien und die gelösten Bestandteile werden durch den Einfluß anderer Bakterien und durch Oxydation umgewandelt und zum großen Teile von den Pflanzen aufgenommen und zu deren Ernährung verbraucht, so daß das abfließende Wasser klar und rein und nahezu frei von gelösten organischen Stoffen ist und jedem Wasserlauf unbedenklich zugeführt werden kann.

Am besten ist die Durchlüftung und somit die oxydierende Wirkung bei sandigem Untergrunde. Aber auch magerer Lehmboden ist für Rieselzwecke noch gut verwendbar. Fetter, undurchlässiger Lehm- und Tonboden sowie Kalk- und Mergelschichten sind wenig geeignet und vertragen nur eine geringe Belastung mit Rieselwasser.

Da die aufgebrachten Wassermengen ganz oder teilweise in das Grundwasser abfließen können, so sind Rieselfelder möglichst weit von den Ortschaften abzurücken oder aus der etwa auf das Dorf gerichteten Grundwasserströmung heraus seitlich

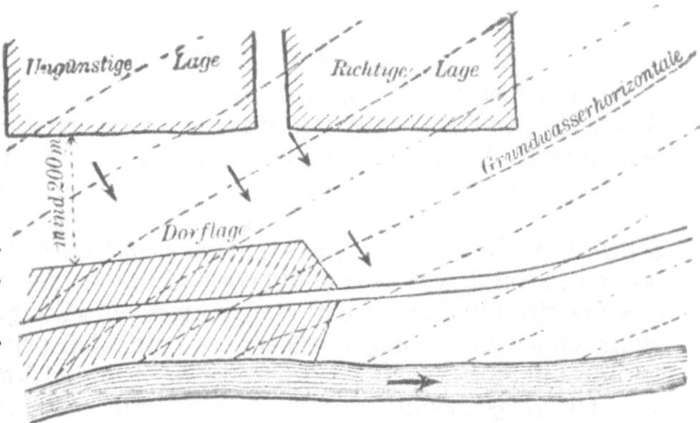

Abb. 116. Lage der Rieselfelder.

zu verschieben, um etwaigen Beschwerden der Dorfbewohner wegen Verschlechterung ihres Brunnenwassers von vornherein aus dem Wege zu gehen (Abb. 116).

Unbedingt notwendig ist daher die vorherige Klarstellung der Untergrund- und Grundwasserverhältnisse auf dem für Rieselfelder in Aussicht genommenen Gelände, insbesondere die Ermittlung der Lage der undurchlässigen Schichten und der Grundwasserströmung. Die Grundwasserströmung wird in der Weise festgestellt, daß verrohrte Bohrlöcher angelegt und in ihnen längere Zeit hindurch die Wasserspiegel-

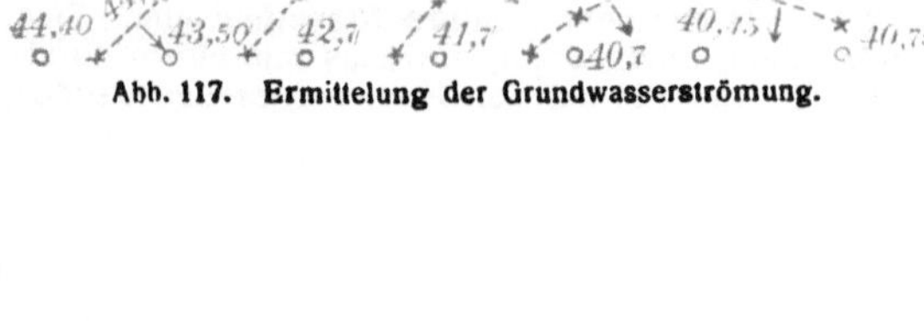

Abb. 117. Ermittelung der Grundwasserströmung.

höhen beobachtet, die Ergebnisse in einen Plan eingetragen und die Höhenschichtenlinien der Grundwasserstände eingezeichnet werden; die Grundwasserströmung läuft dann stets senkrecht zu den Höhenschichtenlinien
(Abb. 117). In dieser Richtung sollte die untere Grenze des Rieselfeldes
einen Abstand von mindestens 200 m von den nächsten Brunnen einhalten.
Liegt die undurchlässige Schicht, auf welcher das Rieselwasser ab-
strömt, sehr hoch, so kann durch einen bis auf diese Schicht eingeschnittenen Entwässerungsgraben längs des unteren Randes des Rieselfeldes
oder längs der oberen Dorfgrenze das gerieselte Wasser abgefangen und
schadlos abgeführt werden, bevor es Versumpfungen auf fremdem Boden
hervorruft oder die Brunnen der
Ortschaft erreicht (Abb. 118).

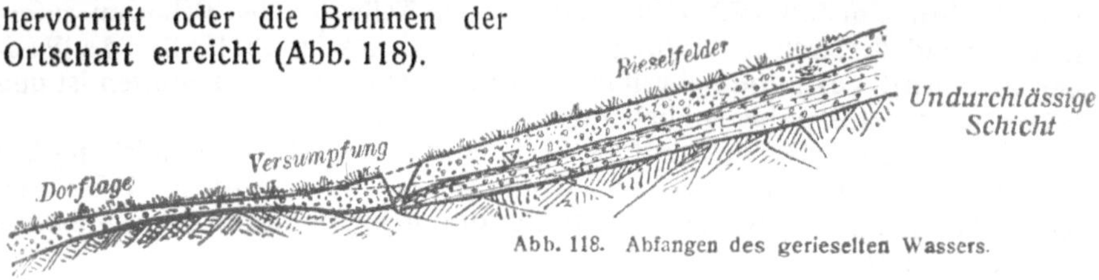

Abb. 118. Abfangen des gerieselten Wassers.

b) Größe der Rieselfelder.

Die Flächengröße hängt von der Menge und der Verunreinigung der
Abwässer sowie von der Durchlässigkeit der Bodenschichten und deren
Mächtigkeit ab. Je weniger Schmutzstoffe das Abwasser enthält, desto mehr
Wasser kann auf die Felder gebracht und um so kleiner können diese dann
angelegt werden. Deshalb ist eine sorgsame Ausscheidung der Sink- und
Schwimmstoffe aus dem Abwasser vor dem Berieseln vorteilhaft und die Anlage eines Sandfangs oder größerer Klärbecken zur Ablagerung des Schlammes am tiefsten Punkte des Kanalnetzes notwendig. Insbesondere wird bei
künstlicher Hebung der Abwässer die Zurückhaltung von Sand und gröberen
Verunreinigungen zur Schonung der Pumpen und Ventile durchaus erforderlich. Die Ausscheidung der gröberen Schmutzstoffe läßt sich erreichen, wenn
der Durchflußquerschnitt im Sandfang derart vergrößert wird, daß die Geschwindigkeit des Abwassers 5—10 cm nicht überschreitet.

Die Größe der Rieselfläche wird nach der an die Kanalisation angeschlossenen Bevölkerung bzw. nach der unterzubringenden Abwassermenge berechnet. Bei sandiglehmigem Untergrunde kann man auf 1 ha
dauernd das Abwasser von 250 bis 400 Einwohnern und bei sorgsamer Ausscheidung der Verunreinigungen das von 500 bis 800 Einwohnern unterbringen.
Die durchschnittliche Überrieselungshöhe würde sich hiernach im Jahre zu
1 bzw. 2 m ergeben, mithin auf 1 ha eine Jahresmenge von 10 000 cbm und
bei sehr guter Vorklärung und sehr durchlässigem Boden eine solche von
20000 cbm untergebracht werden können. Wird die Rieselfläche zu knapp
bemessen, so werden die Felder überlastet und dadurch Versumpfungen
oder Mißwachs hervorgerufen. Von vornherein ist daher auf eine spätere
Vergrößerung der Rieselfläche Rücksicht zu nehmen oder die Abgabe von
Rieselwasser an benachbarte Grundstücksbesitzer sicherzustellen.

Beispiel 30. Wieviel Land muß für das sehr sandige Rieselfeld einer Stadt
von 10000 Einwohnern mit 2 % jährlichem Bevölkerungszuwachs und einem durchschnittlichen täglichen Wasserverbrauch von 72 l auf den Kopf vorgesehen werden,

wenn die Fläche für 40 Jahre ausreichen und ein Sandfang angeordnet werden soll, so daß das Abwasser von 400 Einwohnern auf 1 ha untergebracht werden kann?

Berechnung der Rieselfläche.

Die gegenwärtige Einwohnerzahl ist nach 40 Jahren angewachsen auf

$$E_n = E\left(1 + \frac{p}{100}\right)^n = 10000\left(1 + \frac{2}{100}\right)^{40} = \text{rd. } 21000$$

Köpfe, mithin sind erforderlich, wenn 400 Einwohner 1 ha Rieselfeld beanspruchen, $\frac{21000}{400} = 52{,}5$ ha. Der gegenwärtigen Bevölkerung von 10000 Einwohnern entsprechen $\frac{10000}{400} = 25$ ha Rieselfeld, welche sofort herzurichten sind, während die übrige einstweilen zu verpachtende Fläche später nach Bedarf hinzugenommen werden kann.

Berechnung der Abwassermenge.

Die gegenwärtige jährliche Abwassermenge berechnet sich für 10000 Einwohner, 365 Tage und 72 l durchschnittlichem Wasserverbrauch zu

$$10000 \cdot 365 \cdot 72 = 262800000 \text{ l} = 262800 \text{ cbm};$$

bei 25 ha Rieselfläche kommt davon auf 1 ha $\frac{262800}{25} = 10512$ cbm. In 40 Jahren mit 21000 Einwohnern und 52,5 ha würden sich ebenso ergeben

$$21000 \cdot 365 \cdot 72 = 551880 \text{ cbm}$$

Jahresmenge und $\frac{551800}{52{,}5} = \text{rd. } 10512$ cbm auf 1 ha.

Die auf 1 ha entfallende Abwassermenge kann also noch als zulässig und somit die Rieselfläche als ausreichend erachtet werden, wenn die Stadt nach dem Trennsystem entwässert werden soll. Wird jedoch das Mischsystem gewählt, so ist wegen des Zuschusses an Regenwasser, der erfahrungsgemäß auf etwa $^1/_4$ der Wirtschaftswässer geschätzt werden kann, eine Vergrößerung der berechneten Rieselfläche von 25 ha bzw. 52,5 ha um $^1/_3$, also eine Flächengröße von rd. 34 ha bzw. 70 ha in Aussicht zu nehmen.

c) Zuleitung des Rieselwassers.

Die Anlage des Rieselfeldes ist so zu treffen, daß das Rieselwasser auch an die entferntesten und höchstgelegenen Stellen gelangen kann. Die Zuführung der Abwässer erfolgt daher von der Hauptdruckleitung aus in Zweigleitungen und offenen Verteilungsgräben.

Das Hauptdruckrohr wird bis zur höchsten Stelle des Rieselfeldes geführt und endigt hier als oben offenes Standrohr, das durch einen Überlauf mit einem Einstaubecken verbunden wird, um gleich einem Sicherheitsventil die Druckleitung bei starkem Zufluß oder geschlossenen Auslaßschiebern vor Überlastung oder Zersprengen zu schützen (Abb. 114 u. 120). Die Höhe, bis zu welcher das Standrohr hochgeführt werden muß, ist so zu bemessen, daß die freie Wasserspiegelhöhe daselbst ausreicht, um an den ungünstigen Auslässen der Zweigleitungen das rechnungsmäßige Abwasser zum Abfluß zu bringen (Abb. 120).

Die Zweigleitungen werden ebenso hergestellt und verlegt wie das Hauptdruckrohr. Unter 20 cm Lichtweite geht man nicht herab und berechnet den Querschnitt so, daß auch beim stärksten Durchfluß die Geschwindigkeit von 1 m nicht wesentlich überschritten wird.

An jedem Auslauf wird ein Schlammfang angeordnet, dessen Abmessungen so zu wählen sind, daß möglichst viel Schlamm niedergeschlagen und von den Feldern ferngehalten wird (Abb. 119). Der auf die Felder kommende Schlamm verklebt die Poren, bildet harte Krusten und schädigt die jungen Pflanzen. Die Versorgungsfläche eines Auslaufs wird zur Ersparnis von Erdarbeiten für Zuleitungsgräben nicht über 10—12 ha bemessen. Bei günstiger Geländegestaltung können die Zweigleitungen und sogar die Hauptleitungen durch offene Gräben oder besser durch geschlossene Kanäle ersetzt werden.

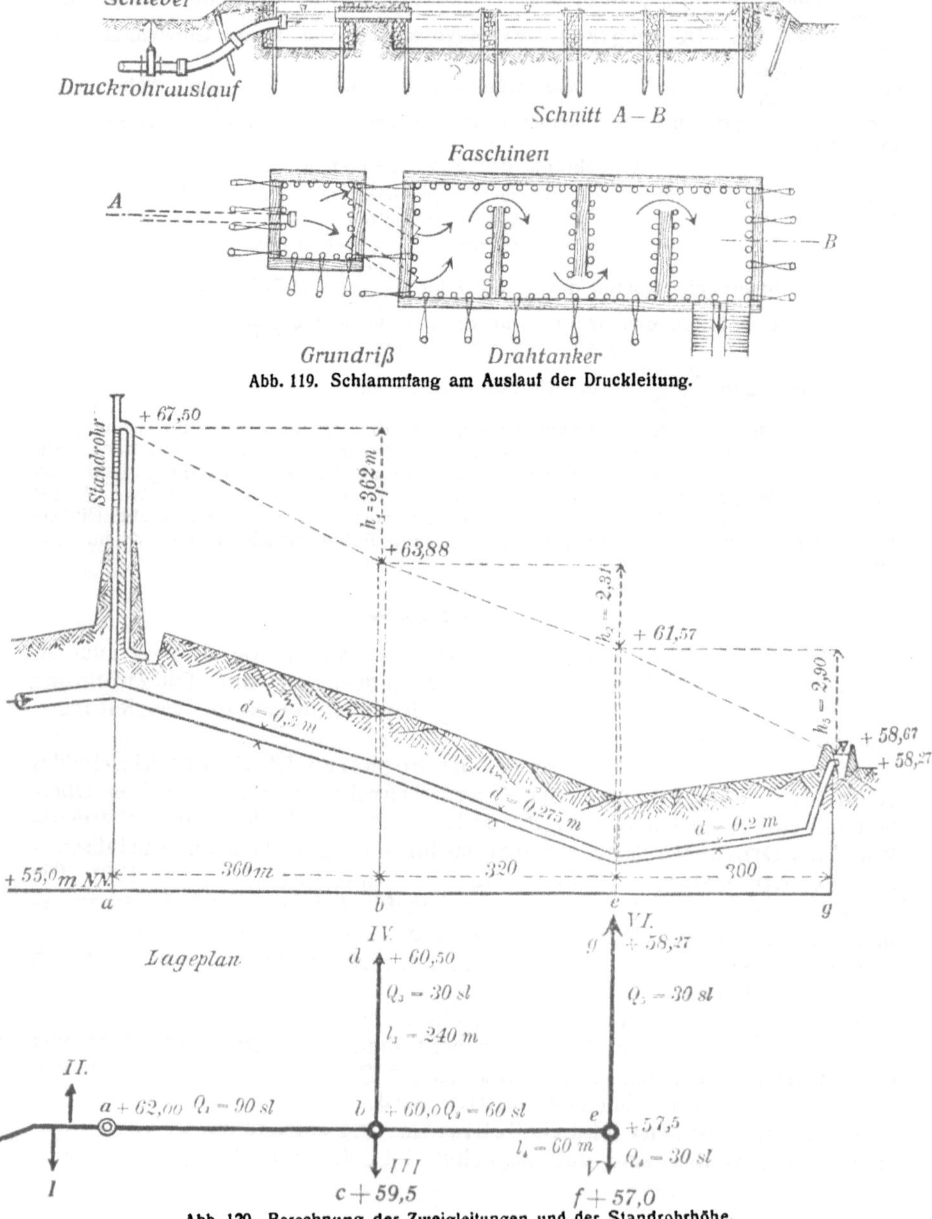

Abb. 119. Schlammfang am Auslauf der Druckleitung.

Abb. 120. Berechnung der Zweigleitungen und der Standrohrhöhe.

Beispiel 31: Welche Abmessungen müssen die Zweigleitungen erhalten, und wie hoch ist das Standrohr der Hauptdruckleitung in Beispiel 29 emporzuführen, wenn die Auslässe die nebenbei gezeichnete Lage haben?

I II III usw. bedeuten die Auslässe, Punkt *a* liegt auf + 62,00 m N.N., *b* auf + 60,0, *c* auf + 59,5, *d* auf + 60,5, *e* auf + 57,5, *f* auf + 57,0 und *g* auf + 58,27 m N. N.

Berechnung der Zweigleitungen.

Für die Berechnung des Druckrohrs in Beispiel 29 auf S. 116 war der stärkste Abfluß bei Regenwasser zu 90 sl angenommen

Sollen die Zweigleitungen 20 cm Weite mit einem Querschnitt $F = 0{,}031$ qm nicht unterschreiten, und soll die Geschwindigkeit $v = 1$ m nicht übersteigen, so beträgt die größte Durchflußmenge eines Auslasses

$$Q = v \cdot F = 1{,}0 \cdot 0{,}031 \text{ cbm} = 31 \text{ sl}.$$

Es müssen also zu gleicher Zeit mindestens 3 Auslaßschieber geöffnet sein, um die 90 sl zum Abfluß zu bringen. Die ungünstigste Beanspruchung wird in unserm Beispiel dann eintreten, wenn die Auslässe *IV, V* und *VI* geöffnet sind. Alsdann ist Rohrstrecke *a b* mit 90 sl, Rohrstrecke *b e* mit 60 sl und die Rohrstrecken *b d, ef* und *eg* mit 30 sl belastet.

Ihrer Weite nach sind bereits bestimmt das Hauptrohr *a b* mit 30 cm und die Zweigleitungen *b d, ef* und *eg* mit 20 cm.

Es bleibt also nur noch die Strecke *b e* zu berechnen. Die Durchflußmenge derselben ist $= 60$ sl $= 0{,}06$ cbm. Für 1 m Geschwindigkeit würde der Durchmesser sich wie folgt ergeben:

$$Q = v \cdot F = \frac{v \cdot d^2 \pi}{4};$$

da $Q = 60$ sl $= 0{,}06$ cbm und $v = 1$ m ist, so wird

$$0{,}06 = 1 \cdot \frac{d^2 \pi}{4};$$

$$d = \sqrt{\frac{4 \cdot 0{,}06}{3{,}14}} = 0{,}277 \text{ m}.$$

Hierfür wird die nächstpassende, im Handel vorkommende Weite von 27,5 cm genommen (Abb. 120).

Berechnung der Standrohrhöhe.

Der Wasserspiegel muß im Standrohr so hoch ansteigen können, daß dadurch die gesamten Reibungswiderstände in der hinter dem Standrohr liegenden Rohrleitung überwunden werden, und daß aus jedem Auslaß die rechnungsmäßige Wassermenge von 30 sl austreten kann.

Der ungünstigste Fall, der in unserm Beispiel die größten Druckhöhenverluste hervorruft, wird dann eintreten, wenn die Schieber *IV, V* und *VI* geöffnet werden und die Strecken, wie folgt, belastet sind:

$$\text{Strecke } ab \text{ mit } 90 \text{ sl,}$$
$$„ \quad be \quad „ \quad 60 \quad „$$
$$„ \quad bd, \; ef \text{ und } ge \text{ mit je } 30 \text{ sl.}$$

In allen übrigen Fällen ist eine geringere Druckhöhe imstande, das Wasser aus den Auslässen austreten zu lassen.

Die Druckhöhenverluste werden berechnet nach der Formel in Beispiel 28:

$$h = \left(0{,}01989 + \frac{0{,}0005078}{d}\right) \frac{l}{d} \cdot \frac{v^2}{2g},$$ und sie ergeben sich daher für den ungünstigsten Fall wie folgt:

1. Für Rohrstrecke *a b* mit $d = 0{,}3$ m; $l = 360$ m; $g = 9{,}81$ m; $F = 0{,}0707$ qm; $Q = 0{,}09$ cbm und $v = \dfrac{Q}{F} = \dfrac{0{,}09}{0{,}0707} = 1{,}27$ m

$$h_1 = \left(0{,}01989 + \frac{0{,}0005078}{0{,}3}\right) \frac{360}{0{,}3} \cdot \frac{1{,}27^2}{2 \cdot 9{,}81} = 2{,}13 \text{ m}.$$

2. **Für Rohrstrecke** *be* **mit** $d = 0{,}275$ m; $l = 320$ m; $F = 0{,}059$ qm; $Q = 0{,}06$ cbm

und $v = \dfrac{Q}{F} = \dfrac{0{,}06}{0{,}059} = 1{,}02$ m

$$h_2 = \left(0{,}01989 + \frac{0{,}0005078}{0{,}275}\right) \frac{320}{0{,}275} \cdot \frac{1{,}02^2}{2 \cdot 9{,}81} = 1{,}34 \text{ m.}$$

3. **Für Rohrstrecke** *bd* **mit** $d = 0{,}2$; $l_3 = 240$ m; $F = 0{,}031$ qm; $Q = 0{,}03$ cbm

und $v = \dfrac{Q}{F} = \dfrac{0{,}03}{0{,}031} = 0{,}97$ m

$$h_3 = \left(0{,}01989 + \frac{0{,}0005078}{0{,}2}\right) \frac{240}{0{,}2} \cdot \frac{0{,}97^2}{2 \cdot 9{,}81} = 1{,}29 \text{ m.}$$

4. **Für Rohrstrecke** *ef* **mit** $l_4 = 60$ m; sonst wie vor

$$h_4 = \left(0{,}01989 + \frac{0{,}0005078}{0{,}2}\right) \frac{60}{0{,}2} \cdot \frac{0{,}97^2}{2 \cdot 9{,}81} = 0{,}32 \text{ m.}$$

5. **Für Rohrstrecke** *eg* **mit** $l = 300$ m; sonst wie vor

$$h_5 = \left(0{,}01989 + \frac{0{,}0005078}{0{,}2}\right) \frac{300}{0{,}2} \cdot \frac{0{,}97^2}{2 \cdot 9{,}81} + 1{,}61 \text{ m.}$$

Die berechneten Druckhöhenverluste treffen nur zu bei neuen Rohrleitungen. Durch die bald sich einstellende Krustenbildung werden die Reibungswiderstände und somit die diese überwindenden Druckhöhen größer. Man berücksichtigt dies, wie bei den Wasserrohrberechnungen gezeigt ist, indem man die erhaltenen Zahlen mit einem Erfahrungswerte multipliziert, der bei 20 cm Rohrweite = 1,8, bei 27,5 cm = 1,725 und bei 30 cm = 1,7 anzunehmen ist. Demnach ergeben sich für die wirklichen Druckhöhenverluste die Werte:

$$h_1 = 2{,}13 \cdot 1{,}7 \quad = 3{,}62 \text{ m,}$$
$$h_2 = 1{,}34 \cdot 1{,}725 = 2{,}31 \text{ „ ,}$$
$$h_3 = 1{,}29 \cdot 1{,}8 \quad = 2{,}32 \text{ „ ,}$$
$$h_4 = 0{,}32 \cdot 1{,}8 \quad = 0{,}58 \text{ „ ,}$$
$$h_5 = 1{,}61 \cdot 1{,}8 \quad = 2{,}90 \text{ „ .}$$

Nunmehr ist mit Rücksicht auf die Höhenlage der einzelnen Auslässe festzustellen, welcher von diesen die größte Wasserspiegelhöhe im Standrohr verlangt; dabei sei angenommen, daß der Wasserspiegel am Auslaß 40 cm höher stehe als das anliegende Gelände, um dieses mit Sicherheit überrieseln zu können.

1. Befindet sich das Gelände bei *d* auf + 60,5 m N. N., der Wasserspiegel am Auslauf also auf + 60,5 + 0,4 = 60,90 m N. N., so muß der Wasserspiegel im Standrohr auf

$$60{,}9 + h_1 + h_3 = 60{,}9 + 3{,}62 + 2{,}32 = 66{,}84 \text{ m N. N}$$

stehen, damit bei *d* 30 sl ausfließen können.

2. Liegt das Gelände bei *f* auf + 57,0 m N. N., der Wasserspiegel hier also auf + 57,4 m N. N., so muß im Standrohr eine Wasserspiegelhöhe herrschen

$$= 57{,}4 + h_1 + h_2 + h_4 = 57{,}4 + 3{,}62 + 2{,}31 + 0{,}58 = 63{,}91 \text{ m N. N.}$$

3. Ist endlich das Gelände bei *g* auf + 58,27 m N. N, der Wasserspiegel mithin auf + 58,67 m N. N. angenommen, so ergibt sich der erforderliche Wasserstand im Standrohr auf

$$58{,}67 + h_1 + h_2 + h_5 = 58{,}67 + 3{,}62 + 2{,}31 + 2{,}90 = + 67{,}5 \text{ m N. N.}$$

Der höchste Wasserspiegel im Standrohr, dessen Höhe dadurch bestimmt ist, ergibt sich also zu + 67,5 m N. N.; er tritt dann auf, wenn durch Auslaß *V* und *VI* sowie durch *III* oder *IV* zusammen 90 sl ausfließen. Eine gleichmäßige Verteilung dieser Wassermenge auf die 3 Auslässe kann durch Stellung der Schieber erzielt werden.

Beispiel 32: Berechnung der Leistungsfähigkeit eines offenen Zuführungsgrabens. Wie groß ist die Wassermenge, welche der anbei gezeichnete Grabenquerschnitt bei 1 : 400 Gefälle abführen kann? (Abb. 121.)

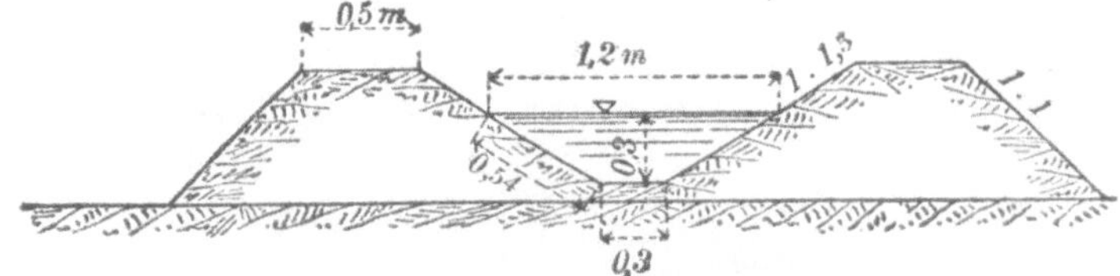

Abb. 121. Querschnitt eines Zuführungsgrabens.

Nach der für Gräben anzuwendenden Formel von Ganguillet und Kutter ist:

$$Q = c\sqrt{\frac{F^3}{p}\frac{h}{l}} \quad \text{und} \quad c = \frac{23 + \dfrac{0,00155}{\dfrac{h}{l}} + \dfrac{1}{n}}{1 - \left(23 + \dfrac{0,00155}{\dfrac{h}{l}}\right)\dfrac{n}{\sqrt{\dfrac{F}{p}}}}.$$

Hierin ist F der mittlere Querschnitt in qm, p der benetzte Umfang in m, Q die Wassermenge in cbm, $\frac{h}{l}$ das Wasserspiegelgefälle und n ein Erfahrungswert, der für Gräben in Erde mit grasbewachsenen Böschungen $= 0,03$ gesetzt werden kann.

$$F = \frac{1,2 + 0,3}{2}\cdot 0,3 = 0,225 \text{ qm}; \quad p = 0,3 + 2\cdot 0,54 = 1,38 \text{ m};$$

$$c = \frac{23 + \dfrac{0,00155}{\dfrac{1}{400}} + \dfrac{1}{0,03}}{1 + \left(23 + \dfrac{0,00155}{\dfrac{1}{400}}\right)\dfrac{0,03}{\sqrt{\dfrac{0,225}{1,38}}}} = \frac{23 + 0,62 + 33,33}{1 + (23 + 0,62)\dfrac{0,03}{0,404}} = \frac{56,95}{2,75} = 20,71;$$

$$Q = 20,71\sqrt{\frac{0,225^3}{1,38}\frac{1}{400}} = 0,093 \text{ cbm} = 93 \text{ sl}.$$

Der Graben vermag also bei 1 : 400 Gefälle 93 sl abzuführen.

Die Verteilungsgräben erhalten 0,5 m Tiefe, ein- und einhalbfache Böschungen und 0,3 m Breite in der Sohle, welche, um die anliegenden Felder überrieseln zu können, über Feldoberkante liegen muß, so daß die Gräben stets zwischen Dämmen zu führen sind. Die für die Dämme, Gräben und Wege erforderlichen Erdmassen werden von den Feldern abgeschachtet, und die hierzu erforderliche durchschnittliche Abschälungstiefe kann zu 3—5 cm angenommen werden. Die Längsgefälle der Gräben dürfen nicht steiler als 1 : 150—200 sein, um Sohle und Böschungen gegen Abspülen zu sichern. Die Geschwindigkeit des durchfließenden Wassers soll 0,5—0,6 m nicht überschreiten, andernfalls sind die Gefälle durch abgepflasterte oder betonierte, kaskadenförmige Gefällabstürze zu mildern (Abb. 122). Die Zuleitung des Wassers von den Gräben auf die Felder erfolgt durch hölzerne, mit Karbolineum getränkte Kastenrinnen und Schütze (Abb. 123).

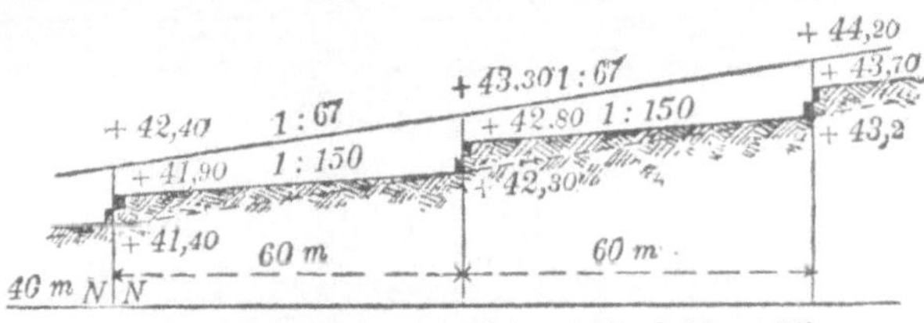

Abb. 122. Gefällabstürze zur Milderung der Sohlengefälle.

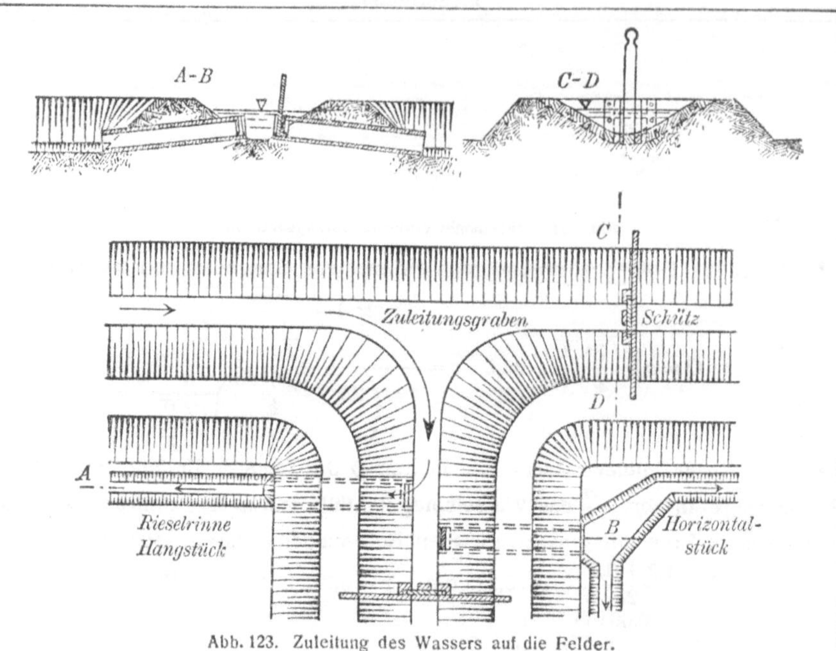

Abb. 123. Zuleitung des Wassers auf die Felder.

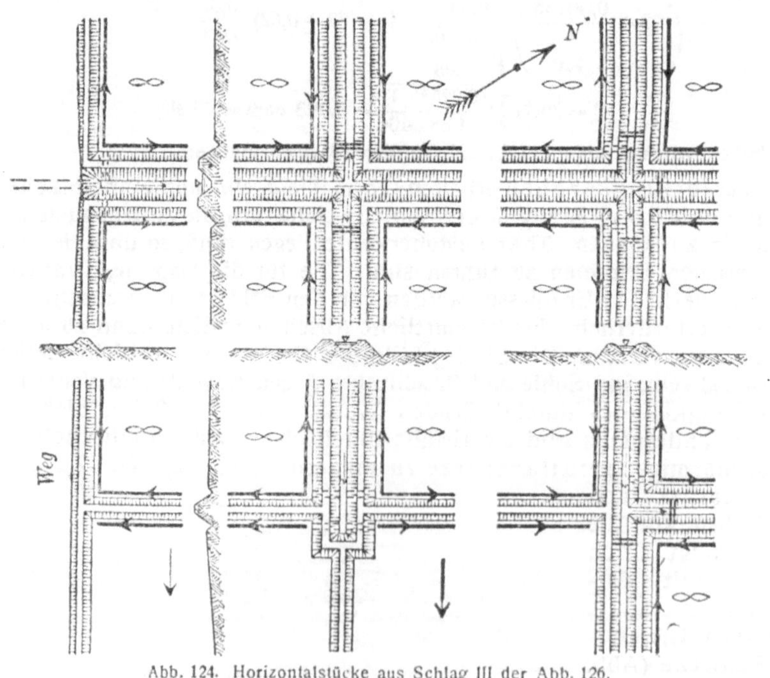

Abb. 124. Horizontalstücke aus Schlag III der Abb. 126.

d) Herrichtung der Rieselfelder.

Um ein gleichmäßiges Überrieseln zu erzielen, welches für die Erzeugung eines gleichmäßigen Pflanzenwuchses notwendig ist, müssen die einzelnen Felder, welche je nach der Geländegestaltung als Horizontalstücke oder Hangstücke hergerichtet werden, völlig eben bzw. gleichgeneigt sein. Die Größe der einzelnen Stücke ist zur Erzielung einer gleichmäßigen Überrieselung derart zu beschränken, daß Horizontalstücke (Abb. 124) nicht mehr als 45 m Breite und 60 m Länge, und Hangstücke (Abb. 125) nicht mehr als 35 m Breite und 45 m Länge erhalten. Die Stücke sind durch 0,3 bis 0,5 m hohe Dämme zu trennen und zu Schlägen oder Blöcken zu vereinigen, die von 3—6 m breiten, über Ackerhöhe liegenden Wirtschaftswegen umfaßt werden (Abb. 126). Soll die Verpachtung der Ackerstücke im einzelnen in Aussicht genommen werden, so ist die Anlage so zu treffen, daß jedes Stück an einen Weg zu liegen kommt; andernfalls kann an Wegen gespart und der Schlag bis zu 2,5 ha groß angenommen werden.

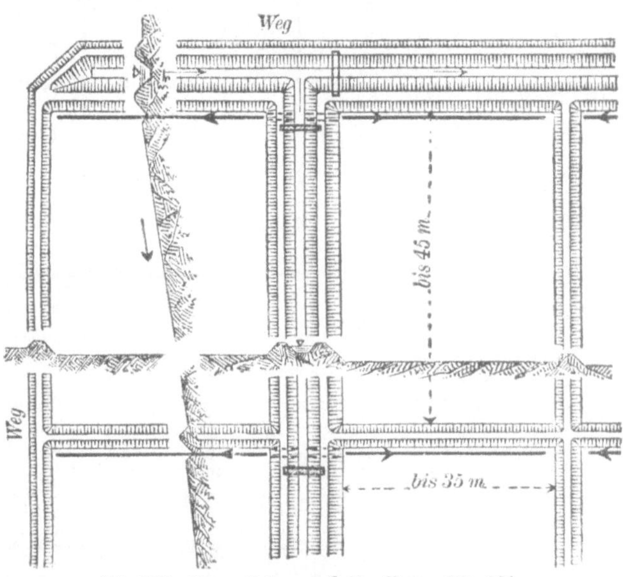

Abb. 125   Hangstücke aus Schlag **V** der Abb. 126.

Hangstücke werden gewöhnlich nur zur Grasnutzung verwendet; die Überrieselung findet durch genau horizontal angelegte und so zu unterhaltende Rieselkanten von nur einer Stückecke aus statt.

Horizontalstücke werden zur besseren Überrieselung stets von zwei diagonal gegenüberliegenden Eckpunkten, womöglich von demselben Grabenzuge aus bewässert. Auf ihnen werden angebaut Gemüse, Rüben, Kohl und Futterfrüchte. Sie geben höhere Erträge, können aber nicht wie die Gräser der Hangstücke jederzeit berieselt werden.

e) Drainierung der Rieselfelder.

Eine **Drainage** ist bei sehr durchlässigem Sandboden von mehr als 2 m Mächtigkeit und bei tiefstehendem Grundwasser nicht erforderlich. Bei günstigen Untergrundverhältnissen kann man deren Notwendigkeit ohne Schaden abwarten, da eine spätere Drainierung Mehrkosten gegenüber der sofortigen Ausführung nicht bedingt. In lehmigem Boden und bei geringer Stärke der durchlässigen Schichten ist die Drainage aber von vornherein notwendig. Mit Rücksicht auf die gegenüber der gewöhnlichen Ackerdrainage etwa drei-

mal so große Wassermenge werden bei 1:200 bis 1:300 Mindestgefälle Saug-
drains unter 8 cm Weite gewöhnlich nicht verwendet. Die Drainrohrtiefe beträgt 1—1,3 m und der Abstand der Saugstränge 6—8 m bei lehmigem und
8—12 m bei sandigem Boden. Die Hauptentwässerungsgräben erhalten 1,5 bis
1,8 m Tiefe, 0,5 - 1,0 m Sohlenbreite und Böschungen mit ein- und einhalbfacher
Anlage. Vom Längsgefälle gilt das bei den Zuleitungsgräben bereits Gesagte.

Abb. 126. Rieselfeldanlage von Bunzlau.

f) Spritzverfahren oder Schlauchberieselung.

Bei diesem Verfahren, welches in Posen mit Erfolg Verwendung gefunden hat, wird ein Netz von frostsicher verlegten Zweigleitungen an das Hauptdruckrohr angeschlossen und mit Anschlußstutzen und Absperrschiebern versehen, an die mittels besonderer Standrohre schmiedeeiserne Flanschenrohre von 5 cm Weite angeschraubt werden können. An diese Verteilungsleistungen werden Spritzenschläuche von 20 m Länge mit 25 mm weitem Mundstück angeschlossen, so daß von jedem Anschluß aus eine Fläche von etwa 80 m Durchmesser besprengt werden kann.

Das Verfahren verlangt wegen des fortwährenden Umlegens der Verteilungsleitungen und Schläuche wesentlich höhere Betriebskosten als der Rieselfeldbetrieb. Die Anlage ist aber trotz der teureren Zweigleitungen, weil eine besondere Einebnung der Felder nicht notwendig ist, erheblich billiger als die der Rieselfelder, welche sehr hohe Herstellungskosten erfordern.

In gesundheitlicher Beziehung haben sich Nachteile nicht herausgestellt, da der üble Geruch der Abwässer bald nach deren Aufsaugung durch den Erdboden verschwindet und die Bakterien unter dem Einfluß von Licht und Luft bald zugrunde gehen.

3. Die biologische Reinigung.

Die Ansichten über die Wirkungsweise dieses Verfahrens, durch welches die Fäulnisfähigkeit der Abwässer beseitigt werden soll, sind noch nicht geklärt.

Von der einen Seite wird, wie der Name besagt, die Wirkung in erster Linie auf die Lebenstätigkeit gewisser Bakterien zurückgeführt, von anderer Seite lediglich auf chemische und physikalische Vorgänge und

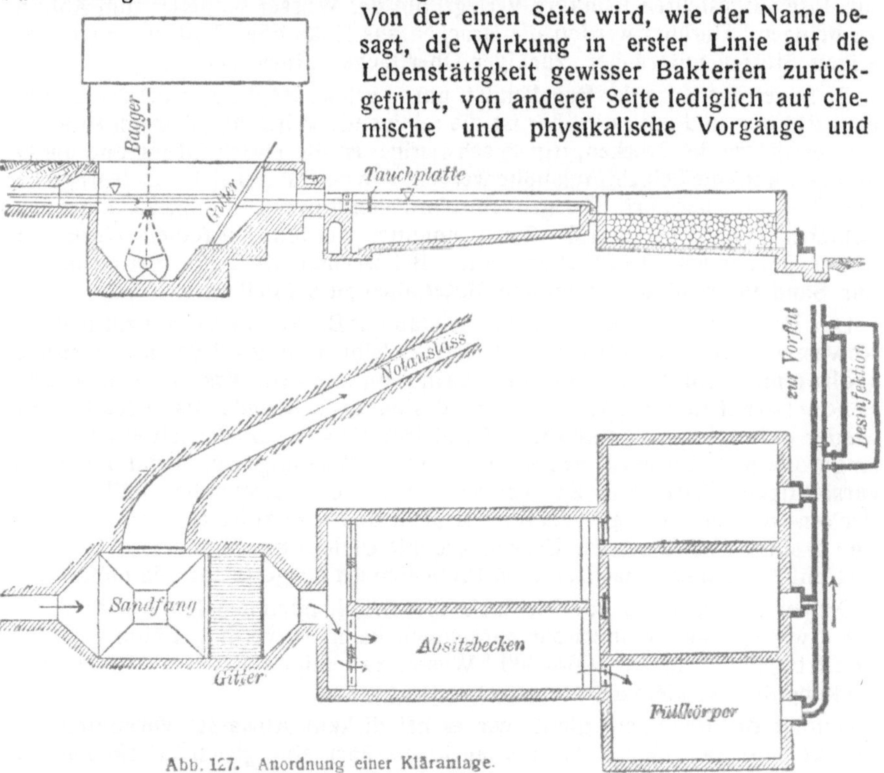

Abb. 127. Anordnung einer Kläranlage.

infolgedessen die Bezeichnung Oxydations- oder Adsorptionsverfahren dafür angewendet.

Die Reinigung der Abwässer wird in der Weise bewirkt, daß man die Wassermengen, nachdem sie in einem Sandfang von den gröberen und in Klär- oder Absitzbecken von den feineren Verunreinigungen befreit worden sind, mit Brocken von Koks oder Schlacke oder mit Steinschlag in Berührung bringt, dadurch die feinen Schmutzstoffe auf den rauhen Berührungsflächen der Brocken niederschlägt und unter dem Einfluß gewisser Bakterien bei guter Durchlüftung der Brocken derart umwandelt, daß das Wasser seine Fäulnisfähigkeit verliert und klar wird (Abb. 127). Je besser vorgereinigt das Wasser auf die Brockenkörper gelangt, um so besser ist ihre Wirkung.

Diese Brockenkörper werden entweder mit Unterbrechungen gefüllt und entleert, dann nennt man sie **Füllkörper**, oder sie werden stetig vom Wasser in Tropfenform überrieselt, dann nennt man sie **Tropfkörper**.

a) Füllkörper.

Die Füllkörper erfordern in der Sohle und an den Seiten wasserdicht umschlossene Becken aus Beton oder Zementmauerwerk mit Überlauf zur Verhütung zu hohen Aufstaues. Auf der mit schwachem Gefälle angelegten Sohle mit eingeschnittener Sohlrinne wird ein Netz von Drainrohren oder Kanälen aus lose aufgestellten Klinkern verlegt, um das Wasser schneller zum Abfluß zu bringen. Darüber werden die Brocken aus Koks oder Schlacke oder sonstigen Stoffen mit rauher, zackiger Oberfläche aufgeschichtet.

Je feiner das Korn der Brocken ist, um so größer ist die Summe der Berührungsflächen und um so größer ist die reinigende Wirkung, aber um so leichter verwittern die Brocken, um so schwieriger ist die Durchlüftung und um so geringer muß die Schichtungshöhe werden. Am besten hat sich eine Korngröße von 3—8 mm bewährt. Bei gro°em Korn von 8 mm Durchmesser kann die Schichtungshöhe bis zu 1,5—2 m genommen werden, bei feinem Korn von 3 mm Durchmesser nicht über 0,5 m. Bei weniger als 3 mm Korngröße ist nur Sand verwendbar, da andere Materialien zu schnell verwittern.

Der Betrieb geschieht in der Weise, daß das Becken durch das zufließende Abwasser langsam gefüllt wird, dieses bleibt dann 2—3 Stunden ruhig stehen und wird dann wieder langsam abgelassen. Erst nach einer längeren Durchlüftungszeit von mindestens 2—3 Stunden kann das Becken wieder in Betrieb genommen und der gleiche Vorgang wiederholt werden. Je länger die Ruhepause ist, um so besser ist die Wirkung; man kann daher bei vorsichtigem Betriebe in 24 Stunden nur auf eine zweimalige Füllung des Beckens rechnen. Der Betrieb ist also ein unterbrochener und erfordert eine größere Anzahl solcher Becken, die mit Umleitungs- und Ausschaltungsvorrichtungen und Schächten zum Probenehmen ausgestattet sein müssen.

Da 1 cbm Kies, Koks- oder Schlackenbrocken je nach dem Material dauernd nur etwa 200—400 l Abwasser aufnehmen kann, so vermag 1 cbm Beckeninhalt täglich höchstens 400—800 l Wasser zu reinigen, und die erforderliche Beckengröße ist hiernach zu berechnen.

Genügt die Reinigung nicht, wie es bei dickem Abwasser vorkommt, so schickt man das geklärte Wasser nochmals über eine gleiche Beckenanlage und erhält so zweistufige, unter Umständen sogar dreistufige Füllkörper (Abb. 128). Bei zweistufigen Anlagen gibt man in das erste Becken Brocken von 10—30 mm Korngröße und in das zweite solche von 5—10 mm.

Die Vorteile der Füllkörper bestehen in der leichten Verteilung des Wassers, in der Unempfindlichkeit gegen Frost, in dem sparsamen Verbrauch von Gefälle, in der guten Ausscheidung der Schwebestoffe und in der geringen Belästigung durch üblen Geruch und Fliegenplage; sie erfordern aber sehr viel Platz und hohe Anlagekosten.

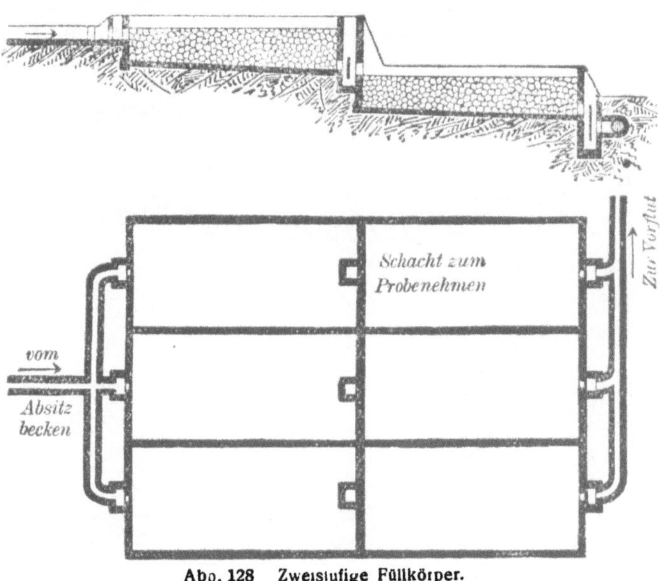

Abb. 128   Zweistufige Füllkörper.

b) Tropfkörper.

Die Tropfkörper sind nur in der Sohle wasserdicht herzustellen, die Seiten müssen offen sein, damit die Luft gut hindurchstreichen kann. Die Sohle wird, wie bei den Füllkörpern, mit Gefälle und Abflußgerinne sowie mit einem Netz von Drainrohren oder Ziegelsteinkanälen ausgeführt, um auch von unten gut durchlüften zu können. Das Korn der Brocken wird größer genommen als beim Füllverfahren, etwa bis zu 10 cm Durchmesser, weil das tropfende Wasser sich dann gleichmäßiger auf der Oberfläche der Brocken verteilt und die Masse besser durchlüftet wird. Die Höhe der Schichtung schwankt zwischen 1,5 und 3 m; bei zu großer Höhe werden die abgesetzten Teile leicht wieder fortgespült. 1 cbm Tropfkörper vermag täglich etwa 0,6 cbm Abwasser zu reinigen (Abb. 129).

Die Hauptschwierigkeit besteht darin, das Wasser in Tropfentorm zu bringen und gleichmäßig über die ganze Oberfläche und somit über die ganze Brockenmasse zu verteilen. Man benutzt dazu sogenannte Sprinkler, bei denen radiale, um eine lotrechte Achse bewegliche, wie beim Segnerschen Wasserrade einseitig durchlochte wagerechte Rohre das Wasser brausenartig verteilen, oder Streudüsen oder feste oder bewegliche Überlaufrinnen oder gelochte Bleche. Alle diese Vorrichtungen erfordern sorgfältige Unterhaltung und sind sehr empfindlich gegen Frost.

Wird ein Tropfkörper in Betrieb genommen, so überziehen sich die rauhen Flächen der Koks- und Schlackenbrocken schnell mit einer schlammigen Schicht, welche die Schmutzstoffe festhält. Erst wenn dies durchweg eingetreten ist, wird die volle Leistung erzielt; man sagt, der Körper ist eingearbeitet.

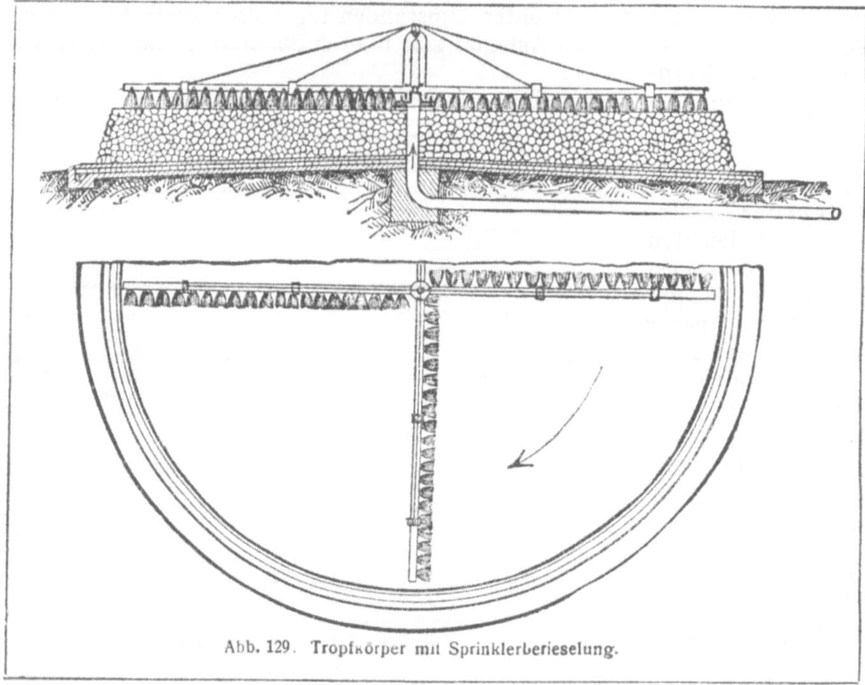

Abb. 129. Tropfkörper mit Sprinklerberieselung.

Die Vorteile der Tropfkörper bestehen in der Ersparnis an Platz infolge der größeren Höhe der Brockenkörper, im leichteren Aufbau infolge der großen Schlackenstücke, die weniger leicht verwittern und in der billigeren Anlage infolge Fehlens der Seitenwände. Als Nachteile sind anzuführen die große Empfindlichkeit gegen Frost sowie die starke Belästigung durch üblen Geruch und die Fliegenplage. Da die Abflüsse sauerstoffreicher sind als beim Füllverfahren, so wird es zurzeit am häufigsten angewendet.

In den meisten Fällen kann das geklärte Abwasser unbedenklich in den Vorfluter geleitet werden. Hat dieser sehr ungünstige Verhältnisse, so wird eine Nachbehandlung des Abwassers notwendig, durch welche etwaige Schwebestoffe in Ablagerungsbecken oder auf Sandfiltern oder auf Rieselfeldern zurückgehalten werden.

Vielfach sind beim biologischen Verfahren Mißerfolge vorgekommen, die auf fehlerhaften Aufbau der Brockenkörper oder ungeeignete Abwässer oder unsachlichen Betrieb zurückgeführt werden konnten. Daher ist zunächst der Bau und Betrieb einer Versuchsanlage zu empfehlen, die so anzuordnen ist, daß sie in die endgültige Anlage eingefügt werden kann.

4. Die mechanische Klärung.

Die mechanische Klärung kommt vor entweder als selbständiges Verfahren dort, wo das Abwasser nach Beseitigung der gröberen Verunreinigungen ohne Schaden in den Vorfluter geleitet werden kann, oder als Vorstufe für das anschließende, wirksamere biologische Verfahren. Im ersteren Falle muß das

Wasser **frisch** in die Vorflut kommen, die Kläranlage also möglichst schnell durchlaufen, im letzteren Falle kann das Wasser **angefault** sein.

Bei beiden Verfahren wird das Abwasser zunächst in einem **Sandfang** von den **schwereren Sinkstoffen be-** freit, indem der Durchflußquerschnitt so vergrößert wird, daß die Geschwindigkeit beim stärksten Abfluß 5—10 cm nicht übersteigt. Zur leichteren Herausbaggerung des Schlammes wird die Sohle des Sandfangs trichterförmig gestaltet (Abb. 127 und 131).

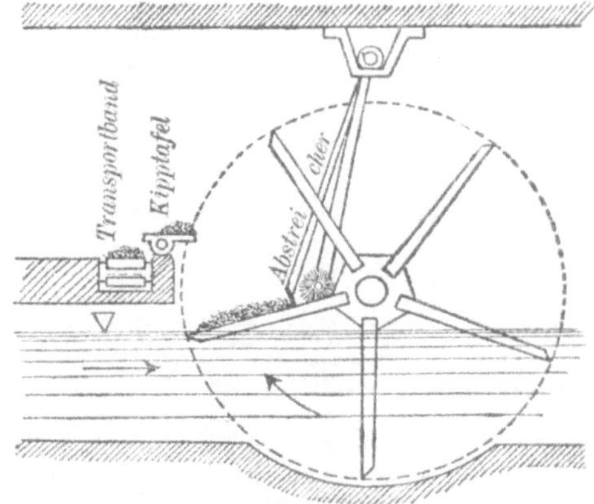

Abb. 130. Beweglicher Rechen.

Alsdann werden die **gröberen Schwimm- und Schwebestoffe** durch **feste** oder **bewegliche Gitter, Rechen** oder **Siebe** zurückgehalten. Bei fester Anordnung sind die Zwischenräume 10 bis 15 mm weit, bei beweglicher enger. In kleinen Anlagen werden die Gitter von Hand, in größeren mittels Maschinen von den Schmutzstoffen befreit. Die beweglichen, in das Abwasser eintauchenden Gitterstäbe oder Siebe werden entweder an einer wagerechten Welle befestigt oder zu einer endlosen Kette zusammengefügt und über zwei Trommeln geführt. Bei der Drehbewegung entgegen der Strömung werden die Schwimm- und Schwebestoffe bis zu einem Viertel herausgefischt, mittels einer Abstreichvorrichtung auf ein Transportband oder in Kippwagen gebracht und weitergeschafft (Abb. 130 u. 131).

Nachdem so alle gröberen Schmutzstoffe aus dem Abwasser beseitigt sind,

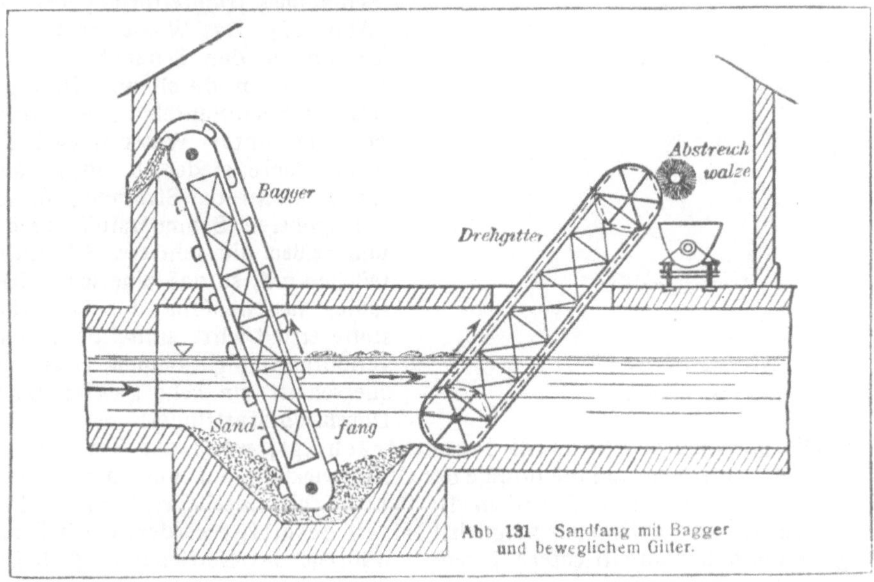

Abb. 131. Sandfang mit Bagger und beweglichem Gitter.

werden die feinen Schlammteilchen niedergeschlagen. Dies geschieht entweder in Klärbrunnen oder Klärtürmen, welche das Abwasser mit geringer Geschwindigkeit, 1—2 mm in der Sekunde, senkrecht von unten nach oben durchfließt, oder aber in Absitzbecken, durch welche das Abwasser wagerecht mit höchstens 2—4 cm Geschwindigkeit hindurchströmt. Eine Beseitigung der gelösten Verunreinigungen und eine Verminderung des Bakteriengehalts wird dabei nicht erreicht. Es ist daher die Einleitung des mechanisch geklärten Wassers nur bei sehr günstigen Vorflutverhältnissen statthaft, in allen anderen Fällen ist ein wirksameres Reinigungsverfahren anzuschließen.

a) Klärbrunnen.

Klärbrunnen oder Klärtürme sind dort angebracht, wo es an Platz für die langgestreckten Becken fehlt, oder wo ein hoher Grundwasserstand der Ausführung solcher Becken Schwierigkeiten bereitet. Der Grundriß ist gewöhnlich kreisrund und die Sohle zum bequemen Ablassen des Schlammes trichterförmig gebildet (Abb. 132). Das Wasser tritt von unten in den Schacht ein und fließt oben durch die Öffnungen des Brunnenmantels oder durch gelochte, unter Wasserspiegel liegende Rohre wieder ab. In der aufwärts gerichteten Strömung sinken die gröberen Schmutzstoffe nieder und reißen die feineren Schlammteilchen mit, so daß eine sehr wirksame Ausscheidung der Schwebestoffe erzielt wird, zumal da in dem verhältnismäßig kleinen Brunnenquerschnitt ein sehr gleichmäßiger Durchfluß stattfindet.

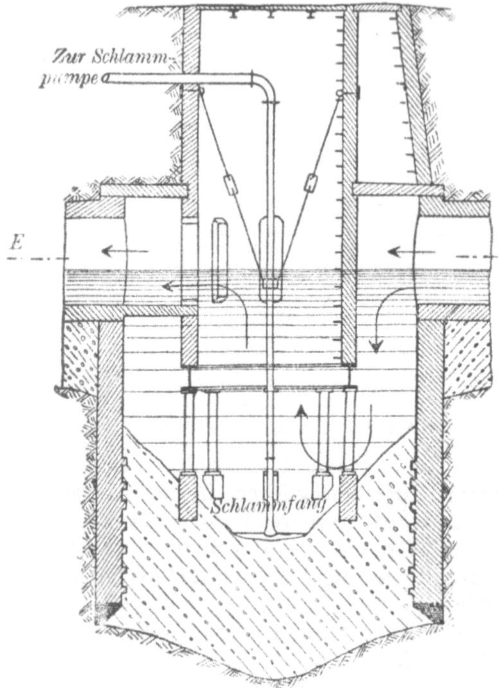

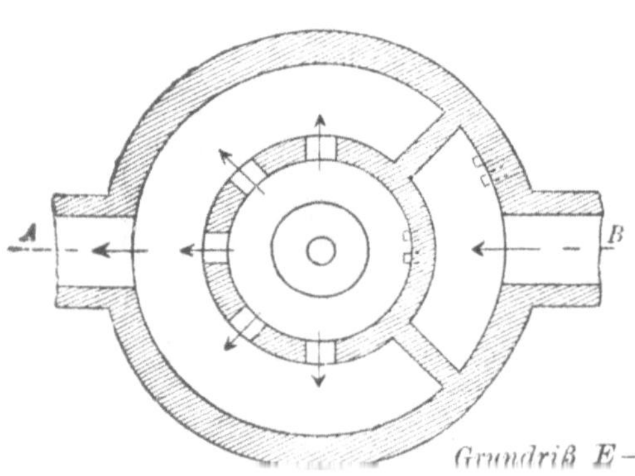

Abb. 132. Klärbrunnen.

Die günstige Wirkung wird beeinträchtigt, wenn der Schlamm in Fäulnis übergeht und die infolge der Gasentwicklung auf- und abtreibenden Schlammfladen das Niedersinken der feinen Schlammteilchen hindern. Der Schlamm muß daher stets möglichst frisch beseitigt werden, was bei steil geböschten Schlammtrichtern jederzeit während des Betriebes möglich ist.

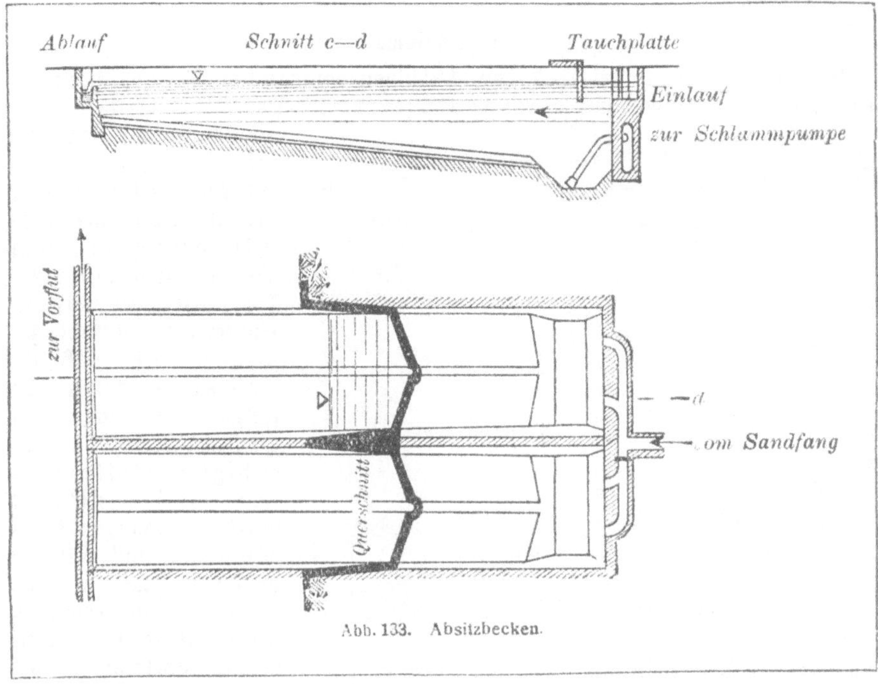

Abb. 133. Absitzbecken.

b) Absitzbecken.

Absitzbecken erhalten langgestreckte rechteckige oder trapezförmige Grundrißform und geringe Tiefe, etwa 0,5—2 m. Sie wirken um so besser, je gleichmäßiger das Wasser hindurchströmt. Daher ordnet man, weil an der Einströmungsstelle die stärkste Schlammablagerung stattfindet, die Sohle gewöhnlich ansteigend an, ferner am Einlauf eine Tauchplatte und am Auslauf einen Überlauf (Abb. 133 u. 135).

Die Sohle wird entweder mit Quergefälle nach einer in Beckenmitte eingeschnittenen Längsrinne versehen, oder aber in eine Anzahl steilgeböschter Trichter aufgelöst. Im ersteren Falle müssen die Becken während der Schlammbeseitigung ausgeschaltet werden, weil der Schlamm bei dem schwachen Gefälle nicht von selbst an die Schlammleitung heranrutscht, sondern von Arbeitern herangeschoben werden muß. Es sind also dann stets mehrere Becken erforderlich. Im zweiten Falle, der aber größere Konstruktionstiefe erfordert, kann die Schlammbeseitigung jederzeit im Betriebe vorgenommen werden.

Wird das Wasser aus Absitzbecken unmittelbar in den Vorfluter geleitet, so darf der abgesetzte Schlamm nicht in Fäulnis geraten; er muß häufig, im Sommer etwa jeden zweiten oder dritten Tag, aus den Becken entfernt werden, da frisches Abwasser vom Vorfluter schneller verdaut wird als angefaultes. Schließt sich aber an die mechanische Klärung noch die biologische Reinigung an, so läßt man vielfach den Schlamm absichtlich faulen. Es entstehen dann die sogenannten Faulräume.

c) Faulräume.

In ihnen sollen die gelösten, fäulnisfähigen organischen Verunreinigungen sich unter der Einwirkung gewisser Bakterienarten gasförmig verflüchtigen,

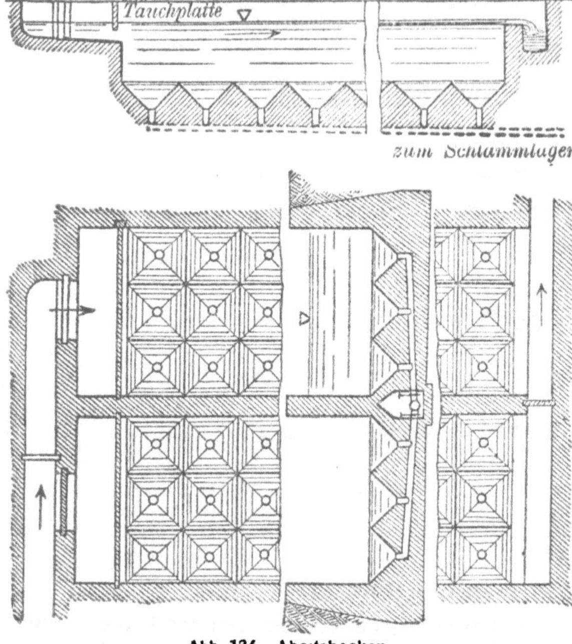

Abb. 134. Absitzbecken.

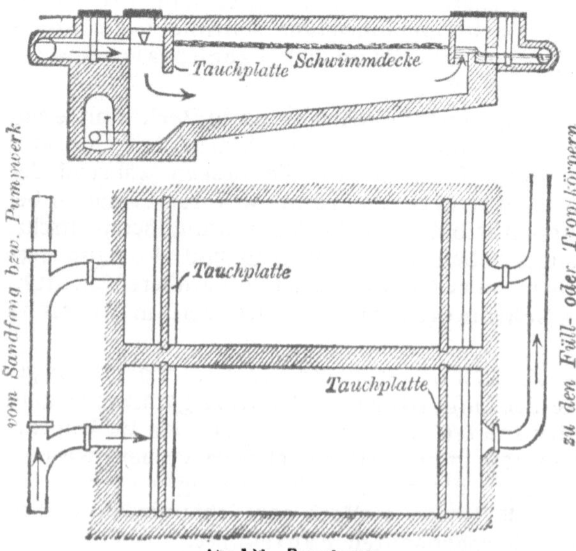

Abb. 135. Faulräume.

so daß sie aus dem Abwasser ausgeschieden werden. Die dadurch erzielte Schlammverminderung wird jedoch vielfach überschätzt. Der Hauptvorteil der Faulräume besteht jedenfalls darin, daß der Schlamm durch die längere Lagerung einen großen Teil der fäulnisfähigen Stoffe verliert, daß er dichter wird, also weniger Raum einnimmt und seltener entfernt zu werden braucht. Insbesondere erscheint der letzte Umstand vorteilhaft bei kleinen Anlagen, in denen eine ein- bis zweimalige Entfernung des Schlammes im Jahre genügt. Bei größeren Anlagen ist die Entschlammung in Zwischenzeiten von 1—3 Monaten vorzunehmen, da andernfalls die Becken zu große Abmessungen erhalten müßten.

Der Inhalt ist so groß zu bemessen, daß mindestens der stärkste Tagesabfluß darin Platz hat. Die täglich auf den Einwohner entfallende Menge wässerigen Schlammes kann im Durchschnitt zu 0,3 l angenommen werden.

Um die Verbreitung übler Gerüche zu verhüten, werden kleinere

Faulräume am besten überdacht oder überwölbt. Bei größeren Anlagen hält die Schwimmdecke, welche sich aus den mit Gasblasen hochgestiegenen leichten Schlammteilchen bildet, die Ausdünstungen größtenteils zurück (Abb. 135).

Wesentlich ist für eine gute Schlammzurückhaltung, daß das Abwasser die Becken langsam mit gleichmäßiger Geschwindigkeit möglichst lange durchfließt, daß also die Becken langgestreckte Grundrißform erhalten, und daß Ein- und Auslauf an den schmalen Seiten angeordnet werden, so daß der Durchfluß in der Länge stattfindet und eine große Aufenthaltszeit erzielt wird. Der Zu- und Abfluß erfolgt nicht in Wasserspiegelhöhe, sondern unter Tauchplatten hindurch etwa 0,5 m darunter, um die Durchflußgeschwindigkeit über den ganzen Querschnitt gleichmäßiger zu gestalten und um die in der Nähe der Oberfläche treibenden Schlammfladen vom Abfluß zurückzuhalten.

Sehr gute Ergebnisse werden dem System Travis und dem zuerst im Gebiete der Emschertalentwässerung verwendeten und jetzt weit verbreiteten sog. Emscherbrunnen (Abb. 136) des Dr.-Ing. Imhoff nachgerühmt. Dieser stellt eine Vereinigung der vorbeschriebenen Absitzbecken und Faulräume dar. Er wird, wie der Name besagt, als Brunnen hergestellt. Der obere Teil dieses Brunnens wird von einer winkelförmigen Rinne durchzogen, die an der Unterkante mit einem Schlitz versehen ist, durch den die Schwimm- und Schwebestoffe, die sich infolge der geringen Durchflußgeschwindigkeit aus dem Kanalwasser abscheiden, in den als Faulraum dienenden unteren Brunnenteil sinken. Die Rinne entspricht in ihrer Wirkung einem gleich großen Absitzbecken.

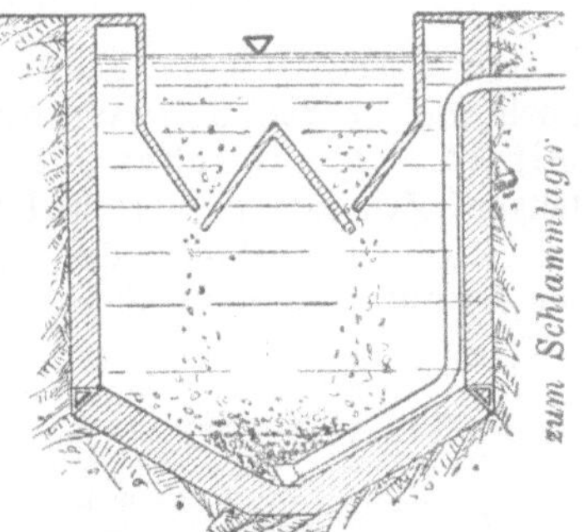

Abb. 136. Emscherbrunnen.

In dem Faulraume findet eine ausgiebige Ausfaulung und Verzehrung des Schlammes statt, ohne daß das die Rinne durchfließende Kanalwasser, das sog. Frischwasser, durch aufsteigende Gase und Schlammfladen infiziert wird. Ein Entweichen der aufsteigenden Gase, die hierbei nicht wie bei reinen Faulraumanlagen aus Schwefelwasserstoff, sondern aus geruchlosem Methan und Kohlenwasserstoff bestehen, in die Absitzrinne kann nicht eintreten, diese Gase sammeln sich vielmehr in den mit Bohlen abgedeckten, seitlich der Absitzrinne liegenden Teilen des Faulraumes.

Die Schlammentfernung aus dem Faulraume erfolgt durch ein Schlammrohr von 200 mm l. Weite. Wo die Gefällverhältnisse es ermöglichen, legt man die Schlammtrockenplätze etwa 1,5 m tiefer, als der normale Wasserstand im Brunnen beträgt. Das Schlammrohr wird dann unterhalb des Wasserspiegels mit einem horizontalen, außen durch einen Schieber verschlossenen Abzweig versehen, so daß der Schlamm bei Öffnung des Schiebers durch den natürlichen Überdruck aus dem Brunnen herausgedrückt wird und dem Schlammtrockenplatze zufließt.

Bei kleinen Anlagen verwendet man je nach der angeschlossenen Einwohnerzahl einzelne Brunnen von 2,0—8,0 m Durchmesser. Bei Anlagen für größere Städte werden jedesmal 2 oder 3 Brunnen zu einer Gruppe vereinigt,

bei welcher eine gemeinschaftliche Absitzrinne über diese Brunnen hinweg-
führt.

Die Hauptvorzüge des Verfahrens bestehen in der Abführung von Frischwasser, der Vermeidung von Geruchbelästigungen, der äußerst einfachen
Schlammbeseitigung, der einfachen Wartung der Anlage, die nur geringe Betriebskosten erfordert, und der unbegrenzten Erweiterungsmöglichkeit. Der
erzielte Schlamm ist nahezu geruchlos und hat nur geringen Wassergehalt.
Er ist drainierbar und trocknet auf gut angelegten Schlammtrockenplätzen in
wenigen trockenen Tagen so weit ein, daß er mit der Schaufel entfernt werden
kann. Der Gefällverlust beträgt nur wenige cm, da Zu- und Ablauf auf gleicher
Höhe liegen.

Die Anordnung ist durch Patent geschützt, Patentinhaber ist Heinrich
Schewen in Düsseldorf.

Das Klärsystem Travis ist in ähnlicher Weise angeordnet und wird ver-
treten durch die Firma Battige und Schöneich, Berlin.

d) Schlammbeseitigung.

Die Unterbringung des ausgeschiedenen Schlammes ist zurzeit
noch mit großen Schwierigkeiten verknüpft. Unmittelbar als Düngemittel kann frischer Schlamm nicht verwertet werden; er muß erst
längere Zeit lagern. Sein hoher Wassergehalt macht
im frischen Zustande den Transport teuer und
die Armut an Dungstoffen seine Verwertung schwierig.

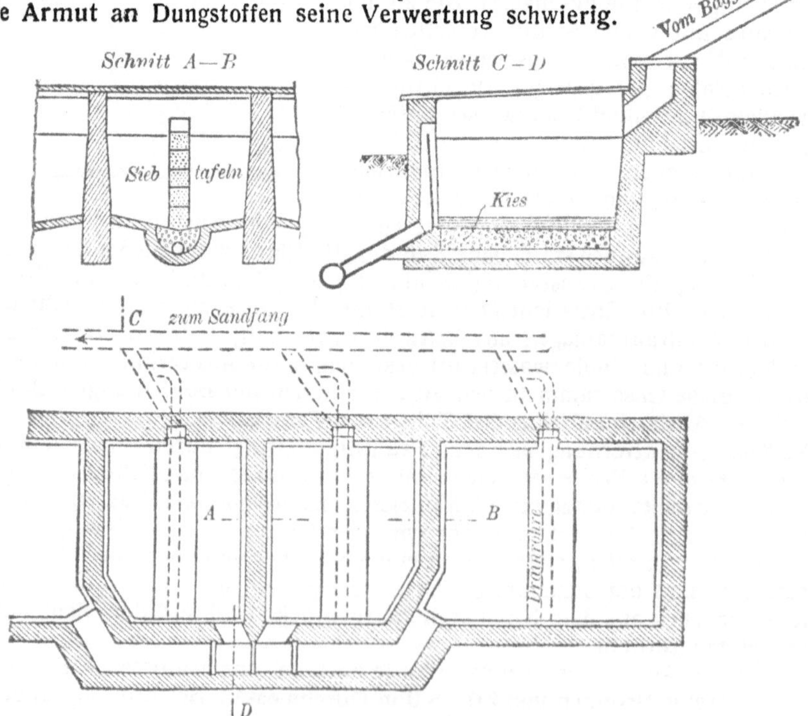

Abb. 137. Sickergruben zur Schlammentwässerung.

Nur selten gelingt es, ihn zu mäßigem Preise zu verkaufen; gewöhnlich ist man zufrieden, wenn er ohne Entgelt abgeholt wird, und in vielen Fällen kann man den frischen Schlamm überhaupt nicht loswerden. Dann bleibt nur übrig, ihn auf Schlammplätzen zu lagern, bis er stichfest geworden und somit leichter abzusetzen ist, oder ihn auf Äcker zu pumpen, wo er nach monatelanger Lagerung untergepflügt werden kann.

Die aus dem **Sandfang** gebaggerten groben Schmutzstoffe enthalten 60 bis 80% Wasser und bestehen aus Sand und organischen, leicht faulenden Abfällen. Durch Lagern in Sickergruben (Abb. 137) läßt sich der Wassergehalt schnell vermindern und durch Vermischen mit Straßenkehricht und längeres Lagern ein brauchbares Düngemittel erzielen, das besonders bei fettem Boden guten Erfolg hat.

Wesentlich höher ist der Wassergehalt des feinen Schlammes aus Absitzbecken und Faulräumen. Ersterer enthält 95%, letzterer 80% und mehr Wasser. Da auf den Kopf täglich etwa 60 g trockner Schlamm zu rechnen sind, so ergeben sich von derselben Einwohnerzahl bei Absitzbecken viermal so große Mengen frischen, wässerigen Schlammes als bei Faulräumen, und somit recht bedeutende Schlammassen. Es müssen daher zur Unterbringung derselben ausgedehnte Flächen bereitgestellt werden, und zwar mit Rücksicht auf Geruchbelästigungen weit außerhalb des Stadtgebietes.

5. Die chemische Reinigung.

Die zahlreichen Versuche, städtische Abwässer durch Zusatz von Chemikalien zu reinigen, haben bisher nicht befriedigt. Die im Vergleich zu dem erzielten Erfolge unverhältnismäßig hohen Kosten und die Schwierigkeit, die erzeugten großen Schlammassen loszuwerden, standen der Anwendung des Verfahrens bisher im Wege. Nur dann wird die Verwendung chemischer Zusatzmittel empfehlenswert, wenn dadurch ganz bestimmte Giftstoffe vernichtet werden können, wie solche vielfach in den Abwässern einzelner gewerblicher Betriebe enthalten sind.

Die Wirkung des Verfahrens beruht darauf, daß die im Abwasser gelösten schädlichen Stoffe durch chemische Fällungsmittel in unlösliche Niederschläge umgewandelt werden, welche infolge ihrer Schwere herabsinken und die feinen schwebenden Schlammteilchen mit zu Boden drücken.

Der Erfolg der chemischen Zusatzmittel ist am besten, wenn das Abwasser bereits von den gröberen Verunreinigungen befreit ist, weil dann weniger Chemikalien gebraucht und die feineren Schlammteilchen besser ausgeschieden werden. Daher ist bei jeder chemischen Abwasserreinigung zunächst für eine wirksame Vorreinigung zu sorgen.

Von den vielerlei chemischen Zuschlägen und den oft marktschreierisch angepriesenen Geheimmitteln haben sich die meisten nicht bewährt. Auch die früher häufig angewendete Klärung mit Kalk ist aufgegeben, weil die erforderlichen Kalkmengen zu groß und die erzeugten Schlammassen zu bedeutend und nicht verwertbar waren, und weil die unvermeidliche spätere Abscheidung großer Kalkmengen in den Vorflutgewässern erhebliche Mißstände hervorrief. Am günstigsten schienen die Aussichten des Kohlebreiverfahrens zu sein, bei welchem das Abwasser mit fein zerkleinerter Braunkohle und Eisensulfat gemischt und der gewonnene Schlamm gepreßt und als Brennstoff oder

Düngemittel verwendet wurde; doch steht es gegenwärtig an Bedeutung weit hinter dem biologischen Verfahren zurück.

L. Kanalisationsbetrieb.

Der Kanalisationsbetrieb umfaßt die Gesamtheit aller Arbeiten und Maßnahmen zur Unterhaltung, Spülung, Reinigung und Lüftung des Kanalnetzes.

1. Unterhaltungsarbeiten.

Die Unterhaltungsarbeiten beschränken sich auf Auswechslung einzelner Steine, Rohre, Schachtdeckel, Steigeisen, Abdeckroste, Verstreichen ausgefressener Fugen, Erneuern angegriffener Betonflächen, Beseitigung von Undichtigkeiten u. dgl.

Sind die Ausbesserungen in der Sohle vorzunehmen, so wird die Arbeitsstelle durch zwei Staudämme aus Sandsäcken oder aus hölzernen Profilscheiben mit Zwischenschüttung von sandigem Boden abgesperrt und das zufließende Kanalwasser in einer Rinne oder Rohrleitung darüber hinweggeleitet (Abb. 138). Am besten geeignet sind hierfür die Nachtstunden mit schwachem Durchfluß.

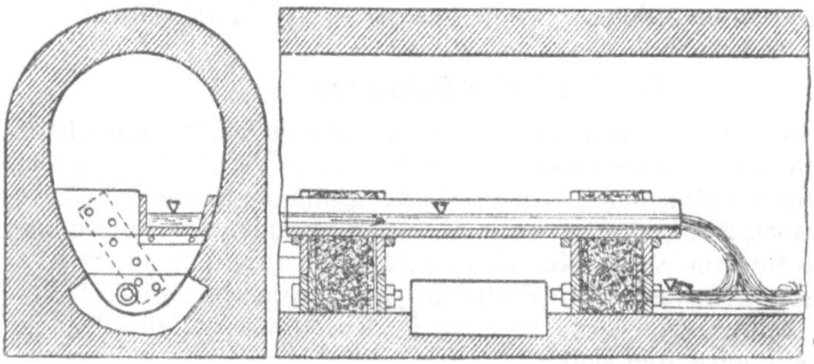

Ausgefressene Fugen werden mit Zementmörtel oder Asphaltmörtel vollgestrichen und

Abb. 138. Ausbesserung der Kanalsohle.

angegriffene Betonflächen mit glasierten Steinzeugplättchen bekleidet oder mit Zementputz geglättet und durch Anstrich von Teer, Goudron, Lubrose u. dgl. geschützt.

Das Dichten offener Fugen oder sonstiger Öffnungen bei Grundwasserandrang geschieht mit schnellbindendem Zement unter Senkung des Grundwasserspiegels durch Pumpen, oder durch Kalfatern der Fugen mit Teerstrick oder fettgetränkter Putzwolle und Asphaltmörtelverstrich. Das beliebte Aufstreuen von trocknem Zement auf durchlässige nasse Stellen ist zwecklos, da trockner Zement nicht abbindet und die trocknen Zementkörner durch das andringende Wasser fortgespült werden.

Das Auswechseln einzelner Rohre bei Beschädigung des Kanals oder das nachträgliche Einsetzen eines Abzweiges (Abb. 139) in einen geschlossenen Rohrstrang geschieht entweder mittels Überschieber, Rohrschlösser, Rohrschellen oder Ummauerung, da das lückenlose Einfügen eines Muffenrohres in einen geschlossenen Strang nicht ausführbar ist.

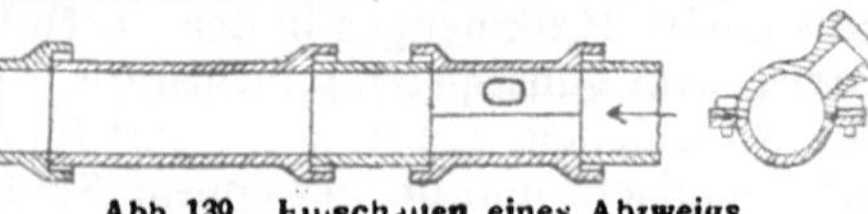

Abb. 139. Einschalten eines Abzweigs.

2. Spülung des Kanalnetzes.

Die Spülung geschieht unter Benutzung aller verfügbaren besonderen Zuflüsse aus Bächen, Teichen, Springbrunnen, Gewerbebetrieben usw. durch selbsttätige Spülvorrichtungen oder bei größeren Kanälen durch Aufstauen des Kanalinhalts hinter Spültüren, die sich bei einer bestimmten Füllhöhe von selbst öffnen, oder bei Rohrkanälen durch Aufstau von Wasserleitungswasser in den Einsteigeschächten, deren einmündende Rohre durch Scheiben, Pfropfen oder Klappen geschlossen werden. Ist der Schacht gefüllt, so wird durch schnelles Öffnen des stromab gelegenen Verschlusses die ganze Wassermasse auf einmal abgelassen und die unterhalb gelegene Rohrstrecke kräftig durchspült. Da aber die Spülwelle sich allmählich verflacht und infolge der Reibung und der Bewältigung der Hindernisse an Spülkraft einbüßt, so ist ihre Wirkung begrenzt und je nach dem Gefälle, dem Querschnitt, der Ausführungsart und der Sinkstoffablagerung bald zu Ende. Es ist daher vorteilhaft, alle Einsteigeschächte kleiner Kanäle von vornherein so einzurichten, daß die einmündenden Rohre geschlossen und die Schächte bis obenhin mit Wasser gefüllt werden können.

Die Spülung des Kanalnetzes wird stets von den oberen Endstrecken an begonnen und dort, wo die Spülwirkung zu Ende ist, wiederholt. Der Spülerfolg wird durch Ableuchten, Abspiegeln (Abb. 140) oder Durchblicken festgestellt, die Länge der einzelnen Spül-

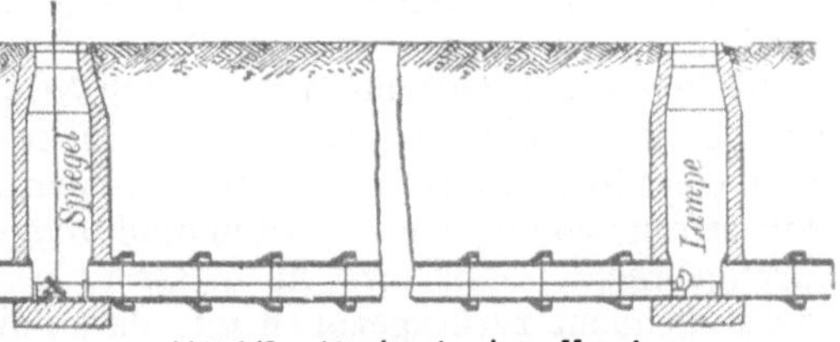

Abb. 140. Abspiegeln eines Kanals.

strecken gebucht und auf Grund mehrfach gemachter Beobachtungen der Spülplan aufgestellt. Ungünstig gelegene obere Endstrecken werden in Zwischenzeiten von 2—4 Wochen gespült; wasserreiche Kanalstrecken halten sich auch ohne Spülung rein.

Besonders häufig müssen Düker gespült werden, da sie leicht versanden. In Magdeburg werden die großen Elbedüker allwöchentlich zweimal gespült.

Bei kürzeren, gut verlegten Dükern werden mit Vorteil Schwimmkugeln (Abb. 141) mit 5—10 cm schwächerem Durchmesser zur Freispülung der Rohrleitung verwendet. Sind aber stärkere Durchgangshindernisse, welche ein Festsetzen der Kugel veranlassen würden, zu befürchten, so ist der Aufstau durch Schieber mit anschließender Durchspülung zu empfehlen.

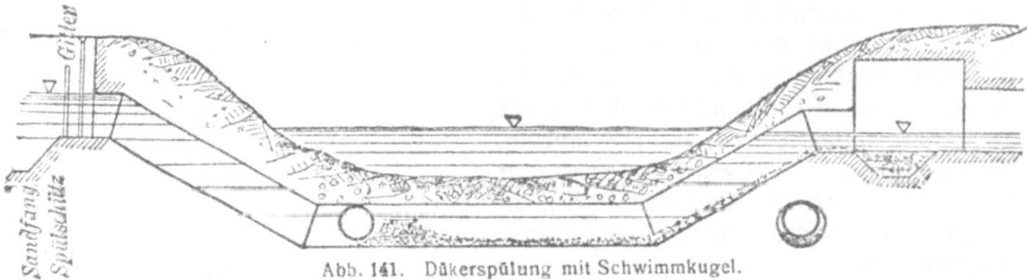

Abb. 141. Dükerspülung mit Schwimmkugel.

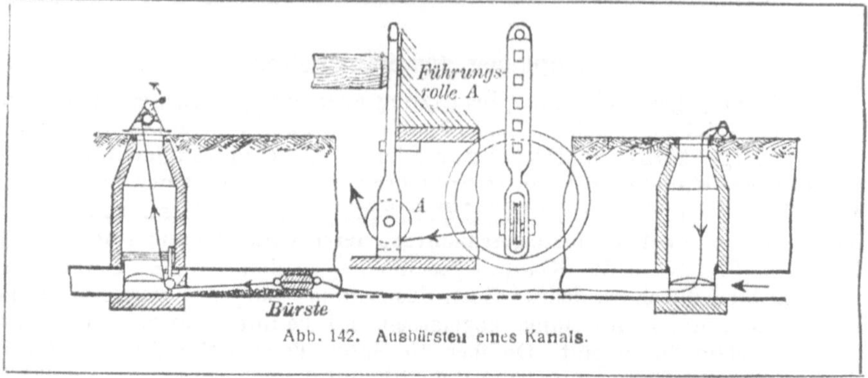

Abb. 142. Ausbürsten eines Kanals.

3. Reinigung der Kanäle.

Trotz planmäßig eingerichteten Spülbetriebes ist es nicht möglich, alle Kanalstrecken von Schlammablagerungen freizuhalten. Besonders leicht verschlammen die oberen Strecken mit schwachem Durchfluß. Daher müssen die Ablagerungen zeitweise durch die Kanalreiniger herausgeschafft werden.

Bei Rohrkanälen geschieht dies durch Ausbürsten. Hierbei wird zunächst eine geteerte, durch aufgereihte Korkstücke schwimmbar gemachte Leine mit Hilfe eines Strahlrohres durch die zwischen zwei Einsteigeschächten gelegene Rohrstrecke von oben nach unten hindurchgespült oder durch den Kanalhund durchgebracht. Dann wird an dieser Leine das Betriebsdrahtseil nach dem oberen Schacht zurückgezogen und daran die aus Piassavafasern hergestellte Kugel- oder Walzenbürste befestigt. Unter stetem, starkem Wasserzufluß aus dem Strahlrohr des Hydrantenschlauches wird von der über dem unteren Einsteigeschacht stehenden Bockwinde die auch nach dem oberen Schacht zu angeseilte Bürste durchgeholt und die Rohrleitung sauber ausgeputzt (Abb. 142).

In begehbaren Kanälen mit starkem Wasserdurchfluß lagert sich wenig Schlamm ab, wohl aber bei geringem Abfluß und schwachen Kanalgefällen. Die Ablagerungen werden beseitigt, indem die Kanalreiniger den Schlamm mit den Füßen aufrühren, mit Holzschaufeln vor sich herschieben und mit Piassavabesen nachbürsten oder in Strecken mit großem Querschnitt mittels Spülwagen (Abb. 143) oder Spülkähnen, welche von oben her die Kanäle durchfahren und den Schlamm vor sich herschieben. An dem Wagen oder Kahn ist ein dem Kanalquerschnitt angepaßtes, bis auf wenige cm an die Wandung anschließendes Schütz befestigt, welches das von oben heranfließende Wasser so weit aufstaut, daß dasselbe mit Druck durch den Spalt zwischen Schütz- und Kanalwandung hindurchgepreßt wird, wobei der Schlamm nach vorn getrieben und das Fahrzeug durch den Wasserdruck nach unten geschoben wird.

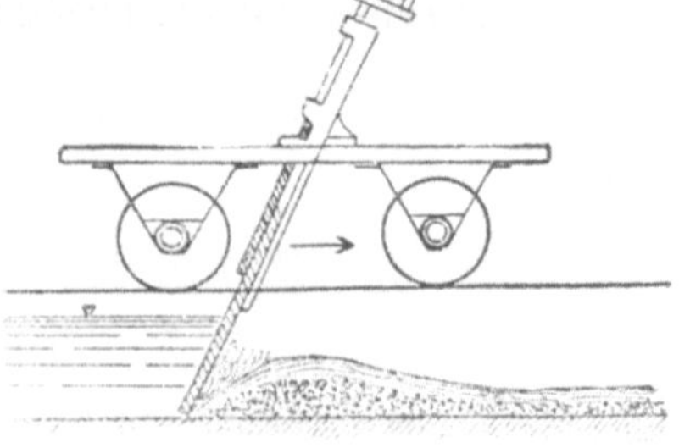

Abb. 143. Spülwagen.

Ein wirksamer Spülbetrieb und eine gute Schlammabschwemmung ist nur möglich bei glatt durchlaufenden Sohlen. Jede Art von Schlammsäcken in Kanälen oder Einsteigeschächten ist zu vermeiden, weil sich hierbei stets starke Ablagerungen leicht faulender Stoffe bilden, die dann das frische Kanalwasser verschlechtern, so daß es schwieriger gereinigt werden kann.

Wird bei Rohrkanälen nicht rechtzeitig für die Schlammbeseitigung gesorgt, so treten Verstopfungen ein, die auch durch Spülung nicht mehr fortgebracht oder verkleinert werden können, so daß das Durchbringen des Bürstenseiles nicht mehr möglich ist. Alsdann bleibt nur noch der Versuch, mittels biegsamer, aus spiralförmig gewundenem Draht hergestellter Wellen oder einer aus einzelnen Stäben bestehenden, mittels Blechhülsen und Draht oder Splint verbundenen Holzstange (Abb. 144) von dem nächsten Schacht aus die Verstopfung zu durchstoßen oder das Strahlrohr eines Wasserleitungsschlauches an die Stelle heranzubringen.

Abb. 144. Verbindung der Durchstoßstangen.

Da diese Arbeiten auf 25 m Länge schon schwierig werden, so ist die Entfernung zweier Schächte auf höchstens 50 m zu bemessen.

Gelingt die Beseitigung der Verstopfung vom nächsten Schacht aus nicht, dann muß die Leitung freigelegt und aufgebrochen werden. Bei gut verlegten Rohren kann die verstopfte Stelle mittels Ableuchtens vom unteren Schacht aus ungefähr ermittelt werden. Versetzen brennbare Stoffe wie Holzstücke, Gewebe, Bindfaden usw. den Rohrquerschnitt, so gelingt es wohl durch Einschieben einer Spiritus- oder Benzinlampe das Hindernis in Brand zu setzen und somit zu beseitigen. Verstopfungen in gut hergestellten und sorgsam gewarteten Kanälen gehören zu den größten Seltenheiten und sind wohl immer auf Böswilligkeit zurückzuführen.

Tafel der Verzögerungswerte $\psi = \dfrac{1}{\sqrt[n]{F}}$

Aus dem „Taschenbuch für Kanalisations-Ingenieure" von Dr.-Ing. K. Imhoff.

$n = 8$ für starkes Gefälle und mehr kreisförmige Gebiete
$n = 6$ „ mittlere Verhältnisse
$n = 5$ „ schwaches Gefälle und mehr längliche Gebiete
$n = 4$ „ sehr schwaches Gefälle und langgestreckte Gebiete

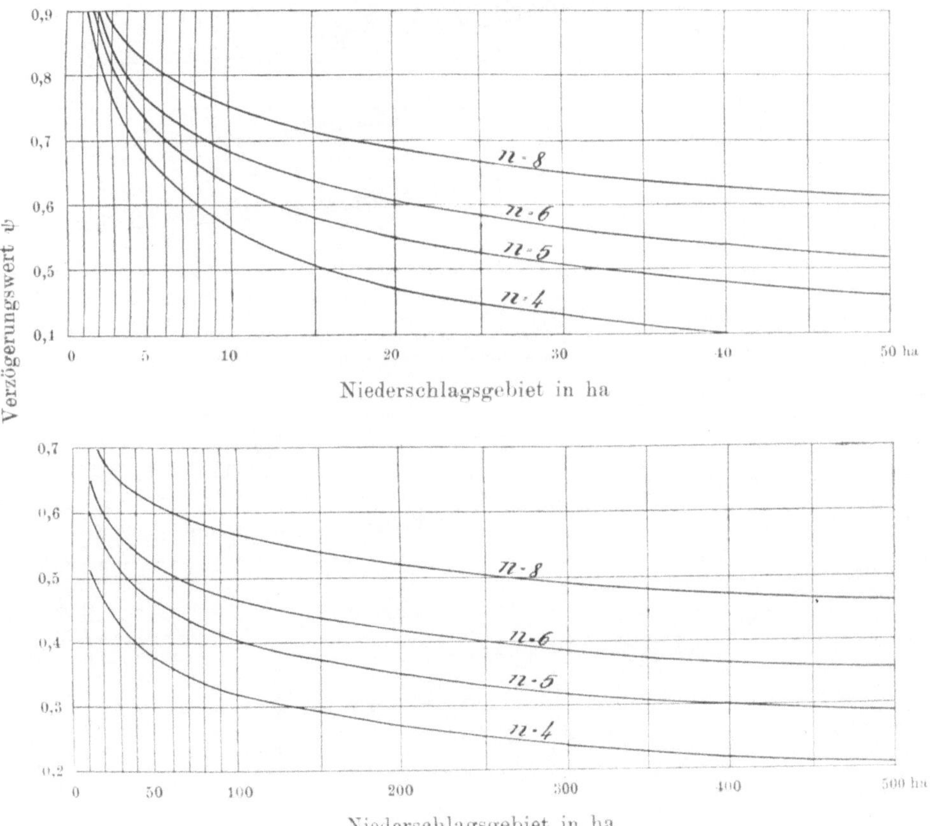

Tafel zur überschläglichen Berechnung

der Durchflußmengen von Entwässerungsleitungen

von Dr.-Ing. K. Imhoff

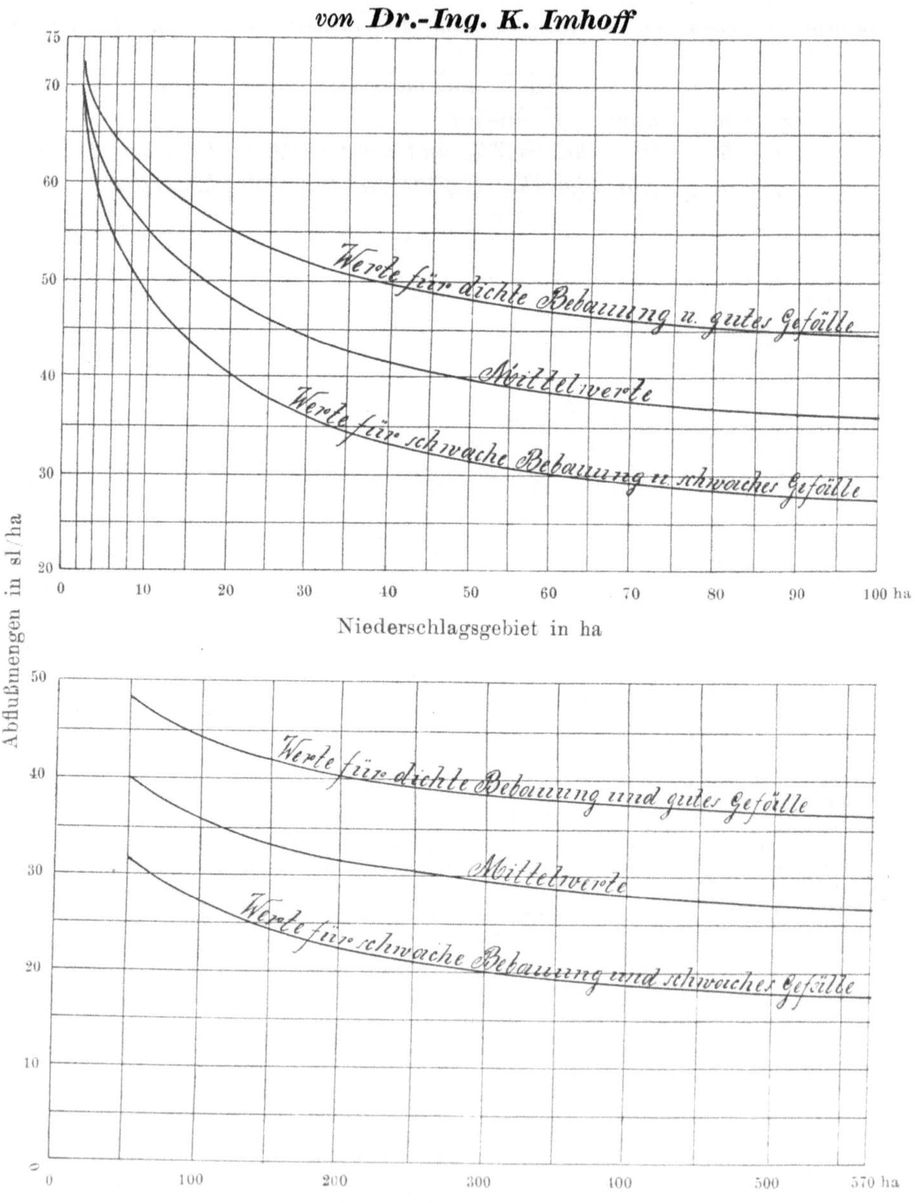

Additional material from *Der Städtische Tiefbau,*
ISBN 978-3-662-40721-9 (978-3-663-15579-9_OSFO2),
is available at http//extras.springer.com